高等教育“十四五”部委级规划教材

无机化学

邢彦军　张琳萍　侯　煜　主编

東華大學出版社·上海

图书在版编目(CIP)数据

无机化学 / 邢彦军，张琳萍，侯煜主编. 上海 :东华大学出版社，2023. 3
ISBN 978-7-5669-2174-1

Ⅰ. ①无... Ⅱ. ①邢... ②张... ③侯... Ⅲ. ①无机化学—高等学校—教材 Ⅳ. ①O61

中国国家版本馆 CIP 数据核字(2023)第 015276 号

责任编辑：竺海娟
封面设计：魏依东

无机化学

邢彦军　张琳萍　侯　煜　主编

出　　版：东华大学出版社(上海市延安西路 1882 号　邮政编码:200051)
本 社 网 址：http://dhupress.dhu.edu.cn
天猫旗舰店：http://dhdx.tmall.com
营 销 中 心：021-62193056　62373056　62379558
印　　刷：常熟大宏印刷有限公司
开　　本：787 mm×1092 mm　1/16
印　　张：21.75
字　　数：520 千字
版　　次：2023 年 3 月第 1 版
印　　次：2023 年 3 月第 1 次印刷
书　　号：ISBN 978-7-5669-2174-1
定　　价：78.00 元

内容简介

本书为中国纺织服装教育学会“十四五”部委级规划教材。

全书共分11章，内容按照无机化学基本原理、物质结构基础和元素化学概论三个部分编写。

本书坚持课程体系改革和创新与时俱进，正文涉及的在线课程、在线测试、讨论思考题、前沿进展、扩展阅读等资料均以数字化形式通过在线教学平台呈现。理论部分充分注意与中学教材的衔接以及与后续课程的联系；元素与化合物叙述部分力求发挥理论的指导作用，以提高学生利用知识综合分析和解决工程问题的能力。

本书可作为综合性大学化学、应用化学、化工及轻化类专业，以及非化学专业、卓越工程师计划专业的无机化学和普通化学课程教材，也可供相关科研和工程技术人员参考使用。

前　言

无机化学是化学的一个重要分支，是研究无机物质的组成、结构、反应、性质和应用的科学，是化学科学中历史最悠久的分支学科。研究对象涉及元素周期表中的所有元素，从分子、团簇、纳米、介观、体相等多层次多尺度研究物质的组成和结构、性质和功能、反应与组装，涉及物质存在的气、固、液、等离子体等各种相态，具有研究对象和反应复杂、涉及结构和相态多样以及构效关系敏感等特点。

近年来，无机化学紧密结合特有资源优势和国家重大需求，不断与其他化学分支学科以及其他学科交叉融合，形成了以传统基础学科为依托，面向材料、环境、信息科学和生命的发展态势，极大地拓展了学科内涵，产生了一批有特色、重要的分支学科和交叉学科，如无机合成化学、无机材料化学、配位化学及分子材料和器件、生物无机化学、金属有机化学、无机纳米材料和器件、稀土化学及功能材料等。

无机化学课程是面向大学一年级学生的课程，是化学化工、材料、生物、环境和纺织等学科的重要支撑学科，也为有机化学、分析化学和物理化学等其他专业课程提供必备的理论基础知识，具有承前启后的特殊地位。基于近年来的教学实践，考虑到学科和行业发展对基础课程的要求，以及充分利用在线教学平台实现数字化教学和多模式教学的需要，我们编著了新的《无机化学》教程。

全书注重化学基本原理的系统性，充分注意与中学教材的衔接及与后续课程的联系，更加重视对基础理论的理解与应用；元素与化合物部分力求发挥理论的指导作用，以提高学生利用知识综合分析和解决工程问题的能力。全书共 11 章，第 1~5 章为无机化学基本原理，包括化学反应中的基本概念、化学热力学以及化学反应速率、化学平衡和酸碱解离平衡、沉淀-溶解平衡和氧化-还原反应；第 6~8 章为物质结构基础，包括原子结构和元素周期律、分子结构和晶体结构以及配位化学基础；第 9~11 章为元素化学概论，包括元素单质和无机化合物的结构、性质与应用等，主要介绍物质结构与性质的相关规律，并对有代表性的科技前沿领域以及国民经济内的重要无机物质进行介绍。

本书坚持课程体系改革、创新和与时俱进，正文涉及的在线课程、在线测试、讨论思考题、前沿进展、扩展阅读等资料均以数字化资源形式通过在线教学平台呈现。

本书全部采用中华人民共和国国家标准 GB 3102—1993《量和单位》规定的符号和单位。数据基本来自《兰氏化学手册》(第二版)([美] J. A. 迪安 著，魏俊发 译，科学出版社，2003. 5)。

本书的前言、第 1 章、第 4 章、第 8 章第 2 节和第 9 章由邢彦军编写；第 2、3 章和第 8 章第 1、3 节由张琳萍编写；第 5 章由杨常玲编写；第 6 章和第 7 章由侯煜编写；第 10 章由宣为民、邢彦军编写；第 11 章由魏鹏、邢彦军编写；附录由刘燕整理编写；部分绘图由邓蒲辉完成。全书最后由邢彦军、张琳萍和侯煜统稿。

由于作者水平所限，实践经验不足，本书可能存在一定疏漏和不足之处，还请使用本书的读者和同行专家不吝指教，多多提出批评和修改意见。

编者

2023 年 1 月

目 录

第 1 章　化学反应中的基本概念与能量关系

1.1　物质的状态 …… 1
1.1.1　气体 …… 1
1.1.2　液体 …… 4
1.1.3　溶液 …… 4
1.2　化学反应中的基本概念 …… 5
1.2.1　体系和环境 …… 6
1.2.2　相 …… 6
1.2.3　状态和状态函数 …… 7
1.2.4　过程和途径 …… 8
1.2.5　热和功 …… 9
1.2.6　热力学能 …… 10
1.3　化学反应中的能量关系 …… 10
1.3.1　质量守恒定律和反应进度 …… 10
1.3.2　热力学第一定律 …… 11
1.3.3　化学反应热效应 …… 12
1.3.4　盖斯定律 …… 14
1.3.5　标准摩尔生成焓与标准摩尔反应焓变 …… 15
1.3.6　标准摩尔燃烧焓与标准摩尔反应焓变 …… 17
1.4　化学反应的自发性及其判据 …… 17
1.4.1　化学反应的自发性 …… 17
1.4.2　化学反应的熵变和热力学第二定律 …… 18
1.4.3　吉布斯自由能判据 …… 20
1.4.4　标准状态下化学反应吉布斯自由能变的计算 …… 21
1.4.5　非标准状态下化学反应吉布斯自由能变的计算 …… 24
思考题与习题 …… 26

第 2 章　化学反应速率

2.1　反应速率 …… 29
2.1.1　平均速率和瞬时速率 …… 29
2.1.2　反应速率方程 …… 31
2.2　影响反应速率的因素 …… 32
2.2.1　浓度对反应速率的影响 …… 32
2.2.2　温度对反应速率的影响 …… 34
2.2.3　催化剂对反应速率的影响 …… 36
2.2.4　影响多相反应速率的因素 …… 37
2.3　反应速率理论 …… 37
2.3.1　碰撞理论 …… 37
2.3.2　过渡态理论 …… 39
思考题与习题 …… 41

第 3 章　化学平衡

3.1　化学平衡基本知识 …… 43
3.1.1　化学平衡及其特征 …… 43
3.1.2　标准平衡常数 …… 44
3.1.3　平衡常数和平衡转化率 …… 46
3.1.4　多重平衡规则 …… 47
3.1.5　标准平衡常数与摩尔反应吉布斯自由能变 …… 49
3.2　化学平衡的移动 …… 50
3.2.1　浓度对化学平衡的影响 …… 50
3.2.2　压力对化学平衡的影响 …… 51
3.2.3　温度对化学平衡的影响 …… 52
思考题与习题 …… 53

第 4 章　酸碱平衡和沉淀-溶解平衡

4.1　酸碱理论 …… 56
4.1.1　酸碱电离理论简介 …… 56
4.1.2　酸碱质子理论 …… 56
4.1.3　酸碱电子理论 …… 58
4.2　弱酸、弱碱的解离平衡 …… 59
4.2.1　水的自耦电离 …… 59
4.2.2　一元弱酸、弱碱的解离平衡 …… 60
4.2.3　多元弱酸的解离平衡 …… 62
4.2.4　盐效应和同离子效应 …… 64

4.3 缓冲溶液 …… 65
4.3.1 缓冲原理 …… 65
4.3.2 缓冲溶液 pH 值的计算 …… 66
4.3.3 缓冲溶液的选择与配制 …… 68
4.4 盐的水解 …… 69
4.4.1 盐类的水解平衡及标准水解常数 …… 70
4.4.2 多元弱酸盐的水解平衡 …… 72
4.4.3 影响盐类水解的因素 …… 74
4.5 难溶强电解质的沉淀-溶解平衡 …… 74
4.5.1 沉淀-溶解平衡常数——溶度积 …… 74
4.5.2 溶度积规则 …… 76
4.5.3 盐效应和同离子效应 …… 77
4.5.4 溶度积规则的应用-沉淀溶解平衡的移动 …… 79
思考题与习题 …… 85

第 5 章 氧化还原反应和电化学基础
5.1 氧化还原反应 …… 87
5.1.1 氧化数 …… 87
5.1.2 氧化还原反应 …… 88
5.1.3 氧化还原反应方程式的配平 …… 89
5.2 原电池和电极电势 …… 91
5.2.1 原电池 …… 92
5.2.2 常用电极类型 …… 93
5.2.3 电极电势和电动势 …… 94
5.3 电池反应的热力学 …… 98
5.3.1 电动势 E 与摩尔反应吉布斯自由能变 $\Delta_r G_m$ 的关系 …… 98
5.3.2 电极电势 $E_{电极}$ 与标准电极电势 $E^{\ominus}_{电极}$ 的关系-能斯特方程 …… 99
5.4 影响电极电势的因素 …… 101
5.4.1 电对氧化型、还原型物质的浓度或分压对电极电势的影响 …… 101
5.4.2 酸度对电极电势的影响 …… 101
5.4.3 沉淀的生成对电极电势的影响 …… 102
5.4.4 配合物的形成对电极电势的影响 …… 103
5.5 电极电势的应用 …… 104
5.5.1 判断原电池的正、负极和计算原电池的电动势 …… 104
5.5.2 判断氧化还原反应的方向 …… 105
5.5.3 判断氧化还原反应的限度 …… 106
5.5.4 利用原电池计算各类平衡常数 …… 106

5.6 元素电势图及其应用 …… 108
5.6.1 判断歧化反应能否发生 …… 108
5.6.2 计算电对的标准电极电势 …… 109
思考题与习题 …… 110

第6章 原子结构和元素周期律

6.1 原子结构 …… 113
6.1.1 原子结构的发现 …… 113
6.1.2 原子的玻尔模型 …… 115
6.2 原子的量子力学模型 …… 117
6.2.1 微观粒子的波粒二象性 …… 117
6.2.2 测不准原理 …… 117
6.2.3 微观粒子运动的统计规律 …… 118
6.2.4 薛定谔方程与波函数 …… 118
6.2.5 四个量子数 …… 120
6.2.6 原子轨道和电子云的图像 …… 123
6.3 原子核外电子排布 …… 126
6.3.1 多电子原子的能级 …… 126
6.3.2 屏蔽效应和钻穿效应 …… 127
6.3.3 核外电子排布规则 …… 129
6.3.4 元素周期表 …… 133
6.3.5 元素性质的周期性 …… 135
思考题与习题 …… 141

第7章 分子结构和晶体结构

7.1 共价键 …… 144
7.1.1 路易斯理论 …… 144
7.1.2 价键理论 …… 145
7.1.3 杂化轨道理论 …… 150
7.1.4 价层电子对互斥理论 …… 155
7.1.5 分子轨道理论 …… 160
7.2 离子键 …… 166
7.2.1 离子键的形成 …… 166
7.2.2 离子键的特征 …… 167
7.2.3 晶格能 …… 167
7.2.4 离子的极化 …… 171
7.3 分子间作用力和氢键 …… 172

7.3.1 分子间作用力 …… 173
7.3.2 氢键 …… 177
7.4 晶体 …… 179
7.4.1 晶体的特征 …… 179
7.4.2 晶体的结构 …… 180
7.4.3 晶体的类型 …… 182
思考题与习题 …… 187

第8章 配位化学基础
8.1 配合物的基本概念 …… 189
8.1.1 配合物的组成 …… 189
8.1.2 配合物的命名 …… 191
8.2 配合物的化学键理论 …… 192
8.2.1 配合物的价键理论 …… 193
8.2.2 晶体场理论 …… 198
8.3 配合物的稳定性和配位平衡 …… 206
8.3.1 溶液中的解离平衡和稳定常数 …… 206
8.3.2 配位平衡的移动 …… 207
思考题与习题 …… 209

第9章 元素及其化合物的性质概论
9.1 物质的熔点与沸点 …… 212
9.1.1 离子晶体的熔、沸点及变化规律 …… 212
9.1.2 原子晶体的熔、沸点及变化规律 …… 213
9.1.3 分子晶体的熔、沸点及变化规律 …… 213
9.1.4 金属晶体的熔、沸点及变化规律 …… 214
9.2 物质的溶解性 …… 215
9.2.1 离子化合物在水中的溶解性及其规律 …… 216
9.2.2 分子晶体的溶解性及其规律 …… 218
9.3 无机物的水解规律 …… 219
9.4 无机物的颜色及其变化规律 …… 221
9.4.1 常见无机物的颜色 …… 221
9.4.2 无机物颜色产生的原因 …… 221
9.5 物质的酸性与碱性 …… 223
9.5.1 共价型氢化物的酸碱性 …… 223
9.5.2 氧化物的酸碱性 …… 224
9.5.3 氧化物水合物的酸碱性 …… 225

9.6 物质的氧化性与还原性 …… 227
9.6.1 单质的氧化还原性 …… 228
9.6.2 化合物的氧化还原性 …… 229
9.7 物质的热稳定性 …… 231
9.7.1 单质的热稳定性 …… 231
9.7.2 氢化物的热稳定性 …… 231
9.7.3 卤化物的热稳定性 …… 232
9.7.4 氢氧化物的热稳定性 …… 233
9.7.5 含氧酸的热稳定性 …… 233
9.7.6 含氧酸盐的热稳定性 …… 233
思考题与习题 …… 235

第10章 常见非金属元素及其化合物

10.1 卤族元素 …… 239
10.1.1 单质 …… 240
10.1.2 氢化物 …… 240
10.1.3 卤化物 …… 242
10.1.4 卤素的含氧化合物 …… 245
10.2 氧族非金属元素 …… 248
10.2.1 单质 …… 249
10.2.2 氢化物 …… 251
10.2.3 金属硫化物和多硫化物 …… 254
10.2.4 硫的氧化物和含氧酸 …… 255
10.3 氮族非金属元素 …… 262
10.3.1 单质 …… 263
10.3.2 氢化物 …… 264
10.3.3 含氧酸和含氧酸盐 …… 267
10.4 碳族非金属元素 …… 271
10.4.1 单质 …… 272
10.4.2 氧化物 …… 273
10.4.3 含氧酸及含氧酸盐 …… 274
10.5 硼 …… 276
10.5.1 硼烷 …… 276
10.5.2 硼酸 …… 277
10.5.3 四硼酸钠 …… 277
10.5.4 氮化硼 …… 278
10.6 氢 …… 278

思考题与习题 …… 280
第11章 常见金属元素及其化合物
11.1 碱金属和碱土金属 …… 284
11.1.1 单质 …… 285
11.1.2 化合物 …… 286
11.2 常见p区金属元素 …… 289
11.2.1 铝及其化合物 …… 290
11.2.2 锡、铅及其化合物 …… 292
11.2.3 锑、铋的重要化合物 …… 294
11.3 铜锌分族元素 …… 295
11.3.1 铜族元素 …… 295
11.3.2 锌族元素 …… 298
11.4 过渡金属元素 …… 302
11.4.1 过渡金属元素的通性 …… 303
11.4.2 钛的重要化合物 …… 304
11.4.3 钒的重要化合物 …… 305
11.4.4 铬的重要化合物 …… 306
11.4.5 锰的重要化合物 …… 307
11.4.6 铁系元素 …… 309
11.5 稀土金属元素概述 …… 313
思考题与习题 …… 316

附录1 SI制和我国法定计量单位及国家标准 …… 319
附录2 常用物理化学常数 …… 321
附录3 一些物质的热力学函数值(298.15 K) …… 322
附录4 物质的标准摩尔燃烧焓(298.15 K) …… 326
附录4 一些物质的热力学函数值(298.15 K) …… 322
附录5 一些常见弱酸、弱碱的标准解离常数(298.15 K) …… 327
附录6 一些物质的溶度积常数(298.15 K) …… 328
附录7 水溶液中的标准电极电势(298.15 K) …… 331
附录8 一些常见配离子的稳定常数(298.15 K) …… 333
附录9 元素周期表 …… 335

参考文献 …… 336

第1章　化学反应中的基本概念与能量关系

在研究新化学反应时,需要先了解或者预测该化学反应是否能够发生,如果可以从理论上判断反应是否可以发生,将能够大大节省人力、物力和时间。通过研究反应的自发性,即反应判据或反应方向,可以为反应的实现提供理论根据。这一问题主要涉及化学反应的能量关系。在此基础上还要进一步讨论反应的限度和速率,并最终深入探讨化学反应的本质。本章主要讨论化学反应中的能量关系。

1.1　物质的状态

由于分子之间存在相互作用,大量分子在一起时会出现几种不同的聚集方式,表现为固态、液态、气态等几种聚集状态。当温度较低时,分子的平均动能较小,分子间相互吸引、紧密聚集,形成固体。随着温度升高,平均动能不断加大。当达到一定温度时,分子间作用力不再能维持分子的固定排列,分子变为不固定的任意活动的紧密聚集状态,即转化为液态。当温度继续升高到某一数值时,分子平均动能大于分子之间的吸引力,分子脱离聚集体分散开来,最终转化为气态。

在化学反应中,最常见的聚集状态是固态(solid,用符号 s 表示)、液态(liquid,用 l 表示)和气态(gas,用 g 表示)。其中,固态和液态的组元均处于紧密聚集状态,统称为凝聚态(condensate)。本节主要讨论气体、液体和溶液的性质,固体的性质将在后续相关章节展开讨论。

1.1.1　气体

气体是物质的一种较简单的聚集状态。许多生化过程和化学变化的发生,如动物的呼吸、植物的光合作用、燃烧、金属锈蚀等,都与空气密切相关。

气体具有扩散性和可压缩性。主要表现在:

① 气体没有固定的体积和形状。气体分子(或原子)永远处于无规则运动之中,当气体进入密闭容器中时,气体分子立即向各个方向扩散(自动进行)并充满容器的整个空间。因此,气体只能具有与容器相同的形状和体积。

② 气体最易被压缩。压缩是扩散的相反过程,需要依靠外界作用才能进行。

③ 不同种类的气体能以任意比例相互均匀地混合(相互间不发生化学反应)。这是气体自动扩散的必然结果。如空气即为氮气、氧气和少量其他气体的均匀混合物。

④ 气体分子间距离很远,且气体分子的体积较小,与液体和固体相比密度小很多。

1.1.1.1 理想气体状态方程

在玻义耳-马略特定律、查理定律、盖-吕萨克定律等定律的基础上，法国科学家克拉珀龙提出理想气体状态方程(式 1-1)，用于描述一定量气体的体积 V、压力(压强)p、热力学温度 T 和物质的量 n 之间的关系：

$$pV = nRT \tag{1-1}$$

在 SI 单位制中，压力 p 的单位为 Pa，体积 V 的单位为 m^3，物质的量 n 的单位为 mol，热力学温标 T 以 K 为单位，R 为摩尔气体常数，为 $8.314\ J \cdot K^{-1} \cdot mol^{-1}$。

严格地说，理想气体状态方程式只适用于气体分子本身的大小可忽略(即气体的体积全部源于分子间的距离)和分子间没有相互作用(分子间势能可忽略)的假想情况，即气体为理想气体。理想气体并不真实存在，是人们以实际气体为根据抽象而成的一种假想的气体模型。但当实际气体的温度较高、压力较低时，分子间平均距离比较大，分子间作用力比较小，分子自身的体积与气体体积相比可完全忽略，就可以近似地看成理想气体。

根据理想气体状态方程，可基于气体质量计算其摩尔质量(式 1-2)，也可以从摩尔质量出发求得一定条件下的气体密度(式 1-3)。这是测定摩尔质量的常用经典方法。

$$M = \frac{mRT}{pV} \tag{1-2}$$

$$\rho = \frac{Mp}{RT} \tag{1-3}$$

1.1.1.2 道尔顿分压定律

当气体进入密闭容器中时，处于无规则运动的气体分子会连续不断地撞击容器壁，宏观表现为气体压力。气体压力反映了气体在容器中的运动状态。

几种相互间不发生化学反应的气体在同一密闭容器中混合时，如果忽略分子自身的体积和分子间的相互碰撞，则该容器中的所有气体可看作是理想气体混合物，其中的每种气体称为组分气体。如果各组分气体在混合前后的温度和体积保持不变，则各组分气体对器壁撞击产生的压力将与它独占整个容器时所产生的压力相同，不会因为其他组分气体的存在而发生改变。

在温度和体积恒定时，混合气体中各组分气体的压力称为该组分气体的分压。对于理想气体来说，各组分气体的分压等于在相同温度下该组分气体单独占有与混合气体相同体积时的压力。根据理想气体状态方程，以 p_i 表示组分气体 i 的分压，以 n_i 表示组分气体 i 的物质的量，在温度 T 时，如混合气体体积为 V，则有

$$p_i = \frac{n_i RT}{V} \tag{1-4}$$

以 n 表示混合气体中各组分气体的物质的量之和，即

$$n = n_1 + n_2 + \cdots = \sum_i n_i$$

则以 p 表示混合气体的总压时，有

$$p = \frac{nRT}{V} = \frac{n_1 RT}{V} + \frac{n_2 RT}{V} + \cdots = p_1 + p_2 + \cdots = \sum_i p_i \tag{1-5}$$

式(1-5)即道尔顿(Dalton)分压定律：混合气体的总压等于混合气体中各组分气体的分压之和。

结合式(1-4)和(1-5)，则有

$$\frac{p_i}{p} = \frac{n_i}{n} \tag{1-6}$$

令

$$\frac{n_i}{n} = \frac{n_i}{\sum_i n_i} = x_i$$

x_i 称为摩尔分数，即某组分气体 i 的物质的量与混合气体中各组分气体的物质的量之和的比值。

则组分气体 i 的分压为

$$p_i = p \times \frac{n_i}{n} = p \times x_i \tag{1-7}$$

式(1-7)表明，混合气体中某组分气体的分压等于该组分气体的摩尔分数与总压的乘积。因此，只要能测出混合气体的总压和分压，根据式(1-7)就能比较容易地算出混合气体的组成。实际应用中，在维持温度和总压不变（一般维持气体总压等于大气压）的情况下，取一定体积的混合气体，利用不同的吸收剂吸收不同的组分气体，如用 KOH 溶液吸收 CO_2，用焦性没食子酸（1，2，3-三羟基苯）溶液吸收 O_2 等，通过测定和计算减少的体积占原来混合气体的总体积的百分比（组分气体的体积分数，数值上等于摩尔分数），进一步计算组分气体的分压。

例 1-1 将 0.850 mol N_2和 0.100 mol H_2混合于 5.00 dm^3 容器中，在 20 ℃时 N_2 和 H_2的分压各是多少？

解：根据分压定律，20 ℃时，混合后气体的总压力

$$p = p(N_2) + p(H_2) = \frac{n(N_2)RT}{V} + \frac{n(H_2)RT}{V} = \frac{(0.850 + 0.100) \times 8.314 \times 293}{5.00 \times 10^{-3}}$$

$$= 462.8(kPa)$$

则各组分分压为

$$p(N_2) = 462.8 \times \frac{0.850}{0.950} = 414.1\ (kPa)$$

$$p(H_2) = 462.8 \times \frac{0.100}{0.950} = 48.7\ (kPa)$$

1.1.1.3 气体分子运动论

气体分子运动论从微观上(即气体的原子和分子的性质上)阐明气体的已知性质，并对真实气体与理想气体存在偏差的原因进行解释。其基本假设可简单归纳为以下几点：

① 纯气体由大量组成和结构完全相同的分子(或原子)组成。在低压条件下，分子间距离比分子本身体积大许多倍，分子体积忽略不计。

② 气体分子总是向各方向混乱而快速运动。气体压力由气体分子不断碰撞容器器壁

产生，碰撞不产生能量损耗，是完全弹性碰撞。

③ 气体分子之间也经常发生频繁的完全弹性碰撞。在下一次碰撞前，分子总是以恒定的速度做直线运动。

对上述模型按物理学的基本定律和一定的数学处理后，可得到气体分子运动论中的基本公式——压力公式：

$$pV = \frac{1}{3}Nm\bar{u}^2 \tag{1-8}$$

其中 $\bar{u}^2$ 为分子速度平方的平均值，亦称为“均方速度”。

如定义气体分子的平均动能为 $\bar{\varepsilon}_t = \frac{1}{2}m\bar{u}^2$，式（1-8）变换为压力公式的另一种表达形式：

$$p = \frac{2}{3}\frac{N}{V}\bar{\varepsilon}_t \tag{1-9}$$

式（1-9）将气体体系中的宏观物理量压力 p 与微观量—单位体积的分子数(N/V)和分子的平均动能 $\bar{\varepsilon}$ 相联系。这说明气体的压力是大量分子对器壁无规则混乱碰撞所产生的平均结果。由式(1-9)可以看出，容器中单位体积的分子越多，分子的平均动能越大，则气体的压力也就越大。

1.1.2 液体

当物质以液态存在时称之为液体，其物理性质介于气态物质和固态物质之间。液体具有以下特点：具有一定的体积，但没有固定的形状，其外形与盛放它的容器形状相同；可流动且有一定的掺混性，但压缩性、膨胀性很小；具有一定的表面张力；当压力恒定时，具有一定的沸点和凝固点。从微观角度来看，液体分子间距远远小于气体分子间距，分子间存在较强的分子间作用力。液体分子是聚集在一起的，其运动主要是在不固定的平衡位置附近振动。在以任一分子为中心，大小为两、三个分子直径尺度的局部区域内，液体分子为有序排列。然而，在距该分子较远的地方，液体分子排列的有序性会逐渐减弱，直至变为无序，即液体的微观结构特征是短程有序而长程无序。

1.1.3 溶液

对于一个多组分均相体系，若体系中所有物质都能够按照相同方法来研究，则该体系称为“混合物”(mixture)。例如气体多组分体系称气体混合物。

溶液(solution)也是一种由溶质和溶剂组成的多组分均相体系。这一体系中的物质存在溶剂(solvent)和溶质(solute)之分。一般把溶液中含量较多的一种组分称为溶剂，较少的一种或几种组分称为溶质。在溶液中溶剂和溶质按不同方法研究。本书中涉及的溶液均指液态溶液，由气体、液体或固体溶质溶解于液体溶剂中形成。溶液可分为电解质和非电解质溶液两种。

一般情况下，当溶质以分子或者离子形式分散到溶剂中形成溶液时，溶质不能无限制地溶解，而是有一定限度。在一定温度、压力下 100 g 溶剂中溶质所能溶解的最大克数称为该溶质的溶解度（即饱和溶解度）。

溶液在工农业生产、科学研究和日常生活中有着广泛的应用。许许多多的化学反应是在溶液中进行的，物质的一些性质也是在溶液中呈现的。由于溶质和溶剂的相对数量会影响溶液的某些性质，因此确定溶质在溶剂中的量对研究溶液体系非常重要。

通常将一定量溶剂或溶液中所含溶质 B 的量称为溶液的浓度。常用的表示方法如下：

① 质量分数 w_B(mass fraction)，是指溶质 B 的质量(W_B)与溶液总质量(W)之比。这种表示法比较简便，在工农业生产和医学中经常使用。其计算公式表示为

$$w_B = \frac{\text{溶质 B 的质量}}{\text{溶液的总质量}} = \frac{W_B}{W}$$

式中：W 表示溶液的质量，单位为 kg(或 g)；W_B 表示溶质 B 的质量，单位为 kg(或 g)；w_B 为量纲一的量，其 SI 单位为 1(任何量纲一的量的一贯单位都是数字 1。在表示这种量的值时,单位 1 一般不明确写出)。

② 物质的量分数 x_B(mole fraction,也称为物质 B 的摩尔分数)，是指溶质 B 的物质的量(n_B)与溶液总的物质的量($n=n_A+n_B$)之比。其计算公式表示为

$$x_B = \frac{\text{溶质 B 的物质的量}}{\text{溶液总的物质的量}} = \frac{n_B}{n} = \frac{n_B}{n_A + n_B}$$

式中：x_B 为量纲一的量，其 SI 单位为 1。对任一体系而言，$\Sigma x_B = 1$。若溶液是由溶剂 A 和溶质 B 组成的，则 $x_A + x_B = 1$。

③ 质量摩尔浓度 b_B(molality)，是指溶液中溶质 B 的物质的量(n_B)除以溶剂的质量(W_A)，其量纲为 $mol \cdot kg^{-1}$。其计算公式表示为

$$b_B = \frac{\text{溶质 B 的物质的量}}{\text{溶剂 A 的质量}} = \frac{n_B}{W_A}$$

式中：W_A 是溶剂 A 的质量(不是溶液的质量)，单位为 kg；n_B 为 B 的物质的量，单位为 mol；b_B 的单位为 $mol \cdot kg^{-1}$。使用质量摩尔浓度时，必须指明基本单元。

④ 物质的量浓度 c_B(concentration)，是指溶液中溶质 B 的物质的量(n_B)除以溶液的体积(V)，量纲为 $mol \cdot m^{-3}$ 或 $mol \cdot dm^{-3}$(即 $mol \cdot L^{-1}$)。这种浓度表示法在实验室中最常用。其计算公式表示为

$$c_B = \frac{\text{溶质 B 的物质的量}}{\text{溶液的体积}} = \frac{n_B}{V}$$

式中：V 为溶液的体积，单位为 m^3 或 dm^3(即 L)；n_B 为溶质 B 的物质的量，单位为 mol；c_B 的单位为 $mol \cdot m^{-3}$ 或 $mol \cdot dm^{-3}$(即 $mol \cdot L^{-1}$)。使用时必须指明基本单元，如$c(H_2SO_4)$，括号内为基本单元 B。对于较稀的水溶液，物质的量浓度经常用于替代质量摩尔浓度。

由于质量分数 w_B、物质的量分数 x_B 和质量摩尔浓度 b_B 使用质量或物质的量表示，与溶液的体积无关，因此 w_B、x_B 和 b_B 与温度无关。由于很多溶剂的体积随温度变化而变化，因此物质的量浓度 c_B 会随温度变化而略有变化，其优点是溶液体积容易量取。

1.2 化学反应中的基本概念

化学反应的基本规律主要包括化学反应的质量和能量守恒问题、化学反应的方向和限度

问题，以及化学反应的速率和机理问题。前两个问题属于化学热力学的范畴。化学热力学主要是从宏观方面来研究物质在化学变化及其相关的物理化学变化过程中伴随发生的能量变化、化学反应的方向及反应进行的限度等基本问题。下面先来介绍基本概念。

1.2.1 体系和环境

由于热力学通常从宏观的角度研究化学问题，为了研究方便需要将研究对象与周围环境区分开来，即明确研究对象的边界。被划定的研究对象称为体系(也称为系统)；而体系以外，与体系密切相关的部分称为环境。例如，研究烧杯中盐酸水溶液与 NaOH 溶液的反应时，盐酸与 NaOH 混合溶液是体系，溶液上方的空气、盛放溶液的烧杯以及实验台、操作人员等都是环境。

根据体系与环境之间物质和能量的交换关系，通常将体系分为三类：

① 敞开体系：体系与环境之间既有物质交换又有能量交换。

② 封闭体系：体系与环境之间没有物质交换，只有能量交换。

③ 孤立体系：体系与环境之间既没有物质交换，也没有能量交换。

例如，对一个热水体系进行研究时，如果使用敞口瓶杯盛放热水，则热水属于敞开体系；若放入密封的试剂瓶中，则热水属于封闭体系；若放入隔热良好的保温杯中则可近似看作是孤立体系（图 1.1）。在化学反应和化工工程中，主要研究封闭体系。

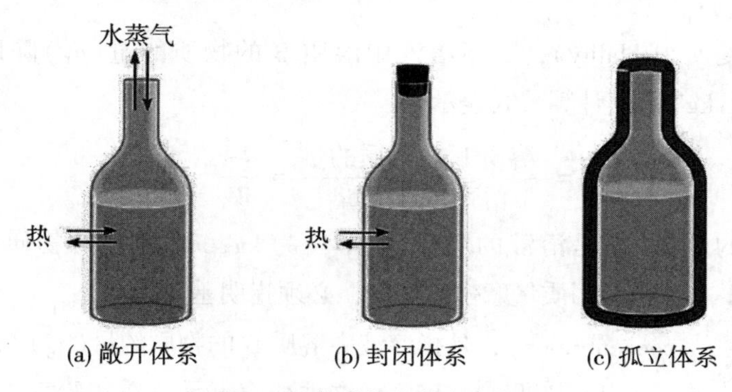

图 1.1 化学热力学中的体系

1.2.2 相

体系中任何物理性质和化学性质都完全相同的部分称为相。相用来说明混合物中组分之间的相容程度。相与相之间有明确的界面。对于相这个概念，要分清以下几种情况。

① 一个相不一定是一种物质。对于气态，不论是纯净的气体还是混合气体，各种物质都是以分子状态均匀分布的，性质完全相同，没有界面存在，即只有一个相，称为单相体系(homogeneous system,也称均相体系)。对于存在两种或两种以上物质的液态组分，如果物质间互溶且没有界面存在，也是单相体系，如水和乙醇。溶液也是单相体系。

② 要注意“相”和“聚集状态”的区别。聚集状态相同的物质在一起，并不一定是单相体系。例如，一个水和苯分层的体系，虽然都是液态，但两液层的物理性质和化学性质截然不同，因而有两个相。由两个或两个以上的相组成的体系称为多相体系(heterogeneous system,也称不均匀体系)。对于由固态物质组成的体系，如果各组成物质不互溶，也不发生

化学反应，则不论颗粒大小或质量多少，其中每一种纯物质均称为一个相；有多少种纯固态物质，便有多少个相。如由铁粉和石墨粉混合在一起的固态混合物有两个相。同样，由石墨粉和金刚石粉混合形成的混合物也为两个相。对于多相体系，相界面与相的内部物质具有很多不同的物理化学性质。

③ 同一种物质可因聚集状态不同而形成多相体系。例如，水和水面上的水蒸气就是两相。如果体系中还有冰存在，则构成三相体系。

1.2.3 状态和状态函数

在描述一个具体的体系时，不仅要指出体系中确切的物质，还需要指出描述物质具体性质的宏观物理量，如物质的种类、质量、体积、压力、温度等。通过一系列表征体系性质的物理量所确定的体系的存在形式称为体系的状态(state)。体系的状态是体系物理性质和化学性质的综合表现。当这些物理量都有确定值时，就说该体系处于一定的状态。描述体系的一个或几个物理量发生改变时，体系就由一种状态转变为另一种状态。状态多指体系的热力学平衡态，即体系的所有性质不随时间而变化。

热力学平衡体系的特点是需同时满足以下 4 个平衡：

① 热平衡：体系与环境之间没有热量的交换，即体系各部分均与环境温度相同。对于绝热体系，可以允许体系与环境的温度不同。

② 力平衡：如只考虑压力时，体系与环境之间达到压力平衡。如果体系与环境间存在不可移动的界面，则体系的压力可与环境的不同。例如，尽管钢瓶中的气体压力比大气压高，仍认为钢瓶中的气体与环境达到了力平衡。

③ 相平衡：体系中各相之间不存在物质的净转移，即各相组成和各物质的数量不随时间而变化。

④ 化学平衡：化学反应体系的组成不随时间而变化。

用来描述体系状态的物理量称为体系的状态函数(state functions)。状态函数具有如下性质：

① 由于体系的状态实际为一系列状态函数的总和，因此体系状态一定时，各状态函数有唯一确定值。

② 当体系的状态发生变化时，状态函数也随之改变，其变化值（用希腊字母 Δ 表示）只与体系的始态和终态有关，而与变化的途径无关。这是因为状态一定时，状态函数就有一个确定值；始态（体系发生变化前的状态）和终态（体系发生变化后的状态）一定时，状态函数的改变量就只有一个唯一的数值。体系一旦恢复原有状态，各状态函数即恢复原值。

③ 由于各状态函数之间彼此相互关联、相互制约，因此只要知道其中几个状态函数，其余的状态函数就随之确定。例如，对某一理想气体，压力(p)、体积(V)、温度(T)和物质的量(n)都是与体系状态有关的物理量，其中任一物理量发生变化，体系的状态就要随之改变；而只需测定 4 个状态函数中的任意 3 个就可以确定这一理想气体的状态，第四个状态函数可通过理想气体状态方程式（$pV=nRT$）确定。

部分状态函数的值与体系中物质的数量有关系，它们在一定条件下具有加和性，如体积 V、物质的量 n 等，这类状态函数称为体系的广度性质（或量度性质）。有些状态函数的大小仅由体系中物质本身特性所决定，没有加和性，体系中物质数量的变化不引起其值的变化，如温度 T、黏度 η、压力 p 等，这类状态函数称为体系的强度性质。

由于同一体系在不同状态时的性质（状态函数）不同，因此在热力学中，为了研究问题方便，规定了物质的标准状态(standard state)，简称标准态。其规定如下：

在某一指定温度下，

① 在 1×10^5 Pa(100 kPa)的标准压力（用符号 $p^{\ominus}$ 表示，上标$\ominus$表示物质处于标准态）时，物质的物理状态。

② 对具体体系而言，

- 气体的标准态是指压力为标准压力 $p^{\ominus}$ 下的纯理想气体，或混合气体中分压为 $p^{\ominus}$ 的理想气体组分的状态。

- 溶液的标准状态是指在标准压力 $p^{\ominus}$ 下，浓度(确切地说应为有效浓度或活度)为标准质量摩尔浓度 $b^{\ominus}$($1\ \mathrm{mol\cdot kg^{-1}}$) 的状态。在实际工作或较稀溶液计算中，$b^{\ominus}$ 经常用标准物质的量浓度 $c^{\ominus}$($1\ \mathrm{mol\cdot dm^{-3}}$) 代替做近似处理。

- 纯液体或纯固体的标准态是指标准压力 $p^{\ominus}$ 下纯物质的液体或固体，摩尔分数 $x_i=1$。

热力学标准态对温度没有规定，不同温度下具有不同的标准状态。与温度有关的状态函数的标准状态应注明温度。为了便于对比，国际纯粹与应用化学联合会(IUPAC)推荐选择298.15 K(室温，也可写做 298 K)作为参考温度。通常从手册查到的热力学数据的温度条件多为 298.15 K。如温度为 298.15 K 时，也可省略不标注。

1.2.4 过程和途径

过程(Process)是指体系从一个平衡态(始态)变化到另一个平衡态(终态)的经历。完成过程的具体步骤则称为途径(Way)。热力学上经常遇到的过程主要有下列几种：

① 恒压过程。体系的压力始终恒定不变($\Delta p=0$)，也称为等压过程。在敞口容器中进行的反应可看作恒压过程，因体系始终承受相同的大气压力。

② 恒容过程。体系的体积始终恒定不变($\Delta V=0$)。在容积不变的密闭容器中进行的过程就是恒容过程，也称为等容过程。

③ 恒温过程。体系终态和始态温度相同($\Delta T=0$)的过程。

④ 绝热过程。体系状态变化时体系与环境之间不存在热量交换的过程。

⑤ 循环过程。体系经变化从始态出发又重新回到始态的过程。

⑥ 可逆过程。可以简单逆转、完全复原的过程。

一个过程可以通过几个途径完成。例如，在 1 mol 理想气体从始态(p_1,V_1,T_1)变为终态(p_2,V_2,T_2)的过程中，可以采用很多种途径实现，其中 A(恒压 A_1-恒温 A_2)和 B(恒温 B_1-恒容 B_2)就是两种不同的途径(图 1.2)。同时，一个途径也可以由几个过程组成，如途径 A 由恒压过程(A_1)和恒温过程(A_2)组成。虽然途径 A 和 B 不同，但由于始、终态相同，因此状态函数的改变量相同，与选择途径 A 还是 B 无关。如无论采取途径 A 还是 B，在完成始态到终态的过程中，状态函数 p 的变化值永远为 $\Delta p=p_{终}-p_{始}=p_2-p_1$。

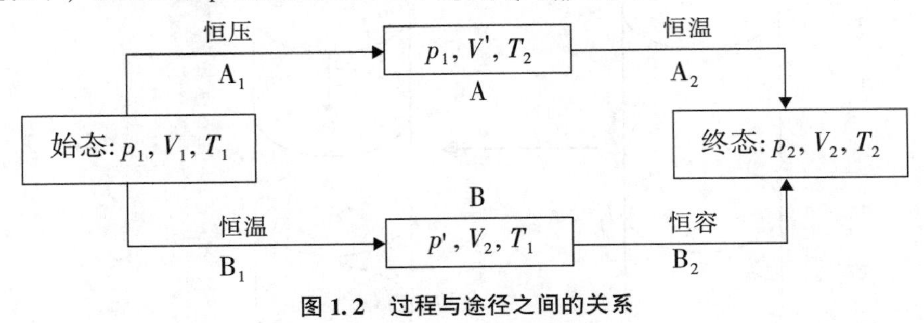

图 1.2 过程与途径之间的关系

1.2.5 热和功

当体系状态变化时，对于实际存在的体系(敞开体系和封闭体系)而言，体系与环境之间往往存在能量交换，交换的形式主要有三种，即热、功和辐射。化学热力学仅考虑前两种能量变化。

当体系与环境之间存在温度差时，体系与环境之间所交换的能量称为热(Heat)，通常用符号 Q 表示，单位为 J 或 kJ。热力学规定，体系从环境吸收热，Q 为正值($Q>0$)；体系向环境释放热，Q 为负值($Q<0$)。热的传递具有方向性，它自动地由高温物质向低温物质传递。热不是体系的状态函数，是过程函数，与变化的途径有关。采取不同的途径完成同一过程时，体系与环境交换的热量可能不同。

在热力学中，体系和环境之间除了热以外的所有的其他被传递或交换的能量都称为功(Work)，用符号 W 表示，单位为 J 或 kJ。热力学规定，体系对环境做功，W 为负值($W<0$)；环境对体系做功，W 为正值($W>0$)。功有多种形式，通常分为体积功和非体积功两大类。体系反抗外界压力并发生体积变化所做的功称为体积功(也称为膨胀功)，用 W 表示；其他功如电功、表面功等都称为非体积功，使用 W'或者 $W_{非}$ 表示。

在化学过程中，体积功具有特殊意义。当体系只发生膨胀(或者收缩)时，体系对环境做的功可通过式(1-10)进行计算。当截面积为 S 的活塞反抗恒定的外力 $F(=p_{环}\times S)$ 从位置 l_1 位移至 l_2 时(变化距离 Δl)，筒内气体反抗恒定外压 $p_{环}$膨胀做功，同时忽略活塞自身的质量及其与汽缸壁之间的摩擦力(图 1.3)，则：

$$W=-F\Delta l=-p_{环}\times S(l_2-l_1)=-p_{环}\times(V_2-V_1)=-p_{环}\times\Delta V \tag{1-10}$$

式中：W 为功，$p_{环}$为外压，ΔV 为反应过程中的体积变化。通常规定：(1) 体系体积膨胀时，$\Delta V>0$，W 为负值，表示体系对环境做功；(2) 体系体积收缩时，$\Delta V<0$，W 为正值，表示环境对体系做功。体系做膨胀功时，反抗外压是先决条件，若外压 $p=0$，则体系不做功，此时 $W=0$。

热 Q 和功 W 只有在体系发生变化(发生能量交换)时才能产生，它们都不是体系的状态函数，不能说体系具有多少功或者含有多少热，而只能说体系在某一过程中具体交换多少热或者做多少功。对于相同的始、终态来说，只要途径不同，热和功的数值就可能不同。

在通常的化学反应体系(不包括原电池和电解池)中只涉及体积功。因此，本章后续的讨论都局限于体系只做体积功的情况。

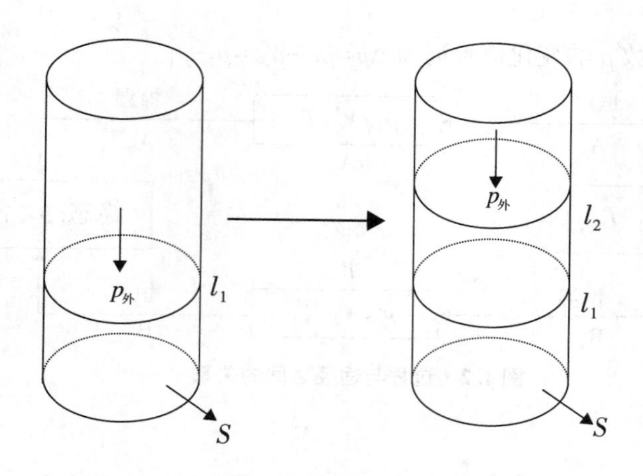

图 1.3 由活塞运动产生的体积功

1.2.6 热力学能

热力学中把能量分为体系与环境交换的能量(热和功)和体系内部的能量(热力学能)两大部分。热力学体系内部一切能量的总和称为热力学能(也称为内能)，用符号 U 表示，单位为 J 或 kJ。它包括体系内各种物质的分子或者原子内部的能量(平动能、振动能、转动能等)、分子间的势能、分子内原子和电子的能量(原子核内能、电子运动能)等。热力学能是体系本身的性质，由体系的状态决定。体系的状态一定，热力学能具有确定的值，即热力学能为体系的状态函数。热力学能是体系的广度性质，具有加和性。

由于物质结构的复杂性和内部相互作用的多样性，至今还无法知道体系热力学能的绝对值。但当体系从一种状态变化到另一种状态时，体系和环境有能量的交换，据此可确定体系热力学能的变化值 ΔU。热力学能的变化值 ΔU 同样只与体系的始态和终态有关，而与变化的途径无关，也是体系的状态函数。在实际研究中，主要利用体系的热力学能变化量 ΔU 解决实际问题。

1.3 化学反应中的能量关系

化学反应或者过程总是伴有热量的吸收或释放，化学反应所释放的能量也是日常生活和工业生产所需能量的主要来源。对这些能量的变化进行相应的描述和精确的计算对于研究化学反应或者过程具有非常重要的意义。

1.3.1 质量守恒定律和反应进度

任何化学反应都遵循质量守恒定律，即在化学反应中，参加反应的各物质的质量总和等于反应后生成各物质的质量总和。对任一化学反应，化学反应计量方程式就是质量守恒定律在化学变化中的具体体现。

$$v_A A + v_B B = v_C C + v_D D$$

若以 B 表示体系中的物质(反应物或产物)，则任一化学反应的化学计量方程式也可表示为:

$$0 = \sum_B v_B B$$

式中：v 为各物质的化学计量数，其量纲为1。对于反应物(A或B)，v 取负值；对于产物(C或D)，v 取正值。

反应进度是描述化学反应进行程度的物理量，常用符号 ξ 表示。以反应物B为例(也可使用A,C或者D物质的量的变化表示)，反应进度定义为

$$\xi = \frac{n_B(\xi) - n_B(\xi_0)}{v_B}$$

式中：$n_B(\xi_0)$ 为反应起始时刻B的物质的量；$n_B(\xi)$ 为反应进行到 t 时刻B的物质的量；v_B 为反应方程式中B的化学计量数(有正负区分)。反应进度 ξ 的量纲为mol。

由于反应物的化学计量数 v_B 为负值、产物的化学计量数 v_B 为正值，因此选择反应物或者生成物计算反应进度时，在同一时刻得到的 ξ 值完全相同。随研究时刻不同，ξ 值可以是正整数、正分数或者零，其中 ξ 值为0 mol时表示反应开始时的反应进度。对同一化学反应方程式来说，在同一时刻得到的反应进度(ξ)的值完全一致，即与选用反应式中何种物质的量的变化进行计算无关。

以合成氨反应为例：

	$N_2(g)$	+	$3H_2(g)$	=	$2NH_3(g)$	(1)
起始时刻 n_B/mol	3.0		8.0		0	
t 时刻 n_B/mol	2.0		5.0		2.0	

以 N_2 为研究目标时 $\xi = \frac{n_{N_2}(\xi) - n_{N_2}(\xi_0)}{v_{N_2}} = \frac{2.0\ \text{mol} - 3.0\ \text{mol}}{-1} = 1.0\ \text{mol}$

以 NH_3 为研究目标时 $\xi = \frac{n_{NH_3}(\xi) - n_{NH_3}(\xi_0)}{v_{NH_3}} = \frac{2.0\ \text{mol} - 0\ \text{mol}}{2} = 1.0\ \text{mol}$

$\xi = 1.0$ mol表示按化学反应计量方程式(1)进行了1.0 mol反应时，从 $\xi = 0$ mol时算起，已有1.0 mol N_2 和3.0 mol H_2 反应生成了2.0 mol的 NH_3。

如果计量方程式的写法不同，ξ 值所代表的意义也将不同。如上述合成氨的反应方程式表示为

$$0.5N_2(g) + 1.5\,H_2(g) = NH_3(g) \qquad (2)$$

与反应(1)不同，按方程式(2)进行到 $\xi = 1.0$ mol时，则有0.5 mol N_2 和1.5 mol H_2 消耗掉并生成了1.0 mol的 NH_3。

1.3.2 热力学第一定律

能量守恒定律(law of conservation of energy)指出，自然界中一切物质都具有能量，能量有各种不同的形式，它能从一种形式转化为另一种形式，从一个物体传递给另一个物体，而在传递和转化的过程中能量的总值不变。将能量守恒定律应用于热力学体系，就得到了热力学第一定律(the first law of thermodynamics)。

设有一个封闭体系，其始态热力学能为 U_1，该体系从环境吸热 Q，同时环境对体系做功 W。在经过上述过程达到终态后，体系的热力学能为 U_2。根据能量守衡定律，则体系的热力学能变 ΔU 为

$$\Delta U = U_2 - U_1 = Q + W \tag{1-11}$$

式(1-11)是热力学第一定律的数学表达式。热力学第一定律指出，封闭体系的热力学能的变化(ΔU)等于体系与环境之间交换的热(Q)与功(W)之和。它描述了体系的热力学能、热和功之间相互转化的数量关系。在应用式(1-11)计算热力学能时，要特别注意每个物理量的正负符号及相关含义。

例 1-2 某封闭体系从始态变到终态，从环境中吸热 70 J，同时对环境做功 30 J，求该体系的热力学能变 ΔU。

解：根据热力学第一定律的数学表达式，则有

$$\Delta U = Q + W = 70\ \text{J} + (-30\ \text{J}) = 40\ \text{J}$$

1.3.3 化学反应热效应

把热力学第一定律应用到化学反应上，讨论和计算化学反应的热量问题就形成了热化学。热化学是研究反应热或热效应及其变化规律的科学。

热是化学反应体系与环境进行能量交换的主要形式。通常把反应过程中只反抗外压做体积功(非体积功 $W'=0$)，且始态和终态具有相同温度时，体系所吸收或放出的热量称为化学反应的热效应，简称反应热(heat of reaction)。根据反应条件的不同，反应热又分为恒容反应热和恒压反应热。

1.3.3.1 恒容反应热

经恒容过程完成的化学反应的反应热被称为恒容反应热，用符号 Q_V 表示(下标 V 表示恒容过程)。当化学反应在一体积不变的密闭容器中进行时，由于 $\Delta V=0$，体系不做体积功，$W=0$。根据热力学第一定律表达式可得：

$$\Delta \text{U} = Q + W = Q_V \tag{1-12}$$

式(1-12)表明，在不做非体积功的恒容反应体系中，反应热在数值上等于热力学能的改变量。利用弹式量热计可以测定有机物燃烧反应的恒容反应热(图 1.4)。

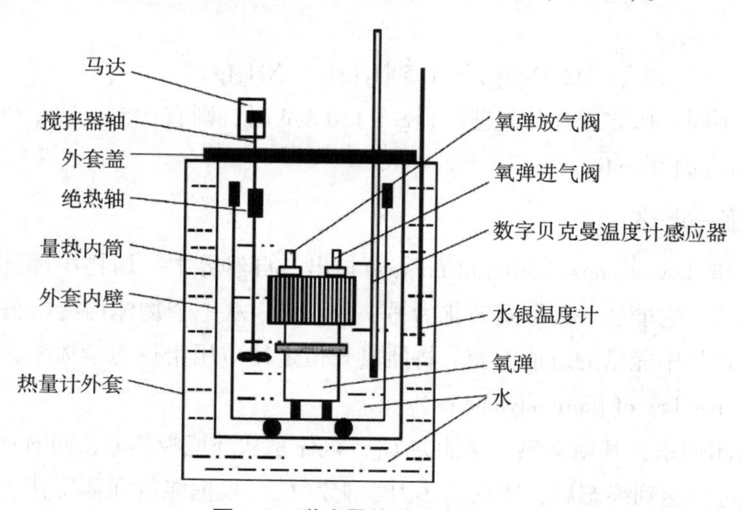

图 1.4 弹式量热计示意图

1.3.3.2 恒压反应热与焓

经恒压过程完成的化学反应的反应热被称为恒压反应热，用符号 Q_p 表示(下标 p 表示恒压过程)。当化学反应在恒压过程($p_{终}=p_{始}=p_{外}$)中进行时，如果体系只反抗外压做体积功($-p_{外}\Delta V$)，不做非体积功，则根据热力学第一定律可知，

$$\Delta U = U_{终} - U_{始} = Q_p + W = Q_p + [-p_{外}(V_{终} - V_{始})]$$

则

$$\begin{aligned} Q_p &= \Delta U + p_{外}(V_{终}-V_{始}) = (U_{终}-U_{始}) + (p_{终}V_{终} - p_{始}V_{始}) \\ &= (U_{终}+p_{终}V_{终}) - (U_{始}+p_{始}V_{始}) \end{aligned} \tag{1-13}$$

由于 U、p 和 V 都是状态函数，所以 $U+pV$ 也是体系的状态函数。将 $U+pV$ 定义为焓(Enthalpy)，用 H 表示，单位为 J 或 kJ，即

$$H = U + pV \tag{1-14}$$

焓 H 是状态函数，其大小只与体系的始态和终态有关。它与热力学能一样，具有加和性，但绝对值无法确定。由式(1-13)可知：

$$Q_p = H_2 - H_1 = \Delta H \tag{1-15}$$

式(1-15)表明，在只做体积功不做非体积功的恒压反应体系中，反应热 Q_p 在数值上等于体系的焓变 ΔH。因此，在研究化学反应热效应时，通常用反应焓变 ΔH 代替反应热 Q_p。这为反应热的测定提供了一个方便的途径。

1.3.3.3 恒压反应热和恒容反应热的关系

同一反应的恒压反应热 Q_p 和恒容反应热 Q_V 往往是不相同的，但两者之间存在联系。当反应物和产物均为理想气体，且反应是等温条件时，由式(1-13)可知：

$$\begin{aligned} Q_p &= \Delta U + (p_{终}V_{终} - p_{始}V_{始}) = Q_V + (n_{终}RT - n_{始}RT) = Q_V + (n_{终} - n_{始})RT \\ &= Q_V + \Delta nRT \end{aligned} \tag{1-16}$$

其中，$n_{始}$ 为体系始态(反应物)气体总的物质的量，$n_{终}$ 为体系终态(产物)气体总的物质的量，Δn 等于气体产物的总物质的量(反应中以计量数表示)减去气体反应物的总物质的量。

对于纯固相、液相的反应，体积变化可以忽略(即 $\Delta V=0$)，则有

$$Q_p = Q_V + p_{外}\Delta V \approx Q_V。$$

化学热力学对状态函数改变量的表示法与单位有严格的规定。如泛指体系进行某一过程时的热力学函数的改变量，如焓变，可写成 ΔH，单位是 J 或 kJ；如体系发生反应，但没有说明反应进度时，焓变则表示为 $\Delta_r H$(下标 r 是单词 reaction 的词头)，单位是 J 或 kJ。

在计算化学反应中质量和能量变化以及反应速率时，常使用反应进度作为参照。这是因为在化学热力学中，一个反应的内能变化 $\Delta_r U$ 和焓变 $\Delta_r H$ 为广度性质的热力学函数，与物质的量相关，因此它们的改变量大小都与反应进度 ξ 相关。反应进度 ξ 不同，焓变 $\Delta_r H$ 的大小也不同。因此在对不同反应进行对比研究时，有必要引入反应进度为 1 mol 时的摩尔焓变：

$$\Delta_r H_m = \frac{\Delta_r H}{\xi} \tag{1-17}$$

式中：$\Delta_r H_m$ 为反应的摩尔焓变，单位为 $J \cdot mol^{-1}$ 或 $kJ \cdot mol^{-1}$，它表示按照某一反应方程式进行且反应进度为 1 mol 时反应的焓变，下标 m(mole 的缩写)表示反应进度为 1 mol。

1.3.4 盖斯定律

1.3.4.1 热化学方程式

用来表示化学反应与热效应关系的化学反应方程式称为热化学方程式。以 $\Delta_r H_m$ 表示反应热效应，放热反应的 $\Delta_r H_m$ 值为负，吸热反应的 $\Delta_r H_m$ 值为正。由于反应热与反应方向、反应条件、物质、物质的量有关，因此书写热化学方程式要注意以下几点：

（1）要注明反应的温度和压力条件。如果反应是在 298.15 K、100 kPa 下进行的，习惯上可略去不写。

（2）要标明物质的聚集状态。如固体的晶型不同，也应加以注明。聚集状态或者固体物质的晶型不同时产生的反应热不同。通常以 g、l、s 和 aq 分别表示气态、液态、固态和溶液状态。如，生成产物的聚集状态不同，其反应热不同：

$$H_2(g)+1/2O_2(g)=H_2O(g) \qquad \Delta_r H_m=-241.8\ kJ\cdot mol^{-1}$$

$$H_2(g)+1/2O_2(g)=H_2O(l) \qquad \Delta_r H_m=-285.8\ kJ\cdot mol^{-1}$$

如石墨和金刚石由于晶型不同，产生的反应热也不同：

$$C(\text{石墨})+O_2(g)=CO_2(g) \qquad \Delta_r H_m=-393.5\ kJ\cdot mol^{-1}$$

$$C(\text{金刚石})+O_2(g)=CO_2(g) \qquad \Delta_r H_m=-395.4\ kJ\cdot mol^{-1}$$

（3）对于同一反应，书写方程式时可根据需要书写具有不同化学计量数的方程式。但要注意反应式的化学计量数不同，相同反应进度的热效应数值也不同。例如：

$$H_2(g)+1/2O_2(g)=H_2O(l) \qquad \Delta_r H_m=-285.8\ kJ\cdot mol^{-1}$$

$$2H_2(g)+O_2(g)=2H_2O(l) \qquad \Delta_r H_m=-571.6\ kJ\cdot mol^{-1}$$

（4）正、逆反应热效应的绝对值相同，但符号相反。例如：

$$H_2(g)+1/2O_2(g)=H_2O(g) \qquad \Delta_r H_m=-241.8\ kJ\cdot mol^{-1}$$

$$H_2O(g)=H_2(g)+1/2O_2(g) \qquad \Delta_r H_m=+241.8\ kJ\cdot mol^{-1}$$

1.3.4.2 盖斯定律

早期的反应热效应数据都是通过实验直接测定的。但由于反应速率过慢而导致热量散失，或者反应不易控制而导致产物不纯，许多化学反应的反应热难以测准。然而，得到反应热效应数据对于化学反应研究非常重要。

1840 年，盖斯指出，化学反应不论是一步完成还是分步完成，只要始态和终态一定，其热效应相同。这一规律称为盖斯定律（Hess's law），适用于等容热效应和等压热效应，这是因为内能和焓为状态函数，其改变量与途径无关。盖斯定律是热力学第一定律应用于化学反应的必然结果。

盖斯定律在化学研究中应用广泛。如利用盖斯定律，根据一些反应热数据通过各步骤热效应相加或相减计算另一些反应的反应热，尤其是不易直接准确测定或根本不能直接测定的反应热。当利用盖斯定律精确计算某个反应的焓变时，可以通过人为设计中间辅助反应，不必考虑这些中间反应是否真实发生。

例 1-3 已知

（1）$C(s)+O_2(g)=CO_2(g) \qquad \Delta_r H_m(1)=-393.5\ kJ\cdot mol^{-1}$

（2）$CO(g)+1/2O_2(g)=CO_2(g)$　　　$\Delta_r H_m$（2）$=-283.0\ kJ\cdot mol^{-1}$

求

（3）$C(s)+1/2O_2(g)=CO(g)$的$\Delta_r H_m$（3）。

分析：在C和O_2反应制备CO的反应中，得到的总是CO和CO_2的混合物，这导致准确测定该反应的反应热非常困难。由于C和O_2反应生成CO_2的反应(1)和CO和O_2反应生成CO_2的反应(2)的反应热能够准确测定，利用盖斯定律，将反应(1)作为总反应，将C和O_2反应生成CO的反应(3)和反应(2)作为反应(1)的2个分步反应，就可以准确计算出C和O_2反应生成CO的反应热$\Delta_r H_m(3)$。

解：方程式(1)=(3)+(2)，根据盖斯定律则有

$\Delta_r H_m(3)=\Delta_r H_m(1)-\Delta_r H_m(2)=-393.5-(-283.0)=-110.5\ kJ\cdot mol^{-1}$

1.3.5　标准摩尔生成焓与标准摩尔反应焓变

1.3.5.1　标准摩尔生成焓

虽然利用盖斯定律可由已知的反应热效应间接计算某一指定反应的热效应，但这需要预先测定许多反应的热效应，并需要确定已知反应与未知反应之间的关系；同时，由于盖斯定律仅对恒压反应或恒容反应有效，在设计使用盖斯定律过程时存在较多问题。为了达到快速简单计算反应热效应的目的，化学家建立了一种能够利用最少数量的反应热数据计算任一反应反应热的方法，即利用物质的生成热计算反应热。

由于焓的绝对值无法确定，化学热力学采用相对值方法规定了各物质焓的相对标准值，并制定了一套规则用该标准值计算体系的焓变。这套规则首先规定了元素周期表中各元素的稳定态单质(也称为参考态元素)，比如碘的稳定态单质是$I_2(s)$，而非$I_2(g)$。大多数情况下，如果一种元素存在多种同素异形体时，选择该元素在标准态下的最稳定状态为稳定态单质。例如：常温下碳C(s)有多种同素异形体，如石墨、无定形碳、金刚石和C_{60}等，在标准态下碳的稳定态单质是石墨，而非金刚石。氧的稳定态单质是$O_2(g)$，而非$O_2(l)$、$O_2(s)$或者$O_3(g)$。对于磷来说，尽管白磷不如黑磷稳定，但热力学中仍规定白磷作为磷的稳定态单质(红磷为人造物质,且具有多种晶型结构)。

热力学规定，在给定温度和标准态下，由元素的稳定态单质生成1 mol某物质时的热效应称为该物质的标准摩尔生成焓，用$\Delta_f H_m^\ominus(B,T)$表示，单位为$kJ\cdot mol^{-1}$。其中：$\Delta H_m^\ominus$表示恒压下的摩尔反应热；下标f为单词formation的词头；“$\ominus$”表示物质处于标准态(可读作“标准”)；下标m表示生成产物的量为1 mol；B为物种，包括物质、聚集状态和晶型。当未指明温度(T)时，均指298.15 K。书后附录3列出了部分物质在298.15 K时的标准摩尔生成焓$\Delta_f H_m^\ominus$。

按照定义，处于标准态的稳定态单质的标准摩尔生成焓$\Delta_f H_m^\ominus(T)$为零。例如：

$C(石墨)+O_2(g)=CO_2(g)$　　　$\Delta_r H_m^\ominus=-393.5\ kJ\cdot mol^{-1}$

其中石墨(s)和$O_2(g)$均为稳定态单质，因此$\Delta_f H_m^\ominus(C,石墨)=0\ kJ\cdot mol^{-1}$，$\Delta_f H_m^\ominus(O_2,g)=0\ kJ\cdot mol^{-1}$。由于该反应生成了1 mol的$CO_2(g)$，因此

$$\Delta_f H_m^{\ominus}(CO_2,g)=\Delta_r H_m^{\ominus}=-393.5\ kJ\cdot mol^{-1}$$

具有不同聚集状态或者晶型的相同物种，其标准摩尔生成焓随聚集状态或者晶型的不同而不同。如 $\Delta_f H_m^{\ominus}$(C,石墨)= 0 kJ·mol^{-1}，而 $\Delta_f H_m^{\ominus}$（C，金刚石）= +1.9 kJ·mol^{-1}。

热力学还规定水合氢离子的标准摩尔生成焓为零，即 $\Delta_f H_m^{\ominus}(H^+$，aq，298.15 K)= 0。据此可计算出其他水合离子在 298.15 K 时的标准摩尔生成焓。

1.3.5.2 标准摩尔反应焓变

化学热力学规定，在给定温度和标准态下，反应进度为 1 mol 时的反应或过程的摩尔焓变称为标准摩尔反应焓变，以 $\Delta_r H_m^{\ominus}(T)$ 表示，单位为 kJ·mol^{-1}。当未指明温度（T）时，均指 298.15 K。

根据盖斯定律，应用物质的标准摩尔生成焓 $\Delta_f H_m^{\ominus}$ 数据可以很方便地计算化学反应的热效应。对于任意一个在等温、等压下进行的化学反应而言，可以将反应过程设计成以下两个途径：

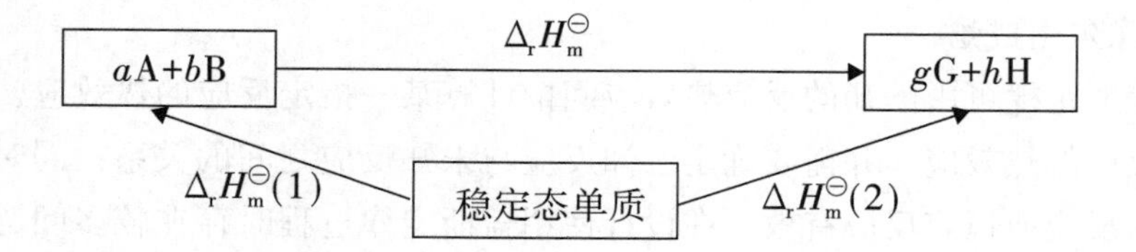

其中，

① $\Delta_r H_m^{\ominus}(1)=\sum v_B\Delta_f H_m^{\ominus}(\text{反应物})=a\Delta_f H_m^{\ominus}(A)+b\Delta_f H_m^{\ominus}(B)$

② $\Delta_r H_m^{\ominus}(2)=\sum v_B\Delta_f H_m^{\ominus}(\text{生成物})=g\Delta_f H_m^{\ominus}(G)+h\Delta_f H_m^{\ominus}(H)$

由盖斯定律可知

$$\Delta_r H_m^{\ominus}=\Delta_r H_m^{\ominus}(2)-\Delta_r H_m^{\ominus}(1)=[g\Delta_f H_m^{\ominus}(G)+h\Delta_f H_m^{\ominus}(H)]-[a\Delta_f H_m^{\ominus}(A)+b\Delta_f H_m^{\ominus}(B)] \quad (1-18)$$

或

$$\Delta_r H_m^{\ominus}=\sum_B v_B\Delta_f H_m^{\ominus}(B) \quad (1-19)$$

此式表示，在标准态下，任意化学反应的热效应 $\Delta_r H_m^{\ominus}$ 等于生成物的标准摩尔生成焓之和减去反应物的标准摩尔生成焓之和。式中 v_B 表示各物质在反应式中的计量数。

例 1-4 计算 298.15 K、标准态下，下列反应的 $\Delta_r H_m^{\ominus}$。

$$2Al(s)+Fe_2O_3(s)=Al_2O_3(s)+2Fe(s)$$

解：查表，得各物质的 $\Delta_f H_m^{\ominus}$ 如下：

	Al(s)	Fe_2O_3(s)	Al_2O_3(s)	Fe(s)
$\Delta_f H_m^{\ominus}$/(kJ·mol^{-1})	0	−824.2	−1676	0

则

$$\Delta_r H_m^{\ominus}=\Delta_f H_m^{\ominus}(Al_2O_3,s)+2\Delta_f H_m^{\ominus}(Fe,s)-[\Delta_f H_m^{\ominus}(Fe_2O_3,s)+2\Delta_f H_m^{\ominus}(Al,s)]$$
$$=[(-1676)+2\times0]-[(-824.2)+2\times0]=-851.8\ (kJ\cdot mol^{-1})$$

该反应即是铝热反应，常用于快速焊接，反应发生时可在短时间内放出大量的热，使体系温度迅速提高。

化学热力学指出，标准摩尔生成焓 $\Delta_f H_m^{\ominus}$ 随着温度变化，但对于一个指定的化学反应而言，反应物的标准摩尔生成焓之和与生成物的标准摩尔生成焓之和随温度升高的幅度大致相同，因此标准摩尔反应焓变 $\Delta_r H_m^{\ominus}$ 一般来说受温度影响很小。在无机化学课程中，可以近似认为，在一般温度范围内任意温度下的 $\Delta_r H_m^{\ominus}(T) \approx \Delta_r H_m^{\ominus}(298.15\text{K})$。

1.3.6 标准摩尔燃烧焓与标准摩尔反应焓变

化学热力学规定，1 mol 物质在标准状态下完全燃烧，生成指定的稳定产物时的热效应称为该物质的标准摩尔燃烧焓，用 $\Delta_c H_m^{\ominus}$ 表示，单位为 $\text{kJ} \cdot \text{mol}^{-1}$。其中 ΔH_m 表示恒压下的摩尔反应热，下标 c 为单词 combustion 的词头。部分有机化合物的标准摩尔燃烧焓见附录4。

标准摩尔燃烧焓主要用于以有机化合物为主的反应体系的研究，这是由于大多数有机化合物难以从单质直接合成，其标准摩尔生成焓数据不易得到。但它们燃烧反应的热效应较容易测定。标准摩尔燃烧焓以燃烧终点为参照物，因此必须对燃烧终点产物进行规定，即指定稳定产物。热力学规定，碳(C)的稳定产物为 $CO_2(g)$；氢(H)的稳定产物为 $H_2O(l)$；氮(N)、硫(S)和氯(Cl)的稳定产物分别为 $N_2(g)$、$SO_2(g)$ 和 $HCl(aq)$。这也意味着 $CO_2(g)$、$H_2O(l)$、$N_2(g)$、$SO_2(g)$ 和 $HCl(aq)$ 等物质的标准摩尔燃烧焓为零。

通过式(1-20)可以使用各物质的标准摩尔燃烧焓推导反应的标准摩尔反应焓变。

$$\Delta_r H_m^{\ominus} = \sum v_B \Delta_c H_m^{\ominus}(\text{反应物}) - \sum v_B \Delta_c H_m^{\ominus}(\text{生成物}) \tag{1-20}$$

即反应的标准摩尔反应焓变等于反应物的标准摩尔燃烧焓之和减去生成物的标准摩尔燃烧焓之和。式中 v_B 表示各物质在反应式中的计量数。应用时要注意式(1-20)与式(1-18)的区别。

1.4 化学反应的自发性及其判据

化学反应的方向、限度和速率是化学反应研究的核心内容。只有可能发生的反应，才值得研究如何进一步实现这个反应。因此，如何从理论上和实际应用上判断一个反应能否发生是科研和生产中十分重要的问题。

1.4.1 化学反应的自发性

自然界发生的过程都有明确的方向。如水从高处向低处流动；热从高温物体向低温物体传递；无色的 $AgNO_3$ 水溶液加入到无色的 NaCl 水溶液中生成白色的 AgCl 沉淀等。这种在一定条件下不需外力做功(即非体积功为零)就能自动发生且能够完成的过程称为自发过程(若为化学过程称为自发反应)。反之称为非自发过程(或反应)。

需要指出的是，非自发过程(或反应)在一定条件下，无外力做功时会不发生反应。要使非自发过程（或反应）得以进行，外界必须做功。例如欲使水从低处输送到高处，需借助水泵做机械功来实现。又例如，水在常温下不能自发地分解为氢气和氧气，但是通过电解可强行使水分解。

如何从理论上判断一个化学反应是否为自发反应，或者说从理论上如何确定一个化学反应的方向？热力学第二定律给人们提供了一个判定自然界中发生的一切物理过程和化学过程方向和限度的依据。

在初期研究各种体系的变化过程时，人们发现自然界的自发过程或者化学反应一般朝着能量降低的方向进行，即自发变化的方向是体系焓减少(即 $\Delta H<0$,放热)的方向。这种以焓变作为判断反应方向的依据称为焓变判据。很多放热反应，在 298. 15 K、标准态下是自发的，例如：

$2Mg(s)+O_2(g)=2MgO(s)$ $\quad\Delta_r H_m^{\ominus}=-602.0\ kJ\cdot mol^{-1}$

$C(s)+O_2(g)=CO_2(g)$ $\quad\Delta_r H_m^{\ominus}=-393.5\ kJ\cdot mol^{-1}$

但随着化学的发展，越来越多的与焓变判据相矛盾的例子被发现，例如：

$NH_4Cl(s)\xrightarrow{>621\ K}NH_3(g)+HCl(g)$ $\quad\Delta_r H_m^{\ominus}=+176.91\ kJ\cdot mol^{-1}$

$H_2O(s)\xrightarrow{273\ K,\ 101.3\ kPa}H_2O(l)$ $\quad\Delta_r H_m^{\ominus}=+6.01\ kJ\cdot mol^{-1}$

这些例子说明，焓变对反应进行的方向有重要的影响，但不是唯一的影响因素。仅把焓变作为化学反应自发性的普遍判据是不准确、不全面的。

1. 4. 2　化学反应的熵变和热力学第二定律

1. 4. 2. 1　熵的含义

上述吸热反应也能够自发进行的例子都有一个共同特征，即化学反应导致体系达到平衡后总的分子数目增加或者聚集状态发生明显的改变，简言之，热运动混乱度增加。体系的混乱度是指组成物质的质点在一个指定空间区域内排列和运动的无序程度，是对体系微观运动形态的形象描述。德国物理学家克劳修斯根据恒温可逆过程中的热量被绝对温度除的商——热温商 Q/T 为定值的情况，提出用熵(entropy)表示反应体系中微观粒子混乱度。熵以符号 S 表示，单位是 $J\cdot K^{-1}$。体系的混乱度越小，熵越小；混乱度越大，熵越大。熵 S 与焓 H、热力学能 U 一样，是状态函数，广度性质，具有加和性。体系变化过程中的熵变化(ΔS)取决于体系的始终态，与途径无关。

Boltzmann 从微观上指出熵是体系微观状态数 Ω 的量度，并在统计力学的基础上提出玻尔兹曼方程计算熵：

$$S = k\ln\Omega \tag{1-21}$$

式中：$k=1.38\times10^{-23}\ J\cdot K^{-1}$，称为玻尔兹曼常数。

由式(1-21)可知，体系的微观状态数越多，则混乱度越大，熵值也越大。同时，该公式也表明物质的熵可以计算得到其绝对值。其中，在 0 K 时，任何纯物质的完美晶体的熵值为零。这一表述称为热力学第三定律。

将某纯物质从 0 K 升高温度至 T K 的过程的熵变为 ΔS：

$$\Delta S = S_T - S_0 = S_T$$

S_T 表示温度为 T 时的熵值，称为这一物质的绝对熵或规定熵。这与内能和焓不同，后两者的绝对值无法求得，只能计算相对值。热力学定义，在标准态和指定温度下，1 mol 纯物质的熵称为物质的标准摩尔（绝对）熵，简称标准熵，记作 $S_m^{\ominus}(B,T)$，单位为 $J \cdot mol^{-1} \cdot K^{-1}$。

所有物质在 298.15 K 的标准摩尔熵均大于零。单质的标准摩尔熵均不等于零。这点与之前“稳定态单质的标准摩尔生成焓等于零”的规定不同。热力学规定，在标准态和 298.15 K 下，水合 H^+ 离子的标准摩尔熵为零。以此为基准计算水溶液中其他离子的标准摩尔熵。部分物质的标准摩尔熵值列在书后附录 3 中。

由熵的意义和物质的标准摩尔熵数据可知，物质的熵有以下变化规律：

① 熵与物质的聚集状态有关。对于同一物质，气态熵值大于液态熵值，而液态熵值又大于固态熵值。如 298.15 K 时，气态、液态和固态 H_2O 的 $S_m^{\ominus}$ 分别为 188.7，69.9 和 39.3 $J \cdot mol^{-1} \cdot K^{-1}$。

② 相同聚集状态的同一物质的熵值随温度升高而增大。如 $CS_2(l)$ 在 161 K 时，$S_m^{\ominus}=103\ J \cdot mol^{-1} \cdot K^{-1}$，而在 298.15 K 时，$S_m^{\ominus}=150\ J \cdot mol^{-1} \cdot K^{-1}$。

③ 对于摩尔质量相同的物质，结构越复杂，对称性越差，$S_m^{\ominus}$ 越大。如 298.15 K 时，乙醇(C_2H_5OH,g)的 $S_m^{\ominus}$ 为 282.6 $J \cdot mol^{-1} \cdot K^{-1}$，而同质异构体二甲醚($CH_3OCH_3$,g)由于对称性较高，其 $S_m^{\ominus}$ 小于乙醇，为 266.3 $J \cdot mol^{-1} \cdot K^{-1}$。

④ 结构相似的物质，摩尔质量越大，$S_m^{\ominus}$ 越大；摩尔质量相近，则 $S_m^{\ominus}$ 接近。如 298.15 K 时，卤素族氢化物 HF(g)、HCl(g)、HBr(g) 和 HI(g) 的 $S_m^{\ominus}$ 随相对分子质量增加而增加，分别为 173.8、186.9、198.5 和 206.6 $J \cdot mol^{-1} \cdot K^{-1}$。如 298.15 K 时，$N_2$(g) 的 $S_m^{\ominus}$ 为 191.6 $J \cdot mol^{-1} \cdot K^{-1}$，而与其相对分子质量接近的 CO(g) 的 $S_m^{\ominus}$ 也略接近于 N_2，为 197.7 $J \cdot mol^{-1} \cdot K^{-1}$（由于 CO 的结构相对复杂，其 $S_m^{\ominus}$ 略高于 N_2）。

⑤ 压力对固态和液态物质的熵值影响较小，而对气态物质的熵值影响较大，压力越大，微粒运动的自由度越小，熵越小。

1.4.2.2 熵变的计算

熵变的计算也遵循热化学定律。计算时，须注意物质在反应式中的计量数。对于一般反应

$$aA + bB = gG + hH$$

其标准摩尔熵变有如下计算公式：

$$\begin{aligned}\Delta_r S_m^{\ominus} &= [gS_m^{\ominus}(G)+hS_m^{\ominus}(H)]-[aS_m^{\ominus}(A)+bS_m^{\ominus}(B)] \\ &= \sum v_B S_m^{\ominus}(\text{生成物})-\sum v_B S_m^{\ominus}(\text{反应物}) \qquad (1\text{-}22)\end{aligned}$$

与标准摩尔反应焓变 $\Delta_r H_m^{\ominus}$ 受温度的影响相同，标准摩尔熵变 $\Delta_r S_m^{\ominus}$ 随温度变化较小。在无机化学课程中，也可以近似认为 $\Delta_r S_m^{\ominus}(T) \approx \Delta_r S_m^{\ominus}(298.15\ K)$。

例 1-5 计算 $MgCO_3$ 分解反应的 $\Delta_r S_m^{\ominus}(298.15\ K)$。

解：$MgCO_3(s)=MgO(s)+CO_2(g)$

$$\begin{aligned}\Delta_r S_m^{\ominus}(298.15\ K) &= S_m^{\ominus}(CO_2,g)+S_m^{\ominus}(MgO,s)-S_m^{\ominus}(MgCO_3,s) \\ &= 213.785+26.95-65.7=175.235(J \cdot mol^{-1} \cdot K^{-1})\end{aligned}$$

例 1-6 计算反应 $2SO_2(g)+O_2(g)=2SO_3(g)$ 的 $\Delta_r S_m^\ominus(298.15\ K)$。

解: 由附录查得 $2\ SO_2(g)\quad +\quad O_2(g)\quad =\quad 2\ SO_3(g)$

$S_m^\ominus(J\cdot mol^{-1}\cdot K^{-1})\quad 248.223\quad 205.152\quad 256.77$

$$\Delta_r S_m^\ominus(298.15\ K)=2S_m^\ominus(SO_3,\ g)-2S_m^\ominus(SO_2,\ g)-S_m^\ominus(O_2,\ g)$$

$$=2\times256.77-(2\times248.223+205.152)=-188.058\ (J\cdot mol^{-1}\cdot K^{-1})$$

在例 1-5 中，固态 $MgCO_3$ 分解为固态 MgO 和气态 CO_2，气体分子数增加，$\Delta_r S_m^\ominus>0$，为熵增加的过程。例 1-6 中，2 分子的气态 SO_3 和 1 分子的气态 O_2 反应生成 2 分子的气态 SO_3，气体分子数减少，$\Delta_r S_m^\ominus<0$，为熵减少的过程。

1.4.2.3 热力学第二定律

引入熵的概念后，克劳修斯进一步提出熵增加原理，在孤立体系中的任何自发过程中，体系的熵总是增大的，即

$$\Delta S(\text{孤立})>0 \tag{1-23}$$

式(1-23)是判断化学反应自发性的熵变判据，也是热力学第二定律的统计学表述。热力学第二定律指出了宏观过程进行的条件和方向。与热力学第一定律相似，热力学第二定律也是大量经验事实的总结。

由于能量交换不能完全避免，因此真正的孤立体系是不存在的。但是若将与实际体系（多为封闭体系）有能量交换的环境也包括进去而组成一个体系，这个新体系可算作孤立体系。此时，式(1-23)表示为 $\Delta S_{\text{总}}=\Delta S_{\text{体系}}+\Delta S_{\text{环境}}>0$，即在任何自发过程中，体系和环境的熵变的总和是增加的。

然而，自然界中也存在一些熵值变小的自发过程，如 $SO_2(g)$ 氧化为 $SO_3(g)$ 的反应，在 298.15 K、标准态下可以自发进行，但其 $\Delta S<0$(例 1-6)。如水转化为冰的过程，其 $\Delta S<0$，但在 $T<273.15$ K 的条件下却是自发过程。这表明，虽然熵增加有利于反应的自发进行，但是与反应焓变一样，不能仅用熵变作为反应自发性的判据。过程(或反应)的自发性不仅与焓变和熵变有关，还与温度有关。

1.4.3 吉布斯自由能判据

从前面的讨论可以知道，化学反应的方向既与反应的焓变有关，又与反应的熵变有关。要讨论反应的自发性，就需要一个新的函数，它应能综合体系的焓和熵两个状态函数，从而可作为反应自发性的判据。

在封闭体系与环境合并的近似的孤立体系中发生的自发过程存在

$$\Delta S_{\text{体系}}+\Delta S_{\text{环境}}>0 \tag{1-24}$$

如某反应在恒温恒压下进行，且有非体积功 $W_{\text{非}}$，则热力学第一定律的表达式可写成

$$Q=\Delta U-W_{\text{体}}-W_{\text{非}}=\Delta U-(-p\Delta V)-W_{\text{非}}=\Delta U+\Delta(pV)-W_{\text{非}}$$

即

$$Q=\Delta_r H-W_{\text{非}}$$

恒温恒压过程中，以可逆途径的 Q_r 为最大，即 $Q_r\geqslant Q$(可逆时=成立)

则有

$$Q_r-\Delta_r H\geqslant -W_{\text{非}}$$

恒温恒压的可逆过程中

$$Q_r = T\Delta_r S$$

$$T\Delta_r S - \Delta_r H \geqslant -W_{非}$$

$$(T_2S_2 - T_1S_1) - (H_2 - H_1) \geqslant -W_{非}$$

$$-[(H_2 - T_2S_2) - (H_1 - T_1S_1)] \geqslant -W_{非} \tag{1-25}$$

吉布斯(J. W. Gibbs)于1876年提出用自由能来综合熵和焓，其定义为

$$G = H - TS$$

由于H、T、S都是状态函数，故G也是状态函数，广度性质，具有加和性，在计算时符合热化学定律。由定义可知，吉布斯自由能与焓一样无法确定其绝对值，只能得到变化值ΔG(也是状态函数)。化学反应的吉布斯自由能变用$\Delta_r G$表示。

此时式(1-25)变为

$$-(G_2 - G_1) \geqslant -W_{非}$$

$$-\Delta G \geqslant -W_{非} \tag{1-26}$$

式(1-26)表明，在恒温、恒压过程中，体系吉布斯自由能的减少值$-\Delta G$是体系能被用来做有用功$-W_{非}$(即非体积功)的最大限度。

在恒温、恒压过程中，体系不做非体积功($W_{非}=0$)时，式(1-26)变换为

$$\Delta G \leqslant 0 \tag{1-27}$$

式(1-27)表明，在恒温、恒压、不做非体积功的条件下，封闭体系中的过程或者反应总是自发地向着吉布斯自由能减少的方向进行，直至该条件下体系的吉布斯自由能最小、达到平衡为止。这就是著名的吉布斯自由能判据。

对于恒温恒压，不做非体积功的过程或者反应，有

$\Delta G<0$　　反应正向自发进行

$\Delta G=0$　　反应处于平衡状态

$\Delta G>0$　　反应不能正向自发进行,其逆过程可以自发进行

在实际研究化学反应时，使用摩尔吉布斯自由能变($\Delta_r G_m$)的数值大小对反应的自发性进行判断。在标准状态和温度T下，反应进度为1 mol时，反应的吉布斯自由能变称为该反应的标准摩尔吉布斯自由能变，用$\Delta_r G_m^{\ominus}(T)$表示，单位$kJ \cdot mol^{-1}$。

根据热力学原理，使用吉布斯自由能判据$\Delta_r G_m^{\ominus}$时要注意以下条件：

① 反应体系必须是封闭体系。反应过程中体系与环境之间不得有物质的交换，如，不能不断加入反应物或取走生成物等；

② $\Delta_r G_m^{\ominus}$只给出了标准态时某温度、压力条件下（并且要求始态各物质温度、压力和终态相等）反应的可能性，不一定说明其他温度、压力条件下反应的可能性。

③ 反应体系必须不做非体积功（或者不受外界如“场”的影响），否则，判据将不适用。例如$2NaCl(s) = 2Na(s) + Cl_2(g)$，$\Delta_r G_m > 0$。按热力学原理此反应是不能自发进行的，但如果采用电解的方法(环境对体系做电功)，则可以强制其向右进行。

1.4.4 标准状态下化学反应吉布斯自由能变的计算

在使用吉布斯自由能判据对反应的自发性进行判断时，首先需要计算出化学反应吉布斯

自由能变的大小。

1.4.4.1 利用标准摩尔生成吉布斯自由能计算

热力学规定，在标准态和温度 T 下，由稳定态单质生成 1 mol 物质 B 时的标准摩尔吉布斯自由能变，称为物质 B 的标准摩尔生成吉布斯自由能，用 $\Delta_f G_m^{\ominus}(B,T)$ 表示，下标 f 为单词 formation 的词头；“$\ominus$”表示物质处于标准态（可读作“标准”），单位 $kJ \cdot mol^{-1}$；下标 m 表示生成产物的量为 1 mol；B 表示物种，包括物质、聚集状态和晶型。当未指明温度（T）时，均指 298.15 K。附录 3 列出了部分物质在 298.15 K 时的标准摩尔生成吉布斯自由能 $\Delta_f G_m^{\ominus}$。

按照定义，处于标准态的稳定态单质的标准摩尔生成吉布斯自由能 $\Delta_f G_m^{\ominus}$ 为零。水合氢离子的 $\Delta_f G_m^{\ominus}$ 为零，即 $\Delta_f G_m^{\ominus}(H^+,aq,298.15K)=0$。据此可计算出其他水合离子在 298.15K 时的 $\Delta_f G_m^{\ominus}$。

利用 $\Delta_f G_m^{\ominus}(298.15\ K)$ 可以方便地计算化学反应在 298.15 K 下的标准摩尔吉布斯自由能变。对于反应

$$aA+bB=gG+hH$$

有

$$\Delta_r G_m^{\ominus}=[g\Delta_f G_m^{\ominus}(G)+h\Delta_f G_m^{\ominus}(H)]-[a\Delta_f G_m^{\ominus}(A)+b\Delta_f G_m^{\ominus}(B)] \tag{1-28}$$

式(1-28)表示，反应的标准摩尔吉布斯自由能变等于产物的标准摩尔生成吉布斯自由能之和减去反应物的标准摩尔生成吉布斯自由能之和。

例 1-7 计算标准态、298.15 K 时，生产水煤气反应的 $\Delta_r G_m^{\ominus}(298.15\ K)$，并说明在该条件下，反应自发进行的方向。

解： 水煤气反应

$$C(石墨)+H_2O(g)=CO(g)+H_2(g)$$

$$\begin{aligned}\Delta_r G_m^{\ominus} &=\Delta_f G_m^{\ominus}(CO,g)+\Delta_f G_m^{\ominus}(H_2,g)-\Delta_f G_m^{\ominus}(H_2O,g)-\Delta_f G_m^{\ominus}(C,石墨)\\ &=-137.16-(-228.61)=91.45(kJ \cdot mol^{-1})\ >0\end{aligned}$$

由于 $\Delta_r G_m^{\ominus}(298.15\ K)>0$，因此标准态、298.15 K 时，该反应不能正向自发进行，实际生产过程中该反应也是在高温条件下进行的。这一事实也说明，温度对吉布斯自由能变影响较大。

需要指出，不同于反应的焓变和熵变随温度变化都很小的情况，温度对吉布斯自由能变影响比较大。由于目前多数手册仅报道 298.15 K 时的标准摩尔生成吉布斯自由能，上述方法只能计算 298.15 K 时的标准摩尔吉布斯自由能变 $\Delta_r G_m^{\ominus}$，不能计算其他温度时的 $\Delta_r G_m^{\ominus}$。

1.4.4.2 利用吉布斯-赫姆霍兹方程计算

对一个恒温恒压过程，设始态的吉布斯自由能为 G_1，终态的吉布斯自由能为 G_2，则有

$$G_2-G_1=\Delta G=(H_2-TS_2)-(H_1-TS_1)=\Delta H-T\Delta S \tag{1-29}$$

式(1-29)称为吉布斯-赫姆霍兹(Gibbs-Helmholtz)方程，也称为自由能方程。由式(1-29)，在恒温、标准状态下，有

$$\Delta_r G_m^\ominus = \Delta_r H_m^\ominus - T\Delta_r S_m^\ominus \tag{1-30}$$

由于 $\Delta_r H_m^\ominus$ 和 $\Delta_r S_m^\ominus$ 受温度的影响均不大，在近似计算时可不考虑温度对它们的影响。因此 $\Delta_r H_m^\ominus(T) \approx \Delta_r H_m^\ominus(298.15\ \text{K})$，$\Delta_r S_m^\ominus(T) \approx \Delta_r S_m^\ominus(298.15\ \text{K})$，这样任一温度 T 时的标准摩尔吉布斯自由能变可以按下式(1-31)作近似计算。

$$\Delta_r G_m^\ominus = \Delta_r H_m^\ominus - T\Delta_r S_m^\ominus \approx \Delta_r H_m^\ominus(298.15\ \text{K}) - T\Delta_r S_m^\ominus(298.15\ \text{K}) \tag{1-31}$$

例 1-8 利用 $\Delta_f H_m^\ominus(298.15\ \text{K})$ 和 $S_m^\ominus(298.15\ \text{K})$ 求下列反应的 $\Delta_r G_m^\ominus(298.15\ \text{K})$，并判断反应的方向。

	2 NO(g)	+ O_2(g)	= 2NO_2(g)
$\Delta_f H_m^\ominus(298.15\ \text{K})/(\text{kJ}\cdot\text{mol}^{-1})$	91.29	0	33.1
$S_m^\ominus(298.15\ \text{K})/(\text{J}\cdot\text{mol}^{-1}\cdot\text{K}^{-1})$	210.76	205.152	240.1

解： $\Delta_r H_m^\ominus = 2\Delta_f H_m^\ominus(NO_2, g) - [2\Delta_f H_m^\ominus(NO, g) + \Delta_f H_m^\ominus(O_2, g)]$

$= 2\times33.1 - (2\times91.29 + 0) = -116.38\ (\text{kJ}\cdot\text{mol}^{-1})$

$\Delta_r S_m^\ominus = 2S_m^\ominus(NO_2, g) - [2S_m^\ominus(NO, g) + S_m^\ominus(O_2, g)]$

$= 2\times240.1 - (2\times210.76 + 205.152) = -146.472\ (\text{J}\cdot\text{mol}^{-1}\cdot\text{K}^{-1})$

$\Delta_r G_m^\ominus = \Delta_r H_m^\ominus - T\Delta_r S_m^\ominus = -116.38 - 298.15\times(-146.472)\times10^{-3} = -72.71\ \text{kJ}\cdot\text{mol}^{-1} < 0$

由于 $\Delta_r G_m^\ominus < 0$，因此在 298.15 K、标准态下，该反应可以自发进行。

$\Delta_r G_m^\ominus$ 作为反应或过程自发性的判据时，包含 $\Delta_r H_m^\ominus$ 和 $\Delta_r S_m^\ominus$ 两个因素。在不同温度下反应自发进行的方向取决于 $\Delta_r H_m^\ominus$ 和 $\Delta_r S_m^\ominus$ 的相对大小。恒温、恒压、标准态条件下：

(1) 若 $\Delta_r H_m^\ominus < 0$，$\Delta_r S_m^\ominus > 0$，则 $\Delta_r G_m^\ominus$ 一定总是<0，反应在所有温度下均是自发过程。

例如，双氧水的分解反应在任何温度下都可以发生。

$$2H_2O_2(aq) = 2H_2O(g) + O_2(g)$$

(2) 若 $\Delta_r H_m^\ominus > 0$，$\Delta_r S_m^\ominus < 0$，则 $\Delta_r G_m^\ominus$ 一定总是>0，反应在所有温度下均是非自发过程。

例如，CO 的分解反应为吸热反应($\Delta_r H_m^\ominus > 0$)，反应结果气态分子数减少，熵减少($\Delta_r S_m^\ominus < 0$)。该反应的 $\Delta_r G_m^\ominus$ 永远大于 0，因此任何温度下，此反应不能自发进行。

$$CO(g) = C(s) + 1/2O_2(g)$$

(3) 若 $\Delta_r H_m^\ominus < 0$，$\Delta_r S_m^\ominus < 0$：低温时，$\Delta_r G_m^\ominus < 0$，反应是自发过程；高温时，$\Delta_r G_m^\ominus > 0$，反应是非自发过程。

例如，合成氨反应为放热反应($\Delta_r H_m^\ominus < 0$)，反应结果气态分子数减少，熵减少（$\Delta_r S_m^\ominus < 0$）。随温度升高，($-T\Delta S$)值逐渐增大。当温度升到某温度 T 时，导致 ΔG 由负值变为正值，$\Delta G > 0$，反应由自发进行变为非自发；随温度降低，($-T\Delta S$)值逐渐减小，低于某一温度时，$\Delta G = \Delta H - T\Delta S < 0$，所以这类反应在高温下不自发进行，只有在低于某一温度 T 的温度时才能进行。

$$N_2(g) + 3H_2(g) = 2NH_3(g)$$

(4) 若 $\Delta_r H_m^\ominus > 0$，$\Delta_r S_m^\ominus > 0$，低温时，则 $\Delta_r G_m^\ominus > 0$，反应是非自发过程；高温时，则 $\Delta_r G_m^\ominus < 0$，反应是自发过程。

例如，$CaCO_3$ 的分解反应为吸热反应（$\Delta_r H_m^\ominus>0$），反应后有气体产生（$\Delta_r S_m^\ominus>0$）。但该反应在低温不能自发进行，只有在高于某一温度，使 $|T\Delta S|>|\Delta H|$ 时，反应才可以自发进行。因此温度升高，有利于反应自发进行。

$$CaCO_3(s)=CaO(s)+CO_2(g)$$

当 $\Delta_r H_m^\ominus=T\Delta_r S_m^\ominus$ 时，$\Delta_r G_m^\ominus=0$，体系处于平衡状态。温度稍有改变，反应方向发生逆转，这一温度被称为转变温度。可表示为：

$$T_{转}\approx\frac{\Delta_r H_m^\ominus(298.15\ K)}{\Delta_r S_m^\ominus(298.15\ K)} \tag{1-32}$$

例 1-9 用 $CaO(s)$ 吸收高炉废气中的 SO_3 气体，其反应方程式为

$$CaO(s)+SO_3(g)=CaSO_4(s)$$

（1）根据下列数据计算该反应 373 K 时的 $\Delta_r G_m^\ominus$，以说明反应进行的可能性；（2）对上述反应来说，是升温有利还是降温有利？（3）计算反应逆转的温度，进一步说明应用此反应防止 SO_3 污染环境的合理性。

	$CaSO_4(s)$	$CaO(s)$	$SO_3(g)$
$\Delta_f H_m^\ominus(kJ\cdot mol^{-1})$	−1425.2	−634.92	−395.7
$S_m^\ominus$ $(J\cdot mol^{-1}\cdot K^{-1})$	108.4	38.1	256.77

解：

$$(1)\ \Delta_r H_m^\ominus=\Delta_f H_m^\ominus(CaSO_4)-\Delta_f H_m^\ominus(CaO)-\Delta_f H_m^\ominus(SO_3)$$
$$=(-1425.2)-(-634.92)-(-395.7)=-394.58(kJ\cdot mol^{-1})$$

$$\Delta_r S_m^\ominus=S_m^\ominus(CaSO_4)-S_m^\ominus(CaO)-S_m^\ominus(SO_3)=108.4-38.1-256.77$$
$$=-186.47(J\cdot mol^{-1}\cdot K^{-1})$$

373K 时，$\Delta_r G_m^\ominus=\Delta_r H_m^\ominus-T\Delta_r S_m^\ominus=(-394.58)-(-186.47)\times373/1000$

$$=-325.03(kJ\cdot mol^{-1})$$

由于 $\Delta_r G_m^\ominus<0$，该反应在此条件下可以自发进行。

（2）由于 $\Delta_r H_m^\ominus$ 和 $\Delta_r S_m^\ominus$ 均为负值，因此降温有利于反应进行。

（3）欲使反应在标准状态下自发进行，必须

$$\Delta_r G_m^\ominus(T)\approx\Delta_r H_m^\ominus(298.15\ K)-T\Delta_r S_m^\ominus(298.15\ K)<0$$

所以反应逆转的温度为

$$T>\frac{\Delta_r H_m^\ominus(298.15\ K)}{\Delta_r S_m^\ominus(298.15\ K)}=\frac{-394.58\times1000}{-186.47}=2\ 116(K)$$

由上述计算可知，要想逆反应发生，即 $CaSO_4$ 分解产生 SO_3，反应温度必须超过 2 116 K。因此这一反应的逆反应不易发生，可用于吸收高炉废气中的 SO_3 气体，防止其污染环境。

1.4.5 非标准状态下化学反应吉布斯自由能变的计算

对于任一恒温、恒压下进行的化学反应

$$aA+bB=gG+hH$$

若各组分的$p \neq p^{\ominus}$或者$c \neq c^{\ominus}$，此时反应处于非标准态，不能用$\Delta_r G_m^{\ominus}$是否小于0来判断反应方向，而应当用$\Delta_r G_m$作方向判据。化学热力学中$\Delta_r G_m$与$\Delta_r G_m^{\ominus}$之间的关系如下：

$$\Delta_r G_m = \Delta_r G_m^{\ominus} + RT \ln J \tag{1-33}$$

或者

$$\Delta_r G_m = \Delta_r G_m^{\ominus} + 2.303\ RT \lg J \tag{1-34}$$

上式称为化学反应等温式，式中J称为反应商。

对于气相反应，$J = \dfrac{[p(G)/p^{\ominus}]^g [p(H)/p^{\ominus}]^h}{[p(A)/p^{\ominus}]^a [p(B)/p^{\ominus}]^b}$

对于液相反应，$J = \dfrac{[c(G)/c^{\ominus}]^g [c(H)/c^{\ominus}]^h}{[c(A)/c^{\ominus}]^a [c(B)/c^{\ominus}]^b}$

对于多相反应，计算反应商时，气体组分要用相对分压($p/p^{\ominus}$)代入，溶液组分要用相对浓度($c/c^{\ominus}$)代入，水、纯液体或纯固体的摩尔分数$x_i=1$，不代入计算。

化学反应等温式反映了反应体系中各组分的分压或浓度对$\Delta_r G_m$的影响。

例1-10 试通过计算说明在1000 K下，(1) 标准态时；(2) CO_2的分压为100 Pa时，石灰石($CaCO_3$)分解反应能否自发？(已知298.15 K时，$\Delta_r H_m^{\ominus} = 178.33\ kJ \cdot mol^{-1}$，$\Delta_r S_m^{\ominus} = 160.5\ J \cdot mol^{-1} \cdot K^{-1}$)

解：(1) 在1000 K，标准态时

$\Delta_r G_m^{\ominus}(1000\ K) = \Delta_r H_m^{\ominus} - T\Delta_r S_m^{\ominus} = 178.33 - 1000 \times 160.5 \times 10^{-3} = 17.83(kJ \cdot mol^{-1})$

因为$\Delta_r G_m^{\ominus} > 0$，因此反应是非自发的。

(2) 当反应在1000 K，CO_2的分压为100 Pa(非标准态)进行时，

$$CaCO_3(s) = CaO(s) + CO_2(g)$$

由于$CaCO_3$和CaO均为固体，则$J = p(CO_2)/p^{\ominus}$。根据式(1-33)得到

$$\begin{aligned}\Delta_r G_m(1000\ K) &= \Delta_r G_m^{\ominus}(1000\ K) + RT \ln[p(CO_2)/p^{\ominus}] \\ &= 17.83 \times 10^3 + 8.314 \times 1000 \times \ln(100/100000) \\ &= -39.60 \times 10^3 (J \cdot mol^{-1}) = -39.60\ (kJ \cdot mol^{-1})\end{aligned}$$

因为$\Delta_r G_m < 0$，可见石灰石($CaCO_3$)分解反应在1000 K下，当CO_2的分压由$p^{\ominus}$降低至100 Pa时，可由非自发变成自发。

思考题与习题

1. 如何判断状态函数？试总结本章中状态函数。试说明热和功不是状态函数。
2. 热力学能、焓和吉布斯自由能的物理意义分别是什么？
3. 化学反应自发进行的判据是什么？
4. 氢是自然界中最丰富的元素。试查阅资料回答以下问题：
   (1) 传统工业生产中氢气的来源。该来源是否清洁环保？
   (2) 新型氢能源不产生温室气体和有害废物，可以避免使用化石燃料等产生的污染。如果能够从水中获得氢气，将能极大地缓解能源枯竭的威胁，试分析能否通过水的热分解法制取氢气？如果不能，现在的氢能源又如何取得？请举例说明。
5. 下列说法是否正确？为什么？
   (1) 放热反应均是自发反应。
   (2) 要加热才能进行的反应一定是吸热反应。
   (3) $\Delta_r S_m^{\ominus}$ 为负值的反应均不能进行。
   (4) 冰在室温下自动融化成水，是熵增加推动变化的发生。
   (5) 只有等压过程才具有焓变。
6. 20 ℃时，将 20.0 dm^3、压力为 101.3 kPa 的空气缓慢地通过盛有 30 ℃溴苯的容器，经检测，空气通过后，溴苯质量减少了 0.950 g。假设空气通过溴苯后即被溴苯饱和，且容器前后压力差忽略不计，则 30 ℃时溴苯饱和蒸汽压是多少？
7. 已知

   $C(s)+O_2(g)=CO_2(g)$　　　　$\Delta_r H_m^{\ominus}=-393.5\ kJ\cdot mol^{-1}$

   $2H_2(g)+O_2(g)=2\ H_2O(l)$　　　　$\Delta_r H_m^{\ominus}=-571.8\ kJ\cdot mol^{-1}$

   298.15 K、100 kPa 下，0.25 mol 液态苯与氧气完全反应放出 817 kJ 热量。

   $$C_6H_6(l)+7.5O_2(g)=6CO_2(g)+3H_2O(l)$$

   (1) 求苯与氧气完全反应的 $\Delta_r H_m^{\ominus}$。(2) 求由石墨和氢气制苯的反应热。
8. 根据热力学近似计算，说明反应 $ZnO(s)+C(s)=Zn(s)+CO(g)$ 约在什么温度时才能自发进行？

25 ℃,100 kPa 时：	ZnO(s)	CO(g)	Zn(s)	C(s)
$\Delta_f H_m^{\ominus}/kJ\cdot mol^{-1}$	−348.3	−110.5	0	0
$S_m^{\ominus}/J\cdot mol^{-1}\cdot K^{-1}$	43.6	197.6	41.6	5.7

9. 通过计算说明反应 $2CuO(s)=Cu_2O(s)+1/2O_2(g)$
   (1) 在常温(298.15 K)、标准态下能否自发进行？
   (2) 在 700 K 时、标准态下能否自发进行？
10. 已知 298 K 时反应：$3Fe(s)+4H_2O(g)=Fe_3O_4(s)+4H_2(g)$

	$3Fe(s)$	$4H_2O(g)$	$Fe_3O_4(s)$	$4H_2(g)$
$\Delta_f H_m^{\ominus}/kJ\cdot mol^{-1}$	0	−242	−1 117	0
$S_m^{\ominus}/J\cdot mol^{-1}\cdot K^{-1}$	27	189	146	131

试计算说明：

（1）上述反应在 1 200 ℃时能否自发进行？

（2）欲使此反应自发进行，必须控制多高温度？

11. 已知 298 K 时下列热力学数据：

	$CH_4(g)$	$O_2(g)$	$CO_2(g)$	$H_2O(l)$
$\Delta_f H_m^\ominus/kJ\cdot mol^{-1}$	-74.82	0	-392.9	-285.85
$S_m^\ominus/J\cdot mol^{-1}\cdot K^{-1}$	186.01	205	213.8	70.0

计算反应 $CH_4(g)+2O_2(g)=CO_2(g)+2H_2O(l)$ 在 298 K 时的 $\Delta_r G_m^\ominus$。

12. 计算下列反应的 $\Delta_r G_m^\ominus$(298.15 K)值，并判断反应在 298.15 K 及标准态下能否自发向右进行。

$$8Al(s)+3Fe_3O_4(s)=4Al_2O_3(s)+9Fe(s)$$

13. 对于 298 K 时的 CO_2 和石墨的反应 C(石墨)$+CO_2(g)=2CO(g)$ 的 $\Delta_r H_m^\ominus=+172.5\ kJ\cdot mol^{-1}$，$\Delta_r S_m^\ominus=+175.9\ J\cdot mol^{-1}\cdot K^{-1}$。试说明：(1) 此反应的 $\Delta_r S_m^\ominus$ 为正值的理由。(2) 问此反应能否自发进行(用计算来说明)。(3) 试求在什么温度以上，此反应能自发进行。

14. 在 100 kPa 下，碳能够还原 Fe_2O_3 的温度是多少？

$2C(s)+O_2(g)=2CO(g)$ $\quad\Delta_r H_m^\ominus=-221.0\ kJ\cdot mol^{-1}$

$2Fe(s)+1.5O_2(g)=Fe_2O_3(s)$ $\quad\Delta_r H_m^\ominus=-824.2\ kJ\cdot mol^{-1}$

	$Fe_2O_3(s)$	C(s)	Fe(s)	$O_2(g)$	CO(g)
$S_m^\ominus(J\cdot mol^{-1}\cdot K^{-1})$	87.4	5.7	27.3	205.2	197.7

15. 白锡如果保存不当，会变为脆性的灰锡：

$$Sn(白) \rightleftharpoons Sn(灰)$$

已知 298 K 时，Sn(白)的 $\Delta_f H_m^\ominus=0\ kJ\cdot mol^{-1}$，$S_m^\ominus=51.2\ J\cdot K^{-1}\cdot mol^{-1}$，Sn(灰)的 $\Delta_f H_m^\ominus=-2.1\ kJ\cdot mol^{-1}$，$S_m^\ominus=44.1\ J\cdot K^{-1}\cdot mol^{-1}$，试估算该转化反应的温度条件。

16. 已知 298.15 K 时下列反应的焓变：

① $MnO_2(s)=MnO(s)+1/2O_2(g)$ $\quad\Delta_r H_m^\ominus(1)=134.8\ kJ\cdot mol^{-1}$

② $MnO_2(s)+Mn(s)=2MnO(s)$ $\quad\Delta_r H_m^\ominus(2)=-250.4\ kJ\cdot mol^{-1}$

根据下表中的数据，对下列两种由二氧化锰制备金属锰的方法进行分析。

	$H_2(g)$	$H_2O(g)$	Mn(s)	C(s)	CO(g)
$\Delta_f H_m^\ominus/kJ\cdot mol^{-1}$	0	-241.826	0	0	-110.5

③ $MnO_2(s)+2H_2(g)=Mn(s)+2H_2O(g)$ $\quad\Delta_r S_m^\ominus=95.1\ J\cdot K^{-1}\cdot mol^{-1}$

④ $MnO_2(s)+2C(s)=Mn(s)+2CO(g)$ $\quad\Delta_r S_m^\ominus=362.9\ J\cdot K^{-1}\cdot mol^{-1}$

试计算说明：

（1）$MnO_2(s)$ 的 $\Delta_f H_m^\ominus$。

（2）通过计算确定反应③和④在 25 ℃，100 kPa 下的反应方向。

(3) 如果考虑制备金属锰的工作温度愈低愈好,试问采取哪种方法较好?

(4) 试分析反应③和④的优缺点。

17. 汽车的安全气囊能够为乘员提供有效的防撞保护。安全气囊一般由叠氮化钠在火花的引发下反应生成氮气而起到防护作用。其反应为

(A) $6NaN_3(s)+Fe_2O_3(s)=3Na_2O(s)+2Fe(s)+9N_2(g)$

或者

(B) $10NaN_3(s)+2KNO_3(s)+6SiO_2(s)=5Na_2SiO_3(s)+K_2SiO_3(s)+16N_2(g)$

相关热力学数据为

	NaN_3	Fe_2O_3	Na_2O	Fe	KNO_3	SiO_2	Na_2SiO_3	K_2SiO_3	N_2
$\Delta_f H_m^\ominus(kJ\cdot mol^{-1})$	21.71	−824.20	−414.20	0	−494.63	−910.70	−1554.9	−1548.10	0
$S_m^\ominus(J\cdot mol^{-1}\cdot K^{-1})$	96.86	87.40	75.04	27.32	133.05	41.46	113.80	146.10	191.61

试计算说明:

(1) 在25 ℃, 101.325×10^5 Pa下,采用反应(A)或者(B)产生60.0 dm^3 的 N_2 各需要叠氮化钠的质量是多少?

(2) 试分析反应(A)或(B)的正向自发性。

18. 已知乙烷脱氢反应的有关数据 $C_2H_6(g,p^\ominus) \rightleftharpoons C_2H_4(g,p^\ominus)+H_2(g,p^\ominus)$

$\Delta_f G_m^\ominus/kJ\cdot mol^{-1}$ −32.82 68.15 0

(1) 通过计算判断在标准状态下298 K时反应的方向;

(2) 在298 K时,若体系中 C_2H_6(g,80 kPa), C_2H_4(g,3.0 kPa), H_2(g,3.0 kPa),通过计算判断在此条件下反应的方向。

第 2 章　化学反应速率

第 1 章介绍了化学反应中能量变化的基本规律，并讨论了在指定条件下化学反应进行的方向。在研究化学反应时，我们还关心化学反应进行的快慢，也就是化学反应的速率。在化学反应中涉及反应速率的领域属于化学动力学范畴。在宏观表现上“动力学”意味着移动或改变，即研究各种宏观因素，如浓度、温度、催化剂等对反应速率的影响及建立化学反应的速率方程。在微观领域着重从分子水平上揭示反应机理，建立基元反应的速率理论和速率方程。

本章主要讨论化学反应的机理、化学反应速率所遵循的规律和影响反应速率的因素。

2.1　反应速率

有些化学反应进行得很快，几乎瞬间完成，如爆炸、酸碱中和反应等。但是有些反应进行得很慢，如常温下 $CaCO_3$ 的分解、石油的形成等，它们进行得很慢，以致于在有限的时间内难以察觉。即使是同一个化学反应，在不同的反应条件下，反应速率也不相同。为了定量地研究化学反应，需要明确化学反应速率的概念和表示方法。

2.1.1　平均速率和瞬时速率

化学反应速率是指在一定条件下反应物转变为生成物的速率，经常用单位时间内反应物浓度的减少或生成物浓度的增加表示。浓度的单位常用 $mol \cdot dm^{-3}$，时间的单位根据实际情况可以用秒(s)，分钟(min)或小时(h)。因此根据反应速率的快慢，反应速率的单位可以用 $mol \cdot dm^{-3} \cdot s^{-1}$，$mol \cdot dm^{-3} \cdot min^{-1}$ 或 $mol \cdot dm^{-3} \cdot h^{-1}$ 表示。反应速率 v 的 SI 单位（国际单位）为 $mol \cdot dm^{-3} \cdot s^{-1}$。

2.1.1.1　平均速率

平均速率是指在一定条件下单位时间内某化学反应的反应物转变为生成物的速率。

$$\bar{v} = \frac{1}{v_B} \frac{\Delta c_B}{\Delta t} \tag{2-1}$$

例如，合成氨反应

	N_2	+	$3\ H_2$	=	$2\ NH_3$
起始浓度/($mol \cdot dm^{-3}$)	1.0		3.0		0
2 s 后浓度/($mol \cdot dm^{-3}$)	0.8		2.4		0.4

则在 0~2 s 内的平均反应速率为：

$$\bar{v}=\frac{1}{v(N_2)}\frac{\Delta c(N_2)}{\Delta t}=\frac{1}{(-1)}\frac{(0.8-1.0)}{2\ s}=0.1(\text{mol}\cdot\text{dm}^{-3}\cdot\text{s}^{-1})$$

$$=\frac{1}{v(H_2)}=\frac{\Delta c(H_2)}{\Delta t}=\frac{1}{(-3)}\frac{(2.4-3.0)}{2\ s}=0.1\ (\text{mol}\cdot\text{dm}^{-3}\cdot\text{s}^{-1})$$

$$=\frac{1}{v(NH_3)}\frac{\Delta c(NH_3)}{\Delta t}=\frac{1}{2}\frac{(0.4-0)}{2\ s}=0.1\ (\text{mol}\cdot\text{dm}^{-3}\cdot\text{s}^{-1})$$

计算平均速率时，需引入化学计量系数，这样对于特定的反应来说，无论用哪种组分表示，该反应的反应速率总是相同的，这也正是该表示方法的优点所在。

2.1.1.2 瞬时速率

以上介绍的是在 Δt 时间内的平均速率，在某瞬间即 $\Delta t \to 0$ 的反应速率，称为瞬时速率。即

$$v=\frac{1}{v_B}\lim_{\Delta t\to 0}\frac{\Delta c_B}{\Delta t}=\frac{1}{v_B}\frac{dc_B}{dt} \tag{2-2}$$

后续提及的反应速率，都是指瞬时反应速率。

若实验测得某一时刻反应体系中某组分浓度随时间的变化率，代入式（2-2）即可求得此刻的反应速率。

当反应方程式为

$$a\text{A}+b\text{B}=g\text{G}+h\text{H}$$

时，分别用各组分表示的反应速率为

$$v=-\frac{1}{a}\frac{dc(A)}{dt}=-\frac{1}{b}\frac{dc(B)}{dt}=\frac{1}{g}\frac{dc(G)}{dt}=\frac{1}{h}\frac{dc(H)}{dt} \tag{2-3}$$

对于上述合成氨反应 $N_2+3\ H_2=2\ NH_3$，则有：

$$v=-\frac{1}{1}\frac{dc(N_2)}{dt}=-\frac{1}{3}\frac{dc(H_2)}{dt}=\frac{1}{2}\frac{dc(NH_3)}{dt}$$

用反应进度表示的反应速率的数值与表示速率的物质无关，亦即一个反应只有一个反应速率值，但是与化学计量系数有关。因此在表示反应速率时，必须写明相应的化学计量方程式。在实际工作中总是选择容易测定的那种物质进行反应速率的研究。

瞬时速率可用作图法求得。以 c 为纵坐标，以 t 为横坐标，画出 $c-t$ 曲线。曲线上某一点切线斜率的绝对值就是对应横坐标该时刻的瞬时速率。

例 2-1 下表是 315 K 时 N_2O_5 在 CCl_4 中发生分解反应时 N_2O_5 的浓度变化数据。用作图法求出反应时间 $t=2\ 700$ s 时的瞬时速率。

t/s	0	300	600	900	1 200	1 800	2 400	3 000	4 200	5 400	6 600	7 800
$c(N_2O_5)$/mol·dm^{-3}	0.200	0.180	0.161	0.144	0.130	0.104	0.084	0.068	0.044	0.028	0.018	0.012

解:根据数据画出 $c(N_2O_5)-t$ 曲线,对横坐标为 2 700 s 的点做切线:

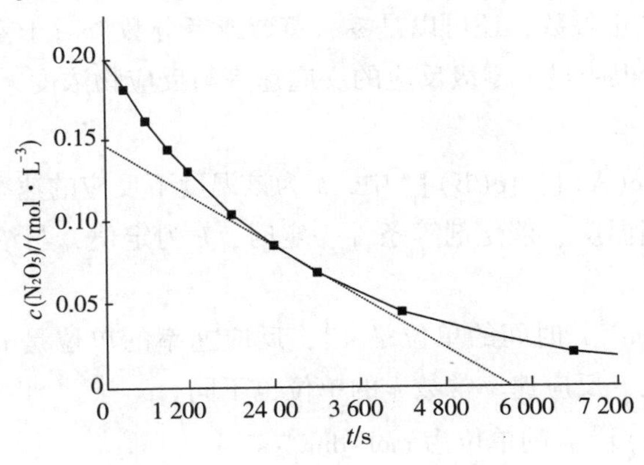

其斜率为

$$-\frac{0.144}{5\ 580}=-2.58\times10^{-5}$$

因此,2 700 s 时的瞬时速率为 $2.58\times10^{-5}\ mol\cdot dm^{-3}\cdot s^{-1}$。

2.1.2 反应速率方程

2.1.2.1 反应速率方程的基本形式

对于一个一般反应 $aA+bB=gG+hH$,反应速率方程可以表示为

$$v=k[c(A)]^{p}\cdot[c(B)]^{q} \tag{2-4}$$

式中:v 为反应速率;k 为该温度下反应的速率常数;p,q 分别为反应物 A 和 B 的反应级数,称为分反应级数。

在书写速率方程时,应注意:

① 稀溶液中有溶剂参与的反应,其速率方程中不必列出溶剂的浓度。因为在稀溶液中,溶剂量很大,在整个反应过程中,溶剂量变化甚微,因此溶剂的浓度可近似地看作常数而合并到速率常数 k 项中。例如,蔗糖稀溶液中,蔗糖水解为葡萄糖和果糖的反应:

$$\underset{蔗糖}{C_{12}H_{22}O_{11}}+\underset{溶剂}{H_2O}\xrightarrow{H^+}\underset{葡萄糖}{C_6H_{12}O_6}+\underset{果糖}{C_6H_{12}O_6}$$

其速率方程为

$$v=k\cdot c(C_{12}H_{22}O_{11})$$

② 若反应物中有固体或纯液体,则固体或纯液体的浓度不必列入方程式。因为固体、纯液体的浓度可视为常数。

2.1.2.2 反应级数

反应级数是反应速率方程中各反应物浓度的指数之和。对于反应 $aA+bB\rightarrow gG+hH$,若它的反应速率方程为 $v=k[c(A)]^{p}\cdot[c(B)]^{q}$,则反应物 A 的分反应级数为 p,反应物 B 的分反应级数为 q,总的反应级数为 $n=p+q$,称该反应为 n 级反应。

例如,对于化学反应 $2H_2+2NO=2H_2O+N_2$,通过实验确定其速率方程为 $v=kc(H_2)\cdot[c(NO)]^2$,可知 H_2 的分反应级数是 1 级,NO 的分反应级数是 2 级。反应级数为分反应级

数之和，即 1+2=3，是三级反应。

反应级数不但可以是正整数，还可以是零、负数或者分数。对于零级反应，反应级数 $n=0$，速率方程为 $v=k$。很明显，零级反应的反应速率与反应物浓度无关。

2.1.2.3　反应速率常数

反应速率方程 $v=k[c(\mathrm{A})]^p\cdot[c(\mathrm{B})]^q$ 中，k 为该温度下反应的速率常数，它是温度的函数。对于给定反应，当温度、催化剂等条件一定时，k 为定值，与浓度无关，需通过实验确定。

浓度的单位是 $\mathrm{mol\cdot dm^{-3}}$，时间的单位是 $\mathrm{s^{-1}}$，反应速率的单位是 $\mathrm{mol\cdot dm^{-3}\cdot s^{-1}}$，因此对于反应级数不同的反应，反应速率常数 k 的单位也不同。

零级反应：$v=k[c(\mathrm{A})]^0$，k 的单位为 $\mathrm{mol\cdot dm^{-3}\cdot s^{-1}}$

一级反应：$v=k[c(\mathrm{A})]$，k 的单位为 $\mathrm{s^{-1}}$

二级反应：$v=k[c(\mathrm{A})]^2$，k 的量纲为 $\mathrm{mol^{-1}\cdot dm^3\cdot s^{-1}}$

……

n 级反应：$v=k[c(\mathrm{A})]^n$，k 的量纲为 $(\mathrm{mol\cdot dm^{-3}})^{1-n}\cdot\mathrm{s^{-1}}$

显然，由反应级数 n 很容易推出 k 的单位，或由 k 的单位推出反应级数 n。

2.2　影响反应速率的因素

在实际工作中，常常要知道在一定条件下，化学反应以怎样的速率进行，反应条件的改变将如何影响反应速率，这就需要讨论影响反应速率的因素及其规律。化学反应速率首先决定于反应物的性质，当反应确定后，反应速率主要受浓度（或分压）、温度和催化剂等的影响。

2.2.1　浓度对反应速率的影响

众所周知，燃料在氧气中燃烧要比在空气中燃烧剧烈得多。这说明随着反应物氧气的浓度的增大，反应速率也随之增大。但是，反应速率与反应物浓度之间存在怎样的定量关系呢？要回答这个问题，先要从基元反应谈起。

从反应历程来看，任何一个化学反应，其反应物分子可能一步直接转化为产物分子，也可能经过若干步骤才转化为产物分子。所谓基元反应，是指反应物分子一步直接转化为产物的反应。

实验证明，基元反应的反应速率与反应物浓度以其化学计量数为指数的幂的乘积成正比。这一规律称为质量作用定律。因此对于任一基元反应，根据质量作用定律，可以直接写出速率方程式。如已知基元反应

$$a\mathrm{A}+b\mathrm{B}=g\mathrm{G}+h\mathrm{H}$$

则其反应速率方程为

$$v=k[c(\mathrm{A})]^a\cdot[c(\mathrm{B})]^b \tag{2-5}$$

式中：a 和 b 为反应方程式中反应物 A 和 B 的化学计量数。

对于非基元反应，即由若干个基元反应步骤组成的复杂反应来说，虽然质量作用定律适用于其中每一个步骤，但往往不适用于总的反应，故其反应级数与反应式中反应物分子的计

量数之和往往不相等。即

$$v = k[c(\mathrm{A})]^p \cdot [c(\mathrm{B})]^q \tag{2-6}$$

其中 p、q 不一定等于 a 和 b，而是由这若干基元反应中最慢的一步决定。例如，实验测得下列反应

$$2NO+2H_2=N_2+2H_2O$$

其反应速率方程为

$$v = k[c(\mathrm{NO})]^2 \cdot [c(\mathrm{H_2})]$$

反应速率与 H_2 浓度的一次方而不是二次方成正比，表明该反应不是基元反应，而是复杂反应。进一步的研究发现，该反应实际上分为如下两步进行：

① $2NO+H_2=N_2+H_2O_2$

② $H_2O_2+H_2=2H_2O$

在这两步反应中，第②步反应很快，而第①步反应很慢，所以总反应速率取决于第①步反应的反应速率。因此，总反应对 NO 是二级的，而对 H_2 则是一级的。由此可见，非基元反应的速率方程必须根据实验来确定。有时候，尽管由实验测得的速率方程与按基元反应处理写出的速率方程完全一致，也不能认为这种反应就一定是基元反应。

例 2-2 乙醛的分解反应 $CH_3CHO(g)=CH_4(g)+CO(g)$ 在一系列不同浓度下的初始反应速率实验数据如下：

$c(CH_3CHO)/(mol \cdot dm^{-3})$	0.1	0.2	0.3	0.4
$v/(mol \cdot dm^{-3} \cdot s^{-1})$	0.020	0.081	0.182	0.318

求：(1) 此反应是几级反应？(2) 计算反应速率常数 k。(3) 计算 $c(CH_3CHO)=0.15\ mol \cdot dm^{-3}$ 时的反应速率。

解：(1) 根据反应式先写出此反应的速率方程式的未定式：

$$v=k[c(CH_3CHO)]^p$$

从实验数据可以看出

$$v \propto [c(CH_3CHO)]^2$$

所以此反应是二级反应。

(2) 由前解得知反应速率方程式为 $v=k[c(CH_3CHO)]^2$，所以

$$k=\frac{v}{[c(CH_3CHO)]^2}$$

将 $c(CH_3CHO)=0.30\ mol \cdot dm^{-3}$ 时，$v=0.182\ mol \cdot dm^{-3} \cdot s^{-1}$ 代入得

$$k=2.00\ dm^3 \cdot mol^{-1} \cdot s^{-1}$$

(3) 将 $c(CH_3CHO)=0.15\ mol \cdot dm^{-3}$ 代入速率方程中，就可求得此时的反应速率

$$v=2.00\times(0.15)^2=0.045\ (mol \cdot dm^{-3} \cdot s^{-1})$$

2.2.2 温度对反应速率的影响

2.2.2.1 阿仑尼乌斯公式

温度对化学反应速率的影响特别显著。一般说来，温度升高，反应速率增大。温度对反应速率的影响，主要体现在对速率常数 k 的影响上。许多实验表明，当反应物浓度恒定时，温度每升高 10 K，反应速率增大 2~4 倍，这就是范特霍夫(Van't Hoff)规则，相应的表达式如下：

$$\frac{v_{(T+10n)}}{v_T}=\frac{k_{(T+10n)}}{k_T}=(2\sim4)^n$$

温度对化学反应速率的影响是通过改变反应速率常数来实现的。1889 年，阿仑尼乌斯（S. Arrhenius）总结了大量实验事实，指出反应速率常数和温度之间的定量关系为：

$$k = A\mathrm{e}^{-\frac{E_a}{RT}} \tag{2-7}$$

对上式取对数，得

$$\ln k = -\frac{E_\mathrm{a}}{RT}+\ln A \tag{2-8}$$

或

$$\lg k = -\frac{E_\mathrm{a}}{2.303RT}+\lg A \tag{2-9}$$

上面 3 个公式均称为阿仑尼乌斯公式。式中：k 为反应速率常数；E_a 为反应活化能；R 为气体常数；T 为绝对温度；A 为常数，称为指前因子或频率因子。在一般温度变化范围（如 100 K）内，E_a 和 A 可认为不随温度的变化而变化。

从阿仑尼乌斯公式可以看出：

① 对同一反应，E_a 一定时，温度越高，k 值越大。速率常数 k 与温度 T 成指数关系，温度的微小变化，将导致 k 值的较大变化，且活化能越大，这种变化越显著。

② 在同一温度下，E_a 大的反应，其 k 值较小；反之，E_a 小的反应，其 k 值较大（严格地说，不同反应的 A 值不同，这里暂不考虑它的影响）。

2.2.2.2 阿仑尼乌斯公式的应用

（1）计算反应速率常数

例 2-3 对于下列反应：

$$C_2H_5Cl(g)=C_2H_4(g)+HCl(g)$$

其指前因子 $A=1.6\times10^{14}\ \mathrm{s^{-1}}$，$E_\mathrm{a}=246.9\ \mathrm{kJ\cdot mol^{-1}}$，求其 700 K 时的速率常数 k。

解：$\ln k=-\frac{E_\mathrm{a}}{RT}+\ln A=-\frac{246.9\times10^3}{8.314\times700}+\ln 1.6\times10^{14}=-9.72$

求得：$k=6.0\times10^{-5}\ \mathrm{s^{-1}}$（注意：$k$ 与 A 的单位一致）

（2）求反应活化能 E_A 和指前因子 A

以 $\ln k$（或 $\lg k$）对 $\frac{1}{T}$ 作图，可得一直线，由直线的斜率可求活化能 E_a，由截距可求指

前因子 A。此法比较准确。

例 2-4 根据下表数据中反应 $S_2O_8^{2-}+3I^- \rightarrow 2SO_4^{2-}+I_3^-$ 在不同温度下的反应速率常数，求反应的活化能 E_a 和指前因子 A。

T/K	273	283	293	303	313
$1/T$	3.66×10^{-3}	3.53×10^{-3}	3.41×10^{-3}	3.30×10^{-3}	3.19×10^{-3}
$k/(\mathrm{mol^{-1}\cdot dm^3\cdot s^{-1}})$	8.2×10^{-4}	2.0×10^{-3}	4.1×10^{-3}	8.3×10^{-3}	1.63×10^{-2}
$\ln k$	−7.11	−6.21	−5.50	−4.79	−4.11

解：根据实验数据，以 $1/T$ 为横坐标，$\ln k$ 为纵坐标绘图。

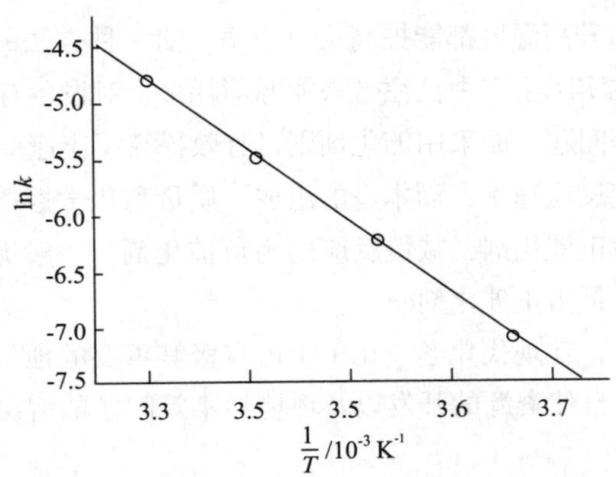

图中直线的斜率为-6.39×10^3，截距为 16.30。注意：图中直线与纵坐标的交点处不是直线的截距，因为此处 $1/T$ 不为 0)

则：

$$-6.39\times10^3=-\frac{E_a}{8.314}$$

$$\ln A=16.30$$

由此得出

$$E_a=53.12\ \mathrm{kJ\cdot mol^{-1}};\ A=1.2\times10^7。$$

此外，活化能 E_a 也可用“两点法”求得。若实验测得某反应在温度 T_1 时的速率常数 k_1 和温度 T_2 时的速率常数 k_2，则根据阿仑尼乌斯公式，

$$\lg k_1=-\frac{E_a}{2.303RT_1}+\lg A$$

$$\lg k_2=-\frac{E_a}{2.303RT_2}+\lg A$$

两式相减得：

$$\lg\frac{k_2}{k_1}=\frac{E_a}{2.303R}\left(\frac{1}{T_1}-\frac{1}{T_2}\right)=\frac{E_a}{2.303R}\left(\frac{T_2-T_1}{T_1T_2}\right) \qquad (2-10)$$

将有关数据代入式(2-10)，即可求出 E_a。此法简便，但不如斜率法准确。

此外，若已知 E_a 和 T_1 时的 k_1，还可由式（2-10）求得 T_2 时的速率常数 k_2。

例 2-5 反应 $N_2O_5(g) = N_2O_4(g) + 1/2\ O_2(g)$ 在 298 K 时的速率常数 $k_1 = 3.4\times10^{-5}\ s^{-1}$，在 328 K 时的速率常数 $k_2 = 1.5\times10^{-3}\ s^{-1}$，求反应的活化能。

解：由（2-10）得

$$E_a = \frac{2.303RT_1T_2}{T_2 - T_1}\lg\frac{k_2}{k_1} = \frac{2.303\times8.314\times298\times328}{328-298}\lg\frac{1.5\times10^{-3}}{3.4\times10^{-5}}$$

$$= 1.03\times10^5(\mathrm{J\cdot mol^{-1}}) = 103\ (\mathrm{kJ\cdot mol^{-1}})$$

2.2.3 催化剂对反应速率的影响

如前所述，增大浓度、升高温度都能提高反应速率。前一种方法的效率有限，后一种方法的效率虽然还可以，但在实际生产中往往带来能源消耗多、对设备有特殊要求（耐高温）、使放热反应进行程度降低等问题。而采用催化剂则可有效提高反应速率。

催化剂是指能显著改变反应速率，而本身的组成、质量和化学性质在反应前后均不发生变化的物质。加快反应的为正催化剂，减慢反应的为负催化剂。一般提到催化剂时，若不明确指出是负催化剂时，则都是指正催化剂。

催化剂的应用十分广泛，在现代化学、化工中占有极其重要的地位。另外，现代人类所面临的许多困难，如能源、自然资源的开发以及环境污染等问题的解决也都在一定程度上依赖于催化过程。

使用催化剂时要注意以下几点：

① 催化剂只能改变反应速率，而不能改变反应方向。对于热力学上不能发生的反应，使用任何催化剂也不能使其自发进行。

② 催化剂同时加快或减慢正逆反应的速率，并且改变的倍数相同。因此催化剂只能缩短或延长到达平衡的时间，不能改变标准平衡常数，也不能使化学平衡发生移动。

③ 催化剂具有选择性。某一种催化剂往往只对某一反应有催化作用。不同的反应，需要用不同的催化剂进行催化。以甲酸为例，当用 Al_2O_3 作催化剂时，发生脱水反应，生成 H_2O 和 CO；当用 ZnO 作催化剂时，发生脱氢反应，生成 H_2 和 CO_2。利用这一性质，在化工生产上可以选择适当的催化剂，加速主反应进行，同时抑制副反应进行。

④ 反应体系中的少量杂质常可强烈地影响催化剂的性能。有些物质本身无催化作用，但加到催化剂中后，能大大提高催化剂的活性，称为助催化剂。另有一些物质，加入少量就可大大降低甚至消除催化剂的催化作用，称为毒物（或抑制剂）。

酶是相对分子质量范围为 $10^4\sim10^6$ 的蛋白质类化合物。酶的催化作用在生物学中有很重要的意义。动、植物体内经历着的各种生理的生物化学变化，如消化、新陈代谢、呼吸、光合作用等都与酶的催化作用有着紧密的联系。例如，蔗糖可水解生成葡萄糖和果糖，用酸催化时，$E_a = 107\ \mathrm{kJ\cdot mol^{-1}}$，加热反应速率也不快。人体内的蔗糖酶可催化蔗糖水解反应，在蔗糖酶的催化下，该反应的 E_a 降为 $36\ \mathrm{kJ\cdot mol^{-1}}$。即使在体温条件下，反应速率也很快，使人体能够很快地充分吸收。

酶的选择性较无机催化剂更为严格。例如，分解蛋白质的酶对于脂肪和碳水化合物并无作用；分解碳水化合物的酶对于脂肪和蛋白质也无作用。

酶的催化作用也是因为降低了反应的活化能。一般认为其机理为：作为底物（或称基质）的反应物分子被酶上特殊的活性位置吸附，形成酶-底物配合物，然后底物转化为产物，从酶上释放。人们常常把酶比作一把锁，而把底物比作钥匙，当底物的分子结构与活性中心的几何排列相适应时，恰似"锁与钥匙"的搭配（图 2.1）。但同时，这也是造成酶中毒的主要因素之一。当存在与反应物分子构型相似的物质时，它也可能被酶吸附，阻碍主反应的进行，导致生物体产生中毒现象。例如，重金属离子对生物体的毒害就可能是重金属离子与酶蛋白中氨基酸上的-SH 基相结合，导致酶失效。

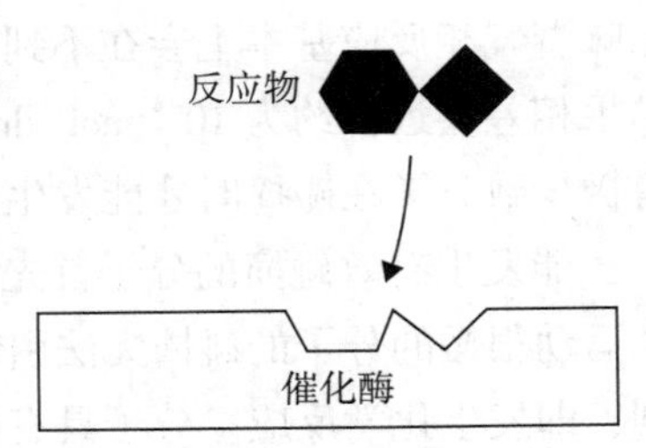

图 2.1　酶催化作用的锁钥模型

2.2.4　影响多相反应速率的因素

多相反应体系的反应过程比前面讨论的单相反应要复杂得多。在单相体系中，所有反应物的分子都可能相互碰撞并发生化学反应；在多相体系中，只有在相的界面上，反应物粒子才有可能接触进而发生化学反应。反应产物如果不能离开相的界面，将会阻碍反应的继续进行。因此，对于多相反应体系，除反应物浓度、反应温度、催化作用等因素外，相的接触面和扩散作用对反应速率也有很大影响。

在多相反应中，增大接触面，会使发生在相界面上的反应物粒子之间的有效碰撞机会增大，从而使反应速率增大。因此，在生产上常把固态物质破碎成小颗粒或磨成细粉，将液态物质喷淋、雾化，以增大相与相之间的接触面，提高反应速率。汽车尾气净化器中，Pt、Pd、Rh 等贵金属以极小的颗粒分散附着在蜂窝陶瓷上，其目的也是获得较大的表面积以提高催化剂的性能。

多相反应速率还受扩散作用的影响。一般说来，气体、液体在固体表面上发生的反应，可以认为至少要经过以下几个步骤才能完成：反应物分子向固体表面扩散；反应物分子被吸附在固体表面；反应物分子在固体表面上发生反应，生成产物；产物分子从固体表面上解吸；产物分子经扩散离开固体表面。这些步骤中的任何一步都会影响整个反应的速率。因此，在实际生产中常常采取振荡、搅拌、鼓风等措施以加强扩散作用。

2.3　反应速率理论

反应动力学的实际方面，如反应速率方程式和反应速率常数等，可以在不考虑单个分子行为的情况下加以描述。然而，深入了解反应过程则需要对反应的微观本质进行研究。反应速率理论研究的内容就是从分子水平上对化学反应速率做出初步的解释。

2.3.1　碰撞理论

1918 年路易斯(Lewis)在气体分子运动论的基础上提出了化学反应速率的碰撞理论。化学反应发生的前提是反应物分子之间要相互接触，如果没有反应物分子的碰撞，化学反应的进行则无从谈起。但是并不是每一次碰撞都能产生化学反应。对于典型的气相反应来说，在每立方分米的体积内，每秒钟气体分子的碰撞总次数可达 10^{32} 的数量级。理论上，如果每次碰撞都能得到产物，计算出的化学反应速率约为 $10^{8}\ mol \cdot dm^{-3} \cdot s^{-1}$，这个速率是非常快的，意味着气相反应基本上会在不到 1 s 的时间内完成。然而，实际发生的化学反应速率与计算结果相差甚远，约为 $10^{-4}\ mol \cdot dm^{-3} \cdot s^{-1}$。这说明并非每一次的碰撞都能发生预期的反应，只有极少数分子在碰撞时才能发生反应。这种能发生反应的碰撞称为有效碰撞。

能发生有效碰撞的分子首先要具有一定的能量。气体分子的动能与其运动速度有关，两个运动很慢的分子的碰撞无法引起化学键的断裂，但两个运动很快的分子的碰撞却有可能做到，即发生化学反应。分子具有的能量可以克服分子接近时电子云之间的斥力以及原有原子间的化学键作用，从而进行分子中的原子重排，发生化学反应。在反应体系中，气体分子的能量是参差不齐的，有的分子能量低，有的分子能量高，只有极少数的分子具有比平均值高得多的能量，它们在碰撞时能导致化学键断裂而发生反应，这些分子称为活化分子。活化分子所具有的可发生化学反应的最低能量（E_0）与分子的平均能量（E_K）之差称为活化能，E_a（图 2.2）。反应的活化能越低，活化分子数越多，有效碰撞的频率就越高，反应速率越快。根据气体的分子运动论，气体分子的能量分布与温度有关。温度高时分子运动速率快，活化分子的百分数增加，有效碰撞的反应分子百分数增加，反应速率加快。

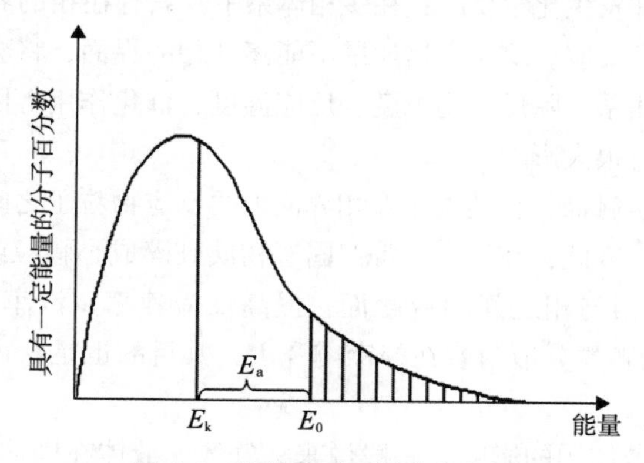

图 2.2　气体分子能量分布曲线

要发生有效碰撞，反应物分子只具有足够的能量是不够的，还需要在碰撞时有合适的取向，否则即使碰撞的反应物分子有足够的能量，反应是无效的。当两个氢原子碰撞形成氢分子时，由于氢原子是球形对称的，两个氢原子在任何方向上的碰撞都可能形成氢分子。但是对 $NO+N_2O \rightarrow N_2+NO_2$ 这个反应来说，只有当 N_2O 中的 O 原子与 NO 中的 N 原子靠近，并且沿着 N–N–O⋯N–O 直线方向上碰撞，才能发生有效反应，而其他取向的碰撞则不会发生有效的反应，如图 2.3 所示。因此，反应的分子必须具有足够的能量和适当的碰撞方向，才能发生反应。

活化能是反应动力学的重要参数，是决定化学反应速率的内在因素。反应物的本性、浓度、温度以及催化剂等因素对反应速率的影响都可以通过活化能和活化分子的概念来进行解释。

每一个反应都有其特定的活化能，反应的活化能越小，反应速率越大。活化能可以通过实验进行测定，一般化学反应的活化能为 60～250 $kJ \cdot mol^{-1}$。活化能小于 40 $kJ \cdot mol^{-1}$ 的反应，其反应速率非常快，甚至可瞬间完成；活化能大于 400 kJ · mol^{-1} 的反应，其反应速率非常慢；活化能小于 63 kJ · mol^{-1} 的反应一般被认为是快反应。

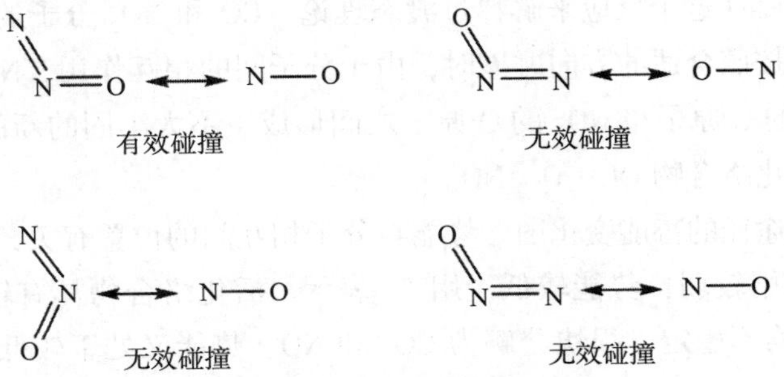

有效碰撞　　无效碰撞

无效碰撞　　无效碰撞

图 2.3　反应物分子间的碰撞取向

在一定温度下，反应具有一定的活化能，反应物分子中活化分子所占的百分数是一定的。增大反应物的浓度，单位体积内分子总数增加，活化分子的数目也相应增多，单位时间内活化分子的有效碰撞次数将会增多，从而反应速率加快。

在一定温度范围内，活化能受温度影响不大。当反应物的浓度一定时，温度升高，反应物分子的运动速率加快，分子间的碰撞频率增加，反应速率加快。另外，温度升高会使更多的反应物分子获得能量成为活化分子，增加了活化分子百分数，因此单位时间内有效碰撞的次数也将随之增加，从而增大了反应速率。图 2.4 为温度 T_1 和 T_2 下的能量分布曲线（$T_2>T_1$），阴影面积可代表两个温度下的活化分子分数。T_2 对应的阴影面积大，活化分子分数较大，反应速率较快。另外，由阿仑尼乌斯公式(2-10)可以看出，活化能较大的反应，其反应速率随温度升高而增大的幅度更大。

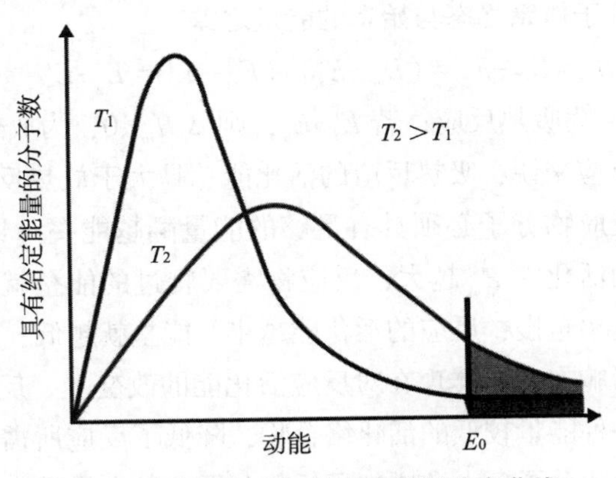

图 2.4　不同温度下的分子能量分布曲线

2.3.2　过渡态理论

20 世纪 30 年代艾林(Eyring)等在量子力学和统计力学的基础上提出了化学反应速率的过渡态理论，又称为活化络合物理论。这个理论认为，在反应过程中，当两个具有足够能量的反应物分子相互靠近时，反应物必须爬过一个能垒，分子中的化学键要重排，能量要重新分配，经过一个中间的过渡状态，过渡状态下的物质被称为活化络合物。活化络合物中部分“旧键”被削弱；同时，在两个反应物分子中的原子间建立新的联系，形成“新键”。活化络合物具有较高的能量，很不稳定，它可以分解为较稳定的产物分子，也可以分解为反应物。

以 $CO+NO_2 \rightarrow CO_2+NO$ 这个反应来解释过渡态理论。CO 和 NO_2 分子的能量不低于活化分子的最低能量，并且按照合适的方向碰撞时，由于分子间的相互作用，NO_2 分子中的 N—O 键被削弱，而 CO 中的 C 原子与 NO_2 的 O 原子之间形成了不太牢固的新的联系，C—O 键部分形成，从而形成活化络合物 OC···O···NO。

图 2.5 为上述反应途径的势能变化图。势能与分子相互间的位置有关，当 CO 和 NO_2 分子彼此远离时，相互作用较弱，势能较低，用 $E_{反}$ 表示。活化络合物具有较高的平均势能，用 E_{ac} 表示。活化络合物不稳定，很快分解为 CO_2 和 NO，势能又处于较低值，用 $E_{产}$ 表示。E_a 是正反应的活化能，$E_a=E_{ac}-E_{反}$。E_a' 是逆反应的活化能，$E_a'=E_{ac}-E_{产}$。

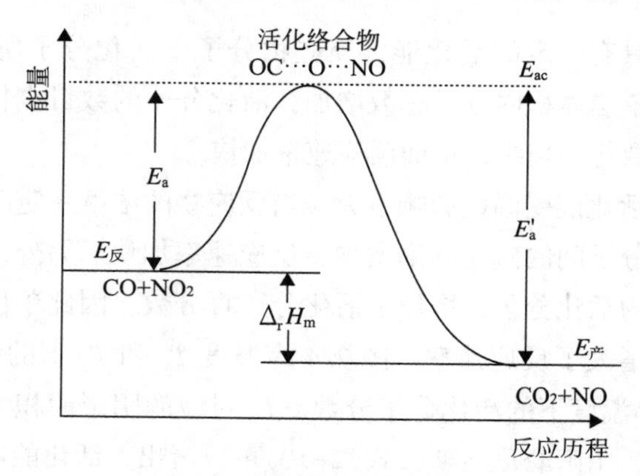

图 2.5　反应过程的能量关系

化学反应的摩尔焓变等于体系终态与始态的能量之差。

$$\Delta_r H_m = E_{产} - E_{反} = (E_{ac} - E_a') - (E_{ac} - E_a) = E_a - E_a'$$

若 $E_a > E_a'$，则 $\Delta_r H_m > 0$，为吸热反应；若 $E_a' > E_a$，则 $\Delta_r H_m < 0$，为放热反应。

对同一反应的正、逆反应来说，吸热反应的活化能总是大于放热反应的活化能。不论是吸热反应还是放热反应，反应物分子必须具有足够的能量翻越能垒（即活化能 E_a）才能转变为产物分子。化学反应的活化能 E_a 越大，反应物需要爬过的能垒就越高，能越过能垒的反应物分子就越少，反应速率越慢；反应的活化能越小，能垒就越低，反应速率就越快。

催化剂对反应速率的影响也主要体现在对反应活化能的改变上。反应中加入催化剂，可以改变反应的途径，形成一种能量较低的活化络合物，降低了反应所需的活化能，使一部分能量低的非活化分子成为活化分子，大大增加了活化分子分数，导致有效碰撞次数骤增，因此反应速率大大加快。例如，合成氨反应（图 2.6）中，没有催化剂时（实线）反应的活化能约为 335 $kJ \cdot mol^{-1}$，加铁作催化剂时（虚线），由于有中间产物—Fe_xN（铁的氮化物）生成，活化能降低至 126~167 $kJ \cdot mol^{-1}$，从而使 773 K 时的反应速率约提高 10^{10} 倍。

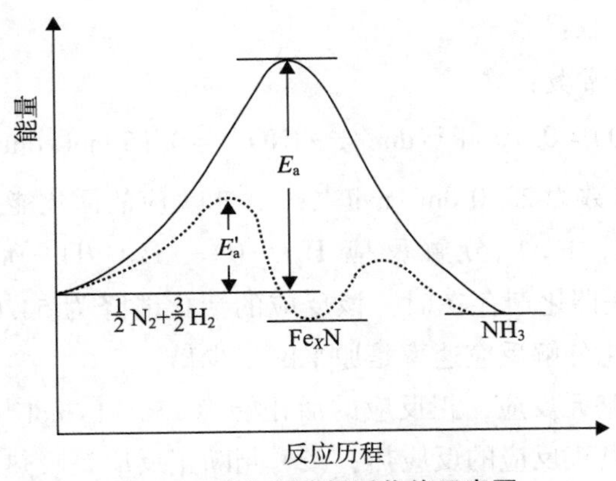

图 2.6　催化剂降低活化能示意图

思考题与习题

1. 化学反应速率如何表示？什么是平均速率？什么是瞬时速率？
2. 什么是基元反应？什么是质量作用定律？
3. 什么是活化能？活化能的大小和反应速率有什么关系？
4. 反应速率的碰撞理论和过渡态理论的要点是什么？
5. 影响化学反应速率的因素有哪些？
6. 判断下列说法是否正确。

    (1) 对大多数化学反应而言，升高温度，吸热反应速率增大，而放热反应的反应速率减小。

    (2) 如果一个化学反应的速率方程式符合质量作用定律，则这个反应必定是基元反应。

    (3) 使用合适的催化剂能加快反应速率，反应结果是催化剂本身组成不发生改变。催化剂并不参与反应，仅仅起到促进反应进行的作用。

    (4) 从化学反应速率常数的单位就可以判断该反应的级数。

7. 写出基元反应 $A+2B \rightarrow C$ 的速率方程表达式，并讨论下列各种条件变化对反应初始速率有何影响？

    (1) A 的浓度增加 1 倍。

    (2) 反应温度降低。

    (3) 将反应器的体积减小一半（假设体系中所有物质为气体）。

    (4) 加入催化剂。

8. 反应 $CO(g)+NO_2(g)=CO_2(g)+NO(g)$ 在 650 K 时的动力学数据为

实验编号	$c(CO)/mol \cdot dm^{-3}$	$c(NO_2)/mol \cdot dm^{-3}$	$v/mol \cdot dm^{-3} \cdot s^{-1}$
1	0.025	0.040	2.2×10^{-4}
2	0.050	0.040	4.4×10^{-4}
3	0.025	0.120	6.6×10^{-4}

(1) 写出反应的速率方程；

(2) 求 650 K 时的速率常数；

(3) 求 650 K 下，$c(CO)=0.10\ mol \cdot dm^{-3}$，$c(NO_2)=0.16\ mol \cdot dm^{-3}$ 时的反应速率；

(4) 若 800 K 时速率常数为 $23.0\ dm^3 \cdot mol^{-1} \cdot s^{-1}$，求反应的活化能。

9. 在没有催化剂存在时，H_2O_2 分解反应 $H_2O_2(l) \rightarrow H_2O(l) + 0.5O_2(g)$ 的活化能为 $75.00\ kJ \cdot mol^{-1}$；当有铁催化剂存在时，该反应的活化能降为 $54.00\ kJ \cdot mol^{-1}$。计算在 298 K 下过氧化氢的催化分解反应速率是原来的多少倍？

10. A+B=C 是一个可逆的基元反应，正反应的活化能为 $250\ kJ \cdot mol^{-1}$，逆反应的活化能为 $138\ kJ \cdot mol^{-1}$。(1) 计算正反应的反应热；(2) 判断正反应是吸热反应还是放热反应？

11. 已知一个反应在 250 K 时的速率常数是 $2.5\ mol \cdot dm^{-3} \cdot s^{-1}$，320 K 时的速率常数是 $6.2\ mol \cdot dm^{-3} \cdot s^{-1}$，试计算在 280 K 时该反应的速率常数。

12. 根据实验，在一定温度范围内，反应 $2NO(g)+Cl_2(g)=2NOCl(g)$ 符合质量作用定律，试求：

(1) 该反应的反应速率方程式；

(2) 该反应的总级数；

(3) 其他条件不变，如果将容器的体积增大到原来的 2 倍，其反应速率如何变化？

(4) 如果容器体积不变，而将 NO 的浓度增加到原来的 3 倍，反应速率又将如何变化？

第3章　化学平衡

有些化学反应在给定的条件下可以进行到底，但有些化学反应在给定的条件下只能进行到一定程度。研究化学反应除了要研究在一定条件下反应能否进行，反应进行的快慢，还要研究反应最终能够进行到什么程度，也就是在给定条件下有多少反应物能够转变成产物，这在解决生物体、生态环境、制药工业以及化工生产中的各种问题上都是一个很重要的内容，也就是化学平衡问题。化学平衡理论是化学的重要理论之一，下面将讨论化学平衡以及化学平衡移动的条件。

3.1　化学平衡基本知识

3.1.1　化学平衡及其特征

在给定条件下并不能全部转变为生成物，而是既能向正反应方向（按反应方程式自左向右）进行，又能向逆反应方向（按反应方程式自右向左）进行的反应称为可逆反应。例如：

$$CO(g)+H_2O(g) \rightleftharpoons H_2(g)+CO_2(g)$$

在高温下 CO 与 H_2O 能反应生成 H_2 和 CO_2，同时 H_2 与 CO_2 也能反应生成 CO 和 H_2O。对这样的反应，强调反应可逆性时，在反应式中常用“ $\rightleftharpoons$ ”代替等号。

可以认为几乎所有的反应都是可逆的，只有少数化学反应，反应物基本上能全部转变为生成物，这些反应在人们已知的条件下逆反应进行的速度非常慢，程度极为微小，以致可以忽略，这类反应称为不可逆反应。例如，氯酸钾在二氧化锰存在下的加热分解反应就属于不可逆反应。

$$2KClO_3 \xrightarrow{MnO_2} 2KCl+3O_2$$

虽然可逆反应普遍存在，但是各种化学反应的可逆程度差别甚大。那么，怎样度量一个化学反应的可逆程度呢？

在可逆反应中，随着反应的进行，反应物浓度逐渐减小，正反应速率逐渐减慢，生成物浓度逐渐增多，逆反应速率逐渐增大。当反应进行到一定程度时，正反应速率和逆反应速率相等。此时，反应物和生成物浓度不再随时间而改变，反应似乎已“终止”。体系的这种表面上静止的状态称为化学平衡状态。一定条件下，平衡状态是该条件下反应进行的最大限度。

化学平衡具有以下特征：

① 化学平衡状态最主要的特征是可逆反应的正、逆反应速率相等($v_{正}=v_{逆}$)。因此可逆反应达到平衡后，只要外界条件不变，反应体系中各物质的量将不随时间而变。

② 化学平衡是一种动态平衡。反应体系达到平衡后，反应似乎是“终止”了，但实际上正反应和逆反应始终都在进行着，只是由于 $v_{正}=v_{逆}$，单位时间内各物质（生成物或反应物）的生成量和消耗量相等。因此，总的结果是各物质的浓度都保持不变，反应物与生成物处于动态平衡。

③ 化学平衡是有条件的。化学平衡只能在一定的外界条件下才能保持，当外界条件改变时，原平衡就会被破坏，随后在新的条件下建立起新的平衡。

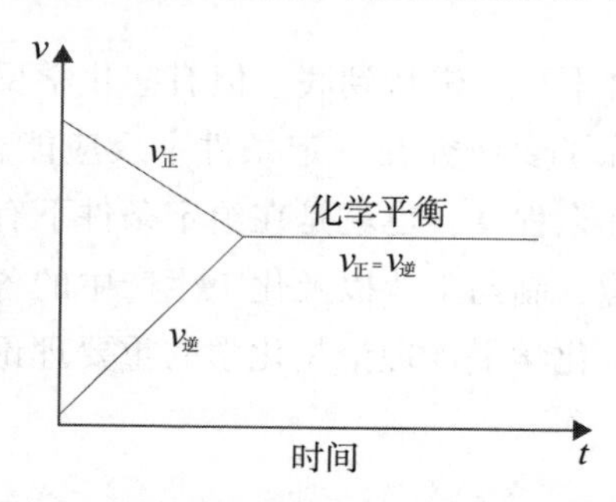

图 3.1　可逆反应的反应速率变化示意图

3.1.2　标准平衡常数

大量研究表明，对于密闭容器中的任意一个可逆反应，不论其始态如何，在一定温度下达到平衡时，各生成物平衡浓度幂的乘积与反应物平衡浓度幂的乘积之比为常数，化学中称之为平衡常数，用符号 K 表示。

平衡常数的大小能够反映一个化学反应在一定条件下进行的最大限度。不同反应的 K 值不同，K 值越大，表明反应进行程度越大，反应物的转化率越高；反之，K 值越小，表明反应进行程度越小，反应物的转化率越低。

平衡常数分为经验平衡常数和标准平衡常数。本书主要介绍标准平衡常数。

当可逆反应达到平衡时，体系中各物质的浓度或分压不再随着时间而改变，若将各物质的浓度分别被标准浓度($c^{\ominus}$)相除（即相对浓度），然后再进行平衡常数计算，所得平衡常数称为标准平衡常数，用 $K^{\ominus}$ 表示。对于气相物质，使用相对分压（即各物质分压被标准压力 $p^{\ominus}$ 相除得到）计算标准平衡常数。

对任一化学反应

$$aA+bB \rightleftharpoons gG+hH$$

对于气体反应，

$$K^{\ominus}=\frac{[p(G)/p^{\ominus}]^{g}[p(H)/p^{\ominus}]^{h}}{[p(A)/p^{\ominus}]^{a}[p(B)/p^{\ominus}]^{b}} \tag{3-1}$$

对于水溶液中（离子）反应，

$$K^{\ominus}=\frac{[c(G)/c^{\ominus}]^{g}[c(H)/c^{\ominus}]^{h}}{[c(A)/c^{\ominus}]^{a}[p(B)/c^{\ominus}]^{b}} \tag{3-2}$$

对于既有气体，又有液体、溶液和固体参与的反应，

$$aA(g) + bB(aq) + cC(s) \rightleftharpoons xX(g) + yY(aq) + zZ(l)$$

标准平衡常数 $K^{\ominus}$ 可根据下列表达式求解

$$K^{\ominus} = \frac{[p(X)/p^{\ominus}]^{x}[c(Y)/c^{\ominus}]^{y}}{[p(A)/p^{\ominus}]^{a}[c(B)/c^{\ominus}]^{b}} \tag{3-3}$$

对于纯固相、纯液相和稀溶液中大量存在的水相，可以认为它们的摩尔分数 $x=1$，其相对物理量等于1。由于一般情况下不会影响计算结果的数值和单位，因此习惯上不写入标准平衡常数表达式。例如对于可逆反应

$$S^{2-}(aq) + 2H_2O(l) \rightleftharpoons H_2S(g) + 2OH^-(aq)$$

反应中水虽然为反应物，但由于其量非常大，在标准平衡常数 $K^{\ominus}$ 表达式中可不表示出来：

$$K^{\ominus} = \frac{[p(H_2S)/p^{\ominus}]\cdot[c(OH^-)/c^{\ominus}]^2}{[c(S^{2-})/c^{\ominus}]}$$

标准平衡常数表达式中，每种溶质的平衡浓度均应除以标准浓度，每种气体物质的平衡分压均应除以标准压力，$K^{\ominus}$ 量纲为1。

例3-1 1 133 K 时，将 CO 和 H_2 充入一密闭容器中，发生下列反应：

$$CO(g) + 3H_2(g) \rightleftharpoons CH_4(g) + H_2O(g)$$

已知 CO 和 H_2 的初始分压力分别为 101.0 和 203.0 kPa，平衡时 CH_4 的分压为 13.2 kPa。假定没有其他化学反应发生，计算该反应在 1 133 K 时的标准平衡常数。

解：在等温等容下，由理想气体状态方程 $pV=nRT$ 可知，各种气体的分压正比于各自的物质的量，因此各种气体的分压变化关系也是由化学反应方程式中的化学计量数决定的。由化学反应方程式，

	$CO(g)$	+	$3H_2(g)$	$\rightleftharpoons$	$CH_4(g)$ +	$H_2O(g)$
初始压力(kPa)	101.0		203.0		0	0
平衡压力(kPa)	101.0−13.2 =87.8		203.0−3×13.2 =163.4		13.2	13.2

1 133 K 时，该反应的标准平衡常数为

$$K^{\ominus} = \frac{[p_{eq}(CH_4)/p^{\ominus}]\cdot[p_{eq}(H_2O)/p^{\ominus}]}{[p_{eq}(CO)/p^{\ominus}]\cdot[p_{eq}(H_2)/p^{\ominus}]^3} = \frac{(13.2/100)\times(13.2/100)}{(87.8/100)\times(163.4/100)^3} = 4.55\times10^{-3}$$

反应在 1 133 K 时的标准平衡常数为 4.55×10^{-3}。

有关平衡常数的几点说明：

① 由于标准平衡常数可从热力学函数计算得到，因此在平衡常数计算中，多采用标准平衡常数。

② 利用平衡常数表达式计算平衡常数时，固体、纯液体或稀溶液中溶剂的“浓度项”不必列出。

例如：

$$Cr_2O_7^{2-} + 3H_2O \rightleftharpoons 2CrO_4^{2-} + 2H_3O^+$$

$$K^{\ominus}=\frac{[c(CrO_4^{2-})/c^{\ominus}]^2\cdot[c(H_3O^+)/c^{\ominus}]^2}{[c(Cr_2O_7^{2-})/c^{\ominus}]}$$

$$C(s)+2H_2O(g)\rightleftharpoons CO_2(g)+2H_2(g)$$

$$K^{\ominus}=\frac{[p_{eq}(CO_2)/p^{\ominus}]\cdot[p_{eq}(H_2)/p^{\ominus}]^2}{[p_{eq}(H_2O)/p^{\ominus}]^2}$$

③ 平衡常数值与温度及反应式的书写形式有关，但不随浓度、压力而变。

例如：

$$2SO_2(g)+O_2(g)\rightleftharpoons 2SO_3(g)\qquad K_1^{\ominus}=\frac{[p_{eq}(SO_3)/p^{\ominus}]^2}{[p_{eq}(SO_2)/p^{\ominus}]^2[p_{eq}(O_2)/p^{\ominus}]}$$

$$SO_2(g)+\frac{1}{2}O_2(g)\rightleftharpoons SO_3(g)\qquad K_2^{\ominus}=\frac{[p_{eq}(SO_3)/p^{\ominus}]}{[p_{eq}(SO_2)/p^{\ominus}][p_{eq}(O_2)/p^{\ominus}]^{0.5}}$$

$$2SO_3(g)\rightleftharpoons 2SO_2(g)+O_2(g)\qquad K_3^{\ominus}=\frac{[p_{eq}(SO_2)/p^{\ominus}]^2[p_{eq}(O_2)/p^{\ominus}]}{[p_{eq}(SO_3)/p^{\ominus}]^2}$$

显然，$K_1^{\ominus}=(K_2^{\ominus})^2=1/K_3^{\ominus}$

3.1.3 平衡常数和平衡转化率

平衡常数可以用来求算反应体系中有关物质的浓度和某一反应物的平衡转化率（又称理论转化率，最大转化率），以及从理论上计算欲达到一定转化率所需的合理原料配比等问题。某一反应物的平衡转化率是指化学反应达平衡后，该反应物转化为生成物，从理论上能达到的最大转化率（以 α 表示）：

$$\alpha=\frac{\text{某反应物已转化的量}}{\text{某反应物的起始量}}\times 100\% \tag{3-4}$$

若反应前后体积不变，又可表示为

$$\alpha=\frac{\text{某反应物起始浓度}-\text{某反应物平衡浓度}}{\text{某反应物起始浓度}}\times 100\% \tag{3-5}$$

转化率越大，表示正反应进行程度越大。转化率与平衡常数有所不同，转化率与反应体系的起始状态有关，并且必须明确是指反应物中的哪种物质的转化率。利用平衡常数可以求算反应体系中有关物质的平衡浓度和平衡转化率，反之亦然。

例 3-2 一氧化碳的转化反应 $CO(g)+H_2O(g)\rightleftharpoons CO_2(g)+H_2(g)$ 在 797 K 时的平衡常数 $K^{\ominus}=0.5$。若在该温度下使 2.0 mol CO 和 3.0 mol $H_2O(g)$ 在密闭容器中反应，试计算 CO 在此条件下的平衡转化率。

解： 设达到平衡状态时 CO 转化了 x mol，则可建立如下关系：

	$CO(g)$	+	$H_2O(g)$	$\rightleftharpoons$	$CO_2(g)$	+	$H_2(g)$
反应起始时各物质的量(mol)	2.0		3.0		0		0
反应过程中物质的量的变化(mol)	$-x$		$-x$		$+x$		$+x$
平衡时各物质的量(mol)	$(2.0-x)$		$(3.0-x)$		x		x

平衡时物质的量的总和为 $n=[(2.0-x)+(3.0-x)+x+x]\ \text{mol}=5.0\ \text{mol}$

设平衡时体系的总压为 p，则：

$$p_{eq}(CO_2)=p_{eq}(H_2)=\frac{p\cdot x}{5.0}$$

$$p_{eq}(CO)=\frac{p\cdot(2.0-x)}{5.0}$$

$$p_{eq}(H_2O)=\frac{p\cdot(3.0-x)}{5.0}$$

$$K^{\ominus}=\frac{[p_{eq}(CO_2)/p^{\ominus}]\cdot[p_{eq}(H_2)/p^{\ominus}]}{[p_{eq}(CO)/p^{\ominus}][p_{eq}(H_2O)/p^{\ominus}]}=\frac{\frac{x}{5.0}p\cdot\frac{x}{5.0}p}{\left(\frac{2.0-x}{5.0}\right)p\cdot\left(\frac{3.0-x}{5.0}\right)p}=0.5$$

解之，得 $x=1.0$，即 CO 转化了 1.0 mol，其转化率为

$$\frac{x}{2.0}\times100\%=\frac{1.0}{2.0}\times100\%=50\%$$

CO 在此条件下的平衡转化率为 50%。

例 3-3 303 K 时，取 2.00 mol PCl_5 与 1.00 mol PCl_3 相混合，在总压力为 202 kPa 时，反应 $PCl_5(g) \rightleftharpoons PCl_3(g)+Cl_2(g)$ 达平衡，平衡转化率为 0.91，计算该反应的标准平衡常数 $K^{\ominus}$。

解：

	PCl_5	$\rightleftharpoons$	PCl_3	+	Cl_2
初始物质的量(mol)	2		1		0
平衡物质的量(mol)	2×(1−0.91)		1+2×0.91		2×0.91

总物质的量　　$n=2\times(1-0.91)+1+2\times0.91+2\times0.91=4.82$ mol

根据分压定律，平衡时：

$$p(PCl_5)=\frac{n(PCl_5)}{n}\times p=\frac{2\times0.09}{4.82}\times202=7.54\ \text{kPa}$$

$$p(PCl_3)=\frac{n(PCl_3)}{n}\times p=\frac{2.82}{4.82}\times202=118.2\ \text{kPa}$$

$$p(Cl_2)=\frac{n(Cl_2)}{n}\times p=\frac{1.82}{4.82}\times202=76.3\ \text{kPa}$$

则

$$K^{\ominus}=\frac{[p(PCl_3)/p^{\ominus}]\times[p(Cl_2)/p^{\ominus}]}{[p(PCl_5)/p^{\ominus}]}=\frac{\frac{118.2}{100}\times\frac{76.3}{100}}{\frac{7.54}{100}}=11.96$$

该反应的标准平衡常数为 11.96。

3.1.4 多重平衡规则

通常遇到的化学平衡体系中，往往同时存在多个化学平衡并且相互联系，有的物质同时参加多个化学反应，这种一个体系中同时存在几个相互关联平衡的现象称为多重平衡。

体系中的平衡不是独立存在的，而是相互联系的。在一个多重平衡体系中，如果一个可逆

反应是由另外几个可逆反应相加(或相减)所得,则该可逆反应的标准平衡常数等于另外几个反应标准平衡常数的乘积(或商)。这个规则称为多重平衡规则。应用多重平衡规则,可以由若干个已知反应的平衡常数求得某个反应的平衡常数,而无须通过实验测定。

在处理多重平衡体系时应注意以下几点：

(1) 计算多重平衡常数时应注意，如方程式计量数有变动，对应的标准平衡常数表达式应有幂次的变动。例如：

① $Mg(OH)_2(s) \rightleftharpoons Mg^{2+}(aq) + 2OH^-(aq)$ $K_1^\ominus$

② $NH_3(aq) + H_2O \rightleftharpoons NH_4^+(aq) + OH^-(aq)$ $K_2^\ominus$

③ $Mg(OH)_2(s) + 2NH_4^+(aq) \rightleftharpoons Mg^{2+}(aq) + 2NH_3(aq) + 2H_2O$ $K_3^\ominus$

上面 3 个平衡反应的关系为：反应③ =反应①−2×反应②

则标准平衡常数关系为 $K_3^\ominus = \dfrac{K_1^\ominus}{(K_2^\ominus)^2}$

(2) 多重平衡体系中，有些物质同时参加多个化学平衡，但由于是在一个体系中，每种物质的浓度或分压只有一个值，应同时满足各平衡式。

例 3-4 已知 298 K 时下列反应的标准平衡常数，

① $N_2(g) + 0.5\ O_2(g) \rightleftharpoons N_2O(g)$ $K_1^\ominus = 3.4 \times 10^{-18}$

② $0.5N_2(g) + O_2(g) \rightleftharpoons NO_2(g)$ $K_2^\ominus = 4.1 \times 10^{-9}$

③ $2N_2O(g) + 3O_2(g) \rightleftharpoons 2N_2O_4(g)$ $K_3^\ominus = 1.2 \times 10^{6}$

试求 298 K 时反应 $N_2O_4(g) \rightleftharpoons 2NO_2(g)$ 的标准平衡常数 $K^\ominus$。

解： 反应②×4−反应①×2−反应③，得 $2N_2O_4(g) \rightleftharpoons 4NO_2(g)$

根据多重平衡原则，该反应的标准平衡常数为

$$K_4^\ominus = (K_2^\ominus)^4 / [(K_1^\ominus)^2 \cdot (K_3^\ominus)] = 2.04 \times 10^{-5}$$

则反应 $N_2O_4(g) \rightleftharpoons 2NO_2(g)$ 的标准平衡常数为

$$K^\ominus = (K_4^\ominus)^{1/2} = 4.5 \times 10^{-3}$$

例 3-5 锅炉锅垢的主要成分为 $CaSO_4$，它既难溶于水，也不溶于酸。工业上去除这种锅垢的方法是先用 Na_2CO_3 溶液与锅垢作用，使 $CaSO_4$ 转化为 $CaCO_3$，再用稀盐酸将后者溶解。试分析 $CaSO_4$ 转化为 $CaCO_3$ 能够实现的原因。已知

(1) $CaSO_4(s) \rightleftharpoons Ca^{2+}(aq) + SO_4^{2-}(aq)$ $K_1^\ominus = 4.93 \times 10^{-5}$

(2) $CaCO_3(s) \rightleftharpoons Ca^{2+}(aq) + CO_3^{2-}(aq)$ $K_2^\ominus = 2.80 \times 10^{-9}$

解： 反应①−反应②，得

$$CaSO_4 + CO_3^{2-} \rightleftharpoons CaCO_3 + SO_4^{2-}$$

由多重平衡规则，

$$K^\ominus = K_1^\ominus / K_2^\ominus = 4.93 \times 10^{-5} / 2.80 \times 10^{-9} = 1.76 \times 10^{4}$$

$K^\ominus$值很大，说明这种转化是容易实现的。

3.1.5 标准平衡常数与摩尔反应吉布斯自由能变

前面谈到，$\Delta_r G_m^\ominus$ 能用来判断化学反应在标准态下能否自发进行，但是通常遇到的反应体系都是非标准态，处于标准态的反应体系是极罕见的。对于非标准态，则应用化学反应等温方程式(1-33)计算 $\Delta_r G_m$ 来判断反应的方向。

$$\Delta_r G_m = \Delta_r G_m^\ominus + RT \ln J \tag{3-5}$$

对于一般的化学反应

$$aA(g)+bB(aq)+cC(s)=xX(g)+yY(aq)+zZ(l)$$

$$J=\frac{[p(X)/p^\ominus]^x[c(Y)/c^\ominus]^y}{[p(A)/p^\ominus]^a[c(B)/c^\ominus]^b}$$

若体系处于平衡状态，$\Delta_r G_m=0$，并且反应商 J 项中各气体物质的分压或各溶质的浓度均为平衡分压或平衡浓度，即 $J=K^\ominus$。此时

$$\Delta_r G_m^\ominus+RT\ln K^\ominus=0$$

则有

$$\Delta_r G_m^\ominus=-RT\ln K^\ominus \tag{3-6}$$

式(3-6)反映了标准平衡常数 $K^\ominus$ 与 $\Delta_r G_m^\ominus$、T 之间的关系。因此标准平衡常数可以通过实验测得，也可以通过热力学方法计算得到。

例 3-6 尿素合成反应为 $CO_2(g)+2NH_3(g) \rightleftharpoons H_2O(g)+CO(NH_2)_2(s)$。试根据以下数据计算 298 K 时尿素合成反应的标准平衡常数。

物质	$CO_2(g)$	$NH_3(g)$	$H_2O(g)$	$CO(NH_2)_2(s)$
$\Delta_f G_m^\ominus/(kJ\cdot mol^{-1})$	-394.39	-16.4	-228.61	-197.44

解：298 K 时反应的标准吉布斯函数变为

$$\begin{aligned}\Delta_r G_m^\ominus &=\Delta_f G_m^\ominus[CO(NH_2)_2(s)]+\Delta_f G_m^\ominus[H_2O(g)]-2\Delta_f G_m^\ominus[NH_3(g)]-\Delta_f G_m^\ominus[CO_2(g)]\\ &=-197.44+(-228.61)-2\times(-16.4)-(-394.39)\\ &=1.14(kJ\cdot mol^{-1})\end{aligned}$$

$$\ln K^\ominus=-\frac{\Delta_r G_m^\ominus}{RT}=-\frac{1.14\times10^3}{8.314\times298}=-0.46$$

求得：$K^\ominus=0.63$

尿素合成反应的标准平衡常数 $K^\ominus$ 为 0.63。

通过化学等温方程式，将未达到平衡时体系的反应商 J 与 $K^\ominus$ 值进行比较，可以判断该状态下反应自发进行的方向：

当 $J<K^\ominus$ 时，$\Delta_r G_m<0$，反应正向自发进行；

当 $J=K^\ominus$ 时，$\Delta_r G_m=0$，反应处于平衡状态；

当 $J>K^\ominus$ 时，$\Delta_r G_m>0$，反应逆向自发进行。

例 3-7 一氧化碳的转化反应 $CO(g)+H_2O(g) \rightleftharpoons CO_2(g)+H_2(g)$ 在 1 473 K 时的平衡常数 $K^{\ominus}=0.417$。如果反应体系中各物质的压力均为 101.325 kPa，问反应能否正向进行？

解：先计算反应商，判断反应方向：

$$J=\frac{[p(CO_2)/p^{\ominus}][p(H_2)/p^{\ominus}]}{[p(CO)/p^{\ominus}][p(H_2O)/p^{\ominus}]}=\frac{(101.325/100)\times(101.325/100)}{(101.325/100)\times(101.325/100)}=1$$

由于 $J>K^{\ominus}$，因此反应不能正向进行，而是逆向进行。

3.2 化学平衡的移动

化学平衡是在一定条件下，正、逆反应速率相等时的一种动态平衡，一旦维持平衡的条件改变，反应将向新条件下的另一平衡态转化，我们把这种由于条件改变，化学反应从一个平衡态转化到另一平衡态的过程称为化学平衡的移动。影响化学平衡的外界因素有浓度、压力、温度等。

1884 年勒夏特列(Le Chatelier)归纳总结出了一条关于平衡移动的普遍规律：当体系达到平衡后，若改变平衡状态的任一条件(如浓度、压力、温度)，平衡就向着能减弱其改变的方向移动，这条规律称为勒夏特列原理。此原理既适用于化学平衡体系，也适用于物理平衡体系。但值得注意的是，勒夏特列原理只适用于已达平衡的体系，而不适用于非平衡体系。

3.2.1 浓度对化学平衡的影响

对于任一化学反应，达到平衡态时，$J=K^{\ominus}$。在温度不变的情况下，$K^{\ominus}$不变，此时改变体系内物质的浓度，则反应商 J 随之改变，$J\neq K^{\ominus}$，化学平衡发生移动，其移动的方向由 J 与 $K^{\ominus}$的相对大小决定：

增加反应物浓度或减小产物浓度，J 变小，即 $J<K^{\ominus}$，平衡正向移动。

增加产物浓度或减小反应物浓度，J 变大，即 $J>K^{\ominus}$，平衡逆向移动。

掌握浓度对化学平衡移动的影响规律，对化工生产及化学实验有很大的指导意义。工业上经常利用增加价廉或易得原料的用量来提高另一反应物的转化率。如在合成氨反应中，加大 N_2 的用量以提高 H_2 的转化率。在 $CO(g)+H_2O(g) \rightleftharpoons H_2(g)+CO_2(g)$ 的反应中，增加水蒸气的用量使 CO 得到充分的利用。在实验室中，也经常利用浓度对平衡的影响来控制反应条件。例如 $BiCl_3$ 易水解，其反应为 $BiCl_3+H_2O \rightleftharpoons BiOCl\downarrow+2HCl$，在配制 $BiCl_3$ 试剂时，为防止水解，先将 $BiCl_3$ 固体溶于盐酸溶液中后，再稀释至所需浓度。

例 3-8 298 K 时，反应 $Fe^{2+}(aq)+Ag^{+}(aq) \rightleftharpoons Fe^{3+}(aq)+Ag(s)$ 的 $K^{\ominus}=3.2$。当 $c(Ag^{+})=1.00\times10^{-2}\ mol\cdot dm^{-3}$，$c(Fe^{2+})=0.100\ mol\cdot dm^{-3}$，问：(1) 当 $c(Fe^{3+})=1.00\times10^{-3}\ mol\cdot dm^{-3}$，平衡时 Ag^{+}、Fe^{2+}和 Fe^{3+}的浓度各为多少？(2) Ag^{+}的转化率为多少？(3) 如果保持 Ag^{+}和 Fe^{3+}的初始浓度不变，使 $c(Fe^{2+})$增大至 0.300 $mol\cdot dm^{-3}$，求 Ag^{+}的转化率。

解：(1) 设反应消耗 Fe^{2+}的量为 x

	$Fe^{2+}(aq)$	+	$Ag^{+}(aq)$	$\rightleftharpoons$	$Fe^{3+}(aq)$	+	$Ag(s)$
开始 $c_B(mol\cdot dm^{-3})$	0.100		1.00×10^{-2}		1.00×10^{-3}		
变化 $c_B(mol\cdot dm^{-3})$	$-x$		$-x$		x		
平衡 $c_B(mol\cdot dm^{-3})$	$0.100-x$		$1.00\times10^{-2}-x$		$1.00\times10^{-3}+x$		

$$K^{\ominus}=\frac{[c(Fe^{3+})/c^{\ominus}]}{[c(Fe^{2+})/c^{\ominus}][c(Ag^{+})/c^{\ominus}]}$$

$$3.2=\frac{1.00\times10^{-3}+x}{(0.100-x)\times(1.00\times10^{-2}-x)}$$

解方程得　$x=1.6\times10^{-3}$

则$c(Ag^{+})=8.4\times10^{-3}\mathrm{mol\cdot dm^{-3}}$；$c(Fe^{2+})=9.84\times10^{-2}\ \mathrm{mol\cdot dm^{-3}}$；

$c(Fe^{3+})=2.6\times10^{-3}\mathrm{mol\cdot dm^{-3}}$

（2）求 Ag^{+}的转化率

$\alpha_1(Ag^{+})=\frac{c_0(Ag^{+})-c_{eq}(Ag^{+})}{c_0(Ag^{+})}=\frac{1.6\times10^{-3}}{1.00\times10^{-2}}\times100\%=16\%$，故 Ag^{+}的转化率为 16%。

（3）设达到新的平衡时 Ag^{+}的转化率为 α_2

	$Fe^{2+}(aq)$	+	$Ag^{+}(aq)$	$\rightleftharpoons$	$Fe^{3+}(aq)$	+	$Ag(s)$
平衡 $c_B(\mathrm{mol\cdot dm^{-3}})$	$(0.300-1.00\times10^{-2}\alpha_2)$		$[1.00\times10^{-2}\times(1-\alpha_2)]$		$(1.00\times10^{-3}+1.00\times10^{-2}\alpha_2)$		

$$3.2=\frac{1.00\times10^{-3}+1.00\times10^{-2}\alpha_2}{(0.300-1.00\times10^{-2}\alpha_2)[1.00\times10^{-2}(1-\alpha_2)]}$$

$\alpha_2=43\%$

$\alpha_2(Ag^{+})>\alpha_1(Ag^{+})$

因此，当 $c(Fe^{2+})$增大至 0.300 $\mathrm{mol\cdot dm^{-3}}$ 时，Ag^{+}的转化率为 43%，说明平衡向右移动。

3.2.2　压力对化学平衡的影响

3.2.2.1　改变体系中某组分的分压

在恒温恒容条件下，改变体系中某一气体的分压，反应商 J 值将发生改变，化学平衡将发生移动。改变某气体分压对化学平衡的影响与改变某组分浓度对化学平衡的影响是相同的。即在恒温恒容条件下，增大气体反应物分压或减小气体生成物分压，$J<K^{\ominus}$，化学平衡正向移动；反之，减小气体反应物分压或增大气体生成物气体分压，$J>K^{\ominus}$，化学平衡逆向移动。

3.2.2.2　改变体系的总压

总压的改变将同等程度地改变各组分气体的分压，因此平衡移动的方向将决定于各组分气体计量数的代数和。增大体系的总压，平衡向气体分子数少的一方移动；减少体系总压，平衡向气体分子数多的一方移动；对于反应前后气体分子数相等的反应，改变压力不能使平衡发生移动。

例如，反应　$aA(g)+bB(g)\rightleftharpoons gG(g)+hH(g)$的总压力增加时，若

$\Sigma v_B<0$ 的反应，平衡右移；

$\Sigma v_B>0$ 的反应，平衡左移；

$\Sigma v_B=0$ 的反应，平衡不受影响，不移动。

例如，$N_2(g)+3H_2(g) \rightleftharpoons 2NH_3(g)$，$\Sigma v_B<0$，增加总压力，使反应正向移动；

$C(s)+O_2(g) \rightleftharpoons 2CO(g)$，$\Sigma v_B>0$，增加总压力，使反应逆向移动；

$CO(g)+H_2O(g) \rightleftharpoons CO_2(g)+H_2(g)$，$\Sigma v_B=0$，增加总压力，不能使反应移动。

3.2.2.3 体系中加入惰性气体

与反应体系无关的气体（指不参加反应的气体，惰性气体等）的引入，对化学平衡是否有影响，要视反应具体条件而定：

① 恒温、恒容条件下，反应达到平衡时，加入惰性气体，体系总压增大，但反应物和产物的分压不变，$J=K^{\ominus}$，平衡不移动。

② 恒温、恒压条件下，反应达到平衡时，加入惰性气体，为保持总压不变，体积增大，反应物和产物的分压降低程度相同。若 $\Sigma v_B \neq 0$，则 $J \neq K^{\ominus}$，反应体系体积的增大，造成各组分气体分压的减小，化学平衡向气体分子总数增加的方向移动。

压力对平衡的影响在化工生产及化学实验中得到应用。例如 $N_2(g)+3H_2(g) \rightleftharpoons 2NH_3(g)$反应是气体分子数减小的反应，为提高 NH_3 的产率，工业生产中采取了高压的反应条件。

3.2.3 温度对化学平衡的影响

温度对化学平衡的影响与前面两个因素有着本质的区别，温度的影响是通过改变标准平衡常数使 $J \neq K^{\ominus}$ 从而使平衡发生移动。对于一个给定的平衡体系，则有：

$$\Delta_r G_m^{\ominus}(T) = -RT \ln K^{\ominus}$$

和

$$\Delta_r G_m^{\ominus} = \Delta_r H_m^{\ominus} - T\Delta_r S_m^{\ominus}$$

两式合并得：

$$-RT \ln K^{\ominus} = \Delta_r H_m^{\ominus} - T\Delta_r S_m^{\ominus}$$

设一可逆反应，在温度为 T_1 时的标准平衡常数为 $K_1^{\ominus}$，在温度为 T_2 时的标准平衡常数为 $K_2^{\ominus}$，由于温度对 $\Delta_r H_m^{\ominus}$ 和 $\Delta_r S_m^{\ominus}$ 的影响比较小，可以认为 $\Delta_r H_m^{\ominus}$ 和 $\Delta_r S_m^{\ominus}$ 在一定温度范围内基本不变，则有：

$$-RT \ln K_1^{\ominus} = \Delta_r H_m^{\ominus} - T_1\Delta_r S_m^{\ominus}$$

$$-RT \ln K_2^{\ominus} = \Delta_r H_m^{\ominus} - T_2\Delta_r S_m^{\ominus}$$

整理得：

$$\ln \frac{K_2^{\ominus}(T_2)}{K_1^{\ominus}(T_1)} = \frac{\Delta_r H_m^{\ominus}}{R}\left(\frac{1}{T_1}-\frac{1}{T_2}\right) = \frac{\Delta_r H_m^{\ominus}}{R}\left(\frac{T_2-T_1}{T_1 T_2}\right) \tag{3-7}$$

式(3-7)给出了标准平衡常数与温度之间的定量关系，可以进行相关的定量计算，也可以讨论温度对化学平衡的影响。

由式(3-7)可以看出，对于吸热反应，由于 $\Delta_r H_m^{\ominus}>0$，因此，

当升高温度时，即 $T_2>T_1$ 时，$K_2^{\ominus}>K_1^{\ominus}$，反应正向移动，平衡向吸热反应方向移动；

当降低温度时，即 $T_2<T_1$ 时，$K_2^{\ominus}<K_1^{\ominus}$，反应逆向移动，平衡向放热反应方向移动。

对于放热反应，由于 $\Delta_r H_m^{\ominus}<0$，因此，

当升高温度时，即 $T_2>T_1$ 时，$K_2^{\ominus}<K_1^{\ominus}$，反应逆向移动，平衡向吸热反应方向移动；

当降低温度时，即 $T_2<T_1$ 时，$K_2^{\ominus}>K_1^{\ominus}$，反应正向移动，平衡向放热反应方向移动。

由此可知，在其他条件一定时，升高温度，平衡向吸热的方向移动。同样可分析得，降低温度，平衡向放热方向移动的结论。

例 3-9 已知反应 $2SO_2(g)+O_2(g) \rightleftharpoons 2SO_3(g)$ 在 298.15 K 时的平衡常数 $K^{\ominus}=6.8\times10^{24}$，$\Delta_r H_m^{\ominus}(298.15\ K)=-197.78\ kJ\cdot mol^{-1}$，求 723K 时 $K^{\ominus}$ 值(近似计算,不查热力学数据)。

解： 根据公式 $\ln\dfrac{K_2^{\ominus}}{K_1^{\ominus}}=\dfrac{\Delta_r H_m^{\ominus}}{R}\left(\dfrac{T_2-T_1}{T_2T_1}\right)$

已知 $T_1=298.15\ K$，$K_1^{\ominus}=K^{\ominus}(298.15\ K)=6.8\times10^{24}$，$\Delta_r H_m^{\ominus}(298.15\ K)$
$=-197.78\ kJ\cdot mol^{-1}$；$T_2=723\ K$，$R=8.314\ J\cdot mol^{-1}\cdot K^{-1}$

则 $\ln\dfrac{K^{\ominus}(723\ K)}{6.8\times10^{24}}=\dfrac{-197.78\times10^3}{8.314}\times\left(\dfrac{723-298.15}{298.15\times723}\right)=-46.9$

$K^{\ominus}(723\ K)=2.95\times10^4$

$K^{\ominus}(723\ K)=2.95\times10^4<K^{\ominus}(298.15\ K)$

因此，温度升高时平衡逆向(吸热方向)移动。

对于任一确定的可逆反应来说，由于反应前后催化剂的化学组成、质量不变，因此无论是否使用催化剂，反应的始态、终态都是一样的，加入催化剂同等程度地改变了正、逆反应速率，因此催化剂的加入不会影响化学平衡状态。但催化剂加入尚未达到平衡的可逆反应体系中，则可在不升高温度的条件下，缩短到达平衡的时间，这无疑有利于提高生产效率。

思考题与习题

1. 什么是化学平衡？化学平衡有哪些特点？
2. 平衡常数和平衡转化率都能表示反应进行的程度，它们之间有何联系和区别？
3. 举例说明多重平衡规则有哪些具体规定？
4. 写出下列反应的标准平衡常数 $K^{\ominus}$ 的表达式

(1) $3Fe(s)+4H_2O(g) \rightleftharpoons Fe_3O_4(s)+4H_2(g)$

(2) $CH_3OH(g)+\dfrac{1}{2}O_2(g) \rightleftharpoons HCHO(g)+H_2O(g)$

(3) $NH_4Cl(s) \rightleftharpoons NH_3(g)+HCl(g)$

(4) $CO(g)+H_2O(g) \rightleftharpoons CO_2(g)+H_2(g)$

5. 已知下列反应的平衡常数：

$H_2(g)+S(s) \rightleftharpoons H_2S(g)$ $K_1^{\ominus}$

$S(s)+O_2(g) \rightleftharpoons SO_2(g)$ $K_2^{\ominus}$

则反应 $H_2(g)+SO_2(g) \rightleftharpoons O_2(g)+H_2S(g)$ 的平衡常数是下列中的哪一个？

(1) $K_1^{\ominus}-K_2^{\ominus}$　(2) $K_1^{\ominus}\times K_2^{\ominus}$　(3) $K_2^{\ominus}/K_1^{\ominus}$　(4) $K_1^{\ominus}/K_2^{\ominus}$

6. 将空气中的 $N_2(g)$ 转变为各种含氮化合物的反应称为固氮反应。根据 $\Delta_f G_m^{\ominus}$ 计算下列 3 种固氮反应的 $\Delta_r G_m^{\ominus}$ 及 $K^{\ominus}$，并从热力学角度分析选择哪个反应最好？

(1) $N_2(g)+O_2(g) \rightleftharpoons 2NO(g)$

(2) $2N_2(g)+O_2(g) \rightleftharpoons 2N_2O(g)$

(3) $N_2(g)+3H_2(g) \rightleftharpoons 2NH_3(g)$

7. 根据平衡移动原理，讨论下列反应

$2Cl_2(g)+2H_2O(g) \rightleftharpoons 4HCl(g)+O_2(g)$　$\Delta_r H_m^{\ominus}$ (298.15 K) >0

将 4 种气体混合后，反应达平衡时，若进行下表中各项操作，对第二列中各项平衡数值有何影响(操作项目中没有注明的均指定温度不变、体积不变)？

序号	操作项目	平衡数值
1	增加 O_2(或 H_2O)的物质的量	O_2(或 H_2O)的物质的量
2	增大容器的体积	H_2O 的物质的量
3	减小容器的体积	Cl_2 的物质的量
4	减小容器的体积	$K^{\ominus}$
5	升高温度	$K^{\ominus}$
6	加入氮气	HCl 的物质的量

8. 在一定温度下的密闭体系中，PCl_5 有 50% 解离为 PCl_3 和 Cl_2，试说明在下列情况下，解离度是增加还是减少？

(1) 降低压力，使体积倍增。

(2) 保持体积不变，加入 N_2 使压力倍增。

(3) 保持压力不变，加入 N_2 使体积倍增。

(4) 保持压力不变，加入 Cl_2 使体积倍增。

(5) 保持体积不变，加入 PCl_3 使压力倍增。

9. 已知反应 $NO(g)+0.5Br_2(l) \rightleftharpoons NOBr(g)$ 在 298 K 时的 $K^{\ominus}=3.6\times10^{-15}$，液溴在 298 K 时的蒸气压为 26.36×10^3 Pa。计算反应 $NO(g)+0.5Br_2(g) \rightleftharpoons NOBr(g)$ 在 298 K 时的标准平衡常数。

10. 光气的热分解反应为 $COCl_2(g) \rightleftharpoons CO(g)+Cl_2(g)$。668 K 时，$K^{\ominus}=4.42\times10^{-2}$。在某一密闭容器中充入光气，并加热至 668 K。当混合气体平衡总压为 300.0 kPa 时，各组分气体的分压各为多少？

11. SO_3 可解离为 SO_2 和 O_2，在 627 ℃、101.325 kPa 下达到平衡，此时混合气体的密度为 0.925 $g\cdot dm^{-3}$。求 SO_3 的解离度（S 的相对原子质量为 32）。

12. 已知反应 $NH_4HS(s) \rightleftharpoons NH_3(g)+H_2S(g)$ 在 298 K 时的 $K^{\ominus}=0.110$。将 2.25 g NH_4HS 样品放入 1.00 dm^3 真空容器中。(1) 计算 NH_3 和 H_2S 的平衡分压及 NH_4HS 的解离度；(2) 最少应在容器中加入多少克 NH_4HS，在上述条件下才能建立平衡（NH_4HS 相对分子质量为 51）？

13. HgO 的分解反应为 $2HgO(s) \rightleftharpoons 2Hg(g) + O_2(g)$，将 0.050 mol 的 HgO(s) 放入 1.0 dm^3 真空容器中，温度升至 723 K 时，混合气体总压为 108.0 kPa。在 693 K 时，混合气体总压力为 51.6 kPa。试计算(1) 该反应在 723 K 和 693 K 时的标准平衡常数 $K^\ominus$；(2) HgO 的分解率；(3) 该反应是吸热还是放热反应？计算反应的 $\Delta_r H_m^\ominus$。

14. 反应 C(石墨) + $2H_2(g) \rightleftharpoons CH_4(g)$ 在 298 K 时的平衡常数 $K^\ominus = 7.8 \times 10^8$，$\Delta_r H_m^\ominus = -74.78\ kJ \cdot mol^{-1}$，试求算其 $\Delta_r S_m^\ominus$ 值是多少？

15. 在 721 K 时反应 $H_2(g) + I_2(g) \rightleftharpoons 2HI(g)$ 的 $K^\ominus = 66.9$，该反应在 573~733 K 温度范围内的 $\Delta_r H_m^\ominus = -11.097\ kJ \cdot mol^{-1}$。试计算 (1) 在 623 K 时反应的 $K^\ominus$；(2) 计算在这两个温度下反应的 $\Delta_r G_m^\ominus$。

16. 已知反应 $2SO_2(g) + O_2(g) \rightleftharpoons 2SO_3(g)$ 的 $\Delta_r H_m^\ominus$ 为 $-198.2\ kJ \cdot mol^{-1}$，$\Delta_r S_m^\ominus$ 为 $-190.1\ J \cdot mol^{-1} \cdot K^{-1}$。试计算：(1) 298 K、标准状态下，反应的 $\Delta_r G_m^\ominus$；(2) 在 298 K 时，反应器中有 100 kPa 的 SO_3，25 kPa 的 SO_2 和 25 kPa 的 O_2 混合在一起时的 $\Delta_r G_m$，并判断反应进行的方向；(3) 计算该反应在 323 K 时的 $K^\ominus$。

第4章 酸碱平衡和沉淀-溶解平衡

水溶液是化学研究的重点内容之一。这是因为水是自然界中最为普遍存在的，也是最为重要的溶剂，自然界中的一切生命过程和人类的工农业生产过程都离不开水。本章将在化学平衡的基础上，运用化学平衡理论解释水溶液中酸碱平衡、沉淀-溶解平衡和平衡移动的一般规律，以及平衡体系的控制及其应用。

4.1 酸碱理论

溶液可分为电解质和非电解质溶液两种。依据电解质在水溶液中的解离程度，通常将其分为强电解质和弱电解质两种。在水溶液中完全解离（也叫电离）的电解质称为强电解质，如强酸、强碱和无机盐。在水溶液中部分解离的电解质称为弱电解质，如弱酸和弱碱等。强电解质与弱电解质是相对而言的。本节主要讨论的是弱电解质及其解离平衡。

随着生产和科学的发展，人们提出了一系列的酸碱理论，其中比较重要的有阿仑尼乌斯(Arrhenius)的酸碱电离理论、富兰克林(Franklin)的酸碱溶剂理论、布朗斯特(Brönsted)和劳莱(Lowry)的酸碱质子理论、路易斯(Lewis)的酸碱电子理论和皮尔逊(Person)的软硬酸碱理论。

4.1.1 酸碱电离理论简介

阿仑尼乌斯的酸碱电离理论认为：酸、碱是能够在水溶液中解离的电解质，在水溶液中电离时所生成的阳离子全部是氢离子(H^+)的物质称为酸，电离时所生成的阴离子全部是氢氧根离子(OH^-)的物质称为碱，酸碱中和反应的实质是氢离子和氢氧根离子结合生成水。酸碱电离理论还从定量的角度描述了酸碱的性质以及它们的化学行为。

电离理论无法解释一些盐类物质的酸碱性。如并不是只有含 OH^-的物质才具有碱性，NH_3 和 Na_2CO_3 的水溶液也显碱性。另外，电离理论只限定于水溶液体系，无法解释非水体系的酸碱性。因此，它存在着很大的局限性。

4.1.2 酸碱质子理论

布朗斯特酸碱质子理论指出，凡是能给出质子的物质是酸（经常写为 Brönsted 酸），例如 HCl、HAc、NH_4^+ 等；凡是能接受质子的物质是碱（经常写为 Brönsted 碱），例如 NaOH、NH_3、H_2O 等。酸是质子的给予体，碱是质子的接受体。质子理论中的酸、碱可以是分子，也可以是正离子或负离子。

酸给出质子后的物质就是碱，碱接受质子后就成为酸，相应的一对酸碱被称为共轭酸碱对，可以用简式表示如下：

$$酸 = 质子 + 碱$$

$$HCl = H^+ + Cl^-$$

$$NH_4^+ = H^+ + NH_3$$

其中，酸失去一个质子生成的碱称为该酸的共轭碱，反之亦然。如 HCl 和 Cl^- 为一对共轭酸碱对，其中，HCl 是 Cl^- 的共轭酸，Cl^- 是 HCl 的共轭碱。

酸碱的强弱是指酸给出质子和碱接受质子能力的强弱。给出质子能力强的物质是强酸，接受质子能力强的物质是强碱；反之，便是弱酸和弱碱。较强酸的共轭碱是较弱碱，酸越强，它的共轭碱则越弱；较弱酸的共轭碱是较强碱，酸越弱，它的共轭碱必定越强，反之亦然。

酸给出质子时，必须有碱接受质子，否则反应无法进行。酸碱反应的实质是两个共轭酸碱对之间的质子传递反应。反应时，较强酸Ⅰ将质子转移给较强碱Ⅱ，反应向着生成弱酸Ⅱ（较强碱Ⅱ的共轭酸）和弱碱Ⅰ（较强酸Ⅰ的共轭碱）的方向进行。如 HCl 和 NaOH 在水溶液中的酸碱中和反应：

$$H_3O^+(强酸Ⅰ) + OH^-(强碱Ⅱ) = H_2O(弱酸Ⅱ) + H_2O(弱碱Ⅰ)$$

由于酸碱存在相对强弱，因此酸、碱在水中的解离实际也是酸碱反应，是两个非共轭酸碱之间的质子传递反应。如 HCl 在水中完全解离，释放出所有的 H^+，而其生成的共轭碱 Cl^- 的碱性则很弱，无法从 H_2O 中夺取 H^+(反应1)；同时 H_2O 作为相对较强的碱接受质子，生成弱酸 H_3O^+(反应2)。由于在该反应中 HCl 的酸性比 H_2O 强，因此这个反应进行得很完全。

$$HCl(强酸) = H^+ + Cl^-(弱碱) \quad (1)$$

$$+ \quad \underline{H_2O(较强碱) + H^+ = H_3O^+(弱酸)} \quad (2)$$

$$HCl(强酸Ⅰ) + H_2O(较强碱Ⅱ) = H_3O^+(弱酸Ⅱ) + Cl^-(弱碱Ⅰ)$$

HAc 在水溶液中的解离是由 HAc（弱酸）给出 H^+ 后生成其共轭碱 Ac^-(较强碱)的反应(3)，以及 H_2O（弱碱）接受 H^+ 生成其共轭酸 H_3O^+(较强酸)的反应(4)组成。但由于在该体系中 HAc 的酸性比 H_3O^+ 弱，H_2O 的碱性比 Ac^- 弱，因此这个反应进行得很不完全。

$$HAc(弱酸Ⅱ) \rightleftharpoons H^+ + Ac^-(较强碱Ⅱ) \quad (3)$$

$$+ \quad \underline{H_2O(弱碱Ⅰ) + H^+ \rightleftharpoons H_3O^+(较强酸Ⅰ)} \quad (4)$$

$$HAc(弱酸Ⅱ) + H_2O(弱碱Ⅰ) \rightleftharpoons H_3O^+(较强酸Ⅰ) + Ac^-(较强碱Ⅱ)$$

同样，NH_3 在水溶液中的解离反应由下列两个反应组成。

$$H_2O(弱酸Ⅱ) \rightleftharpoons H^+ + OH^-(较强碱Ⅱ) \quad (5)$$

$$+ \quad \underline{NH_3(弱碱Ⅰ) + H^+ \rightleftharpoons NH_4^+(较强酸Ⅰ)} \quad (6)$$

$$H_2O(弱酸Ⅱ) + NH_3(弱碱Ⅰ) \rightleftharpoons NH_4^+(较强酸Ⅰ) + OH^-(较强碱Ⅱ)$$

在上述反应中，H_2O 既能给出质子（5），也可以接受质子（2 和 4）。这种既能给出质子又能接受质子的物质称为酸碱两性物质。其他常见的两性物质还有 HSO_4^-、$H_2PO_4^-$、HPO_4^-、HCO_3^- 等。如

$$H_2PO_4^- \rightleftharpoons H^+ + HPO_4^{2-} \qquad (H_2PO_4^- \text{ 作为酸存在})$$

$$H_2PO_4^- + H^+ \rightleftharpoons H_3PO_4 \qquad (H_2PO_4^- \text{ 作为碱存在})$$

其中，H_3PO_4 与 $H_2PO_4^-$，$H_2PO_4^-$ 与 HPO_4^{2-} 互为共轭酸碱。判断两性物质究竟是酸还是碱，要在具体体系中分析，若失去质子则为酸，若接受质子则为碱。除水以外的两性物质的水溶液在不同体系中会呈现不同的酸碱性。

盐类水解反应实际上也是离子酸碱的质子转移反应。例如，NaAc 的水解反应：

$$H_2O(l) + Ac^-(aq) \rightleftharpoons HAc(aq) + OH^-(aq)$$

其中，Ac^- 作为较强的共轭碱（HAc 为弱酸）与作为酸的 H_2O 之间发生质子转移反应，生成 HAc 和 OH^-。

酸碱质子理论认为，酸碱在溶液中所表现出来的强度，不仅与酸碱的本性有关，也与溶剂的本性有关。同一种酸或碱在不同溶剂中的相对强度不同。如 HAc 在水中表现为弱酸，但在液氨中则表现为强酸，这是因为液氨夺取质子的能力（碱性）要比水强得多。这也进一步说明了酸碱强度的相对性。

酸碱质子理论扩大了酸和碱的物种范围，使酸碱理论的适用范围扩展到非水体系及无溶剂体系，解决了非水溶液和气体间的酸碱反应。但也存在一定的局限性，比如，不能解释没有质子传递的酸碱反应。

4.1.3 酸碱电子理论

虽然酸碱质子理论大大扩展了酸碱范围并得到广泛应用，但它把酸限制在含氢的物质上。1923 年，路易斯(G. N. Lewis)提出了更广义的路易斯酸碱理论(Lewis acids and bases)，也称为酸碱电子理论。

酸碱电子理论把凡能接受电子对的物质（分子、离子或原子团）称为酸，凡能给出电子对的物质（分子、离子或原子团）称为碱。酸是电子对的受体，称为路易斯酸（经常写为 Lewis 酸）；碱是电子对的给体，称为路易斯碱（经常写为 Lewis 碱）。酸碱反应的实质是碱提供电子对与酸形成配位键，反应产物称为酸碱配位化合物，简称为酸碱配合物。

化学反应中，常见的可以接受电子对的路易斯酸有金属阳离子（如 H^+、Na^+、Zn^{2+}、Cu^{2+}、Ag^+等)、受电子分子（也称缺电子化合物，如 BF_3、$AlCl_3$ 等)。常见的可以给出电子对的路易斯碱有阴离子（如 OH^-、卤离子等)、具有孤对电子的化合物（如氨、氰、胺、醇、醚、CO、CO_2 等)，以及含有碳碳双键的分子（如烯烃、芳香化合物等)。Lewis 碱显然包括所有 Brönsted 碱，但 Lewis 酸与 Brönsted 酸不一致。如 HCl 是 Brönsted 酸，但不是 Lewis 酸，而是酸碱配合物。

根据酸碱电子理论，酸碱反应可分为以下四种类型：

① 酸碱加合反应。本质是 Lewis 酸（如 H^+）接受 Lewis 碱（如 OH^-）的电子对，形成酸碱配合物。

$$H^+ + OH^- = H_2O$$

$$BF_3 + F^- = BF_4^-$$

$$Ag^+ + 2\ NH_3 = [H_3N\!:\rightarrow Ag \leftarrow :\!NH_3]^+$$

② 酸取代反应。Lewis 酸取代酸碱配合物中的 Lewis 酸，生成新的酸碱配合物：

$$Al(OH)_3+3H^+=Al^{3+}+3H_2O$$

在此反应中，Lewis 酸 H^+ 取代了酸碱配合物 $Al(OH)_3$ 中的酸 Al^{3+}，形成新的酸碱配合物 H_2O。

③ 碱取代反应。Lewis 碱取代酸碱配合物中的 Lewis 碱，生成新的酸碱配合物：

$$[Cu(NH_3)_4]^{2+}+2OH^-=Cu(OH)_2\downarrow+4NH_3$$

在此反应中，Lewis 碱 OH^- 取代了酸碱配合物 $[Cu(NH_3)_4]^{2+}$ 中的碱 NH_3，形成了新的酸碱配合物 $Cu(OH)_2$。

④ 双取代反应。两种酸碱配合物中的酸碱互相交叉取代，生成两种新的酸碱配合物。

$$BaCl_2+Na_2SO_4=BaSO_4\downarrow+2NaCl$$

酸碱电子理论的优点是扩大了酸碱范围，可把酸碱概念用于许多有机反应和无溶剂反应。缺点是这一理论包罗万象，使得酸碱特征不明显，常见的配位反应和氧化还原反应都可以看作是酸碱反应。同时，如果选择不同的反应对象，酸或碱的强弱次序也可能不同，它对确定酸碱的相对强弱来说，没有统一的标度，对酸碱的反应方向难以判断。

4.2 弱酸、弱碱的解离平衡

4.2.1 水的自耦电离

水作为两性物质，既有接受质子的能力（作为质子碱），又有提供质子的能力（作为质子酸），因此在水中存在水分子间的质子转移反应，即水的自耦电离反应：

$$H_2O+H_2O \rightleftharpoons H_3O^++OH^-$$

为了书写方便，通常将 H_3O^+ 简写成 H^+，因此上述反应式可简写为

$$H_2O \rightleftharpoons H^++OH^-$$

当水的自耦电离反应达到平衡时：

$$K_w^{\ominus} = [H^+][OH^-] \tag{4-1}$$

$K_w^{\ominus}$ 称为水的离子积常数，其中 w 为单词 water 的词头，式中方括号表示相对浓度（即 $c(H^+)/c^{\ominus}$ 或 $c(OH^-)/c^{\ominus}$）。常温（298 K）时，$K_w^{\ominus}=1.0\times10^{-14}$，在中性溶液中，$c(H^+)=c(OH^-)=1.0\times10^{-7}\ mol\cdot dm^{-3}$。水的解离是吸热反应，当温度升高时，$K_w^{\ominus}$ 增大。但 $K_w^{\ominus}$ 随温度的变化不明显，当温度不是太高时，认为 $K_w^{\ominus}=1.0\times10^{-14}$。

水在化学反应中是最重要的溶剂，电解质溶液的酸碱性与水的解离有着密切的关系。通常使用 pH 值（氢离子相对浓度的负对数值）或者 pOH 值（氢氧根离子相对浓度的负对数值）来表示溶液的酸碱性。

$$pH = -\lg[c(H^+)/c^{\ominus}] = -\lg[H^+] \tag{4-2}$$

$$pOH = -\lg[c(OH^-)/c^{\ominus}] = -\lg[OH^-] \tag{4-3}$$

水溶液的 pH 越小（或者 pOH 越大），$c(H^+)$ 越大，溶液的酸性越强，碱性越弱。pH 越大（或者 pOH 越小），$c(H^+)$ 越小，溶液的酸性越弱，碱性越强。溶液的酸碱性与 pH 的关系可概括如下。

酸性溶液：$c(H^+)>10^{-7}\ mol\cdot dm^{-3}>c(OH^-)$，pH<7<pOH

中性溶液：$c(H^+)=c(OH^-)=10^{-7}\ mol\cdot dm^{-3}$，pH=pOH=7

碱性溶液：$c(H^+)<10^{-7}\ mol\cdot dm^{-3}<c(OH^-)$，pH>7>pOH

一般，稀溶液的 $c(H^+)$ 或 $c(OH^-)$ 范围在 $10^{-14}\sim10^{-1}\ mol\cdot dm^{-3}$ 之间时，可用 pH 或 pOH 表示溶液的酸碱性。当 $c(H^+)$ 或者 $c(OH^-)$ 大于 $1\ mol\cdot dm^{-3}$ 时，需用浓度直接表示溶液的酸碱性。

使用 $pK_w^\ominus$ 表示水的离子积常数的负对数，则有

$$pK_w^\ominus = -\lg K_w^\ominus = pH + pOH = 14 \qquad (4-4)$$

4.2.2 一元弱酸、弱碱的解离平衡

在一元弱酸的水溶液中，弱酸分子 HA 电离（解离）产生 H^+ 和 A^-，同时溶液中的 H^+ 和 A^- 也可重新结合生成弱酸分子 HA。当这两个可逆反应的速度相等时，反应达到动态平衡，称为一元弱酸的解离平衡，可使用下式表示：

$$HA(aq)+H_2O(l) \rightleftharpoons H_3O^+(aq)+A^-(aq)$$

简写为

$$HA(aq) \rightleftharpoons H^+(aq)+A^-(aq)$$

此时，溶液中各组分的浓度均不再改变，反应的标准平衡常数可用 $K_a^\ominus$ 表示

$$K_a^\ominus(HA)=\frac{[c(H^+)/c^\ominus][c(A^-)/c^\ominus]}{[c(HA)/c^\ominus]}=\frac{[H^+][A^-]}{[HA]} \qquad (4-5)$$

式中：$K_a^\ominus$ 为一元弱酸的解离平衡常数，其中 a 为单词 acid 的词头；$[H^+]$、$[A^-]$ 和 $[HA]$ 分别为平衡时 H^+、A^- 和 HA 的相对浓度。

解离常数 $K_a^\ominus$ 的大小反映一元弱酸解离形成离子的能力。$K_a^\ominus$ 值越大，表示酸在水中给出质子的能力越强，其酸性也相对较强。由热力学方法，根据有关物质的 $\Delta_f G_m^\ominus$，可求算弱酸或弱碱的 $K_a^\ominus$ 及 $K_b^\ominus$。如 HAc 在水中达到解离平衡时：

	HAc(aq)	+	$H_2O(l) \rightleftharpoons$	$H_3O^+(aq)$	+	$Ac^-(aq)$
$\Delta_f G_m^\ominus(kJ\cdot mol^{-1})$	−396.6		−237.18	−237.18		−369.4

$$\Delta_r G_m^\ominus(298.15\ K)=\Delta_f G_m^\ominus(Ac^-)+\Delta_f G_m^\ominus(H_3O^+)-\Delta_f G_m^\ominus(HAc)-\Delta_f G_m^\ominus(H_2O)\,s$$
$$=27.2\ kJ\cdot mol^{-1}$$

根据 $\lg K_a^\ominus(HAc)=-\frac{\Delta_r G_m^\ominus}{2.303RT}=-\frac{27.2\times10^3}{2.303\times8.314\times298.15}=-4.75$

计算可知 $K_a^\ominus(HAc)=1.75\times10^{-5}$

常见弱酸或弱碱的解离常数可以从有关手册中查得，本书附录 5 中列出了 298.15 K 时部分常见弱酸或弱碱的解离常数。

例 4-1 已知甲酸的 $K_a^\ominus=1.77\times10^{-4}$，试计算 $0.10\ mol\cdot dm^{-3}$ 甲酸的 pH 值。

解： 设甲酸解离产生的 $[c(H^+)]$ 为 $x\ mol\cdot dm^{-3}$

	$HCOOH \rightleftharpoons$	H^+	+	$HCOO^-$
起始浓度（$mol\cdot dm^{-3}$）	0.10	0		0
平衡浓度（$mol\cdot dm^{-3}$）	$0.10-x$	x		x

$$K_a^\ominus=\frac{[H^+][HCOO^-]}{[HCOOH]}=\frac{x^2}{0.10-x}=1.77\times10^{-4}$$

计算可得 $x=c(H^+)\approx 4.2\times10^{-3}\ mol\cdot dm^{-3}$

弱电解质在水溶液中达到解离平衡后，已解离的弱电解质分子数占弱电解质分子总数的百分比称为解离度，用符号 α 表示。常以已解离的那部分弱电解质浓度的百分数表示。

$$\alpha=\frac{\text{已经解离的弱电解质浓度}}{\text{解离前的弱电解质浓度}}\times100\% \qquad (4-6)$$

解离度和解离常数都反映了弱电解质解离能力的大小。对于一元弱酸而言，在温度、浓度都相同时，解离度越小，弱电解质的解离能力越小，则该弱电解质相对较弱。由于解离度不仅与温度有关，而且随弱电解质浓度的改变而改变，而解离常数只与温度相关，不随浓度的变化而变化，因此解离常数的应用比解离度更广泛。

解离度和解离常数之间有一定的关系，当 $c_0/K_a^{\ominus}>400$ 或 $\alpha\leqslant5\%$①时，$1-\alpha\approx1$，

$$HA(aq) \rightleftharpoons H^+(aq)+A^-(aq)$$

平衡时($mol\cdot dm^{-3}$) $\qquad c_0\ (1-\alpha) \qquad c_0\alpha \qquad c_0\alpha$

$$K_a^{\ominus}(HA)=\frac{[H^+][A^-]}{[HA]}=\frac{c_0\alpha\times c_0\alpha}{c_0(1-\alpha)}\approx c_0\alpha^2$$

可知

$$\alpha=\sqrt{\frac{K_a^{\ominus}}{c_0}} \qquad (4-7)$$

$$c(H^+)=c_0\alpha=c_0\times\sqrt{\frac{K_a^{\ominus}}{c_0}}=\sqrt{c_0\times K_a^{\ominus}} \qquad (4-8)$$

式(4-7)称为稀释定律，即在一定温度下，$K_a^{\ominus}$ 保持不变，当溶液被稀释时，解离度 α 会增大。

例 4-2 将 $0.40\ mol\cdot dm^{-3}$ 丙酸溶液 $0.125\ dm^3$ 加水稀释至 $0.500\ dm^3$，求稀释前、后溶液的 pH 值以及丙酸的解离度。(已知丙酸的 $K_a^{\ominus}=1.34\times10^{-5}$)

解： 丙酸稀释前的 $c(H^+)$ 为

$$c(H^+)=\sqrt{c\times K_a^{\ominus}}\approx\sqrt{0.40\times1.34\times10^{-5}}=2.32\times10^{-3}(mol\cdot dm^{-3})$$

则 pH=2.64

此时丙酸的解离度 $\alpha=\frac{c(H^+)}{c\ (\text{丙酸})}\times100\%=\frac{2.32\times10^{-3}}{0.40}\times100\%=0.58\%$

丙酸稀释后，浓度为 c（丙酸）$=0.40\times125/500=0.10\ mol\cdot dm^{-3}$

由于 $c/K_a^{\ominus}>400$，则可用近似计算公式

$$c(H^+)=\sqrt{c\times K_a^{\ominus}}\approx\sqrt{0.10\times1.34\times10^{-5}}=1.16\times10^{-3}\ (mol\cdot dm^{-3})$$

则丙酸稀释后 pH=2.93

① $\frac{c}{K_a^{\ominus}}=\frac{1-\alpha}{\alpha^2}$ 若 $\alpha\leqslant5\%$，则 $\frac{c}{K_a^{\ominus}}\geqslant\frac{1-0.05}{(0.05)^2}=380(\sim400)$

丙酸稀释后的解离度 $\alpha = \frac{c(H^+)}{c\ (丙酸)} \times 100\% = \frac{1.16 \times 10^{-3}}{0.10} \times 100\% = 1.16\%$

由以上计算可知，丙酸在稀释后 pH 增大，同时解离度 α 也增大。

在一元弱碱的水溶液中，同样存在可逆平衡反应：

$$BOH \rightleftharpoons B^+ + OH^-$$

当达到平衡时，有

$$K_b^\ominus = \frac{[B^+][OH^-]}{[BOH]} \tag{4-9}$$

式中：$K_b^\ominus$ 为一元弱碱的解离平衡常数，其中 b 为单词 base 的词头；$[B^+]$、$[OH^-]$ 和 $[BOH]$ 分别为平衡时 B^+、OH^- 和 BOH 的相对浓度。$K_b^\ominus$ 越大，碱在水中接受质子的能力越强，碱性越强。

当 $c_0/K_b^\ominus > 400$ 或 $\alpha \leqslant 5\%$ 时，一元弱碱也符合稀释定律。

$$\alpha = \sqrt{\frac{K_b^\ominus}{c_0}} \tag{4-10}$$

$$c(OH^-) = c_0\alpha = c_0 \times \sqrt{\frac{K_b^\ominus}{c_0}} = \sqrt{c_0 \times K_b^\ominus} \tag{4-11}$$

作为 HA 的共轭碱，A^- 在水溶液中存在如下平衡：

$$A^- + H_2O \rightleftharpoons HA + OH^-$$

则有

$$K_b^\ominus(A^-) = \frac{[HA][OH^-]}{[A^-]} \tag{4-12}$$

式(4-5)和(4-12)相乘可得：

$$K_a^\ominus(HA) \times K_b^\ominus(A^-) = K_w^\ominus \tag{4-13}$$

$$pK_a^\ominus(HA) + pK_b^\ominus(A^-) = pK_w^\ominus$$

式(4-13)说明，在共轭酸碱对中，弱酸的 $K_a^\ominus$ 与其共轭碱的 $K_b^\ominus$ 成反比，$K_a^\ominus$ 值越大，弱酸的酸性越强，其共轭碱的 $K_b^\ominus$ 越小，碱性越弱。若已知共轭酸碱对中弱酸的解离常数 $K_a^\ominus$，可通过上式计算其共轭碱的解离常数 $K_b^\ominus$，反之亦然。

例 4-3 计算 0.10 $mol \cdot dm^{-3}$ NaAc 溶液的 pH 值。已知 25 ℃时 $K_a^\ominus(HAc) = 1.75 \times 10^{-5}$。

解：根据酸碱质子理论 $Ac^- + H_2O \rightleftharpoons HAc + OH^-$

$$K_b^\ominus(Ac^-) = K_w^\ominus / K_a^\ominus(HAc) = 5.71 \times 10^{-10}$$

因为 $c/K_b^\ominus > 400$，则

$$c(OH^-) = \sqrt{K_b^\ominus(Ac^-) \times c(Ac^-)} = \sqrt{5.71 \times 10^{-10} \times 0.10} = 7.56 \times 10^{-6}(mol \cdot dm^{-3})$$

$$pH = 14 - pOH = 14 + \lg 7.56 \times 10^{-6} = 8.88$$

4.2.3 多元弱酸的解离平衡

凡是在水溶液中释放出两个或两个以上质子的弱酸称为多元弱酸（如 H_2CO_3、H_2S、

H_3PO_4 等)。在水溶液中接受两个或两个以上质子的弱碱称为多元弱碱(如 S^{2-}、PO_4^{3-}、CO_3^{2-}等)。多元弱酸(或弱碱)在水溶液中的解离是分步进行的，每一步反应都有相应的解离平衡常数。以 H_2S 为例，其解离过程可分为两步，即

一级解离：$H_2S \rightleftharpoons H^+ + HS^-$　　　$K_{a1}^{\ominus}(H_2S) = 1.07 \times 10^{-7}$

二级解离：$HS^- \rightleftharpoons H^+ + S^{2-}$　　　$K_{a2}^{\ominus}(H_2S) = 1.26 \times 10^{-13}$

对于多元弱酸(或弱碱)的解离，由于 $K_{a1}^{\ominus} >> K_{a2}^{\ominus}$(或 $K_{b1}^{\ominus} >> K_{b2}^{\ominus}$)，溶液中的 H^+(或 OH^-)浓度主要由第一步解离产生，第二步解离出的 H^+(或 OH^-)在计算中可忽略。因此，对于多元弱酸(或弱碱)溶液，当 $K_{a1}^{\ominus}/K_{a2}^{\ominus} > 100$(或 $K_{b1}^{\ominus}/K_{b2}^{\ominus} > 100$)时，计算 H^+(或 OH^-)浓度时，常忽略它的二级解离，只考虑它的一级解离。

例 4-4　室温下饱和 H_2S 水溶液的浓度为 $0.10\ mol \cdot dm^{-3}$，求溶液中 H^+、HS^-、S^{2-}的物质的量浓度和溶液的 pH 值。(已知 $K_{a1}^{\ominus} = 1.07 \times 10^{-7}$，$K_{a2}^{\ominus} = 1.26 \times 10^{-13}$，忽略水的解离，$K_{a1}^{\ominus} >> K_w^{\ominus}$)

解： 假设 H_2S 解离的量为 $x\ mol \cdot dm^{-3}$，HS^-解离的量为 $y\ mol \cdot dm^{-3}$，则有

$$H_2S \rightleftharpoons H^+ + HS^-$$

平衡浓度/$mol \cdot dm^{-3}$　　$0.10-x$　　$x+y$　$x-y$

$$HS^- \rightleftharpoons H^+ + S^{2-}$$

平衡浓度/$mol \cdot dm^{-3}$　　$x-y$　　$x+y$　y

由于 $c/K_{a1}^{\ominus} = 0.10/(1.07 \times 10^{-7}) >> 400$，因此 $0.10-x \approx 0.10$；由于 $K_{a1}^{\ominus}/K_{a2}^{\ominus} > 100$，因此 $x >> y$，则有 $x \pm y \approx x$

由一级离解反应平衡可得　$K_{a1}^{\ominus} = \dfrac{[H^+][HS^-]}{[H_2S]} = \dfrac{(x+y)(x-y)}{0.10-x} \approx \dfrac{x^2}{0.10}$

解得 $x = c(H^+) = c(HS^-) = 1.03 \times 10^{-4}\ mol \cdot dm^{-3}$

$$pH = 3.99$$

由二级离解反应平衡可得　$K_{a2}^{\ominus} = \dfrac{[H^+][S^{2-}]}{[HS^-]} = \dfrac{(x+y)y}{x-y} \approx y$

解得　$y = c(S^{2-}) \approx 1.26 \times 10^{-13}\ mol \cdot dm^{-3}$

$$c(H_2S) = 0.10 - x \approx 0.10\ mol \cdot dm^{-3}$$

由例 4-4 可得出以下结论：

① 多元弱酸的解离是分步进行的。一般 $K_{a1}^{\ominus} >> K_{a2}^{\ominus}$ 时，可以认为溶液中的 H^+ 主要来自弱酸的第一步电离，计算 $c(H^+)$或 pH 时，可只考虑第一步电离。

② 对于二元弱酸，当 $K_{a1}^{\ominus} >> K_{a2}^{\ominus}$ 时，c(酸根离子) $\approx K_{a2}^{\ominus}$，而与弱酸的初始浓度无关。如对于 H_2S，$c(S^{2-}) \approx K_{a2}^{\ominus}$。

需要注意的是，以上结论适用于二元弱酸单独存在的水溶液。对于二元弱酸与其他物质的混合水溶液，以上结论一般不适用。

在多元弱酸溶液中存在多个解离平衡，除了酸自身的多步解离平衡之外，还有溶剂水的解离平衡。这种多重平衡体系满足多重平衡规则。在二元弱酸 H_2A 溶液中，$c(H^+)$并不等于

c(酸根离子)的 2 倍。若 $c(H_2A)$一定时，$c(A^{2-})$与 $c(H^+)^2$ 成反比：

$$\begin{array}{ll} H_2A \rightleftharpoons H^+ + HA^- & K_{a1}^{\ominus}(H_2A) \\ +\ HA^- \rightleftharpoons H^+ + A^{2-} & K_{a2}^{\ominus}(H_2A) \\ \hline H_2A \rightleftharpoons 2H^+ + A^{2-} & K_a^{\ominus}(H_2A) = K_{a1}^{\ominus}(H_2A) \times K_{a2}^{\ominus}(H_2A) \end{array}$$

$$K_a^{\ominus}(H_2A) = \frac{[H^+]^2[A^{2-}]}{[H_2A]} = K_{a1}^{\ominus}(H_2A) \cdot K_{a2}^{\ominus}(H_2A)$$

$$c(A^{2-}) = \frac{K_{a1}^{\ominus}(H_2A) \cdot K_{a2}^{\ominus}(H_2A)[H_2A]}{[H^+]^2} \tag{4-14}$$

式(4-14)表明，在二元弱酸 H_2A 中，$c(A^{2-})$的值与溶液中 $c(H^+)^2$ 的大小成反比。如果在溶液中加入强酸增大 $c(H^+)$，则可显著降低 $c(A^{2-})$。这是因为此时溶液中 H^+ 主要来自于强酸，作为弱酸的 H_2A 的解离受到强酸的影响。实际工业生产和科学研究中，经常通过改变溶液的 pH 控制 $c(A^{2-})$，以达到实际需要的目的。比如溶液中含有多个金属离子时，可根据金属硫化物溶度积的大小，控制溶液的 pH 值使金属离子相互分离。

4.2.4 盐效应和同离子效应

解离平衡是弱电解质分子与离子之间存在的动态平衡。它和所有化学平衡一样，当条件（如离子浓度）发生改变时，电离平衡将被破坏，平衡向一定的方向移动，直到建立起新的平衡。弱电解质电离平衡的移动符合勒沙特列原理，主要受盐效应和同离子效应的影响。

4.2.4.1 盐效应（salt effect）

在弱电解质水溶液中加入由与弱电解质不同的阴阳离子形成的强电解质（如 NaCl）时，弱电解质的解离平衡向解离的方向移动，导致该弱电解质的解离度将略有增大，这种效应称为盐效应。由于加入强电解质后，溶液中总的离子浓度增大，离子间相互牵制作用增强，使得弱电解质解离产生的阴、阳离子重新结合成弱电解质分子的概率降低，导致弱电解质分子浓度降低，离子浓度相应增大，解离度 α 增大。

由盐效应引起的解离度的增大并不显著，因此，在计算中可以忽略由盐效应引起的解离度的变化。

4.2.4.2 同离子效应(common ion effect)

在已处于解离平衡的弱酸（或弱碱）的水溶液中，加入含有相同离子的易溶强电解质(完全解离）时，按照勒沙特列原理，平衡朝着降低这种离子浓度的方向移动并达到新平衡。相比原有平衡，新平衡中弱酸（或弱碱）的解离度 α 减小。

例如，在向醋酸水溶液中加入 NaAc 时，由于 NaAc 完全解离而提供大量 Ac^-离子，导致 Ac^-浓度增加，使 HAc 的解离平衡向左移动，从而降低了 HAc 的解离度 α。同样，在向醋酸水溶液中加入 HCl 时，HCl 解离产生的 H^+使 HAc 的解离平衡向左移动，同样会降低 HAc 的解离度 α。在氨水溶液中加入 NaOH（或者 NH_4Cl）时，也会降低 NH_3 的解离度 α。

这种在弱酸（或弱碱）溶液中，加入具有与弱酸（或弱碱）解离后相同离子的易溶强电解质，使弱酸（或弱碱）的解离度降低的现象称为同离子效应。盐效应和同离子效应共存时，常忽略盐效应，只考虑同离子效应。

例 4-5 在 0.10 $mol \cdot dm^{-3}$ 的 HAc 溶液中，加入 NaAc 晶体使溶液中 NaAc 的最终浓度为 0.10 $mol \cdot dm^{-3}$。计算该溶液的 pH 和 HAc 的解离度。

解： 因 NaAc 是强电解质，解离后 $c(Ac^-) = 0.10\ mol \cdot dm^{-3}$。

设平衡时 $c(H^+) = x\ mol \cdot dm^{-3}$，

$$HAc(aq) \rightleftharpoons H^+(aq) + Ac^-(aq)$$

	HAc(aq)	H^+(aq)	Ac^-(aq)
起始浓度($mol \cdot dm^{-3}$)	0.10	0	0.10
平衡浓度($mol \cdot dm^{-3}$)	0.10−x	x	0.10+x

$$K_a^\ominus = \frac{[H^+][Ac^-]}{[HAc]} = \frac{x\ (0.10+x)}{0.10-x} = 1.75 \times 10^{-5}$$

由于同离子效应的原因，$0.10 \pm x \approx 0.10$

计算可知 $x = c(H^+) = 1.75 \times 10^{-5}\ mol \cdot dm^{-3}$

$$pH = 4.76$$

$$\alpha = \frac{c(H^+)}{c_0(HAc)} = \frac{1.75 \times 10^{-5}}{0.10} \times 100\% = 0.018\%$$

不添加 NaAc 时，0.10 $mol \cdot dm^{-3}$ 的 HAc 溶液的 pH 为 2.89，解离度 α 为 1.3%。由此可见，加入 NaAc 后，由于同离子效应的原因，HAc 的解离度 α 大大减小。

同离子效应不仅具有理论意义，而且具有十分重要的实际应用价值。在生产实践中，可利用同离子效应调节溶液的酸碱性，控制弱酸溶液中酸根离子的浓度。

4.3 缓冲溶液

4.3.1 缓冲原理

缓冲溶液是一种能抵抗外来少量强酸、强碱或稍加稀释而使溶液 pH 基本保持不变的溶液；通常是由弱酸（或弱碱）和其盐组成的混合溶液。例如，HAc 和 NaAc、NH_3 和 NH_4Cl 等混合溶液。

现以 HAc-NaAc 缓冲溶液为例分析其缓冲原理（图 4.1）。

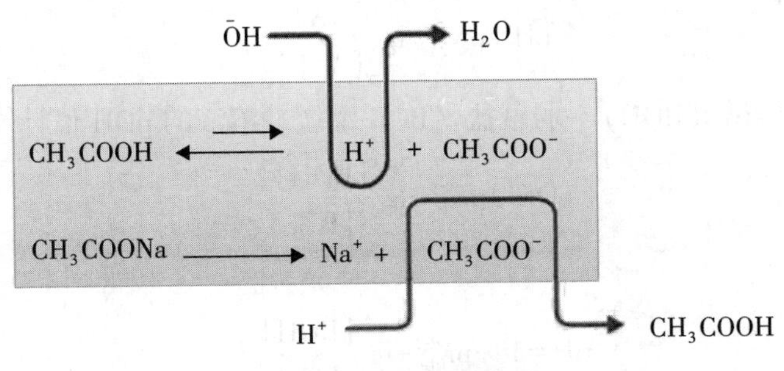

图 4.1 缓冲原理示意图

由于 HAc 是弱酸，解离度较小，在溶液中主要是以 HAc 分子形式存在，解离产生的 Ac^-的浓度很低。NaAc 是强电解质，在溶液中全部解离成 Na^+和 Ac^-。由于同离子效应，加入 NaAc 后使 HAc 解离平衡向左移动，HAc 的解离度减小。因此，在 HAc-NaAc 混合溶液中，存在大量的 HAc 和 Ac^-，其中 HAc 主要来自共轭酸 HAc，Ac^-主要来自 NaAc。

$$HAc(aq) \rightleftharpoons H^+(aq) + Ac^-(aq)$$

当溶液中加入少量的强酸(如 HCl)时，溶液中的 $c(H^+)$增加。此时，体系中碱性较强的共轭碱 Ac^-(称为抗酸成分)与增加的 H^+结合，使平衡左移，向生成酸性较弱的共轭酸 HAc 分子的方向移动，直至建立新的平衡。因为加入 H^+较少，而溶液中 Ac^-浓度较大，所以加入的 H^+绝大部分转变成弱酸 HAc，因此溶液 pH 值不发生明显的降低。

同样，在溶液中加入少量的强碱(如 NaOH)时，则共轭酸 HAc(称为抗碱成分)与 OH^-发生中和反应，使平衡右移生成共轭碱 Ac^-。由于加入的强碱很少，$c(Ac^-)$略有增加，$c(HAc)$略有减少，因两者变化较小，$[HAc]/[Ac^-]$变化不大。根据 $K_a^{\ominus}$ 的定义，有

$$[H^+] = K_a^{\ominus} \times \frac{[HAc]}{[Ac^-]} \tag{4-15}$$

可知此时溶液中 $c(H^+)$或 pH 值没有显著变化。

将溶液加水稍加稀释时，由于 $c(Ac^-)$和 $c(HAc)$降低倍数相等，同样根据式(4-15)可知，溶液的 pH 值维持不变。因此，溶液具有抗酸、抗碱和抗稀释作用。

酸碱缓冲溶液在自然界中普遍存在。例如，人体血液 pH 值维持在 7.35～7.45 的范围，主要是因为血浆中存在 H_2CO_3-$NaHCO_3$、NaH_2PO_4-Na_2HPO_4、HPr-NaPr(Pr 代表蛋白质)等多种缓冲体系。

4.3.2 缓冲溶液 pH 值的计算

在弱酸(HA)及其共轭碱(A^-)组成的缓冲体系中，弱酸的初始浓度为 $c(HA)$，弱酸盐的初始浓度为 $c(A^-)$时

	$HA(aq)$	$\rightleftharpoons$	$H^+(aq)$	+	$A^-(aq)$
平衡浓度($mol \cdot dm^{-3}$)	$c(HA)-c(H^+)$		$c(H^+)$		$c(A^-)+c(H^+)$

因弱电解质的解离度本身就不大，再加上同离子效应使它的解离度就更小，又因溶液中弱酸的浓度 $c(HA)$及其共轭碱的浓度 $c(A^-)$均较大，故 $c(HA)-c(H^+) \approx c(HA)$，$c(A^-)+c(H^+) \approx c(A^-)$，代入式(4-15)，变换得：

$$pH = pK_a^{\ominus} - \lg \frac{[HA]}{[A^-]} \tag{4-16}$$

同理，可以得出弱碱（BOH）-弱碱盐（B^+）型缓冲溶液的 pOH 值计算公式为

$$pOH = pK_b^{\ominus} - \lg \frac{[BOH]}{[B^+]} \tag{4-17}$$

或

$$pH = 14 - pK_b^{\ominus} + \lg \frac{[BOH]}{[B^+]} \tag{4-18}$$

例 4-6 缓冲溶液中含有 0.10 $mol \cdot dm^{-3}$ HAc 与 0.10 $mol \cdot dm^{-3}$ NaAc。(1) 试计算缓冲溶液的 pH 值。(2) 若往 0.1 dm^3 上述缓冲溶液中加入 0.001 dm^3 的 1.0 $mol \cdot dm^{-3}$ HCl 溶液，则溶液

的 pH 变为多少？（3）若往 0.1 dm^3 上述缓冲溶液中加入 0.001 dm^3 的 1.0 $mol\cdot dm^{-3}$ NaOH 溶液，则溶液的 pH 变为多少？

解：（1）根据式(4-16)

$$pH=pK_a^{\ominus}(HAc)-\lg\frac{[HAc]}{[Ac^-]}=-\lg(1.75\times10^{-5})+\lg\frac{0.10}{0.10}=4.75$$

（2）在 0.1 dm^3 缓冲溶液中加入 0.001 dm^3 的 1.0 $mol\cdot dm^{-3}$ HCl 溶液，HCl 完全离解产生的 H^+ 与溶液中 Ac^- 结合生成 HAc，使 HAc 浓度稍有增加，Ac^- 浓度稍有减小。HAc 和 Ac^- 的浓度分别为

$$c(HAc)=\frac{0.1\times0.10+1.0\times0.001}{0.1+0.001}=0.109(mol\cdot dm^{-3})$$

$$c(Ac^-)=\frac{0.1\times0.10-1.0\times0.001}{0.1+0.001}=0.089(mol\cdot dm^{-3})$$

根据式（4-16）

$$pH=pK_a^{\ominus}(HAc)-\lg\frac{[HAc]}{[Ac^-]}=-\lg(1.75\times10^{-5})-\lg\frac{0.109}{0.089}=4.67$$

在加入少量 HCl 后，pH 由 4.75 仅减小为 4.67，表明溶液具有抵抗少量强酸的能力。

（3）在 0.1 dm^3 上述缓冲溶液中加入 0.001 dm^3 的 1.0 $mol\cdot dm^{-3}$ NaOH 溶液，NaOH 离解的 OH^- 与溶液中 HAc 反应生成 Ac^-，使 HAc 浓度稍有减小，Ac^- 浓度稍有增加。HAc 和 Ac^- 的浓度分别为

$$c(HAc)=\frac{0.1\times0.10-1.0\times0.001}{0.1+0.001}=0.089(mol\cdot dm^{-3})$$

$$c(Ac^-)=\frac{0.1\times0.10+1.0\times0.001}{0.1+0.001}=0.109(mol\cdot dm^{-3})$$

根据式(4-16)

$$pH=pK_a^{\ominus}(HAc)-\lg\frac{[HAc]}{[Ac^-]}=-\lg(1.75\times10^{-5})+\lg\frac{0.109}{0.089}=4.84$$

在加入少量 NaOH 后，pH 由 4.75 仅增加为 4.84，表明溶液具有抵抗少量强碱的能力。

缓冲溶液虽然可以抵抗外来强酸、强碱或者水的稀释，但这种能力是有限度的。当缓冲溶液中的共轭酸（或碱）被外加碱（或酸）消耗殆尽时，再加碱或酸时溶液的 pH 值就会发生显著的变化，意味着缓冲溶液失去了缓冲能力。从式(4-16)和式(4-18)可以看出，缓冲溶液的 pH 值除了取决于弱酸（或弱碱）本身的 $pK_a^{\ominus}$ 外，还决定于共轭酸碱对的浓度比，即 $[HA]/[A^-]$（或 $[BOH]/[B^+]$）的值。

缓冲溶液的缓冲能力可以通过以下方式提高：

① 适当提高共轭酸碱对的浓度。但浓度也不必过高，因为浓度过高时，离子强度过大，这会对化学反应造成不良影响，且造成不必要的试剂浪费。一般要求共轭酸碱对的浓度为 0.1~1.0 $mol\cdot dm^{-3}$。

② 保持共轭酸碱对的浓度尽量接近，即 $[HA]/[A^-]$（或 $[BOH]/[B^+]$）接近 1，此时该

溶液对外加酸或碱具有同等程度的缓冲能力，缓冲作用最强，[HA]/[A^-](或[BOH]/[B^+])的比值越偏离于1，其缓冲能力就越弱。实验表明，缓冲溶液各组分的浓度比需要保持在1/10~10，才具有有效的缓冲作用。其相应的pH变化范围为

$$pH = pK_a^{\ominus} \pm 1 \text{ 或 } pH = 14 - pK_b^{\ominus} \pm 1 \tag{4-19}$$

该范围被称为缓冲溶液最有效的缓冲范围。

4.3.3 缓冲溶液的选择与配制

缓冲溶液是分析化学、生物化学等实验中经常使用的重要试液之一，一般由弱酸（或弱碱）及其共轭碱（或共轭酸）组成缓冲对控制氢离子浓度。例如，在用$K_2Cr_2O_7$分离Ba^{2+}和Sr^{2+}时，使用HAc-NaAc为缓冲溶液，控制pH值为4~5，使$BaCrO_4$完全沉淀而将Sr^{2+}留在溶液中。表4.1列出了一些缓冲溶液及其对应的$K_a^{\ominus}$和pH。

表4.1 常见缓冲溶液及其缓冲范围

弱酸	共轭碱	$pK_a^{\ominus}$	pH范围
邻苯二甲酸	邻苯二甲酸氢钾	1.3×10^{-3}	1.89~3.89
HAc	NaAc	1.75×10^{-5}	3.76~5.76
NaH_2PO_4	Na_2HPO_4	6.17×10^{-8}	6.21~8.21
NH_4Cl	NH_3	5.62×10^{-10}	8.25~10.25
Na_2HPO_4	Na_3PO_4	4.79×10^{-13}	11.32~13.32

常见的缓冲对基本可以分为三类：

① 弱酸及其对应的盐。如HAc-NaAc、H_2CO_3-$NaHCO_3$、邻苯二甲酸—邻苯二甲酸氢钾等。

② 多元弱酸的酸式盐及其对应的次级盐。如$NaHCO_3$-Na_2CO_3、NaH_2PO_4-Na_2HPO_4、柠檬酸二氢钠-柠檬酸氢二钠、邻苯二甲酸氢钾—邻苯二甲酸二钾等。

③ 弱碱及其对应的盐。例如：NH_3和NH_4Cl、伯胺及其盐、三羟甲氨基甲烷(Tris)及其盐($TrisH^+A^-$)等。

缓冲溶液的选择：

① 选择的缓冲对不能与反应中的反应物或生成物发生作用。配制药用缓冲溶液时还应考虑溶液的毒性。

② 每个缓冲对都有一个特定的有效缓冲范围，缓冲范围决定于共轭酸组分的$K_a^{\ominus}$值。在实际选择和配制一定pH值的缓冲溶液时，为使缓冲溶液的缓冲能力最强，其$pK_a^{\ominus}$(或$pK_b^{\ominus}$)应尽量靠近要配制的缓冲溶液的pH值(或pOH)值，即共轭酸碱对浓度比接近1。

例如，欲配制pH为7.00的缓冲溶液，由于HCOOH-HCOONa($pK_a^{\ominus}=3.74$)、HAc-NaAc($pK_a^{\ominus}=4.74$)、NaH_2PO_4-Na_2HPO_4($pK_a^{\ominus}=7.20$)和NH_3-NH_4Cl($pK_a^{\ominus}=9.26$)四个缓冲对中，只有NaH_2PO_4-Na_2HPO_4的$pK_a^{\ominus}$接近于7.00，因此应选择NaH_2PO_4-Na_2HPO_4配制缓冲溶液。

③ 利用缓冲溶液计算公式(4-16)或者(4-18)，先推算缓冲对的浓度比，即

$[HA]/[A^-]$（或$[BOH]/[B^+]$），再根据所需配制溶液的体积，计算所需各物质的用量。

实验室中配制缓冲溶液的几种常用方法如下：

① 向一定量的弱酸（或弱碱）溶液中加入固体弱酸盐（或弱碱盐）进行配制；或者将相同浓度的弱酸（或弱碱）及弱酸盐（或弱碱盐）溶液按不同体积混合。

例 4–7 欲配制 1.0 dm^3 的 pH=5.0 的缓冲溶液，其中 $c(HAc)=0.20\ mol \cdot dm^{-3}$。需要多少克 $NaAc \cdot 3H_2O$ 和多少 dm^3 的 1.0 $mol \cdot dm^{-3}$ HAc 溶液。

解： 根据公式（4–16）

$$pH=pK_a^{\ominus}(HAc)-\lg\frac{[HAc]}{[Ac^-]}$$

$$5.0=4.75-\lg\frac{[HAc]}{[Ac^-]}$$

已知 $c(HAc)=0.20\ mol \cdot dm^{-3}$，计算可知 $c(NaAc)=0.356\ mol \cdot dm^{-3}$

$NaAc \cdot 3H_2O$ 的摩尔质量为 136.1 $g \cdot mol^{-1}$，故所需 $NaAc \cdot 3H_2O$ 的质量为

$$0.356\ mol \cdot dm^{-3} \times 1.0\ dm^3 \times 136.1\ g \cdot mol^{-1}=48.45\ g$$

所需 1 $mol \cdot dm^{-3}$ HAc 的体积

$$0.20\ mol \cdot dm^{-3} \times 1\ dm^3/1 mol \cdot dm^{-3}=0.20\ dm^3$$

配制时先将 48.45 g $NaAc \cdot 3H_2O$ 放入少量水中溶解，再加入 0.20 dm^3 的 1 $mol \cdot dm^{-3}$ HAc 溶液，然后用水稀释至 1.0 dm^3，即得 pH=5.0 的缓冲溶液。

② 在一定的弱酸（或弱碱）中加入一定量的强碱（或强酸），通过中和反应生成的弱酸盐（或弱碱盐）和剩余的弱酸（或弱碱）组成缓冲溶液。

例 4–8 欲配制 pH=5.1 的缓冲溶液，如果用 0.10 $mol \cdot dm^{-3}$ 的 HAc 溶液 0.10 dm^3，应加入多少 dm^3 的相同浓度的 NaOH 溶液才能得到？

解： 此溶液的缓冲对应为 HAc–NaAc，而不是 HAc–NaOH。NaAc 的来源是 NaOH 和 HAc 发生中和反应的产物。HAc 应未反应完，因此所加 NaOH 的体积应小于 0.10 dm^3。

$$HAc+NaOH=NaAc+H_2O$$

设加入 x dm^3 NaOH 溶液，此时溶液体积为（$0.10+x$）dm^3。

代入式(4–14)

$$pH=pK_a^{\ominus}(HAc)-\lg\frac{[HAc]}{[Ac^-]}$$

$$5.1=4.75-\lg\frac{[HAc]}{[Ac^-]}=4.75-\lg\left[\left(\frac{0.10\times0.10-0.10x}{0.10+x}\right)\Big/\left(\frac{0.10x}{0.10+x}\right)\right]$$

解得 $x=0.070\ dm^3$

配制方法：分别量取 0.10 dm^3 的 0.10 $mol \cdot dm^{-3}$ HAc 溶液和 0.070 dm^3 的 0.10 $mol \cdot dm^{-3}$ NaOH 溶液，将两者混合均匀就可以制备得到 pH=5.1 的缓冲溶液。

4.4 盐的水解

当盐类溶于水时，其水溶液可能是中性的、酸性的或是碱性的。这是因为在布朗斯特

酸碱理论中，盐溶于水并完全解离，形成质子酸离子和质子碱离子。由于质子酸离子和质子碱离子的酸碱强度不同，与水解离产生的 H^+ 或 OH^- 结合生成弱酸或弱碱，从而影响水的解离平衡，使原有溶液中 H^+ 浓度和 OH^- 浓度的相对大小发生改变，最终使溶液 pH 值发生变化，呈现不同的酸碱性。

强酸强碱盐在水中解离产生的质子酸离子和质子碱离子为弱酸或者弱碱，其酸性或者碱性比水弱，不足以与水分子中的 OH^- 结合或者夺取水中的 H^+，不会导致水的解离平衡发生移动。因此强酸强碱盐不发生水解，其水溶液呈现中性。

盐在水溶液中的水解反应可根据反应进行的程度分为生成难溶物的水解反应（完全水解）和不生成难溶物的水解反应（不完全水解）。生成难溶物的水解反应是指化合物中的阳离子或共价型化合物的正电性的原子转化为难溶物（沉淀）的反应。一些高氧化数金属的卤化物和硫化物、非金属元素的共价型卤化物，除 CCl_4、SF_6 外均可发生强烈的水解反应，生成相应的氢氧化物（或水合氧化物、含氧酸），或者难溶碱式卤化物或卤氧化物。例如，Al_2S_3、$TiCl_4$、$SiCl_4$、$SnCl_2$、$BiCl_3$ 等物质的水解，就是生成难溶物水解反应的典型例子。水解反应为

$$Al_2S_3 + 6H_2O = 2Al(OH)_3\downarrow + 3H_2S$$

$$TiCl_4 + 3H_2O = H_2TiO_3\downarrow + 4HCl$$

$$SiCl_4 + 4H_2O = H_4SiO_4\downarrow + 4HCl$$

$$BiCl_3 + H_2O = BiOCl\downarrow + 2HCl$$

$$SnCl_2 + H_2O = Sn(OH)Cl\downarrow + HCl$$

在不生成难溶物的水解反应中，反应物与生成物在水溶液中建立水解平衡，生成的 H^+ 离子或 OH^- 离子可改变溶液的酸碱性。本节主要讨论这类水解反应。

4.4.1 盐类的水解平衡及标准水解常数

4.4.1.1 弱酸强碱盐的水解

弱酸强碱盐的水解实质是盐在水中解离产生的质子碱离子的水解。以 NaAc 为例，NaAc 在水中完全离解为 Na^+ 和 Ac^-。

$$NaAc = Na^+ + Ac^-$$

其中，由于 NaOH 在水中为强碱，Na^+ 酸性较弱，不会与水解离产生的 OH^- 结合，不影响水的解离平衡。而质子碱离子 Ac^- 因为具有较强碱性，则与水离解出来的 H^+ 结合形成弱酸 HAc 分子：

反应(1)　　$Ac^- + H^+ \rightleftharpoons HAc$　　$K_1^\ominus = 1/K_a^\ominus(HAc)$

这一形成 HAc 的平衡导致 H^+ 的浓度减小，使水的离解平衡向右移动：

反应(2)　　$H_2O \rightleftharpoons H^+ + OH^-$　　$K_2^\ominus = K_w^\ominus$

NaAc 的水解反应实质上可看作上述两个反应(1) 和(2) 相加：

$$Ac^- + H_2O \rightleftharpoons HAc + OH^-$$

由上述方程式可以看出，随着 HAc 分子不断生成，OH^- 浓度不断增大，最终溶液中 $c(OH^-) > c(H^+)$，NaAc 溶液呈碱性，即溶液的 pH>7。

该水解反应的平衡常数称为水解常数，用 $K_h^\ominus$ 表示，其中 h 为 hydrolysis 的词头。根据

多重平衡规则，则以 HA 表示弱酸，A^-表示弱酸强碱盐，水解平衡常数表示为

$$K_h^{\ominus}(A^-)=K_1^{\ominus}\times K_2^{\ominus}=\frac{K_w^{\ominus}}{K_a^{\ominus}(HA)}=\frac{[HA][OH^-]}{[A^-]} \quad (4-20)$$

水解常数 $K_h^{\ominus}$ 越大，相应盐的水解趋势越大。由式（4-20）可知，弱酸 HA 的 $K_a^{\ominus}$ 越小，$K_h^{\ominus}$ 越大，即 HA 酸性越弱，相应盐的水解趋势越大。例如，对于 NaAc：

$$K_h^{\ominus}=K_w^{\ominus}/K_a^{\ominus}(HAc)=1.0\times10^{-14}/1.75\times10^{-5}=5.71\times10^{-10}$$

盐类的水解程度也可用水解度 h 表示：

$$h=\frac{\text{已水解盐的浓度}}{\text{盐的初始浓度}}\times100\% \quad (4-21)$$

将式（4-20）变换，得到弱酸强碱盐 OH^-浓度和水解度 h 的计算公式。

当 $c(A^-)/K_h^{\ominus}>400$ 时：

$$c(OH^-)=\sqrt{\frac{K_w^{\ominus}}{K_a^{\ominus}(HA)}\cdot c(A^-)}=\sqrt{K_h^{\ominus}\cdot C(A^-)} \quad (4-22)$$

$$h=\sqrt{\frac{K_w^{\ominus}}{K_a^{\ominus}(HA)\cdot c(A^-)}}=\sqrt{\frac{K_h^{\ominus}}{C(A^-)}} \quad (4-23)$$

由式(4-22)和式(4-23)可知，弱酸强碱盐的浓度相同时，弱酸 HA 的 $K_a^{\ominus}$ 越小，即 HA 酸性越弱，水溶液的碱性就越强，相应盐的水解趋势越大；对于同一种弱酸强碱盐，其水溶液的浓度越大，水溶液的碱性就越强，盐的水解趋势越小。

例 4-9 计算 0.15 $mol\cdot dm^{-3}$ NaAc 溶液的 pH 值和水解度 h。已知 HAc 的 $K_a^{\ominus}=1.75\times10^{-5}$。

解： NaAc 的水解反应为

$$Ac^-+H_2O \rightleftharpoons HAc+OH^-$$

平衡浓度/($mol\cdot dm^{-3}$)　　$0.15-x$　　x　　x

$K_h^{\ominus}=K_w^{\ominus}/K_a^{\ominus}(HAc)=1.0\times10^{-14}/1.75\times10^{-5}=5.71\times10^{-10}$

由于 $c_0/K_h^{\ominus}=0.15/(5.71\times10^{-10})>400$，则 $0.15-x\approx0.15$

$c(OH^-)=\sqrt{K_h^{\ominus}\cdot c_0}=\sqrt{5.71\times10^{-10}\times0.15}=9.25\times10^{-6}$（$mol\cdot dm^{-3}$）

则 pOH=5.03，pH=8.97

水解度　$h=c(OH^-)/c_0=9.25\times10^{-6}/0.15=0.0062\%$

4.4.1.2 强酸弱碱盐的水解

强酸弱碱盐的水解实质是盐在水中解离产生的质子酸离子的水解。以 NH_4Cl 为例，NH_4Cl 在水中完全离解为 NH_4^+ 和 Cl^-，其中具有较强酸性的 NH_4^+ 能够与水解离出来的 OH^- 结合成为弱碱 $NH_3\cdot H_2O$ 分子，导致 OH^-的浓度减小，使水的解离平衡向右移动。

$$NH_4^++H_2O \rightleftharpoons NH_3\cdot H_2O+H^+ \qquad K_h^{\ominus}(NH_4Cl)$$

随着 $NH_3\cdot H_2O$ 分子不断生成，H^+浓度不断增大，最终溶液中 $c(H^+)>c(OH^-)$，NH_4Cl 溶液呈酸性，即溶液的 pH<7。

强酸弱碱盐（以 BOH 表示弱碱）的水解常数 $K_h^{\ominus}$ 表示为

$$K_h^{\ominus}(B^+)=\frac{K_w^{\ominus}}{K_b^{\ominus}(BOH)}=\frac{[BOH][H^+]}{[B^+]} \tag{4-24}$$

将式(4-24)变换，得到强酸弱碱盐 H^+浓度和水解度 h 的计算公式。当 $c(B^+)/K_h^{\ominus}>400$ 时：

$$c(H^+)=\sqrt{\frac{K_w^{\ominus}}{K_b^{\ominus}(BOH)}\cdot c(B^+)}=\sqrt{K_h^{\ominus}\cdot C(B^+)} \tag{4-25}$$

$$h=\sqrt{\frac{K_w^{\ominus}}{K_b^{\ominus}(BOH)\cdot c(B^+)}}=\sqrt{\frac{K_h^{\ominus}}{C(B^+)}} \tag{4-26}$$

4.4.1.3 弱酸弱碱盐的水解

以 NH_4Ac 为例，NH_4Ac 在水中离解成 NH_4^+ 和 Ac^-，分别与水解离出来的 OH^-和 H^+结合成弱碱 $NH_3\cdot H_2O$ 分子和弱酸 HAc 分子，使水的离解平衡强烈地向右移动。

$$H_2O \rightleftharpoons H^+ + OH^- \qquad K_w^{\ominus}$$

$$Ac^- + H^+ \rightleftharpoons HAc \qquad 1/K_a^{\ominus}(HAc)$$

$$NH_4^+ + OH^- \rightleftharpoons NH_3\cdot H_2O \qquad 1/K_b^{\ominus}(NH_3\cdot H_2O)$$

即弱酸弱碱盐水解的总方程式为：

$$NH_4^+ + Ac^- + H_2O \rightleftharpoons NH_3\cdot H_2O + HAc$$

对于由弱酸 HA 和弱碱 BOH 反应生成的弱酸弱碱盐 BA，其水解平衡常数为

$$K_h^{\ominus}(BA)=\frac{K_w^{\ominus}}{K_a^{\ominus}(HA)\times K_b^{\ominus}(BOH)} \tag{4-27}$$

由于弱酸弱碱盐的水解产物为弱酸和弱碱，因此，弱酸弱碱盐水溶液的酸碱性取决于一元弱酸和一元弱碱的相对强弱(即 $K_a^{\ominus}$ 和 $K_b^{\ominus}$ 的大小)。如果 $K_a^{\ominus}$ 和 $K_b^{\ominus}$ 相近，则溶液中 $c(H^+)$和 $c(OH^-)$接近相等，溶液呈中性。NH_4Ac 就属于这种情况。如果 $K_a^{\ominus}>K_b^{\ominus}$，即溶液中 $c(H^+)>c(OH^-)$，则溶液呈酸性，例如 $HCOONH_4$ 溶液；如果 $K_a^{\ominus}<K_b^{\ominus}$，即溶液中 $c(H^+)<c(OH^-)$，则溶液呈碱性，例如 NH_4CN 溶液。

4.4.2 多元弱酸盐的水解平衡

多元弱酸盐或多元弱碱盐的水解较为复杂。大致可以分为两类：第一类是多元弱酸与强碱形成的正盐的水解，这类盐的水解类似于 NaAc，其水溶液呈碱性。由于多元弱酸分步解离，因此多元弱酸强碱正盐的水解也是分步进行的，以 Na_2CO_3 为例：

$$CO_3^{2-} + H_2O \rightleftharpoons HCO_3^- + OH^-$$

$$K_{h1}^{\ominus}=K_w^{\ominus}/K_{a2}^{\ominus}(H_2CO_3)=1.0\times10^{-14}/4.69\times10^{-11}=2.13\times10^{-4}$$

$$HCO_3^- + H_2O \rightleftharpoons H_2CO_3 + OH^-$$

$$K_{h2}^{\ominus}=K_w^{\ominus}/K_{a1}^{\ominus}(H_2CO_3)=1.0\times10^{-14}/4.45\times10^{-7}=2.25\times10^{-8}$$

由于 $K_{a1}^{\ominus}>>K_{a2}^{\ominus}$，因此 $K_{h1}^{\ominus}>>K_{h2}^{\ominus}$（酸越弱，越易水解），多元弱酸强碱盐的水解一般只考虑第一级水解，第二级水解可忽略不计。

例 4-10 计算 0.1 $mol\cdot dm^{-3}$ Na_3PO_4 水溶液中 $c(PO_4^{3-})$、$c(OH^-)$及 pH 值。

解： 已知 H_3PO_4 的 $K_{a1}^{\ominus}=7.11\times10^{-3}$，$K_{a2}^{\ominus}=6.34\times10^{-8}$，$K_{a3}^{\ominus}=4.79\times10^{-13}$

由于 $K_{a1}^{\ominus}>>K_{a2}^{\ominus}>>K_{a3}^{\ominus}$，计算时可不必考虑第二及第三步水解。

$$K_h^\ominus(PO_4^{3-})=\frac{K_w^\ominus}{K_{a3}^\ominus(H_3PO_4)}=\frac{1.0\times10^{-14}}{4.79\times10^{-13}}=0.021$$

由于 $c_0/K_h^\ominus<400$，因此不能简化计算。设第一步已水解的部分为 x

$$PO_4^{3-}+H_2O \rightleftharpoons OH^-+HPO_4^{2-}$$

平衡时 $\quad 0.1-x \qquad x \qquad x$

$$K_h^\ominus(PO_4^{3-})=\frac{[OH^-][HPO_4^{2-}]}{[PO_4^{3-}]}=\frac{x^2}{0.1-x}=0.021$$

$$x^2+0.021x-0.0021=0$$

求解一元二次方程，得 $x=c(OH^-)=0.026(mol\cdot dm^{-3})$

$$pOH=1.59 \quad pH=12.41$$

$$c(PO_4^{3-})=0.1-x=0.074\ (mol\cdot dm^{-3})$$

同样，多元弱碱强酸盐的水解类似于 NH_4Cl，其水溶液呈酸性。以 $FeCl_3$ 为例：

$$Fe^{3+}+H_2O \rightleftharpoons Fe(OH)^{2+}+H^+$$

$$Fe(OH)^{2+}+H_2O \rightleftharpoons Fe(OH)_2{}^++H^+$$

$$Fe(OH)_2{}^++H_2O \rightleftharpoons Fe(OH)_3+H^+$$

第二类是多元弱酸与强碱形成的酸式盐的水解。由于酸式盐溶于水时释放出的弱酸酸根离子（如 $H_2PO_4^-$、HPO_4^{2-}、HCO_3^- 等）为两性物质，其酸碱平衡十分复杂，应根据具体情况进行合理的近似处理。例如，HPO_4^{2-} 和 $H_2PO_4^-$ 在水溶液中除能发生水解外，还能发生解离，其水溶液的酸碱性由水解和电离这两种行为共同决定。以二元弱酸 H_2A 进行说明，其钠盐 NaHA 完全解离产生的 HA^- 为两性物质：

$$NaHA=Na^++HA^-$$

HA^- 在水溶液中存在下列解离平衡：

解离 $\quad HA^- \rightleftharpoons H^++A^{2-} \qquad K_a^\ominus=K_{a2}^\ominus(H_2A)$

水解 $\quad HA^-+H_2O \rightleftharpoons OH^-+H_2A \qquad K_b^\ominus=K_w^\ominus/K_{a1}^\ominus(H_2A)$

同时水自身也会发生解离：

$H_2O \rightleftharpoons H^++OH^- \qquad K_w^\ominus$

$K_{a1}^\ominus$ 和 $K_{a2}^\ominus$ 为 H_2A 的第一步和第二步解离常数。当 $K_{a2}^\ominus(H_2A)>20K_w^\ominus$，且 $c(NaHA)>20K_{a1}^\ominus$ 时，根据电荷平衡、标准平衡常数表达式，经过近似处理，得到计算两性物质溶液 H^+ 离子浓度的最简公式：

$$c(H^+)=\sqrt{K_{a1}^\ominus\cdot K_{a2}^\ominus} \tag{4-28}$$

例如，NaH_2PO_4 溶液的水解程度小于其电离程度，故 $H_2PO_4^-$ 水溶液呈弱酸性：

$$c(H^+)=\sqrt{K_{a1}^\ominus(H_3PO_4)\cdot K_{a2}^\ominus(H_3PO_4)}=\sqrt{7.11\times10^{-3}\times6.34\times10^{-8}}=2.12\times10^{-5}\ (mol\cdot dm^{-3})$$

$$pH=4.67$$

而 Na_2HPO_4 溶液的水解程度大于其电离程度，故 HPO_4^{2-} 水溶液呈弱碱性：

$$c(H^+)=\sqrt{K_{a2}^\ominus(H_3PO_4)\cdot K_{a3}^\ominus(H_3PO_4)}=\sqrt{6.34\times10^{-8}\times4.79\times10^{-13}}=1.74\times10^{-10}\ (mol\cdot dm^{-3})$$

$$pH=9.76$$

例 4-11 在临床上用于治疗酸中毒、高血钾等症时常用 0.60 $mol \cdot dm^{-3}$ $NaHCO_3$ 注射液。问这种溶液的 pH 值是多少？已知 298 K 时 H_2CO_3 的 $K_{a1}^{\ominus}=4.45\times10^{-7}$，$K_{a2}^{\ominus}=4.69\times10^{-11}$。

解：由于 $K_{a2}^{\ominus}(H_2CO_3)>20\,K_w^{\ominus}$，且 $c(NaHCO_3)>20K_{a1}^{\ominus}$，因此

$$c(H^+)=\sqrt{K_{a1}^{\ominus}(H_2CO_3)\cdot K_{a2}^{\ominus}(H_2CO_3)}$$

$$=\sqrt{4.45\times10^{-7}\times4.69\times10^{-11}}=4.57\times10^{-9}\ (mol\cdot dm^{-3})$$

则溶液的 pH = 8.34

4.4.3 影响盐类水解的因素

盐类水解程度的大小主要取决于水解离子(即盐)的本性，当水解产物——弱酸或弱碱越弱，即 $K_a^{\ominus}$ 或 $K_b^{\ominus}$ 越小，则 $K_h^{\ominus}$ 或 h 越大；当水解产物是难溶性的沉淀或易挥发的气体时，水解程度更大。

水解反应还受浓度、温度、酸度等外界条件的影响。由式(4-23)和(4-26)可知，弱酸强碱盐或者强酸弱碱盐溶液的浓度越小，盐的水解程度越大。

由于水解反应是吸热反应，升温将有利于水解反应的进行。例如，加热能促进 Fe^{3+} 实现完全水解，在溶液中析出氢氧化物沉淀。

由于盐类水解反应会产生弱酸或弱碱，使溶液酸碱性发生变化。因此，可通过调节溶液的酸碱度来促进或抑制盐的水解。例如，在配制 $SnCl_2$ 水溶液时，需要加入盐酸抑制水解反应的进行。

更多关于无机化合物的水解内容可参考第九章中 9.3 节“无机物的水解规律”部分。

4.5 难溶强电解质的沉淀-溶解平衡

电解质的溶解度是指在一定温度、压力下，某物质在 100 g 溶剂中达到饱和状态时所溶解的最大克数。溶解度往往有很大的差异，习惯上将其划分为可溶、微溶和难溶等不同等级。如果在 100 g 水中能溶解 1 g 以上的溶质，这种溶质被称为可溶的；物质的溶解度小于 0.1 g/100 g 水时，称为难溶；溶解度介于可溶与难溶之间的，称为微溶。

难溶性无机盐主要包括：硫化物（碱金属和碱土金属的硫化物除外）、碳酸正盐及磷酸正盐（钾、钠、铵的盐除外）和氧化物、氢氧化物、草酸盐及氟化物（钾、钠、铵的化合物及 AgF 除外）等。

4.5.1 沉淀-溶解平衡常数——溶度积

虽然难溶电解质溶解度小，但是溶解的难溶电解质完全解离。因此，在难溶电解质的饱和溶液中，存在着固态电解质（通常称沉淀）和其进入溶液的离子之间的平衡。由于该平衡建立在固-液两相之间，因此这是一种多相体系中的离子平衡，通常称为沉淀-溶解平衡。

在日常生产实践及科学研究中，经常需要利用沉淀的生成或溶解过程来解决实际问题。如使用 $BaSO_4$ 沉淀法测定试样中 S 元素含量，工业清洗中溶解锅炉中的水垢等。如何判断沉淀反应是否发生？如何使沉淀反应进行得更完全？又如何使沉淀溶解？这些问题都

需要通过沉淀-溶解平衡解决。

在一定温度下，难溶强电解质在水中所建立的多相离子平衡同其他化学平衡一样是动态平衡。1889 年，德国物理化学家能斯特引入溶度积常数解决沉淀-溶解平衡中有关沉淀及溶解的方向和限度问题。

对于任意难溶电解质的沉淀溶解平衡，可用通式表示为

$$A_mB_n(s) \rightleftharpoons mA^{n+}(aq)+nB^{m-}(aq)$$

其平衡常数表达式为：

$$K_{sp}^{\ominus}(A_mB_n)=[c_{eq}(A^{n+})/c^{\ominus}]^m\times[c_{eq}(B^{m-})/c^{\ominus}]^n \tag{4-29}$$

或者简写为

$$K_{sp}^{\ominus}(A_mB_n)=[A^{n+}]^m\times[B^{m-}]^n \tag{4-30}$$

式中：$[A^{n+}]$ 和 $[B^{m-}]$ 是饱和溶液中 A^{n+} 和 B^{m-} 的相对浓度；$K_{sp}^{\ominus}$ 为溶度积常数(solubility product constant)，简称为溶度积。

溶度积 $K_{sp}^{\ominus}$ 反映了难溶电解质的溶解能力，它和溶解度（用 s 表示）都可用来表示一定温度下难溶电解质的溶解能力，两者既有联系，又有区别。与其他平衡常数一样，溶度积 $K_{sp}^{\ominus}$ 与浓度无关，它只与难溶强电解质的本性和温度有关。温度改变时，溶度积 $K_{sp}^{\ominus}$ 也改变，但变化不大。溶解度不仅与温度有关，还与溶液体系的组成、pH 的改变相关。如果溶解度的单位用 $mol\cdot dm^{-3}$ 表示，则两者之间可以相互换算。在对两者进行相互换算时，要注意所研究的难溶电解质的离子在溶液中不能发生任何化学反应，特别是阴离子的水解(如碳酸盐)、阳离子的水解（如 Fe^{3+}、Al^{3+}），同时难溶电解质要能够一步完全电离。表 4.2 概括了不同类型难溶强电解质的溶度积和溶解度的关系。

例 4-12 298 K 时，硫酸钡 $BaSO_4$ 的溶解度为 $2.43\times10^{-3}\ g\cdot dm^{-3}$。求 $BaSO_4$ 的溶度积。

解：已知 $M(BaSO_4)=233.39\ g\cdot mol^{-1}$，则 298 K 时 $BaSO_4$ 饱和溶液的浓度为

$$c(BaSO_4)=\frac{2.43\times10^{-3}\ g\cdot dm^{-3}}{233.39\ g\cdot mol^{-1}}=1.04\times10^{-5}\ (mol\cdot dm^{-3})$$

$$BaSO_4(s) \rightleftharpoons Ba^{2+}(aq) + SO_4^{2-}(aq)$$

平衡浓度($mol\cdot dm^{-3}$) $\qquad 1.04\times10^{-5} \quad 1.04\times10^{-5}$

则

$$K_{sp}^{\ominus}(BaSO_4)=[Ba^{2+}]\cdot[SO_4^{2-}]=(1.04\times10^{-5})^2=1.08\times10^{-10}$$

表 4.2 不同类型难溶强电解质的溶度积和溶解度的关系

电解质 A_mB_n 中 $m:n$	沉淀溶解平衡	换算关系
1 : 1	$AB \rightleftharpoons A^++B^-$	$s=\sqrt{K_{sp}^{\ominus}}$
1 : 2	$AB_2 \rightleftharpoons A^{2+}+2B^-$	$s=\sqrt[3]{\frac{K_{sp}^{\ominus}}{4}}$
2 : 1	$A_2B \rightleftharpoons 2A^++B^{2-}$	
1 : 3	$AB_3 \rightleftharpoons A^{3+}+3B^-$	$s=\sqrt[4]{\frac{K_{sp}^{\ominus}}{27}}$
3 : 1	$A_3B \rightleftharpoons 3A^++B^{3-}$	

例 4-13 298 K 时，AgCl 的 $K_{sp}^{\ominus}=1.77\times10^{-10}$，$Ag_2CrO_4$ 的 $K_{sp}^{\ominus}=1.12\times10^{-12}$。分别计算 AgCl 和 Ag_2CrO_4 在水中的溶解度（$mol\cdot dm^{-3}$）。

解：(1) 设 AgCl 的溶解度为 $s_1\ mol\cdot dm^{-3}$。根据 AgCl 沉淀-溶解平衡：

$$AgCl(s) \rightleftharpoons Ag^+(aq) + Cl^-(aq)$$

平衡浓度（$mol\cdot dm^{-3}$）　　s_1　　s_1

则

$$K_{sp}^{\ominus}(AgCl)=[Ag^+]\cdot[Cl^-]=(s_1)^2=1.77\times10^{-10}$$

计算可知 AgCl 的溶解度 $s_1=1.33\times10^{-5}\ mol\cdot dm^{-3}$

(2) 设 Ag_2CrO_4 的溶解度为 $s_2\ mol\cdot dm^{-3}$。根据 Ag_2CrO_4 沉淀-溶解平衡：

$$Ag_2CrO_4(s) \rightleftharpoons 2Ag^+(aq)+CrO_4^{2-}(aq)$$

平衡浓度（$mol\cdot dm^{-3}$）　　$2s_2$　　s_2

$$K_{sp}^{\ominus}(Ag_2CrO_4)=[Ag^+]^2\cdot[CrO_4{}^{2-}]=(2s_2)^2\cdot(s_2)=4(s_2)^3=1.12\times10^{-12}$$

计算可知 Ag_2CrO_4 的溶解度 $s_2=6.54\times10^{-5}\ mol\cdot dm^{-3}$

对比例 4-12 和 4-13 的结果可知，对于同类型的难溶电解质，可在不计算两者溶解度的情况下，直接对比溶度积来比较其溶解度的大小。例如，AgCl 和 $BaSO_4$ 类型相同，均为 1∶1 型化合物，即分子组成为由 1 个阳离子和 1 个阴离子组成。其中，AgCl 的溶度积 $K_{sp}^{\ominus}=1.77\times10^{-10}$，其溶解度为 $1.33\times10^{-5}\ mol\cdot dm^{-3}$。$BaSO_4$ 的 $K_{sp}^{\ominus}=1.08\times10^{-10}$，小于 AgCl 的溶度积，其溶解度为 $1.04\times10^{-5}\ mol\cdot dm^{-3}$，同样小于 AgCl 的溶解度。

不同结构类型的电解质不能直接用溶度积来比较其溶解度的大小，必须计算溶解度进行对比。例如，在例 4-13 中，虽然 Ag_2CrO_4（2∶1 型）的 $K_{sp}^{\ominus}$ 小于 AgCl（1∶1 型）的 $K_{sp}^{\ominus}$(AgCl)，但 Ag_2CrO_4 的溶解度比 AgCl 大。对比不同结构类型电解质溶解度的大小时，必须通过溶度积与溶解度的相互换算求得溶解度后再确定。

4.5.2 溶度积规则

对于任意难溶电解质的沉淀溶解平衡：

$$A_mB_n(s) \rightleftharpoons mA^{n+}(aq)+nB^{m-}(aq)$$

其反应商 J（也称难溶电解质的离子积）的表达式为

$$J=[c_{eq}(A^{n+})/c^{\ominus}]^m\times[c_{eq}(B^{m-})/c^{\ominus}]^n$$

或者简写为

$$J=[A^{n+}]^m\times[B^{m-}]^n$$

其中，$[A^{n+}]$ 和 $[B^{m-}]$ 分别为溶液中 A^{n+}、B^{m-} 的实际相对浓度。

离子积 J 与溶度积 $K_{sp}^{\ominus}$ 的表达式相同，但两者含义不同。$K_{sp}^{\ominus}$ 表示难溶电解质的饱和溶液中相关离子平衡浓度幂的乘积，在一定温度下为常数；J 则表示任意情况下相关离子浓度幂的乘积，其数值不一定是常数。

根据式（1-31）和（3-6），

$$\Delta_r G_m=-RT\ln K_{sp}^{\ominus}+RT\ln J=RT\ln(J/K_{sp}^{\ominus})$$

比较同一温度下 J 与 $K_{sp}^{\ominus}$ 的大小从而判断沉淀或溶解反应进行的方向，可以得出以下三种情况：

① $J<K_{sp}^{\ominus}$，溶液为不饱和溶液，不会有沉淀析出。若原来体系中有沉淀，则沉淀溶解，直至溶液达到饱和为止。

② $J=K_{sp}^{\ominus}$，溶液为饱和溶液，溶液中的离子与固体沉淀之间处于动态平衡，无沉淀析出与溶解。

③ $J>K_{sp}^{\ominus}$，溶液为过饱和溶液，将有沉淀从溶液中析出，直至溶液达到饱和为止。

以上规则称为溶度积规则。常用此规则判断沉淀的生成与溶解能否发生，或者依据这一规则，通过控制离子浓度实现沉淀的生成或溶解。

例 4-14 298 K 下，在 1.00 dm^3 的 0.030 $mol \cdot dm^{-3}$ $AgNO_3$ 溶液中加入 0.50 dm^3 的 0.060 $mol \cdot dm^{-3}$ $CaCl_2$ 溶液，能否生成 AgCl 沉淀？最后溶液中 Ag^+浓度是多少？

解：（1）由附录6可知，$K_{sp}^{\ominus}(AgCl)=1.77\times10^{-10}$。将 1.00 dm^3 $AgNO_3$ 溶液与 0.50 dm^3 $CaCl_2$ 溶液混合后，混合溶液的总体积为 1.50 dm^3。两种溶液混合后，由于 $Ca(NO_3)_2$可溶，因此如有沉淀生成，只可能是 AgCl 沉淀。

反应前，Ag^+ 与 Cl^- 浓度分别为

$$c(Ag^+)=0.030\times1.00/1.50=0.020(mol \cdot dm^{-3})$$

$$c(Cl^-)=0.060\times2\times0.50/1.50=0.040(mol \cdot dm^{-3})$$

$$J=[Ag^+]\cdot[Cl^-]=0.020\times0.040=0.0008>K_{sp}^{\ominus}(AgCl)=1.77\times10^{-10}$$

由于 $J>K_{sp}^{\ominus}$，因此有 AgCl 沉淀生成。

（2）由于起始时，$c(Ag^+)<c(Cl^-)$，因此生成 AgCl 沉淀时，Cl^-过量，剩余 0.02 $mol \cdot dm^{-3}$。设平衡时 $c(Ag^+)=x$ $mol \cdot dm^{-3}$。根据 AgCl 的沉淀-溶解平衡：

$$AgCl(s) \rightleftharpoons Ag^+(aq) + Cl^-(aq)$$

	$Ag^+(aq)$	$Cl^-(aq)$
起始浓度($mol \cdot dm^{-3}$)	0.020	0.040
平衡浓度（$mol \cdot dm^{-3}$）	x	$0.020+x$

则

$$K_{sp}^{\ominus}(AgCl)=[Ag^+]\cdot[Cl^-]=x(0.020+x)=1.77\times10^{-10}$$

计算可知平衡时

$$c(Ag^+)=x=8.85\times10^{-9}\ mol \cdot dm^{-3}$$

4.5.3 盐效应和同离子效应

当难溶电解质的多相体系中加入易溶强电解质时，不同易溶强电解质会对难溶电解质的溶解产生不同的影响。下面主要介绍影响难溶电解质溶解度的两种不同效应—盐效应和同离子效应。

4.5.3.1 盐效应

在难溶电解质的多相体系中加入由与难溶电解质不同的阴阳离子形成的易溶强电解质后，溶液中的离子总浓度增大，形成“离子氛”，降低体系中各离子的有效浓度，离子在

单位时间内与沉淀表面碰撞次数减少，沉淀过程变慢，难溶电解质的溶解速率暂时超过沉淀速率，平衡向溶解的方向移动。相比于在纯水中的溶解度难溶电解质的溶解略有增大。这种因加入易溶强电解质而使难溶电解质溶解度增大的效应，称为盐效应。如 AgCl 在 KNO_3 溶液中的溶解度有所增加（表 4.3）。一般而言，当难溶电解质的溶度积很小时，盐效应的影响很小，可忽略不计。

表 4.3　298 K 时 AgCl 在 KNO_3 溶液中的溶解度

$c(KNO_3)/(mol\cdot dm^{-3})$	0.000	0.001	0.005	0.010
$s(AgCl)/\times(10^{-5} mol\cdot dm^{-3})$	1.278	1.325	1.385	1.427

4.5.3.2　同离子效应

在难溶电解质的饱和溶液中加入含有相同离子的易溶强电解质时，难溶电解质的多相离子平衡将发生移动，使难溶电解质的溶解度降低，这一现象称为同离子效应。

例 4-15　试求室温下 AgCl 在（1）0.1 $mol\cdot dm^{-3}$ NaCl 溶液；（2）0.01 $mol\cdot dm^{-3}$ $AgNO_3$ 溶液中的溶解度。已知 $K_{sp}^{\ominus}(AgCl)=1.77\times10^{-10}$。

解：（1）设 AgCl 在 NaCl 中的溶解度为 $s_1(mol\cdot dm^{-3})$，

$$AgCl(s) \rightleftharpoons Ag^+(aq)+Cl^-(aq)$$

平衡浓度$(mol\cdot dm^{-3})$　　　s_1　　　$s_1+0.1$

$$K_{sp}^{\ominus}(AgCl)=[Ag^+]\cdot[Cl^-]=s_1\cdot(s_1+0.1)=1.77\times10^{-10}$$

由于 s_1 很小，因此 $s_1+0.1\approx0.1$，解得　$s_1=1.77\times10^{-9}\ mol\cdot dm^{-3}$

此时溶液中 $c(Ag^+)=1.77\times10^{-9}\ mol\cdot dm^{-3}$，$c(Cl^-)=0.10\ mol\cdot dm^{-3}$

（2）设 AgCl 在 $AgNO_3$ 的溶解度为 $s_2(mol\cdot dm^{-3})$，

$$AgCl(s) \rightleftharpoons Ag^+(aq)+Cl^-(aq)$$

平衡浓度$(mol\cdot dm^{-3})$　　　$s_2+0.01$　　　s_2

$$K_{sp}^{\ominus}(AgCl)=[Ag^+]\cdot[Cl^-]=(s_2+0.01)\cdot s_2=1.77\times10^{-10}$$

由于 s_2 很小，因此 $s_2+0.01\approx0.01$，解得　$s_2=1.77\times10^{-8}\ mol\cdot dm^{-3}$

此时溶液中 $c(Cl^-)=1.77\times10^{-8}\ mol\cdot dm^{-3}$，$c(Ag^+)=0.01\ mol\cdot dm^{-3}$

与例 4-13 相比可知，AgCl 在纯水中的溶解度$(1.33\times10^{-5}\ mol\cdot dm^{-3})$ 远大于 AgCl 在 NaCl 溶液中的溶解度$(1.77\times10^{-9}\ mol\cdot dm^{-3})$或者 AgCl 在 $AgNO_3$ 溶液中的溶解度$(1.77\times10^{-8}\ mol\cdot dm^{-3})$。这是因为 NaCl 和 $AgNO_3$ 都是强电解质，Cl^-或 Ag^+的存在使 AgCl 的解离平衡向左移动，导致 AgCl 的溶解度有所降低。

同离子效应在分析鉴定和分离提纯中应用很广泛。在实际应用中常利用同离子效应，加入过量的沉淀剂，使溶液中的离子充分沉淀。一般情况下，沉淀剂以过量 20%～30% 为宜。当加入沉淀剂过多时，不仅不会产生明显的同离子效应，还会因其他副反应的发生，使沉淀的溶解度增大。例如，用 NaCl 沉淀 Ag^+时，当 $c(NaCl)=3.4\times10^{-3}\ mol\cdot dm^{-3}$ 时，生成 AgCl 沉淀的量最多。当继续加入 NaCl 时，发生以下副反应而导致 AgCl 的溶解度增大：

$$AgCl+Cl^- \rightleftharpoons AgCl_2^-$$
$$AgCl_2^-+Cl^- \rightleftharpoons AgCl_3^{2-}$$

4.5.4 溶度积规则的应用–沉淀溶解平衡的移动

难溶电解质的沉淀溶解平衡与其他动态平衡一样，完全遵守勒沙特列原理。如果条件改变，可以使溶液中的离子转化为沉淀，或者使沉淀溶解转化为溶液中的离子。

4.5.4.1 沉淀的生成

根据溶度积规则，只要控制 $J>K_{sp}^{\ominus}$，就会在溶液中得到沉淀。如在例 4–14 中，向 $CaCl_2$ 中滴加 $AgNO_3$ 溶液，当 $J=[Ag^+]\cdot[Cl^-]>K_{sp}^{\ominus}$（AgCl）时，就有 AgCl 沉淀析出。在该反应中，像 $AgNO_3$ 这样能与溶液中的离子生成沉淀的试剂，称为沉淀剂。

例 4–16 若向 10.0 cm^3 的 0.020 $mol\cdot dm^{-3}$ $BaCl_2$ 溶液中加入 10.0 cm^3 的 0.020 $mol\cdot dm^{-3}$ Na_2SO_4 溶液，问溶液中 Ba^{2+} 离子是否沉淀？

解： 当 $BaCl_2$ 溶液和 Na_2SO_4 溶液等体积混合时，浓度各自减半，则此时

$$c(Ba^{2+})=0.10\ mol\cdot dm^{-3},\ c(SO_4^{2-})=0.10\ mol\cdot dm^{-3}$$

$$J=[Ba^{2+}]\cdot[SO_4{}^{2-}]=0.10\times0.10=0.01>K_{sp}^{\ominus}(BaSO_4)=1.08\times10^{-10}$$

由于 $J>K_{sp}^{\ominus}$，因此有 $BaSO_4$ 沉淀生成。

由于沉淀–溶解平衡的存在，不论加入的沉淀剂如何过量，溶液中总会残留极少量的待沉淀离子。通常只要溶液中被沉淀离子的残余浓度小于 $1\times10^{-5}\ mol\cdot dm^{-3}$ 时，即可认为该离子已经被沉淀完全,因此可以此作为判断离子是否被沉淀完全的标准。如在例 4–15(1) 中 Ag^+（或者（2）中 Cl^-）的浓度为 $1.77\times10^{-9}\ mol\cdot dm^{-3}$（或者 $1.77\times10^{-8}\ mol\cdot dm^{-3}$），均小于 $1.0\times10^{-5}\ mol\cdot dm^{-3}$，表明 Ag^+或 Cl^-已被沉淀完全。

在选择沉淀剂时，要考虑沉淀剂的解离和水解等因素。溶液的酸度给沉淀溶解度带来的影响称为酸效应。如在 Pb^{2+} 溶液中加入 Na_2CO_3 溶液或通入 CO_2 气体时，虽然都有 $PbCO_3$ 沉淀生成，但加入 Na_2CO_3 会使 Pb^{2+}沉淀更完全。这是因为通 CO_2 虽然生成 H_2CO_3，但仅有 1/600 的 CO_2 生成了 H_2CO_3 溶液，进而导致电离产生的 CO_3^{2-} 更少。同时，在生成 $PbCO_3$ 沉淀时产生的 H^+使溶液 pH 值降低，进一步抑制了 H_2CO_3 的电离，使 CO_3^{2-} 浓度更小（即酸效应），导致 Pb^{2+}沉淀不完全。

$$Pb^{2+}+H_2CO_3=PbCO_3\downarrow+2H^+$$

另外，用相同浓度的 Na_2CO_3 和$(NH_4)_2CO_3$ 沉淀 Pb^{2+}时，Na_2CO_3 同样使 Pb^{2+}沉淀更完全，这是因为$(NH_4)_2CO_3$ 水溶液发生的双水解使溶液中 CO_3^{2-} 浓度减少，因此$(NH_4)_2CO_3$ 沉淀效果差。

4.5.4.2 沉淀的溶解

根据溶度积规则，当 $J<K_{sp}^{\ominus}$ 时，沉淀就向溶解的方向进行。因此，使沉淀溶解的总原则就是在难溶电解质饱和溶液中加入适当试剂，使之和参与形成沉淀的离子（称为构晶离子）结合生成弱电解质、配离子或生成溶解度更小的物质，进而导致构晶离子的浓度减小，从而破坏原有的沉淀溶解平衡，使之满足 $J<K_{sp}^{\ominus}$，直至沉淀溶解。具体办法如下：

（1）生成弱电解质使沉淀溶解

难溶的氢氧化物、碳酸盐以及部分硫化物可以溶于酸中，这是由于反应过程中生成了弱电解质。例如，$Al(OH)_3$可以溶于稀盐酸中是因为生成了弱电解质 H_2O：

$$Al(OH)_3(s) + 3H^+(aq) \rightleftharpoons Al^{3+}(aq) + 3H_2O(l)$$

溶解过程涉及两个平衡：

$$Al(OH)_3(s) \rightleftharpoons Al^{3+}(aq) + 3OH^-(aq) \qquad K_1^\ominus = K_{sp}^\ominus[Al(OH)_3]$$

$$H^+(aq) + OH^-(aq) \rightleftharpoons H_2O(l) \qquad K_2^\ominus = 1/K_w^\ominus$$

根据多重平衡规则，总反应的 $K^\ominus$ 为

$$K^\ominus = K_1^\ominus \times (K_2^\ominus)^3 = \frac{K_{sp}^\ominus[Al(OH)_3]}{(K_w^\ominus)^3} = \frac{1.3\times10^{-33}}{(1.0\times10^{-14})^3} = 1.3\times10^9$$

由于盐酸完全解离产生的 H^+和 $Al(OH)_3$解离产生的 OH^-结合生成了弱电解质 H_2O，从而降低了 OH^-，使得 $J = [Al^{3+}] \cdot [OH^-]^3 < K_{sp}^\ominus[Al(OH)_3]$，沉淀溶解平衡向右移动，导致 $Al(OH)_3$最终溶解。由于 $K^\ominus$很大，因此 $Al(OH)_3$在稀盐酸中很容易完全溶解。

由 $Al(OH)_3$溶解反应的 $K^\ominus$可以看出，难溶电解质的溶解不仅和其 $K_{sp}^\ominus$ 的大小有关系，也与反应生成的弱电解质的本质有关系。例如，同为难溶氢氧化物但 $K_{sp}^\ominus$ 较大的$Mg(OH)_2$ 可以溶于 NH_4Cl 溶液：

$$Mg(OH)_2(s) + 2NH_4^+(aq) \rightleftharpoons Mg^{2+}(aq) + 2NH_3 \cdot H_2O(aq)$$

$$K^\ominus = \frac{K_{sp}^\ominus[Mg(OH)_2]}{[K_b^\ominus(NH_3 \cdot H_2O)]^2} = \frac{5.61\times10^{-12}}{(1.76\times10^{-5})^2} = 0.018$$

而 $Al(OH)_3$的 $K_{sp}^\ominus$ 小，虽可溶于酸，但却无法溶于 NH_4Cl 溶液：

$$K^\ominus = \frac{K_{sp}^\ominus[Al(OH)_3]}{[K_b^\ominus(NH_3 \cdot H_2O)]^3} = \frac{1.3\times10^{-33}}{(1.76\times10^{-5})^3} = 2.38\times10^{-19}$$

发生这一现象的原因主要是水的解离平衡常数小于 $NH_3 \cdot H_2O$ 的解离平衡常数。

（2）发生氧化还原反应

有些难溶电解质由于溶度积 $K_{sp}^\ominus$ 太小，其饱和溶液中解离产生的离子浓度太低，导致它们不能溶于非氧化性强酸。但这类物质在氧化性酸（或者在酸性介质）中可以被氧化或者还原，使其离子价态改变，浓度减少，导致沉淀溶解平衡右移，最终达到溶解的目的。如 $NaBiO_3$（为数不多的钠盐沉淀之一）悬浮液在酸性介质中被还原为可溶性的 Bi^{3+}，从而溶解：

$$5NaBiO_3 + 2Mn^{2+} + 14H^+ = 5Bi^{3+} + 2MnO_4^- + 5Na^+ + 7H_2O$$

在这一过程中，$NaBiO_3$ 是强氧化剂，可使 Mn^{2+}(Ⅱ)氧化为高锰酸根 MnO_4^-，因此这一反应也常用来分析测定钢铁中的锰含量。

（3）生成配离子

向沉淀体系中加入适当配位剂，使其与难溶电解质解离出的金属离子形成相对稳定的配合物，从而使金属离子浓度降低，导致沉淀-溶解平衡向右移动，最终使沉淀溶解。这种由于配位平衡的建立而导致沉淀溶解的作用称为溶解效应。如 AgCl 沉淀可以溶解于氨

水中：

$$AgCl(s)+2NH_3(aq) \rightleftharpoons [Ag(NH_3)_2]^+(aq)+Cl^-(aq)$$

AgCl 溶解过程涉及两个平衡：

$$AgCl(s) \rightleftharpoons Ag^+(aq)+Cl^-(aq) \qquad K_1^\ominus = K_{sp}^\ominus(AgCl)$$

$$Ag^+(aq)+2NH_3(aq) \rightleftharpoons [Ag(NH_3)_2]^+(aq) \qquad K_2^\ominus = K_{st}^\ominus([Ag(NH_3)_2]^+)$$

其中，第二步平衡设涉及配离子$[Ag(NH_3)_2]^+$的稳定常数$K_{st}^\ominus([Ag(NH_3)_2]^+)$。

根据多重平衡规则，总反应的$K^\ominus$为

$$K^\ominus = K_{sp}^\ominus(AgCl) \times K_{st}^\ominus([Ag(NH_3)_2]^+) = 1.77\times10^{-10}\times1.12\times10^7 = 0.002$$

4.5.4.3　分步沉淀

在实际工作中，有时溶液中同时含有几种离子，当加入某种沉淀剂时，这些离子都能与该沉淀剂发生沉淀反应，先后产生几种不同的沉淀，这种先后沉淀的现象称为分步沉淀。根据溶度积规则，可以设法控制沉淀剂的量，使其中某些离子的浓度因生成沉淀而降得很低，同时使其他离子不产生沉淀，从而实现离子的分离。

实际沉淀过程中，由于溶液中常常同时含有多种离子，而在缓慢加入某种沉淀剂时，可能会有多种离子都发生反应而产生沉淀的可能。在这种情况下，究竟是多种离子一起沉淀，还是分先后沉淀？哪种离子先沉淀？能否利用沉淀的方法进行离子的分离？这些问题也可利用溶度积规则加以解决。

根据溶度积规则不难得出，当在同时含有多种离子的溶液中缓慢加入沉淀剂时，J最先超过$K_{sp}^\ominus$的难溶电解质势必先析出沉淀，而J后超过$K_{sp}^\ominus$的难溶电解质后析出沉淀。常利用这种分步沉淀的原理进行离子的分离。

例 4-17　混合溶液中含有3.0×10^{-2} mol·dm^{-3}的Pb^{2+}和2.0×10^{-2} mol·dm^{-3}的Cr^{3+}，以浓 NaOH 溶液为沉淀剂（忽略溶液体积的变化），使Pb^{2+}和Cr^{3+}形成氢氧化物沉淀。问：

（1）哪种离子先被沉淀？

（2）使用 NaOH 能否完全分离这两种离子？如果可以，溶液的 pH 值应控制在什么范围？

解：（1）已知$K_{sp}^\ominus[Pb(OH)_2]=1.43\times10^{-15}$和$K_{sp}^\ominus[Cr(OH)_3]=6.3\times10^{-31}$

根据溶度积规则，分别计算生成$Pb(OH)_2$和$Cr(OH)_3$沉淀所需要的最低OH^-浓度。

对于$Pb(OH)_2$：$Pb(OH)_2(s) \rightleftharpoons Pb^{2+}(aq)+2OH^-(aq)$

$$c(OH^-)=\sqrt{\frac{K_{sp}^\ominus[Pb(OH)_2]}{c(Pb^{2+})}}=\sqrt{\frac{1.43\times10^{-15}}{3.0\times10^{-2}}}=2.2\times10^{-7}(\text{mol}\cdot\text{dm}^{-3})$$

此时 pH=7.3

对于$Cr(OH)_3$：$Cr(OH)_3(s) \rightleftharpoons Cr^{3+}(aq)+3OH^-(aq)$

$$c(OH^-)=\sqrt[3]{\frac{K_{sp}^\ominus[Cr(OH)_3]}{c(Cr^{3+})}}=\sqrt[3]{\frac{6.3\times10^{-31}}{2.0\times10^{-2}}}=3.2\times10^{-10}(\text{mol}\cdot\text{dm}^{-3})$$

此时 pH=4.5

由上述计算可以看出，生成$Cr(OH)_3$沉淀所需的$c(OH^-)$小于生成$Pb(OH)_2$沉淀所需的

$c(OH^-)$,因此 $Cr(OH)_3$ 沉淀先析出。

(2) 当 Cr^{3+} 完全沉淀时，即 $c(Cr^{3+}) = 1.0\times10^{-5}\ mol\cdot dm^{-3}$

$$c(OH^-) = \sqrt[3]{\frac{K_{sp}^{\ominus}[Cr(OH)_3]}{c(Cr^{3+})}} = \sqrt[3]{\frac{6.3\times10^{-31}}{1.0\times10^{-5}}} = 3.98\times10^{-9}(mol\cdot dm^{-3})$$

此时　pH = 5.6

对于 Pb^{2+}：

$J = [Pb^{2+}]\cdot[OH^-]^2 = 3.0\times10^{-2}\times(3.98\times10^{-9})^2 = 4.75\times10^{-19} < K_{sp}^{\ominus}[Pb(OH)_2]$

由于 $J < K_{sp}^{\ominus}$,即 Cr^{3+} 完全沉淀时不会有 $Pb(OH)_2$ 沉淀生成,因此使用 NaOH 能完全分离 Pb^{2+} 和 Cr^{3+}。若要分离 Pb^{2+} 和 Cr^{3+},需将溶液 pH 值控制在 5.6~7.3。

由于各种金属硫化物溶解度相差较大，故常用硫离子作为沉淀剂通过分步沉淀进行金属离子的分离。硫离子可由饱和硫化氢溶液提供，只要控制溶液的 pH 值，就可控制溶液中硫离子的浓度，从而达到分离金属离子的目的。

4.5.4.4　金属硫化物沉淀的生成和溶解

按照上面所述的沉淀溶解的情况（生成弱电解质、发生氧化还原反应、生成配离子），可将金属硫化物大致分为三类：

① 易溶于水的硫化物，如 Na_2S、BaS 等。

② 不溶于水、可溶稀酸的硫化物，如 MnS、FeS、ZnS 等。这些硫化物的溶解度较小，溶度积较小，不溶于水。但在酸性溶液中，H^+ 可以与硫化物解离产生的 S^{2-} 结合形成弱酸 H_2S，使得 $c(S^{2-})$ 降低，最终使硫化物溶于酸中。这类硫化物的溶解度与溶液的酸度有关，因此，控制溶液的 pH 值就可以促使沉淀溶解。根据相应硫化物的溶度积和氢硫酸的解离常数，可计算出溶解金属硫化物时所需的酸度。

例 4-18　欲在 1.0 dm^3 HAc 中溶解 0.010 mol 固体 MnS，HAc 的浓度应为多大?

解：当 0.010 mol 的 MnS 溶于 1.0 dm^3 HAc 时，$c(Mn^{2+}) = 0.010\ mol\cdot dm^{-3}$，而 H_2S 的饱和溶液浓度为 0.10 $mol\cdot dm^{-3}$。

MnS 溶于 HAc 时包括四步平衡：

(1) $MnS(s) \rightleftharpoons Mn^{2+}(aq) + S^{2-}(aq)$　　$K_1^{\ominus} = K_{sp}^{\ominus}(MnS)$

(2) $HAc(aq) \rightleftharpoons H^+(aq) + Ac^-(aq)$　　$K_2^{\ominus} = K_a^{\ominus}(HAc)$

(3) $H^+(aq) + S^{2-}(aq) \rightleftharpoons HS^-(aq)$　　$K_3^{\ominus} = 1/K_{a2}^{\ominus}(H_2S)$

(4) $H^+(aq) + HS^-(aq) \rightleftharpoons H_2S(aq)$　　$K_4^{\ominus} = 1/K_{a1}^{\ominus}(H_2S)$

则总反应为 $MnS(s) + 2HAc(aq) \rightleftharpoons Mn^{2+}(aq) + H_2S(aq) + 2Ac^-(aq)$

$$K^{\ominus} = K_1^{\ominus}\times(K_2^{\ominus})^2\times K_3^{\ominus}\times K_4^{\ominus} = \frac{K_{sp}^{\ominus}(MnS)\,[K_a^{\ominus}(HAc)]^2}{K_{a1}^{\ominus}(H_2S)\times K_{a2}^{\ominus}(H_2S)} = \frac{[Mn^{2+}]\,[H_2S]\,[Ac^-]^2}{[HAc]^2}$$

$$c(HAc) = \sqrt{\frac{K_{a1}^{\ominus}(H_2S)\times K_{a2}^{\ominus}(H_2S)\times[Mn^{2+}]\times[H_2S]\times[Ac^-]^2}{K_{sp}^{\ominus}(MnS)\times[K_a^{\ominus}(HAc)]^2}}$$

$$=\sqrt{\frac{1.07\times10^{-7}\times1.26\times10^{-13}\times0.010\times0.10\times(0.020)^2}{4.65\times10^{-14}\times(1.75\times10^{-5})^2}}=0.019\ (\text{mol}\cdot\text{dm}^{-3})$$

此时 c(HAc) 浓度是总反应平衡时溶液中 HAc 的浓度，而 MnS 溶解过程还消耗 c(HAc)＝0.20 $\text{mol}\cdot\text{dm}^{-3}$，最终所需 HAc 的最低浓度为：0.019+0.20＝0.219 $\text{mol}\cdot\text{dm}^{-3}$

例 4-19 欲将 0.05 mol 的 ZnS 沉淀溶于 0.5 dm^3 盐酸溶液中，求所需盐酸的最低浓度。(已知 $K_{sp}^{\ominus}(\text{ZnS})=2.5\times10^{-22}$，$K_{a1}^{\ominus}(H_2S)=1.07\times10^{-7}$，$K_{a2}^{\ominus}(H_2S)=1.26\times10^{-13}$)

解：当 0.05 mol 的 ZnS 溶于 0.5 dm^3 盐酸时，$c(Zn^{2+})=0.10\ \text{mol}\cdot\text{dm}^{-3}$。

ZnS 溶于盐酸时包括三步平衡：

(1) $\text{ZnS(s)} \rightleftharpoons Zn^{2+}\text{(aq)}+S^{2-}\text{(aq)}$　　$K_1^{\ominus}=K_{sp}^{\ominus}(\text{ZnS})$

(2) $H^+\text{(aq)}+S^{2-}\text{(aq)} \rightleftharpoons HS^-\text{(aq)}$　　$K_2^{\ominus}=1/K_{a2}^{\ominus}(H_2S)$

(3) $H^+\text{(aq)}+HS^-\text{(aq)} \rightleftharpoons H_2S\text{(aq)}$　　$K_3^{\ominus}=1/K_{a1}^{\ominus}(H_2S)$

则总反应为 $\text{ZnS(s)}+2H^+\text{(aq)} \rightleftharpoons Zn^{2+}\text{(aq)}+H_2S\text{(aq)}$

$$K^{\ominus}=K_1^{\ominus}\times K_2^{\ominus}\times K_3^{\ominus}=\frac{K_{sp}^{\ominus}(\text{ZnS})}{K_{a1}^{\ominus}(H_2S)\times K_{a2}^{\ominus}(H_2S)}=\frac{[Zn^{2+}][H_2S]}{[H^+]^2}$$

$$c(H^+)=\sqrt{\frac{K_{a1}^{\ominus}(H_2S)\times K_{a2}^{\ominus}(H_2S)\times[Zn^{2+}]\times[H_2S]}{K_{sp}^{\ominus}(\text{ZnS})}}$$

$$=\sqrt{\frac{1.07\times10^{-7}\times1.26\times10^{-13}\times0.10\times0.10}{2.5\times10^{-22}}}=0.73(\text{mol}\cdot\text{dm}^{-3})$$

此时 $c(H^+)$ 浓度是总反应平衡时溶液中 H^+ 的浓度，而 ZnS 溶解过程还消耗 $c(H^+)$＝0.20 $\text{mol}\cdot\text{dm}^{-3}$。最终所需盐酸的最低浓度为 0.73+0.20＝0.93 $\text{mol}\cdot\text{dm}^{-3}$

③ 不溶于水和稀酸的硫化物，且溶度积 $K_{sp}^{\ominus}$ 太小，如 CuS、PbS、HgS 等，它们的饱和溶液中 $c(S^{2-})$ 太低，导致它们不能溶于非氧化性强酸。但这类硫化物可以溶于氧化性酸，使 S^{2-} 或者金属离子价态改变，浓度减少，导致沉淀溶解平衡右移，最终到达溶解的目的。例如 CuS 可溶于 HNO_3，溶解过程中 S^{2-} 被氧化成为单质硫，导致沉淀溶解平衡右移：

$$3CuS+8HNO_3=3Cu(NO_3)_2+3S\downarrow+2NO\uparrow+4H_2O$$

由于 HgS 的 $K_{sp}^{\ominus}$ 更小，仅用 HNO_3 不够，只能溶于王水。其中，硝酸将 S^{2-} 被氧化成为单质硫，使 $c(S^{2-})$ 减小，而盐酸中 Cl^- 与 Hg^{2+} 结合形成稳定的配离子 $[HgCl_4]^{2-}$，使 $c(Hg^{2+})$ 减小。$c(S^{2-})$ 和 $c(Hg^{2+})$ 同时减小，使得 $J=[Hg^{2+}][S^{2-}]<K_{sp}^{\ominus}(\text{HgS})$，最终 HgS 溶解：

$$3HgS+12HCl+2HNO_3=3H_2[HgCl_4]+3S\downarrow+2NO\uparrow+4H_2O$$

此法适用于溶解具有明显氧化性或还原性的硫化物。对于这类难溶物可采取加入氧化剂的方法，使硫化物与之发生氧化还原反应从而达到溶解的目的。

由于各种金属硫化物的溶度积存在很大差异（附录 6），同时，大部分金属离子可与 S^{2-} 形成具有特征颜色的沉淀（参见表 9.1），因此常用这些性质来分离和鉴定金属离子。通常利用金属硫化物溶度积的差异，采取控制溶液酸度(pH 值)的办法调节溶液中的 S^{2-} 离子浓度：

$$c(S^{2-})=\frac{K_{a1}^{\ominus}(H_2S)\cdot K_{a2}^{\ominus}(H_2S)\ [H_2S]}{[H^+]^2}$$

这样可以将不溶于稀酸的硫化物首先沉淀出来，再使用氨水调节 pH 值将不溶于水的硫化物沉淀出来，可以溶于水的则留在溶液中。将金属离子按照上述方法分类后，再进一步对不同条件下所得的沉淀及溶液进行分离和鉴定。

4.5.4.5　沉淀的转化

对于既不溶于水也不溶于酸，且无法用氧化还原和配位的方法溶解的沉淀，可以通过一定方法将其转化为另一种沉淀，再采用上述的方法使其溶解。例如，由于 $SrSO_4$ 不挥发，需要将其转化为易挥发的 $SrCl_2$，再使用焰色反应鉴定 Sr^{2+}。但 $SrSO_4$ 不能溶解于盐酸中，需要先将 $SrSO_4$ 转化为可溶于盐酸的 $SrCO_3$，再将 $SrCO_3$ 溶解于盐酸中制备 $SrCl_2$。这种把一种沉淀转化为另一种沉淀的过程，称为沉淀的转化。

沉淀转化反应的完全程度(即转化反应的 $K^{\ominus}$)取决于两种难溶化合物的 $K_{sp}^{\ominus}$ 的差异。$K_{sp}^{\ominus}$ 越大的沉淀越易转化为 $K_{sp}^{\ominus}$ 较小的沉淀。将溶解度较大的沉淀(一般 $K_{sp}^{\ominus}$ 也较大)转化为溶解度较小的沉淀(一般 $K_{sp}^{\ominus}$ 也较小)时的标准平衡常数一般比较大($K^{\ominus}>1$)，该过程比较容易实现。例如，清洗锅炉中的锅垢时，多采用适当浓度的 Na_2CO_3 溶液处理 $CaSO_4$ 沉淀。由于 $CaCO_3$ 的溶解度比 $CaSO_4$ 的小，Na_2CO_3 可以将 $CaSO_4$ 沉淀转化为 $CaCO_3$ 沉淀，反应的 $K^{\ominus}$ 比较大，因此此转化反应可以进行得较完全。但将溶解度较小的沉淀转化为溶解度较大的沉淀则比较困难，此过程 $K^{\ominus}<1$，但在一定的条件下也可以实现。例如，可采用适当浓度的 Na_2CO_3 溶液处理 $BaSO_4$ 沉淀。由于 $BaCO_3$ 的 $K_{sp}^{\ominus}$ 比 $BaSO_4$ 的 $K_{sp}^{\ominus}$ 大，转化反应的 $K^{\ominus}$ 较小，因此在转化过程中需要不断地加入饱和 Na_2CO_3 溶液以便提高转化效率。

例 4-20　1.0 dm^3 的 0.1 $mol\cdot dm^{-3}$ 的 Na_2CO_3 可使多少克 $CaSO_4$ 转化成 $CaCO_3$？

解： 沉淀的转化反应实际由 2 步反应完成：

反应(1) 为　$CaSO_4 \rightleftharpoons Ca^{2+}+SO_4^{2-}$　　$K_1^{\ominus}=K_{sp}^{\ominus}(CaSO_4)$

反应(2) 为　$Ca^{2+}+CO_3^{2-} \rightleftharpoons CaCO_3$　　$K_2^{\ominus}=1/K_{sp}^{\ominus}(CaCO_3)$

总反应为　$CaSO_4+CO_3^{2-} \rightleftharpoons CaCO_3+SO_4^{2-}$　　$K^{\ominus}$

则　$K^{\ominus}=K_1^{\ominus}\times K_2^{\ominus}=\frac{K_{sp}^{\ominus}(CaSO_4)}{K_{sp}^{\ominus}(CaCO_3)}=\frac{4.93\times10^{-5}}{2.8\times10^{-9}}=1.76\times10^4$

设平衡时 $c(SO_4^{2-})=x\ mol\cdot dm^{-3}$

$$CaSO_4+CO_3^{2-} \rightleftharpoons CaCO_3+SO_4^{2-}$$

平衡浓度($mol\cdot dm^{-3}$)　　$0.1-x$　　　　x

则　$K^{\ominus}=\frac{[SO_4^{2-}]}{[CO_3^{2-}]}=\frac{x}{0.1-x}=1.76\times10^4$

由于 $K^{\ominus}$ 很大，因此不能采取近似计算，计算得到 $x\approx0.0999\ mol\cdot dm^{-3}$

故转化掉的 $CaSO_4$ 的质量为 $136.141\ g\cdot mol^{-1}\times0.0999\ mol\cdot dm^{-3}\times1.0\ dm^3\approx13.6\ g$

思考题与习题

1. 酸碱质子理论如何定义酸碱？与其他酸碱理论相比，有何优越性和缺点？
2. 如何定义共轭酸碱对，共轭酸碱对的 $K_a^{\ominus}$ 与 $K_b^{\ominus}$ 之间有什么样的定量关系？
3. 为什么计算多元弱酸溶液中的氢离子浓度时，可近似地用一级解离平衡进行计算？
4. 向缓冲溶液中加入大量的酸、碱或水稀释时，pH 是否仍保持不变？说明原因。
5. 在某温度下 0.10 $mol \cdot dm^{-3}$ 氢氰酸(HCN)溶液的解离度为 0.0070%，试求在该温度时 HCN 的解离常数 $K_a^{\ominus}$。
6. 已知乳酸 HLAc 的 $pK_a^{\ominus}=3.86$，计算含 0.10 $mol \cdot dm^{-3}$ HLAc 的酸奶样品的 pH 值。
7. 阿司匹林的有效成分是乙酰水杨酸 $C_9H_8O_4$，其 $K_a^{\ominus}=3.0\times10^{-4}$。在水中溶解 0.65 g 乙酰水杨酸，最后稀释至 65 cm^3，计算该溶液的 pH。
8. 已知氨水溶液的浓度为 0.20 $mol \cdot dm^{-3}$。
   (1) 求该溶液中 OH^- 的浓度、pH 和氨的解离度。
   (2) 在上述溶液中加入 NH_4Cl 晶体，溶解后使其浓度为 0.20 $mol \cdot dm^{-3}$。求所得溶液中 OH^- 的浓度、pH 和氨的解离度。加入 NH_4Cl 后溶液的 OH^- 离子浓度比未加时减少多少倍？
9. 取 50.0 cm^3 的 0.100 $mol \cdot dm^{-3}$ 某一元弱酸溶液，与 20.0 cm^3 的 0.100 $mol \cdot dm^{-3}$ KOH 溶液混合，将混合溶液稀释至 100 cm^3，测得此溶液 pH 为 5.25。求此一元弱酸的解离常数。
10. 在烧杯中盛放 20.0 cm^3 的 0.100 $mol \cdot dm^{-3}$ 氨水溶液，逐步加入 0.100 $mol \cdot dm^{-3}$ HCl 溶液。试计算：
    (1) 当加入 10.00 cm^3 HCl 后，混合液的 pH；
    (2) 当加入 20.00 cm^3 HCl 后，混合液的 pH；
    (3) 当加入 30.00 cm^3 HCl 后，混合液的 pH。
11. 计算下列溶液的 pH 值：
    (1) 0.20 $mol \cdot dm^{-3}$ NH_4Cl；
    (2) 0.040 $mol \cdot dm^{-3}$ Na_3PO_4。
12. ATP 的水解反应为 $ATP(aq)+H_2O \rightleftharpoons ADP(aq)+HPO_4^{2-}$。37 ℃时，某种细胞内 ATP、ADP 和 HPO_4^{2-} 离子的平衡浓度分别为 2.2×10^{-10} $mol \cdot dm^{-3}$，3.5×10^{-3} $mol \cdot dm^{-3}$ 和 0.5×10^{-3} $mol \cdot dm^{-3}$，试计算 37 ℃时 ATP 的水解反应的标准平衡常数。
13. 根据溶度积常数，求下列物质在纯水中的溶解度。
    (1) $Mg(OH)_2$；(2) $Ca_3(PO_4)_2$；(3) PbS。
14. 已知在 298 K 时，$BaSO_4$、$Mg(OH)_2$、AgBr 的溶度积分别为 1.08×10^{-10}、5.61×10^{-12}、5.35×10^{-13}，则它们在 298 K 水中溶解度($mol \cdot dm^{-3}$) 的大小顺序是怎样的？
15. 判断下列混合溶液中有无沉淀生成。
    (1) 20 cm^3 的 0.10 $mol \cdot dm^{-3}$ $AgNO_3$ 和 30 cm^3 的 0.50 $mol \cdot dm^{-3}$ K_2CrO_4 混合。

(2) 0.020 $mol \cdot dm^{-3}$ $Mg(NO_3)_2$和 0.010 $mol \cdot dm^{-3}$ NaF 溶液等体积混合。

(3) 200 cm^3 的 0.10 $mol \cdot dm^{-3}$ $AgNO_3$ 中加入 0.05 cm^3 的 0.20 $mol \cdot dm^{-3}$ KBr。

16. 已知 Ag_2CrO_4 在纯水中的溶解度为 6.5×10^{-5} $mol \cdot dm^{-3}$，求：

(1) Ag_2CrO_4 在 0.010 $mol \cdot dm^{-3}$ $AgNO_3$ 溶液中的溶解度。

(2) Ag_2CrO_4 在 0.20 $mol \cdot dm^{-3}$ K_2CrO_4 溶液中的溶解度。

17. 在含有 0.20 $mol \cdot dm^{-3}$ $CuSO_4$ 和 0.10 $mol \cdot dm^{-3}$ HCl 的混合溶液中，不断通入 H_2S 气体并使之达到饱和，问有无沉淀生成？

18. 在 0.20 dm^3 的 0.20 $mol \cdot dm^{-3}$ $MgSO_4$ 溶液中，加入等体积的 0.10 $mol \cdot dm^{-3}$ 氨水溶液，有无 $Mg(OH)_2$沉淀生成？为了不使 $Mg(OH)_2$沉淀析出，至少在上述溶液中加入多少克$(NH_4)_2SO_4$？（设加入固体$(NH_4)_2SO_4$ 后，溶液体积不变）

19. 在 $c(Pb^{2+}) = 0.010$ $mol \cdot dm^{-3}$ 和 $c(Mn^{2+}) = 0.010$ $mol \cdot dm^{-3}$ 的溶液中，通入 H_2S 气体达到饱和，若要使 PbS 沉淀完全而 MnS 不沉淀，问溶液的 pH 值应控制在什么范围？（已知 $K_{sp}^{\ominus}(PbS) = 3.4 \times 10^{-28}$，$K_{sp}^{\ominus}(MnS) = 1.4 \times 10^{-15}$；$H_2S$ 的 $K_{a1}^{\ominus} = 1.07 \times 10^{-7}$，$K_{a2}^{\ominus} = 1.26 \times 10^{-13}$）

20. 某溶液含有 Fe^{3+} 和 Fe^{2+}，其浓度均为 0.050 $mol \cdot dm^{-3}$，要求 $Fe(OH)_3$沉淀而不生成 $Fe(OH)_2$沉淀，须控制 pH 在什么范围？

21. 在氯离子 Cl^- 和铬酸根离子 CrO_4^{2-} 浓度均为 0.100 $mol \cdot dm^{-3}$ 的混合溶液中逐滴加入 $AgNO_3$ 溶液（忽略体积变化）时，AgCl 和 Ag_2CrO_4 哪一种先沉淀？当 Ag_2CrO_4 开始沉淀时，溶液中氯离子的浓度为多少？

第 5 章　氧化还原反应和电化学基础

氧化还原反应是一类非常重要的化学反应，在工业生产和日常生活中具有重要的意义。日常使用的电池是将化学能转化成电能，电解食盐水制氯气是将电能转化成化学能，它们都与氧化还原反应密切相关。以氧化还原反应为基础的电化学一直是研究热门领域之一。

本章主要介绍氧化还原反应的基本概念和电化学的基础知识，重点讨论电极电势及其应用，以及影响电极电势的因素。

5.1　氧化还原反应

5.1.1　氧化数

氧化还原反应的实质是电子发生转移或偏移，导致元素原子带电状态发生变化。为了描述元素原子带电状态的变化，表明其被氧化或还原的程度，引入氧化数的概念。氧化数也称为氧化值。国际纯粹与应用化学联合会（IUPAC）明确氧化数的定义为：氧化数是某元素一个原子的电荷数或形式电荷数，该电荷是假定把每一个化学键中的成键电子指定给电负性（定义见第 6 章）更大的原子。

在离子化合物中，元素的氧化数等于离子的正、负电荷数。在共价化合物中，元素的氧化数等于原子之间共用电子对的偏移数。确定氧化数的一般规则如下：

① 在单质中，元素的氧化数为零。

② 在单原子离子中，元素的氧化数等于离子所带的电荷数。

③ 在大多数化合物中，氢的氧化数为+1，只有在活泼金属的氢化物(如 NaH,CaH_2)中，氢的氧化数为-1。

④ 通常，在化合物中氧的氧化数为-2；但在过氧化物(如 H_2O_2、Na_2O_2、BaO_2)中氧的氧化数为-1；超氧化物 KO_2 中，氧的氧化数为-0. 5；在氟化物中，氧的氧化数分别为+2(如 OF_2)和+1(如 O_2F_2)。

⑤ 在所有氟化物中，氟的氧化数为-1。

⑥ 碱金属和碱土金属在化合物中的氧化数分别为+1 和+2。

⑦ 在中性分子中，各元素氧化数的代数和为零。在多原子离子中各元素氧化数的代数和等于离子所带的电荷数。

根据上述原则，可以确定化合物中某元素的氧化数。例如，在 NaCl 中，钠的氧化数为+1，氯的氧化数为-1。氯元素在不同氧化态 $NaClO_4$、$NaClO_3$、$NaClO_2$、NaClO、Cl_2 和 NaCl 中具有不同氧化数，分别为+7、+5、+3、+1、0 和-1。

结构不易确定的离子或分子中元素的氧化数也可以根据上述原则确定。例如，由于氢的氧化数为+1，氧的氧化数为-2，因此在 CO、CO_2、CH_4、C_2H_5OH 中碳的氧化数分别为+2、+4、-4、-2。根据上述原则，铁在 Fe_2O_3 中的氧化数为+3，而在 Fe_3O_4 中的氧化数则为+8/3。由此可见，氧化数可为整数，也可为分数。

在中学阶段已经学习过，一种元素一定数目的原子与其他元素一定数目的原子化合的性质，称为这种元素的化合价。化合价只能为整数。氧化数与化合价的区别在于，化合价只表示元素原子结合成分子时，原子数目的比例关系；从分子结构来看，化合价也就是离子键和共价键化合物的电价数和共价数。

本书也会用到氧化态的表述，氧化态是以氧化数为基础的概念，表示某一元素以一定氧化数存在的形式。例如，锰 Mn 的几种氧化态 MnO_4^-、MnO_4^{2-}、MnO_2、MnO 和 Mn，其中锰 Mn 的氧化数分别为+7、+6、+4、+2 和 0。

氧化数虽然是人为的概念，但实际上一种元素可能存在的多种氧化态与其在元素周期表中的位置密切相关。奇数族元素的奇氧化态相对稳定，偶数族元素的偶氧化态相对稳定。这可以从元素基态原子的价电子排布中得到合理的解释。绝大多数元素的最高氧化数都等于其族数。如 $K_2Cr_2O_7$ 中 Cr 的氧化数为+6。目前，元素的最高氧化数达到+8，在 RuO_4 分子中 Ru 的氧化数为+8。

5.1.2 氧化还原反应

凡有元素氧化数升降的化学反应就是氧化还原反应，其中，含有氧化数升高的元素的物质是还原剂，含有氧化数降低的元素的物质是氧化剂。

把锌片放入硫酸铜溶液中，锌溶解而铜析出，这个反应的离子方程式为

$$Zn+Cu^{2+}=Zn^{2+}+Cu$$

其中，氧化数升高的 Zn 为还原剂，氧化数降低的 Cu^{2+} 为氧化剂。氧化还原反应中的对应关系为：还原剂发生氧化半反应，氧化剂发生还原半反应。

$$\text{氧化半反应}\quad Zn=Zn^{2+}+2e^-$$

$$\text{还原半反应}\quad Cu^{2+}+2e^-=Cu$$

在每个半反应中，氧化数高的物质称为氧化态或氧化型，氧化数低的物质称为还原态或还原型。同一半反应中的氧化型和还原型组成一个氧化还原电对，简称电对。记作

氧化型/还原型

氧化型在斜线左侧，还原型在斜线右侧。例如，Zn^{2+}/Zn、Cu^{2+}/Cu。氧化还原电对体现了氧化型和还原型之间的相互转化和相互依存关系。

虽然严格地说氧化型和还原型是指半反应左侧和右侧的所有物质，但在电对中一般只写其中氧化数发生变化的物质。例如

$$MnO_4^-+8H^++5e^-=Mn^{2+}+4H_2O$$

电对表示为 MnO_4^-/Mn^{2+}。

在电对中只写物质不写化学计量数。例如

$$Cl_2+2e^-=2Cl^-$$

电对表示为 Cl_2/Cl^-。

在氧化还原反应中，还原过程和氧化过程是同时发生的，氧化与还原是共存共依的，在一定条件下又可以相互转化。氧化半反应是物质由还原型变为氧化型的过程，而还原半反应则是物质由氧化型变为还原型的过程。在本书中，无论是氧化半反应还是还原半反应，都采用还原反应的形式书写：

$$\text{氧化型}+ze^-=\text{还原型}$$

式中：e^-表示电子；z 为转移电子的化学计量数，其量纲为 1。例如，对于 Zn^{2+}/Zn 和 Cu^{2+}/Cu 电对，它们的半反应分别表示为

$$Zn^{2+}+2e^-=Zn$$

$$Cu^{2+}+2e^-=Cu$$

任何一个氧化还原反应都可以看做是两个半反应之和，一般表示为

$$\text{氧化型 I}+\text{还原型 II}=\text{还原型 I}+\text{氧化型 II}$$

5.1.3 氧化还原反应方程式的配平

氧化还原反应方程式一般比较复杂，反应物除了氧化剂和还原剂外，还有参加反应的介质（酸、碱或水），且它们的化学计量数有时较大，因此配平氧化还原反应方程式需要按照一定规则进行。常用的配平方法有氧化数法和离子-电子法。中学阶段曾学过氧化数法，即根据氧化数的变化来判断电子转移数，然后配平氧化还原反应方程式。本书不再赘述。

离子-电子法配平时首先要明确反应物和生成物，配平时遵循下列原则：

① 电荷守恒。即反应过程中氧化剂获得的电子数必须等于还原剂失去的电子数。

② 质量守恒。即反应前后各元素的原子总数必须各自相等。

以 $KMnO_4$ 与 K_2SO_3 在稀 H_2SO_4 溶液中的反应为例，说明离子-电子法配平方程式的步骤：

$$KMnO_4+K_2SO_3+H_2SO_4 \rightarrow MnSO_4+K_2SO_4+H_2O$$

① 写出氧化数发生变化的反应物和产物的离子方程式（注意：气体、难溶物和弱电解质用分子式表示）。

$$MnO_4^-+SO_3^{2-} \rightarrow Mn^{2+}+SO_4^{2-}$$

② 将离子方程式分别写成两个半反应，一个是氧化剂的还原反应，另一个是还原剂的氧化反应。

$$MnO_4^- \rightarrow Mn^{2+} \text{ 和 } SO_3^{2-} \rightarrow SO_4^{2-}$$

③ 分别配平两个半反应方程式。通过加一定数目的电子和介质（酸性条件下用 H^+ 和 H_2O，碱性条件下用 OH^- 和 H_2O），使半反应两边的原子个数和电荷数相等。离子-电子法的关键步骤是分别配平氧化、还原两个半反应，因此又称半反应法。

一般配平半反应式时，首先配平氧化数有变化的元素的原子数和氧化数不变的非氢、

氧原子数，然后配平 H、O 原子数，最后配平电荷数。

MnO_4^- 被还原为 Mn^{2+}时，减少了 4 个 O 原子，在酸性介质中，应在反应式左边加 8 个 H^+离子，右边加 4 个 H_2O 分子，从而使反应式两边 O 原子数相等。

$$MnO_4^- + 8H^+ = Mn^{2+} + 4H_2O$$

式中，左边的净电荷数为+7，右边的净电荷数为+2，因此需在左边加 5 个电子（e^-）使两边电荷数相等。

$$MnO_4^- + 8H^+ + 5e^- = Mn^{2+} + 4H_2O$$

SO_3^{2-} 被氧化为 SO_4^{2-} 时，左边少 1 个 O 原子，应在反应式的左边加 1 个 H_2O 分子，右边加上 2 个 H^+离子，从而使反应式两边 O 原子数相等。

$$SO_3^{2-} + H_2O = SO_4^{2-} + 2H^+$$

式中：左边的净电荷数为-2，右边的净电荷数为 0，因此需在右边加 2 个电子 e^-使两边电荷数相等。

$$SO_3^{2-} + H_2O = SO_4^{2-} + 2H^+ + 2e^-$$

④ 根据得失电子必须相等的原则，将两个半反应分别乘以相应的系数后相加，可得配平的离子方程式。

$$\begin{array}{ll} MnO_4^- + 8H^+ + 5e^- = Mn^{2+} + 4H_2O & \times 2 \\ +)\quad SO_3^{2-} + H_2O = SO_4^{2-} + 2H^+ + 2e^- & \times 5 \\ \hline 2MnO_4^- + 5SO_3^{2-} + 6H^+ = 2Mn^{2+} + 5SO_4^{2-} + 3H_2O & \end{array}$$

⑤ 加上原来未参与氧化还原反应的离子，写成分子方程式。

分子方程式为

$$2KMnO_4 + 5K_2SO_3 + 3H_2SO_4 = 2MnSO_4 + 6K_2SO_4 + 3H_2O$$

最后，再核对一下方程式两边各元素的原子个数是否各自相等。

若变为配平反应方程式：

$$KMnO_4 + K_2SO_3 \xrightarrow{\text{在酸性溶液中}} MnSO_4 + K_2SO_4$$

该反应是在酸性溶液中进行的，在配平时应加入何种酸？一般以不引入其他杂质和所引进的酸根离子不参与氧化还原反应为原则。上述反应的产物中有 SO_4^{2-}，因此以加入稀 H_2SO_4 为宜。

在有些反应中氧化剂和还原剂是同一种物质，这种反应称为自氧化自还原反应，又称歧化反应。例如，将氯气通到热的氢氧化钠溶液中，生成氯化钠和氯酸钠的反应就是歧化反应。

$$Cl_2 + NaOH \rightarrow NaCl + NaClO_3$$

在该反应中，氯元素的氧化数从在 Cl_2 中的 0，歧化变为 Cl^-中的-1 和 ClO_3^- 中的+5。

$$Cl_2 \rightarrow Cl^- + ClO_3^-$$

因为反应在碱性溶液中进行，由 Cl_2 到 ClO_3^-的转化所需要增加的 O 原子是由 OH^-提供的。其中，Cl_2 作为还原剂被氧化的半反应为

$$Cl_2+12OH^- = 2ClO_3^-+6H_2O+10e^-$$

Cl_2 作为氧化剂被还原的半反应为

$$Cl_2+2e^- = 2Cl^-$$

将两个半反应分别乘以适当的系数，然后相加、整理得

$$\begin{array}{ll|l} & Cl_2+12OH^- = 2ClO_3^-+6H_2O+10e^- & \times 1 \\ + & Cl_2+2e^- = 2Cl^- & \times 5 \\ \hline & 6Cl_2+12OH^- = 2ClO_3^-+10Cl^-+6H_2O & \end{array}$$

应使配平的离子方程式中各种离子、分子的化学计量数为最小整数。化简得

$$3Cl_2+6OH^- = ClO_3^-+5Cl^-+3H_2O$$

其分子方程式为

$$3Cl_2+6NaOH = 5NaCl+NaClO_3+3H_2O$$

最后，核对方程式两边的各元素的原子个数是否各自相等。

在配平半反应方程式时，如果反应物和生成物内所含的氧原子的数目不同，可根据介质的酸碱性，分别在半反应方程式中加 H^+、OH^-或 H_2O，使反应式两边的氢、氧原子数目相等。不同介质条件下配平氧原子的经验规则见表 5.1。

配平时要注意介质条件，在酸性介质中不应出现碱性物质 OH^-，而在碱性介质中则不应出现酸性物质 H^+。

氧化数法和离子电子法各有优缺点。氧化数法能较迅速地配平简单的氧化还原反应方程式。它的适用范围广，不只限于水溶液中的反应，对于高温下的反应及熔融态物质间的反应更为适用。离子-电子法适用于那些只给出了主要反应物和生成物的不完整的氧化还原方程式及某些离子方程式。配平时不需要计算氧化剂或还原剂的氧化数变化；在配平过程中，不参与氧化还原反应的物种同时被配平；配平的两个半反应恰好是电极反应方程式；氧化型半反应式是能斯特方程表达式书写的依据。

表 5.1　不同介质条件下配平氧原子的经验规则

介质条件	反应方程式		
	左边		右边
	O 原子数	配平时应加入物质	生成物
酸性	多	H^+	H_2O
	少	H_2	H^+
碱性	多	H_2O	OH^-
	少	OH^-	H_2O
中性	多	H_2O	OH^-
	少	H_2O	H^+

5.2　原电池和电极电势

在化学反应摩尔焓变的测定实验中，把锌加入硫酸铜溶液中，锌溶解而铜从溶液中析

出。反应的离子方程式为

$$Zn+Cu^{2+}=Zn^{2+}+Cu \qquad \Delta_r H_m^{\ominus}=-218.66\ kJ\cdot mol^{-1}$$

还原剂 Zn 与氧化剂 Cu^{2+}离子直接接触，电子直接从 Zn 原子转移到 Cu^{2+}离子，这时电子的转移是无序的，反应中化学能转变为热能放出，不会产生电流。

如果采用一种特殊装置使电子发生定向移动，便可以产生电流。这种通过氧化还原反应产生电流，将化学能转变为电能的装置称为原电池。

5.2.1 原电池

铜锌原电池也称丹尼尔电池，是一种简单的原电池（图 5.1）。在盛有 1 $mol\cdot dm^{-3}$ 的 $ZnSO_4$ 水溶液的烧杯中，插入 Zn 片，在盛有 1 $mol\cdot dm^{-3}$ 的 $CuSO_4$ 水溶液的烧杯中，插入 Cu 片，两个烧杯中的溶液用倒置的 U 形管（U 形管中装饱和电解质溶液，如 KCl 溶液和琼脂制成的冻胶，允许正、负离子自由移动，称为盐桥）连接起来。Zn 片和 Cu 片之间用导线连接起来，导线上串联电势计。电势计指针发生偏转时，表明导线中有电流通过。

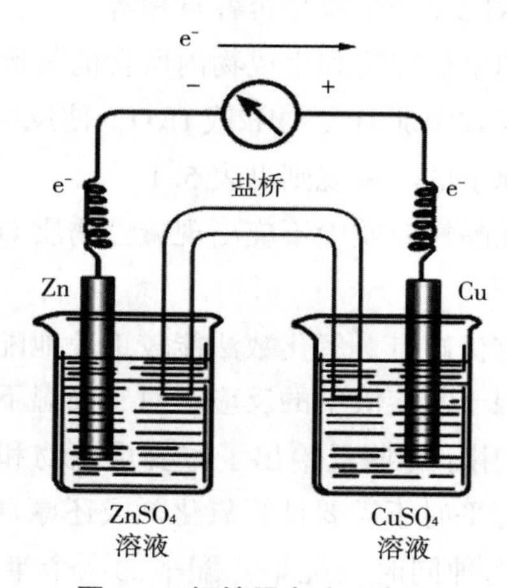

图 5.1 铜锌原电池示意图

铜锌原电池中，锌电极为电子流出的一极，称为负极。铜电极为电子流入的一极，称为正极。电子由锌电极经由导线流向铜电极。两个电极上发生的反应分别是：

负极：$Zn=Zn^{2+}+2e^-$　氧化半反应

正极：$Cu^{2+}+2e^-=Cu$　还原半反应

合并两个半反应，即可得到电池反应：

$$Zn+Cu^{2+}=Zn^{2+}+Cu$$

在原电池中，通过特殊装置使氧化和还原两个半反应分别在不同的区域同时发生，这些区域称为半电池。半电池是原电池的主体，由同种元素不同氧化数的两种物质组成。在半电池中进行着氧化态和还原态相互转化的反应，即电极反应。

原电池中的盐桥有两方面作用，一方面它使整个装置构成通路，另一方面它使两个半电池中的溶液保持电中性。在电池反应中，锌盐溶液由于锌溶解使溶液的 Zn^{2+}离子过剩而呈正电，铜盐溶液则因为铜的析出沉积使溶液中 SO_4^{2-} 离子过剩呈负电，外电路中电子从锌到铜的移动会受到阻碍。此时，盐桥中的负离子（例如 Cl^-）移向锌盐溶液，正离子

（例如 K^+ 离子）移向铜盐溶液，这样使两边溶液都保持电中性，电池反应可以持续进行。

原电池可以用符号来表示，如 Cu-Zn 原电池可表示为

$$(-)Zn|ZnSO_4(c)_1||CuSO_4(c)_2|Cu(+)$$

其中，负极写在左边，正极写在右边，分别用符号（-）和（+）表示。两边的 Cu 或者 Zn 表示极板材料。如果组成电极的物质中没有可导电的金属，应插入惰性电极（只起导电作用，不参与氧化还原反应的电极，如 Pt、石墨等）。用“‖”表示盐桥或离子交换隔膜或多孔陶瓷。盐桥的两侧是电解质溶液。用“|”表示两相的界面，同相不同物种用“,”隔开，溶液的活度 a 或浓度 c、气体的分压 p 要在括号内注明。参与电极反应的其他物质也应写入电池符号中。

5.2.2 常用电极类型

每个电池至少由两个电极构成。电极的种类很多，结构各异。一般有下列几种电极：

① 金属-金属离子电极。金属浸入含有该金属离子的溶液中构成电极。例如，将 Zn 片浸入 Zn^{2+} 的溶液中，构成 $Zn^{2+}-Zn$ 电极或称为锌电极。这样金属既是正、负极材料，又作导电极板。

电极反应：$Zn^{2+}+2e^- \rightleftharpoons Zn$

电极符号：$Zn|Zn^{2+}(c)$

② 气体-离子电极。由于气体不导电，因此必须用惰性电极插入含该非金属离子的溶液，并通入该非金属气体构成电极。例如，将铂丝连接着镀满铂黑的铂片作为极板浸入 Cl^- 溶液中，并向其中通入纯 Cl_2 构成 Cl_2-Cl^- 电极。

电极反应：$Cl_2+2e^- \rightleftharpoons 2Cl^-$

电极符号：$Cl^-(c)|Cl_2(p)|Pt$

③ 金属-金属难溶盐（或氧化物）电极。在金属表面覆盖一种该金属的难溶盐（或氧化物）薄层，将其浸入含有该难溶物相同阴离子的易溶电解质溶液中构成电极。例如，在银丝的表面沉积一层 AgCl 插入 KCl 溶液中，即构成 Ag-AgCl 电极。

电极反应：$AgCl+e^- \rightleftharpoons Ag+Cl^-$

电极符号：$Ag|AgCl|Cl^-(c)$

在银丝的表面沉积一层 Ag_2O 插入 NaOH 溶液中，即构成 $Ag-Ag_2O$ 电极。

电极反应：$Ag_2O(s)+H_2O+2e^- \rightleftharpoons 2Ag+2OH^-$

电极符号：$Ag|Ag_2O|OH^-(c)$

④ 离子型氧化还原电极。将惰性电极浸入含有某一元素的两种不同氧化数的离子的混合溶液中构成电极。例如，将铂丝浸入 Fe^{3+}、Fe^{2+} 共存的溶液中，即构成一种氧化还原电极。

电极反应：$Fe^{3+}+e^- \rightleftharpoons Fe^{2+}$

电极符号：$Fe^{3+}(c)$，$Fe^{2+}(c)|Pt$

例 5-1 将下列反应设计成原电池并以原电池符号表示。

$$2MnO_4^-+16H^++10Cl^-=2Mn^{2+}+5Cl_2+8H_2O$$

解： 首先将反应分解为两个半反应，

负极（氧化半反应）　　　$2Cl^- \rightleftharpoons Cl_2+2e^-$

正极（还原半反应）　　　$MnO_4^-+8H^++5e^- \rightleftharpoons Mn^{2+}+4H_2O$

写出负极和正极的符号

正极符号　　　$Pt|H^+(c),Mn^{2+}(c),MnO_4^-(c)$

负极符号　　　$Pt|Cl_2(p)|Cl^-(c)$

负极写在左边，正极写在右边，两边之间用盐桥连接，并标注离子浓度或者气体压力。原电池符号如下：

$$(-)Pt|Cl_2(p)|Cl^-(c)\|MnO_4^-(c),Mn^{2+}(c),H^+(c)|Pt(+)$$

此处，Pt 电极本身不参加氧化还原反应，只起导电作用。

5.2.3 电极电势和电动势

5.2.3.1 电极电势

不同种类电极的电极电势产生的原因不同。下面以金属-金属离子电极为例来说明电极电势的产生。

金属晶体是由金属正离子、金属原子和自由电子组成的。当把金属插入含有该金属盐的水溶液时，在金属与其盐溶液的接触界面上会发生两个不同的过程：一方面，金属晶体中处于热运动的金属正离子受极性水分子的作用，有离开金属进入溶液的趋势，金属越活泼，溶液中金属离子的浓度越小，这种趋势就越大；另一方面，溶液中的金属正离子受到金属表面自由电子的吸引，有从溶液向金属表面沉积的趋势，金属越不活泼，溶液中金属离子的浓度越大，这种趋势也越大。

当 $v_{溶解}=v_{沉积}$ 时，在金属表面与附近溶液间将会建立起如下的动态平衡：

$$\underset{(金属)}{M} \underset{沉积}{\overset{溶解}{\rightleftharpoons}} \underset{(在溶液中)}{M^{z+}} + \underset{(在金属上)}{ze^-}$$

在一定浓度的溶液中，如果金属溶解的趋势大于金属离子沉积的趋势（如锌），当达到动态平衡时，金属带负电，溶液带正电，如图 5.2(a) 所示。如果金属离子沉积的趋势大于金属溶解的趋势（如铜），金属带正电，溶液带负电，如图 5.2(b) 所示。

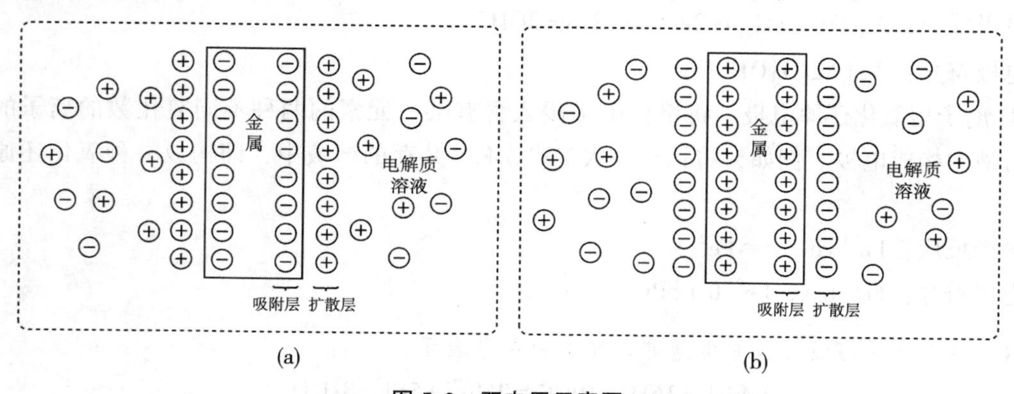

图 5.2　双电层示意图

由于正、负电荷的吸引，金属离子不是均匀地分布在整个溶液中，而是主要集中在金属表面的附近，在金属与溶液的界面之间形成双电层。由于双电层之间的电荷不均等，进一步产生电势差。通常把这种极板和溶液之间的电势差称为电极电势。用符号 E(氧化态/还原态)表示，单位为伏特(V)，如 $E(Zn^{2+}/Zn)$。

组成电极的所有物质均处于标准状态时的电极电势称为标准电极电势，用符号 $E^{\ominus}$(氧化型/还原型) 表示，如 $E^{\ominus}(Zn^{2+}/Zn)$。

5.2.3.2 原电池的电动势

电极电势 $E_{电极}$ 表示电极中极板与溶液之间的电势差。当用盐桥将两个电极的溶液连通时，可认为两溶液之间的电势差被消除，则两电极间的电极电势之差是两极板之间的电势差，也就是原电池的电动势，用符号 E 表示。

$$E = E_{正} - E_{负} \tag{5-1}$$

如果构成两电极的各物质均处于标准状态，则原电池具有标准电动势，用符号 $E^{\ominus}$ 表示。

$$E^{\ominus} = E^{\ominus}_{正} - E^{\ominus}_{负} \tag{5-2}$$

下标正负分别表示正、负极。

5.2.3.3 标准电极电势的确定

对于单个电极，其电极电势的绝对值尚无法直接测定，只能用比较的方法确定其相对值。为使相对值有一个统一的标准，国际上采用标准氢电极作为比较的标准。标准氢电极的示意图如图 5.3 所示。

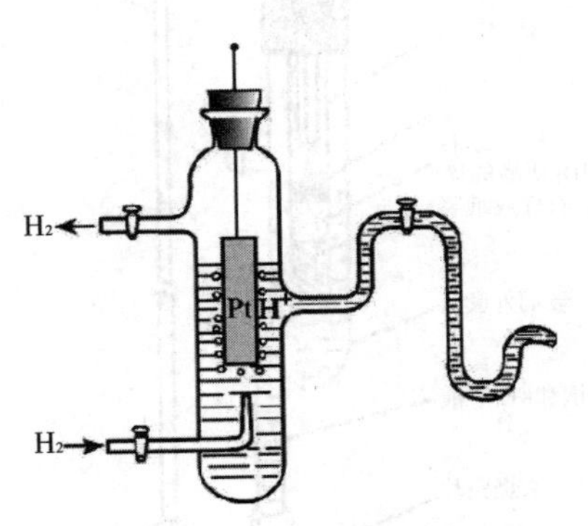

图 5.3　标准氢电极示意图

铂丝连接着镀满一层铂黑的铂片作为导电电极插入到处于标准状态(即浓度，严格地说应为活度 a 为 1.0 mol·kg^{-1}) 的 H^+离子溶液中，然后不断地通入压力为 100 kPa 的氢气，使氢气被铂黑吸附并达到饱和，构成标准氢电极。溶液中的 H^+与铂片上的 H_2 建立如下平衡：

$$2H^+ + 2e^- \rightleftharpoons H_2$$

标准氢电极符号表示为 $Pt|H_2(p)^{\ominus}|H^+(1.0\ mol\cdot kg^{-1})$

规定标准氢电极的电极电势为零，记为

$$E^{\ominus}(H^+/H_2) = 0.000\ V$$

上标“$\ominus$”表示标准态，即溶液中组成电极的离子的浓度为 1.0 mol·kg^{-1}，气体分压为 100 kPa，液体和固体均为纯物质。

将标准氢电极与待测的处于标准状态下的电极组成原电池，测定该原电池电动势。由于标准氢电极的电极电势为零，因此待测电极的标准电极电势的绝对值与测得的原电池的电动势相同。可通过电动势的正、负号或电势计指针的偏转来确定电极电势的正负。若待测电极的电极电势高于标准氢电极的电极电势，则该电极的标准电极电势为正；反之，为负值。

电极电势的大小主要取决于体系中物质的本性，同时又与体系的温度、溶液中离子的浓度有关。为了便于比较，通常在测定温度为298.15 K时，测定待测电极的标准电极电势。例如，欲测定锌电极的标准电极电势$E^{\ominus}(Zn^{2+}/Zn)$，组成如下原电池：

$$(-)Zn|Zn^{2+}(1.0\ mol\cdot dm^{-3})\|H^{+}(1.0\ mol\cdot dm^{-3})|H_2(p^{\ominus})|Pt(+)$$

在298.15 K，由电势计测得此原电池的电动势为0.762 6 V，即：

$$E^{\ominus}=E^{\ominus}(H^{+}/H_2)-E^{\ominus}(Zn^{2+}/Zn)=0.762\ 6\ V$$

因此　$E^{\ominus}(Zn^{2+}/Zn)=-0.762\ 6\ V$

在实际测量中，常因氢气不易纯化、压力不易控制、铂黑容易中毒等原因，标准氢电极使用不多。实验室中常使用饱和甘汞电极、Ag-AgCl电极作为参比电极。饱和甘汞电极由Hg、糊状Hg_2Cl_2和一定浓度的KCl溶液构成，以铂丝为导体（图5.4），电势稳定并且易于控制。

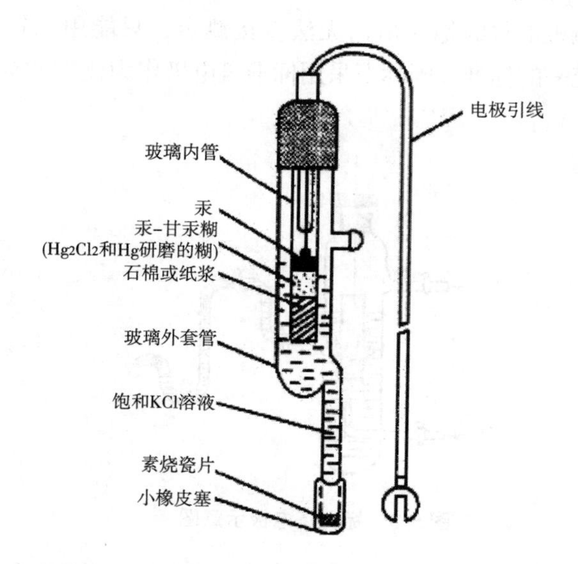

图5.4　饱和甘汞电极示意图

甘汞电极的电极反应为

$$Hg_2Cl_2(s)+2e^{-}\rightleftharpoons 2Hg(l)+2\ Cl^{-}$$

电极符号为　$Pt|Hg(l)|Hg_2Cl_2(s)|KCl(c)$

标准甘汞电极的状态是$c(KCl)=1.0\ mol\cdot dm^{-3}$，其标准电极电势$E^{\ominus}(Hg_2Cl_2/Hg)=0.268\ 1\ V$。饱和甘汞电极的KCl是饱和的，并与KCl晶体共存，其电极电势$E(Hg_2Cl_2/Hg)=0.241\ 2\ V$。

用甘汞电极代替标准氢电极与待测电极组成原电池，可以测得一些电对的标准电极电势。例如，仍然是测定锌电极的标准电极电势$E^{\ominus}(Zn^{2+}/Zn)$，组成如下原电池：

$(-)Zn|Zn^{2+}(1.0\ mol\cdot dm^{-3})\|Cl^-\ (1.0\ mol\cdot dm^{-3})\ |Hg_2Cl_2(s)|Hg(l)|Pt(+)$

测得其标准电动势 $E^\ominus=1.030\ 7\ V$

$E^\ominus=E^\ominus(Hg_2Cl_2/Hg)-E^\ominus(Zn^{2+}/Zn)=0.2681V-E^\ominus(Zn^{2+}/Zn)=1.030\ 7\ V$

因此　$E^\ominus(Zn^{2+}/Zn)=-0.762\ 6\ V$

需要指出的是，还有些电对（如 Na^+/Na 和 F_2/F^- 等）的标准电极电势不能直接测定，需要用间接方法推算，如可根据热力学数据计算得到。

将实验测得或推算的一系列氧化还原电对的标准电极电势按照 $E^\ominus$(电对)代数值由小到大的顺序，从上到下排列成表，称为标准电极电势表，见本书附录 7。现摘录一些列于表 5.2 中用于说明该表的结构和应用。

表 5.2　一些常用电对的标准电极电势（298 K，pH=0）

电对符号	电极反应 氧化型+$ze^-\rightleftharpoons$还原型	$E^\ominus$(电对)/V
Li^+/Li	$Li^++e^-\rightleftharpoons Li$	−3.040
Na^+/Na	$Na^++e^-\rightleftharpoons Na$	−2.713
Mg^{2+}/Mg	$Mg^{2+}+2e^-\rightleftharpoons Mg$	−2.356
Al^{3+}/Al	$Al^{3+}+3e^-\rightleftharpoons Al$	−1.676
Mn^{2+}/Mn	$Mn^{2+}+2e^-\rightleftharpoons Mn$	−1.170
Zn^{2+}/Zn	$Zn^{2+}+2e^-\rightleftharpoons Zn$	−0.762 6
Fe^{2+}/Fe	$Fe^{2+}+2e^-\rightleftharpoons Fe$	−0.440
Co^{2+}/Co	$Co^{2+}+2e^-\rightleftharpoons Co$	−0.277
Ni^{2+}/Ni	$Ni^{2+}+2e^-\rightleftharpoons Ni$	−0.257
Sn^{2+}/Sn	$Sn^{2+}+2e^-\rightleftharpoons Sn$	−0.137 5
Pb^{2+}/Pb	$Pb^{2+}+2e^-\rightleftharpoons Pb$	−0.126
H^+/H_2	$2H^++2e^-\rightleftharpoons H_2$	0.000
$AgCl/Ag$	$AgCl+e^-\rightleftharpoons Ag+Cl^-$	0.222 3
Hg_2Cl_2/Hg	$2Hg_2Cl_2+2e^-\rightleftharpoons 2Hg+2Cl^-$	0.267 6
Cu^{2+}/Cu	$Cu^{2+}+2e^-\rightleftharpoons Cu$	0.342
Fe^{3+}/Fe^{2+}	$Fe^{3+}+e^-\rightleftharpoons Fe^{2+}$	0.771
Ag^+/Ag	$Ag^++e^-\rightleftharpoons Ag$	0.799 6
Cl_2/Cl^-	$Cl_2+2e^-\rightleftharpoons 2Cl^-$	1.358
$Cr_2O_7^{2-}/Cr^{3+}$	$Cr_2O_7^{2-}+14H^++6e^-\rightleftharpoons 2Cr^{3+}+7H_2O$	1.360
MnO_4^-/Mn^{2+}	$MnO_4^-+8H^++5e^-\rightleftharpoons Mn^{2+}+4H_2O$	1.510
H_2O_2/H_2O	$H_2O_2+2H^++2e^-\rightleftharpoons 2H_2O$	1.776
F_2/F^-	$F_2+2e^-\rightleftharpoons 2F^-$	2.870

在使用标准电极电势表时，应注意以下几点：

① 表中的电极反应统一按还原半反应的形式书写：

$$氧化型+ze^- \rightleftharpoons 还原型$$

② 标准电极电势 $E^{\ominus}_{电极}$ 代数值越小的电极，其还原型物质越容易失去电子，具有强的还原性，而其对应的氧化型物质则越难得到电子，具有弱的氧化性；反之，$E^{\ominus}_{电极}$ 代数值越大的电极，其氧化型物质越容易得到电子，具有强的氧化性，而其对应的还原型物质则越难失去电子，具有弱的还原性。因此，在表 5-2 中，$E^{\ominus}_{电极}$ 代数值自上而下逐渐增大，各电极中氧化型物质的氧化能力也依次增强，而还原型物质的还原能力依次减弱。Li 是最强的还原剂，Li^+ 是最弱的氧化剂；F_2 是最强的氧化剂，F^- 几乎不具还原性。

③ $E^{\ominus}_{电极}$ 是电极反应处于平衡态时所表现出的特征值，它与达到平衡的快慢无关，即与反应速率无关。

④ 表中的标准电极电势 $E^{\ominus}_{电极}$ 数值只适用于标准态下的水溶液中，非水溶液、高温，以及固相反应或气固相反应不可使用该数值。

⑤ 标准电极电势值与半反应的书写无关。

（a）无论按还原半反应形式书写，还是按氧化半反应形式书写，标准电极电势值一样，即：

$$Cu - 2e^- \rightleftharpoons Cu^{2+} \qquad E^{\ominus}(Cu^{2+}/Cu) = +0.345\ V$$

$$Cu^{2+} + 2e^- \rightleftharpoons Cu \qquad E^{\ominus}(Cu^{2+}/Cu) = +0.345\ V$$

这是因为 $E^{\ominus}_{电极}$ 值是指双电层间的电势差，与电极本质相关，而与书写方式无关。

（b）标准电极电势与参与反应的物质的量无关，即与半反应方程式中化学计量数无关，如：

$$Cu^{2+} + 2e^- \rightleftharpoons Cu \qquad E^{\ominus}(Cu^{2+}/Cu) = +0.345\ V$$

$$2Cu^{2+} + 4e^- \rightleftharpoons 2\ Cu \qquad E^{\ominus}(Cu^{2+}/Cu) = +0.345\ V$$

这是因为 $E^{\ominus}_{电极}$ 值反映的是物质得失电子的能力，是由物质本性决定的，不因物质数量的多少而改变，故不具有加和性。

⑥ 该表常分为酸表和碱表。酸表是指在 $c(H^+) = 1.0\ mol \cdot dm^{-3}$ 的酸性介质中的标准电极电势；碱表是指在 $c(OH^-) = 1.0\ mol \cdot dm^{-3}$ 的碱性介质中的标准电极电势。

例如，电对 ClO_3^-/Cl^- 在酸性介质中的电极反应和 $E^{\ominus}_{电极}$ 值为

$$ClO_3^- + 6H^+ + 6e^- \rightleftharpoons Cl^- + 3H_2O \qquad E^{\ominus}(ClO_3^-/Cl^-) = 1.478\ V$$

电对 ClO_3^-/Cl^- 在碱性介质中的电极反应和 $E^{\ominus}_{电极}$ 值则为：

$$ClO_3^- + 3H_2O + 6e^- \rightleftharpoons Cl^- + 6OH^- \qquad E^{\ominus}(ClO_3^-/Cl^-) = -0.62\ V$$

如未标明酸碱介质的表，则看其列出的电极反应式。式中有 H^+ 出现的为酸性介质，有 OH^- 出现的为碱性介质。对于一些不受溶液酸碱性影响的电极反应，其电对的标准电极电势值都列入酸性介质表中，在查表时应予以注意。

5.3 电池反应的热力学

一般认为，本部分所讨论的电池反应是可逆的。

5.3.1 电动势 E 与摩尔反应吉布斯自由能变 $\Delta_r G_m$ 的关系

化学反应 $Zn + Cu^{2+} = Zn^{2+} + Cu$ 在烧杯中进行时，虽有电子转移，但不产生电流，属于

恒温恒压条件下无非体积功的过程，此时 $\Delta_r G_m<0$。

若利用 Cu-Zn 原电池完成这一反应，则有电流产生，为恒温恒压条件下有非体积功—电功 W' 的过程。

前已述及，一个电池反应吉布斯自由能的减少等于系统所做的最大有用功，则有

$$-\Delta_r G_m \geqslant W' \tag{1-24}$$

电功等于电池的电动势 E 与通过电量 Q 的乘积。对于可逆电池：

$$W'=-QE$$

若在相应电池反应中转移的电子数为 z，根据法拉第定律

$$Q=zF$$

式中，法拉第常数 $F=96\ 485\ \mathrm{C\cdot mol^{-1}}$，是 1 mol 电子所带电量。库仑 C 为 $\mathrm{J\cdot V^{-1}}$，故电功 W' 可表示为

$$W'=-zFE \tag{5-3}$$

由于电池反应是可逆的，则结合式（5-3），式（1-24）转变为

$$\Delta_r G_m=-zFE \tag{5-4}$$

当参与电池反应的各物质均处于标准态时，则式（5-4）可写为

$$\Delta_r G_m^{\ominus}=-zFE^{\ominus} \tag{5-5}$$

式中等号两边的单位统一为 $\mathrm{J\cdot mol^{-1}}$。式（5-4）和式（5-5）把热力学和电化学联系起来。因此，由原电池的 E 或 $E^{\ominus}$ 即可求出电池反应 $\Delta_r G_m$ 或 $\Delta_r G_m^{\ominus}$。反之亦然。

例 5-2 已知 $\frac{1}{2}H_2+AgCl=Ag+HCl$ 的 $\Delta_r H_m^{\ominus}=-40.4\ \mathrm{kJ\cdot mol^{-1}}$ 和 $\Delta_r S_m^{\ominus}=-63.6\ \mathrm{J\cdot mol^{-1}\cdot K^{-1}}$，求电池 $(-)\mathrm{Pt}\,|\,H_2(p^{\ominus})\,|\,H^+(1\ \mathrm{mol\cdot dm^{-3}})\,\|\,Cl^-(1\ \mathrm{mol\cdot dm^{-3}})\,|\,AgCl\,|\,Ag(+)$ 的电动势 $E^{\ominus}$ 和电极电势 $E^{\ominus}(AgCl/Ag)$。

解： 负极：$H^+ + e^- \rightleftharpoons \frac{1}{2}H_2$ （氧化）

正极：$AgCl+e^- \rightleftharpoons Ag+Cl^-$ （还原）

$$\Delta_r G_m^{\ominus}=\Delta_r H_m^{\ominus}-T\Delta_r S_m^{\ominus}=-40.4\times1000-(-63.6)\times298.15=-214\ 37.66(\mathrm{J\cdot mol^{-1}})$$

由 $\Delta_r G_m^{\ominus}=-zFE^{\ominus}$ 计算得电动势 $E^{\ominus}=0.222\ \mathrm{V}$

$$E^{\ominus}=E^{\ominus}(AgCl/Ag)-E^{\ominus}(H^+/H_2)=E^{\ominus}(AgCl/Ag)=0.222\ \mathrm{V}$$

5.3.2 电极电势 $E_{电极}$ 与标准电极电势 $E_{电极}^{\ominus}$ 的关系-能斯特方程

对于任一电池反应 $a\mathrm{A(aq)}+b\mathrm{B(aq)}=g\mathrm{G(aq)}+h\mathrm{H(aq)}$，有化学反应等温方程式

$$\Delta_r G_m=\Delta_r G_m^{\ominus}+RT\ln\frac{(c(\mathrm{G})/c^{\ominus})^g(c(\mathrm{H})/c^{\ominus})^h}{(c(\mathrm{A})/c^{\ominus})^a(c(\mathrm{B})/c^{\ominus})^b}$$

由于 $\Delta_r G_m^{\ominus}=-zFE^{\ominus}$ 和 $\Delta_r G_m=-zFE$

$$-zFE=-zFE^{\ominus}+RT\ln\frac{(c(\mathrm{G})/c^{\ominus})^g(c(\mathrm{H})/c^{\ominus})^h}{(c(\mathrm{A})/c^{\ominus})^a(c(\mathrm{B})/c^{\ominus})^b}$$

两边同时除以 $-zF$ 得

$$E=E^{\ominus}-\frac{RT}{zF}\ln\frac{(c(\mathrm{G})/c^{\ominus})^{g}(c(\mathrm{H})/c^{\ominus})^{h}}{(c(\mathrm{A})/c^{\ominus})^{a}(c(\mathrm{B})/c^{\ominus})^{b}} \tag{5-6}$$

式中，E 为电动势，$E^{\ominus}$ 为标准电动势；z 为电池反应式的电子转移数；F 为法拉第常数（96 485 $\mathrm{C\cdot mol^{-1}}$）。

式（5-6）称为电动势的能斯特（Nernst）方程。该方程表明氧化还原反应中有关物质在任一浓度时的电动势和标准电动势的关系。

电池反应　$a\mathrm{A}+b\mathrm{B}=g\mathrm{G}+h\mathrm{H}$

可以分成两个半电池反应：

正极 $a\mathrm{A}+ze^{-}=g\mathrm{G}$　其中，A 为氧化型，G 为还原型，电对为 A/G。

负极 $h\mathrm{H}+ze^{-}=b\mathrm{B}$　其中，H 为氧化型，B 为还原型，电对为 H/B。

z 为电极反应中转移的电子数。

此时式(5-6)中　$E=E_{正}(\mathrm{A/G})-E_{负}(\mathrm{H/B})$，$E^{\ominus}=E^{\ominus}_{正}(\mathrm{A/G})-E^{\ominus}_{负}(\mathrm{H/B})$

$$E_{正}(\mathrm{A/G})-E_{负}(\mathrm{H/B})=(E^{\ominus}_{正}(\mathrm{A/G})-E^{\ominus}_{负}(\mathrm{H/B}))-\frac{RT}{zF}\ln\frac{(c(\mathrm{G})/c^{\ominus})^{g}(c(\mathrm{H})/c^{\ominus})^{h}}{(c(\mathrm{A})/c^{\ominus})^{a}(c(\mathrm{B})/c^{\ominus})^{b}}$$

将正极和负极的数据分别归在一起，得

$$E_{正}(\mathrm{A/G})-E_{负}(\mathrm{H/B})=\left[E^{\ominus}_{正}(\mathrm{A/G})-\frac{RT}{zF}\ln\frac{(c(\mathrm{G})/c^{\ominus})^{g}}{(c(\mathrm{A})/c^{\ominus})^{a}}\right]-\left[E^{\ominus}_{负}(\mathrm{H/B})-\frac{\mathrm{RT}}{\mathrm{zF}}\ln\frac{(c(\mathrm{B})/c^{\ominus})^{b}}{(c(\mathrm{H})/c^{\ominus})^{h}}\right]$$

对应有

$$E_{正}(\mathrm{A/G})=E^{\ominus}_{正}(\mathrm{A/G})+\frac{RT}{zF}\ln\frac{(c(\mathrm{A})/c^{\ominus})^{a}}{(c(\mathrm{G})/c^{\ominus})^{g}}$$

$$E_{负}(\mathrm{H/B})=E^{\ominus}_{负}(\mathrm{H/B})+\frac{RT}{zF}\ln\frac{(c(\mathrm{H})/c^{\ominus})^{h}}{(c(\mathrm{B})/c^{\ominus})^{b}}$$

因此，对于一般的半电池反应：

$$p\,\text{氧化型}+ze^{-}=q\,\text{还原型}$$

有如下的关系式：

$$E(\text{氧化型/还原型})=E^{\ominus}(\text{氧化型/还原型})-\frac{RT}{zF}\ln\frac{[c(\text{还原型})/c^{\ominus}]^{q}}{[c(\text{氧化型})/c^{\ominus}]^{p}} \tag{5-7}$$

或

$$E(\text{氧化型/还原型})=E^{\ominus}(\text{氧化型/还原型})+\frac{RT}{zF}\ln\frac{[c(\text{氧化型})/c^{\ominus}]^{p}}{[c(\text{还原型})/c^{\ominus}]^{q}} \tag{5-8}$$

式（5-7）和式（5-8）称为电极电势的能斯特方程式。它反映了非标准状态下电对的电极电势与标准电极电势的关系。式中，E(氧化型/还原型)为电极电势，$E^{\ominus}$(氧化型/还原型)为标准电极电势；z 为电极反应的电子数；p 和 q 分别为氧化型和还原型物质的化学计量数；c(氧化型)$/c^{\ominus}$、c(还原型)$/c^{\ominus}$ 分别表示在电极反应中氧化型和还原型各物质的相对值。如果氧化型和还原型物质是气态物质，则要使用相对压力 $p_{\mathrm{B}}/p^{\ominus}$。若氧化型和还原型物质是纯固体、纯液体，则它们的浓度将不在能斯特方程中表示出来。

在 298.15 K 时，将 R、F 数值代入式（5-8）整理，有

$$E(\text{氧化型}/\text{还原型})=E^{\ominus}(\text{氧化型}/\text{还原型})+\frac{0.0592}{z}\lg\frac{[c(\text{氧化型})/c^{\ominus}]^{p}}{[c(\text{还原型})/c^{\ominus}]^{q}} \tag{5-9}$$

利用式(5-9)，可以计算 298.15 K 非标准态时的电极电势。

注意，c(氧化型)和 c(还原型)必须严格按照电极反应方程式书写。例如，298.15 K 时电极反应 $MnO_4^-+8H^++5e^-=Mn^{2+}+4H_2O$ 的能斯特方程为

$$E(MnO_4^-/Mn^{2+})=E^{\ominus}(MnO_4^-/Mn^{2+})+\frac{0.0592}{5}\lg\frac{[c(MnO_4^-)/c^{\ominus}][c(H^+)/c^{\ominus}]^8}{c(Mn^{2+})/c^{\ominus}}$$

5.4 影响电极电势的因素

从电极电势的能斯特方程可知，如果电对中氧化型的浓度或分压增大，则 $E_{\text{电极}}$ 增大；如果电对中还原型的浓度或分压增大，则 $E_{\text{电极}}$ 减小。因此，凡是影响氧化型或还原型浓度（或分压）的因素，都将影响电极电势的大小。

5.4.1 电对氧化型、还原型物质的浓度或分压对电极电势的影响

例 5-3 计算在 298.15 K 时，锌浸在 0.001 $mol\cdot dm^{-3}$ 硫酸锌溶液中的电极电势。

解： 电极反应为

$$Zn^{2+}+2e^-=Zn$$

查附录得 $E^{\ominus}(Zn^{2+}/Zn)=-0.7626$ V，由能斯特方程得

$$E(Zn^{2+}/Zn)=E^{\ominus}(Zn^{2+}/Zn)+\frac{0.0592}{2}\lg[c(Zn^{2+})/c^{\ominus}]$$

$$=-0.7626+\frac{0.0592}{2}\lg(1.0\times10^{-3})=-0.851\ \text{V}$$

5.4.2 酸度对电极电势的影响

当溶液中的 H^+、OH^- 也参加电极反应时，其浓度也应表示在能斯特方程中，因此溶液酸度的变化显然会影响电极电势。

例 5-4 求在 $c(Cr_2O_7^{2-})=c(Cr^{3+})=1.00\ mol\cdot dm^{-3}$ 时，pH=3.0 和 $c(H^+)=3.0\ mol\cdot dm^{-3}$ 的溶液中 $E(Cr_2O_7^{2-}/Cr^{3+})$ 的数值。

解： 电极反应为 $Cr_2O_7^{2-}+14H^++6e^-=2Cr^{3+}+7H_2O$ $\qquad E^{\ominus}=1.36$ V

当 pH=3.00 时，即 $c(H^+)=10^{-3}\ mol\cdot dm^{-3}$，则电对 $Cr_2O_7^{2-}/Cr^{3+}$ 的电极电势为

$$E(Cr_2O_7^{2-}/Cr^{3+})=E^{\ominus}(Cr_2O_7^{2-}/Cr^{3+})+\frac{0.0592}{6}\lg\frac{[c(Cr_2O_7^{2-})/c^{\ominus}]\cdot[c(H^+)/c^{\ominus}]^{14}}{[c(Cr^{3+})/c^{\ominus}]^2}$$

$$=1.36+\frac{0.0592}{6}\lg\frac{1.00\times(1.00\times10^{-3})^{14}}{1.00^2}=0.946\ \text{V}$$

当 $c(H^+)=3.0\ mol\cdot dm^{-3}$，则电对 $Cr_2O_7^{2-}/Cr^{3+}$ 的电极电势为

$$E(Cr_2O_7^{2-}/Cr^{3+})=E^{\ominus}(Cr_2O_7^{2-}/Cr^{3+})+\frac{0.0592}{6}\lg\frac{[c(Cr_2O_7^{2-})/c^{\ominus}]\cdot[c(H^+)/c^{\ominus}]^{14}}{[c(Cr^{3+})/c^{\ominus}]^2}$$

$$=1.36+\frac{0.0592}{6}\lg\frac{1.00\times3^{14}}{1.00^{2}}=1.426\ \text{V}$$

由上例可知，溶液的酸度对电对的电极电势有较大的影响。这是由于当含氧酸盐作氧化剂时，$c(H^+)$在能斯特方程式中一般都是高次幂的，因此其影响比其他离子浓度的影响更显著。对于电对$Cr_2O_7^{2-}/Cr^{3+}$、MnO_4^-/Mn^{2+}而言，随着溶液酸度的增强，其电极电势值也增大，氧化型物质$Cr_2O_7^{2-}$、MnO_4^-的氧化性也增强。故在生产和科研中，实际使用$Cr_2O_7^{2-}$、MnO_4^-等含氧酸根作氧化剂时，总是要将溶液酸化，以保持在酸性条件下充分发挥这类氧化剂的氧化性能。

5.4.3 沉淀的生成对电极电势的影响

在电极反应中，加入沉淀剂使得电对中物质的浓度因生成沉淀而发生变化，必将引起电极电势发生变化。

例5-5 在298.15 K时，将银棒插入浓度为1.0 mol·dm^{-3}的$AgNO_3$溶液中，加入NaCl溶液使生成AgCl沉淀。当AgCl达到沉淀-溶解平衡时，若溶液中Cl^-浓度维持1.0 mol·dm^{-3}。试计算此电极的电极电势。（已知$E^{\ominus}(Ag^+/Ag)=0.7996$ V，$K_{sp}^{\ominus}(AgCl)=1.77\times10^{-10}$）。

解： Ag^+/Ag电对的电极反应为

$$Ag^++e^-\rightleftharpoons Ag\qquad E^{\ominus}(Ag^+/Ag)=+0.7996\ \text{V}$$

其能斯特方程式为

$$E(Ag^+/Ag)=E^{\ominus}(Ag^+/Ag)+0.0592\lg[c(Ag^+)/c^{\ominus}]$$

加入NaCl溶液，便产生AgCl沉淀：

$$Ag^++Cl^-=AgCl(s)$$

当$c(Cl^-)=1.0$ mol·dm^{-3}时，

$$c(Ag^+)=\frac{K_{sp}^{\ominus}}{c(Cl^-)}=\frac{1.77\times10^{-10}}{1.00}=1.77\times10^{-10}(\text{mol}\cdot\text{dm}^{-3})$$

$$E(Ag^+/Ag)=E^{\ominus}(Ag^+/Ag)+0.0592\lg[Ag^+]=0.7996+0.0592\lg(1.77\times10^{-10})$$
$$\approx0.2223\ \text{V}$$

$E(Ag^+/Ag)$值与$E^{\ominus}(Ag^+/Ag)$值比较，由于氧化型Ag^+生成AgCl沉淀后，Ag^+浓度减小，导致电极电势$E(Ag^+/Ag)$下降。

例5-5计算所得的$E(Ag^+/Ag)$值，实际上是电对AgCl/Ag的标准电极电势，因为当$c(Cl^-)=1.0$ mol·dm^{-3}时，溶液中的Ag^+浓度极低，系统中实际上是AgCl与Ag达到平衡并构成电对。此时，电极反应为

$$AgCl(s)+e^-=Ag(s)+Cl^-(aq)$$

电对中所有物质处于标准状态。

由此可以得出如下关系式：

$$E^{\ominus}(AgCl/Ag)=E(Ag^+/Ag)=E^{\ominus}(Ag^+/Ag)+0.0592\lg K_{sp}^{\ominus}(AgCl)$$

很显然，由于氧化型生成沉淀，则$E^{\ominus}(AgCl/Ag)<E^{\ominus}(Ag^+/Ag)$。当还原型生成沉淀时，

由于还原型离子浓度减小，电极电势将增大。同样可计算出 $E^{\ominus}(AgBr/Ag)$ 和$E^{\ominus}(AgI/Ag)$ 的数值，现将这些电对的 $E^{\ominus}$ 值比较如下：

电极反应式	$K_{sp}^{\ominus}$	$c(Ag^+)$	$E_{电极}^{\ominus}/V$
$Ag^+ + e^- \rightleftharpoons Ag$	↓减小	↓减小	+0.799 6 ↓降低
$AgCl(s) + e^- \rightleftharpoons Ag + Cl^-$			+0.222 3
$AgBr(s) + e^- \rightleftharpoons Ag + Br^-$			+0.073
$AgI(s) + e^- \rightleftharpoons Ag + I^-$			−0.151

从上表中可以看出，卤化银溶度积 $K_{sp}^{\ominus}$ 越小，Ag^+ 平衡浓度越小，$E^{\ominus}(AgX/Ag)$ 值逐渐降低，AgX 的氧化能力减弱，Ag 的还原性相应增强。

5.4.4 配合物的形成对电极电势的影响

配合物的形成同样会引起电极反应中离子浓度的改变，从而使电极电势发生变化。根据 Nernst 方程式可以计算相关的电极电势。

例 5-6 298.15 K 时，在含有 1.0 mol·dm^{-3} Fe^{3+} 和 1.0 mol·dm^{-3} 的 Fe^{2+} 的溶液中加入 KCN(s)，有 $[Fe(CN)_6]^{3-}$ 和 $[Fe(CN)_6]^{4-}$ 配离子生成。当体系中 $c(CN^-) = 1.0$ mol·dm^{-3}，$c([Fe(CN)_6]^{3-}) = c[Fe(CN)_6]^{4-} = 1.0$ mol·dm^{-3} 时，计算 $E(Fe^{3+}/Fe^{2+})$。

解：电极反应 $Fe^{3+} + e^- = Fe^{2+}$ 加 KCN 后，发生下列配位反应

$$Fe^{3+} + 6CN^- \rightleftharpoons [Fe(CN)_6]^{3-}$$

$$K_{稳}^{\ominus}([Fe(CN)_6]^{3-}) = \frac{c([Fe(CN)_6]^{3-})/c^{\ominus}}{(c(Fe^{3+})/c^{\ominus}) \cdot (c(CN^-)/c^{\ominus})^6}$$

$$Fe^{2+} + 6CN^- \rightleftharpoons [Fe(CN)_6]^{4-}$$

$$K_{稳}^{\ominus}([Fe(CN)_6]^{4-}) = \frac{c([Fe(CN)_6]^{4-})/c^{\ominus}}{(c(Fe^{2+})/c^{\ominus}) \cdot (c(CN^-)/c^{\ominus})^6}$$

$$E(Fe^{3+}/Fe^{2+}) = E^{\ominus}(Fe^{3+}/Fe^{2+}) + 0.059\ 2\ \lg\frac{c(Fe^{3+})/c^{\ominus}}{c(Fe^{2+})/c^{\ominus}}$$

当 $c(CN^-) = c([Fe(CN)_6]^{3-}) = c([Fe(CN)_6]^{4-}) = 1.0$ mol·dm^{-3} 时，

$$\frac{c(Fe^{3+})}{c^{\ominus}} = \frac{1}{K_{稳}^{\ominus}([Fe(CN)_6]^{3-})}$$

$$\frac{c(Fe^{2+})}{c^{\ominus}} = \frac{1}{K_{稳}^{\ominus}([Fe(CN)_6]^{4-})}$$

$$E(Fe^{3+}/Fe^{2+}) = E^{\ominus}(Fe^{3+}/Fe^{2+}) + 0.059\ 2\ \lg\frac{K_{稳}^{\ominus}([Fe(CN)_6]^{4-})}{K_{稳}^{\ominus}([Fe(CN)_6]^{3-})}$$

$$= 0.771 + 0.059\ 2\ \lg\frac{1.00\times10^{35}}{1.00\times10^{42}} = 0.357\ (V)$$

在这种条件下，$E(Fe^{3+}/Fe^{2+}) = E^{\ominus}([Fe(CN)_6]^{3-}/[Fe(CN)_6]^{4-}) = 0.357$ V。这是因为当 $c(CN^-) = c([Fe(CN)_6]^{3-}) = c([Fe(CN)_6]^{4-}) = 1.0$ mol·dm^{-3} 时，电极反应 $Fe^{3+} + e^- = Fe^{2+}$

转变为

$$[Fe(CN)_6]^{3-}+e^- \rightleftharpoons [Fe(CN)_6]^{4-}$$

且处于标准状态。因此有

$$E^{\ominus}([Fe(CN)_6]^{3-}/[Fe(CN)_6]^{4-}) = E^{\ominus}(Fe^{3+}/Fe^{2+}) + 0.059\,2\ \lg\frac{K^{\ominus}_{稳}([Fe(CN)_6]^{4-})}{K^{\ominus}_{稳}([Fe(CN)_6]^{3-})}$$

由例 5-6 可以得出结论，如果电对的氧化型生成配合物，使 c(氧化型)变小，则电极电势变小。如果还原型生成配合物，使 c(还原型)变小，则电极电势变大。当氧化型和还原型同时生成配合物时，若 $K^{\ominus}_{稳}$(氧化型配合物)$>K^{\ominus}_{稳}$（还原型配合物），则电极电势变小；反之，则电极电势变大。

5.5 电极电势的应用

电极电势除了用于比较氧化剂和还原剂的相对强弱外，主要的应用还有：

5.5.1 判断原电池的正、负极和计算原电池的电动势

在构成原电池的两个半电池中，电极电势代数值较大的电极为正极，电极电势代数值较小的电极为负极。原电池的电动势等于正极的电极电势减去负极的电极电势。

$$E = E_{正极} - E_{负极}$$

例 5-7 指出下列原电池的正、负极，写出电池反应式，并计算电池的电动势。

$Pt | Fe^{2+}(0.01\ mol \cdot dm^{-3}),\ Fe^{3+}(0.001\ mol \cdot dm^{-3}) \| Cl^-(2.0\ mol \cdot dm^{-3}) | Cl_2(100\ kPa) | Pt$

已知 $E^{\ominus}(Cl_2/Cl^-) = 1.358\ V$，$E^{\ominus}(Fe^{3+}/Fe^{2+}) = 0.771\ V$。

解： 根据能斯特方程可以写出

$$E(Cl_2/Cl^-) = E^{\ominus}(Cl_2/Cl^-) + \frac{0.059\,2}{2}\lg\frac{p(Cl_2)/p^{\ominus}}{(c(Cl^-)/c^{\ominus})^2}$$

$$= 1.358 + \frac{0.059\,2}{2}\lg\frac{100/100}{2^2} = 1.34\ V$$

$$E(Fe^{3+}/Fe^{2+}) = E^{\ominus}(Fe^{3+}/Fe^{2+}) + 0.059\,2\ \lg\frac{c(Fe^{3+})/c^{\ominus}}{c(Fe^{2+})/c^{\ominus}}$$

$$= 0.771 + 0.059\,2\ \lg\frac{0.001}{0.01} = 0.712\ V$$

因此 $E(Fe^{3+}/Fe^{2+})$ 为负极，$E(Cl_2/Cl^-)$ 为正极。

电极反应式为

负极 $Fe^{3+} + e^- = Fe^{2+}$

正极 $Cl_2 + 2e^- = 2Cl^-$

电池反应式为 $2Fe^{2+} + Cl_2 = 2Fe^{3+} + 2Cl^-$

原电池的电动势为

$$E = E_{正极} - E_{负极} = E(Cl_2/Cl^-) - E(Fe^{3+}/Fe^{2+}) = 1.34 - 0.712 = 0.628\ V$$

5.5.2 判断氧化还原反应的方向

由于 $\Delta_r G_m = -zFE$，可将吉布斯自由能对反应自发性的判据转化为如下形式：

$\Delta_r G_m < 0$ 时，$E > 0$　　反应可自发进行；

$\Delta_r G_m = 0$ 时，$E = 0$　　反应处于平衡状态；

$\Delta_r G_m > 0$ 时，$E < 0$　　反应非自发或反应可逆向自发进行。

氧化还原反应总是由较强还原剂和较强氧化剂相互作用，向着生成较弱还原剂和较弱氧化剂的方向进行。即电极电势值大的氧化型物质和电极电势值小的还原型物质之间的反应是自发反应，就是说，作为氧化剂电对的电极电势 $E_{氧}$ 大于作为还原剂的电对的电极电势 $E_{还}$ 时反应自发。

$E_{氧} > E_{还}$，反应正向进行；

$E_{氧} = E_{还}$，反应处于平衡；

$E_{氧} < E_{还}$，反应逆向进行。

在原电池中，$E_{正}$ 就是氧化剂电对 $E_{氧}$，$E_{负}$ 就是还原剂电对 $E_{还}$，所以用 $E > 0$ 或 $E_{氧} > E_{还}$ 判断反应可自发进行都是可行的。

例 5-8　(1) 判断下列反应在标准状态时能否向右进行？

$$MnO_2(s) + 4HCl(aq) = MnCl_2(aq) + Cl_2(g) + 2H_2O(l)$$

(2) 实验室中为什么用 MnO_2 和浓 HCl($12\ mol \cdot dm^{-3}$)反应制取氯气？

解：(1) 假设反应可以发生，则电对 MnO_2/Mn^{2+} 为正极，电对 Cl_2/Cl^- 为负极，查电极电势表得：

$MnO_2 + 4H^+ + 2e^- = Mn^{2+} + 2H_2O$　　$E^\ominus(MnO_2/Mn^{2+}) = 1.23\ V$

$Cl_2 + 2e^- = 2Cl^-$　　$E^\ominus(Cl_2/Cl^-) = 1.36\ V$

由于 $E^\ominus(MnO_2/Mn^{2+}) < E^\ominus(Cl_2/Cl^-)$，则有电动势 $E^\ominus < 0$，因此在标准状态下该反应不能正向进行。

(2) 如果实验室用浓 HCl 与 MnO_2 作用，假定 $c(Mn^{2+}) = 1\ mol \cdot dm^{-3}$，$p(Cl_2) = p^\ominus$，$c(H^+) = c(Cl^-) = 12\ mol \cdot dm^{-3}$

则　$$E(Cl_2/Cl^-) = E^\ominus(Cl_2/Cl^-) + \frac{0.059\,2}{2} \lg \frac{p(Cl_2)/p^\ominus}{[c(Cl^-)/c^\ominus]^2}$$

$$= 1.36 + \frac{0.059\,2}{2} \lg \frac{1}{12^2} = 1.30\ V$$

$$E(MnO_2/Mn^{2+}) = E^\ominus(MnO_2/Mn^{2+}) + \frac{0.059\,2}{2} \lg \frac{[c(H^+)/c^\ominus]^4}{c(Mn^{2+})/c^\ominus}$$

$$= 1.23 + \frac{0.059\,2}{2} \lg \frac{12^4}{1} = 1.36\ (V)$$

在这样的条件下 $E(MnO_2/Mn^{2+}) > E(Cl_2/Cl^-)$，因此这时反应能正向进行，即可用 MnO_2 与浓 HCl 反应制取氯气。实际操作中，还采取加热的方法，以便能加快反应速率，并使 Cl_2 尽快逸出，以减少其压力。

5.5.3 判断氧化还原反应的限度

任何一个反应进行的程度，都可以用标准平衡常数 $K^{\ominus}$ 来判断。氧化还原反应的标准平衡常数可根据有关电对的标准电极电势来计算。

由关系式 $\Delta_r G_m^{\ominus}=-RT\ln K^{\ominus}$ 和 $\Delta_r G_m^{\ominus}=-zFE^{\ominus}$，得

$$-RT\ln K^{\ominus}=-zFE^{\ominus}$$

则有

$$\ln K^{\ominus}=\frac{zFE^{\ominus}}{RT} \quad 或 \quad \lg K^{\ominus}=\frac{zFE^{\ominus}}{2.303RT} \tag{5-10}$$

及

$$E^{\ominus}=\frac{RT}{zF}\ln K^{\ominus} \quad 或 \quad E^{\ominus}=\frac{2.303RT}{zF}\lg K^{\ominus} \tag{5-11}$$

在 298.15 K 时，将 $R=8.314\ \mathrm{J\cdot mol^{-1}\cdot K^{-1}}$、$F=96485\ \mathrm{C\cdot mol^{-1}}$代入，则

$$\lg K^{\ominus}=\frac{zE^{\ominus}}{0.0592}=\frac{z(E_{正}^{\ominus}-E_{负}^{\ominus})}{0.0592} \tag{5-12}$$

及

$$E^{\ominus}=\frac{0.0592}{z}\lg K^{\ominus} \tag{5-13}$$

根据式（5-12），若已知氧化还原反应所组成原电池的标准电动势 $E^{\ominus}$，即可计算此反应的平衡常数 $K^{\ominus}$，从而了解反应进行的程度。由式（5-12）可以看出，氧化还原反应进行的程度与组成反应的两个电对的标准电极电势 $E_{电极}^{\ominus}$ 有关，而与反应物浓度无关。

从式（5-12）也可看出，$E^{\ominus}$ 值越大，$K^{\ominus}$ 值也越大，反应进行得越完全；$E^{\ominus}$ 值越小，$K^{\ominus}$ 值也越小。如 $E^{\ominus}<0$，则 $K^{\ominus}$ 值很小，表明反应实际上不能够正向进行，而是逆反应发生。$K^{\ominus}$ 值的大小和电池反应转移的电子数 z 值有关。如，$E^{\ominus}(Zn^{2+}/Zn)=-0.762\ \mathrm{V}$，$E^{\ominus}(Cu^{2+}/Cu)=0.342\ \mathrm{V}$，所以反应 $Cu^{2+}+Zn=Cu+Zn^{2+}$的平衡常数 $K^{\ominus}$ 为

$$\lg K^{\ominus}=\frac{2\times[0.342-(-0.762)]}{0.0592}$$

$$K^{\ominus}=1.98\times10^{37}$$

由于 $K^{\ominus}$ 值很大，可以认为 Zn 置换 Cu^{2+}的反应进行得很完全。

例 5-9 计算 $MnO_2(s)+4H^+(aq)+2Cl^-(aq)=Mn^{2+}(aq)+Cl_2(g)+2H_2O(l)$ 的标准平衡常数 $K^{\ominus}$。已知 $E^{\ominus}(MnO_2/Mn^{2+})=1.23\ \mathrm{V}$，$E^{\ominus}(Cl_2/Cl^-)=1.36\ \mathrm{V}$。

解：$E^{\ominus}=E^{\ominus}(MnO_2/Mn^{2+})-E^{\ominus}(Cl_2/Cl^-)=1.23-1.36=-0.13\ (\mathrm{V})$

$$\lg K^{\ominus}=\frac{zE^{\ominus}}{0.0592}=\frac{2\times(-0.13)}{0.0592}$$

解得 $K^{\ominus}=4.06\times10^{-5}$

$K^{\ominus}$ 很小，因此在标准状况下用 MnO_2 和 HCl 反应不能制得 Cl_2。

5.5.4 利用原电池计算各类平衡常数

前面所讨论的都是由已知的标准电极电势求未知的电极电势。反过来，如果已知两个相关电对的标准电极电势，其中有一个电极电势受平衡的约束，那么就可以求平衡常数。

（1）难溶电解质溶度积常数 $K_{sp}^{\ominus}$ 的计算

例 5-10 已知 $PbSO_4+2e^- = Pb+SO_4^{2-}$ 的标准电极电势 $E^\ominus(PbSO_4/Pb) = -0.356$ V，$Pb^{2+}+2e^- = Pb$ 的标准电极电势 $E^\ominus(Pb^{2+}/Pb) = -0.125$ V，计算 $PbSO_4$ 的溶度积 $K_{sp}^\ominus$。

解：$E^\ominus(PbSO_4/Pb) = E(Pb^{2+}/Pb) = E^\ominus(Pb^{2+}/Pb) + \dfrac{0.0592}{2}\lg\ [c(Pb^{2+})/c^\ominus]$

$$= E^\ominus(Pb^{2+}/Pb) + \frac{0.0592}{2}\lg\frac{K_{sp}^\ominus(PbSO_4)}{c(SO_4^{2-})/c^\ominus}$$

标准态下，$c(SO_4^{2-}) = 1.0\ mol\cdot dm^{-3}$

$$E^\ominus(PbSO_4/Pb) = E^\ominus(Pb^{2+}/Pb) + \frac{0.0592}{2}\lg K_{sp}^\ominus(PbSO_4)$$

则 $\lg K_{sp}^\ominus(PbSO_4) = \dfrac{2\times(E^\ominus(PbSO_4/Pb) - E^\ominus(Pb^{2+}/Pb))}{0.0592}$

$$= \frac{2\times[-0.356-(-0.126)]}{0.0592} = -7.77$$

解得 $K_{sp}^\ominus(PbSO_4) = 1.7\times10^{-8}$

对于非氧化还原反应，可以设计成氧化还原反应，然后把氧化还原反应设计成原电池，进而求算有关反应的标准平衡常数，如弱电解质的解离平衡常数 $K_i^\ominus$、水的离子积 $K_W^\ominus$、难溶物质的溶度积常数 $K_{sp}^\ominus$、配合物的稳定常数 $K_{稳}^\ominus$ 等。

例 5-11 利用电化学方法，求反应 $Ag^++Cl^- = AgCl$ 在 298.15 K 时的 $K_{sp}^\ominus$。

解： 这是一个非氧化还原反应，要用电化学方法求溶度积。反应两侧各加上一个金属 Ag，可以用电化学方法将非氧化还原反应设计成氧化还原反应，此时电池反应为

$$Ag^++Cl^-+Ag = AgCl+Ag$$

将其分成两个电极反应

负极：$Ag+Cl^- = AgCl+e^-$

正极：$Ag^++e^- = Ag$

查标准电极电势表得 $E^\ominus(AgCl/Ag) = 0.2223$ V，$E^\ominus(Ag^+/Ag) = 0.7996$ V

$$\lg K^\ominus = \frac{E^\ominus(Ag^+/Ag) - E^\ominus(AgCl/Ag)}{0.0592} = \frac{0.7996-0.2223}{0.0592} = 9.75$$

解得 $K^\ominus = 5.62\times10^9$

则 $K_{sp}^\ominus = \dfrac{1}{K^\ominus} = 1.78\times10^{-10}$

(2) 弱酸的解离常数 $K_a^\ominus$ 的计算

例 5-12 有一原电池

$(-)Pt\,|\,H_2(p^\ominus)\,|\,HA(0.5\ mol\cdot dm^{-3})\ \|\,NaCl(1.0\ mol\cdot dm^{-3})\,|\,AgCl(s)\,|\,Ag(+)$

若该电池电动势为+0.568 V，求此一元弱酸 HA 的解离常数 $K_a^\ominus$。已知 $E^\ominus(Ag^+/Ag) = 0.7996$ V，$K_{sp}^\ominus(AgCl) = 1.77\times10^{-10}$。

解：$E^{\ominus}(AgCl/Ag)=E(Ag^+/Ag)=E^{\ominus}(Ag^+/Ag)+0.0592\lg[c(Ag^+)/c^{\ominus}]$
$=E^{\ominus}(Ag^+/Ag)+0.0592\lg K_{sp}^{\ominus}(AgCl)$
$=0.7996+0.0592\lg(1.77\times10^{-10})=0.2223\ (V)$

$$E(HA/H_2)=E(H^+/H_2)=E^{\ominus}(H^+/H_2)+0.0592\lg\frac{c(H^+)/c^{\ominus}}{[p(H_2)/p^{\ominus}]^{1/2}}$$

因为 $p(H_2)=p^{\ominus}$，故 $E(H^+/H_2)=0.00+0.0592\lg[c(H^+)/c^{\ominus}]$

$E=E_{正}-E_{负}=0.2223-0.0592\lg[c(H^+)/c^{\ominus}]=0.568\ (V)$

解得 $c(H^+)=1.44\times10^{-6}\ mol\cdot dm^{-3}$，则有

$$K_a^{\ominus}=\frac{(c(H^+)/c^{\ominus})^2}{c(HA)/c^{\ominus}}=\frac{(1.44\times10^{-6})^2}{0.5-1.44\times10^{-6}}=4.15\times10^{-12}$$

5.6 元素电势图及其应用

许多元素具有多种氧化数。同一元素的不同氧化数物质的氧化或还原能力是不同的。为了直观地比较氧化还原性，W. M. Latimore 把同一元素的不同氧化数物质，按照氧化值由大到小的顺序从左到右写出来，各不同氧化数物种之间用直线连接起来，在直线上方标出两种氧化数物质所组成电对的标准电极电势。这种表明元素各种氧化值之间电势变化的图称为元素电势图或 Latimore 图。根据溶液的 pH 值不同，又可以分为两大类：$E_A^{\ominus}$（A 表示酸性溶液，溶液的 pH=0）和 $E_B^{\ominus}$（B 表示碱性溶液，溶液的 pH=14）。书写某一元素的元素电势图时，既可以将全部氧化态列出，也可以根据需要列出其中的一部分。例如锰元素的电势图：

酸性介质 $E_A^{\ominus}/V$

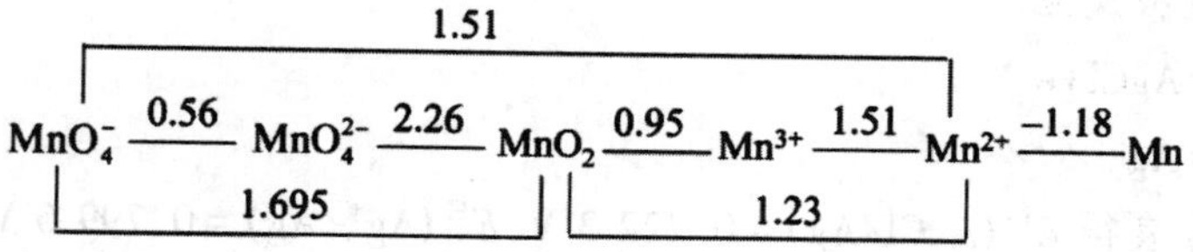

$$MnO_4^- \xrightarrow{0.56} MnO_4^{2-} \xrightarrow{2.26} MnO_2 \xrightarrow{0.95} Mn^{3+} \xrightarrow{1.51} Mn^{2+} \xrightarrow{-1.18} Mn$$

（MnO_4^-—Mn^{2+}：1.51；MnO_4^-—MnO_2：1.695；MnO_2—Mn^{2+}：1.23）

碱性介质 $E_B^{\ominus}/V$

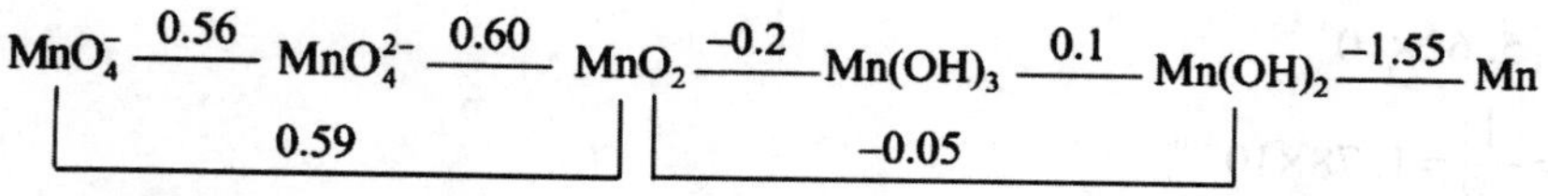

$$MnO_4^- \xrightarrow{0.56} MnO_4^{2-} \xrightarrow{0.60} MnO_2 \xrightarrow{-0.2} Mn(OH)_3 \xrightarrow{0.1} Mn(OH)_2 \xrightarrow{-1.55} Mn$$

（MnO_4^-—MnO_2：0.59；MnO_2—$Mn(OH)_2$：−0.05）

元素电势图清楚地表明了同种元素的不同氧化数物质的氧化、还原能力的相对大小。对于讨论元素各氧化数物质的氧化还原性和稳定性非常重要和方便，主要有以下用途。

5.6.1 判断歧化反应能否发生

当某元素中间氧化数物质一部分被氧化为高氧化数物质，一部分被还原为低氧化数物质，这种反应称为自氧化自还原反应，又称歧化反应。

$$2Cu^+ \rightarrow Cu^{2+}+Cu$$

下面是 Cu 元素在酸性介质中的电势图的一部分：

酸性介质 $E_A^\ominus/V$ $Cu^{2+} \xrightarrow{0.163} Cu^+ \xrightarrow{0.521} Cu$

所对应的电极反应为

$Cu^+ + e^- \rightarrow Cu$ $E^\ominus(Cu^+/Cu) = 0.521\ V$ Cu^+作氧化剂

$Cu^+ \rightarrow Cu^{2+} + e^-$ $E^\ominus(Cu^{2+}/Cu^+) = 0.163\ V$ Cu^+作还原剂

因为 $E^\ominus(Cu^+/Cu) > E^\ominus(Cu^{2+}/Cu^+)$，即

$$E^\ominus = E^\ominus(Cu^+/Cu) - E^\ominus(Cu^{2+}/Cu^+) = 0.521 - 0.163 = 0.358(V) > 0$$

所以 Cu^+能够发生歧化反应，即反应 $2Cu^+ \rightarrow Cu^{2+} + Cu$ 可以进行。Cu^+不稳定。

将以上结论推广，可以得到判断歧化反应能否进行的一般规则。这是任一元素的电势图，A、B、C 是同一元素的不同氧化数物质。

$$A \xrightarrow{E_左^\ominus} B \xrightarrow{E_右^\ominus} C$$

如果 $E_右^\ominus > E_左^\ominus$，则较强的氧化剂和较强的还原剂都是 B，因此 B 会发生歧化反应，即 B 不稳定。相反，如果 $E_右^\ominus < E_左^\ominus$，则较强的氧化剂为 A，较强的还原剂为 C，A 与 C 发生逆歧化反应生成 B，而 B 不会发生歧化反应，即 B 稳定。

例 5-13 已知 $c(H^+) = 1.0\ mol \cdot dm^{-3}$ 时，锰的元素电势图 $E_A^\ominus/V$

$$MnO_4^- \xrightarrow{0.56} MnO_4^{2-} \xrightarrow{2.26} MnO_2 \xrightarrow{0.95} Mn^{3+} \xrightarrow{1.51} Mn^{2+} \xrightarrow{-1.18} Mn$$

指出哪些物质在酸性溶液中会发生歧化反应。

解： 根据在元素电势图中 $E_右^\ominus > E_左^\ominus$ 时，中间物质将自发歧化，可推断在酸性条件下锰的元素电势图中会发生歧化的物质是 MnO_4^{2-} 和 Mn^{3+}。

5.6.2 计算电对的标准电极电势

根据元素电势图，在已知电对的标准电极电势时可以很简便地计算某一电对的未知标准电极电势。已知某一元素的电势图：

$$A \xrightarrow[z_1]{E_1^\ominus} B \xrightarrow[z_2]{E_2^\ominus} C \xrightarrow[z_3]{E_3^\ominus} D$$
$$A \xrightarrow[z_x]{E_x^\ominus} D$$

图中 A、B、C、D 分别代表同一元素不同的氧化数物质，$E_1^\ominus$、$E_2^\ominus$、$E_3^\ominus$ 分别为相邻电对的标准电极电势，z_1、z_2、z_3 为各电对物质之间氧化数的差值。根据摩尔吉布斯自由能变与电极电势之间关系，相应的电极反应可表示为

$A + z_1e^- \rightleftharpoons B$ $\Delta_r G_{m,1}^\ominus = -z_1FE_1^\ominus$

$B + z_2e^- \rightleftharpoons C$ $\Delta_r G_{m,2}^\ominus = -z_2FE_2^\ominus$

+) $C + z_3e^- \rightleftharpoons D$ $\Delta_r G_{m,3}^\ominus = -z_3FE_3^\ominus$

$A + z_xe^- \rightleftharpoons D$ $\Delta_r G_{m,x}^\ominus = -z_xFE_x^\ominus$

由于 G 是状态函数，ΔG 只与系统的始态和终态有关，则

$$\Delta_r G^{\ominus}_{m,x} = \Delta_r G^{\ominus}_{m,1} + \Delta_r G^{\ominus}_{m,2} + \Delta_r G^{\ominus}_{m,3}$$

转换为 $-z_x F E^{\ominus}_x = -z_1 F E^{\ominus}_1 + (-z_2 F E^{\ominus}_2) + (-z_3 F E^{\ominus}_3)$

此时 $z_x = z_1 + z_2 + z_3$

进一步转换为

$$E^{\ominus}_x = \frac{z_1 E^{\ominus}_1 + z_2 E^{\ominus}_2 + z_3 E^{\ominus}_3}{z_1 + z_2 + z_3} \tag{5-14}$$

根据式（5-14），可以通过元素电势图很简便地计算欲求电对的 $E^{\ominus}_{电极}$ 值。

例 5-18 已知 Br 在碱性介质中的电势图如下：

BrO_3^- —$E^{\ominus}_1$— BrO^- —0.4556— Br_2 —1.0774— Br^-

（$BrO^- \to Br^-$：$E^{\ominus}_2$；$BrO_3^- \to Br_2$：$E^{\ominus}_3$；$BrO_3^- \to Br^-$：0.6126）

（1）求 $E^{\ominus}_1$、$E^{\ominus}_2$ 和 $E^{\ominus}_3$。

（2）判断哪些物种可以歧化？

解：（1）$E^{\ominus}_1 = \dfrac{(0.612\,6\times6-0.455\,6\times1-1.077\,4\times1)}{4} = 0.535\,6\ (\text{V})$

$E^{\ominus}_2 = \dfrac{(0.455\,6\times1+1.077\,4\times1)}{2} = 0.766\,5\ (\text{V})$

$E^{\ominus}_3 = \dfrac{(0.612\,6\times6-1.077\,4\times1)}{5} = 0.519\,6\ (\text{V})$

Br_2 计算过程中只考虑元素的一个原子氧化数的变化。

（2）在元素电势图中 $E^{\ominus}_{右} > E^{\ominus}_{左}$ 时，中间物种将自发歧化，由此判断 Br_2、BrO^- 可以歧化。

思考题与习题

1. 什么叫氧化数？它和化合价有什么不同？
2. 什么叫原电池？原电池由哪几部分组成？如何书写原电池表达式？
3. 什么叫电极电势？什么是标准电极电势？
4. 影响标准电极电势的因素有哪些？Nernst 方程中涉及哪些因素？
5. 如何用电极电势来判断氧化还原反应的方向？怎样判断氧化剂、还原剂的氧化、还原能力的大小？
6. 新型绿色化学电源有哪些？试举例说明。
7. 完成并配平下列在酸性溶液中所发生反应的方程式。

（1）$KMnO_4(aq) + H_2O_2(aq) + H_2SO_4(aq) \rightarrow MnSO_4(aq) + K_2SO_4(aq) + O_2(g)$

(2) $Na_2S_2O_3(aq) + I_2(aq) \rightarrow Na_2S_4O_6(aq) + NaI(aq)$

(3) $PbO_2(s) + Mn^{2+}(aq) + SO_4^{2-}(aq) \rightarrow PbSO_4(s) + MnO_4^-(aq)$

(4) $P_4(s) + HClO(aq) \rightarrow H_3PO_4(aq) + Cl^-(aq) + H^+(aq)$

8. 完成并配平下列在碱性溶液中所发生反应的方程式。

(1) $N_2H_4(aq) + Cu(OH)_2(s) \rightarrow N_2(g) + Cu(s)$

(2) $ClO^-(aq) + Fe(OH)_2(s) \rightarrow Cl^-(aq) + FeO_4^{2-}(aq)$

(3) $CrO_4^{2-}(aq) + CN^-(aq) \rightarrow CNO^-(aq) + Cr(OH)_3(s)$

(4) $Br_2(l) + IO_3^-(aq) \rightarrow Br^-(aq) + IO_4^-(aq)$

(5) $Ag_2S(s) + Cr(OH)_3(s) \rightarrow Ag(s) + HS^-(aq) + CrO_4^{2-}(aq)$

9. 计算下列原电池的电动势,写出相应的电池反应。

(1) $Zn | Zn^{2+}(0.010\ mol \cdot dm^{-3}) \| Fe^{2+}(0.0010\ mol \cdot dm^{-3}) | Fe$

(2) $Pt | Fe^{2+}(0.0010\ mol \cdot dm^{-3}),\ Fe^{3+}(0.10\ mol \cdot dm^{-3}) \| Cl^-(2.0\ mol \cdot dm^{-3}) | Cl_2(p^\ominus) | Pt$

(3) $Pb | Pb^{2+}(0.10\ mol \cdot dm^{-3}) \| S^{2-}(0.10\ mol \cdot dm^{-3}) | CuS | Cu$

(4) $Pt | Hg | Hg_2Cl_2 | Cl^-(0.10\ mol \cdot dm^{-3}) \| H^+(1.0\ mol \cdot dm^{-3}) | H_2(p^\ominus) | Pt$

(5) $Zn | Zn^{2+}(0.10\ mol \cdot dm^{-3}) \| HAc(0.10\ mol \cdot dm^{-3}) | H_2(p^\ominus) | Pt$

10. 求下列电极在 25 ℃时的电极电势(忽略加入固体所引起的溶液体积变化):

(1) 金属铜放在 $0.5\ mol \cdot dm^{-3}$ 的 Cu^{2+} 离子溶液中。

(2) 在 $1\ dm^3$ 上述 (1) 的溶液中加入 0.5 mol 固体 Na_2S。

(3) 在上述 (1) 的溶液中加入固体 Na_2S,并使溶液中 $c(S^{2-}) = 1.0\ mol \cdot dm^{-3}$。

11. 由标准钴电极(Co^{2+}/Co)与标准氯电极(Cl_2/Cl^-)组成原电池。测得其电动势为 1.64 V,此时钴电极为负极。已知 $E^\ominus(Cl_2/Cl^-) = 1.36\ V$,回答下列问题:

(1) 计算 $E^\ominus(Co^{2+}/Co)$;

(2) 写出电池反应方程式;

(3) 当 $p(Cl_2)$ 增大或者减小时,电池的电动势将如何变化?

(4) 当 Co^{2+} 浓度为 $0.010\ mol \cdot dm^{-3}$,其他条件不变时,电池的电动势是多少伏?

(5) 该电池反应的标准平衡常数 $K^\ominus$ 为多少?

12. 已知 $E^\ominus(Fe^{3+}/Fe^{2+}) = 0.771\ V$,$E^\ominus(I_2/I^-) = 0.535\ V$。对于原电池

$Pt | Fe^{2+}(1.00\ mol \cdot dm^{-3}),\ Fe^{3+}(1.00 \times 10^{-4}\ mol \cdot dm^{-3}) \| I^-(1.00 \times 10^{-4}\ mol \cdot dm^{-3}) | I_2(s) | Pt$

(1) 求 $E(Fe^{3+}/Fe^{2+})$、$E(I_2/I^-)$ 和电动势 E;

(2) 写出电极反应和电池反应;

(3) 计算 $\Delta_r G_m$。

13. 半电池 A 由镍片浸在 $1.0\ mol \cdot dm^{-3}$ Ni^{2+}溶液中组成;半电池 B 由锌片浸在 $1.0\ mol \cdot dm^{-3}$ 的 Zn^{2+}溶液中组成。当将两个半电池分别与标准氢电极连接组成原电池时,测得各电极电极电势的绝对值为

(A) $Ni^{2+}(aq) + 2e^- = Ni(s)$　　$|E| = 0.257\ V$

(B) $Zn^{2+}(aq) + 2e^- = Zn(s)$　　$|E| = 0.762\ V$

请回答下列问题：

(1) 当半电池A、B分别与标准氢电极连接组成原电池时，发现金属电极溶解。试确定各半电池在各自原电池中是正极还是负极。

(2) Ni^{2+}、Ni、Zn^{2+}、Zn中，哪一个是最强的氧化剂？

(3) 当金属Ni放入$1.0\ mol\cdot dm^{-3}$的Zn^{2+}溶液中时能否发生反应？将金属Zn放入$1.0\ mol\cdot dm^{-3}$的Ni^{2+}溶液中时能否发生反应？写出相应的反应方程式。

(4) Zn^{2+}与OH^-反应生成$Zn(OH)_4^{2-}$。在半电池B中加入NaOH时，其电极电势将如何变化。

(5) 将半电池A、B组成原电池，何为正极？电动势是多少？

14. 向$1.00\ mol\cdot dm^{-3}$的Ag^+溶液中滴加过量的液态汞，充分反应后测得溶液中Hg_2^{2+}浓度为$0.311\ mol\cdot dm^{-3}$，反应式为$2\ Ag^++2\ Hg=2\ Ag+Hg_2^{2+}$。

(1) 已知$E^{\ominus}(Ag^+/Ag)=0.799\ V$，计算$E^{\ominus}(Hg_2^{2+}/Hg)$。

(2) 若将反应剩余的Ag^+和生成的Ag全部除去，再向溶液中加入KCl固体使Hg_2^{2+}生成Hg_2Cl_2沉淀后溶液中的Cl^-浓度为$1.0\ mol\cdot dm^{-3}$。将此溶液与标准氢电极组成原电池，测得电池的电动势为0.280 V。试写出该电池的电池符号，计算$K_{sp}^{\ominus}(Hg_2Cl_2)$。

(3) 若在(2)的溶液中加入过量KCl使KCl达到饱和，再与标准氢电极组成原电池，测得电池的电动势为0.240 V，求饱和溶液中Cl^-的浓度。

(4) 已知$K_a^{\ominus}(HAc)=1.8\times10^{-5}$，计算下面电池的电动势：

$$(-)\ Pt|H_2(p^{\ominus})|\ HAc(1.0\ mol\cdot dm^{-3})\|Hg_2^{2+}(1.0\ mol\cdot dm^{-3})|Hg(+)$$

15. 试用元素电势图来判断下列歧化反应能否进行。

(1) $Cl_2+2OH^-=Cl^-+ClO^-+H_2O$

(2) $3Br_2+6OH^-=BrO_3^-+3Br^-+3H_2O$

(3) $5HIO=2I_2+IO_3^-+H^++2H_2O$

(4) $3IO^-=2I^-+IO_3^-$

16. 查阅酸性溶液中$E^{\ominus}(MnO_4^-/MnO_4^{2-})$、$E^{\ominus}(MnO_4^-/MnO_2)$、$E^{\ominus}(MnO_2/Mn^{2+})$和$E^{\ominus}(Mn^{3+}/Mn^{2+})$。

(1) 绘制锰元素在酸性溶液中的元素电势图；

(2) 计算$E^{\ominus}(MnO_4^{2-}/MnO_2)$和$E^{\ominus}(MnO_2/Mn^{3+})$；

(3) MnO_4^{2-}能否歧化，为什么？写出相应的反应方程式，并计算该反应的$\Delta_rG_m^{\ominus}$与$K^{\ominus}$。还有哪些锰元素的物种在酸性溶液中能发生歧化？

第6章　原子结构和元素周期律

物质世界丰富多彩，品种繁多。物质之间性质各异。物质在性质上具有差异的根本原因在于物质微观结构的不同，为此，有必要对物质的微观结构进行研究。本章将讨论原子结构以及元素性质的变化规律。

6.1　原子结构

6.1.1　原子结构的发现

在公元前5世纪，古希腊哲学家德谟克利特(Democritus)指出所有的物质都是由非常小的、不可分割的粒子组成的，他把这种粒子称之为“原子”，这个词来自于希腊语“atom”，意为“不可再分”。18世纪末到19世纪初出现了质量守恒定律、当量定律以及倍比定律等，这些早期发现为“原子论”的提出奠定了基础，并逐渐产生了元素和化合物的现代定义。

1803年，英国化学家和物理学家道尔顿(Dalton)提出了原子论，其要点有：每一种元素都是由非常小的且不可再分的微粒-原子构成，原子是化学变化中不可再分的最小单位；同种元素的原子的质量和化学性质相同，不同元素的原子的质量和化学性质不同；不同元素化合时，原子以简单的整数比结合；在化学变化过程中，原子既不会产生也不会消亡，而是重新排列，生成与化学变化前不同的物质。道尔顿的原子论很好地解释了当时已知的化学反应中各物质的定量关系。

19世纪50年代至20世纪初，一系列物理学的重大发现推翻了“原子不可再分”的传统观念。实际上，原子也具有内部结构，是由更小的粒子组成。

6.1.1.1　电子的发现

1897年，英国物理学家汤姆逊(Thomson)根据放电管中的阴极射线在电场和磁场作用下的轨迹确定了阴极射线中的粒子带负电，并利用阴极射线装置(图6.1)以及电磁理论知识测出了阴极射线中带电粒子的荷质比(e/m)为$1.76\times10^{11}\ C\cdot kg^{-1}$。当用不同的物质做阴极时，阴极射线粒子的荷质比保持不变。这种粒子被称为电子(electron)。1909年，美国科学家密立根(Millikan)设计了一个巧妙的油滴实验，测得电子所带的电荷为1.6×10^{-19} C，电子的质量为9.11×10^{-31} kg。

6.1.1.2　质子的发现

1886年，德国科学家戈尔德斯坦(Goldstein)将放电管中的阴极制成多孔状，并在高压放电时发现，有另外一种射线从阴极背后向着电子发射方向的相反方向射出，它由残留在真空管内气体的正离子组成，称为阳极射线。阳极射线与放电管中的残留气体有关，若残留气体为氢气，则阳极射线为 H^+。1919 年，卢瑟福用 α 粒子轰击氮原子核时也发现了氢原子核，又称为质子(proton)。

6.1.1.3　原子核的发现

20 世纪初，人们已经知道原子具有两个特征，一是它们包含电子，二是它们是电中性的。要保持电中性，原子必须含有相等数量的正电荷和负电荷。那么电子和带有正电的部分在小小的原子空间里是如何分布的呢？1897 年，汤姆逊提出葡萄干布丁 "plumpudding" 模型。在这个模型中，原子被认为是一个均匀的、带正电的物质球，电子散布在这个球中。

1911 年，英国物理学家卢瑟福(Rutherford)及其合作者进行了著名的 α 粒子散射实验(图 6.2)，用一束带正电荷的高速 α 粒子轰击约 400 nm 厚的金箔薄片。结果发现，绝大多数的 α 粒子会穿过金属薄片而不改变行进的方向，十万分之一的 α 粒子会发生 90°以上的偏转，个别粒子甚至会反弹回来。这一实验证实了原子中带正电部分的存在，否定了汤姆逊的葡萄干布丁模型，并提出了原子含核模型。

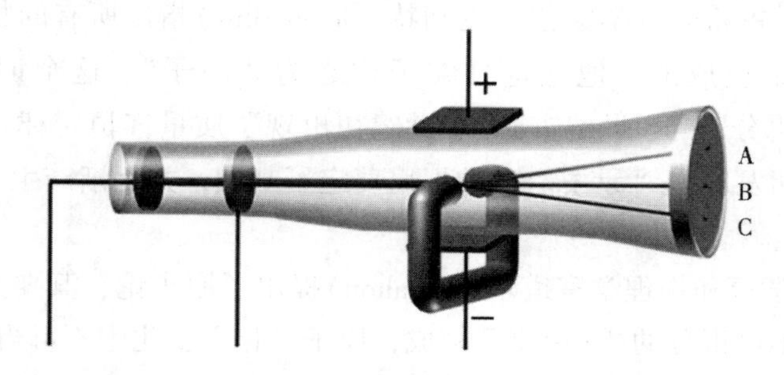

图 6.1　阴极射线装置

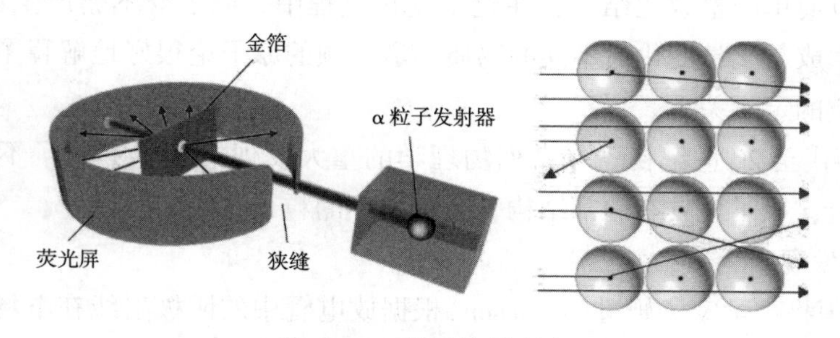

图 6.2　α 粒子散射实验

根据 α 粒子散射实验，卢瑟福提出了新的原子含核结构模型。他认为：① 原子中绝大部分空间是空的，这样绝大多数的 α 粒子可以穿过金箔直行；② 原子中的大部分质量和全部正电荷都集中在一个很小体积的小球上，称为原子核。因此，当 α 粒子正遇原子核时会折回，擦过原子核边时会产生偏转。原子核上的正电荷数（以电子电量为一个单位）等于核外电子数，因此整个原子是中性的。

6.1.1.4 中子的发现

1932 年，英国物理学家查德威克(Chadwick)发现，当用 α 粒子轰击铍时，会产生一种有强穿透性的、不带电的粒子流，这种粒子也是原子核的组成微粒之一，命名为中子(neutron)。至此形成了经典的原子结构模型。

6.1.2 原子的玻尔模型

光谱学研究对原子结构理论的发展也起到了至关重要的作用。当原子被电火花等方法激发时，可以发出一系列具有一定频率（或波长）的光谱线，这就是原子光谱，并且每种原子都有自己的特征光谱。氢原子是最简单的原子，因此氢原子光谱也最简单。氢原子光谱的特点是在可见光区有 4 条比较明显的谱线（图 6.3），其颜色分别是红、青、蓝和紫，通常用 H_α，H_β，H_γ 和 H_δ 表示，对应的波长分别为 656.3，486.1，434.0 和 410.2 nm，是线状光谱。

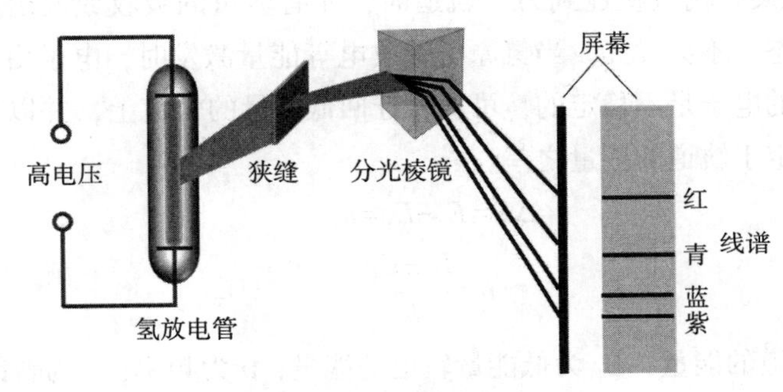

图 6.3 氢原子光谱实验

氢原子光谱为什么会是不连续光谱？卢瑟福的原子含核模型无法解释，并且与其相矛盾。对于原子含核模型来说，按照经典电磁学理论，绕核运动的电子将由于不断地辐射能量而减速，其运动轨道半径会不断缩小，最后陨落在原子核上，随之原子会毁灭。同时，由于电子绕核运动会不断地放出能量，发射出的电磁波的频率应该是连续的，产生的光谱应该是连续光谱，这与氢原子光谱的实验事实不符。

1900 年，普朗克(Plank)提出量子论：辐射能的放出或吸收并不是连续的，而是按照一个基本量或基本量的整数倍被物质放出或吸收，这种情况称做量子化。这个最小的基本量称为量子(quantum)。

1905 年，爱因斯坦(Einstein)在解释光电效应时，提出了光子论。他认为，一束光是由具有粒子特征的光子所组成，每一个光子的能量 E 与光的频率成正比，即 $E=h\nu$（h 称普朗克常数，等于 6.626×10^{-34} J·S)。

1913 年，丹麦物理学家玻尔(Bohr)在普朗克的量子论、爱因斯坦的光子论以及卢瑟福的原子含核模型基础上，推论出原子中电子的能量也不可能是连续的，而是量子化的，由此提出了著名的原子结构“玻尔理论”，很好地解释了氢原子光谱。玻尔理论主要有三个要点：

① 在原子中，电子只能在符合一定条件的轨道上绕核做圆周运动。电子在这种轨道上运动时，既不发射也不吸收能量，处于一种稳定状态。

② 电子在不同轨道上运动时具有不同的能量，离核越近能量越低，离核越远能量越高。电子运动时所处的能量状态称为能级(energy level)。电子在轨道上运动时所具有的能量只能取某些不连续的数值，即电子的能量是量子化的。玻尔推算出了氢原子原子轨道的能量：

$$E = -\frac{B}{n^2} \tag{6-1}$$

式中：n 为量子数(quantum number)，其值可取 1，2，3，…等任何正整数；B 的值为 2.18×10^{-18} J。当 $n=1$，轨道离核最近，能量最低，称为氢原子的基态(ground state)或最低能级。$n=2$，3，4，…时，轨道依次离核渐远，电子的能量以量子化的方式逐渐升高，称为氢原子的激发态(excited sate)。当 $n\to\infty$ 时，电子离核无限远，成为自由电子，脱离原子核的作用，此时 $E=0$。

③ 只有当电子从某一轨道跃迁到另一轨道时，才有能量的吸收或放出。氢原子在正常情况下，电子处于基态，不会发光。当氢原子受放电等能量激发时，电子由基态跃迁到激发态，但是处于激发态的电子是不稳定的，可以跃迁回低能量的轨道上，并以光子的形式放出能量，光子的频率决定于轨道的能量之差。

$$\Delta E = E_2 - E_1 = hv$$

$$\upsilon = \frac{E_2 - E_1}{h}$$

式中：E_2 为高能量轨道的能量；E_1 为低能量轨道的能量；υ 为频率；h 为普朗克常数。

玻尔理论成功地解释了氢原子光谱。当电子从 $n=4$，5，6，7 的轨道跃迁到 $n=2$ 的轨道时，计算出来的波长分别为 486.1，434.0，410.2，397.0 nm，这是氢原子光谱在可见光区的几条谱线，称为 Balmer 系。当电子从其他能级跃迁到 $n=1$ 的轨道时，可以得到氢原子光谱在紫外光区的谱线，称为 Lyman 系。当电子从其他能级跃迁到 $n=3$ 的能级时，可以得到氢原子光谱在红外区的谱线，称为 Paschen 系(图 6.4)。除了氢原子光谱外，玻尔模型对其他单电子原子或者离子(如 He^+,Li^{2+}等)的光谱也可以加以解释。

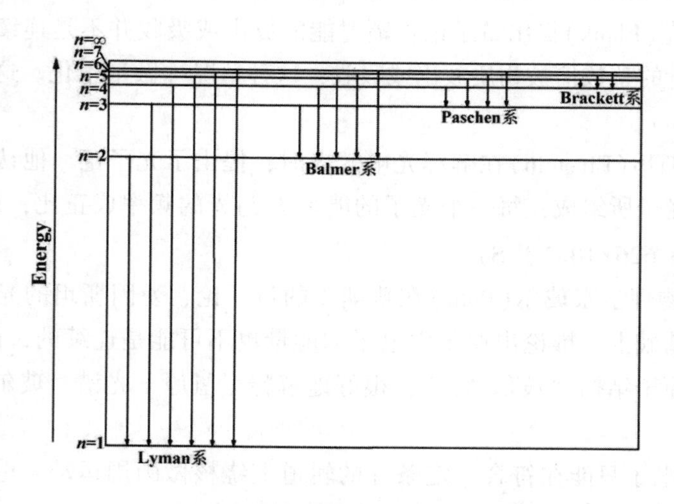

图 6.4 氢原子光谱与氢原子能级

玻尔理论也有一定的局限性，它不能解释氢原子光谱的精细结构，也不能解释多电子原子的光谱现象。这主要是由于玻尔的基本假设是在经典物理学的基础上加入了量子化条件，本质上仍然属于经典力学的范畴。然而电子属于微观粒子，不同于宏观物体，电子运动并不遵守经典力学的规律。玻尔理论中电子在固定轨道上做绕核运动的观点不符合微观粒子运动的特性，因此科学家提出了新的原子模型，即原子的量子力学模型。

6.2 原子的量子力学模型

6.2.1 微观粒子的波粒二象性

光的本质是波还是粒子？关于这个问题的争论持续了几百年。光的干涉、衍射等现象说明光具有波动性；而光电效应、原子光谱等现象又说明光具有粒子性。1905 年，爱因斯坦（Einstein）受普朗克量子论的启发，提出了光子学说，成功地解释了光电效应，使人们认识到光既有波动性又有粒子性，称为光的波粒二象性。光子的动量 p 与波长的关系为：

$$p=mc=\frac{mc^2}{c}=\frac{E}{c}=\frac{hv}{c}=\frac{h}{\lambda}$$

其中，动量(p)表明了光的粒子性，波长(λ)表明了光的波动性。

1924 年，法国物理学家德布罗意(de Broglie)指出，对于光的本质的研究，人们长期以来只看到了光的波动性，而忽略了它的粒子性。因而对实物粒子的研究也就可能过分重视其粒子性而忽略其波动性。因此，他大胆地提出假设，实物粒子和光一样都具有波粒二象性(这种波称为德布罗意波或者物质波)，并指出适合于光的波粒二象性的公式同样也适用于电子等实物微观粒子，即

$$\lambda=\frac{h}{p}=\frac{h}{mv}$$

式中：λ 为微粒的波长；p 为微粒的动量；m 为微粒的质量；v 为微粒的速度。

1927 年，德布罗意的假设被美国科学家戴维森(Davission)和革末(Germer)的电子衍射实验证实。当一束电子流通过镍晶体（晶体的晶面间距相当于光栅）时，可以清楚地观察到和光衍射相似的明暗相间的电子的圆形衍射圆环。同时，根据电子衍射实验得到的电子波的波长与按照德布罗意提出的公式计算出来的波长相符。英国物理学家汤姆逊(Thomson)采用多晶金属薄膜进行电子衍射实验同样得到了电子衍射图像（图 6.5）。衍射是波的典型特征，电子衍射实验是电子具有波动性的确实证据。此后，科学家发现了质子、中子以及原子等其他微粒的衍射环纹，这都证实微观粒子具有波动性。

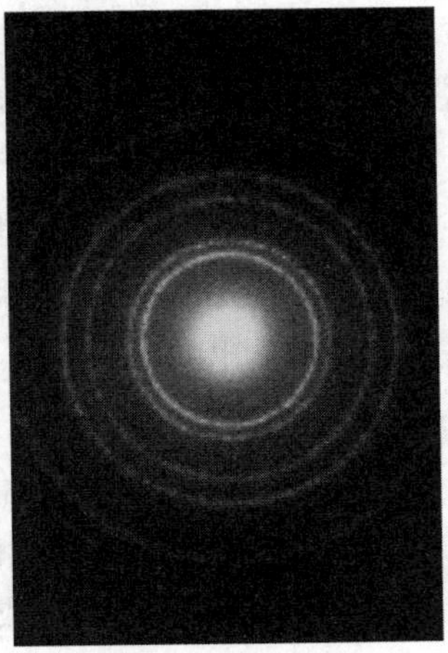

图 6.5　铝的电子衍射图像

6.2.2 测不准原理

具有波粒二象性的微观粒子的运动规律不同于宏观物体。根据经典力学，宏观物体如飞机、火车和行星等的运动在任意瞬间可以同时有确定的坐标、

速度或者动量。但是具有波粒二象性的微观粒子，不能用经典力学来研究。

1927 年，德国物理学家海森堡(Heisenberg)提出测不准原理：对于具有波粒二象性的微观粒子，不能同时测准其位置和速度（动量）。如果微粒的运动位置测得愈准确，则相应的速度（动量）测得愈不准确，反之亦然。其数学表达式为

$$\Delta x \cdot \Delta p \geqslant \frac{h}{4\pi} \qquad 或者 \quad \Delta x \cdot \Delta v \geqslant \frac{h}{4\pi m}$$

式中：Δx 为微观粒子位置的测量偏差；Δp 为微观粒子动量的测量偏差；Δv 为微观粒子运动速度的测量偏差。由于 Δx 和 Δv 的乘积的大小取决于质量 m，因此，微观粒子的运动规律和宏观物体的差别极大。

对于电子来说，其质量 $m=9.11\times10^{-31}$ kg，原子半径的数量级一般为 10^{-10} m，若要清晰地看到电子的轮廓，电子至少应定位在 1×10^{-12} m 范围内，即 $\Delta x=10^{-12}$ m，由此计算出电子运动速度的测量偏差为

$$\Delta v \geqslant \frac{h}{4\pi m \cdot \Delta x}$$

$$\Delta v \geqslant \frac{6.63\times10^{-34}}{4\times3.14\times9.11\times10^{-31}\times1\times10^{-12}}=5.8\times10^{7}\ (\mathrm{m\cdot s^{-1}})$$

这个速度偏差非常大，接近光速。由此可见，电子的位置若能准确地测定，其运动速度就不可能被准确地测定。而对于宏观物体来说，由于其质量 m 较大，则测不准原理不起作用。

6.2.3 微观粒子运动的统计规律

测不准原理告诉我们，具有波粒二象性的微观粒子不能同时测准其位置和动量，那么微观粒子遵循的运动规律是怎样的呢?

在前面提到的电子衍射实验中，若电子流很弱，弱到只有几个电子通过镍晶体打到底片上时，电子在底片上出现的位置是随机的，似无规律可言。此时，电子只表现出它的微粒性，而不是它的波动性。随着时间的加长，到达底片上的电子的数目逐渐增多，一开始看不出规律性，慢慢地就会显现出明暗相间的衍射环纹图像，这是电子波动性的体现。如果让一束具有相同动量的很强的电子束通过镍晶体，此时大量的电子几乎同时到达底片，会得到与前面的实验完全相同的衍射环纹图像。这表明在相同条件下大量电子的单次行为和一个电子的多次重复行为是一致的。因此，微观粒子的波动性是大量微粒运动（或者一个微粒的千万次运动）统计出的结果。这一波动性是具有统计意义的概率波。虽然不能同时测准单个电子的位置和速度，却能知道电子在哪个区域出现的概率大，哪个区域出现的概率小。从数学的角度来看，电子衍射环纹图像中明纹（衍射强度大的地方）就是电子出现概率大的区域，而暗纹（衍射强度小的地方）就是电子出现概率小的区域。也就是说，空间区域内任一点波的强度与粒子出现的概率是成正比的。因此，要使用统计性的规律来认识微观粒子的运动规律。

6.2.4 薛定谔方程与波函数

既然微观粒子具有波动性，那么要研究其运动规律，也可以象电磁波一样，找到一个能

与粒子的运动规律建立联系的波函数(wave function)，这种函数就是微观粒子运动的波函数 ψ。1926 年，奥地利科学家薛定谔(Schrodinger)根据实物微粒的波粒二象性，将德布罗意关系式与光的波动方程相结合，提出了描述微观粒子运动的波动方程，即薛定谔方程：

$$\frac{\partial^2\psi}{\partial x^2}+\frac{\partial^2\psi}{\partial y^2}+\frac{\partial^2\psi}{\partial z^2}+\frac{8\pi^2 m}{h^2}(E-V)\psi=0$$

式中：E 是体系的总能量；V 是体系的势能；m 是微粒的质量；π 是圆周率；h 是普朗克常数。$\frac{\partial^2\psi}{\partial x^2}$是微积分中的符号，它表示 ψ 对 x 的二阶偏导数，$\frac{\partial^2\psi}{\partial y^2}$和$\frac{\partial^2\psi}{\partial z^2}$具有类似意义。

解薛定谔方程就是求解描述微观粒子运动的波函数 ψ 及微观粒子在其状态下的 E，如此即可了解电子运动的状态及其能量的高低。

求解薛定谔方程需要较深的数学基础，这里只是简要介绍解薛定谔方程的主要步骤，用来引出描述电子运动状态的四个量子数及有关概念。解薛定谔方程的第一步是进行坐标变换。波函数 ψ 是一个与坐标有关的量，在解薛定谔方程时，方便起见，通常将直角坐标(x、y、z)变换为球极坐标(r、θ、ϕ)，如图 6.6 所示。其中，r 表示空间一点 P 到球心 O 的距离，θ 是 OP 与 z 轴的夹角，ϕ 表示 OP 在 xy 平面内的投影 OP' 与 x 轴的夹角。

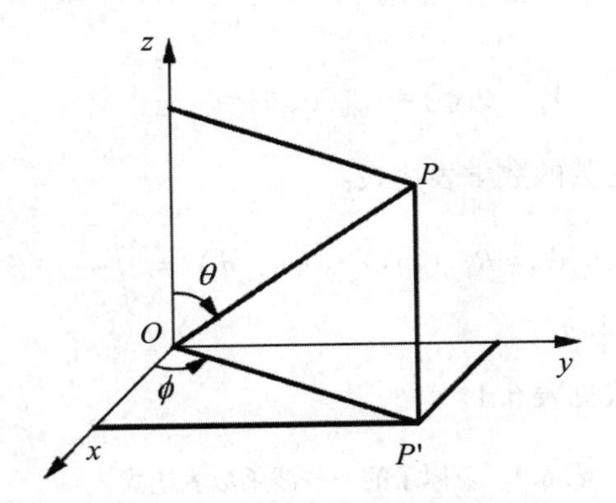

图 6.6　直角坐标与球极坐标的关系

则直角坐标系变量与球极坐标系变量的关系为

$$x = r\sin\theta\cos\phi$$

$$y = r\sin\theta\sin\phi$$

$$z = r\cos\theta$$

$$r = \sqrt{x^2 + y^2 + z^2}$$

解薛定谔方程的第二个步骤是对薛定谔方程变换球坐标后得到的波函数 $\psi(r,\theta,\phi)$ 进行变量分离，即把含有 3 个变量的偏微分方程分解成 3 个单变量的常微分方程，这三个常微分方程各含一个变量，即 r、θ 和 ϕ。解这三个常微分方程，可以得到关于 r、θ 和 ϕ 的三个单变量函数 $R(r)$、$\Theta(\theta)$ 和 $\Phi(\phi)$。数学上，与几个变量有关的函数可以分成几个只含有一个变量的函数的乘积，因此 ψ 可以表示为

$$\psi(r,\theta,\phi)=R(r)\cdot\Theta(\theta)\cdot\Phi(\phi)$$

式中，R 是电子离核距离 r 的函数，Θ 和 Φ 分别是角度 θ 和 ϕ 的函数。解薛定谔方程就是分

别求三个函数的解，再将三者相乘，得到波函数 ψ。

通常把与角度有关的两个函数合并为 $Y(\theta,\phi)$，则：

$$\psi(r,\theta,\phi)=R(r)\cdot Y(\theta,\phi) \tag{6-2}$$

波函数是 r、θ、ϕ 的函数，分成 $R(r)$ 和 $Y(\theta,\phi)$ 两部分后，$R(r)$ 只与电子离核半径有关，因此 $R(r)$ 称为波函数的径向部分；$Y(\theta,\phi)$ 只与 θ 和 ϕ 两个角度有关，因此 $Y(\theta,\phi)$ 称为波函数的角度部分。

薛定谔方程数学上的解非常多，但并不是每一个解都能合理地表示电子运动的一个稳定状态，因为核外电子是在原子核吸引作用下的球形空间中运动的。因此，要得到合理的波函数的解，必须引入 3 个参数，即量子数 n，l 和 m，并且这 3 个参数必须满足一定的条件：

$$n=1,\ 2,\ 3,\ \cdots,\ \infty;$$

$$l=0,\ 1,\ 2,\ \cdots,\ n-1;$$

$$m=0,\ \pm1,\ \pm2,\ \cdots,\ \pm l。$$

用一套允许的三个量子数 (n,l,m) 的合理组合解薛定谔方程才能得到合理的波函数 $\psi_{n,l,m}$。例如，对氢原子来说，当 $n=1$，$l=0$，$m=0$ 时，

$$R_{n,l}(r)=R_{1,0}(r)=2\sqrt{\frac{1}{a_0^3}}\mathrm{e}^{-r/a_0}$$

$$Y_{l,m}(\theta,\phi)=Y_{0,0}(\theta,\phi)=\sqrt{\frac{1}{4\pi}}$$

两者相乘即可以得到一个波函数的数学表达式：

$$\psi_{1,0,0}(r,\theta,\phi)=R_{1,0}(r)\cdot Y_{0,0}(\theta,\phi)=\sqrt{\frac{1}{\pi a_0^3}}\mathrm{e}^{-r/a_0}$$

其中 $a_0=52.9\ \mathrm{pm}$，称为玻尔半径。

氢原子的其他一些波函数见表 6.1。

表 6.1 氢原子的一些波函数表达式

n	l	m	$R(r)$	$Y(\theta,\phi)$	$\Psi_{n,l,m}(r,\theta,\phi)$
1	0	0	$2\sqrt{\frac{1}{a_0^3}}\mathrm{e}^{-r/a_0}$	$\sqrt{\frac{1}{4\pi}}$	$\sqrt{\frac{1}{\pi a_0^3}}\mathrm{e}^{-r/a_0}$
2	0	0	$\sqrt{\frac{1}{8a_0^3}}\left(2-\frac{r}{a_0}\right)e^{-r/2a_0}$	$\sqrt{\frac{1}{4\pi}}$	$\frac{1}{4}\sqrt{\frac{1}{2\pi a_0^3}}\left(2-\frac{r}{a_0}\right)\mathrm{e}^{-r/2a_0}$
2	1	0	$\sqrt{\frac{1}{24a_0^3}}\left(\frac{r}{a_0}\right)\mathrm{e}^{-r/2a_0}$	$\sqrt{\frac{3}{4\pi}}\cos\theta$	$\frac{1}{4}\sqrt{\frac{1}{2\pi a_0^3}}\left(\frac{r}{a_0}\right)\mathrm{e}^{-r/2a_0}\cos\theta$

波函数 ψ 是量子力学中用来描述核外电子运动状态的函数，称为原子轨道(atomic orbital)。波函数可用一组量子数 n，l 和 m 来描述。必须注意的是，原子轨道和宏观物体的运动轨道不同，也不同于玻尔理论中的固定轨道，它指的是核外电子的一种运动状态。

6.2.5 四个量子数

一组合理的 n，l 和 m 取值对应一个合理的波函数 $\psi_{n,l,m}$。n，l 和 m 分别被称为主量子

数、角量子数和磁量子数。它们决定这个波函数所描述的电子的能量、角动量以及电子所处的原子轨道离核的远近、原子轨道的形状及其空间取向等。电子除了绕核做旋转运动外，也做自旋运动，因此还需要第四个量子数—自旋量子数 m_S 来确定其运动状态。

6.2.5.1 主量子数（*n*）

主量子数用 n 表示，其取值为正整数，光谱学上依次用大写英文字母 K，L，M，N…表示。主量子数决定核外电子离核的远近，或者电子所在的电子层数。$n=1$ 时，代表第一电子层，电子离核最近。n 越大，电子离核越远。

原子轨道的能量主要取决于主量子数 n。对于单电子体系，如氢原子和类氢离子，其能量由主量子数决定，

$$E = -2.18\times10^{-18}\times\frac{z^2}{n^2}\ \mathrm{J} \qquad (6\text{-}3)$$

由于 n 只能取 1，2，3 …的正整数，因此能量是不连续的，即能量是量子化的。n 值越大，能量越高。当 n 趋近于无穷大时，$E=0$，这是自由电子的能量。

主量子数 n 的取值表明，薛定谔方程具有物理意义的解只能在特定能量（非连续能量）下存在，因此能量量子化是求解薛定谔方程的必然结果。

6.2.5.2 角量子数（*l*）

角量子数用 l 表示，其取值受限于主量子数 n。l 值可以取 $0\sim n-1$ 的正整数，共 n 个值。光谱学上依次用小写的英文字母 s，p，d，f，g…表示。

角量子数 l 的数值决定原子轨道的形状。$l=0$，即 s 轨道，轨道的形状呈球形；$l=1$，即 p 轨道，轨道的形状呈哑铃形；$l=2$，即 d 轨道，轨道呈花瓣形；f 轨道的形状更为复杂。

在 n 相同的同一电子层中不同形状的轨道称为电子亚层。例如，当 $n=3$ 时，l 可取 0，1，2 三个数值，分别对应于第三电子层的 s，p，d 亚层，分别称为 3s、3p、3d 亚层。

在多电子原子中，电子的能量不仅取决于 n，也与 l 有关。即多电子原子中电子的能量由 n 和 l 共同决定。当 n 相同，l 不同时，l 越大，对应亚层的能量越高。如 $n=4$ 时，

$$E_{4s} < E_{4p} < E_{4d} < E_{4f}$$

6.2.5.3 磁量子数（*m*）

磁量子数用 m 表示，其取值受角量子数 l 的影响。m 值可以取 0，±1，±2，±3，…，$\pm l$ 等，共 $2l+1$ 个值。例如，当 $l=3$ 时，l 可取 0，±1，±2，±3，共 7 个数值。

磁量子数 m 决定原子轨道在空间的伸展方向。具有一定形状的原子轨道在空间可能有若干个不同的伸展方向。当 $l=0$ 时，原子轨道是球形的 s 轨道，此时磁量子数 m 只能有一个取值，为 0，即 s 轨道只有一种空间取向（以原子核为球心的球形分布）。当 $l=1$ 时，m 可取 0，+1，−1 三个数值，即哑铃形的 p 轨道在空间有三种不同的伸展方向，沿 z 轴方向分布、x 轴方向分布以及 y 轴方向分布，分别为 p_z、p_x 和 p_y。当 $l=2$ 时，m 可取 0，+1，−1，+2，−2 五个数值，即花瓣形的 d 原子轨道有五种不同的伸展方向，分别为 d_{z^2}，d_{xz}，d_{yz}，d_{xy} 和 $d_{x^2-y^2}$。

磁量子数 m 的取值一般与原子轨道的能量无关。同一亚层（n 和 l 相同）的几个原子

轨道的能量是完全相等的，称为等价轨道或者简并轨道。如 p 亚层的 3 个原子轨道能量相等，为三重简并；d 亚层的 5 个原子轨道为五重简并；f 亚层的 7 个原子轨道为七重简并。

n，l，m 三个量子数可以确定一个核外电子所在的原子轨道离核的远近、形状和伸展方向。3 个量子数与原子轨道间的关系如表 6.2 所示。

表 6.2 量子数与原子轨道

n	电子层	l	亚层	m	原子轨道	轨道数
1	K	0	1s	0	1s	1
2	L	0	2s	0	2s	1
		1	2p	0，±1	$2p_z$，$2p_x$，$2p_y$	3
3	M	0	3s	0	3s	1
		1	3p	0，±1	$3p_z$,$3p_x$,$3p_y$	3
		2	3d	0，±1，±2	$3d_{z^2}$,$3d_{xz}$,$3d_{yz}$,$3d_{xy}$,$3d_{x^2-y^2}$	5
4	N	0	4s	0	4s	1
		1	4p	0,±1	$4p_z$,$4p_x$,$4p_y$	3
		2	4d	0,±1,±2	$4d_{z^2}$,$4d_{xz}$,$4d_{yz}$,$4d_{xy}$,$4d_{x^2-y^2}$	5
		3	4f	0,±1,±2,±3	…	7

6.2.5.4 自旋量子数（m_s）

电子除了围绕原子核进行旋转以外，还做自旋运动，除了像地球绕太阳运转时的自转外，电子的自旋还具有量子力学性质。核外电子的自旋状态用自旋量子数 m_s 来描述，m_s 有$+\frac{1}{2}$和$-\frac{1}{2}$两个取值。m_s 的取值表明电子有两种不同的自旋状态，通常用↑和↓表示。

1926 年，斯脱恩(Stern)和格拉赫(Gerlach)通过实验证实了电子的自旋现象。让一束银原子束通过一个不均匀的磁场，结果原子束在磁场中一分为二，一部分向左偏转，一部分向右偏转（图 6.7）。这主要是由于银原子中 5s 轨道上有一个未成对电子，其有两个相反的自旋方向（图 6.8），因此银原子束在通过磁场时会发生分裂。

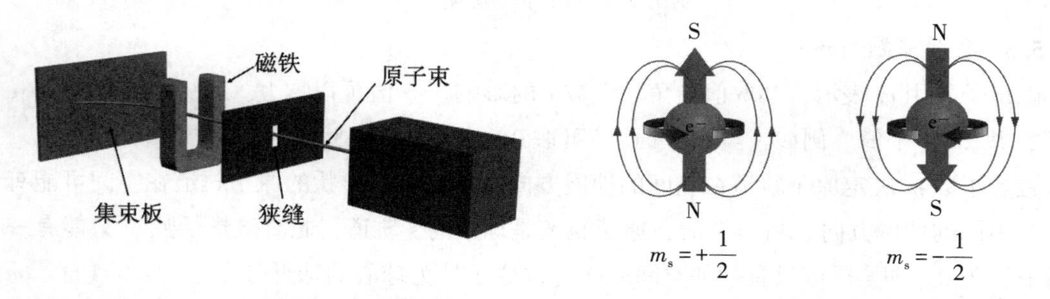

图 6.7 电子自旋的实验装置示意图　　**图 6.8 自旋方向相反的电子**

综上所述，要用 4 个量子数(n,l,m,m_s)才能描述一个核外电子的运动状态，缺一不可。

6.2.6 原子轨道和电子云的图像

6.2.6.1 概率密度和电子云

理论上，由薛定谔方程求解得到的波函数 $\psi(r,\theta,\phi)$ 包含有关电子的所有可能的运动信息，包括位置和速度，但由于电子运动仍然遵循测不准原理，无法同时获知所有这些信息，因此波函数本身没有明确的物理意义，但是 $|\psi(r,\theta,\phi)|^2$ 的物理意义却十分明确。$|\psi|^2$ 表示电子在核外某处单位体积内出现的概率，即该处的概率密度。$|\psi|^2$ 越大，表明发现该电子的概率越大；$|\psi|^2$ 为零时，电子不在该处出现。电子在核外空间某区域 $d\tau$ 内出现的概率等于概率密度与该区域体积的乘积 $|\psi|^2 d\tau$。

假想对核外一个电子（如氢原子的 1s 电子）每个瞬间的运动状态进行摄影，当千百万张照片重叠在一起时，就可以得到一种统计效果图，形象地称之为电子云图。电子云是概率密度 $|\psi|^2$ 的图像。图 6.9 是氢原子 1s 电子云的示意图。电子在核外空间各处的概率密度大小可用电子云图中小黑点的疏密程度来表示。黑点密集的地方概率密度大，电子在那些区域出现的概率就大；黑点稀疏的地方概率密度小，电子出现的概率相对就小。

电子出现的概率密度除了用电子云图形象地表示外，还可以用电子云的等密度面图和界面图来表示。以氢原子核外 1s 电子的概率密度为例，将核外空间中电子出现概率密度相等的点用曲面连接起来即可得到等概率密度面，如图 6.10 所示。1s 电子的等概率密度面是一系列同心球面，每一个球面上的数字表示密度面区域内概率密度的相对大小。界面图也是一个等密度面，在此界面内出现电子的概率占了绝大部分（如占 95%），通常认为在界面外发现电子的概率可忽略不计。1s 的界面图是一球面，如图 6.11 所示。

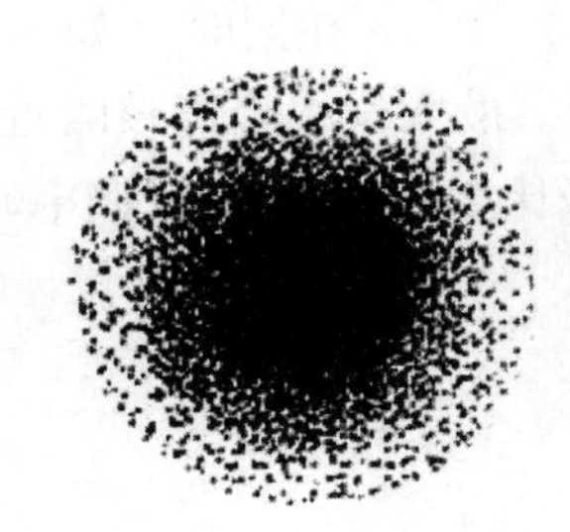

图 6.9　氢原子 1s 电子云图

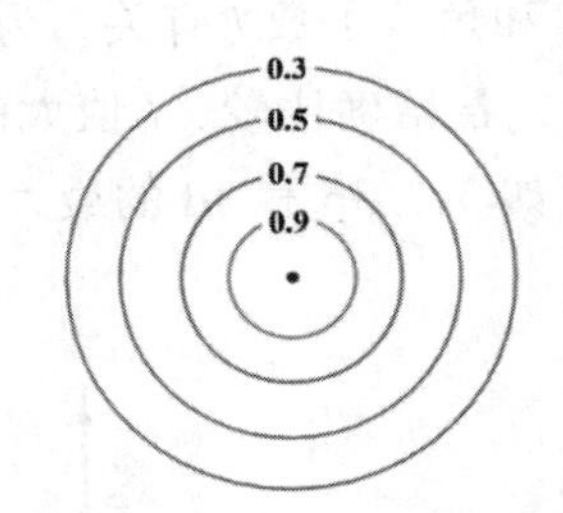

图 6.10　1s 电子的等概率密度面

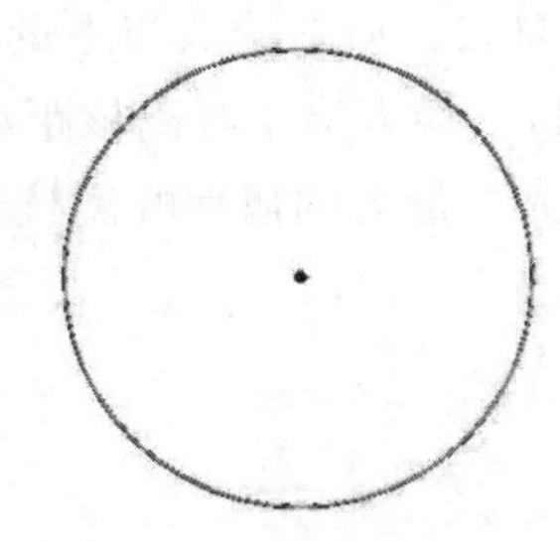

图 6.11　1s 电子界面图

6.2.6.2 径向分布图

波函数 ψ 与三个变量 r，θ，ϕ 都有关系，但由于 $Y(\theta,\phi)$ 与 r 无关，因此可利用式（6-2）将波函数 ψ 分为径向部分 $R(r)$ 与角度部分 $Y(\theta,\phi)$ 分别讨论。

（1）径向概率密度分布图

以概率密度 $|\psi|^2$ 对半径 r 作图，可以得到径向概率密度分布图（图 6.12）。曲线显示 1s 电子的概率密度 $|\psi|^2$ 随半径 r 的增大而减小。

（2）径向概率分布图

由于　概率 = 概率密度 × 体积 = $|\psi|^2 \cdot V$，其中 V 是体积，因此，电子在核外出现的概率还与空间体积有关。考虑一个离核距离为 r，厚度为 Δr 的薄层球壳（图 6.13）。半径为 r 的球面的表面积为 $4\pi r^2$，由于球壳极薄，因此球壳的体积近似等于球面的表面积与厚度之积，即 $V=4\pi r^2\Delta r$。此时在这个薄球壳内电子出现的概率为 $4\pi r^2|\psi|^2\Delta r$。将 $4\pi r^2|\psi|^2\Delta r$

除以厚度 Δr，可得单位厚度球壳的概率 $4\pi r^2|\psi|^2$，称为壳层概率。令 $D(r)=4\pi r^2|\psi|^2$，$D(r)$称为径向分布函数。用$D(r)$对 r 作图，可得单位厚度球壳内的概率随 r 的变化情况，称为径向概率分布图。

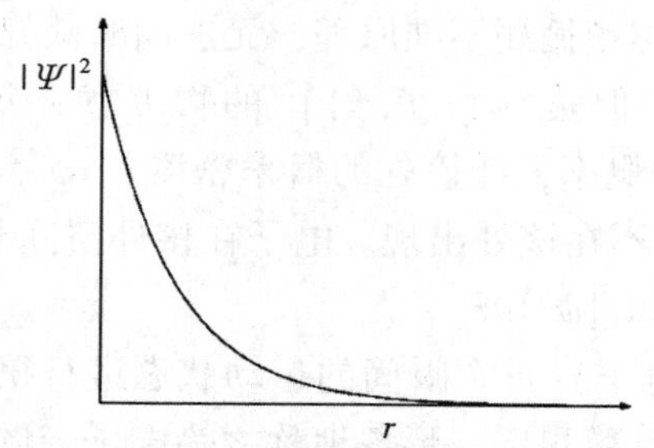

图 6.12　1s 电子径向概率密度分布图

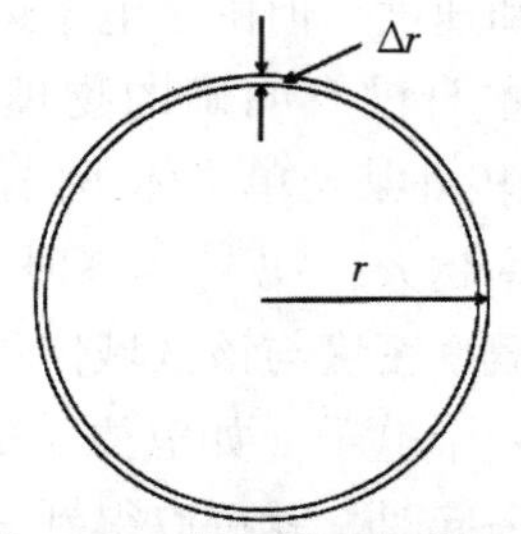

图 6.13　薄层球壳示意图

$D(r)$是 $4\pi r^2$ 和 $|\psi|^2$ 的乘积，离核较近时，球壳的概率密度 $|\psi|^2$ 较大，但由于 r 值小，因此球壳的体积也较小；离核较远时，球壳的概率密度 $|\psi|^2$ 较小，但是 r 值较大，故而球壳的体积较大。r 和 $|\psi|^2$ 这两个因素对 $D(r)$的影响趋势正好相反，因此，$D(r)$对 r 做图得到的图像是有极值的曲线。图 6.14（a）是 1s 电子的径向概率分布图，从图中可以看出，在 $r=a_0=52.9$ pm 处 $D(r)$出现极大值，这说明在离原子核 52.9 pm 处 1s 电子出现的概率最大。

由径向概率分布图 6.14 可知，1s 有 1 个峰，2s 有 2 个峰，3s 有 3 个峰，…，ns 有 n 个峰。2p 有 1 个峰，3p 有 2 个峰，…，np 有（$n-1$）个峰；3d 有 1 个峰，…，nd 有 $n-2$ 个峰。总之，概率峰数与主量子数 n 和角量子数 l 有关，为（$n-l$）个。n 相同时（如 3s、3p、3d），最大概率峰离核距离相似，若精确比较，l 值大的轨道，最大概率峰离核略近。n 值越大，最大的概率峰离核越远，如 3s、3p 和 3d 的最大概率峰比 2s、2p 的最大概率峰离核远。

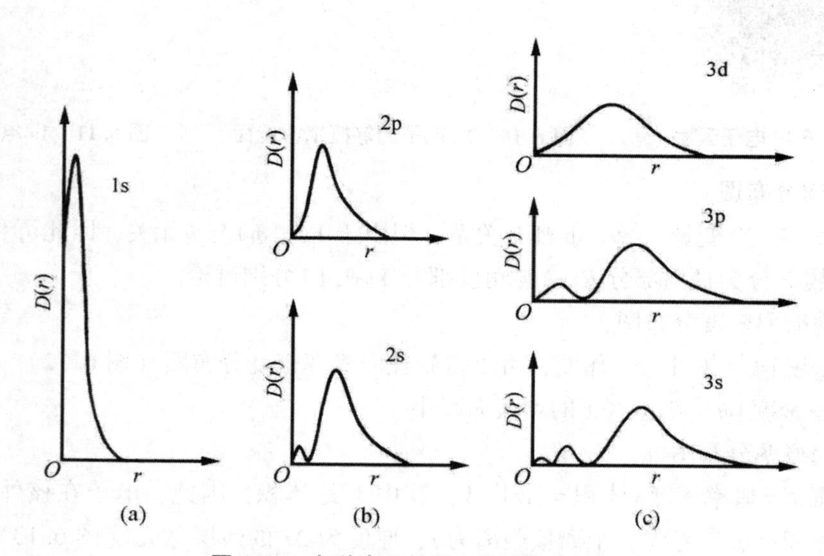

图 6.14　各种电子的径向概率分布图

6.2.6.3 波函数和电子云的角度分布图

（1）波函数的角度分布图

将波函数的角度部分 $Y(\theta,\phi)$ 对 (θ,ϕ) 作图，得到波函数的角度分布图。例如，1s 轨道的角度部分 $Y(\theta,\phi)=\sqrt{\frac{1}{4\pi}}$，是一个常数，与 θ 和 ϕ 无关。因此，1s 轨道的角度分布图是一个球面，其半径为 $\sqrt{\frac{1}{4\pi}}$。又如，z 轴方向的 2p 轨道的角度部分 $Y_{2p_z}=\sqrt{\frac{3}{4\pi}}\cdot\cos\theta$，$Y_{2p_z}$ 的值随 θ 的变化而变化，见表 6.3。

表 6.3　部分 θ 值与相应的 Y_{2p_z} 和 $|Y_{2p_z}|^2$

θ	0°	30°	45°	60°	90°	120°	135°	150°	180°
$\cos\theta$	1	0.866	0.707	0.5	0	−0.5	−0.707	−0.866	−1
Y_{2p_z}	0.489	0.423	0.345	0.244	0	−0.244	−0.345	−0.423	−0.489
$\lvert Y_{2p_z}\rvert^2$	0.239	0.179	0.119	0.060	0	0.060	0.119	0.179	0.239

从坐标原点引出与 z 轴夹角为 θ 的直线，取其长度为相应的 Y_{2p_z} 值，连接所有这些线段的端点，得到如图 6.15 所示的图形，为两个等径外切的圆。再将所得到的图形绕 z 轴转 360°，可得两个外切的等径球面，即为 $2p_z$ 轨道的角度分布图。

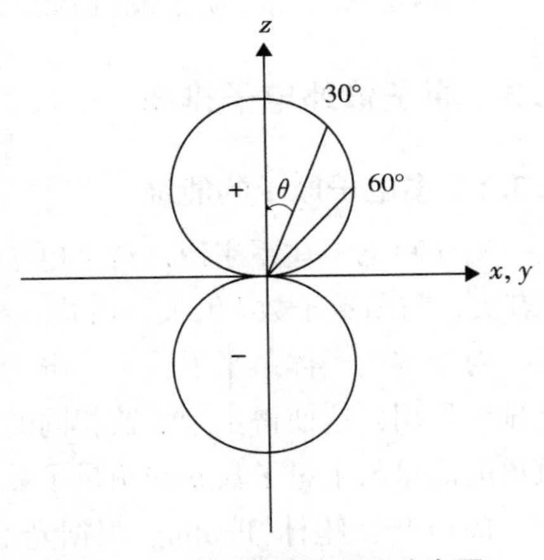

图 6.15　$2p_z$ 原子轨道的角度分布图

其他轨道的角度分布图也可以通过类似方法画出，如图 6.16 所示。从图中可以看出，s 轨道的角度分布图是球形，p 轨道的角度分布图为哑铃形，Y_{p_x}、Y_{p_y} 和 Y_{p_z} 分别在 x 轴、y 轴和 z 轴上出现极值。d 轨道的角度分布图为花瓣形，$Y_{d_{xy}}$、$Y_{d_{yz}}$、$Y_{d_{xz}}$ 分别在 x 轴和 y 轴、y 轴和 z 轴、x 轴和 z 轴之间夹角为 45°的方向上出现极值；$Y_{d_{z^2}}$ 在 z 轴上出现极值；$Y_{d_{x^2-y^2}}$ 在 x 轴和 y 轴上出现极值。角度分布图中的“+”号与“−”号与原子轨道的对称性相关，对后面讨论化学键的形成以及分子构型有重要意义。

（2）电子云的角度分布图

电子云的角度分布图是将 $|Y|^2$ 对（θ，ϕ）作图得到的图形，即概率密度的角度分布图，如图 6.17 所示。电子云的角度分布图与原子轨道的角度分布图形状相似，但有两点主要区别：① 由于 $|Y|<1$，$|Y|^2<|Y|$（表 6.3），因此电子云的角度分布图比原子轨道的角度分布图略“瘦一些”；② 原子轨道的角度分布图有“+”号与“−”号，而电子云的角度分布图全为“+”，这是因为 $|Y|^2$ 总是正值。

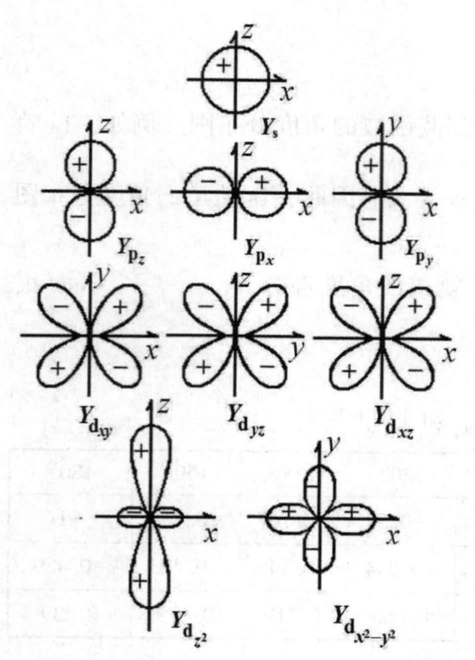

图 6.16　s、p、d **原子轨道的角度分布图**

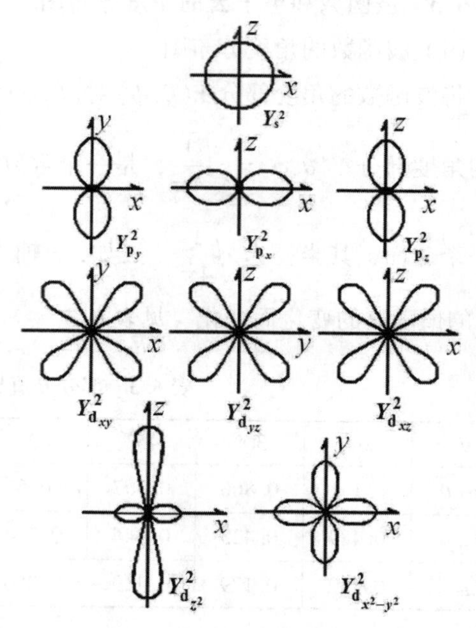

图 6.17　s、p、d **电子云的角度分布图**

6.3　原子核外电子排布

6.3.1　多电子原子的能级

对于单电子体系来说，这个电子只受到原子核的吸引作用，电子的能量只与主量子数 n 有关，与角量子数 l 无关，由式（6-1）决定。

对于多电子体系来说，一个电子不仅受到原子核的吸引力，还与其他电子之间存在相互排斥作用，这使得主量子数相同的各原子轨道的能量也可以不相同。多电子原子中原子轨道的能量与主量子数 n 和角量子数 l 都相关。

1939 年，鲍林(Pauling)根据光谱实验结果，总结出多电子原子中各原子轨道的能量高低顺序，并用能级图表示出来，称为鲍林近似能级图(图 6.18)。

图中用小圆圈代表原子轨道，其位置的高低表示各原子轨道能级的相对高低，并列的小圆圈表示能量简并的原子轨道，p 轨道为 3 重简并，d 轨道为 5 重简并，f 轨道为 7 重简并。能级图中能量相近的能级划为一组，称为能级组，共分为 7 个能级组，图中每个长方框为一个能级组。每个能级组包含不同数目的能级，如第一能级组有 1 个能级，为 1s；第四能级组有 3 个能级，分别为 4s、3d 和 4p。

从图 6.18 可以看出：

① 主量子数 n 相同时，l 值越大则能级越高，如 $E_{4s}<E_{4p}<E_{4d}<E_{4f}$，这种现象称为能级分裂；

② 角量子数 l 相同时，n 值越大则能级越高，如 $E_{1s}<E_{2s}<E_{3s}<E_{4s}$；

③ 对于主量子数 n 和角量子数 l 都不同的情况，我国化学家徐光宪归纳出一条经验规律，用轨道的(n+0.7l)值来判断能量的高低。(n+0.7l)值越大，对应轨道的能量越

高。例如，4s 和 3d 两个轨道，其$(n+0.7l)$值分别为 4.0 和 4.4，因此 3d 轨道比 4s 轨道的能量高。这种 n 值大的亚层能量反而比 n 值小的亚层能量低的现象称为能级交错。

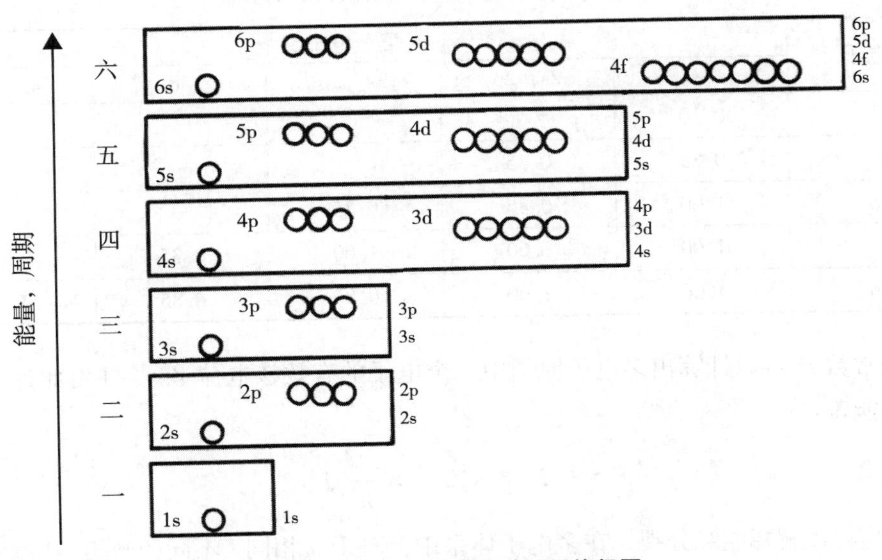

图 6.18　鲍林的原子轨道近似能级图

6.3.2　屏蔽效应和钻穿效应

能级交错现象可以通过核外电子的屏蔽效应和钻穿效应来解释。

6.3.2.1　屏蔽效应

在多电子原子中，一个电子不仅受到原子核的吸引，还会受到其他电子的排斥作用。这一排斥作用会抵消或者屏蔽部分核电荷对该电子的吸引力，使有效核电荷要小于核电荷，这种作用称为屏蔽效应。核电荷在数值上等于原子序数 Z，有效核电荷用 Z^* 表示。两者之间有以下关系：

$$Z^*=Z-\sigma$$

其中 σ 为屏蔽常数，它代表原子中其他所有电子对所研究电子的排斥作用。

影响屏蔽效应的因素很多，除了与产生屏蔽效应的电子的数目及其所处的原子轨道有关外，还与被屏蔽电子离核远近及其运动状态有关。对于 σ 的数值的计算，斯莱特(Slater)提出了经验规则(称为 Slater 规则)：

将电子分成几个轨道组　1s|2s，2p|3s，3p|3d|4s，4p|4d|4f|5s，5p|…

σ 值是下列各项之和（表 6.4）：

① 任何位于被屏蔽电子的右侧轨道组上的电子对此电子无屏蔽作用，即 $\sigma=0$；

② 同一轨道组内每个其他电子对被屏蔽电子的屏蔽常数 σ 均为 0.35，但 1s 轨道上的 2 个电子之间的屏蔽常数 $\sigma=0.30$；

③ 被屏蔽电子为(ns,np)组的电子时，$(n-1)$层的每个电子对被屏蔽电子的屏蔽常数 $\sigma=0.85$，$(n-2)$以及更内层的电子对被屏蔽电子的屏蔽常数 $\sigma=1.00$；

④ 被屏蔽电子为 nd 或者 nf 组的电子时，左侧轨道组的每个电子对被屏蔽电子的屏蔽

常数 $\sigma=1.00$。

表 6.4 部分原子轨道中电子对屏蔽常数的贡献

被屏蔽电子	屏蔽电子				
	1s	2s，2p	3s，3p	3d	4s，4p
1s	0.30				
2s，2p	0.85	0.35			
3s，3p	1.00	0.85	0.35		
3d	1.00	1.00	1.00	0.35	
4s，4p	1.00	1.00	0.85	0.85	0.35

由屏蔽常数 σ 可以计算出多电子原子中一个电子的有效核电荷 Z^*，并由此计算这个电子的基态能量：

$$E=-2.18\times10^{-18}\times\frac{z^{*2}}{n^2}\text{ J} \tag{6-3}$$

屏蔽效应可以解释能级分裂。在多电子体系中，对于 n 相同 l 不同的轨道，l 越大，轨道上的电子受到的屏蔽作用越强，轨道的能量就越高，从而产生能级分裂。

屏蔽效应也可以解释能级交错。以钾原子的电子排布为例，钾的最后 1 个电子是填充在 4s 轨道上还是 3d 轨道上呢？对于这个问题，可以根据 Slater 规则分别计算最后 1 个电子在 4s 轨道或者 3d 轨道上的能量。假定最后一个电子填充在 4s 轨道上，即钾原子的电子排布是 $1s^22s^22p^63s^23p^64s^1$，则该电子的有效核电荷为

$$Z^*=Z-\sigma=19-(0.85\times8+1.00\times10)=2.20$$

$$E_{4s}=-2.18\times10^{-18}\times\frac{2.20^2}{4^2}=-6.59\times10^{-19}\text{ J}$$

假定最后一个电子填充在 3d 轨道上，此时钾原子的电子排布是 $1s^22s^22p^63s^23p^63d^1$，则该电子的有效核电荷为

$$Z^*=Z-\sigma=19-(1.00\times18)=1.00$$

$$E_{3d}=-2.18\times10^{-18}\times\frac{1^2}{3^2}=-2.42\times10^{-19}\text{ J}$$

由以上计算可以看出，这个电子在 4s 轨道上受到核的吸引力比在 3d 上受到核的吸引力大，4s 轨道的能量比 3d 轨道的能量低，从而引起能级交错现象。

6.3.2.2 钻穿效应

由 Slater 规则也可以看出，同一电子对不同轨道上的电子产生的屏蔽效应是不同的。如，当 3s 为屏蔽电子时，它对 4s 电子的屏蔽常数 σ 为 0.85，但对 3d 电子的屏蔽常数 σ 则为 1.00，这一现象的产生与原子轨道的径向概率分布有关。

从前面学过的径向概率分布图（图 6.14）可以看出，n 相同 l 不同的原子轨道，l 越小，内层的概率峰越多，并且其小概率峰易出现于离核较近的地方。当电子出现在内层离核近的地方时受到的屏蔽作用较小，因此能量低。外层角量子数 l 小的电子钻穿到内层核附近，减

小了其他电子对它的屏蔽作用，从而使自身的能量降低的现象称为钻穿效应。

钻穿效应同样也可以解释能级分裂和能级交错现象。径向概率分布图的特点是轨道的径向分布具有 $n-l$ 个峰。n 相同时，角量子数越小，钻穿作用越大，轨道能量越低，从而导致能级分裂的产生，故有 $E_{ns}<E_{np}<E_{nd}<E_{nf}$。

图 6.19 为 4s 轨道和 3d 轨道的径向概率分布图，虽然 4s 电子的最大概率峰比 3d 电子的离核远，但是 4s 电子的几个内层的小概率峰出现在离核较近处，因此 4s 电子的钻穿效应比 3d 强，4s 电子的能量比 3d 低，从而产生能级交错现象。

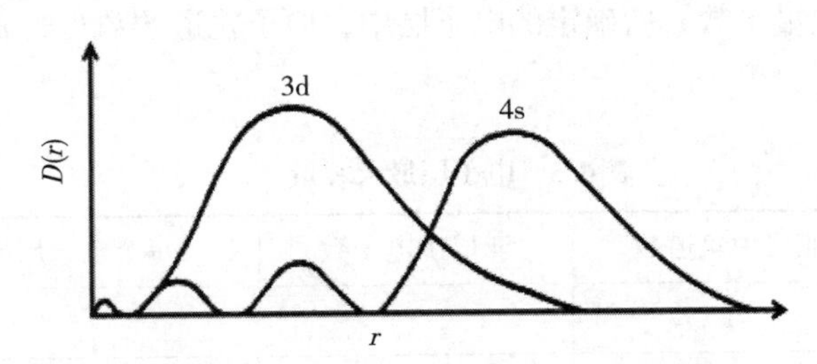

图 6.19　4s 轨道和 3d 轨道的径向概率分布图

6.3.3　核外电子排布规则

基态原子核外电子排布要遵循三个原则：即能量最低原理、泡利(Pauli)不相容原理和洪特(Hund)规则。

6.3.3.1　能量最低原理

自然界中，体系的能量越低越稳定，原子中的电子排布也同样遵循这一规律。核外电子在原子轨道上的排布应使整个原子的能量处于最低状态。因此，在原子轨道上填充电子时，要按照近似能级图中能级高低的顺序（图 6.20）将电子先填充入能量低的轨道，后填充入能量高的轨道，这一原则称为能量最低原理。

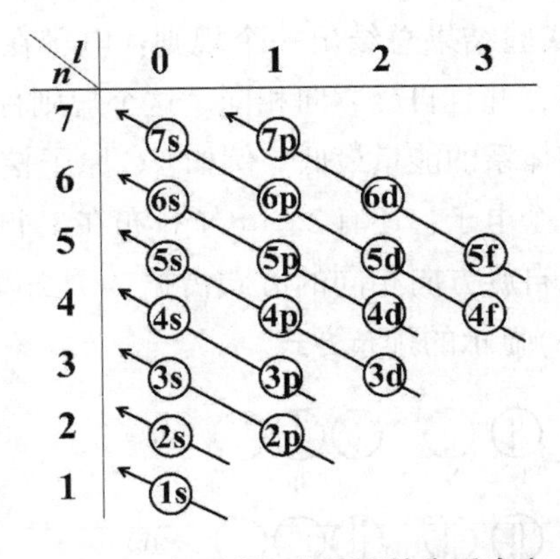

图 6.20　电子进入各亚层的先后次序

6.3.3.2　泡利(Pauli)不相容原理

能量最低原理确定了电子填入原子轨道的先后次序，那么每一个轨道能填充几个电子呢？1925 年，泡利提出了不相容原理，即同一原子轨道最多容纳两个自旋方向相反的电子，或者说，同一原子中不能有两个四个量子数完全相同的电子。如果一个原子中某两个电子的

三个量子数 n，l，m 相同，那么第四个量子数 m_s 一定不同。例如，氦原子核外有 2 个电子，其核外电子排布为 $1s^2$，两个电子的 n，l，m 量子数相同，只是自旋量子数 m_s 不同，分别为 $+\frac{1}{2}$和$-\frac{1}{2}$。

根据泡利不相容原理可知不同电子亚层的最大容量：s 亚层有一个原子轨道，最多容纳 2 个电子；p 亚层有 3 个原子轨道，最多容纳 6 个电子；d 亚层有 5 个原子轨道，最多容纳 10 个电子；f 亚层有 7 个原子轨道，最多容纳 14 个电子。由此可以推算出某一电子层的最大容量，如表 6.5 所示。由主量子数 n 所确定的电子层中，原子轨道的数目为 n^2 个，电子的最大容量为 $2n^2$ 个。

表 6.5　电子层最大容量

电子层	电子亚层	亚层中轨道数	亚层中电子数	每个电子层的最大电子容量
1	1s	1	2	2
2	2s	1	2	8
	2p	3	6	
3	3s	1	2	18
	3p	3	6	
	3d	5	10	
4	4s	1	2	32
	4p	3	6	
	4d	5	10	
	4f	7	14	

6.3.3.3　洪特规则

洪特(Hund)根据大量光谱实验结果总结出一个规则：电子在能量相等的原子轨道上排布时，会尽可能分占不同的轨道，并且自旋方向相同。这个规则称为洪特规则。量子力学理论推算证明，这样的排布方式使体系的能量最低。例如，C 原子核外有 6 个电子，1s 轨道上排布 2 个电子，2s 轨道上排布 2 个电子，还有 2 个电子排布在 3 个能量相等的 2p 轨道上。根据洪特规则，这两个电子应该以自旋方向相同的方式占据 2 个 2p 轨道，如图 6.21(a)所示，而不是图 6.21(b)或者图 6.21(c)显示的排布方式。

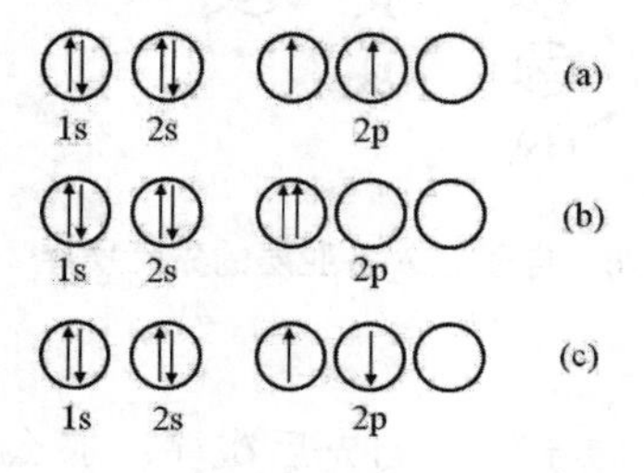

图 6.21　碳原子的电子排布

另外，洪特还提出了第二规则：能量简并的轨道在全充满（p^6、d^{10}、f^{14}）、半充满（p^3、

d^5、f^7）或者全空（p^0、d^0、f^0）的状态下能量较低，比较稳定。例如，Cr 原子核外有 24 个电子，其核外电子排布为 $1s^22s^22p^63s^23p^63d^54s^1$，而不是 $1s^22s^22p^63s^23p^63d^44s^2$；Cu 原子核外有 29 个电子，其核外电子排布为 $1s^22s^22p^63s^23p^63d^{10}4s^1$，而不是 $1s^22s^22p^63s^23p^63d^94s^2$。

虽然上述核外电子排布规则适用于多数元素的原子，但是仍有少数元素原子的电子排布不符合这几个规则，如 41 号 Nb 元素、44 号 Ru 元素以及 93 号 Rn 元素。因此某一元素原子具体的电子排布情况要以光谱实验结果为准。对于核外电子排布，只要掌握一般规律，注意少数例外即可。

6.3.3.4　元素原子的核外电子排布

元素原子的核外电子排布有四种表示方式：

① 核外电子排布式

按电子在原子核外各亚层中的分布情况表示，称为电子排布式或者电子结构式，也称电子构型。电子排布式中要标明亚层以及亚层中的电子数，亚层中的电子数标在右上角。如，K 原子的电子排布式为：$1s^22s^22p^63s^23p^64s^1$。

② 原子实表示式

原子内层的电子结构可以用惰性气体的元素符号加上方括号表示，称为原子实（去掉电子排布式中价电子的其他部分，也称原子芯）。原子的价电子构型放在原子实后面表示原子的电子结构。如 Cr 为 [Ar] $3d^54s^1$。

表 6.6 及续表列出了元素周期表中 1–118 号元素原子的原子实表示式。

③ 价电子构型表示式

元素的化学性质主要决定于原子的价电子构型，因此常把原子实表示式中的原子实去掉，这样即可得到原子的价电子构型表示式。如 Fe 为 $3d^64s^2$。

④ 原子轨道表示式

将电子在核外原子轨道中的填充情况表示出来的方式称为原子轨道表示式，又称轨道图。这种方式比较直观地展现了原子核外电子在各个轨道上的排布情况。如：

1s　2s　2p　3s　3p　3d　4s

$_{24}$Cr：(↑↓) (↑↓) (↑↓)(↑↓)(↑↓) (↑↓) (↑↓)(↑↓)(↑↓) (↑)(↑)(↑)(↑)(↑) (↑)

表 6.6　原子的电子排布 *

周期	原子序数	元素符号	电子结构	周期	原子序数	元素符号	电子结构	周期	原子序数	元素符号	电子结构
1	1	H	$1s^1$	5	37	Rb	[Kr] $5s^1$	6	73	Ta	[Xe] $4f^{14}5d^3 6s^2$
	2	He	$1s^2$		38	Sr	[Kr] $5s^2$		74	W	[Xe] $4f^{14}5d^4 6s^2$
2	3	Li	[He] $2s^1$		39	Y	[Kr] $4d^1 5s^2$		75	Re	[Xe] $4f^{14}5d^5 6s^2$
	4	Be	[He] $2s^2$		40	Zr	[Kr] $4d^2 5s^2$		76	Os	[Xe] $4f^{14}5d^6 6s^2$
	5	B	[He] $2s^2 2p^1$		41	Nb	[Kr] $4d^4 5s^1$		77	Ir	[Xe] $4f^{14}5d^7 6s^2$
	6	C	[He] $2s^2 2p^2$		42	Mo	[Kr] $4d^5 5s^1$		78	Pt	[Xe] $4f^{14}5d^9 6s^1$
	7	N	[He] $2s^2 2p^3$		43	Tc	[Kr] $4d^5 5s^2$		79	Au	[Xe] $4f^{14}5d^{10}6s^1$
	8	O	[He] $2s^2 2p^4$		44	Ru	[Kr] $4d^7 5s^1$		80	Hg	[Xe] $4f^{14}5d^{10}6s^2$
	9	F	[He] $2s^2 2p^5$		45	Rh	[Kr] $4d^8 5s^1$		81	Tl	[Xe] $4f^{14}5d^{10}6s^2 6p^1$
	10	Ne	[He] $2s^2 2p^6$		46	Pd	[Kr] $4d^{10}$		82	Pb	[Xe] $4f^{14}5d^{10}6s^2 6p^2$
3	11	Na	[Ne] $3s^1$		47	Ag	[Kr] $4d^{10}5s^1$		83	Bi	[Xe] $4f^{14}5d^{10}6s^2 6p^3$
	12	Mg	[Ne] $3s^2$		48	Cd	[Kr] $4d^{10}5s^2$		84	Po	[Xe] $4f^{14}5d^{10}6s^2 6p^4$
	13	Al	[Ne] $3s^2 3p^1$		49	In	[Kr] $4d^{10}5s^2 5p^1$		85	At	[Xe] $4f^{14}5d^{10}6s^2 6p^5$
	14	Si	[Ne] $3s^2 3p^2$		50	Sn	[Kr] $4d^{10}5s^2 5p^2$		86	Rn	[Xe] $4f^{14}5d^{10}6s^2 6p^6$
	15	P	[Ne] $3s^2 3p^3$		51	Sb	[Kr] $4d^{10}5s^2 5p^3$	7	87	Fr	[Rn] $7s^1$
	16	S	[Ne] $3s^2 3p^4$		52	Te	[Kr] $4d^{10}5s^2 5p^4$		88	Ra	[Rn] $7s^2$
	17	Cl	[Ne] $3s^2 3p^5$		53	I	[Kr] $4d^{10}5s^2 5p^5$		89	Ac	[Rn] $6d^1 7s^2$
	18	Ar	[Ne] $3s^2 3p^6$		54	Xe	[Kr] $4d^{10}5s^2 5p^6$		90	Th	[Rn] $6d^2 7s^2$
4	19	K	[Ar] $4s^1$	6	55	Cs	[Xe] $6s^1$		91	Pa	[Rn] $5f^2 6d^1 7s^2$
	20	Ca	[Ar] $4s^2$		56	Ba	[Xe] $6s^2$		92	U	[Rn] $5f^3 6d^1 7s^2$
	21	Sc	[Ar] $3d^1 4s^2$		57	La	[Xe] $5d^1 6s^2$		93	Np	[Rn] $5f^4 6d^1 7s^2$
	22	Ti	[Ar] $3d^2 4s^2$		58	Ce	[Xe] $4f^1 5d^1 6s^2$		94	Pu	[Rn] $5f^6 7s^2$
	23	V	[Ar] $3d^3 4s^2$		59	Pr	[Xe] $4f^3 6s^2$		95	Am	[Rn] $5f^7 7s^2$
	24	Cr	[Ar] $3d^5 4s^1$		60	Nd	[Xe] $4f^4 6s^2$		96	Cm	[Rn] $5f^7 6d^1 7s^2$
	25	Mn	[Ar] $3d^5 4s^2$		61	Pm	[Xe] $4f^5 6s^2$		97	Bk	[Rn] $5f^9 7s^2$
	26	Fe	[Ar] $3d^6 4s^2$		62	Sm	[Xe] $4f^6 6s^2$		98	Cf	[Rn] $5f^{10}7s^2$
	27	Co	[Ar] $3d^7 4s^2$		63	Eu	[Xe] $4f^7 6s^2$		99	Es	[Rn] $5f^{11}7s^2$
	28	Ni	[Ar] $3d^8 4s^2$		64	Gd	[Xe] $4f^7 5d^1 6s^2$		100	Fm	[Rn] $5f^{12}7s^2$
	29	Cu	[Ar] $3d^{10}4s^1$		65	Tb	[Xe] $4f^9 6s^2$		101	Md	[Rn] $5f^{13}7s^2$
	30	Zn	[Ar] $3d^{10}4s^2$		66	Dy	[Xe] $4f^{10}6s^2$		102	No	[Rn] $5f^{14}7s^2$
	31	Ga	[Ar] $3d^{10}4s^2 4p^1$		67	Ho	[Xe] $4f^{11}6s^2$		103	Lr	[Rn] $5f^{14}6d^1 7s^2$
	32	Ge	[Ar] $3d^{10}4s^2 4p^2$		68	Er	[Xe] $4f^{12}6s^2$		104	Rf	[Rn] $5f^{14}6d^2 7s^2$
	33	As	[Ar] $3d^{10}4s^2 4p^3$		69	Tm	[Xe] $4f^{13}6s^2$		105	Db	[Rn] $5f^{14}6d^3 7s^2$
	34	Se	[Ar] $3d^{10}4s^2 4p^4$		70	Yb	[Xe] $4f^{14}6s^2$		106	Sg	[Rn] $5f^{14}6d^4 7s^2$
	35	Br	[Ar] $3d^{10}4s^2 4p^5$		71	Lu	[Xe] $4f^{14}5d^1 6s^2$		107	Bh	[Rn] $5f^{14}6d^5 7s^2$
	36	Kr	[Ar] $3d^{10}4s^2 4p^6$		72	Hf	[Xe] $4f^{14}5d^2 6s^2$		108	Hs	[Rn] $5f^{14}6d^6 7s^2$

* 单框中的元素是过渡元素，双框中的元素是镧系或锕系元素。

续表

周期	原子序数	元素符号	电子结构	周期	原子序数	元素符号	电子结构
7	109	Mt	[Rn] $5f^{14}6d^{7}7s^{2}$	7	114	Fl	[Rn] $5f^{14}6d^{10}7s^{2}7p^{2}$
	110	Ds	[Rn] $5f^{14}6d^{8}7s^{2}$		115	Mc	[Rn] $5f^{14}6d^{10}7s^{2}7p^{3}$
	111	Rg	[Rn] $5f^{14}6d^{9}7s^{2}$		116	Lv	[Rn] $5f^{14}6d^{10}7s^{2}7p^{4}$
	112	Cn	[Rn] $5f^{14}6d^{10}7s^{2}$		117	Ts	[Rn] $5f^{14}6d^{10}7s^{2}7p^{5}$
	113	Nh	[Rn] $5f^{14}6d^{10}7s^{2}7p^{1}$		118	Og	[Rn] $5f^{14}6d^{10}7s^{2}7p^{6}$

原子核外的每个电子，也可用4个量子数来确定其运动状态。如，氮的价电子构型为$2s^{2}2p^{3}$，其中2s亚层的两个电子的整套量子数应该为$(2,0,0,+\frac{1}{2})$，$(2,0,0,-\frac{1}{2})$；2p亚层上的三个电子的整套量子数为$(2,1,1,+\frac{1}{2})$，$(2,1,0,+\frac{1}{2})$，$(2,1,-1,+\frac{1}{2})$或者$(2,1,1,-\frac{1}{2})$，$(2,1,0,-\frac{1}{2})$，$(2,1,-1,-\frac{1}{2})$。注意，3个2p轨道上的电子的m_s数值应该一致，全为$+\frac{1}{2}$或者全为$-\frac{1}{2}$，表示自旋平行。同样，Cr原子的价电子构型为$3d^{5}4s^{1}$，其中3d轨道上的5个电子的整套量子数分别为$(3,2,2,+\frac{1}{2})$，$(3,2,1,+\frac{1}{2})$，$(3,2,0,+\frac{1}{2})$，$(3,2,-1,+\frac{1}{2})$，$(3,2,-2,+\frac{1}{2})$或者$(3,2,2,-\frac{1}{2})$，$(3,2,1,-\frac{1}{2})$，$(3,2,0,-\frac{1}{2})$，$(3,2,-1,-\frac{1}{2})$，$(3,2,-2,-\frac{1}{2})$。

基态原子的电子排布要遵循能量最低原理，但是当原子失电子变成简单阳离子时，总是先失去最外层电子。例如，Fe^{2+}的价电子构型为$3d^{6}$，而不是$3d^{4}4s^{2}$。一般地，在原子的最高能级组中同时有ns，np，$(n-1)d$和$(n-2)f$时，失电子的先后次序是$np>ns>(n-1)d>(n-2)f$。

6.3.4 元素周期表

1869年，俄国化学家门捷列夫(Mendeleev)根据原子量的大小将元素分类排列，结果发现元素性质随着原子量的递增会呈现明显的周期性变化，因此提出了第一张在化学研究史上具有重要意义的元素周期表。随着量子力学的发展以及对原子结构的不断深入研究，人们对元素周期律有了越来越深刻的理解。元素性质周期性变化的本质在于，随着元素的原子核电荷的递增，其最外层电子结构呈现周期性变化。目前，最通用的是Werner首先倡导的长式周期表。

6.3.4.1 周期

元素周期表横向分为7个周期，与7个能级组相对应，每个能级组对应一个周期。每个周期中元素的数目等于其对应能级组可以容纳电子的数目。

第一周期对应第一能级组，只有1s轨道，可以容纳两个电子，因此第一周期有2个元素，价电子结构为 $1s^{1-2}$；

第二、三周期分别对应第二、三能级组，各有 1 个 ns 轨道和 3 个 np 轨道，可以容纳 8 个电子，因此第二、三周期各有 8 个元素，价电子结构分别为 $2s^{1-2}2p^{1-6}$ 和 $3s^{1-2}3p^{1-6}$；

第一、二、三周期称为短周期。

第四、五周期分别对应第四、五能级组，各有 1 个 ns 轨道、5 个 $(n-1)d$ 轨道和 3 个 np 轨道，可以容纳 18 个电子，因此第四、五周期各有 18 个元素，价电子结构分别为 $3d^{1-10}4s^{1-2}4p^{1-6}$ 和 $4d^{1-10}5s^{1-2}5p^{1-6}$；

第六、七周期分别对应第六、七能级组，各有 1 个 ns 轨道、7 个 $(n-2)f$ 轨道、5 个 $(n-1)d$ 轨道和 3 个 np 轨道，可以容纳 32 个电子，因此第六、七周期各有 32 个元素。

第四、五、六、七周期称为长周期。到目前为止，元素周期表中 7 个周期的所有元素均已被发现。

元素的周期数等于原子核外电子的最高能级所在的能级组数，即原子核外最外层电子的主量子数为 n 时，该原子则属于第 n 周期。

6.3.4.2 族

元素周期表纵向分为 18 列，分成主族和副族。其中第 1~2 列以及 13~18 列为主族，也称 A 族，前面加上罗马数字表示族号数，主族包括ⅠA 到ⅧA。同族元素原子的电子层数不同，但是价电子构型相同，因此性质相似。稀有气体元素原子的最外层电子排布呈全充满状态，非常稳定，也称零族元素。

周期表中第 3~12 列为副族，也称 B 族，按照从左到右的顺序称为Ⅲ B、Ⅳ B、Ⅴ B、Ⅵ B、Ⅶ B、Ⅷ、Ⅰ B 和ⅡB 族。其中第 8，9，10 列元素合在一起称为Ⅷ B 族，也称为Ⅷ族。对于元素在周期表中的族号数：

主族元素的族号数等于最外层 ns 与 np 电子数之和；

ⅢB~ⅦB 族元素的族号数等于 ns 电子数与 $(n-1)d$ 电子数之和；

Ⅷ元素的 ns 电子数与 $(n-1)d$ 电子数之和为 8~10；

ⅠB 和ⅡB 族元素的族号数等于最外层 ns 电子数之和。

6.3.4.3 区

根据元素最后一个电子填充的能级不同，可以将元素周期表中的元素分为 5 个区，以最后填入的电子的能级代号作为该区符号，如图 6.22 所示。

s 区：包括ⅠA 和ⅡA 族，最后一个电子填充在 s 轨道上，价电子构型为 ns^{1-2}，属于活泼金属。

p 区：包括Ⅲ A 到Ⅷ A（零）族，最后一个电子填充在 p 轨道上，价电子构型为 ns^2np^{1-6}。同一周期，从左到右，元素原子的最外层电子数逐渐增加，原子得电子的趋势增强，失去电子的趋势减弱。

d 区：包括Ⅲ B 到Ⅷ B 族，最后一个电子填充在 $(n-1)d$ 轨道上，价电子构型为 $(n-1)d^{1-10}ns^{0-2}$。

ds 区：ⅠB 和ⅡB 族，最后一个电子填充到 $(n-1)d$ 轨道并达到全充满结构，价电子构型为 $(n-1)d^{10}ns^{1-2}$。

f 区：包括镧系元素和锕系元素。最后一个电子填充到 $(n-2)f$ 轨道上，价电子构型为 $(n-2)f^{0\sim14}(n-1)d^{0\sim2}ns^2$。

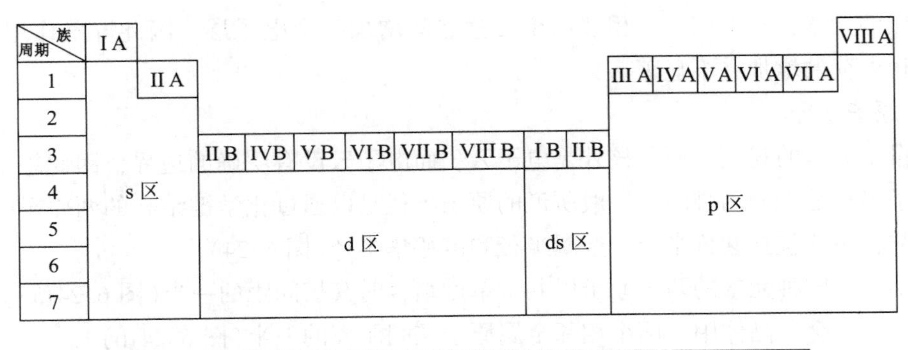

图 6.22 周期表分区示意图

6.3.5 元素性质的周期性

随着元素原子序数的增加，元素原子的核外电子排布呈现周期性的变化，因此与原子结构相关的一些元素性质，如有效核电荷、原子半径、电离能、电子亲和能以及电负性等，也随之呈现明显的周期性变化。

6.3.5.1 有效核电荷

有效核电荷与屏蔽常数的大小有关，$Z^* = Z - \sigma$。屏蔽常数的大小取决于电子层结构，而电子层结构呈现周期性的变化，因此有效核电荷呈周期性变化。元素的性质主要决定于最外层电子，因此首先讨论最外层电子有效核电荷的变化规律。

有效核电荷随原子序数的变化如图 6.23 所示。对短周期元素来说，同一周期，从左到右，元素依次填充到最外层，由于同层电子间的屏蔽作用较小，因此，有效核电荷明显增加。对于长周期中部的元素，自第 3 列的元素开始，从左到右随着原子序数的增大，电子依次填充到次外层，对最外层电子的屏蔽作用较大，因此有效核电荷增加的不多。当次外层填满 18 个电子时，18 个电子的屏蔽作用较大，因此有效核电荷略有下降。到了长周期的后半部分，从第 13 列的元素开始电子又填充到了最外层，有效核电荷又开始显著增大。

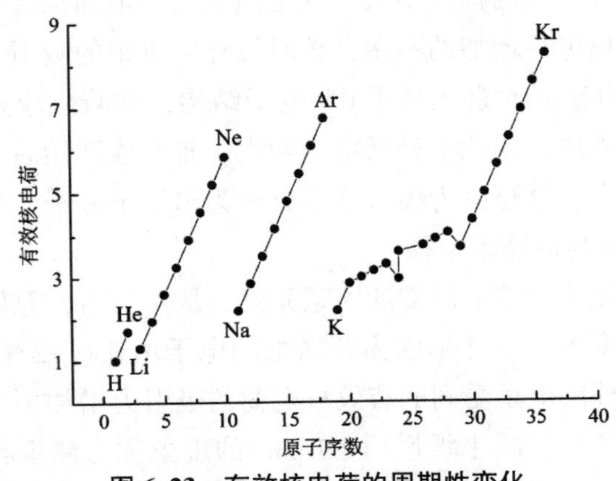

图 6.23 有效核电荷的周期性变化

同一族的元素，从上到下，相邻两个元素之间增加一个电子层，因此屏蔽作用较大，致使有效核电荷的增加并不显著。

6.3.5.2 原子半径

根据量子力学的观点，原子核外是电子云，而电子云没有明确的边界，因此想要获知确切的原子半径是十分困难的。一般所说的原子半径是以通过化学键结合的两原子的核间距来定义的，主要包括共价半径、金属半径和范德华半径(图 6.24)。

共价半径：同种元素的两个原子以共价单键结合时其核间距的一半(图 6.24(a))。

金属半径：金属晶体中，两个相邻金属原子核间距离的一半(图 6.24(b))。

范德华半径：当两原子不形成化学键而只靠分子间力相互接近时，两个原子核间距离的一半。例如，稀有气体原子的电子层结构稳定，两个原子间不会形成共价键或者金属键。单原子间靠分子间作用力形成分子晶体。分子晶体中两原子核间距离的一半就是范德华半径(图 6.24(c))。

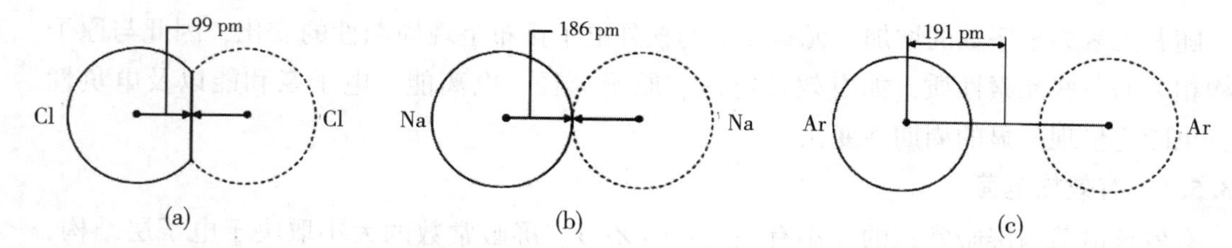

图 6.24 (a)Cl 原子的共价半径；(b)Na 原子的金属半径；(c)Ar 原子的范德华半径

通常情况下，同一元素的金属半径要大于其共价半径。这是因为形成共价键时，原子轨道重叠的程度比形成金属键要大。

原子半径的大小主要取决于原子的有效核电荷和原子的电子层数。原子的有效核电荷增加，原子核对核外电子的吸引力增大，原子半径会减小。原子的电子层数增多，原子半径会增大。这两个因素中，有效核电荷更为主要。

图 6.25 显示了元素原子半径周期性变化的规律。从图中可以看出，对于短周期元素，从左到右，随着元素原子序数的增大，元素的原子半径逐渐减小。这是由于电子层数相同时，有效核电荷数增大，核对电子的吸引力也增大，使原子半径减小。长周期中部的过渡元素，从左到右，原子半径减小的幅度不大，这是因为电子填加到次外层轨道，对最外层电子具有屏蔽作用，有效核电荷增加的不多，核对最外层电子的吸引力增加的不显著。到了长周期后半部，ⅠB 和ⅡB 族元素达到了 d^{10} 电子结构，屏蔽效应显著，有效核电荷减小，新加的电子要加在最外层，因此半径又略为增大。ⅢA 族开始后又逐渐减小。各周期末稀有气体的原子半径变大，这是因为稀有气体分子为单原子分子，并且外电子层达到了 8 电子的稳定结构，其半径为范德华半径。

对于第六周期的镧系元素和第七周期的锕系元素，从左到右，总体上原子半径也是逐渐减小的，但是减小的幅度更小。这是因为新增加的电子填在 $(n-2)$f 轨道上，f 电子对外层电子的屏蔽效应更大，外层电子受到的有效核电荷的吸引力增加更小，因此半径减小缓慢。镧系元素从镧到镥原子半径减小缓慢(仅 9 pm)的现象称为镧系收缩。镧系收缩的结果使镧系后面的各过渡元素如铪(Hf)、钽(Ta)、钨(W)等与上一周期的相应元素锆(Zr)、铌(Nb)、钼(Mo)原子相比，虽然增加了一个电子层，但是原子半径大小非常接近。这导致第五周期和第六周期过渡系的同族元素性质相似、分离困难。

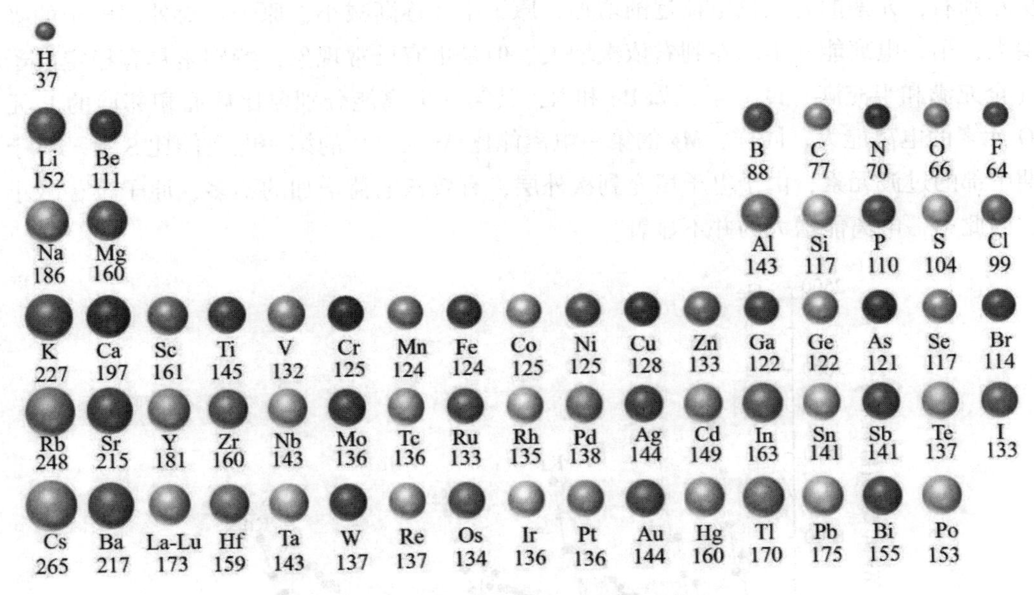

图 6.25　元素原子半径的周期性变化(pm)

同一主族，从上到下，外层电子构型相同，电子层数增加的因素占主导地位，因此原子半径逐渐增大。对于副族元素的原子半径，第四周期过渡到第五周期是增大的，但是第五周期和其同一族中第六周期的过渡元素的原子半径比较接近。

6.3.5.3　电离能

基态的气态原子失去一个电子成为一价气态正离子时所需的能量称为该元素的第一电离能，用 I_1 表示。

$$M(g) - e^- \rightarrow M^+(g) \qquad I_1 = \Delta H$$

由正一价气态正离子再失去一个电子成为二价气态正离子所需要的能量称为第二电离能 I_2。依次类推还有第三电离能 I_3、第四电离能 I_4 等。原子失去一个电子后带一个单位的正电荷，对核外电子的吸引力更大，因此再失去一个电子就需要更多的能量。正离子所带电荷越高，对核外电子的吸引力越强，其电离能越大。因此，对于同一元素，$I_1 < I_2 < I_3 < \cdots$。例如：

$$Al(g) - e^- \rightarrow Al^+(g) \qquad I_1 = 578\ kJ \cdot mol^{-1}$$

$$Al^+(g) - e^- \rightarrow Al^{2+}(g) \qquad I_2 = 1823\ kJ \cdot mol^{-1}$$

$$Al^{2+}(g) - e^- \rightarrow Al^{3+}(g) \qquad I_3 = 2751\ kJ \cdot mol^{-1}$$

电离能的大小反映了原子失去电子的难易程度。电离能越小，元素原子失去电子时吸收的能量越少，越容易失去电子，金属性越强；电离能越大，元素原子失去电子时吸收的能量越多，越容易得到电子，非金属性越强。电离能的大小主要取决于原子的有效核电荷、原子半径和原子的电子层结构。通常情况下，如果不做说明，电离能主要是指第一电

离能 I_1。下面重点讨论第一电离能的变化规律。

元素的第一电离能随着原子序数的递增呈现周期性的变化（图 6.26）。同一周期的元素，从左到右，元素的有效核电荷逐渐增加，原子半径逐渐减小，原子核对外层电子的吸引力增大，第一电离能基本从左到右依次增大。但是也有反常现象，特别是具有稳定电子结构（全充满和半充满）的元素，如 Be 和 N，其第一电离能分别要比后面相邻族的 B 元素和 O 元素的电离能大。同样，Mg 的第一电离能比 Al 大，P 的第一电离能比 S 大。对于长周期中部的过渡元素，由于电子填充到次外层，有效核电荷增加的不多，原子半径减小缓慢，因此第一电离能增大的并不显著。

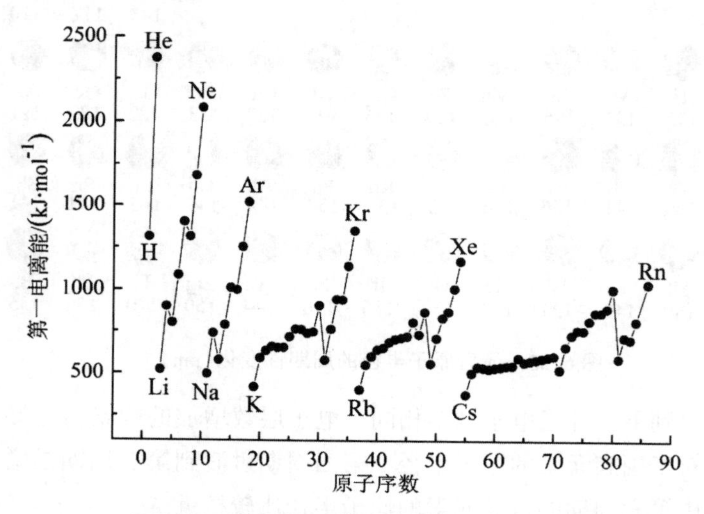

图 6.26 元素的第一电离能的周期性变化

同一主族元素，从上到下，电离能逐渐减小。这是因为随着电子层数的增加，原子半径逐渐增大，原子核对外层电子的吸引力减小，价电子容易失去，电离能减小。第一电离能最小的是 Cs，最大的是 He。

6.3.5.4 电子亲和能

基态的气态原子得到一个电子成为一价气态负离子时放出的能量称为该元素的第一电子亲和能，用 E_{A_1} 表示。

$$M(g)+e^- \rightarrow M^-(g) \qquad E_{A1}=-\Delta H$$

与电离能类似，也有第二电子亲和能 E_{A2}、第三电子亲和能 E_{A3} 等。如果不做标注，均指第一电子亲和能。当一价负离子得到电子时，要克服负电荷对电子的排斥力，需要吸收能量。例如：

$$O(g)+e^- \rightarrow O^-(g) \qquad E_{A1}=141\ kJ\cdot mol^{-1}$$

$$O^-(g)+e^- \rightarrow O^{2-}(g) \qquad E_{A2}=-780\ kJ\cdot mol^{-1}$$

电子亲和能的大小反映了原子得到电子的难易程度。电子亲和能越大，原子得到电子时放出的能量越多，越容易得到电子，对应元素的非金属性一般也越强。根据上面定义的电子亲和能的数值与焓变的关系（$E_{A1}=-\Delta H$），非金属原子的第一电子亲和能总是正值，而金属原子的电子亲和能一般为较小的正值或者负值。测定电子亲和能比较困难，一般用间接方法计算得到，因此，电子亲和能的数据不够完整和准确。表 6.7 为部分主族元素的第一电子亲和能。

表 6.7　部分主族元素的第一电子亲和能 E_{A1}（$kJ \cdot mol^{-1}$）

H 72.7							He -48.2
Li 59.6	Be -48.2	B 26.7	C 121.9	N -6.75	O 141.0	F 328.0	Ne -115.8
Na 52.9	Mg -38.6	Al 42.5	Si 133.6	P 72.1	S 200.4	Cl 349.0	Ar -96.5
K 48.4	Ca -28.9	Ga 28.9	Ge 115.8	As 78.2	Se 195.0	Br 324.7	Kr -96.5
Rb 46.9	Sr -28.9	In 28.9	Sn 115.8	Sb 103.2	Te 190.2	I 295.1	Xe -77.2

本表数据 H. Hotop and W. C. Lineberger, *J. Phys. Chem. Ref. Data*, 14,731(1985).

电子亲和能的大小主要取决于原子的有效核电荷、原子半径和原子的电子层结构。图 6.27 显示了主族元素的第一电子亲和能随原子序数变化的一些规律。

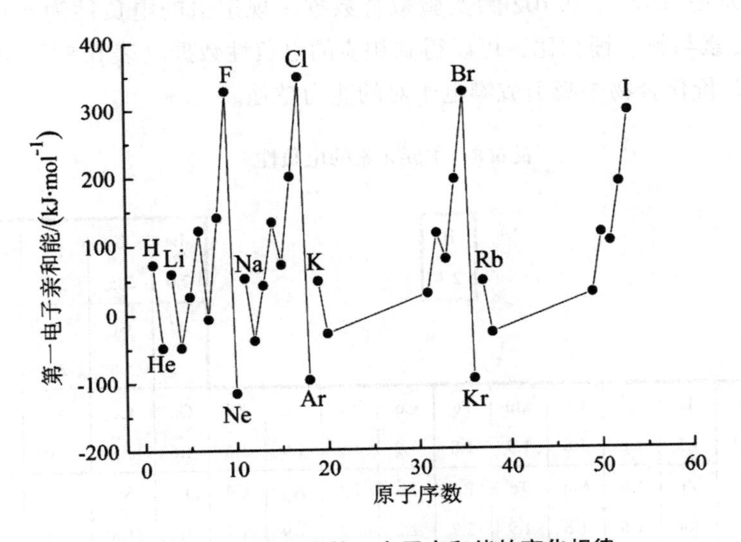

图 6.27　主族元素第一电子亲和能的变化规律

同一周期，从左到右，原子的有效核电荷逐渐增大，原子半径减小，原子核对电子的吸引力增大，并且外层电子数逐渐增多，容易与电子结合形成 8 电子的稳定结构，因此第一电子亲和能呈逐渐增大的趋势。同一周期中卤素的电子亲和能最大，第二主族的碱土金属元素原子的最外层电子达到 ns^2 的全充满结构，不易获得电子，电子亲和能为负值，稀有气体元素原子的最外层电子达到 ns^2 或者 ns^2np^6 的稳定结构，难以结合电子，电子亲和能出现最大负值。具有半充满电子结构的元素的原子，如氮族元素，其电子亲和能也较小，甚至为负值。

同一主族，从上到下，第一电子亲和能一般呈减小的趋势。但是第二周期的 O 和 F 不是同族中第一电子亲和能最大的元素，第三周期的 S 和 Cl 的第一电子亲和能分别在同族中最大。这是由于 O 和 F 的原子半径很小，电子云密度大，当原子结合一个电子形成负离子时，电子之间的斥力会使其放出的能量较少。所有元素中，电子亲和能最大的是 Cl 元素。

6.3.5.5 电负性

元素电离能反映元素的原子失去电子形成阳离子的能力，电子亲和能反映元素的原子得到电子形成阴离子的能力。但是在两个原子形成共价化合物时，原子既不失去电子也不得到电子，电子只是在两个原子之间发生偏移。那么如何衡量共价分子中原子争夺电子的能力呢？

1932 年，鲍林提出了电负性的概念。元素的电负性是指原子在分子中吸引电子的能力，用 x 表示，采用键能差值计算。实验表明，A、B 两原子间的键能 E_{A-B} 大于同种原子间键能 E_{A-A} 和 E_{B-B} 的平均值，定义 x_A 和 x_B 分别为 A 和 B 两种元素的电负性，则它们电负性的差为

$$|x_A - x_B| = 0.102\sqrt{E_{A-B} - \frac{E_{A-A}+E_{B-B}}{2}}$$

式中，键能单位为 $kJ \cdot mol^{-1}$，0.102 为实验拟合数据。规定氟的电负性为 4.0，Li 的电负性为 1.0，其他元素与氟、锂相比，可以得到相应的电负性数据（表 6.8）。元素的电负性越大，其原子在共价化合物中吸引成键电子对的能力越强。

表 6.8 主族元素的电负性

Li 1.0	Be 1.5						H 2.1					B 2.0	C 2.5	N 3.0	O 3.5	F 4.0
Na 0.9	Mg 1.2											Al 1.5	Si 1.8	P 2.1	S 2.5	Cl 3.0
K 0.8	Ca 1.0	Sc 1.3	Ti 1.5	V 1.6	Cr 1.6	Mn 1.5	Fe 1.8	Co 1.9	Ni 1.9	Cu 1.9	Zn 1.6	Ga 1.6	Ge 1.8	As 2.0	Se 2.4	Br 2.8
Rb 0.8	Sr 1.0	Y 1.2	Zr 1.4	Nb 1.6	Mo 1.8	Tc 1.9	Ru 2.2	Rh 2.2	Pd 2.2	Ag 1.9	Cd 1.7	In 1.7	Sn 1.8	Sb 1.9	Te 2.1	I 2.5
Cs 0.7	Ba 0.9		Hf 1.3	Ta 1.5	W 1.7	Re 1.9	Os 2.2	Ir 2.2	Pt 2.2	Au 2.4	Hg 1.9	Tl 1.8	Pb 1.9	Bi 1.9	Po 2.0	At 2.2
Fr 0.7	Ra 0.9		Th 1.3	Pa 1.4	U 1.4											

元素的电负性随着原子序数的递增呈现周期性的变化（图 6.28）。对于主族元素来说，同一周期，从左到右，元素的电负性逐渐增大，非金属性增强；同一主族，从上到下，元素的电负性逐渐减小，金属性增强。周期表中，F 元素的电负性最大。过渡元素的电负性变化规律不明显。

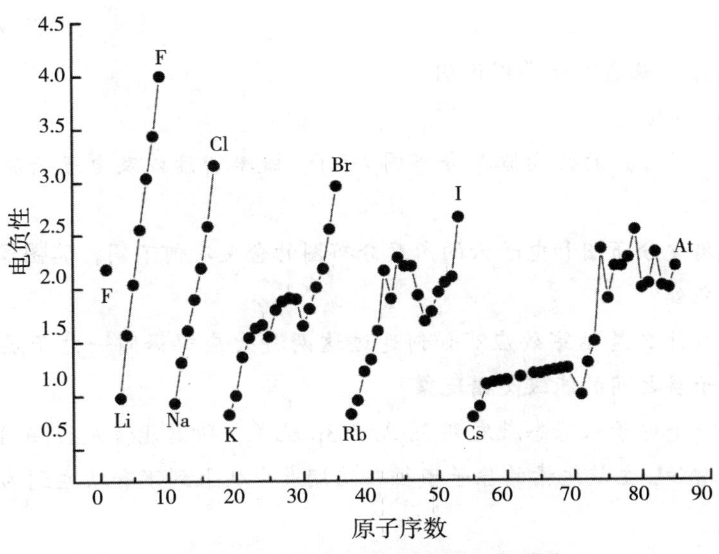

图 6.28 主族元素电负性的变化规律

一般来说，电负性大于 2.0 的元素属于非金属元素，电负性小于 2.0 的属于金属元素。

电负性的数值也有其他的标定方法。1934 年，R. S. Mulliken 将元素的电负性定义为元素的第一电离能和第一电子亲和能的平均值。

$$x_{\mathrm{M}}=\frac{1}{2}(I+E_{\mathrm{A}})$$

虽然这样得到的电负性的数值为绝对电负性，但由于电子亲和能的数据不完全，因此这种电负性的标定在应用中存在局限性。

1989 年，L. C. Allen 根据光谱实验数据也提出了计算主族元素电负性的公式：

$$x_{\mathrm{A}}=0.169\,\frac{mE_{\mathrm{p}}+nE_{\mathrm{s}}}{m+n}$$

式中，m 和 n 分别为 p 轨道和 s 轨道上的电子数；E_{p} 和 E_{s} 分别为 p 轨道和 s 轨道上的一个电子的平均能量。

尽管电负性标度的方法有很多，得到的数据也有所不同，但是在周期系中的变化规律是一致的。

思考题与习题

1. 玻尔理论是如何解释氢原子光谱是线状光谱的？玻尔理论有何贡献？有何局限性？
2. 电子等微观粒子的运动具有什么特点？这些特点可通过什么实验进行证实？
3. 量子力学如何描述原子中电子的运动状态？试述四个量子数的意义以及它们的取值范围。
4. 什么是原子轨道？一个原子轨道要用哪几个量子数进行描述？原子轨道的能级大小如

何判断？

5. 什么是等价（简并）轨道？试举例说明。

6. 以 1s($n=1$，$l=0$) 为例，

（1）指出波函数（$\Psi_{1,0}$）的径向概率分布图 $D(r)$、概率密度以及电子云界面图等概念的区别；

（2）原子轨道的角度分布图和电子云的角度分布图的含义有何不同？其图像有什么相似之处和不同之处？

7. 什么叫屏蔽效应？什么是钻穿效应？如何通过这两种效应解释同一电子层中的能级分裂现象和不同电子层之间的能级交错现象？

8. 将氢原子核外的一个电子从基态激发到 3s 或者 3p 轨道，所需能量是否相同？

9. 随着原子序数的增加，主族元素的原子半径在周期表中从上到下和从左到右分别呈现什么规律？

10. 什么是电离能？电离能的大小与什么因素有关？试述主族元素的第一电离能在同周期或者同主族中的变化规律？如何用电离能的大小来衡量元素原子得失电子的能力？

11. 电子亲和能为什么有正值也有负值？对主族元素来说，电子亲和能在同周期或者同族中有什么变化规律？

12. 什么是电负性？主族元素的电负性在同周期或者同族中有什么变化规律？如何通过电负性的大小来判断元素的金属性或者非金属性的强弱？

13. 试解释镧系收缩现象。“镧系收缩”现象产生的原因是什么？“镧系收缩”对元素的性质有哪些影响。

14. 钠蒸气街灯发出亮黄色的光，其光谱由两条谱线组成，波长分别为 589.0 和 589.6 nm。计算相应的光子能量和频率。

15. 填入合适的量子数，并指出该电子所处亚层的名称。

（1）$n=?$，$l=2$，$m=1$，$m_s=+\frac{1}{2}$

（2）$n=3$，$l=?$，$m=1$，$m_s=-\frac{1}{2}$

（3）$n=4$，$l=0$，$m=?$，$m_s=+\frac{1}{2}$

（4）$n=2$，$l=0$，$m=0$，$m_s=?$

16. 下列各组电子的运动状态是否存在？为什么？

（1）$n=3$，$l=3$，$m=1$，$m_s=+\frac{1}{2}$

（2）$n=3$，$l=1$，$m=2$，$m_s=-\frac{1}{2}$

（3）$n=4$，$l=0$，$m=0$，$m_s=+\frac{1}{2}$

(4) $n=2$，$l=0$，$m=0$，$m_s=-\frac{1}{2}$

17. 写出下列原子的电子排布式。

(1) Fe　(2) Cr　(3) Cu　(4) Se

18. 若元素原子最外层仅有 1 个电子，该电子的四个量子数为 $n=4$，$l=0$，$m=0$，$m_s=+\frac{1}{2}$。问：

(1) 符合上述条件的元素可能为哪几个？原子序数各为多少？

(2) 写出相应元素原子的电子排布式，并指出它们在周期表中所处的周期、族和区。

19. 已知下列元素原子的价电子结构分别为 (1) $4s^2$；(2) $3s^23p^5$；(3) $3d^64s^2$；(4) $3d^{10}4s^1$。试指出它们是什么元素，位于周期表中第几周期？第几族？哪一个区？

20. 第四周期某元素原子失去 2 个电子后，在角量子数为 2 的轨道内的电子恰好处于半充满状态，试指出该元素的名称、原子序数、位于周期表中哪一族？

21. 给出元素周期表中符合下列要求的元素的符号和名称：

(1) ⅠA 中第一电离能最大的元素；

(2) 第一电子亲和能最大的元素；

(3) 碱金属中半径最大和半径最小的元素（第七周期除外）；

(4) 最活泼的非金属元素；

(5) 第四周期中 d 轨道和 s 轨道均半充满的元素。

22. 试解释下列事实：

(1) 为什么 N 的第一电离能大于 O？

(2) 为什么 Ca 的第一电离能大于 K，而其第二电离能小于 K？

(3) 为什么 Cl 的电子亲和能大于 F？

23. 写出下列离子的电子层结构，并确定它们在基态时的未成对电子数。

(1) Ti^{2+}　(2) Cr^{3+}　(3) Mn^{2+}　(4) Zn^{2+}　(5) Co^{3+}

第 7 章　分子结构和晶体结构

化学上把分子或者晶体中相邻原子（离子）之间强烈的相互作用称为化学键。化学键主要有离子键、共价键和金属键。除化学键外，分子间还存在着较弱的相互作用，使分子可以结合成宏观物质（如液体或者固体），这种相互作用称为分子间作用力。本章主要讨论化学键、分子构型及晶体结构。另外介绍分子间作用力和氢键及它们对物质性质的影响。

7.1　共价键

7.1.1　路易斯理论

1916 年，美国化学家路易斯(Lewis)提出了共价键理论，他认为同种元素的原子间以及电负性相近的不同元素的原子之间可以通过共用一对或者几对电子形成稳定的分子，这种分子称为共价分子。共价分子的原子间不涉及电子的转移。分子中，每个原子都应具有稳定的稀有气体原子的 8 电子（或者 2 电子）外层电子构型，通常被称为“八隅体规则”。路易斯还提出一种用来表示八隅体的电子结构式，称为路易斯结构式。在路易斯结构式中，用原子符号表示原子核以及内层电子，用小黑点表示外层价电子。例如：

H:H　　:Ö::Ö:　　:N⋮⋮N:

H:Ö:H　　H:N̈:H　　H:C:H
（各式中 O、N、C 上方为 H；NH₃ 中 N 下方为 H 的共用电子对，CH₄ 中 C 上下各有 H）

简便起见，共用电子对通常用一条短线表示，代表一个单键；若共用两对电子的话，可以用两条线短线表示，代表一个双键；若共用三对电子的话，则可用三条短线表示，代表一个三键。

H—H　　:Ö=Ö:　　:N≡N:

H—Ö:—H（O 上方连 H）　　H—N̈—H（N 下方连 H）　　H—C—H（C 上下各连 H）

路易斯提出的共价键理论也叫经典共价键理论，它解释了电负性相同的原子以及电负性差别不大的原子形成化学键的原因，为共价键理论发展奠定了基础。但是，路易斯理论也有不足之处，它没有揭示共价键的本质和特征，也不能表示分子形状。另外，也有一些分子并不符合“八隅体规则”，如 BF_3、PCl_5 和 SF_6 分子中 B、P 和 S 原子周围的电子数目分别为 6、10 和 12，都不满足 8 电子构型。O_2 分子虽然可以通过八隅体规则表示出来，但是分子却具有磁性，这种现象不能用路易斯理论进行解释。

20 世纪 30 年代初期，科学家们提出了价键理论和分子轨道理论，对共价键的形成和本质进行了更深入的研究。

7.1.2 价键理论

7.1.2.1 共价键的本质

1927 年，德国化学家海特勒(Heitler)和伦敦(London)成功地用量子力学处理氢分子结构，从而揭示了共价键的本质。1931 年前后，美国化学家鲍林(Pauling)和斯莱特(Slater)将用量子力学处理氢分子的结果推广到其他分子体系，发展成为近代价键理论，又称 VB 法或者电子配对法。

H_2 分子是被用来研究共价键本质的最简单的分子。海特勒和伦敦在用量子力学处理 H_2 分子形成的过程中，得到了 H_2 分子的能量(E)与两个氢原子核间距离(r)的关系曲线(如图 7.1)。在处理过程中，假定有两种情况：

① 假定 A 和 B 两个氢原子的电子自旋方向相反。当两个氢原子相互接近时，两者之间存在三种类型的相互作用：两个氢原子的电子分别受到两个原子核的吸引作用；两个电子之间的排斥作用；两个氢原子核之间的排斥作用。从图 7.1 中可以看出，当两个氢原子的距离非常远时，体系的能量趋近 0。当两个氢原子逐渐接近时，两个氢原子核对两个电子的吸引力占据主导地位，整个体系能量逐渐降低，低于两个氢原子单独存在时的能量。当核间距离 R_0 为 74 pm 时，体系的能量达到最低点（$-436\ kJ \cdot mol^{-1}$）。当两个氢原子继续靠近时，两核间的斥力占据主导地位，此时体系的能量逐渐升高。两个氢原子在体系能量最低点时通过共价键形成了稳定的氢分子，这种状态称为氢分子的基态，此时核间距离为 74 pm，是氢分子单键的键长。

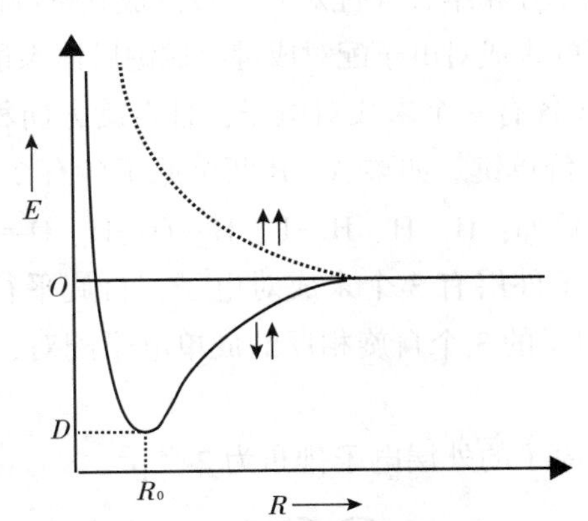

图 7.1 氢分子形成过程中能量随核间距离变化示意图

② 假定 A 和 B 两个氢原子的电子自旋方向相同。当两个氢原子相互接近时，量子力学证明两个氢原子之间始终相互排斥，体系的能量始终高于两个氢原子单独存在时的能

量，并且两者距离越近，体系的能量越高（图 7.1 虚线），这种状态称为氢分子的排斥态，此时不能形成稳定的氢分子。

从电子云分布上考虑，量子力学计算结果表明，当两个氢原子的 1s 电子自旋方向相反时（处于基态），两核间的电子概率密度大，此时两核间形成了负电区。负电区一方面增大了两个核对电子云密集区域的吸引，另一方面降低了两核间的正电排斥。这两方面都有利于体系势能的降低，从而形成稳定的化学键(图 7.2(a)和(c))。若两个电子的自旋方向相同(处于排斥态)，则两核间的电子概率密度几乎为零，体系的能量升高，不能成键(图 7.2(b)和(d))。

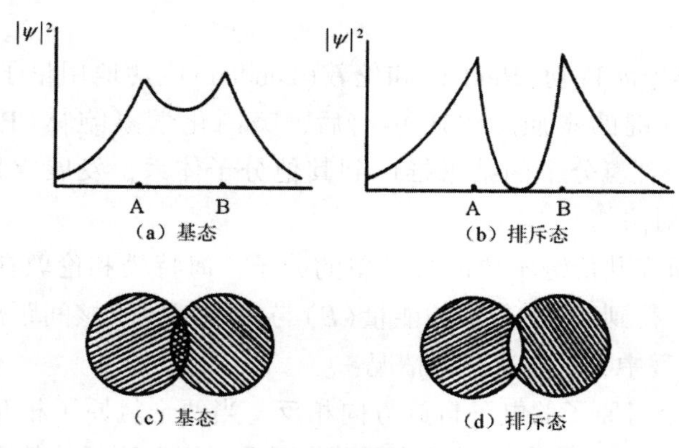

图 7.2　H_2 两种状态的 $|\psi|^2$ 和原子轨道重叠的示意图

综上所述，共价键的本质源于两原子核对核外电子形成的负电区的吸引作用，而非正负离子间的库仑力作用。

7.1.2.2　价键理论的要点

将处理氢分子的方法应用到其他分子体系中发展成为电子配对理论，又称价键理论。价键理论主要有两个基本要点：

(1) 电子配对原理

自旋方向相反的非成对电子互相结合（配对）可以形成共价键。一个原子有几个未成对电子，就可以与几个自旋相反的未成对电子配对成键，成键后体系能量降低，这是共价键形成的依据。如果两原子 A 和 B 各有一个未成对电子，且自旋方向相反，则两者可以配对成键，在两原子间形成稳定的共价单键。如果 A、B 两个原子各有 2 个或者 3 个未成对电子，则可形成共价双键或者三键。例如：H—H、H—F、H—O—H、O═O、N≡N 等。

先以 N_2 分子为例，氮原子外层有 3 个未成对电子，自旋平行地占据 $2p_x$、$2p_y$ 和 $2p_z$ 轨道，它可以和另外一个氮原子的 3 个自旋相反的成单电子配对，形成共价三键，从而结合成氮气分子。

再来看一下 CO 分子，C 原子的外层电子排布为 $2s^2 2p^2$。

2p

2s

O 原子的外层电子排布为 $2s^2 2p^4$。

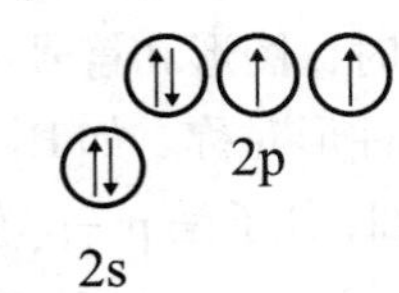

形成 CO 分子时，也形成了三个共价键。其中 C 原子 2p 轨道上的两个未成对电子与 O 原子 2p 轨道上的两个未成对电子配对成键。第三个化学键的形成则有所不同，共用的一对电子来自于 O 原子一个 $2p_z$ 轨道，而 C 原子还有一条空的 $2p_z$ 轨道，这一对电子被这两个 $2p_z$ 轨道共用，这样形成的共价键称为共价配键，简称配位键或者配键，常用“→”表示，如 CO 分子中的化学键可以表示为 $:\overleftarrow{C=O}:$。形成共价配键的条件是一个原子的价电子层有未共用的电子对（称为孤对电子），另一个原子的价电子层有接受电子的空轨道。

（2）原子轨道最大重叠原理

原子轨道的角度分布图都具有一定的对称性，成键时原子轨道的重叠必须保证对称性一致。原子轨道角度分布图有正负号，原子轨道间同号部分重叠才是有效的重叠，如图 7.3(a)~(d)所示；反之，不同符号的重叠则属于无效重叠，如图 7.3(e)~(h)所示。另外，如果同号重叠部分与异号重叠部分正好相抵，也属于无效重叠(亦称零重叠)，如图 7.3(f)所示。成键原子的原子轨道重叠的越多，两核间电子的概率密度也越大，体系的能量越低，形成的共价键越稳定。因此，形成共价键时原子轨道总是尽可能地形成最大限度的重叠。

7.1.2.3 共价键的特征

共价键具有饱和性和方向性。

（1）饱和性

根据电子配对原理，由于每个原子的未成对电子数一定，因此每个电子成键的总数或者与其以单键相连的原子的数目是一定的，这就是共价键的饱和性。比如，一个氢原子只有一个未成对电子，可以和另外一个氢原子的自旋方向相反的电子配对，形成一个 H_2 分子。一个氧原子有两个未成对电子，可以和两个氢原子的自旋方向相反的未成对电子形成一个 H_2O 分子。共价键的饱和性也可以说明共价化合物均有明确的原子比，如 HCl、H_2S 和 NH_3。

（2）方向性

除了 s 轨道外，p、d、f 原子轨道在空间具有一定的伸展方向，因此根据原子轨道最大重叠原理，原子轨道总是沿着电子出现概率最大的方向重叠成键。例如，氢原子的 1s 轨道与氯原子的 $2p_X$ 轨道有四种可能的重叠方式，如图 7.3(b)、7.3(e)、7.3(f)和 7.3(i)，其中沿着 x 轴方向的重叠(图 7.3(b))才能使 s 轨道和 p_x 轨道的有效重叠最大，而按照图 7.3(e)、7.3(f)和 7.3(i)的方式进行重叠则无法形成最大程度的有效重叠。

7.1.2.4 共价键的类型

成键的两个原子核间的连线称为键轴。按照成键轨道与键轴之间的关系，共价键主要分为两种：σ 键和 π 键。

（1）σ 键

原子轨道沿着键轴的方向进行同号重叠而形成的共价键是 σ 键。σ 键也可以形象地描述为原子轨道沿着键轴的方向以“头碰头”的方式重叠成键。对于σ键，键轴是成键原子轨道的任意多重轴，即原子轨道绕着键轴旋转时，图形和符号保持不变，原子轨道重叠部分集中在两核之间，电子云密集在键轴处，呈圆柱形对称。如 H_2 分子是s-s轨道成键(图7.3(a))，HCl分子是 $s-p_x$ 轨道成键(图7.3(b))，Cl_2 分子是 p_x-p_x 轨道成键(图7.3(c))。

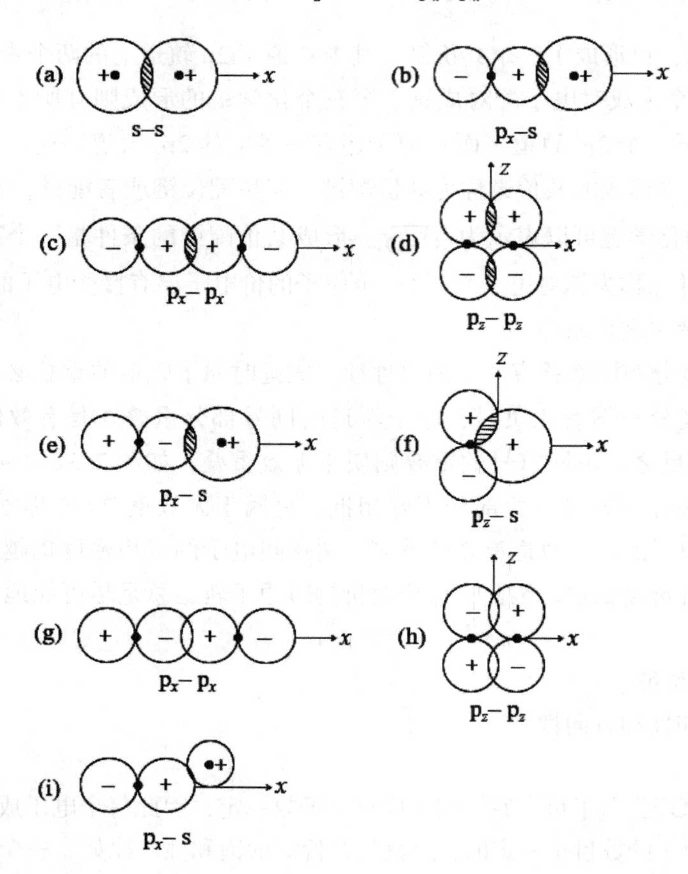

图7.3　原子轨道重叠的几种方式(图中·为原子核所在位置)

(2) π键

原子轨道沿着垂直于键轴的方向进行同号重叠而形成的共价键是π键。π键也可以形象地描述为原子轨道沿着键轴的方向以“肩并肩”的方式重叠成键(图7.3(d))。对于π键，成键轨道关于通过键轴(图7.3(d))中的 z 轴）的一个节面呈现反对称，即成键轨道在该节面的上下两部分图形一样，但是符号相反。原子轨道重叠的部分集中在键轴的上方和下方，如图7.3(d)为两个 $2p_z$ 沿着 x 轴方向重叠。电子云集中在键轴的上下，呈双冬瓜形，在节面上电子云密度为零。除此之外，p-d和d-d原子轨道也能以“肩并肩”的重叠形式形成π键。

以 N_2 分子为例，每个氮原子的2p轨道都有三个未成对电子，当两个氮原子结合沿着 x 轴成键时，p_x 与 p_x 轨道以“头碰头”方式重叠形成σ键，此时，p_y 与 p_y 轨道，p_z 与 p_z 轨道只能以“肩并肩”的方式重叠形成π键（如图7.4)。因此，氮分子中两个N原子间形成的3个共价键中，有一个σ键和两个π键。

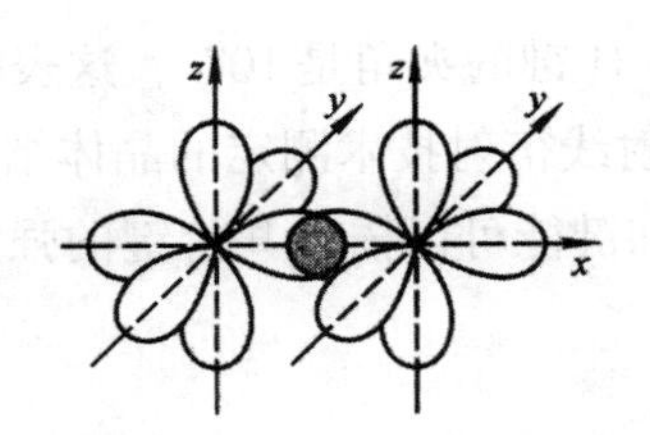

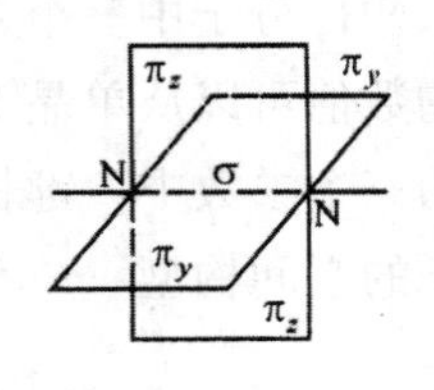

图 7.4　N_2 分子中两个 N 原子的成键方式

从原子轨道重叠程度来看，π 键重叠的程度要小于 σ 键，因此 π 键比 σ 键更为活泼。共价单键一般为 σ 键，在共价双键和三键中，均只有一个 σ 键，其余皆为 π 键。

除了 σ 键和 π 键外，还有 δ 键，δ 键中原子轨道以“面对面”的方式重叠。通常两个 d 轨道四重交叠可以形成 δ 键。在双核配合物的金属原子之间可以形成 δ 键，例如，$Re_2Cl_8^{2-}$ 离子中两个 Re 原子之间的 d 轨道之间就可以形成 δ 键。

7.1.2.5　键参数

化学键的性质可以通过一些物理量，如键能、键长、键角等来表征，这些物理量称为键参数。键参数可以用来确定分子的形状以及解释分子的热稳定性等性质。

（1）键能

在 298 K、100 kPa 下，气态分子每断裂 1 mol 化学键成为气态原子时所需的能量为键能，用 E_B 表示，单位是 $kJ \cdot mol^{-1}$。

对于双原子分子来说，在 298 K、100 kPa 下，将 1 mol 理想气体分子离解为理想气态原子时所需要的能量称为离解能(D)，因此双原子分子的键能就是离解能，可以通过测定键离解时的焓变求得。例如：

$$H_2(g) = 2H(g) \qquad \Delta_r H_m^{\ominus} = D_{H-H} = E_{H-H} = 436\ kJ \cdot mol^{-1}$$

对于多原子分子来说，要断裂气态分子中的键使之成为气态原子，需要多次离解，因此多原子分子的键能不等于其离解能，而是多次离解能的平均值。例如，NH_3 分子有三个 N—H 键，但是每个键的离解能不同：

$$NH_3(g) = NH_2(g) + H(g) \qquad \Delta_r H_m^{\ominus} = D_1 = 427\ kJ \cdot mol^{-1}$$

$$NH_2(g) = NH(g) + H(g) \qquad \Delta_r H_m^{\ominus} = D_2 = 375\ kJ \cdot mol^{-1}$$

$$NH(g) = N(g) + H(g) \qquad \Delta_r H_m^{\ominus} = D_3 = 356\ kJ \cdot mol^{-1}$$

因此，NH_3 分子中 N—H 键的键能就是三个等价键的平均解离能，即

$$E_{N-H} = \frac{D_1 + D_2 + D_3}{3} = 386\ kJ \cdot mol^{-1}$$

通常键能越大，键越稳定，由该键构成的分子也越稳定。

（2）键长

键长是分子中成键两原子核间的平均距离。一般来说，键长越短，键越强。如 C—C、C═C 和 C≡C 三者中，C≡C 的键长最短，键能却最大。

（3）键角

键角是分子中键与键之间的夹角。键角一般是对多原子分子而言的，是决定分子几何

构型的重要参数。比如，NH_3 分子中三个 N—H 键的夹角是 107°，这表明 NH_3 分子是三角锥型构型。键长和键角的数值可以从单晶 X 射线衍射技术测定的晶体结构数据中获得。

在描述共价键性质的三个参数中，键长和键能可以描述共价键的强度，而键长和键角则多用于描述共价键分子的空间构型。

7.1.3 杂化轨道理论

根据价键理论的电子配对原理，CH_4 分子中 C 原子的外层 2p 轨道上只有 2 个自旋平行的单电子，只能形成两个共价键。同时，由于 C 原子的 3 个 2p 轨道相互垂直(90°)，因此形成的 C—H 键之间的键角应该是 90°。然而，这些推论与实际的 CH_4 结构不符。研究表明，CH_4 分子具有正四面体结构，4 个 C—H 键完全等同，C—H 键之间的键角为 109°28′（图 7.5）。这表明价键理论的电子配对原理在解释一些分子中原子的价键数目以及分子的空间结构上存在问题。

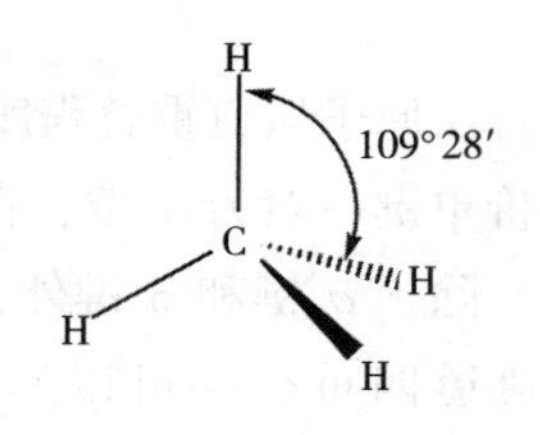

图 7.5 甲烷分子的空间构型

1931 年，Pauling 提出杂化轨道理论，成功地解释了 CH_4 等分子的空间构型，丰富和发展了价键理论。

7.1.3.1 杂化轨道的理论要点

杂化轨道理论主要有以下理论要点：

① 在形成多原子分子的过程中，中心原子中能量相近的不同类型的几个原子轨道在成键时可以互相叠加重组，形成成键能力更强的新轨道。这种轨道重新组合的过程叫杂化，形成的新轨道叫杂化轨道。比如，对于 CH_4 分子的形成，杂化轨道理论认为，C 原子价电子层的 1 个 2s 和 3 个 2p 轨道发生杂化，线性组合形成 4 个能量相等的新轨道，再与 4 个 H 原子的 1s 轨道重叠形成四个 C—H 键。这里需要注意两点：第一，孤立原子的原子轨道是不会发生杂化的，只有原子在相互结合形成分子时，原子轨道才会发生杂化以保证与其他原子轨道的最大重叠，从而进行成键。第二，只有能量相近的原子轨道才能发生杂化，如 2s 和 2p，而能量相差太大的轨道则不能发生杂化，如 1s 和 2p。

② 在形成分子的过程中，为了得到更多更强的共价键，原子轨道杂化时，通常将成对电子中的一个激发到能量较高的空轨道成为单电子，原子从基态变为激发态所需要的能量完全可用成键时放出的能量来补偿。以这种方式成键后，体系能量更低。

③ 一定数目的原子轨道杂化后得到数目相同、能量相等的新轨道。

④ 杂化轨道具有一定的方向和形状，其电子云分布更集中，成键能力更强，与其他轨道重叠时，重叠程度更高，形成的共价键更牢固。为了使成键电子之间的排斥力最小，各个杂化轨道在核外要采取对称的空间分布方式，这也决定了分子具有一定的空间构型。

在杂化理论中，分子的形成过程通常存在激发、杂化、轨道重叠等过程，并且在实际成键过程中，激发和杂化是同时发生的。

7.1.3.2 杂化轨道的类型

根据组成杂化轨道的原子轨道的种类和数目的不同，可以把杂化轨道分成不同类型。

(1) s-p 型杂化

只有 s 轨道和 p 轨道参与的杂化称为 sp 型杂化，主要有三种类型。

① sp^3 杂化。sp^3 杂化轨道是由 1 个 ns 轨道和 3 个 np 轨道杂化形成的，每一个 sp^3 杂化轨道各含有$\frac{1}{4}$的 s 轨道成分和$\frac{3}{4}$的 p 轨道成分。如图 7.6 所示，4 个 sp^3 杂化轨道分别指向正四面体的 4 个顶点，各 sp^3 杂化轨道之间的夹角为 109°28′。

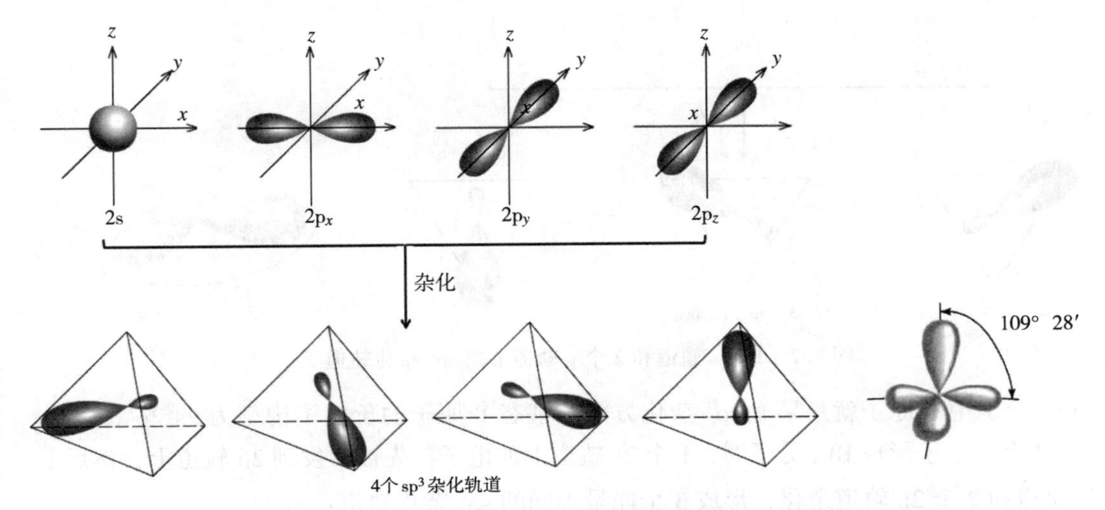

图 7.6　1 个 s 轨道和 3 个 p 轨道形成 sp^3 杂化轨道

CH_4 分子中 C 原子就是采取这种杂化方式。C 原子 2s 轨道上的一个电子首先被激发到 2p 轨道上，然后 1 个 2s 轨道和 3 个 2p 轨道杂化，形成 4 个能量相等的 sp^3 杂化轨道：

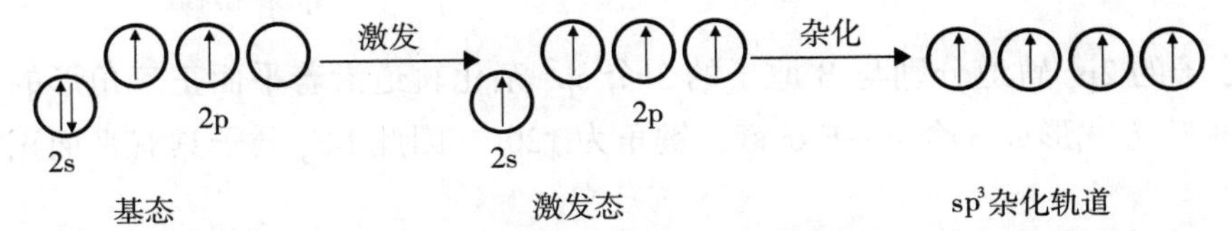

4 个氢原子的 1s 轨道分别与 C 原子的 4 个 sp^3 杂化轨道沿着四面体的四个顶点以“头碰头”的方式重叠形成四个 C—H σ 键，键角为 109°28′，因此 CH_4 具有正四面体构型。

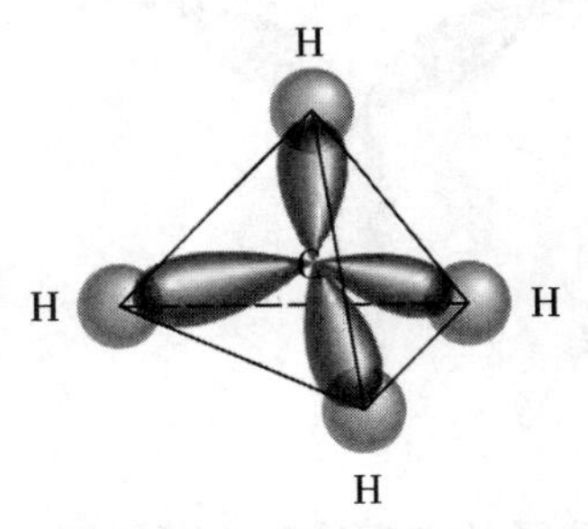

除 CH_4 分子外，C_2H_6、CCl_4 和 SiH_4 等分子的空间结构也能用 sp^3 杂化轨道加以解释。

② sp^2 杂化。sp^2 杂化轨道是由 1 个 ns 轨道和 2 个 np 轨道杂化形成的，每一个 sp^2 杂化轨道各含有$\frac{1}{3}$的 s 轨道成分和$\frac{2}{3}$的 p 轨道成分。如图 7.7 所示，3 个 sp^2 杂化轨道分别指

向平面正三角形的三个顶点，各 sp^2 杂化轨道之间的夹角为120°。

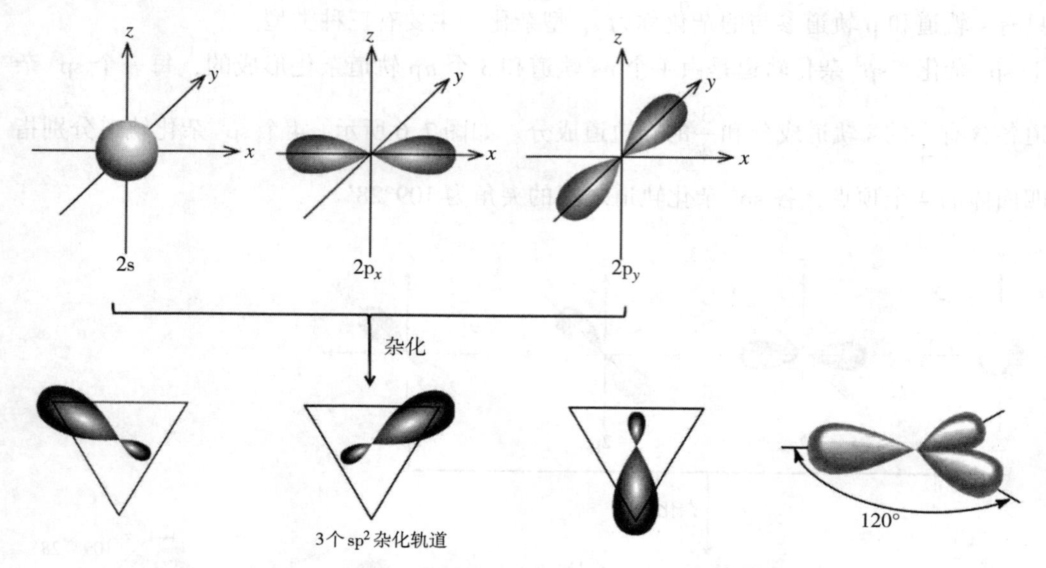

图 7.7　1 个 s 轨道和 2 个 p 轨道形成 sp^2 杂化轨道

BF_3 分子中 B 原子就是采取 sp^2 杂化方式。基态 B 原子的价电子构型为 $2s^22p^1$，当 B 原子与 3 个 F 原子形成 BF_3 分子时，1 个 2s 轨道上的电子首先被激发到 2p 轨道上，然后 1 个 2s 轨道和 2 个 2p 轨道杂化，形成 3 个能量等同的 sp^2 杂化轨道：

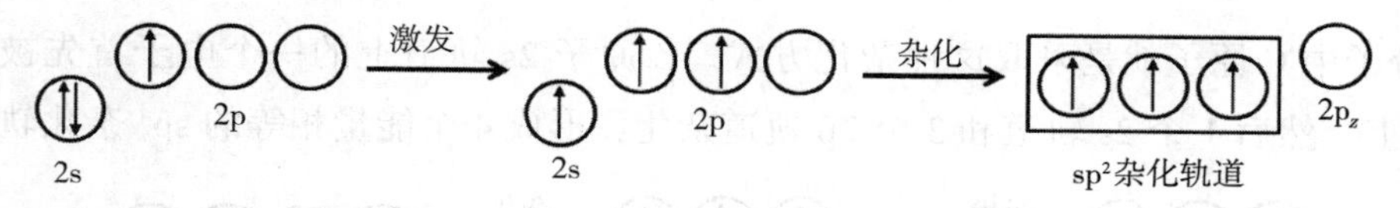

3 个 F 原子的 $2p_x$ 轨道分别与 B 原子的 3 个 sp^2 杂化轨道沿着平面正三角形的三个顶点以“头碰头”方式形成 3 个 B—F σ 键，键角为120°，因此 BF_3 分子具有平面正三角形构型。

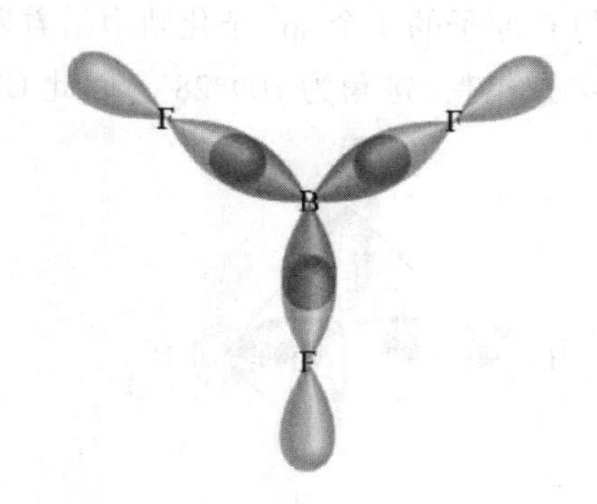

BCl_3、H_3BO_3、C_2H_4(乙烯)等分子的空间构型也可以用 sp^2 杂化理论加以解释。

③ sp 杂化。sp 杂化轨道是由 1 个 *n*s 轨道和 1 个 *n*p 轨道杂化形成的，每一个 sp 杂化轨道各含$\frac{1}{2}$的 s 轨道成分和$\frac{1}{2}$的 p 轨道成分。如图 7.8 所示，2 个 sp 杂化轨道在空间的分

布呈直线型，轨道夹角为 180°。

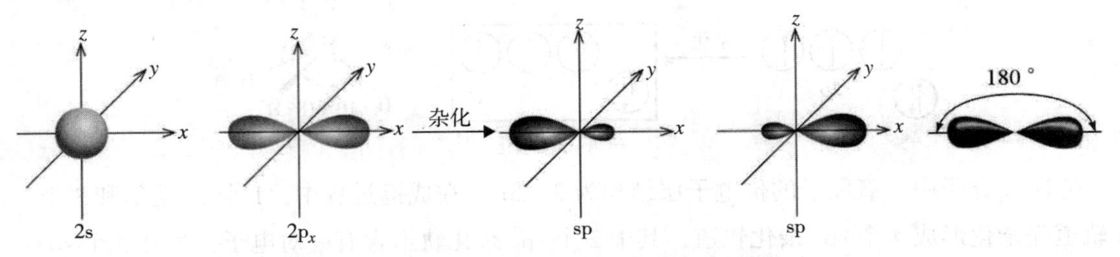

图 7.8　1 个 s 轨道和 1 个 p 轨道形成 sp 杂化轨道

$BeCl_2$ 分子中 Be 原子采取 sp 杂化。Be 原子 2s 轨道上的一个电子首先被激发到 1 个 2p 轨道上，然后 2s 轨道和 1 个 2p 轨道杂化，形成 2 个能量等同的 sp 杂化轨道：

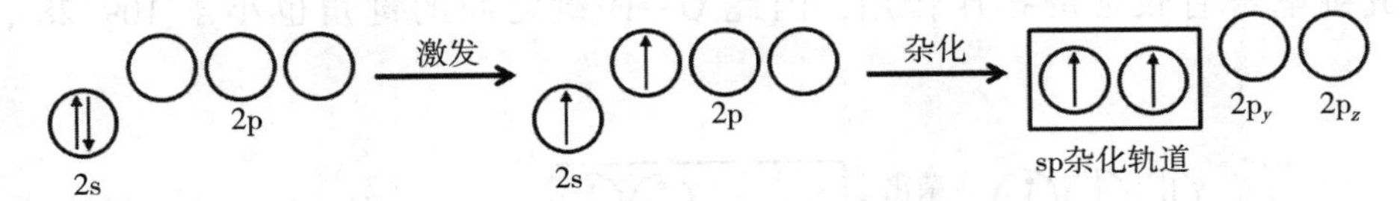

2 个 Cl 原子的 $3p_x$ 轨道分别与 Be 原子的 2 个 sp 杂化轨道以“头碰头”的方式重叠形成 2 个 Be—Cl σ 键，键角为 180°，因此 $BeCl_2$ 的构型为直线型。

除 $BeCl_2$ 外，C_2H_2(乙炔)、$HgCl_2$ 等分子的空间结构也能用 sp 杂化轨道加以解释。

以上讨论的 s-p 型杂化方式中，每一种杂化方式形成的相应的杂化轨道的能量均各自相同，并且成分相同，即杂化轨道所含的 s 轨道的成分和 p 轨道的成分也都相同，这种杂化轨道称为等性杂化轨道。比如：CH_4 分子中 C 原子的 4 个 sp^3 杂化轨道的能量完全相同，每一个都含有$\frac{1}{4}$的 s 轨道成分和$\frac{3}{4}$的 p 轨道成分，因此 CH_4 分子中 C 原子的杂化属于等性杂化。同理，BF_3 分子中的 B 原子和 $BeCl_2$ 分子中的 Be 原子的杂化也都属于等性杂化。与等性杂化对应，若杂化后形成的杂化轨道的成分（包括杂化轨道中电子的数目）不相等，则杂化轨道的能量不相等，这样的杂化称为不等性杂化。

如果参与杂化的原子轨道既包含具有未成对电子的原子轨道，也包含具有成对电子的原子轨道，则这样的杂化称为不等性杂化。NH_3 分子和 H_2O 分子是两个典型的中心原子采取不等性杂化的例子。

在 NH_3 分子中，氮原子的价电子层结构为 $2s^2 2p^3$。成键时，1 个 2s 轨道和 3 个 2p 轨道先杂化形成 4 个 sp^3 杂化轨道，其中 1 个 sp^3 杂化轨道含有一对电子，另外 3 个 sp^3 杂化轨道各含一个单电子，因此，这四个 sp^3 杂化轨道所含的 s 与 p 成分不完全相等，能量也不完全相同，其中含有一对电子的杂化轨道的能量较低，而其他三个含有单电子的杂化轨道的能量较高。成键时，氮原子中 3 个含有单电子的杂化轨道与氢原子的 1s 轨道重叠形成 3 个 N—H 键，另外一个含有孤对电子的杂化轨道不参与成键（称为非键轨道）。孤对电子对成键电子对的排斥作用大于成键电子对间的排斥作用，因此，N—H 键之间的键角小于 109°28′，为 107°18′。

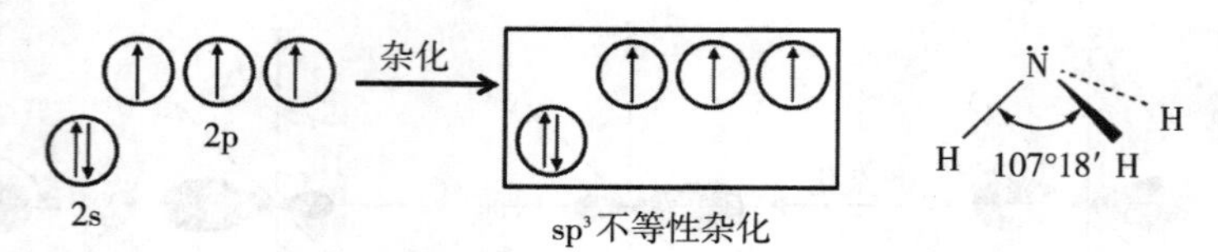

在 H_2O 分子中，氧原子的价电子层结构为 $2s^22p^4$，在成键过程中，1 个 2s 轨道和 3 个 2p 轨道先杂化形成 4 个 sp^3 杂化轨道，其中 2 个 sp^3 杂化轨道含有一对电子，另外 2 个 sp^3 杂化轨道各含一个单电子，属于 sp^3 不等性杂化。其中，含有一对电子的杂化轨道的能量较低，而其他两个含有单电子的杂化轨道的能量较高。2 个含有单电子的杂化轨道与氢原子的 1s 轨道重叠形成 2 个 O—H 键。由于两对孤电子对不参与成键，电子云集中在氧原子周围，对成键电子有较强的排斥作用，因此 O—H 键之间的键角也小于 109° 28′，为 104°28′。

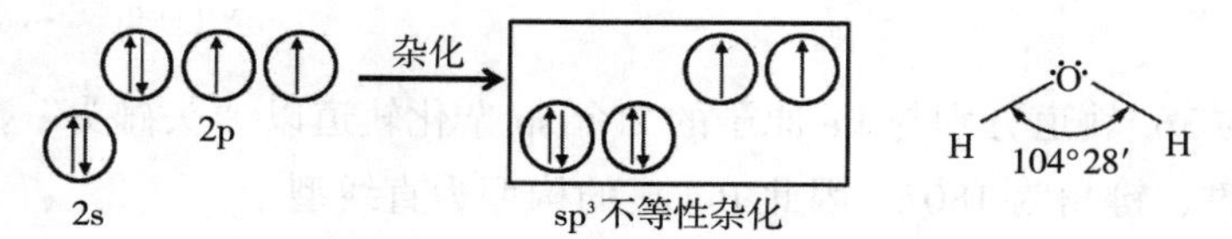

（2）s-p-d 型杂化

ns 轨道、np 轨道和 nd 轨道一起参与的杂化称为 s-p-d 型杂化，主要包括两种类型：

① sp^3d 杂化。1 个 ns 轨道，3 个 np 轨道和 1 个 nd 轨道组合成 5 个 sp^3d 杂化轨道，这 5 个杂化轨道在空间成三角双锥，杂化轨道间的夹角分别为 90°、120°和 180°。

PCl_5 分子中 P 原子采取 sp^3d 杂化方式。P 原子的价电子层结构为 $3s^23p^3$，当 P 原子与 Cl 原子成键时，P 原子 3s 轨道上的一个电子被激发到空的 3d 轨道上去，然后一个 3s 轨道，3 个 3p 轨道和 1 个 3d 轨道进行杂化形成 5 个 sp^3d 杂化轨道。5 个杂化轨道分别与 5 个 Cl 原子中的 1 个 p 轨道重叠形成 5 个 σ 键，形成三角双锥构型。平面内的 3 个 P—Cl 键的键角为 120°，垂直于平面的 2 个 P—Cl 键与平面的夹角为 90°。

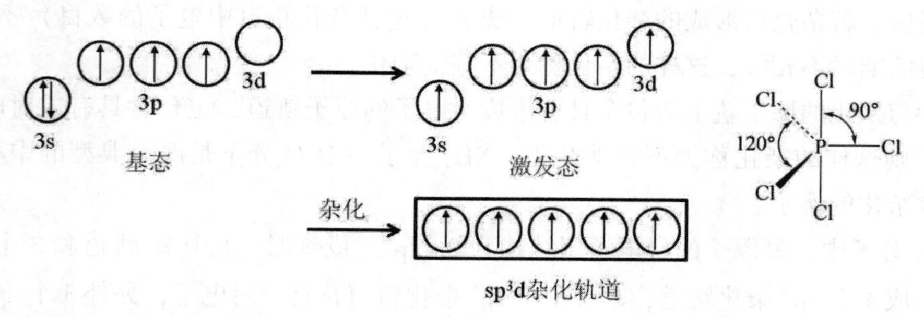

② sp^3d^2 杂化。1 个 ns 轨道，3 个 np 轨道和 2 个 nd 轨道组合成 6 个 sp^3d^2 杂化轨道，这 6 个杂化轨道在空间成正八面体，杂化轨道间的夹角分别为 90°和 180°。

SF_6 分子为正八面体构型。在 SF_6 中，S 原子采取 sp^3d^2 杂化方式。S 原子的价电子层结构为 $3s^23p^4$，当 S 原子与 F 原子成键时，S 原子 3s 轨道上的 1 个电子和 1 个已经成对的 3p 电子分别激发到 2 个空 3d 轨道上，然后 1 个 3s 轨道、3 个 3p 轨道和 2 个 3d 轨道杂化形成6个sp^3d^2杂化轨道。6个杂化轨道分别与6个F原子的1个p轨道形成6个σ键。

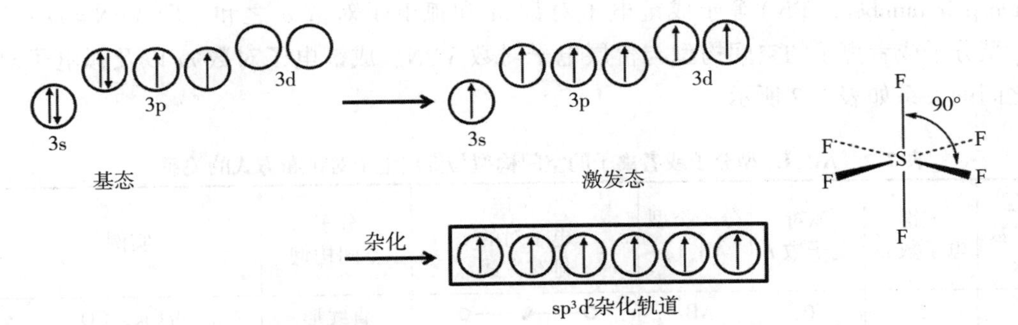

d轨道参与的杂化类型还包括sdp^2，dsp^3和d^2sp^3杂化，这些杂化轨道由$(n-1)$d，ns和np轨道组成，即有$(n-1)$d轨道参与杂化。

综上，杂化轨道理论对于分子的空间构型可以进行较为合理的解释。但是，用杂化轨道理论预测分子的空间构型却比较困难。需要指出的是，在不同分子或离子中，同一中心原子可采取不同的杂化方式，具体的杂化方式应对应或匹配相应分子的几何构型。

7.1.4 价层电子对互斥理论

价层电子对互斥理论(Valence Shell Electron Pair Repulsion，简称VSEPR法)可以比较简单、实用并且准确地判断共价分子的空间构型以及中心原子的杂化方式。价层电子对互斥理论是西奇维克(Sidgwick)和鲍威尔(Powell)在1940年提出来的，吉利斯皮(Gillespie)和尼霍姆(Nyholm)在20世纪50年代对其加以发展。

7.1.4.1 价层电子对互斥理论的基本要点

① 在AB_mL_n型分子或者离子中，A为中心原子，B为配位原子或者原子团，m为配位原子或者原子团的个数。L为孤电子对，n为孤电子对的个数。A和B一般为主族元素的原子。AB_mL_n型分子或者离子的空间构型取决于中心原子的价电子层电子对的排斥作用。价层电子对包括成键电子对和未成键的孤电子对。

② AB_mL_n型分子或者离子的空间构型采取价层电子对相互排斥作用最小的构型。价层电子对间尽可能远离以使斥力最小。如果把中心原子A的价电子层看作一个以A为中心的球面，那么球面上距离最远的两点是直径的两个端点，相距最远的三点则是通过球心的内接三角形的3个顶点，相距最远的4点是内接正四面体的4个顶点，相距最远的5点是内接三角双锥的5个顶点，相距最远的6点对应着内接正八面体的6个顶点。因此，中心原子价层电子对的空间排布方式、价层电子对数以及可能的键角之间的关系如表7.1所示。

表7.1 中心原子价层电子对数与电子对的空间排布方式以及键角的关系

价层电子对数	价层电子对的空间排布方式	可能形成的键角
2	直线型	180°
3	平面三角形	120°
4	四面体	109°28′
5	三角双锥	90°，120°，180°
6	八面体	90°，180°

③ 若 AB_mL_n 型分子或者离子中只含有共价单键，则中心原子 A 的价层电子对数（valence pair number, VPN）等于成键电子对数 m 和孤电子对数 n 之和，即 $VPN=m+n$。AB_mL_n 型分子或者离子的空间构型与价层电子对数 VPN、成键电子对数 m 以及孤电子对数 n 之间的关系如表 7.2 所示。

表 7.2　AB_mL_n 型分子或者离子的空间构型与价层电子对排布方式的关系

A 价层电子对数 VPN	成键电子数 m	孤对电子数 n	分子类型 AB_mL_n	A 价层电子对的排布方式	分子空间构型	实例
2	2	0	AB_2		直线形	$BeCl_2$，CO_2
3	3	0	AB_3		平面三角形	BF_3，SO_3，CO_3^{2-}，NO_3^-
	2	1	AB_2L		V 形	O_3，NO_2，NO_2^-，$SnCl_2$
4	4	0	AB_4		四面体	CH_4，CCl_4，SO_4^{2-}，PO_4^{3-}
	3	1	AB_3L		三角锥	NH_3，NF_3，ClO_3^-
	2	2	AB_2L_2		V 形	H_2O，H_2S，SCl_2
5	5	0	AB_5		三角双锥	PCl_5，AsF_5
	4	1	AB_4L		跷跷板形	SF_4，$TeCl_4$
	3	2	AB_3L_2		T 形	ClF_3，BrF_3
	2	3	AB_2L_3		直线形	XeF_2，I_3^-
6	6	0	AB_6		八面体	SF_6，AlF_6^{3-}
	5	1	AB_5L		四方锥	ClF_5，IF_5
	4	2	AB_4L_2		平面正方形	XeF_4，ICl_4^-

④ 若中心原子 A 与配位原子 B 之间通过双键或者叁键结合时，在 VSEPR 理论中，多重键可当成单键处理，多重键的两对或者三对电子同单键的一对电子是等同的。

⑤ 虽然多重键的存在不能决定分子的空间构型，但是却对键角有一定的影响。电子对间的排斥作用随多重键类型的不同而有差异，一般规律为：

单键-单键 <单键-双键 <双键-双键

⑥ 价层电子对间排斥力的大小取决于电子对之间的夹角以及价层电子对参与成键的情况。一般规律如下：

(a) 电子对之间的夹角越小，排斥力越大。

(b) 由于成键电子对会受到两个成键原子的原子核的吸引，因此其电子云在一定程度上弥散在两核间，而孤电子对只受到中心原子的吸引，电子云则比较集中，离核更近，对相邻的电子对的排斥作用大。

因此，价层电子对之间的排斥力大小顺序为

孤电子对-孤电子对 >孤电子对-成键电子对 >成键电子对-成键电子对。

7.1.4.2 分子的空间构型判断

根据价层电子对互斥理论，可以按照以下步骤判断分子或离子的空间构型。

① 确定中心原子 A 的价层电子对数。按照下式计算价层电子对数：

$$\text{价层电子对数}=\frac{\text{A 的价电子数}+\text{B 提供的电子数}\pm\text{离子电荷}}{2}$$

VSEPR 理论讨论的共价分子主要针对主族元素化合物，其中中心原子 A 多属于 p 区元素，其价电子数等于 A 所在的族数，如硼作为中心原子可以提供三个价电子，碳族、氮族、氧族、卤素和稀有气体作为中心原子时，依次分别提供 4、5、6、7 和 8（He 除外）个价电子。作为配位原子 B 的元素通常是氢、氧、硫和卤素的原子，在计算配位原子提供的电子数时，氢和卤素原子各提供 1 个价电子，氧和硫原子（也称为ⅥA 族配位原子）按不提供价电子进行计算。例如，BF_3 分子中，硼的价层电子对数为

$$\frac{3+1\times3}{2}=3\text{，全为成键电子对}$$

SO_3 分子中，S 的价层电子对数为：

$$\frac{6}{2}=3\text{，全为成键电子对}$$

确定中心原子的孤对电子数 n，可通过下式计算：

$$\text{孤电子对数}=\frac{\text{A 的价电子数}-\text{A 与 B 成键用去的电子数}}{2}$$

SO_2 分子中，S 的价层电子对数也为 3，但是由于 S 只与 2 个 O 成键，因此只有 2 对成键电子对，1 对孤电子对。

对于正离子，在计算中心原子 A 的价电子数时，应减去相应的正电荷；对于负离子，则应加上相应的负电荷。例如，NH_4^+ 离子中，N 的价层电子对数为

$$\frac{5+1\times4-1}{2}=4\text{，全为成键电子对}$$

ClO_3^- 离子中，Cl 的价层电子对数为

$$\frac{7+1}{2}=4，3 对成键电子对，1 对孤电子对$$

如果中心原子 A 周围的价电子总数为单数，即除以 2 后还余一个电子，则把单电子也作为电子对处理，如 NO_2 分子中，价层电子对数算作 3。

② 根据中心原子 A 的价层电子对数和孤电子对数，确定价层电子对的排布方式，参见表 7.2。

如果孤电子对数 $n=0$，则分子的空间构型与价层电子对的空间构型是相同的；如果孤电子对数 $n\neq0$，则分子的空间构型与价层电子对的空间构型不相同。例如，NH_3 的价层电子对数为 4，价层电子对的空间构型为四面体，但是 NH_3 分子的空间构型为三角锥，因为四面体的一个顶点被一对孤电子对占据。又如 H_2O 分子，价层电子对数也为 4，但是价层电子对中有 2 对孤电子对，因此水分子的空间构型为“V”形，2 对孤电子对占据了四面体的 2 个顶点。

在四面体中，孤电子对处于任何顶点时，其斥力都是等同的。但在三角双锥构型中，孤对电子是处于轴向位置还是处于水平方向三角形的某个顶点上时斥力却是不同的。原则上，孤电子对应处于斥力最小的位置上。首先应该避免斥力最大的“孤电子对-孤电子对”分布在互成 90°的位置上，其次应该避免“孤电子对-成键电子对”分布在互成 90°的位置上。

以 SF_4 分子为例。中心原子 S 的价层电子对数为 5，其中，4 对成键电子对，1 对孤电子对，价层电子对的空间构型为三角双锥，其中孤对电子占据三角双锥的 1 个顶点。孤电子对占据的位置有两种可能(图 7.9)，哪种更为稳定可根据三角双锥中成键电子对和孤电子对处于 90°夹角的排斥作用的数目来判定。图 7.9(a)中，孤对电子与成键电子对间互成 90°的数目为 2；图 7.9(b)中，孤对电子与成键电子对间互成 90°的数目为 3；因此 SF_4 分子的空间构型应为图 7.9(a)，为变形四面体，也称跷跷板形。

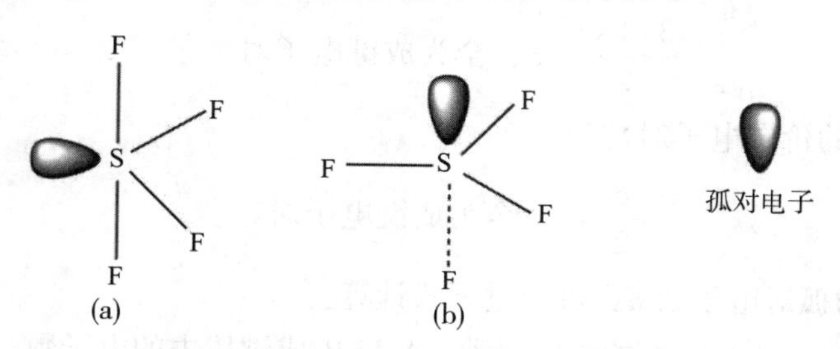

图 7.9　SF_4 分子可能的空间构型

假如三角双锥的价层电子对空间排布中有 2 对孤对电子，如 ClF_3 分子，则分子的空间构型有 3 种可能(图 7.10)。3 种可能中，(b)有“孤电子对-孤电子对”互成 90°角的斥力，而(a)和(c)中没有这种斥力，因此(b)的空间构型是不可能的。再比较一下(a)和(c)，(a)中互成 90°角的“孤电子对-成键电子对”的数目为 4，而(c)中互成 90°角的“孤电子对-成键电子对”的数目则为 6，因此(a)的斥力最小，是一种较为稳定的结构，因此 ClF_3 分子的空间构型为“T”形。

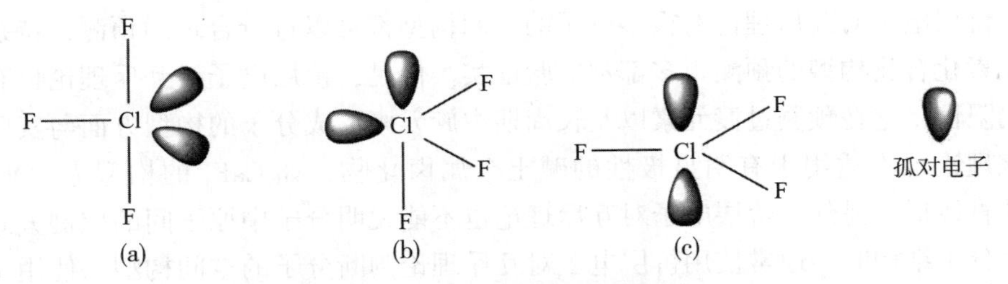

图 7.10　ClF_3 分子可能的空间构型

在八面体的价层电子对空间构型中，若有一对或者两对孤对电子，基于上述的考虑，孤对电子将分别占据八面体的一个顶点（仅一种构型）或者相对的两个顶点，分子的空间构型则分别为四方锥形或平面正方形。

7.1.4.3　判断分子或者离子的空间构型的实例

（1）判断 NO_2 分子的空间构型

NO_2 分子中，中心原子 N 有 5 个价电子，氧原子提供的电子数记为 0，因此 N 的价层电子对数为 3，其中 2 对成键电子对，1 个单电子当作孤电子对。根据表 7.2，N 原子的价层电子排布应为平面三角形，2 对成键电子对占据平面三角形的 2 个顶点，1 个相当于孤对电子的单电子占据平面三角形的一个顶点，因此 NO_2 分子为"V"形结构。

（2）判断 I_3^- 离子的空间构型

I_3^- 离子中，一个 I 原子为中心原子，另外两个 I 原子是配位原子。中心 I 原子的价层电子对数为 5，其中 2 对成键电子对，3 对孤电子对。根据表 7.2，价层电子对的空间构型为三角双锥，2 对成键电子对占据三角双锥的 2 个顶点，3 对孤电子对占据三角双锥的 3 个顶点。考虑电子对间斥力尽可能小的原则，I_3^- 的空间构型为直线型，此时没有夹角为 90°的孤电子对-孤电子对间的排斥作用，分子构型最稳定。

（3）判断 XeF_4 分子的空间构型

XeF_4 分子中，中心原子 Xe 的价电子数为 8，配位原子 F 各提供一个 1 个电子，因此 XeF_4 的价层电子对数为 6，其中，4 对成键电子对，2 对孤电子对。根据表 7.2，价层电子对的空间构型为八面体，其中，4 对成键电子对占据八面体的 4 个顶点，2 对孤电子对占据八面体的 2 个顶点。2 对孤电子对成 180°角时斥力最小，因此 XeF_4 分子为平面正方形。

（4）判断简单有机分子的空间构型

当非ⅥA 族配位原子与中心原子之间有双键或三键时，价层电子对数应分别减少 1 或者 2。例如，乙烯（ $(H)_2C{=}CH_2$ ）分子中，当以左碳原子为中心时，可归为 AB_3 型分子，C 的价电子数为 4，2 个配位原子 H 各提供一个 1 个电子，右碳原子基团 CH_2 为非ⅥA 族配体，提供 2 个电子与左碳形成 C═C 双键。由于双键当成单键处理，因此乙烯的价层电子对数减 1 为 3，共有 3 个配体。根据表 7.2，价层电子对的空间构型为平面三角形。同样，以右碳原子为中心得到相同结论。因此，乙烯分子为由 C═C 连接的 2 个平面三角形结构。

总之，价层电子对互斥理论对很多分子的空间构型都可以进行合理的预测，特别是对稀有气体元素化合物构型的预测很多都被实验证实。但是，价层电子对互斥理论也有其应用方面的局限性，它在预测过渡元素以及长周期主族元素形成分子的构型方面与实验结果不一致。该理论也不适用于有明显极性的碱土金属卤化物，如 CaF_2 的构型为“V”形，并非预测的直线形。另外，价层电子对互斥理论也不能说明分子中原子间的成键方式。因此，在讨论分子结构时，通常使用价层电子对互斥理论判断分子的空间构型，使用杂化轨道理论等说明分子间原子的成键方式。

7.1.5 分子轨道理论

前面介绍过的价键理论、杂化轨道理论和价电子对互斥理论都属于现代价键理论，它们可以较好地说明共价键的形成和分子的构型，但是它们也有其自身的局限性。现代价键理论是以电子配对为基础的，无法解释具有奇数电子数的分子或者离子（如 H_2^+、O_2^+、NO、NO_2 等）的稳定存在。另外，现代价键理论对一些分子的性质也无法解释，比如氧气分子的顺磁性现象。价键理论认为氧分子中电子均配对成键，不存在未成对电子。然而，实验表明氧分子的磁矩 μ_S 为 2.83 B. M.，由此可推断出氧气分子中含有 2 个未成对的单电子。这个实验事实采用价键理论和杂化轨道理论均无法解释。

1932 年前后，美国科学家马利肯(Mulliken)和德国科学家洪特(Hund)等人先后提出分子轨道理论(molecular orbital theory)，弥补了现代价键理论的不足。现代价键理论认为形成共价键的电子只局限在两个相邻原子间的小区域内运动，而没有考虑整个分子的情况。与之相比，分子轨道理论则是从分子整体出发来考虑电子在分子中的运动状态。分子轨道理论和现代价键理论是量子力学理论描述分子结构的两个不同的分支，但分子轨道理论比价键理论发展更为广泛，并已在药物设计等领域得到重要的应用。

7.1.5.1 分子轨道理论的要点

① 分子中电子不属于某些特定的原子，电子不在某个原子轨道中运动，而是在分子轨道中运动。分子中每个电子的运动状态用相应的波函数 Ψ 来描述，称为分子轨道。

② 分子轨道由组成分子的原子的原子轨道线性组合而成。组合形成的分子轨道的数目等于组合前的原子轨道的数目。比如，两个原子轨道 ψ_a 和 ψ_b 线性组合后产生两个分子轨道 Ψ_1 和 Ψ_1^*：

$$\Psi_1 = C_1\psi_a + C_2\psi_b$$
$$\Psi_1^* = C_1\psi_a - C_2\psi_b$$

式中，C_1 和 C_2 是常数。

这里需要指出，分子轨道理论中原子轨道的组合是不同原子的原子轨道的线性组合，而杂化轨道理论中的杂化指的是同一原子的不同原子轨道的重新叠加重组。原子轨道线性组合形成的分子轨道与组合前的原子轨道的能量不同。分子轨道 Ψ_1 的能量低于原来的原子轨道，称为成键分子轨道，两核间电子概率密度增大，有利于原子间成键。分子轨道 Ψ_1^* 的能量高于原来的原子轨道，称为反键分子轨道，两核外侧电子概率密度大，在两核间稀疏，有节面，不利于原子间成键。

③ 根据原子轨道线性组合方式不同，分子轨道可分为 σ 分子轨道和 π 分子轨道。

原子轨道线性组合成分子轨道的几种常见方式如下：

● s 轨道与 s 轨道的线性组合

两个原子的 1s 轨道线性组合成两个分子轨道，分别为成键分子轨道 σ_{1s} 和反键分子轨道 σ_{1s}^*，其角度分布图如图 7.11 所示。同样，其他 ns 原子轨道也可线性组合成成键分子轨道 σ_{ns} 和反键分子轨道 σ_{ns}^*。

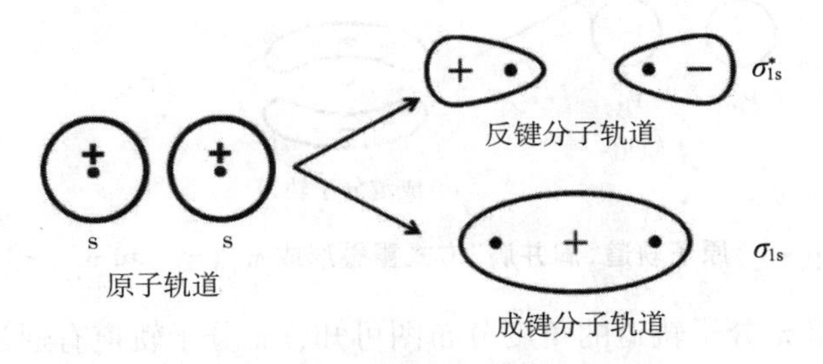

图 7.11　s-s 轨道重叠形成分子轨道

● s 轨道与 p 轨道的线性组合

当一个原子的 s 轨道和另外一个原子的 p 轨道沿着 x 轴方向重叠时，可以形成一个能量低的 σ_{sp} 成键分子轨道和一个能量高的 σ_{sp}^* 反键分子轨道。图 7.12 为 s-p 组合的分子轨道的角度分布图。

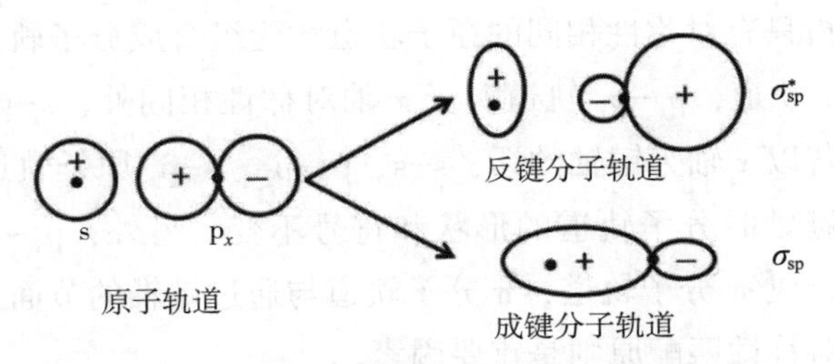

图 7.12　s-p 轨道重叠形成分子轨道

● p 轨道与 p 轨道的线性组合

p 轨道有 3 个不同的伸展方向（p_x，p_y，p_z），若与另一个原子的 3 个 p 轨道两两对应组合，可以形成 6 个分子轨道。当两个原子的 p_x 轨道沿着 x 轴方向以“头碰头”方式重叠时，可以形成一个能量较低的 σ_{px} 成键分子轨道和一个能量较高的 σ_{px}^* 反键分子轨道，其角度分布如图 7.13 所示。

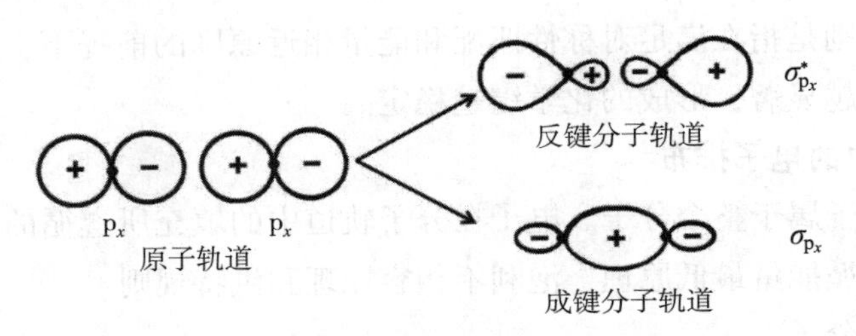

图 7.13　p_x-p_x 原子轨道重叠形成 σ_{px} 和 σ_{px}^* 分子轨道

若键轴为 x 轴，则两个原子的 2 个 p_y 原子轨道（或 2 个 p_z 原子轨道）则沿着键轴方向以“肩并肩”方式重叠成键。这样组合形成 1 个能量较低的 π_{2p} 成键分子轨道和 1 个能

量较高的 π_{2p}^* 反键分子轨道，如图 7.14 所示。

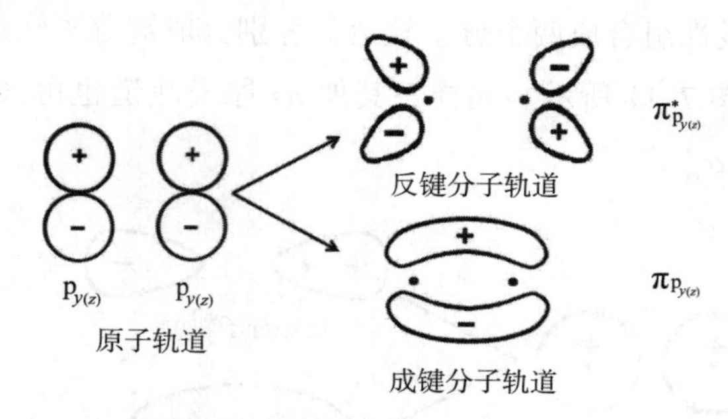

图 7.14 p_y-p_y(p_z-p_z)**原子轨道"肩并肩"方式重叠形成** π_{p_y}(π_{p_z})**和** $\pi^*_{p_g}$($\pi^*_{p_z}$)**分子轨道**

对比 σ 分子轨道和 π 分子轨道的角度分布图可知，π 分子轨道有通过键轴的节面，而 σ 分子轨道没有通过键轴的节面。

除了这三种类型的原子轨道线性组合外，原子的 p_x 轨道也可以和另外一个原子的 d_{xy} 轨道发生重叠；两个原子的 d 轨道（如 d_{xy}-d_{xy}）也可以发生重叠，组合成分子轨道。

④ 原子轨道有效地组合成分子轨道时必须符合能量相近原则、对称性匹配原则和轨道最大重叠原则。这些原则是有效组成分子轨道的必要条件。

对称性匹配原则是指只有对称性相同的原子轨道才能组合成分子轨道。原子轨道具有一定的对称性，除了 s-s 轨道，p_x-p_x 轨道对于 x 轴对称性相同外，s-p_x 轨道对于 x 轴的对称性也一致。因此，若以 x 轴为键轴的话，s-s、p_x-p_x、s-p_x 原子轨道可以组合成 σ 分子轨道，其特征是转动键轴时分子轨道的形状和符号不变。另外，p_y-p_y、p_z-p_z、d_{xy}-p_y 等原子轨道可以重叠组合成 π 分子轨道，π 分子轨道与通过键轴的节面具有反对称性。在分子轨道形成过程中，对称性匹配原则是首要因素。

能量相近原则是指原子轨道能量相近时才能有效组合成分子轨道，并且原子轨道的能量越接近越好。这一原则对于判断不同类型的原子轨道间是否能组合成分子轨道非常重要。比如，F 原子的 2s 轨道和 2p 轨道的能量分别为 $-3\ 869\ \mathrm{kJ\cdot mol^{-1}}$ 和 $-1\ 794\ \mathrm{kJ\cdot mol^{-1}}$，H 原子的 1s 轨道的能量为 $-1\ 312\ \mathrm{kJ\cdot mol^{-1}}$。由于 F 原子的 2p 轨道的能量与 H 原子的 1s 轨道的能量相近，因此在 H 原子与 F 原子生成 HF 分子时，这两个轨道能线性组合成分子轨道。

轨道最大重叠原则是指在满足对称性匹配和能量相近原则的前提下，原子轨道重叠的程度越大，成键效应越显著，形成的化学键越稳定。

7.1.5.2 分子轨道中的电子排布

分子中的所有电子属于整个分子。电子在分子轨道中的填充所遵循的规则与电子填入原子轨道相同，也遵循能量最低原理、泡利不相容原理和洪特规则。

（1）同核双原子分子

① 同核双原子分子的分子轨道能级图。每个分子轨道都有特定的能量。分子轨道的能量主要是根据光谱实验数据测定的。将分子轨道的能量由低到高排列，可得到分子轨道能级图。图 7.15 为第二周期元素的同核双原子分子的分子轨道能级图，分为两种情况。

这两种情况的区别主要在于 σ_{2p} 和 π_{2p} 的能级次序的不同。

对于 O_2 和 F_2 分子来说，其成键原子的 2s 轨道和 2p 轨道之间的能量差较大，因此这两个轨道之间的相互作用较小，可以不用考虑，此时，π_{2p} 分子轨道的能级高于 σ_{2p}，其分子轨道的能级按图 7.15(a)排列。

对于 N 以及 N 之前元素的双原子分子，如 N_2、C_2 和 B_2 等，其成键原子的 2s 轨道和 2p 轨道之间的能量差较小，因此当成键两原子相互靠近时，对称性相同的 σ_{2s}（或 σ_{2s}^*）和 σ_{2p}（或 σ_{2p}^*）轨道之间会发生相互作用，此时 2s 参与了 σ_{2p_x} 的形成，使 σ_{2p_x} 能级升高；同时，$2p_z$ 在参与 π_{2p} 和 π_{2p}^* 形成的同时，也参与了 σ_{2s} 和 σ_{2s}^* 的形成。这些都导致能级顺序发生改变，使 π_{2p} 分子轨道的能级低于 σ_{2p}，其分子轨道的能级按图 7.15(b)排列。

将电子填入分子轨道时，电子进入成键分子轨道使分子体系的能量降低，对成键有贡献，电子进入反键分子轨道使分子体系的能量升高，对成键起到削弱或者抵消作用。总之，成键分子轨道电子多，分子稳定；反键分子轨道电子多，分子不稳定。

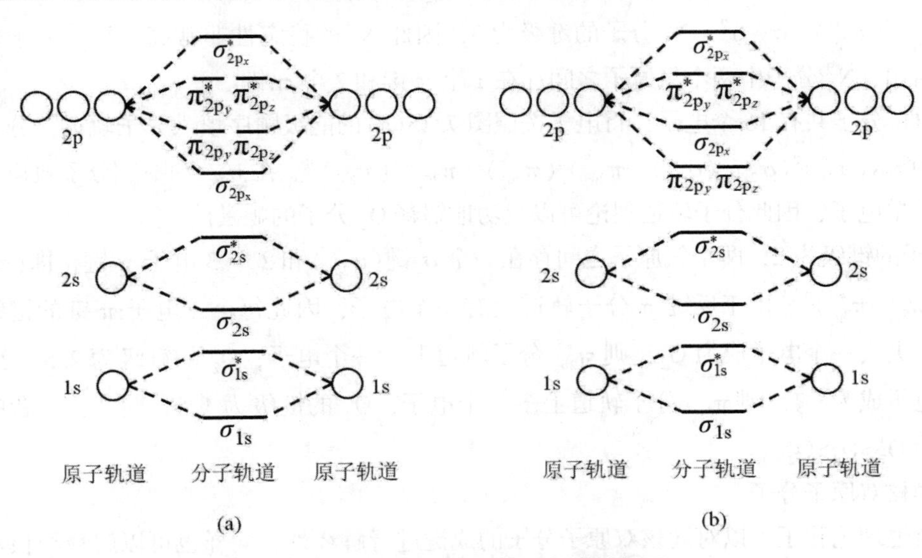

图 7.15 同核双原子分子轨道能级图

分子轨道理论用键级来描述分子的稳定性。成键轨道上电子总数与反键轨道上电子总数之差的一半定义为键级（式 7-1）。通常分子的键级越大，键能越大，共价键越牢固，分子也越稳定。若键级为 0，则分子不能稳定存在。

$$\text{键级} = \frac{\text{成键轨道上电子总数} - \text{反键轨道上电子总数}}{2} \qquad (7\text{-}1)$$

② 第二周期元素同核双原子分子的分子轨道电子排布式。

H_2 H_2 分子是最简单的双原子分子，有 2 个电子，这 2 个 1s 电子以自旋相反的方式填充在 σ_{1s} 成键分子轨道上，其分子轨道表达式为 $H_2(\sigma_{1s})^2$，H_2 分子的键级为 1。

He_2 He_2 分子共有 4 个电子，在填入分子轨道时，2 个电子填充在 σ_{1s} 成键分子轨道上，另外 2 个电子填充在 σ_{1s}^* 反键分子轨道上，其分子轨道式为 $He_2(\sigma_{1s})^2(\sigma_{1s}^*)^2$，键级为 0，因此两个 He 原子之间不能形成化学键，即 He_2 分子不存在。但是 He_2^+ 存在，因为 He_2^+ 的分

子轨道式为 $He_2^+(\sigma_{1s})^2(\sigma_{1s}^*)^1$，键级为 0.5，可以稳定存在。价键理论不能解释 He_2^+ 的存在，但是分子轨道理论可以解释。

Li_2　Li_2 分子共有 6 个电子，将电子按照图 7.15(b)的能级顺序填入分子轨道，其分子轨道式为 $(\sigma_{1s})^2(\sigma_{1s}^*)^2(\sigma_{2s})^2$，键级为 1，可以稳定存在。

C_2　C_2 分子共有 12 个电子，将电子按照图 7.15(b)的能级顺序填入分子轨道，其分子轨道式为 $(\sigma_{1s})^2(\sigma_{1s}^*)^2(\sigma_{2s})^2(\sigma_{2s}^*)^2(\pi_{2p_y})^2(\pi_{2p_z})^2$。由于电子全部成对，故 C_2 分子显示反磁性。C_2 分子的键级为 2，因此 C_2 的解离能比较高。该分子可在高温或者放电条件下检测到。

N_2　N_2 分子共有 14 个电子，将电子按照图 7.15(b)的能级顺序填入分子轨道，分子轨道式为 $(\sigma_{1s})^2(\sigma_{1s}^*)^2(\sigma_{2s})^2(\sigma_{2s}^*)^2(\pi_{2p_y})^2(\pi_{2p_z})^2(\sigma_{2p_x})^2$。原子组成分子时，主要是原子的外层轨道发生相互重叠，而原子内层的电子基本维持了在原子轨道中的状态，所以在分子轨道表示式中内层电子常用光谱学符号表示，当 $n=1$ 时，用 KK 表示有 2 对电子分别处于 2 个原子 K 层的 1s 轨道；当 $n=2$ 时，用 LL 表示。因此，N_2 的分子轨道式也可简化写为 $KK(\sigma_{2s})^2(\sigma_{2s}^*)^2(\pi_{2p_y})^2(\pi_{2p_z})^2(\sigma_{2p_x})^2$。$N_2$ 分子的键级为 3，因此 N_2 的稳定性非常高。从其分子轨道式中可以看出，N_2 分子中两个氮原子之间存在 1 个 σ 键和 2 个 π 键。

O_2　O_2 分子共有 16 个电子，将电子按照图 7.15(a)的能级顺序填入分子轨道，分子轨道式表示为 $KK(\sigma_{1s}^*)^2(\sigma_{2s})^2(\sigma_{2s}^*)^2(\pi_{2p_y})^2(\pi_{2p_z})^2(\pi_{2p_y}^*)^1(\pi_{2p_z}^*)^1$。在 $\pi_{2p_y}^*$ 和 $\pi_{2p_z}^*$ 分子轨道上分别各有一个单电子，因此分子轨道理论可以成功地解释 O_2 分子的顺磁性。

O_2 分子的键级为 2，两个氧原子之间存在一个 σ 键(σ_{2p_x})和 2 个 3 电子 π 键，即 $(\pi_{2p_y}-\pi_{2p_y}^*)^3$ 和 $(\pi_{2p_z}-\pi_{2p_z}^*)^3$。由于反键 π 分子轨道上有一个电子，因此每个三电子 π 键的键级为 0.5。若 O_2 失去一个电子成为 O_2^+，则 $\pi_{2p_y}^*$ 分子轨道上少一个电子，O_2^+ 的键级为 2.5。若 O_2 得到一个电子成为 O_2^-，则 $\pi_{2p_y}^*$ 分子轨道上多一个电子，O_2^- 的键级为 1.5。因此，三者的稳定性顺序为 $O_2^+>O_2>O_2^-$。

(2) 异核双原子分子

分子轨道理论除了可以对同核双原子分子的成键进行解释外，同样也可以解释异核双原子分子的成键。先以 CO 为例，CO 是异核双原子分子，两个原子同属第二周期，CO 和 N_2 都具有 14 个电子，属于等电子体。CO 的分子轨道能级图与 N_2 的分子轨道能级图相似，见图 7.16。

图中 C 原子的 2s 轨道和 2p 轨道的能级比 O 原子高。这是由于第二周期元素从 B 到 Ne，随着原子序数的递增，其 2s 轨道和 2p 轨道的能级逐渐降低。由于 C 原子和 O 原子的 2s 轨道和 2p 轨道的能量相近，因此在原子轨道线性组合成分子轨道的过程中，C 原子和 O 原子的 2s 轨道不仅参与了能级较低的 3σ 和 4σ 的形成，也参与了能级较高的 5σ 和 6σ 的形成。另外，C 原子和 O 原子的 2p 轨道不仅参与了能级较高的 5σ 和 6σ 的形成，也参与了能级较低的 3σ 和 4σ 的形成。由于这些分子轨道的组成比较复杂，因此不使用 σ_{1s}、σ_{2s}、σ_{2s}^*、π_{2p}、π_{2p}^* 等名称，而用 2σ、3σ、4σ、1π、2π 等，其中 1σ、3σ、1π、5σ 为成键分子轨道，2σ、4σ、2π、6σ 为反键分子轨道。CO 分子的分子轨道式为 $(1\sigma)^2(2\sigma)^2(3\sigma)^2(4\sigma)^2(1\pi)^4(5\sigma)^2$，键级为 3，包括一个 σ 键和 2 个 π 键，因此 CO 分子十分稳定。

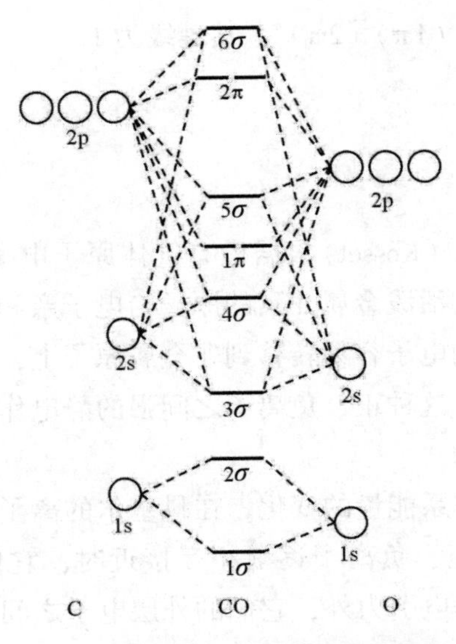

图 7.16　CO 分子的分子轨道能级图

NO 也是第二周期元素形成的异核双原子分子，其分子轨道能级图与 CO 的相似。NO 具有 15 个电子，最后一个电子填入 2π 反键轨道，NO 的键级为 2.5，分子的稳定性也比较高。若 NO 失去一个电子成为 NO^+分子离子，失去的是反键分子轨道上的电子，NO^+的键级为 3，比 NO 更加稳定。另外，NO 分子有一个未成对的单电子，具有顺磁性，而 NO^+分子离子没有未成对电子，没有顺磁性，具有抗磁性。

HF 分子也属于异核双原子分子，其中 H 原子和 F 原子的原子序数相差较大。两原子成键的过程如图 7.17 所示。

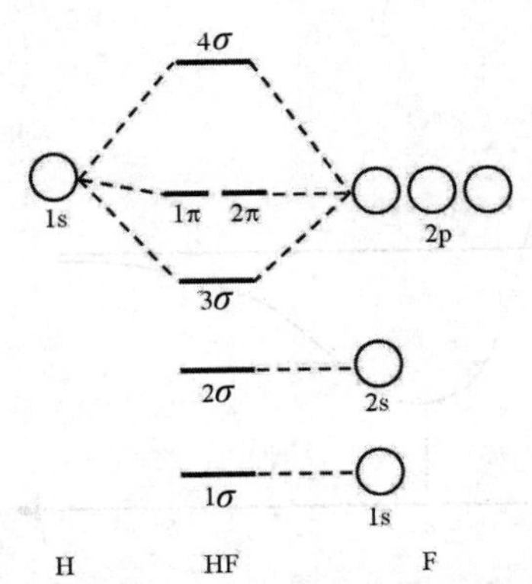

图 7.17　HF 分子的分子轨道能级图

F 原子的 1s 和 2s 轨道在形成分子轨道时不参与成键，其能量与原子轨道相同，称为非键轨道 1σ 和 2σ。F 原子的 2p 轨道的能量与 H 原子的 1s 轨道的能级相近，若 H 原子与 F 原子沿着 x 轴接近，且 1s 轨道和 F 原子的 $2p_x$ 轨道对称性一致时，两者会组合形成一个能量低于 F 原子的 2p 轨道的 3σ 成键分子轨道和一个能量高于氢原子 1s 轨道的 4σ 反键分子轨道。此时，F 原子的 $2p_y$ 和 $2p_z$ 轨道对称性与 H 1s 不一致，不能与 H 原子的 1s 轨道有效组合，仍保持原子轨道的能量，成为两个非键轨道 1π 和 2π。因此在 HF 分子中有三种分子轨道，即成键轨道(3σ)、反键轨道(4σ)和非键轨道(1σ、2σ、1π 和 2π)。HF 的分子轨道式为$(1\sigma)^2(2\sigma)^2(3\sigma)^2(1\pi)^2(2\pi)^2$，其键级为1。

7.2 离子键

7.2.1 离子键的形成

1916年，德国化学家科塞尔(Kossel)根据稀有气体原子电子层结构特别稳定的事实，提出了离子键理论。电离能小的活泼金属元素的原子与电子亲和能大的活泼非金属元素的原子相互接近时，金属原子上的电子容易转移到非金属原子上，此时两者都形成了具有稀有气体稳定结构的正、负离子。这种正、负离子之间强的静电作用力称为离子键。由离子键形成的化合物称为离子化合物。

离子键形成的同时伴随着体系能量的变化。在科塞尔的离子键理论中，正、负离子被看成半径大小不同的球体。当正、负离子逐渐相互接近时，它们之间主要是静电吸引作用；当两者充分接近时，除了静电引力外，它们的外层电子之间以及原子核之间还具有排斥作用；当吸引力和排斥力相互平衡时，体系的能量最低，正、负离子形成稳定的整体，在保持一定距离的平衡位置上振动。常见的离子化合物NaCl的形成过程如下：

$$\left.\begin{array}{l}\mathrm{Na(2s^22p^63s^1)\xrightarrow{-e^-}Na^+(2s^22p^6)}\\ \mathrm{Cl(3s^23p^5)\xrightarrow{+e^-}Cl^-(3s^23p^6)}\end{array}\right\}\xrightarrow{\text{静电引力}}\mathrm{Na^+Cl^-}(\text{离子化合物})$$

图7.18是NaCl的势能曲线。图中，横坐标r是核间距离，纵坐标V是体系的势能。当钠离子和氯离子无限远时，即当r无穷大时，体系的势能为0。当钠离子和氯离子相互接近时，势能V呈先下降后上升的趋势。

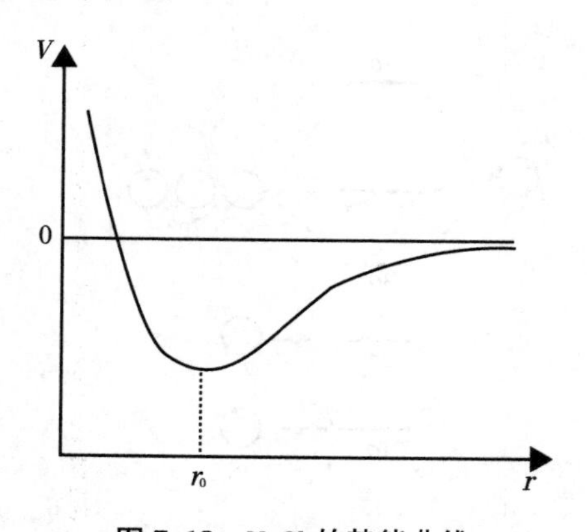

图7.18 NaCl的势能曲线

当$r>r_0$时，正负离子之间主要是静电吸引作用，随着r的减小，体系的势能逐渐降低。

当$r=r_0$时，正负离子之间的排斥力和吸引力达到动态平衡，体系势能最低，体系最稳定，正负离子在平衡位置附近振动，此时正负离子之间形成了离子键。

当$r<r_0$时，正负离子之间主要是排斥作用，随着r的减小，正负离子之间的斥力逐渐增大，体系的势能逐渐增大。

形成离子键时，两个元素原子之间的电负性之差较大。一般认为，当两元素的电负性之差大于 1.7 时，会发生电子转移，形成离子化合物；电负性之差小于 1.7 时，不发生电子转移，形成共价化合物。

应当指出，离子键和共价键之间并不能截然区分，化合物中没有百分之百的离子键。当两元素的电负性之差为 1.7 时，两元素原子之间键的离子性为 50%。

7.2.2 离子键的特征

(1) 离子键的本质是静电引力

在离子键的形成过程中，原子失去或者得到电子成为正负离子，正负离子之间通过静电引力结合在一起形成离子键，因此离子键的本质是静电作用力。离子所带的电荷越多，离子的半径越小，离子间的静电引力越强，离子键越强。

(2) 离子键没有方向性

离子的电荷是球形对称分布的，可以在空间任意方向上吸引异号电荷的离子，并且在任意方向上的吸引力是一样的。

(3) 离子键没有饱和性

在空间条件允许的情况下，每一个离子可以吸引尽可能多的带有异号电荷的离子，但是可吸引的异号电荷的离子数目也不是任意的，它与正负离子半径的大小及其所带电荷有关。比如：在 NaCl 晶体中，每个 Na^+ 周围排列有 6 个 Cl^-，同时每个 Cl^- 周围排列有 6 个 Na^+。而在 CsCl 晶体中，每个 Cs^+ 周围排列有 8 个 Cl^-，每个 Cl^- 周围排列有 8 个 Cs^+。

7.2.3 晶格能

离子键的强度常用晶格能的大小来衡量。晶格能是指在标准状态下，将 1 mol 离子晶体解离成气态的正离子和气态的负离子时所需要吸收的能量，用 U 来表示。对于 NaCl 晶体来说，

$$NaCl(s) = Na^+(g) + Cl^-(g) \qquad \Delta H = U$$

晶格能 U 越大，表示晶体分解成离子时吸收的能量越多，离子键越强。

晶格能的大小无法通过实验直接测定，主要是通过热化学方法利用相关的实验数据间接计算得到。德国人玻恩（Born）和哈伯（Haber）根据盖斯定律设计了一个热力学循环以计算晶格能，这个循环被称为玻恩-哈伯循环。以 NaCl 为例，

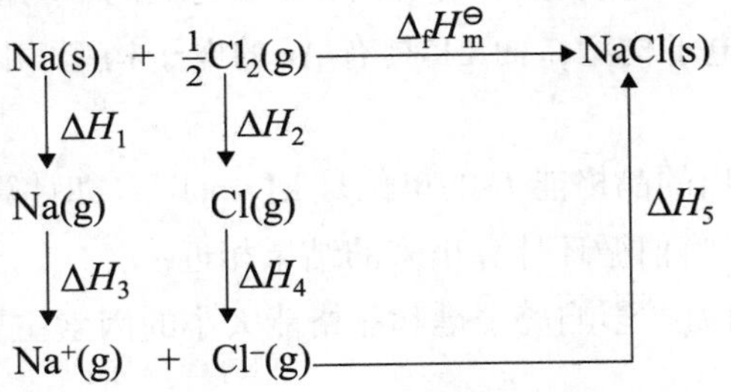

$$\begin{array}{ccccc}
Na(s) & + & \frac{1}{2}Cl_2(g) & \xrightarrow{\Delta_f H_m^{\ominus}} & NaCl(s) \\
\downarrow \Delta H_1 & & \downarrow \Delta H_2 & & \uparrow \\
Na(g) & & Cl(g) & & \Delta H_5 \\
\downarrow \Delta H_3 & & \downarrow \Delta H_4 & & \uparrow \\
Na^+(g) & + & Cl^-(g) & \longrightarrow &
\end{array}$$

生成氯化钠反应的热效应 $\Delta_f H_m^{\ominus}$ 为 $-411.2\ kJ \cdot mol^{-1}$，这个反应可以分成 5 步反应：

① 1 mol 固态钠晶体变为气态钠原子，钠的原子化(升华)热 ΔH_1 为 $+108\ kJ \cdot mol^{-1}$；

② 0.5 mol 氯气分子解离生成 1 mol 气态氯原子，ΔH_2 为氯气解离能(D)的一半，为 $+121\ kJ \cdot mol^{-1}$；

③ 1 mol 气态钠原子电离成气态钠离子，ΔH_3，即钠元素的第一电离能 I_1，为+496 $kJ \cdot mol^{-1}$；

④ 1 mol 气态氯原子与电子结合成 1 mol 气态氯离子，ΔH_4，即氯元素的第一电子亲和能(E_A)的相反数，为−349 $kJ \cdot mol^{-1}$；

⑤ 气态钠离子与气态氯离子结合成为 1 mol 固体氯化钠晶体，ΔH_5，即 NaCl 晶格能(U)的相反数。

根据盖斯定律，$\Delta_f H_m^{\ominus} = \Delta H_1 + \Delta H_2 + \Delta H_3 + \Delta H_4 + \Delta H_5$

$$\Delta H_5 = -U = \Delta_f H_m^{\ominus} - (\Delta H_1 + \Delta H_2 + \Delta H_3 + \Delta H_4)$$

则 $U = (\Delta H_1 + \Delta H_2 + \Delta H_3 + \Delta H_4) - \Delta_f H_m^{\ominus} = 108 + 121 + 496 - 349 + 411.2$

$= 787.2\ kJ \cdot mol^{-1}$

即氯化钠的晶格能为 787.2 $kJ \cdot mol^{-1}$。

使用玻恩-哈伯循环也可计算其他离子型晶体的晶格能，但计算晶格能时需要用到元素第一电子亲和能的数据，由于电子亲和能的数据并不是很全面，因此用这种方法来计算晶格能会受到一定的限制。

玻恩(Born)和兰德(Lande)从静电引力理论出发，推导出计算晶格能的玻恩-兰德方程：

$$U = \frac{138490 Z^+ Z^- A}{r}\left(1 - \frac{1}{n}\right) \tag{7-2}$$

式中，Z^+，Z^-为正、负离子电荷数的绝对值。r 为正、负离子半径之和(pm)；A 为马德隆(E Madelung)常数，与晶格类型有关，对于 CsCl 型晶体，$A = 1.763$；NaCl 型，$A = 1.748$；ZnS 型，$A = 1.638$。n 为玻恩指数，由离子的电子构型决定(表 7.3)。

表 7.3　离子的电子构型与玻恩指数的关系

电子构型	He	Ne	Ar 或 Cu^+	Kr 或 Ag^+	Xe 或者 Au^+
n	5	7	9	10	12

若正、负离子的电子构型不同，则在计算时，n 取它们的平均值，如计算 NaCl 的晶格能时，由于 Na^+具有 Ne 的电子构型，而 Cl^-具有 Ar 的电子构型，因此两者的平均波恩指数为 $n = (7+9)/2 = 8$。

用玻恩-兰德方程计算出的晶格能 U 的单位是 $kJ \cdot mol^{-1}$，如计算出的 NaCl 的晶格能为 753.5 $kJ \cdot mol^{-1}$，与用玻恩-哈伯循环计算出来的结果相近。

离子键的本质是静电引力，影响离子键和晶格能大小的因素主要是离子的电荷、离子半径和离子的电子构型。

7.2.3.1　离子的电荷

离子的电荷对离子键的强度和晶格能的大小影响很大。离子的电荷越高，则两性电荷间的吸引力越大，离子晶体的晶格能越大，离子键越强，离子化合物的熔点和沸点越高，硬度也大。从表 7.4 可以看出，NaF 的正负离子所带电荷为+1 和−1，MgO 的正负离子所带电荷数为+2 和−2，因此，MgO 的晶格能要大于 NaF，其熔点和硬度也高于 NaF。

表 7.4 晶格能与离子晶体的熔点和硬度

离子化合物	离子电荷	核间距 r/pm	晶格能/($kJ \cdot mol^{-1}$) *	熔点/K	莫氏硬度
NaF	1	231	923	1 266	3. 2
NaCl	1	282	786	1 074	2. 5
NaBr	1	298	747	1 020	<2. 5
NaI	1	323	704	934	<2. 5
MgO	2	210	3 791	3 125	6. 5
CaO	2	240	3 401	2 887	4. 5
SrO	2	257	3 223	2 703	3. 5
BaO	2	274	3 054	2 191	3. 3

* 为理论计算值

7.2.3.2 离子的半径

离子晶体中离子的半径越小，离子的核间距越小，对应的晶格能越大，离子键越强。

从表 7.4 可以看出，金属卤化钠从 NaF 到 NaI，离子的核间距 r 逐渐变大，晶格能逐渐变小，熔点逐渐变低。

将离子晶体中的正、负离子看成是相切的球体(图 7.19)，两离子中心的距离（核间距）是正、负离子的半径之和，常用 r 来表示。r 值可由晶体的 X 射线衍射实验测得。如果已知离子晶体中一个离子的半径，就可以通过 r 值求得另外一个相关离子的半径。

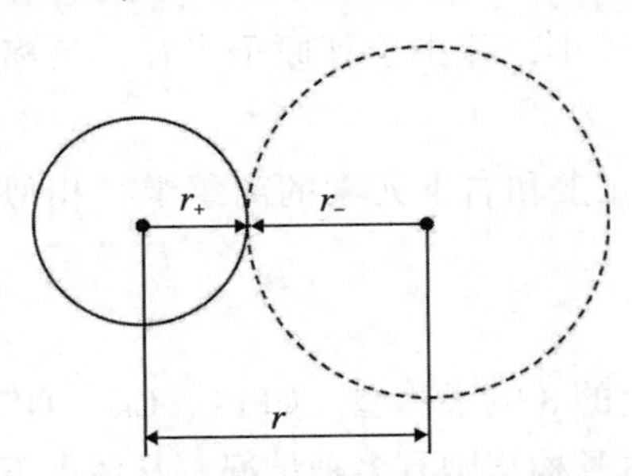

图 7.19 离子半径与核间距离的关系

1926 年，哥德希密特（Goldschmidt）用光学方法测定了 F^- 和 O^{2-} 的半径，根据 X 射线衍射数据，推算出其他一系列离子的半径（称为哥德希密特半径）。1927 年，鲍林将最外层电子到核的距离定义为离子半径。鲍林利用有效核电荷的数据求出一套离子半径数值，称为鲍林半径。

$$r_+(r_-) = \frac{C_n}{z-\sigma}$$

式中：$r_+(r_-)$ 为正(负)离子的离子半径，C_n 为由最外层电子层的主量子数 n 决定的常数；z 为核电荷数；σ 为屏蔽常数。通常采用鲍林半径来比较离子半径大小和讨论其变化规律。表 7.5 列出了一些离子的鲍林半径数据。

表 7.5 常见离子的鲍林半径

离子	半径/pm	离子	半径/pm	离子	半径/pm
Li^+	68	Cr^{3+}	64	Hg^{2+}	110
Na^+	97	Mn^{2+}	80	Al^{3+}	54
K^+	133	Fe^{2+}	76	Sn^{2+}	102
Rb^+	147	Fe^{3+}	64	Sn^{4+}	71
Cs^+	167	Co^{2+}	74	Pb^{2+}	120
Be^{2+}	35	Ni^{2+}	72	O^{2-}	140
Mg^{2+}	66	Cu^+	96	S^{2-}	184
Ca^{2+}	99	Cu^{2+}	69	F^-	133
Sr^{2+}	112	Ag^+	126	Cl^-	181
Ba^{2+}	134	Zn^{2+}	74	Br^-	196
Ti^{4+}	68	Cd^{2+}	97	I^-	216

离子半径的变化规律主要有以下几点：

① 同一主族，从上到下，电子层增加，具有相同电荷数的离子半径增加。例如：

$$Li^+<Na^+<K^+<Rb^+<Cs^+,\ F^-<Cl^-<Br^-<I^-$$

② 同一周期的主族元素从左到右，正离子的电荷数越高，半径越小；简单负离子的电荷数越高，半径越大。例如，$Na^+>Mg^{2+}>Al^{3+}$，$Cl^-<S^{2-}<P^{3-}$。

③ 同一元素的不同氧化值的正离子，电荷高的半径小。例如，$Fe^{3+}<Fe^{2+}$。

④ 一般来说，正离子半径较小，并小于其原子半径；负离子半径较大，并大于其原子半径。

⑤ 周期表对角线上，左上元素和右下元素的离子半径相似。例如，Li^+和Mg^{2+}，Sc^{3+}和Zr^{4+}的半径相似。

7.2.3.3 离子的电子构型

简单的负离子通常具有稳定的 8 电子构型，如 F^-、Cl^-、O^{2-}等，最外层都是稳定的稀有气体电子构型。而正离子的电子构型则有多种情况，具体如下：

① 0 电子构型。最外层没有电子，如 H^+等。

② 2 电子构型(ns^2)。最外层有 2 个电子，如 Li^+、Be^{2+}等。

③ 8 电子构型(ns^2np^6)。最外层有 8 个电子，如 Na^+、K^+、Ca^{2+}等。

④ 9-17 电子构型($ns^2np^6nd^{1-9}$)。最外层有 9 到 17 个电子，如 Fe^{2+}、Cr^{3+}等。

⑤ 18 电子构型($ns^2np^6nd^{10}$)。最外层有 18 个电子，如 Ag^+、Cd^{2+}等。

⑥ (18+2) 电子构型[$(n-1)s^2(n-1)p^6(n-1)d^{10}ns^2$]。次外层有 18 个电子并且最外层有 2 个电子的离子，如 Rb^{2+}、Sn^{2+}、Bi^{3+}等。

离子的电子构型也影响离子键的强度和离子化合物的性质。比如 NaCl 和 AgCl 中，虽然 Na^+和 Ag^+都是正一价正离子，但是 NaCl 易溶解于水，AgCl 难溶于水。这主要是由于两种正离子的电子构型不同，Na^+为 8 电子构型，而 Ag^+属于 18 电子构型。

7.2.4 离子的极化

共价键和离子键之间有着内在的联系，在一定条件下可以相互转化，这可以通过离子极化理论来说明。

7.2.4.1 离子的极化力和变形性

离子在外电场或者其他离子的影响下，原子核与电子云发生相对位移而变形，这种现象称为离子的极化。离子使异号离子极化的现象称为极化作用。被异号离子极化而发生电子云变形的能力，称为极化率或者变形性。正离子和负离子都有极化作用和变形性两个方面。正离子的半径一般比负离子的小，因此正离子的极化作用大，而负离子的变形性大。离子的极化作用主要是指正离子的极化作用，有以下规律：

① 正离子的电荷越高，极化作用越强。例如，

$$Si^{4+}>Al^{3+}>Mg^{2+}>Na^{+}$$

② 电荷数相同、价层电子构型相同的离子，半径越小，极化能力越强。例如，

$$Mg^{2+}>Ca^{2+}>Sr^{2+}>Ba^{2+}$$

H^{+}的半径极小，因此极化能力极强。同样，Li^{+}也有相当强的极化能力。

③ 在电荷相同并且半径相近的情况下，不同电子构型的正离子的极化作用不同，其大小为 18 或者 18+2 电子构型的离子 >9～17 电子构型的离子 >8 电子构型的离子。

离子的变形性也与离子的电子结构有关，有以下规律：

① 价层电子构型相同的离子，随着负电荷的减小和正电荷的增加，变形性逐渐减小。例如，

$$O^{2-}>F^{-}>(Ne)>Na^{+}>Mg^{2+}>Al^{3+}>Si^{4+}$$

② 价层电子构型相同的离子，电子层越多，离子半径越大，变形性越大。例如，

$$I^{-}>Br^{-}>Cl^{-}>F^{-}$$

③ 18 电子构型和 9～17 电子构型的离子，其变形性比半径相近、电荷数相同的 8 电子构型的离子大得多。例如，

$$Ag^{+}>Na^{+};\quad Zn^{2+}>Mg^{2+}$$

④ 复杂负离子的变形性不大，并且复杂负离子中心离子的氧化数越高，变形性越小。例如，

$$SiO_4^{2-}>PO_4^{3-}>SO_4^{2-}>ClO_4^{-}$$

综上所述，离子的变形性大小顺序如下：

$$I^{-}>Br^{-}>Cl^{-}>CN^{-}>OH^{-}>NO_3^{-}>F^{-}>ClO_4^{-}$$

7.2.4.2 相互极化

当正离子也容易变形时，负离子变形后对正离子也有极化作用，使正离子的电子云发生变形，这时正、负离子之间具有相互极化作用。正离子变形后产生诱导偶极，反过来又加强了对负离子的极化能力，增加的这部分极化作用称为附加极化作用。

7.2.4.3 反极化作用

NO_3^{-} 中心的 N(Ⅴ)的极化作用很强，使氧的电子云变形，靠近 N 处电子云密度大，显负电性，而远离中心处显正电性(图 7.20(a))。在 HNO_3 分子中，H^{+}对与其相连的氧原子

的极化作用与N(V)对这个氧原子的极化作用相反，使氧原子靠近N处的电子云密度小，显正电性；氧原子靠近H处显负电性(图7.20(b))。H^+的极化作用为反极化作用，是指它与中心N(V)的极化作用恰好相反。由于H^+的极化能力极强，这种反极化作用导致O—N键结合力减弱。因此硝酸在较低的温度下就会分解，生成NO_2：

$$4HNO_3=4NO_2+2H_2O+O_2$$

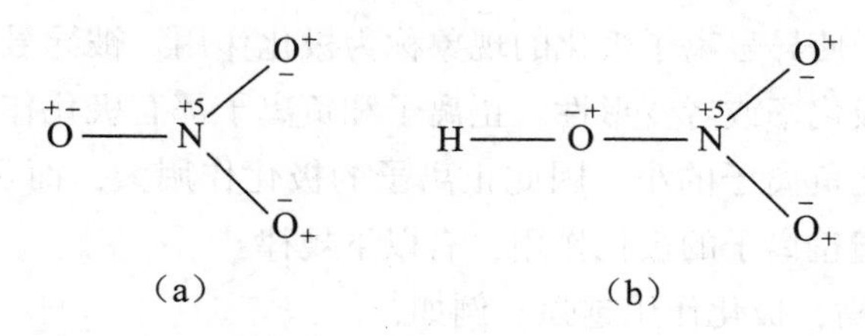

图7.20　HNO_3分子中H^+的反极化作用

Li^+的极化能力次于H^+，但是强于Na^+，故稳定性关系有

$$HNO_3<LiNO_3<NaNO_3$$

含氧酸及含氧酸盐中一般存在反极化作用。通常酸式盐热稳定性一般低于正盐，如碳酸氢钠的热稳定性低于碳酸钠。

若含氧酸及含氧酸盐的中心原子的氧化数高时，则其极化能力强，对正离子的反极化作用的能力也强，这可以解释硝酸盐的热稳定性高于亚硝酸盐，也可以解释硫酸盐的稳定性一般高于碳酸盐。

离子极化对化合物的物理性质有较大影响。离子极化使离子的电子云变形并相互重叠，使离子键的成分减少，共价键的成分增大。离子相互极化的程度越大，共价键的成分越多，离子键就逐渐向共价键过渡。键型的改变对化合物的熔点有很大影响。例如，NaCl和AgCl虽然具有相同的晶体构型，但是NaCl的熔点为801 ℃，而AgCl的熔点却只有455 ℃，这是由于Ag^+离子的极化力和变形性都很大，Ag^+和Cl^-离子相互极化作用大，键的共价性增多。

当离子键向共价键转变时，相应化合物的溶解度也相应降低。例如，AgF易溶于水，而从AgCl、AgBr到AgI，键中共价成分逐渐增多，溶解度也逐渐变小。

7.3　分子间作用力和氢键

在研究气体的时候，一般假想气体分子之间的作用力可忽略不计，此时可采用理想气体状态方程描述气体，并用气体的分子动力学理论来解释分子的行为。低压高温下的真实气体可以近似看成是理想气体。1873年，荷兰物理学家范德华(Vander Waals)提出了描述真实气体行为的理想气体状态方程的修正项，这部分与分子间作用力有关，因此分子间作用力也称为范德华力。在一定条件下，气体凝聚成液体及液体凝结成固体也是分子间具有相互作用力的体现。

与化学键相比，分子间作用力相对较弱，其大小约为10 $kJ\cdot mol^{-1}$，而共价键的大小约为10^2 $kJ\cdot mol^{-1}$。化学键是决定物质化学性质的重要因素，而分子间作用力则对物质的熔点、沸点、溶解度以及稳定性等物理性质都有很大的影响。分子间力的本质主要是一种电性引力，与分子的极性有关，在此首先介绍一下分子的极性和偶极矩。

7.3.1 分子间作用力

7.3.1.1 分子的极性与偶极矩

分子中有带正电荷的原子核和带负电荷的电子。像对物体的质量取重心一样，分子中的每一种电荷也可取一个正电荷重心和负电荷重心。若分子的正电荷重心和负电荷重心重合，则分子为非极性分子(图 7.21(a))。同核双原子分子，如 H_2 和 N_2 等，由于两个元素的电负性相同，对共用电子的吸引力相同，因此它们的正、负电荷重心必然重合，即它们都是非极性分子。若分子的正电荷重心和负电荷重心不重合，分子会产生偶极，则分子为极性分子(图 7.21(b))。异核双原子分子，如 HF 和 CO 等，两个元素的电负性不同，电负性大的原子对共用电子的吸引力大于电负性小的原子，使得负电荷重心会偏向电负性较大的元素，因此它们的正、负电荷重心不重合，即它们都是极性分子。

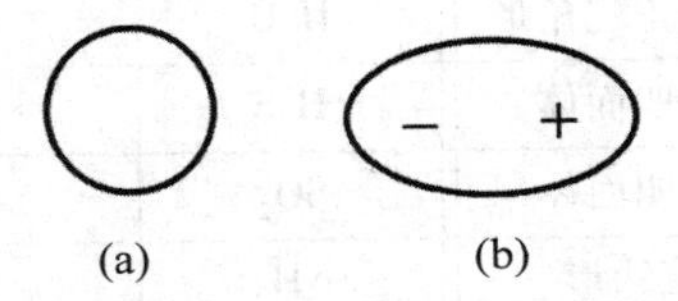

图 7.21 非极性分子(a)和极性分子(b)示意图

分子的极性与键的极性有关。电负性差值为零的两种元素原子形成的共价键为非极性共价键。电负性差值不为零的两种不同元素原子形成的共价键为极性共价键。两个原子的电负性差值越大，键的极性就越大。对于由极性键组成的分子来说，双原子分子的极性由共价键的极性决定，但是多原子分子的极性则与分子的组成和分子构型有关。比如，BF_3 和 NF_3 分子中，B—F 键和 N—F 键都是极性共价键，但 BF_3 分子为平面正三角形，分子的正、负电荷重心重合，是非极性分子；而 NF_3 分子具有三角锥构型，分子的正、负电荷重心不重合，是极性分子。另外，H_2O 分子为“V”型结构，其正、负电荷重心也不重合，也是极性分子（图 7.22)。

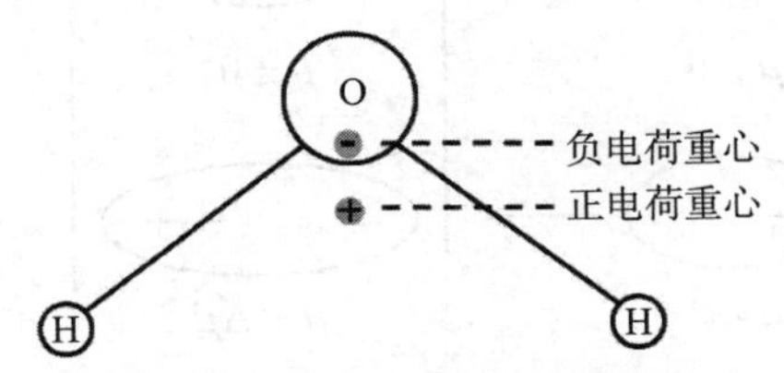

图 7.22 H_2O 分子中的电荷重心分布

分子极性的大小可以用其偶极矩的大小来衡量。偶极矩(μ)是正电荷重心(或者负电荷重心)上的电荷量(q)与正负电荷重心之间的距离(d)的乘积。

$$\mu = q \cdot d \tag{7-3}$$

式中，q 的单位为 C，d 的单位为 m，按照国际单位制，偶极矩的单位为 C·m（库·米）。偶极矩 μ 是一个矢量，方向由正电荷重心指向负电荷重心。

$$q^{+}\ (\mathrm{H}) \xrightarrow[d]{\mu} (\mathrm{Cl})\ q^{-}$$

分子偶极矩的大小可由实验测出，表 7.6 为某些分子的偶极矩的实验值。

偶极矩为 0 的分子为非极性分子，如直线形的同核双原子分子以及具有平面正三角形以及正四面体构型的多原子分子。偶极矩不为 0 的分子都是极性分子，如直线形的异核双原子分子，“V” 形以及三角锥形的分子。偶极矩的数值越大，分子的极性越强。

表 7.6　某些分子的偶极矩和分子的几何构型

分子	$\mu/(10^{-30}\mathrm{C\cdot m})$	几何构型	分子	$\mu/(10^{-30}\mathrm{C\cdot m})$	几何构型
H_2	0.00	直线形	HF	6.40	直线形
N_2	0.00	直线形	HCl	3.61	直线形
CO_2	0.00	直线形	HBr	2.63	直线形
CS_2	0.00	直线形	HI	1.27	直线形
BF_3	0.00	平面正三角形	H_2O	6.23	“V” 形
CH_4	0.00	正四面体	H_2S	3.67	“V” 形
CCl_4	0.00	正四面体	SO_2	5.33	“V” 形
CO	0.33	直线形	NH_3	5.00	三角锥形
NO	0.53	直线形	PH_3	1.83	三角锥形

7.3.1.2　分子的极化

极性分子的正、负电荷重心不重合，本身就存在偶极，此偶极称为固有偶极或永久偶极。在外电场的作用下，分子内部的电荷分布会发生相应的变化，非极性分子原来重合的正、负电荷重心会被分开而具有一定偶极，而极性分子原来不重合的正、负电荷重心被进一步分开，这种过程称为分子的变形极化，产生的偶极称为诱导偶极（图 7.23）。

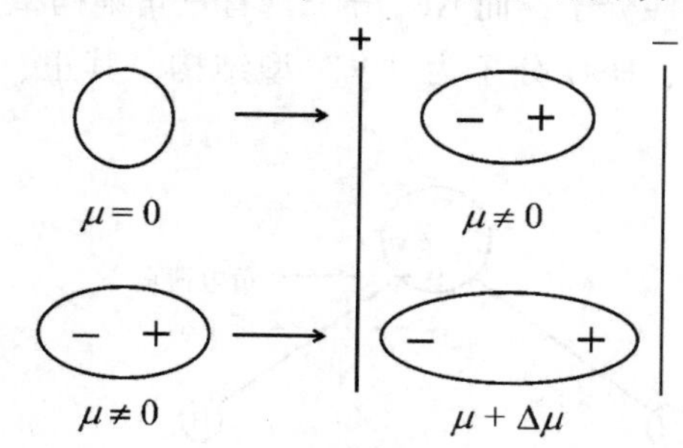

图 7.23　外电场对分子极性的影响

诱导偶极的大小与外电场的强度和分子的变形性成正比。

$$\mu_{诱导} = \alpha \cdot E$$

分子的变形性可用极化率 α 来表示，指分子的正、负电荷重心的可分程度。外电场强度一定时，分子的极化率越大，则分子的变形性越大。

极化率的数值可由实验测得，表 7.7 列出了一些物质的极化率数据。从这些数据可以看出，分子中的电子数越多，α 值越大。因此，同族元素同种类型的分子，如从 He 到 Xe

或者从 HCl 到 HI，从上到下，α 值增大，分子的变形性也变大。任何分子都有变形的可能，分子的极性和变形性是分子间力产生的根本原因。

表 7.7　某些分子的极化率

分子	$\alpha/(10^{-30}m^3)$	分子	$\alpha/(10^{-30}m^3)$
He	0.203	HCl	2.56
Ne	0.392	HBr	3.49
Ar	1.63	HI	5.20
Kr	2.46	H_2O	1.59
Xe	4.01	H_2S	3.64
H_2	0.81	CO	1.93
O_2	1.55	CO_2	2.59
N_2	1.72	NH_3	2.34
Cl_2	4.50	CH_4	2.60
Br_2	6.43	C_2H_6	4.50

在没有外电场时，由于原子核和电子都在无时无刻地运动，非极性分子中的正、负电荷重心在瞬间可能存在不重合的现象，而极性分子的正、负电荷重心的位置也会改变，这种由于分子在一瞬间正、负电荷重心不重合或者位置改变而产生的偶极称为瞬时偶极（图 7.24）。瞬时偶极的大小也和分子的变形性有关，分子的体积越大，电子越多，变形性越大，瞬时偶极也越大。

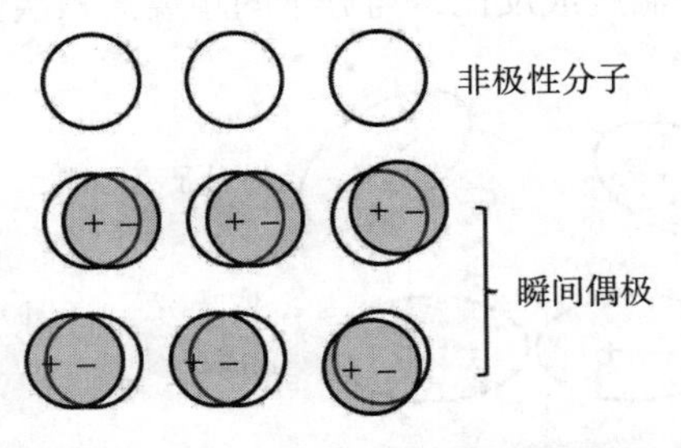

图 7.24　非极性分子产生瞬时偶极示意图

7.3.1.3　分子间作用力

分子间作用力主要包括三种：

(1) 色散力

所有的分子中都存在着瞬时偶极，这种瞬时偶极也会诱导邻近分子产生瞬时偶极，使两分子始终处于异极相邻的状态，这样两个分子间通过瞬时偶极可以相互吸引。这种瞬时偶极之间的相互作用称为色散力（又称伦敦力）。由于瞬时偶极与分子的变形性有关，因此色散力也与分子的变形性有关，分子的变形性越大，色散力越强。

由于分子中都存在瞬时偶极，因此色散力存在于所有的分子之间，包括极性分子与极性分子、极性分子与非极性分子以及非极性分子与非极性分子。

(2) 诱导力

当极性分子与非极性分子靠近时，两者之间除了色散力外，还有诱导作用。极性分子具有永久偶极，当与非极性分子接近时，非极性分子会被诱导产生诱导偶极，两分子处于异极相邻的状态（图 7.25），此时产生的作用力称为诱导力（又称德拜力）。同样，当极性分子与极性分子相互靠近时，在彼此偶极的相互作用下，每个分子也会发生变形而产生诱导偶极，因此两个极性分子之间也存在诱导力。诱导力的大小与两个因素有关：一是极性分子的偶极矩，偶极矩越大，诱导力越强；二是非极性分子的极化率，极化率越大则被诱导产生的“两极分化”越显著，诱导力越强。

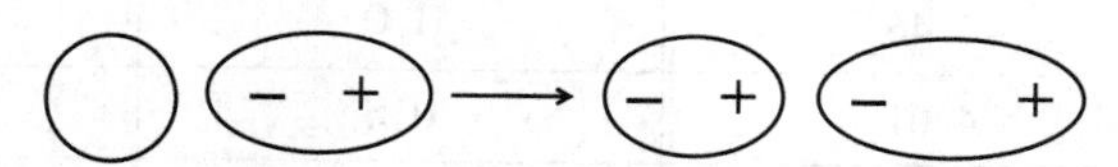

图 7.25　极性分子与非极性分子相互作用示意图

诱导力的本质也是静电引力，可根据静电理论求出其大小。诱导力与分子偶极矩的平方成正比，与被诱导分子的变形性成正比，与温度无关。

(3) 取向力

取向力又称定向力，是两个极性分子之间的永久偶极与永久偶极之间的静电引力。两个极性分子靠近时(图 7.26(a))，由于同极相斥，异极相吸，使得分子在空间要循着一定的方向排列，成为异极相邻的状态，并由静电引力相互吸引(如图 7.26(b))。取向力的强弱取决于极性分子的偶极矩，偶极矩越大，取向力越强。另外，取向力的强弱也与分子间的距离有关。取向作用使两个极性分子更加接近，两个分子相互诱导，使每个分子的正、负重心分得更开(图 7.26(c))，因此它们之间还有诱导作用。取向力的本质是静电引力，取向力与分子偶极矩的平方成正比，与热力学温度成反比，与分子间距离的六次方成反比。

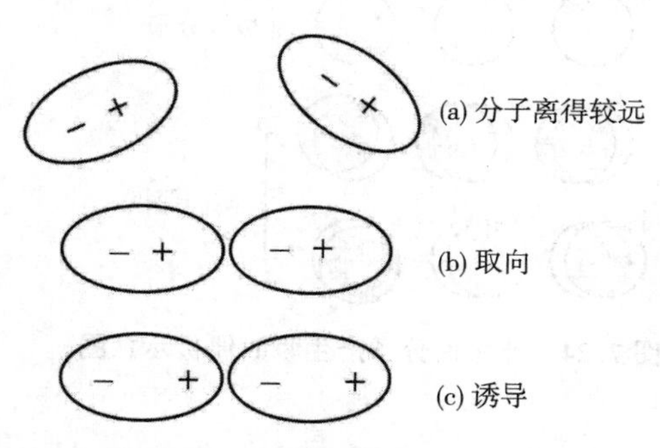

图 7.26　极性分子间的相互作用

总之，在非极性分子之间，只存在色散力；在极性分子和非极性分子之间，有色散力和诱导力；在极性分子之间，则有色散力、诱导力和取向力。三种分子间力均为静电引力，既没有方向性，也没有饱和性。在这几种作用力中，通常情况下，色散力是最主要的，只有当分子的极性非常强时，取向力才比较显著。表 7.8 总结了某些物质两分子间的相互作用力（两分子距离为 500 pm，温度为 298 K）。

表 7.8 某些物质的分子间力(两分子距离为 500 pm,温度为 298 K)

物质	两分子间的作用力		
	取向力/(10^{-22}J)	诱导力/(10^{-22}J)	色散力/(10^{-22}J)
He	0	0	0.05
Ar	0	0	2.9
Xe	0	0	18
CO	0.00021	0.0037	4.6
CCl_4	0	0	116
HCl	1.2	0.36	7.8
HBr	0.39	0.28	15
HI	0.021	0.10	33
NH_3	5.2	0.63	5.6
H_2O	11.9	0.65	2.6

分子间力对物质的物理性质，如熔点和沸点等，具有一定的影响。稀有气体是非极性分子，从 He 到 Ne，相对分子质量增大，分子中电子增多，极化率增大，因此分子间的色散力增大，分子的沸点逐渐升高。对于卤化氢（HF 除外），分子间存在三种分子间作用力，主要是色散力，从 HCl 到 HI，随着相对分子质量的增大，色散力增大，分子间力增强，因此它们的熔点和沸点也逐渐升高。

在卤化氢物质中，HF 的熔点和沸点均比其他三种物质高，这是由于除了上面讨论的三种分子间作用力外，HF 分子间还存在氢键。

7.3.2 氢键

当氢原子与电负性大且半径小的原子(如 F、O、N 原子)形成共价键时，由于键的极性很强，共用电子对强烈地偏移，使氢原子几乎变成带正电荷的核，因此氢原子还可以与另外一个分子中电负性很大且含有孤对电子的原子产生一定的静电作用，这种作用力称为氢键。

同种分子间可以形成氢键，如液态水(图 7.27(a))。不同的分子间也可以形成氢键，例如水分子和氨分子之间也存在氢键(图 7.27(b))。氢键可以用 X—H⋯:Y 通式表示，其中 X 和 Y 代表 F、O、N 等电负性大而半径小的原子，X 与 H 形成共价健的原子，Y 为与 H 形成氢键的原子。X 和 Y 可以是相同元素，也可以是不同元素。

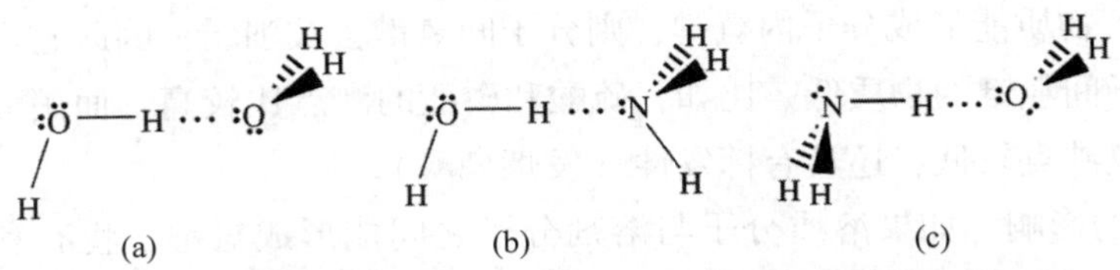

图 7.27 (a)水分子间的氢键;(b)、(c)水分子和氨分子间的氢键

氢键具有两个特点:

① 方向性。由于 Y 原子与 X—H 形成氢键时，将沿着 X—H 键轴的方向生成，即 X—

H…：Y 要在一条直线上，这将使 X 原子和 Y 原子的距离最远，两原子的斥力最小，从而可以稳定地形成氢键。

② 饱和性。每一个 X—H 键只能与一个 Y 原子形成氢键。由于氢原子的半径比 X 或者 Y 原子要小得多，当 X—H 分子中的 H 与 Y 形成氢键后，X、Y 原子电子云的斥力使得另一个极性分子的 Y 原子很难靠近。

氢键的强弱与 X 或者 Y 原子的电负性大小以及半径大小有关，X、Y 的电负性越大，氢键越强；X、Y 的半径越小，氢键越强。氢键的强弱顺序为

$$F—H\cdots F > O—H\cdots O > N—H\cdots N$$

表 7.9 给出了这几个氢键的键长和键能数据。

表 7.9　一些常见氢键的键长和键能

氢键	键长*/pm	键能/($kJ \cdot mol^{-1}$)
F—H…F	255	28.0
O—H…O	276	18.8
N—H…N	358	5.4

* 氢键的键长是指 *X* 原子中心到 *Y* 原子中心的距离

氢键的存在比较普遍，无机含氧酸、有机酸、醇、胺、蛋白质等分子间都存在着氢键。除了分子间可以形成氢键外，分子内也可以形成氢键。例如，硝酸分子或者邻硝基苯酚分子内都含有氢键（图 7.28）。分子内氢键 X—H…：Y 有可能不在一条直线上。

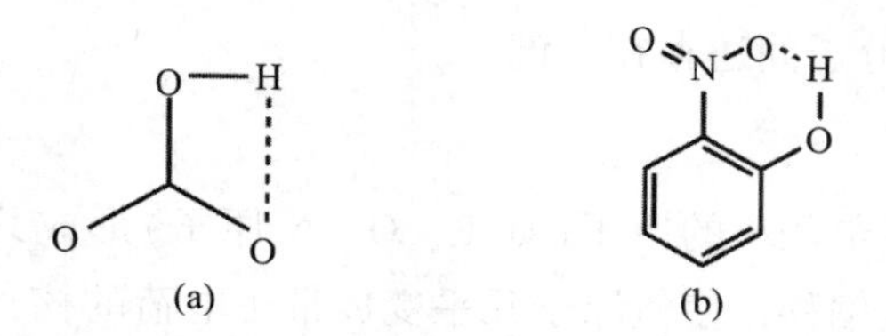

图 7.28　硝酸(a)和邻硝基苯酚(b)示意图的分子内氢键

氢键对物质的性质有以下影响：

① 对物质熔、沸点的影响。分子间氢键可以使物质的熔点和沸点升高。比如在卤化氢中，HF 由于分子间能形成氢键，其熔点和沸点比同族其他元素的氢化物都要高。由于分子间只存在分子间力，同族其他元素的氢化物按照相对分子质量越大，熔、沸点越高的顺序排列。同理，由于氢键的影响，在氧族氢化物和氮族氢化物中沸点最高的是 H_2O 和 NH_3(图 7.29)。若物质能形成分子内氢键，则分子间氢键会被削弱，因此它们的熔点和沸点比只能形成分子间氢键的物质低。比如，硫酸和磷酸的沸点比较高，而硝酸由于形成了分子内氢键，不仅沸点较低，还具有挥发性（发烟硝酸）。

② 对溶解度的影响。如果溶质分子与溶剂分子之间能形成氢键，将有利于溶质分子的溶解。例如，乙醇和羧酸等有机物都易溶于 H_2O，就是因为它们与水分子之间可以形成氢键，使分子相互缔合而溶解。

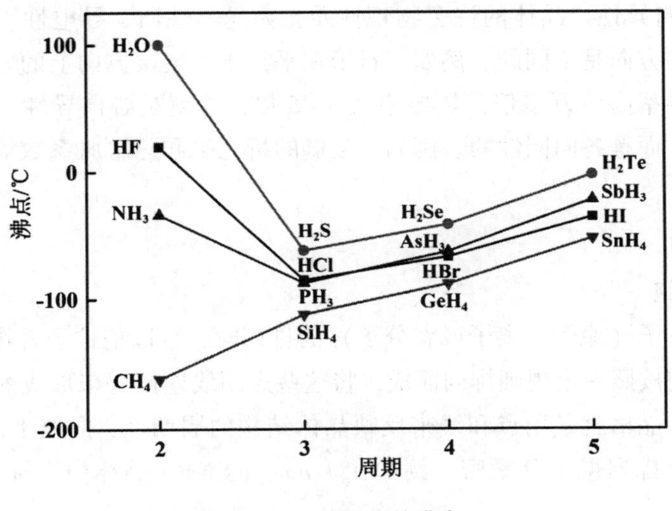

图 7.29　氢化物的沸点

7.4　晶体

固体是以固态形式存在的物质，是物质存在的另一种形态，它与气态、液态构成了物质的三态。固体的特点：具有一定的形状、体积，不可流动，可压缩性和扩散性很小。从微观角度来看，构成固体的基本粒子（原子、分子、离子）的相对位置固定，相互之间间距较小，作用力较强；粒子不能自由运动，只能在固定的平衡位置上做很小范围内的振动。

固体通常被分为晶体和非晶体（无定形体）两类，是按粒子在固体中排列特性的不同划分的晶体是由原子、离子或分子等微粒在空间按一定规律周期重复地排列构成的固体物质，如食盐和糖等。非晶体中微粒的排列没有周期性的结构规律，如玻璃和松香等。

自然界中存在的固体绝大多数是晶体，只有很少部分是非晶体。晶体和非晶体之间可以互相转化，例如，采用熔体急冷法可将金属转变为非晶金属，采用高温退火可将非晶体转变为晶体。玻璃长时间放置或者使用后会变得浑浊不透明，就是由于其逐渐被晶化了。涤纶的熔体迅速冷却得到的是无定形体，若缓慢冷却，则可得到晶体。

7.4.1　晶体的特征

晶体的内部质点按周期性规律排列的结构，使晶体具有下列共同的性质：

① 晶体具有整齐规则的几何外形。物质凝固或从溶液中结晶的过程中，可以自发地形成多面体外形。如食盐结晶是立方体，明矾是八面体。非晶体不会自发地形成多面体外形。比如液体玻璃冷却时，会固化成表面圆滑的无定形体。

② 晶体具有固定的熔点。在一定压力下晶体有固定的熔化温度，温度达到其熔点时，晶体才开始熔化。在晶体未全部熔化之前，即使再加热，系统温度也不会上升。比如，冰的熔点是 0 ℃，在低于 0 ℃时冰不会融化，直至 0 ℃时才融化，继续加热，体系温度不变，直至冰全部融化后温度才上升。非晶体则没有一定的熔点，只有一段软化的温度范围（称为玻璃化转变温度）。比如，将玻璃加热，玻璃逐渐软化成流动性较大的液体，在此过程中，没有温度停顿的时候，很难指出哪一温度是其熔点。

③ 晶体呈现各向异性。晶体的许多物理性质，如光学性质、导电性、热膨胀系数和机械强度等在不同的方向是不同的。例如，石墨在平行于石墨层方向上的电导率比垂直于石墨层方向上的电导率高一万多倍，热导率大5~6倍，这就是各向异性。非晶体物质不会表现出各向异性，而是各向同性的。例如，玻璃的折光率和热膨胀系数等，一般不随测定的方向而改变。

7.4.2 晶体的结构

7.4.2.1 晶格和晶胞

在研究晶体内粒子（原子、离子或者分子）的排列时，可以把粒子看作几何的点，晶体是由这些点在空间按照一定规则排列而成，将这些点用线连接起来形成的空间格子称为晶格(图7.30(a))。晶格就是用点和线来反映晶体结构的周期性，晶格上的点称为结点。晶体中的粒子实际上排列得十分紧密，例如在1 mm^3 的 NaCl 晶体中，排列着 5×10^{18} 个 Na^+离子和 Cl^-离子。

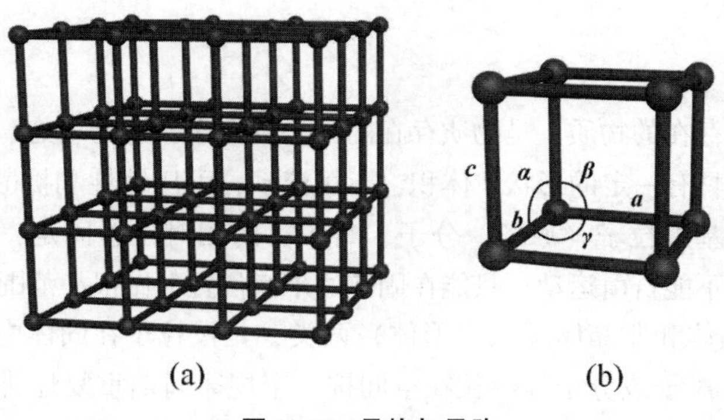

图7.30 晶格与晶胞

为了研究晶格的特征，可以把晶格看做一个平行六面体，并在晶体中画出一个能代表晶格一切特征的最小部分（同样也是一个六面体），这个最小部分称为晶胞(图7.30(b))，晶胞在三维空间中的无限重复形成晶格。

晶胞的大小和形状通常用6个参数来描述，这6个参数分别是 a、b、c 和 α、β、γ。其中，a、b、c 是三个棱的长，α、β、γ 是棱边间的夹角。

7.4.2.2 晶系

根据晶胞参数的差异，可以将晶体分成7个晶系，分别是立方晶系、四方晶系、正交晶系、六方晶系、三方晶系、单斜晶系和三斜晶系。这7个晶系的性质列于表7.10。

除了考虑晶胞参数的差异外，如果还考虑在六面体的面上和体中有无面心或者体心，即所谓按带心型进行分类，可将七大晶系分为14种空间点阵形式。例如，立方晶系可分为简单立方、体心立方和面心立方三种形式。

① 简单立方。晶胞是立方体，结点分别在晶胞立方体的8个顶点上。

② 体心立方。晶胞是立方体，结点共有9个，其中8个在晶胞立方体的8个顶点上，还有1个在晶胞的中心。

③ 面心立方。晶胞是立方体，结点共有14个，其中8个在晶胞立方体的8个顶点上，

还有 6 个在晶胞立方体 6 个面的中心。

表 7.10　七种晶系晶胞参数和实例

晶系	晶胞参数		实例
立方晶系	$a=b=c$	$\alpha=\beta=\gamma=90°$	NaCl
四方晶系	$a=b\neq c$	$\alpha=\beta=\gamma=90°$	SnO_2
正交晶系	$a\neq b\neq c$	$\alpha=\beta=\gamma=90°$	斜方硫
六方晶系	$a=b\neq c$	$\alpha=\beta=90°,\ \gamma=120°$	石墨
三方晶系	$a=b=c$	$\alpha=\beta=\gamma\neq 90°$	Al_2O_3，方解石
单斜晶系	$a\neq b\neq c$	$\alpha=\beta=90°,\ \gamma\neq 90°$	单斜硫
三斜晶系	$a\neq b\neq c$	$\alpha\neq\beta\neq\gamma$	重铬酸钾

四方晶系有简单四方和体心四方；正交晶系包括简单正交、底心正交、体心正交和面心正交；六方晶系只有简单六方；三方晶系只有简单三方；单斜晶系有简单单斜和底心单斜；三斜晶系只有简单三斜。表 7.11 列出了 14 种空间点阵。

表 7.11　14 种空间点阵

格子 / 晶系	简单格子	体心格子	面心格子	底心格子
立方晶系	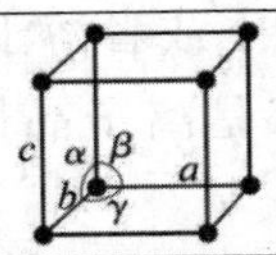 c α β a b γ	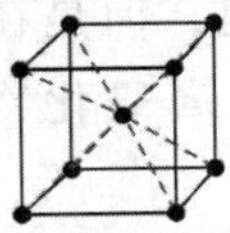	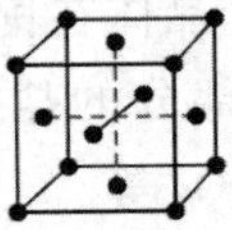	
四方晶系	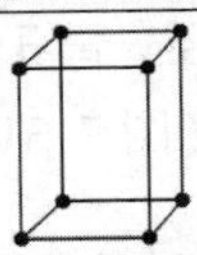	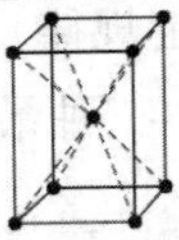		
正交晶系	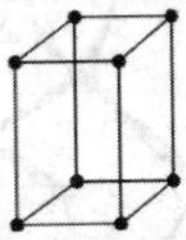	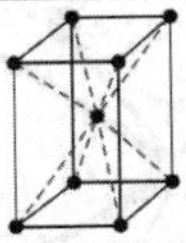	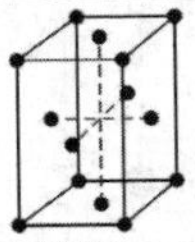	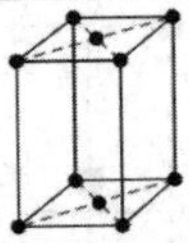
六方晶系	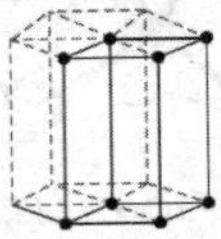			
三方晶系	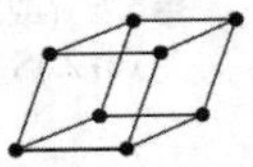			
单斜晶系	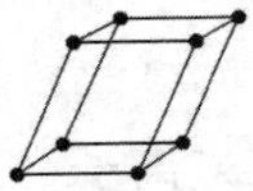			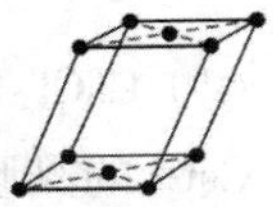
三斜晶系	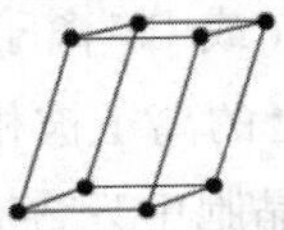			

7.4.3 晶体的类型

根据晶格结点上粒子的种类及其作用力的不同，可将晶体分为四种基本类型：离子晶体、原子晶体、分子晶体和金属晶体。

7.4.3.1 离子晶体

在离子晶体的晶格结点上交替排列着正离子和负离子，正负离子之间以离子键结合。由于离子键没有方向性和饱和性，每个离子可以在各个方向上吸引尽量多的异号电荷离子。例如，在 NaCl 晶体中，每个 Na^+离子周围有 6 个 Cl^-离子，每个 Cl^-离子周围有 6 个 Na^+离子，其面心立方晶胞结构如图 7.31(a)所示。在 NaCl 晶体中没有独立的 NaCl 分子，NaCl 是化学式，表示晶体中 Na^+离子和 Cl^-离子的数目比为 1∶1。

由于离子键较强，离子晶体有较高的熔点、沸点和较大的硬度，但是延展性差，比较脆。离子晶体的熔点和沸点与其晶格能有关，离子晶体中正、负离子的电荷越多，离子半径越小，离子晶体的晶格能越大，熔沸点越高。

离子晶体在水中的溶解度与晶格能和离子的水合焓有关。离子晶体的溶解是拆散有序的晶体结构（吸热）和形成水合离子（放热）的过程。因此，晶格能越小，离子水合焓较大的晶体越易溶于水。一般来说，带一个电荷的离子（一价离子）形成的离子晶体，如碱金属卤化物、硝酸盐、醋酸盐等都易溶于水，而带多电荷的离子（多价离子）形成的离子晶体，如碱土金属的碳酸盐、草酸盐、磷酸盐以及硅酸盐等都难溶于水。

通常情况下，离子晶体在固态时不导电，但是在熔融状态下或者溶于极性溶剂（如水）时能导电。绝大部分的盐类和许多金属氧化物的固体都是离子晶体，例如 NaCl、CsCl、MgO、BaO、Al_2O_3 等。

离子晶体中，正负离子的排列形式有一定规律，受到离子半径、离子电荷和离子的电子层结构的影响。下面介绍 AB 型离子晶体中三种最常见的排列（图 7.31）。

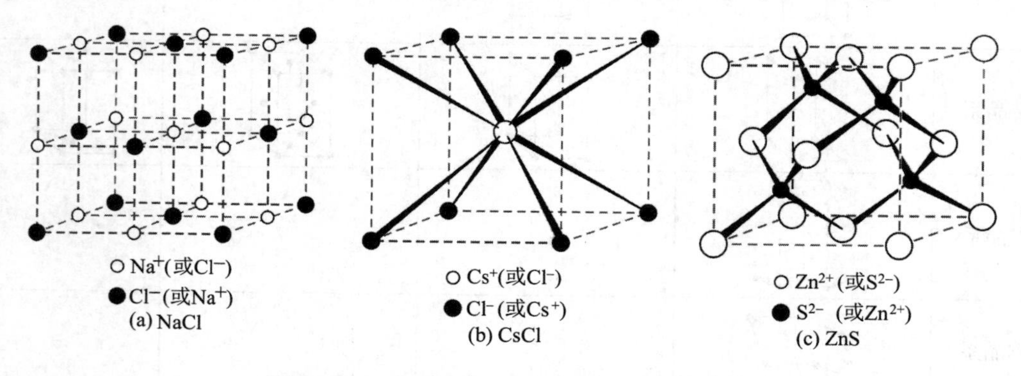

图 7.31 NaCl 型、CsCl 型和 ZnS 型晶体的结构

（1）CsCl 型

CsCl 的晶胞属于体心立方结构，如图 7.31(b)所示。每个 Cs^+离子（或 Cl^-离子）处于立方体的中心，被位于立方体顶点的 8 个异号离子 Cl^-离子（或 Cs^+离子）包围，形成一个简单立方晶格。位于体心的离子被晶胞独自占有，而顶点上的离子被相邻的 8 个晶胞所共有，也就是顶点上的离子只有 1/8 在一个晶胞中。因此，晶胞中只含有一个 Cs^+离子

和一个 Cl^- 离子。晶体中，与一个粒子相邻的最近的其他粒子数称为配位数。对于 CsCl 来说，正负离子的配位数都是 8，属于 8 : 8 配位。另外，CsBr 和 CsI 也是 CsCl 型晶体。

（2）NaCl 型

NaCl 的晶胞属于面心立方结构，如图 7.31(a)所示。与 CsCl 晶体不同，每个 Na^+ 离子（或 Cl^- 离子）位于立方体的中心，周围排列着 6 个异号离子，它们分别在晶胞立方体 6 个面的中心，这些离子也分别被 6 个异号离子包围。在 NaCl 晶胞中，Na^+ 离子（或 Cl^- 离子）位于立方体的体心和 12 条边的中点，Cl^- 离子（或 Na^+ 离子）位于立方体的 8 个顶点和 6 个面的面心。位于立方体边中点上的离子为相邻的 4 个晶胞所共有，体心的离子属于一个晶胞，因此一个 NaCl 晶胞中 Na^+ 离子的个数为 $12\times\frac{1}{4}+1=4$ 个；另外顶点上的离子被 8 个晶胞共有，立方体面中心上的离子属于 2 个晶胞，因此一个 NaCl 晶胞中 Cl^- 离子的个数为 $8\times\frac{1}{8}+6\times\frac{1}{2}=4$ 个。对于 NaCl 来说，正负离子的配位数都是 6，属于 6 : 6 配位。另外，NaF、AgBr 和 BaO 也是 NaCl 型晶体。

（3）ZnS 型

ZnS 的晶胞也是面心立方结构，但结点分布更为复杂，如图 7.31(c)所示。ZnS 晶胞含有 4 个 Zn^{2+} 离子和 4 个 S^{2-} 离子。晶胞中正、负离子的配位数均为 4，属于 4 : 4 配位。属于 ZnS 型的晶体还有 ZnO 和 AgI 等。

以上三种 AB 型离子晶体中的正负离子的个数比都是 1 : 1，但是它们的配位比却是不同的。为什么离子晶体会采取配位比不同的空间结构呢？这主要取决于正负离子半径的相对大小。

形成离子晶体时，正负离子要紧密地排列，晶体才能稳定。离子能否紧密排列与正、负离子的半径之比 r_+/r_- 有关。通常情况下，负离子半径大于正离子半径，因此，正、负离子互相接触并且负离子也两两接触时才是最紧密的排列，也是最稳定的排列。以配位比为 6 : 6 的晶体中的某一层为例进行说明(图 7.32)。

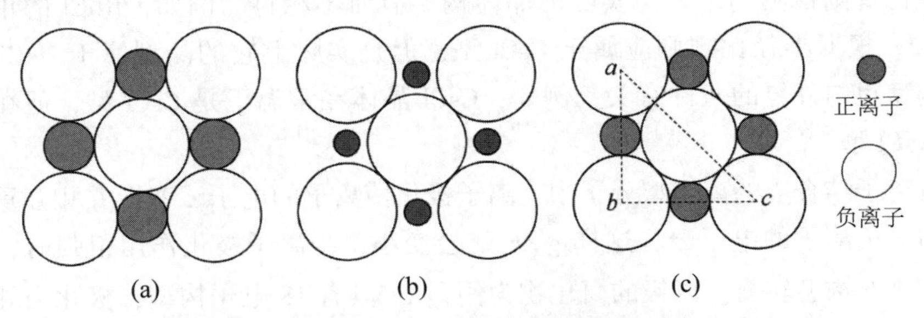

图 7.32　配位比为 6 的晶体中正、负离子半径之比

在配位数为 6 的八面体配位中，离子间的接触有三种情况，如图 7.32 所示。图 7.32(a)为异号离子互相接触，而同号离子之间不接触，为稳定状态；图 7.32(b)为负、负离子间接触，正、负离子间不接触，这种状态是不稳定的；图 7.32(c)为正、负离子间接触，负、负离子间也互相接触，为介稳状态。图 7.32(c)中，若以 r_+ 和 r_- 分别表示正、负离子的半径，并令 $r_-=1$，此时有

$$ac=4r_-,\quad ab=bc=2r_-+2r_+$$

由于 Δabc 为直角三角形，根据勾股定理可知，则 $ac^2=ab^2+bc^2$

即
$$(4r_-)^2=(2r_-+2r_+)^2+(2r_-+2r_+)^2$$

求解可知
$$r_+/r_-=0.414$$

当 r_+/r_- 为 0.414 时，正负离子直接接触，负离子也两两接触，构型最稳定(图 7.32(c))。

当 $r_+/r_-<0.414$ 时，负离子互相接触而正负离子不接触，这样离子之间的静电斥力大，吸引力小，构型不稳定，在这种情况下，离子将重新排列，变成 4∶4 配位，这样正负离子才能接触地比较好，使晶体构型稳定（图 7.32（b））。

当 $r_+/r_->0.414$ 时，负离子不接触而正负离子互相接触，这样的构型可以稳定(图 7.32(a))。

进一步推算可知，当 $r_+/r_->0.732$ 时，正离子表面有可能排列更多的负离子，配位比变成 8∶8。

根据正、负离子间和负、负离子间都互相接触的 4 配位和 8 配位情况，同样可以计算出配位数为 4 和 8 的离子晶体的正、负离子半径比，分别为 0.225 和 0.732。

由以上讨论可知，AB 型离子晶体 CsCl、NaCl 和 ZnS 虽然都属于立方晶系，但是由于 r_+/r_- 的比值不同，它们采取的配位比也不一样，晶格类型也不一样。AB 型化合物的离子半径比和配位数以及晶体类型的关系见表 7.12。

表 7.12　AB 型化合物的离子半径比和配位数及晶体类型的关系

半径比 r_+/r_-	配位数	晶体构型	实例
0.225~0.414	4	ZnS 型	ZnS，ZnO，BeS，CuCl，CuBr
0.414~0.732	6	NaCl 型	NaCl，KCl，NaBr，LiF，CaO，MgO，CaS，BaS
0.732~1.000	8	CsCl 型	CsCl，CsBr，CsI，TlCl，NH_4Cl，TlCN

应当注意的是，由于离子半径数据不十分精确，加上离子间相互作用的影响，根据上述讨论的半径比规则推测的结果与实际的晶体构型有时不相符。例如，RbCl 的正负离子半径比为 0.82，根据半径比规则应属于 CsCl 型，但是实际上它的晶型属于 NaCl 型。另外，晶体的构型也与外界的条件有关。例如，CsCl 晶体在常温下是 CsCl 型，但在高温下可以转变成 NaCl 型。

在正、负离子结合成的离子型分子中，离子极化使离子的电子云变形并相互重叠，正离子部分地钻入负离子的电子云，这样 r_+/r_- 就会变小，当离子极化作用很强时，晶体就会向配位数较小的构型转变。以银的卤化物为例，Ag^+ 具有 18 电子构型，极化力和变形性都很大，负离子从 F^- 到 I^-，变形性逐渐增大，离子相互极化作用逐渐增强，电子云的重叠程度也逐渐增加，化学键中共价键的成分逐渐变多，从 AgF 到 AgI，化学键从离子键过渡为共价键，晶体构型也从 NaCl 过渡到 ZnS 型(表 7.13)。因此，离子半径比规则知识能够帮助判断离子晶体的构型，但是实际采取什么构型还应根据实验结果判断。

表 7.13　离子极化引起的物理性质变化

晶体	AgF	AgCl	AgBr	AgI
离子半径之和/pm	262	307	322	342
实际键长/pm	246	277	288	299
键型	离子键	过渡型	过渡型	过渡为共价键
晶体构型	NaCl	NaCl	NaCl	ZnS
溶解度/($mol \cdot dm^{-3}$)	易溶	1.37×10^{-5}	7.07×10^{-7}	9.11×10^{-9}
颜色	白色	白色	淡黄	黄

7.4.3.2　原子晶体

原子晶体的晶格结点上排列的是中性原子，原子间以共价键相连，因此原子晶体具有很高的熔点和硬度。例如，金刚石的熔点为 3 823 K。原子晶体在大多数溶剂中都不溶解，熔融时的导电性也很差。但是硅、碳化硅等具有半导体的性质，可以有条件的导电。常见的原子晶体有金刚石(C)、碳化硅(SiC)、碳化硼(B_4C)和氮化铝(AlN)等。

在原子晶体中，不存在独立的小分子，晶体有多大，分子就有多大，没有确定的分子量。例如，在金刚石晶体中，每个碳原子形成 4 个 sp^3 杂化轨道，并和周围的 4 个碳原子通过 C—C 共价键结合，形成一个巨大的三维延展结构。

7.4.3.3　分子晶体

凡是以分子间作用力（包括氢键）结合而成的晶体统称为分子晶体。分子晶体的晶格结点上排列的是分子（包括极性分子或者非极性分子），分子间通过分子间作用力（某些极性分子间还有氢键）结合。由于分子间作用力比化学键要弱得多，因此分子晶体的熔点和硬度都很低，且易挥发。分子晶体也不易导电。分子晶体主要包括大多数共价型的非金属单质和化合物。如固态的 N_2、CO_2、CH_4、HCl 和 NH_3 等。

分子晶体中存在单个的小分子，它们位于晶体结点上。例如，在 CO_2 晶体（干冰）中，每个结点都是单个的 CO_2 小分子（图 7.34）。

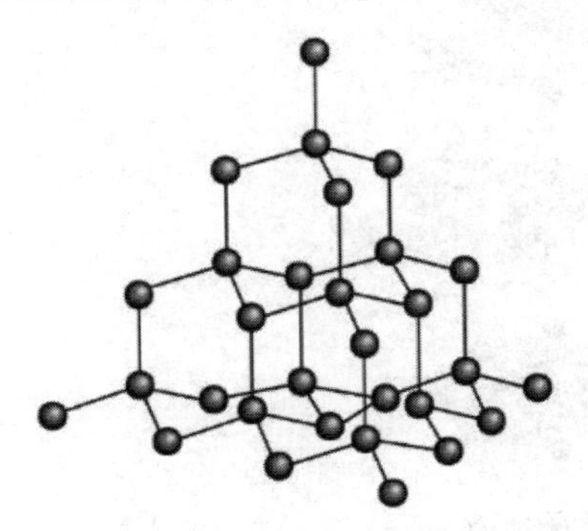

图 7.33 金刚石的晶体结构

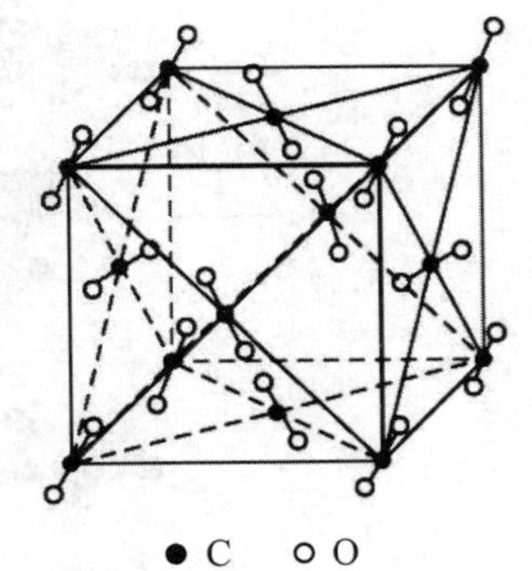

图 7.34 干冰的晶体结构

7.4.3.4　金属晶体

金属离子或原子之间以金属键结合形成的晶体称为金属晶体。除汞外，金属在常温常压下都具有金属晶体的结构。金属晶体的晶格结点上排列的是中性原子或者金属离子，在结点的间隙中有很多自由电子，整个晶体中的金属原子和金属离子靠共用这些自由电子结合起来，这种结合力称为金属键。金属键也称为改性的共价键，可以把金属键说成是“金属原子失去一个电子后组成骨架，然后浸泡在电子的海洋中。”

金属键没有方向性，也没有饱和性。由于自由电子可以在整个晶体中运动，因此金属具有良好的导电性和导热性。金属的原子间可以相互滑动而不会破坏金属键，因此金属具有延展性。金属的熔点、沸点一般较高，但是也有部分金属的熔点、沸点较低。

以上四种晶体的内部结构及性质特征归纳于表 7.14 中。

表 7.14　四种晶体的内部结构及性质特征

晶体类型		离子晶体	原子晶体	分子晶体		金属晶体
结点上的粒子		正、负离子	原子	极性分子	非极性分子	金属原子、金属离子
结合力		离子键	共价键	分子间力、氢键	分子间力	金属键
性质特征	熔、沸点	高	很高	低	很低	一般较高
	硬度	硬	很硬	软	很软	
	机械性能	脆	不太脆	软	很软	有延展性
	导电、导热性	熔融态及其水溶液能导电	非导体	固态、液态不导电，但水溶液导电	非导体	良导体
	溶解性	易溶于极性溶剂	不溶性	易溶于极性溶剂	易溶于非极性溶剂	不溶性
实例		NaCl、MgO	金刚石、SiC	HCl、NH_3	CO_2、H_2	W、Ag、Cu

除了以上四种晶体类型外，还有混合型晶体。例如，石墨中碳原子以 1 个 2s 轨道和 2 个 2p 轨道进行 sp^2 杂化。每个碳原子的 3 个 sp^2 杂化轨道和其他三个碳原子以 σ 键相连，键角为 120°，形成由无数个正六角形构成的平面层，因此石墨晶体具有层状结构(图 7.35)。

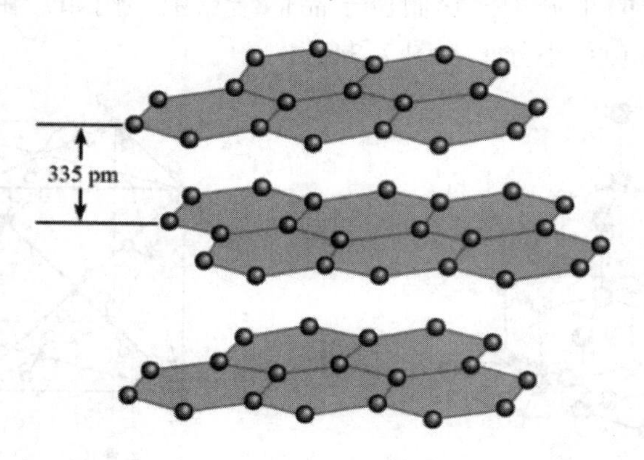

图 7.35　石墨的层状晶体结构

另外，每个碳原子还有 1 个与层状平面互相垂直未参与杂化的 2p 轨道，这些 2p 轨道互相平行，互相重叠形成离域大 π 键。大 π 键中的电子是不定域的，与金属中的自由电子有些类似，因此石墨具有金属光泽，并有良好的导电性。石墨晶体中，层与层之间以较弱的分子间力相互作用，层与层之间容易滑动，因此石墨可用作润滑剂和铅笔芯。由于石墨晶体中，既存在共价键，也有非定域大 π 键和分子间力，因此石墨晶体是一种混合型晶体。

思考题与习题

1. 离子键形成的条件是什么？离子键有什么特征？离子键的强度大小与哪些因素有关？
2. 共价键的本质是什么？共价键有什么特点？
3. 如何理解价键理论要点中的原子轨道最大重叠原理？
4. 从原子轨道的重叠方式、成键原子轨道种类等方面比较 σ 键和 π 键的特点，并举例说明同一物质中 σ 键和 π 键的成键情况。
5. 下列说法是否正确？为什么？
   (1) s 电子与 s 电子间形成的键是 σ 键，p 电子与 p 电子之间形成的键一定是 π 键。
   (2) sp^3 杂化轨道指的是 1s 轨道和 3p 轨道混合形成的 4 个 sp^3 杂化轨道。
   (3) 凡是中心原子采取 sp^3 杂化轨道成键的分子，其几何构型都是正四面体。
   (4) 氢键就是氢和其他元素间形成的化学键。
   (5) 极性分子中的化学键一定是极性键，非极性分子中的化学键一定是非极性键。
   (6) 极性分子之间存在取向力，因此极性分子中的取向力总是大于色散力和诱导力。
   (7) 离子所带电荷越多、半径越小，则其电荷密度越大，离子键越强，该离子晶体的晶格能也越大。
   (8) 空间构型为直线形的分子，都是非极性分子。
6. 根据下列分子或者离子的几何构型，试用杂化轨道理论加以说明。
   (1) BCl_3（平面三角形）　(2) NF_3（三角锥形）　(3) SiF_4（正四面体）
   (4) $HgCl_2$（直线形）　(5) SO_2（V 形）　(6) SiF_6^{2-}（正八面体）
7. 运用价层电子对互斥理论推测下列分子或者离子的空间构型。
   (1) CS_2　(2) OF_2　(3) BBr_3　(4) PH_3　(5) SF_4
   (6) $[BF_4]^-$　(7) CO_3^{2-}　(8) NO_2^-　(9) NH_4^+　(10) ClO_3^-
   (11) IF_4^+　(12) SO_3^{2-}　(13) NO_3^-　(14) BrF_5　(15) ClO_2
8. 比较下列各组化合物中键角的大小，说明原因。
   (1) CH_4 和 NH_3　(2) Cl_2O 和 CH_4　(3) PH_3 和 NH_3
   (4) PH_3 和 PH_4^+　(5) H_2S 和 $HgCl_2$　(6) NF_3 和 BCl_3
9. 写出下列双原子分子或者离子的分子轨道式，运用分子轨道理论计算它们的键级，推断它们是否存在？判断哪些物质具有顺磁性，哪些物质具有反磁性？
   (1) H_2^+　(2) He_2^+　(3) C_2　(4) Be_2　(5) N_2^-　(6) B_2　(7) O_2^-
10. 实验数据表明 O_2 的键长比 O_2^+ 的键长长，而 N_2 的键长比 N_2^+ 的键长短；另外，除了 N_2 外，其他三种物种均表现出顺磁性，如何解释上述实验事实？
11. 写出下列离子的电子排布式，并指出属于何种电子构型。
    Fe^{2+}，Ti^{4+}，V^{3+}，Sn^{2+}，Hg^{2+}，Al^{3+}，Ga^{3+}，Cu^+，Cu^{2+}
12. 判断下列几组化合物中正离子极化能力的大小。
    (1) $AlCl_3$　$SiCl_4$　PCl_5　$GeCl_4$

（2）ZnS　CdS　HgS

（3）$MgCl_2$　$CaCl_2$　$SrCl_2$　$BaCl_2$

13. 试从元素的电负性数据判断下列化合物中哪些是离子型化合物，哪些是共价型化合物？

NaF，AgCl，RbF，HI，CuI，HBr，CsCl

14. 将下列离子按离子半径由小到大排列起来。

O^{2-}，F^-，Na^+，Mg^{2+}，Al^{3+}，B^{3+}，S^{2-}

15. 选择题

（1）下列离子中具有9~17电子组态的是（　　）

（A）Na^+　（B）Ni^{2+}　（C）Pb^{2+}　（D）Zn^{2+}

（2）下列关于离子极化说法不正确的是（　　）

（A）离子正电荷越大，半径越小，极化作用越强

（B）离子极化作用增强，键的共价性增强

（C）离子极化的结果使正负离子电荷重心重合

（D）复杂阴离子中心离子氧化数越高，变形性越小

（3）下列物种中，变形性最大的是（　　）

（A）O^{2-}　（B）S^{2-}　（C）F^-　（D）Cl^-

16. 判断下列分子哪些是极性分子？哪些是非极性分子？

（1）CO_2　（2）Cl_2　（3）HF　（4）BF_3　（5）NCl_3　（6）H_2S　（7）BeH_2　（8）SO_2

17. 判断下列各组分子之间存在什么形式的分子间作用力？

（1）CO和H_2　（2）CCl_4和C_6H_6　（3）CH_3CH_2OH和H_2O

（4）HCl和H_2O　（5）HF分子　（6）He和H_2O

18. 指出下列物质中，哪些能形成氢键？并区分哪些能形成分子间氢键，哪些能形成分子内氢键？

（1）H_2SO_4　（2）CH_3Cl　（3）C_6H_6　（4）NH_3　（5）HNO_3　（6）$C_2H_5OC_2H_5$

19. 比较下列几种物质熔沸点的高低。

（1）NaCl　（2）SiC　（3）HF　（4）MgO　（5）CO_2

20. 利用晶体学知识填写下表。

物质	晶体类型	结点上的粒子	粒子间的作用力	熔点（高或低）	导电性
Ag					
KCl					
单晶硅					
干冰					
NH_3					

第8章 配位化学基础

当向硫酸铜溶液中滴加氨水时，开始溶液中会有浅蓝色的 $Cu_2(OH)_2SO_4$ 沉淀生成。继续加入氨水，浅蓝色的沉淀会逐渐溶解，溶液的颜色转为绛蓝色。若在此溶液中加入大量的乙醇，就能得到绛蓝色晶体。分析证明该晶体为 $[Cu(NH_3)_4]SO_4$。

$$CuSO_4 \xrightarrow{H_2O} Cu^{2+} + SO_4^{2-} \xrightarrow{NH_3 \cdot H_2O(少量)} Cu_2(OH)_2SO_4 \xrightarrow{NH_3 \cdot H_2O(大量)} [Cu(NH_3)_4]SO_4$$

$[Cu(NH_3)_4]SO_4$ 看似复盐的产物，经分析与复盐具有本质的区别。在水溶液中，任何复盐都会完全解离成其组分离子。例如，由 $(NH_4)_2SO_4$ 和 $FeSO_4$ 生成的复盐硫酸亚铁铵 $(NH_4)_2Fe(SO_4)_2$ 在水溶液中的解离如下：

$$(NH_4)_2Fe(SO_4)_2 = 2NH_4^+ + Fe^{2+} + 2SO_4^{2-}$$

因此，硫酸亚铁铵的水溶液在组成上与 $(NH_4)_2SO_4$ 和 $FeSO_4$ 混合物的水溶液是完全相同的，这就是复盐的特征。但是，$[Cu(NH_3)_4]SO_4$ 的水溶液并不是 $CuSO_4$ 和氨水溶液的简单加和。例如，向绛蓝色的 $[Cu(NH_3)_4]SO_4$ 溶液中滴加 $BaCl_2$ 溶液，即产生白色的 $BaSO_4$ 沉淀。这就说明在 $[Cu(NH_3)_4]SO_4$ 水溶液中 SO_4^{2-} 是完全以自由离子的形式存在的。但向 $[Cu(NH_3)_4]SO_4$ 溶液中滴加一定量的 NaOH 溶液时，不会出现浅蓝色的 $Cu(OH)_2$ 沉淀，此时加热该溶液也不会检测到有氨气逸出。这说明在 $[Cu(NH_3)_4]SO_4$ 水溶液中，Cu^{2+} 和 NH_3 分子不是以简单的形式存在的，它们之间产生了化学作用，生成了一种新的物质。

8.1 配合物的基本概念

8.1.1 配合物的组成

8.1.1.1 配位单元与配合物

$CuSO_4$ 与 NH_3 可以发生如下反应：

$$CuSO_4 + 4NH_3 = [Cu(NH_3)_4]SO_4$$

生成的 $[Cu(NH_3)_4]SO_4$ 在水溶液中能够完全解离为 $[Cu(NH_3)_4]^{2+}$ 和 SO_4^{2-}，但 $[Cu(NH_3)_4]^{2+}$ 相当稳定，在水溶液中不能完全解离。

Cu^{2+} 和 NH_3 分子间以配位键结合，其中 Cu^{2+} 离子与 NH_3 分子之间成键时的共用电子对是由 NH_3 分子中的 N 原子（孤对电子）单独提供的。这种共价键称为配位键，常用“→”表示，箭头由提供电子对的原子指向接受电子对的原子。配位键一经形成就同普通的共价键没有区别。

一般来说，形成配位键要满足两个条件：① 提供电子对的原子的价电子层有孤对电子；② 接受电子对的原子的价电子层有空轨道。在上面的例子中，Cu^{2+}在形成配位键时形成 dsp^2 杂化轨道，于是 4 个 NH_3 分子中的 N 原子将价层中一对未成键的孤对电子放入 Cu^{2+}离子的 dsp^2 杂化轨道中，形成如下所示结构：

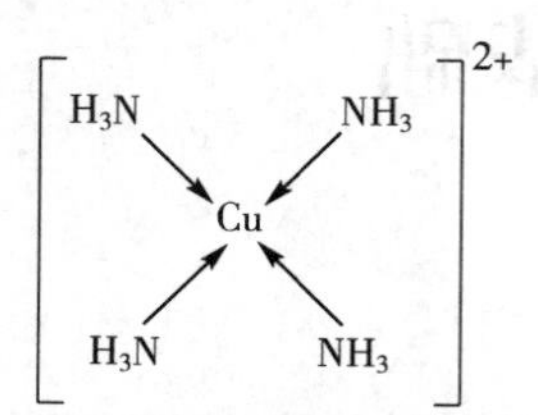

通常将像$[Cu(NH_3)_4]^{2+}$这类由一定数量的阴离子或中性分子与阳离子（或中性原子）以配位键相结合所形成的复杂离子或分子称为配位单元。含有配位单元的化合物称为配位化合物（coordination compound），简称配合物。配合物即是由一定数目的可以提供孤对电子的离子或分子（统称配位体）和能接受孤对电子的离子或原子（统称中心离子或中心原子）通过配位键相结合形成的具有一定空间结构的化合物。

带电荷的配位单元称为配离子，配离子与含有相反电荷的离子一起组成配合物。配离子包括配阳离子（相当于盐中的正离子，例如$[Cu(NH_3)_4]^{2+}$），以及配阴离子（相当于盐中的负离子，例如$[Fe(CN)_6]^{3-}$）。不带电荷的配位单元本身就是配合物，也称配位分子，例如 $Fe(CO)_5$。

配位单元是配合物的特征部分，也称为配合物的内界。通常把内界写在方括号之内。除了内界以外的其他离子称为外界。内界与外界之间以离子键相结合。外界离子所带电荷总数与配离子的电荷数在数值上相等。在水溶液中，配位化合物的内外界完全解离成自由离子。例如，在上面提到的配合物$[Cu(NH_3)_4]SO_4$ 中，$[Cu(NH_3)_4]^{2+}$是内界，SO_4^{2-} 则是外界。但是，并非所有的配合物都有外界，如$[Ni(CO)_4]$、$[PtCl_2(NH_3)_2]$就只有内界，没有外界。

配离子的电荷数等于中心离子的电荷数与配位体的电荷总数的代数和。以六氰合铁(Ⅲ)酸钾（俗称赤血盐）为例：它的外界为 3 个 K^+，电荷数为+3，可推算出配离子的电荷数为-3；又 CN^-带一个负电荷，则中心离子 Fe 电荷数为+3，即 Fe^{3+}。六氰合铁(Ⅲ)酸钾的组成可表示如下：

配合物
外界　内界
$K_3[Fe(CN)_6]$
中心离子　配位体　配位数

8.1.1.2 形成体与配位体

在配位单元中，接受电子对的原子或离子称为形成体，因其位于配位单元的中心位置，故又通常称为中心离子（或中心原子）。例如在$[Ag(NH_3)_2]^+$中，Ag^+就是形成体。形成体通常是金属离子或原子，特别是过渡金属离子或原子，也有少数是非金属元素。

给出电子对的离子或分子称为配位体，简称配体。通常作为配位体的是阴离子或分子，如F^-、Cl^-、Br^-、I^-、OH^-、CN^-、NH_3、H_2O、CO、RNH_2（胺）等。在配位体中，能够与中心离子直接形成配位键的原子称为配位原子。常见的配位原子有F、Cl、Br、I、O、S、N、C等，它们都含有孤对电子。

配位体分为单基配位体和多基配位体。只能提供一个配位原子与中心离子成键的配位体为单基配位体（基是配体中配位原子的个数，又称为齿），单齿配体与中心离子形成简单配合物。如X^-、OH^-、CN^-、NH_3、CO、ROH等。配体中含有两个配位原子，如SCN^-离子，结构为线性，以S为配位原子时，$-SCN^-$称为硫氰根；以N为配位原子时，$-NCS^-$称为异硫氰根；又如NO_2^-离子，以N为配位原子时，$-NO_2^-$称为硝基；以O为配位原子时，$-ONO^-$称为亚硝酸根。

含有两个或两个以上配位原子的配位体称为多基（齿）配位体，其基数可以是2、3、4、5和6。如无机含氧酸根SO_4^{2-}、CO_3^{2-}、PO_4^{3-}，有机酸根CH_3COO^-等，既可作单齿也可作二齿配体。同一配体中两个或两个以上的配位原子直接与同一金属离子配合形成环状结构的配体称为螯合配体。螯合配体是多齿配体中最重要且应用最广的。例如，乙二胺（结构式$H_2N—CH_2—CH_2—NH_2$，通常简写为en）分子中两个N原子都是配位原子。而乙二胺四乙酸根离子（简称EDTA）则含有6个配位原子（在如下结构式中标有“ ·· ”的原子，“ ·· ”表示可以给出的电子对）：

O, $^-$O, O$^-$, N, N, O, O, O$^-$, O$^-$, O

8.1.1.3 配位数

在配位体中，与形成体成键的配位原子的数目称为形成体的配位数。配位体为单基配体时，形成体的配位数等于配位体的数目。如在$[Ag(NH_3)_2]^+$中，Ag^+的配位数为2；而在$[Cu(NH_3)_4]^{2+}$中，Cu^{2+}的配位数为4。配位体为多基配体时，形成体的配位数等于每个配体的基数与配体数的乘积。

8.1.2 配合物的命名

配合物的命名遵从无机化合物命名的一般原则。通常在内界和外界之间以“某化某”或“某酸某”命名。内界中，以“合”字将配位体与中心原子连接起来，按下面的格式命名：

配位体数——配位体名称——“合”——中心原子名称（中心原子氧化数）

其中的配位体数用中文表示，氧化数用罗马数字表示。如果有几种不同配体，配体之间要用“·”隔开。

含配阳离子的配合物的命名遵照无机盐的命名原则。例如，$[Cu(NH_3)_4]SO_4$ 为硫酸四氨合铜(Ⅱ)，$[Pt(NH_3)_6]Cl_4$ 为氯化六氨合铂(Ⅳ)。含配阴离子的配合物，内外界间缀以“酸”字。如 $K_4[Fe(CN)_6]$ 称为六氰合铁(Ⅱ)酸钾。

配体排列次序的简单规则如下：

① 配体中既有无机配体又有有机配体，则将无机配体排列在前，有机配体排列在后，如 $K[PtCl_3(C_2H_4)]$ 称为三氯·乙烯合铂(Ⅱ)酸钾。

② 含有多种无机配体时，通常先列出阴离子的名称，后列出中性分子的名称，如 $K[PtCl_3(NH_3)]$ 称为三氯·氨合铂(Ⅱ)酸钾。

③ 配体同是中性分子或同是阴离子时，按配位原子元素符号的英文字母顺序排列，如 $[Co(NH_3)_5(H_2O)]Cl_3$ 称为氯化五氨·水合钴(Ⅲ)。

④ 若配位原子相同，则将含较少原子数的配体排在前面，较多原子数的配体排列在后；若配位原子相同且配体中含原子数目又相同，则按在结构中与配位原子相连的非配位原子的元素符号的英文顺序排列。例如，$[Pt(NH_2)(NO_2)(NH_3)_2]$ 称为氨基·硝基·二氨合铂(Ⅱ)。

表 8.1 列举了某些常见配合物的命名及组成。

表 8.1　某些常见配合物的命名与组成

配合物化学式	命名	形成体	配（位）体	配位原子	配位数
$[Ag(NH_3)_2]^+$	二氨合银(Ⅰ)配离子	Ag^+	$:NH_3$	N	2
$[CoCl_3(NH_3)_3]$	三氯·三氨合钴(Ⅲ)	Co^{3+}	$:Cl^-$，$:NH_3$	Cl,N	6
$[Al(OH)_4]^-$	四羟基合铝(Ⅲ)配离子	Al^{3+}	$:OH^-$	O	4
$[Fe(CN)_6]^{4-}$	六氰合铁(Ⅱ)配离子	Fe^{2+}	$:CN^-$	C	6
$[Fe(NCS)_6]^{3-}$	六异硫氰酸根合铁(Ⅲ)配离子	Fe^{3+}	$:NCS^-$	N	6
$[Hg(SCN)_4]^{2-}$	四硫氰酸根合汞(Ⅱ)配离子	Hg^{2+}	$:SCN^-$	S	4
$[BF_4]^-$	四氟合硼(Ⅲ)配离子	B^{3+}	$:F^-$	F	4
$[Ni(CO)_4]$	四羰基合镍(0)	Ni	:CO	C	4
$[Cu(en)_2]^{2+}$	二乙二胺合铜(Ⅱ)配离子	Cu^{2+}	en	N	4
$[Ca(EDTA)]^{2-}$	乙二胺四乙酸根合钙(Ⅱ)配离子	Ca^{2+}	EDTA	N,O	6
$[Fe(C_2O_4)_3]^{3-}$	三草酸根合铁(Ⅲ)配离子	Fe^{3+}	$(:OOC)_2^{2-}$	O	6

8.2　配合物的化学键理论

配合物中的化学键，主要是指中心离子与配体之间的化学键，即配位键。目前配合物的化学键理论主要有价键理论、晶体场理论、配位场理论、分子轨道理论。本节主要介绍价键理论和晶体场理论。

8.2.1 配合物的价键理论

将杂化轨道理论应用于配位单元的成键与结构研究，就形成了配合物的价键理论。其基本要点是：中心离子 M 与配体 L 形成配合物时，中心离子 M 中能量相差不大的价层原子轨道在配体 L 作用下通过线性组合构成相同数目的杂化轨道，M 使用空的杂化轨道接受配体 L 提供的孤对电子或者 π 电子，以 σ 配位键（M←:L）的方式结合。在形成配位键的过程中，中心离子 M 的杂化轨道与配位原子的孤对电子或者 π 电子所在的原子轨道相互重叠。配位单元的构型由中心离子的轨道杂化方式决定。

8.2.1.1 价键理论

根据轨道杂化的不同方式，可形成外轨型配合物和内轨型配合物。

（1）外轨型配合物

当配体的配位原子电负性很大时，如 F^-、H_2O、Cl^-、Br^-、OH^-、ONO^-、$C_2O_4^{2-}$ 等，孤对电子不易给出，这时中心离子的电子排布不受配体的影响，仍保持自由离子的电子层构型，中心离子以最外层的 ns、np 或者 ns、np、nd 空轨道参与杂化，形成 sp^3 或者 sp^3d^2 杂化轨道，然后接受配体的孤对电子形成的配位键称为外轨配位键，所形成的配合物称为外轨型配合物。

以 $[FeF_6]^{3-}$ 为例。当 Fe^{3+} 与 F^- 接近时，Fe^{3+} 最外层空轨道 4s（1 个）、4p（3 个）和 4d（2 个）空轨道杂化形成 6 个等能量的 sp^3d^2 杂化轨道。sp^3d^2 杂化轨道分别与 6 个含弧对电子的 F^- 离子的 2p 轨道相重叠形成 6 个配位键，得到稳定的 $[FeF_6]^{3-}$ 配离子：

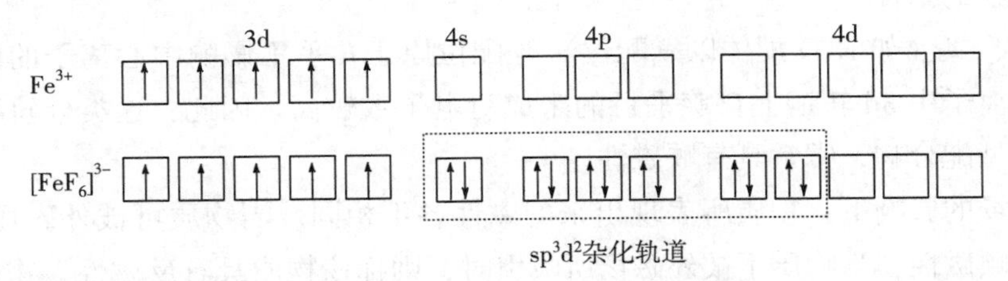

属于外轨型配合物的还有 $[Ni(NH_3)_4]^{2+}$、$[HgI_4]^{2-}$、$[CdI_4]^{2-}$、$[Fe(H_2O)_6]^{3+}$、$[Co(H_2O)_6]^{3+}$、$[CoF_6]^{3-}$、$[Co(NH_3)_6]^{2+}$ 等。

（2）内轨型配合物

当配体的配位原子电负性较小时，如 CN^-、CO、NO_2^- 等，较易给出孤对电子，对中心离子的电子层结构影响较大，中心离子 $(n-1)$d 轨道上的未成对电子重新排布，腾出内层能量低的空 $(n-1)$d 轨道和外层的 ns、np 轨道杂化，形成 dsp^2 或者 d^2sp^3 杂化轨道，此时接受配体中孤对电子形成的配位键称为内轨配位键，形成的配合物称为内轨型配合物。由于 $(n-1)$d 轨道比 nd 道的能量低，因此相同类型的配合物中，内轨型配合物比外轨型配合物稳定。这一推测与实验测得内轨型配合物中配位键的键长较短相一致。

$[Fe(CN)_6]^{3-}$ 的形成情况与 $[FeF_6]^{3-}$ 有所不同，当 6 个 CN^- 离子接近 Fe^{3+} 离子时，Fe^{3+} 离子中的 5 个价电子"挤入" 3 个 3d 轨道上，其余 2 个 3d 空轨道与外层的 1 个 4s 和 3 个 4p 轨道组成 6 个等能量的 d^2sp^3 杂化轨道，这些杂化轨道分别与 6 个含弧对电子的 CN^- 离子的轨道重叠形成 $[Fe(CN)_6]^{3-}$ 配离子：

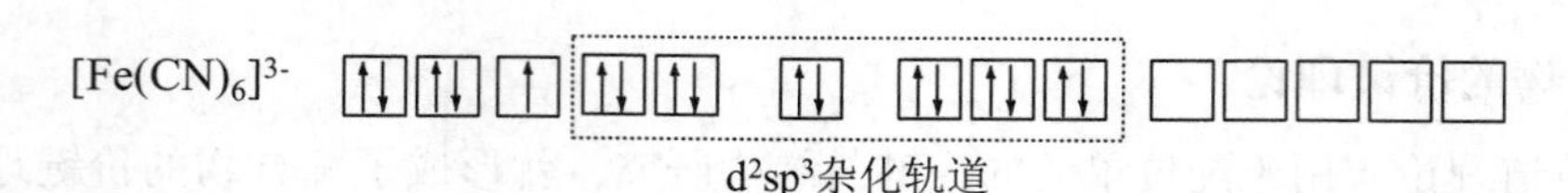

属于内轨型配合物的还有 $[Ni(CN)_4]^{2-}$、$[PtCl_4]^{2-}$、$[Pt(CN)_4]^{2-}$、$[Fe(CN)_6]^{4-}$、$[Co(NH_3)_6]^{3+}$、$[Co(CN)_6]^{4-}$、$[PtCl_6]^{2-}$等。

配合物是内轨型还是外轨型，主要取决于中心离子的电子构型、离子电荷和配位体的性质。一般情况下，具有 d^{10} 电子构型的中心离子，如 Zn^{2+}、Ag^+ 等，常形成外轨型配合物；具有 d^8 电子构型的中心离子，如 Ni^{2+}、Pt^{2+}、Pd^{2+} 等，大多数情况下形成内轨型配合物；具有 $d^{0\sim3}$ 电子构型的中心离子，如 V^{2+}、Cr^{3+} 等，多形成内轨型配合物。其他电子构型的中心离子，既可形成内轨型配合物，也可形成外轨型配合物，取决于配位体的类型。

中心离子电荷较多时，对配位原子的孤对电子的引力较强，有利于形成内轨型配合物。$(n-1)$d 轨道中电子数较少时，有利于中心离子空出内层 d 轨道参与成键，如 $[Co(NH_3)_6]^{2+}$ 为外轨型配合物，而 $[Co(NH_3)_6]^{3+}$ 为内轨型配合物。

通常，电负性大的 F、O 等作为配位原子形成配合物时，易形成外轨型（高自旋）配合物，如 $[FeF_6]^{3-}$ 和 $[Fe(H_2O)_6]^{3+}$。电负性较小的 C 原子作配位原子时（如在 CN^- 中），则倾向于形成稳定的内轨型（低自旋）配合物，如 $[Fe(CN)_6]^{3-}$。而 N 原子（如在 NH_3 中）参与形成配合物时，随中心离子不同，既可以形成外轨型配合物（如 $[Ni(NH_3)_4]^{2+}$），也可以形成内轨型配合物（如 $[Cu(NH_3)_4]^{2+}$）。

（3）配合物的磁性

由于卤素、氧（如 H_2O 配体以氧配位）等配位原子几乎不影响中心离子的内层 d 电子排布，中心离子中 3d 轨道上自旋平行的未成对电子数较高。因此，这类外轨型配合物也称为高自旋型配合物，常常具有顺磁性。

在外加磁场的影响下，物质所表现出来的磁性各不相同。当物质可被外磁场吸引时，称该物质具有顺磁性；当物质不被外磁场所吸引时，则称该物质具有反磁性。物质的磁性与组成物质的原子、分子或离子的性质有关，主要是与物质中电子的自旋运动有关。如果物质中正自旋电子数和反自旋电子数不等（有未成对电子），则电子自旋所产生的磁效应不能相互抵消，多出的一种自旋电子产生的磁矩使物质被外磁场吸引，表现为顺磁性。物质中正、反自旋电子数相等（电子皆已成对）时，总磁效应相互抵消，不被外磁场所吸引，表现为反磁性。

物质的磁性强弱用磁矩 μ_S（单位为玻尔磁子，表示为 B. M.）表示，$\mu_S=0$ 的物质具有反磁性；$\mu_S>0$ 的物质具有顺磁性。磁矩 μ_S 的大小与物质内部未成对的电子数多少有关。未成对电子数目越多，顺磁磁矩越高。根据磁学理论，配合物磁矩 μ_S 与未成对电子数 n 之间遵循唯自旋公式：

$$\mu_s=\sqrt{n(n+2)} \tag{8-1}$$

根据配合物的实际磁矩 μ_S，由唯自旋公式可以推测中心离子的未成对电子数，从而确定该配合物是内轨型配合物还是外轨型配合物。例如，实验测得 $[FeF_6]^{3-}$ 的磁矩为 5.88 B. M.（表 8.2），由唯自旋公式计算与 $n=5$ 的理论磁矩（5.92 B. M.）接近，推测 Fe^{3+} 中应有 5 个未成对 d 电子。进一步分析可知，Fe^{3+} 发生 sp^3d^2 杂化后与 F^- 结合，形成外轨型配合物。

表 8.2 某些高自旋型配合物的电子结构和磁矩

配离子	中心离子内层 $(n-1)d$ 电子排布	杂化轨道类型	未成对电子数	磁矩 μ_S(B. M.)	
				理论值 $\mu_s=\sqrt{n(n+2)}$	实验值
$[FeF_6]^{3-}$	Fe^{3+} ↑ ↑ ↑ ↑ ↑	sp^3d^2	5	5.92	5.88
$[Fe(H_2O)_6]^{2+}$	Fe^{2+} ↑↓ ↑ ↑ ↑ ↑	sp^3d^2	4	4.90	5.30
$[CoF_6]^{3-}$	Co^{3+} ↑↓ ↑ ↑ ↑ ↑	sp^3d^2	4	4.90	5.00
$[Co(NH_3)_6]^{2+}$	Co^{2+} ↑↓ ↑↓ ↑ ↑ ↑	sp^3d^2	3	3.87	4.00
$[MnCl_4]^{2-}$	Mn^{2+} ↑ ↑ ↑ ↑ ↑	sp^3	5	5.92	5.88

由于内轨型配合物中的 C(如 CN^-)、N(如 NO_2^-)等配位原子在形成配位键时使中心离子内层 d 电子发生重排，自旋平行的 d 电子数目比自由离子的未成对电子数少，磁性降低，甚至为反磁性物质，因此这类内轨型配合物也称为低自旋配合物。例如，实验测得 $[Fe(CN)_6]^{3-}$ 的磁矩为 2.0 B. M.，由唯自旋公式计算与 $n=1$ 的理论磁矩(1.73 B. M.)接近。这表明在成键过程中，中心离子的 3d 电子发生了重排，未成对 3d 电子数减少，Fe^{3+} 以 d^2sp^3 杂化轨道与 CN^- 结合，形成内轨型配合物。表 8.3 列出了一些低自旋型配合物的电子结构与磁矩。

表 8.3 某些低自旋型配合物的电子结构和磁矩

配离子	中心离子内层 $(n-1)$d 电子排布	杂化轨道类型	未成对电子数	磁矩 μ_S(B. M.)	
				理论值 $\mu_s=\sqrt{n(n+2)}$	实验值
$[Fe(CN)_6]^{3-}$	Fe^{3+} ↑↓ ↑↓ ↑ □ □	d^2sp^3	1	1.73	2.00
$[Co(NH_3)_6]^{3+}$	Co^{3+} ↑↓ ↑↓ ↑↓ □ □	d^2sp^3	0	0	0
$[Mn(CN)_4]^{2-}$	Mn^{2+} ↑↓ ↑↓ ↑ □ □	d^2sp^3	1	1.73	1.70
$[Ni(CN)_4]^{2-}$	Ni^{2+} ↑↓ ↑↓ ↑↓ ↑↓ □	dsp^2	0	0	0

8.2.1.2 配离子的空间构型与中心离子杂化轨道类型的关系

无论在固体中还是在溶液中，配位单元保持确定的空间构型。这是由于中心离子 M 的杂化轨道具有一定的方向性。根据杂化类型的不同，所对应的配合物具有相应的几何构型。部分配离子的空间结构与杂化轨道类型的关系如表 8.4 所示。

表 8.4　配离子的空间结构与杂化轨道类型的关系

配离子	电子排布	杂化类型	几何构型	配位数
$[Ag(NH_3)_2]^+$ $[Ag(CN)_2]^-$ $[Cu(NH_3)_2]^+$	[↑↓][↑↓][↑↓][↑↓][↑↓] ([↑↓] [↑↓]) [ ][ ]	sp	直线型	2
$[Cu(CN)_3]^{2-}$	[↑↓][↑↓][↑↓][↑↓][↑↓] ([↑↓] [↑↓][↑↓]) [ ]	sp^2	平面三角形	3
$[Zn(NH_3)_4]^{2+}$ $[Cd(CN)_4]^{2-}$ $[Ni(NH_3)_4]^{2+}$	[↑↓][↑↓][↑↓][↑↓][↑↓] ([↑↓] [↑↓][↑↓][↑↓]) [↑↓][↑↓][↑↓][↑][↑] ([↑↓] [↑↓][↑↓][↑↓])	sp^3	四面体形	4
$[Ni(CN)_4]^{2-}$ $[Pt(CN)_4]^{2-}$	[↑↓][↑↓][↑↓][↑↓] ([↑↓] [↑↓] [↑↓][↑↓]) [ ]	dsp^2	平面四边形	4
$[Fe(CO)_5]$	[↑↓][↑↓][↑↓][↑↓] ([↑↓] [↑↓] [↑↓][↑↓][↑↓])	dsp^3	三角双锥形	5
$[FeF_6]^{3-}$	[↑][↑][↑][↑][↑] ([↑↓] [↑↓][↑↓][↑↓] [↑↓][↑↓]) [ ][ ][ ]	sp^3d^2	八面体形	6
$[Fe(CN)_6]^{3-}$	[↑↓][↑↓][↑] ([↑↓][↑↓] [↑↓] [↑↓][↑↓][↑↓]) [ ][ ][ ][ ][ ]	d^2sp^3		
$[Cr(NH_3)_6]^{3+}$	[↑][↑][↑] ([↑↓][↑↓] [↑↓] [↑↓][↑↓][↑↓]) [ ][ ][ ][ ][ ]	d^2sp^3		
$[Co(NH_3)_6]^{3+}$	[↑↓][↑↓][↑↓] ([↑↓][↑↓] [↑↓] [↑↓][↑↓][↑↓]) [ ][ ][ ][ ][ ]	d^2sp^3		

下面以 $[Ni(NH_3)_4]^{2+}$、$[Ni(CN)_4]^{2-}$ 和 $[FeF_6]^{3-}$ 为例，对几种比较典型的空间构型进行说明。

(1)正四面体构型

$[Ni(NH_3)_4]^{2+}$ 为外轨型配合物，呈正四面体构型。由于自由 Ni^{2+} 离子的价层电子构型为 $3d^8$，3d 没有空轨道，因此当 Ni^{2+} 与 4 个 NH_3 分子结合为 $[Ni(NH_3)_4]^{2+}$ 时，Ni^{2+} 中为全空的 1 个 4s 轨道和 3 个 4p 轨道杂化组成 4 个 sp^3 杂化轨道，接纳 NH_3 中 N 上的孤对电子形成配位键（表 8.4）。由于 sp^3 杂化轨道呈现正四面体空间构型，因此 $[Ni(NH_3)_4]^{2+}$ 配离子的空间构型也呈正四面体，Ni^{2+} 离子位于正四面体的中心，4 个 NH_3 分子作为配体位于正四面体的 4 个顶角。

（2）平面四边形构型

$[Ni(CN)_4]^{2-}$为内轨型配合物，呈平面正方形构型。由于CN^-中配位原子C的电负性较小，配位能力比NH_3强，Ni^{2+}在CN^-配体的影响下，价电子构型不再保持原自由离子的$3d^8$构型，发生重排，2个未成对3d电子配对，空出的1个3d轨道与1个4s空轨道和2个4p空轨道组成4个dsp^2杂化轨道，接纳CN^-中C上的孤对电子形成配位键（表8.4）。dsp^2杂化轨道的伸展方向从正方形中心指向4个顶角，呈现平面正方形构型，因此$[Ni(CN)_4]^{2-}$配离子的空间构型也呈平面正方形，Ni^{2+}离子位于平面正方形的中心，4个NH_3分子作为配体位于平面正方形的4个顶角。

第一代抗癌药物$[PtCl_2(NH_3)_2]$（商品名：顺铂，cis-platin）同样为内轨型配合物，为平面四边形构型。Pt与Ni同族，失去电子后，自由Pt^{2+}离子的价电子构型为$5d^8$构型，在Cl^-、NH_3配体的影响下，发生dsp^2杂化（由1个5d轨道、1个6s空轨道和2个6p空轨道参与），分别接纳Cl^-、NH_3孤对电子形成配合物。由于其平面四边形构型，两个Cl^-配体既可以互为邻位，也可以互为对位，有2种异构体。其中，Cl^-配体为邻位的异构体称为顺式异构体（*cis*-），Cl^-配体为对位的异构体称为反式异构体（*trans*-）。顺式异构体（橙黄色晶体）的偶极矩不等于零，化学性质较活泼，能与乙二胺反应生成$[Pt(NH_3)_2(en)]Cl_2$，具有抗癌活性；而反式异构体（鲜黄色晶体）的偶极矩等于零，性质稳定，不与乙二胺反应，毫无抗癌活性。

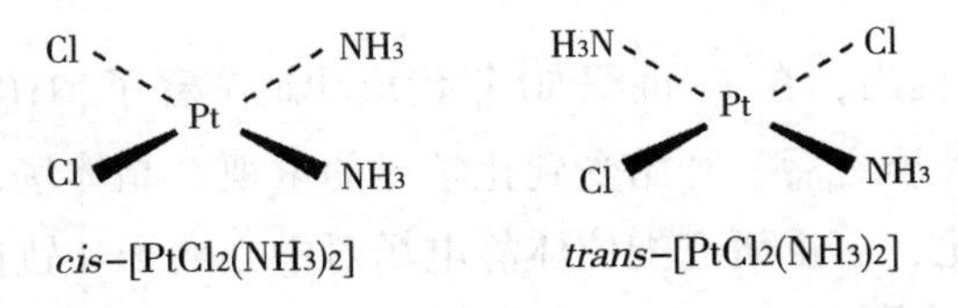

（3）八面体形构型

$[Co(NH_3)_6]^{3+}$为内轨型配合物，呈八面体形构型。当Co^{3+}与6个NH_3结合时，由于Co^{3+}价态较高，3d轨道中电子数较少，能够空出内层3d轨道参与形成6个d^2sp^3杂化轨道，接受NH_3提供的孤对电子形成内轨型配合物。由于d^2sp^3杂化轨道的构型为八面体形，因此$[Co(NH_3)_6]^{3+}$配离子的空间构型也呈八面体形，Co^{3+}离子位于八面体的中心，6个NH_3分子作为配体位于八面体的6个顶角。

8.2.1.3 配位化合物的稳定性

对于同一中心离子，由于d^2sp^3杂化轨道的能量低于sp^3d^2杂化轨道的能量，而dsp^2杂化轨道的能量低于sp^3杂化轨道的能量，故同一中心离子形成相同配位数的配离子时，一般内轨型配合物比外轨型配合物要稳定，在溶液中内轨型配合物比外轨型配合物要难离解。例如，$[Fe(CN)_6]^{3-}$比$[FeF_6]^{3-}$稳定，$[Ni(CN)_4]^{2-}$比$[Ni(NH_3)_4]^{2+}$稳定，$[Co(NH_3)_6]^{3+}$比$[Co(NH_3)_6]^{2+}$稳定。

配合物的键型也影响到配合物的氧化还原性质。例如，$[Co(NO_2)_6]^{4-}$采用d^2sp^3杂化，有一个电子激发到4d轨道中而容易失去，生成$[Co(NO_2)_6]^{3-}$，因此$[Co(NO_2)_6]^{4-}$表现出强的还原性。

虽然价键理论根据配离子所采用的杂化轨道类型较成功地说明了配离子的空间结构、

配位数，以及高、低自旋配合物的磁性和稳定性，但由于它只考虑了中心离子的作用，没有考虑配体对中心离子的作用，因此在解释配合物的某些性质时遇到了困难。例如，实验表明$[Co(CN)_6]^{4-}$离子极不稳定。价键理论解释是由于$[Co(CN)_6]^{4-}$为内轨型（低自旋）配合物，它在形成配合物时，原3d轨道上有1个未成对电子会重新排布在能量较高的4d轨道上而易失去（被氧化），因此性质不稳定。但将该解释推广到其他配合物时却产生了矛盾。如使用价键理论解释$[Cu(NH_3)_4]^{2+}$配离子的四边形结构时，同样应有一个未成对的电子位于较高能级上，从价键理论推论$[Cu(NH_3)_4]^{2+}$亦应不稳定。但实验表明$[Cu(NH_3)_4]^{2+}$很稳定，不易被氧化。实际上，$[Cu(NH_3)_4]^{2+}$应为$[Cu(NH_3)_4(H_2O)_2]^{2+}$，即八面体形结构，其中$Cu^{2+}$发生$sp^3d^2$杂化，$NH_3$位于八面体的平面上，而$H_2O$则位于八面体中垂直于$NH_3$平面的方向上。由于姜-泰勒效应，$Cu^{2+}$与$H_2O$形成的配位键的键长较长，且由于该键较弱，常被忽略，故$[Cu(NH_3)_4]^{2+}$常被认为是平面四边形结构。

$[Co(CN)_6]^{4-}$ ↑↓ ↑↓ ↑↓ | ↑↓ ↑↓ | ↑↓ | ↑↓ ↑↓ ↑↓ | ↑ □ □ □ □ □

d^2sp^3杂化轨道

此外，价键理论也无法解释高低自旋产生的原因，也无法解释配合物的可见-紫外吸收光谱以及配合物具有特征颜色的原因，因此仍有较大的局限性。

8.2.2 晶体场理论

晶体场理论于1929年提出，在20世纪50年代成功地解释了$[Ti(H_2O)_6]^{3+}$的光谱特性和过渡金属配合物的其他性质之后，开始受到化学界的重视。晶体场理论在静电理论的基础上，结合量子力学和群论，着重研究配位体静电场对中心离子d轨道的影响。

8.2.2.1 晶体场理论的基本要点

① 晶体场理论把中心离子看作阳离子，把配位体看作阴离子（含有孤对电子）。中心离子和周围配位体（阴离子或分子）之间形成的配位键是纯粹的静电作用力，类似于离子晶体中正、负离子间(或离子与分子之间)的静电排斥和吸引。

② 自由中心离子的5个d轨道在配位前能量相同（简并轨道），它们在空间的取向如图8.1(a)所示。当形成配合物时，由于周围配位体的非球形对称静电场（正八面体、正四面体以及平面正方形等构型配合物中配位体的静电场均为非球形对称）不同程度的排斥作用(图8.1(b))，不同d轨道上的电子受到的影响不一样，导致5个d轨道中有些轨道能量升高，有些轨道能量降低，即d轨道的能级发生分裂。

③ d轨道的能级分裂使d轨道上的电子重新分布。根据能量最低原理，电子优先占据能量较低的d轨道，使配合物整体能量降低，即给配合物带来了额外的晶体场稳定化能。

8.2.2.2 d轨道能级的分裂

(1) 八面体配位场

自由的过渡金属离子的5个d轨道虽然空间取向不同，但具有相同的能量E_0。当将其置于带负电荷的配位体形成的球壳形均匀静电场（由配位体的孤对电子形成）中时，中心离子的5个d轨道与球形静电场产生静电排斥，均匀的排斥力使d轨道的能量同等程度地

升高到 E_s（图 8.2）。

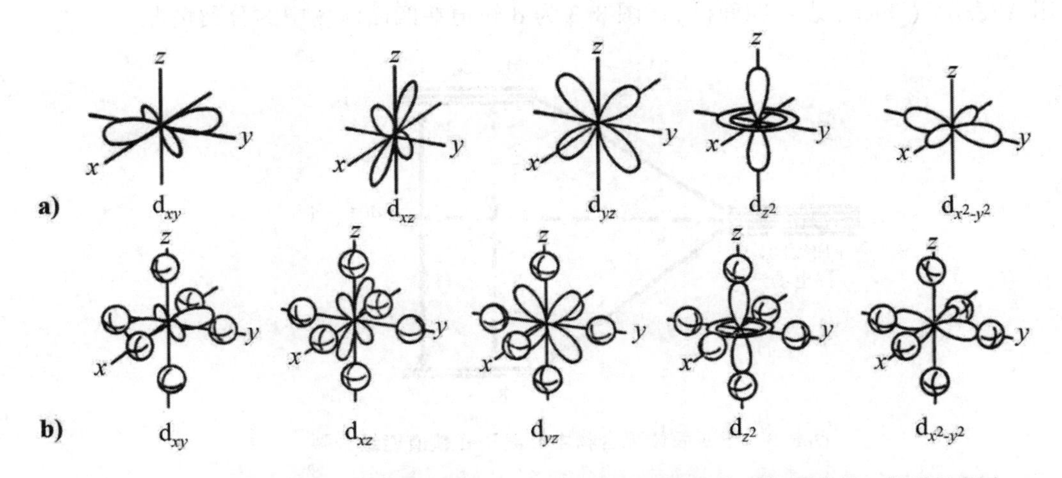

图 8.1 a) 自由金属中心离子的 d 轨道；b) 正八面体场中配位体对金属离子 d 轨道的影响

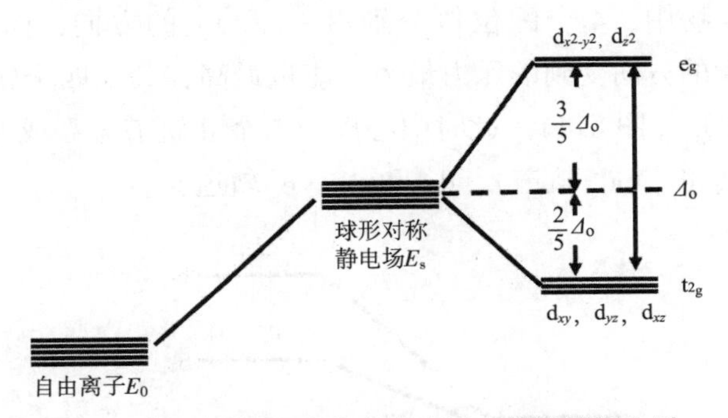

图 8.2　正八面体配合物中心离子 d 轨道能级分裂

随着配体 L 沿着±x，±y，±z 坐标轴逐渐接近中心离子，带正电的中心离子与作为配体的阴离子（或分子带负电的一端）之间相互吸引；但同时中心离子的 d_{z^2} 和 $d_{x^2-y^2}$ 电子出现概率最大的方向处于与配位体负电荷迎头相碰的位置，电子受到配体较大的排斥作用，能量相对于球形场能量 E_s 升高。而 d_{xy}、d_{yz}、d_{xz} 电子出现几率最大的方向位于配体的空隙中间，与配位体负电荷方向错开，受到静电排斥力较小，它们的能量相对于球形场能量 E_s 降低。因此，中心离子的 d 轨道在配体的影响下分裂为两组（图 8.2）：一组为能量较高 d_{z^2} 和 $d_{x^2-y^2}$ 轨道，称为 e_g 轨道（e 代表轨道能级二重简并，g 表示中心对称，1 表示镜面对称，常忽略不写）；另一组为能量较低的 d_{xy}、d_{yz} 和 d_{xz} 轨道，称为 t_{2g} 轨道，三个轨道能量同样相等（t 代表轨道能级三重简并，2 表示镜面反对称）。两组轨道之间的能量差，称为分裂能，以 Δ_o（下标 o 表示八面体）表示。

（2）四面体配位场

在正四面体配位场中，4 个配位体分别沿四面体的 4 个顶点接近中心离子时，正好和±x、±y、±z 坐标错开，避开了 d_{z^2} 和 $d_{x^2-y^2}$ 电子出现概率最大的方向，受电场作用小，其能量低于球形场能量 E_s；但靠近 d_{xy}、d_{yz}、d_{xz} 电子出现几率最大的方向，受电场作用大，能量高于 E_s。此时中心离子 5 个 d 轨道的分裂正好与八面体中相反，即 d_{z^2} 和 $d_{x^2-y^2}$ 为一组较低的轨道，称为 e_g 轨道；d_{xy}、d_{yz}、d_{xz} 为一组能量较高的轨道，称为 t_{2g} 轨道。两组的分裂能用 Δ_t 表示（下标 t 表示四面体）。图 8.3 为 d 轨道在四面体场中的分裂情况。

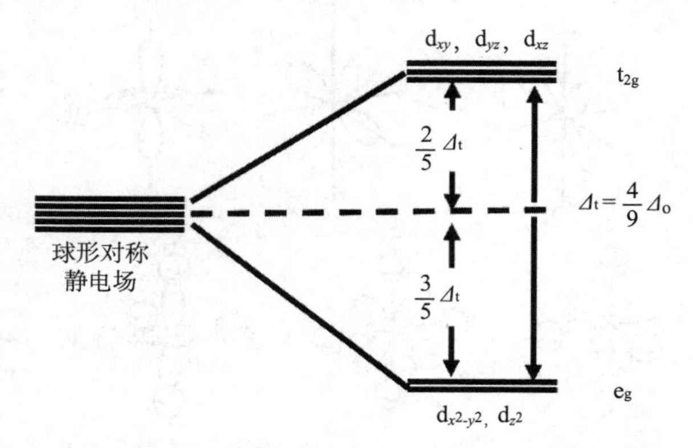

图 8.3　正四面体配合物中心离子 d 轨道能级分裂

(3)平面四边形配位场

在平面四边形配合物中，4 个配位体分别沿 $\pm x$ 和 $\pm y$ 的方向，向中心离子接近时，$d_{x^2-y^2}$ 电子出现概率最大的方向受到的斥力最大，能量最高；其他四个轨道能量逐渐降低，依次为 d_{xy}、d_{z^2}、d_{yz} 和 d_{xz}（图 8.4）。此时中心离子 5 个 d 轨道分裂成四组，即 $d_{x_2-y_2}$（b_{1g} 轨道）、d_{xy}（b_{2g} 轨道）、d_{z^2}（a_{1g} 轨道）、d_{yz} 和 d_{xz}（e_g 轨道）。

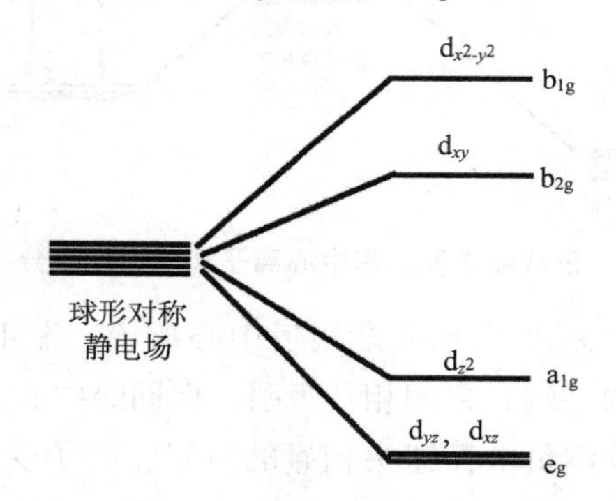

图 8.4　平面正方形配合物中的 d 轨道

从以上讨论可以看出，在不同构型的配合物中，d 轨道能级分裂的情况不同：四面体配合物的分裂能 Δ_t 比八面体配合物的 Δ_o 要小；平面正方形配合物则更为复杂，其分裂能与四面体配合物和八面体配合物都不同，d 轨道分裂情况和分裂能的能级数目（4 组）也与前两种（2 组）不同。同时，由于配位体和中心离子不同，即使是同一种构型的配合物，它们的分裂能 Δ 也可能不同。

8.2.2.3　分裂能及其影响因素

过渡金属离子的 d 轨道受配体静电场的影响发生能级分裂，分裂后的最高能量 d 轨道和最低能量 d 轨道的能量之差称为分裂能(break-up energy)，用 Δ 表示。分裂能的单位通常用 cm^{-1} 或 $kJ \cdot mol^{-1}$ 来表示（$1\ cm^{-1} = 1.19 \times 10^{-2}\ kJ \cdot mol^{-1}$）。

在八面体场中，分裂能用 Δ_o表示，它等于 1 个电子由 t_{2g} 轨道跃迁到 e_g 轨道所需要的能量。一般将Δ_o等分为10份，即10Dq：

$$\Delta_o = E_{e_g} - E_{t_{2g}} = 10Dq \quad (8-2)$$

5个d轨道在八面体场中分裂为两组（e_g和t_{2g}），以球形场能量E_s为基准（$E_s = 0$）时：

$$2E_{e_g} + 3E_{t_{2g}} = 0 \quad (8-3)$$

结合公式（8-2）可知

$$E_{e_g} = +0.6\Delta_o = 6Dq$$

$$E_{t_{2g}} = -0.4\Delta_o = -4Dq$$

与球形场中分裂前比较，八面体场中的e_g轨道能量上升$0.6\Delta_o$，t_{2g}轨道的能量下降$0.4\Delta_o$。

影响分裂能大小的主要因素如下：

（1）中心离子的电荷和半径

同种配体与同一过渡元素中心离子形成的配合物，中心离子正电荷越多，其Δ值越大。如$[Cr(H_2O)_6]^{3+}$的分裂能Δ_o为17 600 cm^{-1}，而$[Cr(H_2O)_6]^{2+}$的分裂能Δ_o为14 000 cm^{-1}。

中心离子半径越大，d轨道离原子核越远，越易在外电场的作用下改变其能量，因此分裂能Δ_o也越大。

（2）配体的性质

同种中心离子与不同配体形成相同构型的配离子时，其分裂能Δ值随配体场强弱不同而变化。配体场强愈强，Δ_o值就愈大。

	$[CrCl_6]^{3-}$	$[Cr(H_2O)_6]^{3+}$	$[Cr(NH_3)_6]^{3+}$	$[Cr(en)_3]^{3+}$	$[Cr(CN)_6]^{3-}$
Δ_o/cm^{-1}	13 700	17 600	21 500	21 900	26 600

不同配位体所产生的分裂能不同，常见配位体按分裂能递增次序为

$$I^- < Br^- < SCN^- < Cl^- < F^- < OH^- < -ONO^- < C_2O_4^{2-} < H_2O < NCS^- < NH_3 < en < NO_2^- < CN^- \approx CO$$

弱场配体　　　　　　　　　　强场配体

这个顺序是根据配合物的光谱实验确定的，也称为光谱化学序列。光谱化学序列中，大体上可以将H_2O、NH_3作为分界弱场配体（如I^-、Br^-、Cl^-、F^-等）和强场配体（如CN^-等）的界限。对不同的中心离子，以上顺序有所差别。

（3）配合物的几何构型

八面体场的分裂能Δ_o与四面体场的分裂能Δ_t有如下关系：

$$\Delta_t = \frac{4}{9}\Delta_o \quad (8-4)$$

对于相同的中心离子和相同配体，平面四边形的的分裂能Δ_p最大，而四面体场的分裂能最小，即$\Delta_p > \Delta_o > \Delta_t$。

（4）元素所在周期数

同种配体与相同氧化值同族过渡元素离子所形成的配合物，其Δ值随中心离子在周期表中所处的周期数而递增。一般第二过渡系比第一过渡系的Δ大40%~50%，第三过渡系比第二过渡系大20%~25%。这主要是由于后两过渡系金属离子的d轨道伸展得较远，与

配体更为接近，使中心离子与配体间的斥力较大。

8.2.2.4 晶体场理论的应用

(1) 配合物 d 电子的自旋状态和磁性

配合物中心离子的 d 电子分布方式随 d 电子构型不同而不同，分布规则遵循能量最低原理和洪特规则：

① $d^1 \sim d^3$ 或 $d^8 \sim d^{10}$ 电子构型的过渡金属离子

由于 $d^1 \sim d^3$ 电子构型的过渡金属离子中电子数目较少，其在八面体场中的 d 电子分布方式只有一种，即 d 电子分占在 t_{2g} 轨道上，且自旋方向相同。同样，具有 $d^8 \sim d^{10}$ 构型的离子，其 d 电子也分别只有一种分布方式，无高低自旋之分。

② $d^4 \sim d^7$ 电子构型的过渡金属离子

金属离子在形成配合物时，由于轨道能级分裂的原因，电子进入轨道遵循能量最低原理和洪特规则，因此需要克服分裂能 Δ_o 或者电子成对能 P。电子成对能(pairing energy)是指当一个轨道上已有一个电子时，如果另有一个电子进入该轨道与之成对，为克服电子间的排斥作用所需要的能量。从配合物的光谱实验数据可以计算其分裂能 Δ_o 和电子成对能 P 的大小。

对于 $d^4 \sim d^7$ 构型的离子，当其形成八面体配合物时，d 电子可以有两种分布方式。以 d^4 构型的离子（如 Cr^{2+}，Mn^{3+}）为例，第 4 个电子可以克服分裂能 Δ_o 进入 e_g 轨道（高自旋），也可以进入已被 d 电子占据的 t_{2g} 轨道之一（低自旋），克服电子成对能 P 与原来占据该轨道的单电子成对：

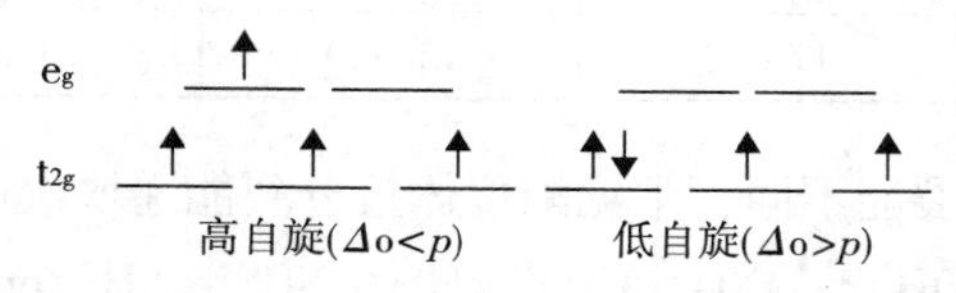

同样，在八面体场中，具有 d^5、d^6 或者 d^7 构型的离子的 d 电子也有高自旋和低自旋两种分布方式。此时 d 电子最终采取哪种分布方式，取决于分裂能 Δ_o 和电子成对能 P 的相对大小，即：

(a) 当 $\Delta_o < P$ 时，电子较难成对，而是尽可能占据较多的 d 轨道，保持较多的自旋平行电子，形成高自旋型配合物，其磁矩相对较大。

(b) 当 $\Delta_o > P$ 时，电子尽可能占据能量低的 t_{2g} 轨道，自旋配对，使自旋平行的未成对电子数减少，形成低自旋型配合物，其磁矩相对较小，甚至为 0。

由于电子成对能 P 和分裂能 Δ_o 可通过光谱实验数据求得，从而可推测配合物中心离子的电子分布及自旋状态。例如，$[CoF_6]^{3-}$ 与 $[Co(NH_3)_6]^{3+}$ 的 Δ_o 分别为 13 000 cm^{-1} 和 24 000 cm^{-1}，而 Co^{3+} 的成对能 P 为 21 000 cm^{-1}，因此理论推测 $[CoF_6]^{3-}$ 与 $[Co(NH_3)_6]^{3+}$ 分别为高自旋和低自旋配合物。实际测定可知，$[Co(NH_3)_6]^{3+}$ 的磁矩为 0，因此其自旋电子数为零，Co^{3+} 的电子排布为 t_{2g}^6，为低自旋配合物；而 $[CoF_6]^{3-}$ 的磁矩为 5.0 B. M.，由唯自旋公式计算可知有 4 个未成对电子，这意味着 Co^{3+} 的电子排布为 $t_{2g}^4e_g^2$，即为高自旋配合物。表 8.5 中列出了八面体配合物中某些第一过渡金属离子的 Δ_o 值、P 值和理论磁矩。

表 8.5　八面体配合物中某些第一过渡金属离子的 Δ_o 值、P 值和理论磁矩

d^n	离子	$\Delta_o(cm^{-1})$	$P(cm^{-1})$	自旋状态	未成对电子数	理论磁矩(B. M.)
d^4	$[Mn(H_2O)_6]^{2+}$ $[Mn(CN)_6]^{4-}$	21 000 30 000	25 500	高 低	4 2	4.90 2.80
d^5	$[Fe(H_2O)_6]^{3+}$ $[Fe(CN)_6]^{3-}$	13 700 34 250	30 000	高 低	5 1	5.92 1.73
d^6	$[Fe(H_2O)_6]^{2+}$ $[Fe(CN)_6]^{4-}$	10 400 26 000	15 000	高 低	4 0	4.90 0.0
	$[CoF_6]^{3-}$ $[Co(NH_3)_6]^{3+}$	13 000 24 000	21 000	高 低	4 0	4.90 0.0
d^7	$[Co(H_2O)_6]^{2+}$ $[Co(NH_3)_6]^{2+}$	8 400 10 200	22 500	高 高	3 3	3.87 3.87

(2) 晶体场稳定化能及其影响因素

d 电子进入分裂的轨道时的总能量相比处于未分裂轨道时有所降低，总能量降低值称为晶体场稳定化能(crystal field stabilization energy)，用符号 CFSE 表示。晶体场稳定化能与中心离子的 d 电子数有关，也与晶体场的强弱有关，此外还与配合物的几何构型有关。在相同条件下，配合物的晶体场稳定化能越负（代数值越小），配合物越稳定。不同 d 电子电子构型的晶体场稳定化能的计算方法见表 8.6。

表 8.6　中心离子的 d 电子在八面体场中的分布及其对应的晶体场稳定化能(CFSE)

d^n	八面体场配合物					
	高自旋			低自旋		
	电子构型	未成对电子数	CFSE	电子构型	未成对电子数	CFSE
d^1	t_{2g}^1	1	$-0.4\ \Delta_o$	t_{2g}^1	1	$-0.4\ \Delta_o$
d^2	t_{2g}^2	2	$-0.8\ \Delta_o$	t_{2g}^2	2	$-0.8\ \Delta_o$
d^3	t_{2g}^3	3	$-1.2\ \Delta_o$	t_{2g}^3	3	$-1.2\ \Delta_o$
d^4	$t_{2g}^3\ e_g^1$	4	$-0.6\ \Delta_o$	t_{2g}^4	2	$-1.6\ \Delta_o+P$
d^5	$t_{2g}^3\ e_g^2$	5	0	t_{2g}^5	1	$-2.0\ \Delta_o+2P$
d^6	$t_{2g}^4\ e_g^2$	4	$-0.4\ \Delta_o$	t_{2g}^6	0	$-2.4\ \Delta_o+2P$
d^7	$t_{2g}^5\ e_g^2$	3	$-0.8\ \Delta_o$	$t_{2g}^6\ e_g^1$	1	$-1.8\ \Delta_o+P$
d^8	$t_{2g}^6\ e_g^2$	2	$-1.2\ \Delta_o$	$t_{2g}^6\ e_g^2$	2	$-1.2\ \Delta_o$
d^9	$t_{2g}^6\ e_g^3$	1	$-0.6\ \Delta_o$	$t_{2g}^6\ e_g^3$	1	$-0.6\ \Delta_o$
d^{10}	$t_{2g}^6\ e_g^4$	0	0	$t_{2g}^6\ e_g^4$	0	0

例 8-1 试分析 $[Fe(H_2O)_6]^{2+}$ 和 $[Fe(CN)_6]^{4-}$ 的自旋类型？（已知 $[Fe(H_2O)_6]^{2+}$ 中 $\Delta_o=10\ 400\ cm^{-1}$，$P=15\ 000\ cm^{-1}$；$[Fe(CN)_6]^{4-}$ 中 $\Delta_o=26\ 000\ cm^{-1}$，$P=15\ 000\ cm^{-1}$）。

解：（1）$[Fe(H_2O)_6]^{2+}$ 中 $\Delta_o=10\ 400\ cm^{-1}$，$P=15\ 000\ cm^{-1}$

如 Fe^{2+} 在八面体场中取高自旋，则 d^6 的电子构型为 $t_{2g}^4e_g^2$，按照表 8.6

$CSFE=-0.4\Delta_o=-4\ 160\ cm^{-1}$

如果取低自旋，d^6 为 t_{2g}^6，按照表 8.6，则有

$CSFE=-2.4\Delta_o+2P=5\ 040\ cm^{-1}$

对比结果可知，采取高自旋时 CSFE 低，配合物稳定，因此 $[Fe(H_2O)_6]^{2+}$ 为高自旋型配合物。

（2）$[Fe(CN)_6]^{4-}$ 中 $\Delta_o=26\ 000\ cm^{-1}$，$P=15\ 000\ cm^{-1}$

如 Fe^{2+} 在八面体场中取高自旋，则 d^6 的电子构型为 $t_{2g}^4e_g^2$，按照表 8.6

$CSFE=-0.4\Delta_o=-10\ 400\ cm^{-1}$

如果取低自旋，d^6 为 t_{2g}^6，按照表 8.6，则有

$CSFE=-2.4\Delta_o+2P=-32\ 400\ cm^{-1}$

对比结果可知，采取低自旋时 CSFE 低，配合物稳定，因此 $[Fe(CN)_6]^{4-}$ 为低自旋型配合物。

（3）配合物的颜色

一般而言，物质只能吸收某些波长的可见光（波长在 730~400 nm），未被吸收的那部分光反射（或透射）出来，人们肉眼看到的就是这部分透过或散射出来的光，也就是该物质呈现的颜色。被物质吸收的光的颜色与反射出的（即观察到的）光的颜色为互补色，两者的关系列于表 8.7。

表 8.7 物质吸收的可见光波长与物质颜色的关系

吸收波长/nm	波数/cm^{-1}	被吸收光的颜色	观察到物质的颜色
400—435	25 000—23 000	紫	黄绿
435—480	23 000—20 800	蓝	黄
480—490	20 800—20 400	绿蓝	橙
490—500	20 400—20 000	蓝绿	红
500—560	20 000—17 900	绿	紫红
560—580	17 900—17 200	黄绿	紫
580—595	17 200—16 800	黄	蓝
595—610	16 800—16 400	橙	绿蓝
610—750	16 400—13 333	红	蓝绿

水合离子的显色性是过渡元素的重要特征之一（表 8.8），过渡元素与其他配体形成的配离子也常具有颜色。

表 8.8　常见水合阳离子的颜色

离子	Ti^{2+}	V^{2+}	Cr^{2+}	Mn^{2+}	Fe^{2+}	Co^{2+}	Ni^{2+}	Cu^{2+}
成单 d 电子数	2	3	4	5	4	3	2	1
颜色	黑	紫	蓝	浅红	绿	粉红	绿	蓝
离子	Ti^{3+}	V^{3+}	Cr^{3+}	Mn^{3+}	Fe^{3+}	Co^{3+}		
成单 d 电子数	1	2	3	4	3	2		
颜色	紫	绿	蓝紫	紫红	浅紫	蓝		
离子	TiO^{2+}	VO_2^+	VO^{2+}	$[Cr(OH)_4]^-$	$[Cu(OH)_4]^{2-}$			
成单 d 电子数	2	0	1	3	1			
颜色	无色	浅黄	黄	深绿	深蓝			

在配体水分子的晶体场的影响下，水合过渡金属离子的 d 轨道发生分裂。由于过渡元素水合离子 d 轨道常没有填满电子，在白光照射下，d 电子可以吸收与分裂能 Δ 大小相同的可见光区中某一部分波长的光能而跃迁至高能态轨道，这种跃迁称为 d-d 跃迁。由于发生 d-d 跃迁所需的能量，即轨道的分裂能 Δ 不同，相对应的可见光能量不同（表 8.7），因此配离子呈现不同颜色。分裂能 Δ 越大，电子跃迁所需要的能量就越大，相应吸收的可见光的波长越短，如吸收波长较短的紫光时，配合物呈现紫色的互补色——黄绿色；而分裂能较小时，则相应吸收的可见光波长就较长，如红光，配合物呈现为红色的互补色——蓝绿色。如 Cu^{2+} 离子价层 d 轨道的分裂能相当于红色光，因此 $[Cu(H_2O)_6]^{2+}$ 水溶液显红光的互补色——浅蓝色；而 $[Cu(NH_3)_4]^{2+}$ 的分裂能相当于橙黄色，因此其溶液显深蓝色。

晶体场理论可以解释 d^1–d^{10} 电子构型的过渡金属离子形成的配合物的颜色，以及配合物吸收光谱产生的原因。例如，水合配离子 $[Ti(H_2O)_6]^{3+}$ 显紫色。由晶体场理论分析可知，$[Ti(H_2O)_6]^{3+}$ 中 Ti^{3+} 电子排布为 $t_{2g}^1e_g^0$。当白光通过溶液时，处于 t_{2g} 轨道的 d 电子需要吸收能量以克服大小为 20 400 cm^{-1} 的 d 轨道分裂能 Δ，经 d-d 跃迁到 e_g 轨道。在光谱实验中，d-d 跃迁吸收的能量表现为吸收波长约为 500 nm 的蓝绿光（图 8.5），此时观察到的 $[Ti(H_2O)_6]^{3+}$ 溶液的颜色为透过溶液的光为紫红色，即蓝绿光的互补色（表 8.7）。

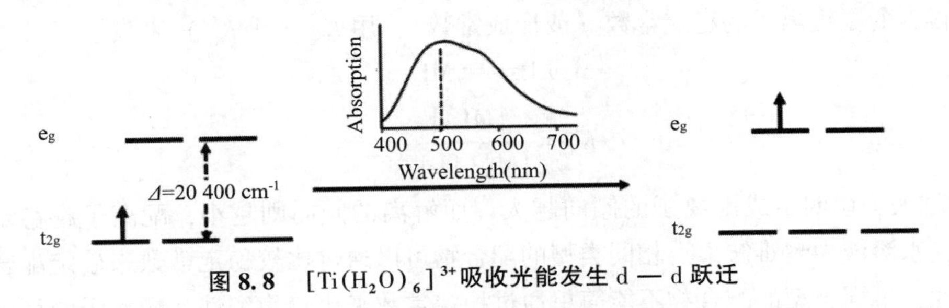

图 8.8　$[Ti(H_2O)_6]^{3+}$ 吸收光能发生 d — d 跃迁

又如，水合配离子 $[Ni(H_2O)_6]^{2+}$ 因吸收红光而呈现绿色。但溶液中加入氨水后，因氨水的强场配位体作用，d-d 分裂能相应增加，因此溶液也相应由$[Ni(H_2O)_6]^{2+}$配离子的绿色转变为$[Ni(NH_3)_6]^{2+}$配离子的深蓝色（黄色的互补色）。

8.3 配合物的稳定性和配位平衡

8.3.1 溶液中的解离平衡和稳定常数

在硫酸铜溶液中加入大量氨水，则发生配位反应，生成绛蓝色$[Cu(NH_3)_4]SO_4$溶液。反应如下：

$$CuSO_4+4NH_3(\text{大量})=[Cu(NH_3)_4]SO_4$$

对于这种可溶性的配合物，内界和外界的解离如同强电解质，在水溶液中可完全解离：

$$[Cu(NH_3)_4]SO_4=[Cu(NH_3)_4]^{2+}+SO_4^{2-}$$

内界的解离如同弱电解质一样为分步解离。如在水溶液中，$[Cu(NH_3)_4]^{2+}$配离子可解离生成$[Cu(NH_3)_3]^{2+}$、$[Cu(NH_3)_2]^{2+}$、$[Cu(NH_3)]^{2+}$等低配位数配离子，以及自由Cu^{2+}离子（当配位剂过量较多时，可以认为溶液中的配离子以最高配位数的配离子$[Cu(NH_3)_4]^{2+}$为主，其他低配位数配离子可忽略不计）；同时，解离产生的自由Cu^{2+}离子、低配位数配离子可以和配位体再次结合生成配离子。当解离反应和配位反应的速度相等时，体系达到了平衡状态，称为配位解离平衡（又称配位平衡）。

$$[Cu(NH_3)_4]^{2+}\underset{\text{配位}}{\overset{\text{解离}}{\rightleftharpoons}}Cu^{2+}+4NH_3$$

其平衡常数

$$K^{\ominus}_{\text{不稳}}([Cu(NH_3)_4^{2+}])=\frac{[Cu^{2+}]\cdot[NH_3]^4}{[Cu(NH_3)_4^{2+}]}$$

对任一配位解离平衡$ML_n \rightleftharpoons M+nL$，均具有化学平衡的一切特点。其平衡常数表达式为：

$$K^{\ominus}_{\text{不稳}}=\frac{[M]\cdot[L]^n}{[ML_n]} \tag{8-5}$$

这个平衡常数称为配离子的不稳定常数（或解离常数），通常用$K^{\ominus}_{\text{不稳}}$（或$K^{\ominus}_{d}$）来表示。其数值越大，说明配离子解离的倾向越大，配离子越不稳定。

配合物的不稳定常数是以配离子的解离为基础的。通常也可以配离子的形成为基础进行研究，得到的是配离子的稳定常数（或形成常数），用$K^{\ominus}_{\text{稳}}$（或$K^{\ominus}_{f}$）来表示：

$$M+nL \rightleftharpoons ML_n$$

$$K^{\ominus}_{\text{稳}}=\frac{[ML_n]}{[M]\cdot[L]^n} \tag{8-6}$$

$K^{\ominus}_{\text{稳}}$值越大，说明生成配离子的倾向越大，而解离的倾向则越小，配离子越稳定，这种配离子在水溶液中越难解离。相同类型的配合物可以通过比较稳定常数来确定配合物的相对稳定性；不同类型的配合物不能简单通过稳定常数来比较稳定性。配离子的稳定性是应用配合物时首先要考虑的因素，因此配离子的稳定常数是一个重要的参数。

事实上，稳定常数和不稳定常数是从两个不同的角度来讨论同一个问题。任何配离子的稳定常数与其不稳定常数互为倒数关系，即

$$K^{\ominus}_{\text{稳}}=\frac{1}{K^{\ominus}_{\text{不稳}}} \tag{8-7}$$

对于任何配合物，只需用一种常数来表示它在水溶液中的稳定性。一些常见配离子的稳定常数见书后附录 8。利用配离子的稳定常数 $K^{\ominus}_{\text{稳}}$可以进行有关计算。

例 8-2 将 0.20 mol·dm^{-3} 的 $AgNO_3$ 溶液与 0.60 mol·dm^{-3} 的 KCN 溶液等体积混合后，计算平衡时溶液中 Ag^+浓度。已知 $K^{\ominus}_{\text{稳}}([Ag(CN)_2]^-)=1.26\times10^{21}$。

解： 混合后初始浓度为 $c(Ag^+)=0.10$ mol·dm^{-3}，$c(CN^-)=0.30$ mol·dm^{-3}。

设配位反应达平衡时，$c(Ag^+)$为 x mol·dm^{-3}

$$Ag^+ \quad + \quad 2CN^- \rightleftharpoons [Ag(CN)_2]^-$$

平衡浓度(mol·dm^{-3})　　x　　$0.30-0.20+2x$　　$0.10-x$

因为 x 很小，所以 $0.30-0.20+2x\approx0.10$，$0.10-x\approx0.1$

$$K^{\ominus}_{\text{稳}}([Ag(CN)_2]^-)=\frac{[Ag(CN)_2^-]}{[Ag^+][CN^-]^2}=\frac{0.10}{x\cdot(0.10)^2}=1.26\times10^{21}$$

$c(Ag^+)=x=7.94\times10^{-21}$ mol·dm^{-3}

平衡时溶液中 Ag^+浓度为 7.94×10^{-21} mol·dm^{-3}。

8.3.2 配位平衡的移动

在一定条件下，配合物溶液建立配位平衡。当改变金属离子或配位体浓度时（可通过改变体系酸度，或加入沉淀剂、氧化剂、还原剂等），原有的平衡会被打破，平衡发生移动，在新的条件下建立起新的平衡。

8.3.2.1 酸效应

配合物中很多配体是碱，可以接受质子。因此增大溶液的酸度，可使配位平衡向着解离的方向移动。这种由于酸的加入而导致配离子稳定性降低的作用称为酸效应。酸度越大，酸效应越强烈。例如，在$[Cu(NH_3)_4]^{2+}$的解离平衡体系中加入酸，由于 H^+与 NH_3 结合生成更稳定的 NH_4^+，导致溶液中 $c(NH_3)$减小，平衡也将向配离子解离的方向移动：

$$[Cu(NH_3)_4]^{2+} \rightleftharpoons Cu^{2+} + 4NH_3$$

$$4NH_3 + 4H^+ \rightleftharpoons 4NH_4^+$$

此时，绛蓝色的$[Cu(NH_3)_4]^{2+}$配离子变成浅蓝色的水合 Cu^{2+}。

8.3.2.2 配位平衡与沉淀溶解平衡

许多金属离子在溶液中会生成氢氧化物、硫化物或卤化物等沉淀。利用这些沉淀的生成，可以破坏溶液中的配离子。例如，在 $CuSO_4$ 溶液中加入氨水可以得到绛蓝色的 $[Cu(NH_3)_4]^{2+}$配离子，在此溶液中加入稀 NaOH 溶液后没有蓝色 $Cu(OH)_2$沉淀生成，但是若加入 Na_2S 溶液，则会有黑色 CuS 沉淀析出，这说明由于生成溶度积极小的 CuS 导致溶液中 $[Cu(NH_3)_4]^{2+}$的配位平衡被破坏。

例 8-3 在 0.20 $mol \cdot dm^{-3}$ 的 $[Ag(CN)_2]^-$溶液中，加入等体积 0.20 $mol \cdot dm^{-3}$ 的 KI 溶液，能否形成 AgI 沉淀？（$K^{\ominus}_{稳}([Ag(CN)_2]^-) = 1.26\times10^{21}$，$K^{\ominus}_{sp}(AgI) = 8.52\times10^{-17}$）

解：等体积混合后的浓度为：$[Ag(CN)_2]^- = 0.10(mol \cdot dm^{-3})$；$[I^-] = 0.10\ (mol \cdot dm^{-3})$

配位反应 $Ag^+ + 2\,CN^- \rightleftharpoons [Ag(CN)_2]^-$

平衡浓度（$mol \cdot dm^{-3}$） x $2x$ $0.10-x$

$$K^{\ominus}_{稳}([Ag(CN)_2]^-) = \frac{[Ag(CN)_2^-]}{[Ag^+][CN^-]^2} = \frac{0.10-x}{x\cdot(2x)^2} = 1.26\times10^{21}$$

解得 $x = 2.7\times10^{-8}$（$mol \cdot dm^{-3}$）

$[Ag^+][I^-] = 2.7\times10^{-8}\times0.10 = 2.7\times10^{-9} > K^{\ominus}_{sp}(AgI) = 8.52\times10^{-17}$

所以，混合后将有 AgI 沉淀生成 。

8.3.2.3 配位平衡与氧化还原平衡

配位平衡还可因氧化还原反应而发生移动。例如，在 $[FeCl_4]^-$平衡体系中加入 KI，由于 Fe^{3+}被 I^-还原生成 Fe^{2+}，可使 $[FeCl_4]^-$平衡发生移动：

$$[FeCl_4]^- \rightleftharpoons \boxed{\begin{array}{c} Fe^{3+} \\ + \\ I^- \\ \rightleftharpoons \\ Fe^{2+} + \frac{1}{2}I_2 \end{array}} + 4Cl^-$$

若在金属离子与金属组成的电对的溶液中加入某种配体，形成配离子后，电对变成金属配离子与金属组成的电对。如在 Cu^{2+}/Cu 电对的溶液中加入氨水，就形成了 $[Cu(NH_3)_4]^{2+}/Cu$ 电对。由于 $[Cu(NH_3)_4]^{2+}$配离子在溶液中存在着解离平衡，溶液中存在微量的 Cu^{2+}离子，所以该配合物所形成的电对的氧化还原反应，实质上仍然是反应 $Cu^{2+}+2e^- = Cu$，但是此时由于 Cu^{2+}离子的浓度明显降低了，其电极电势明显低于 Cu^{2+}/Cu 电对的标准电极电势（Cu^{2+}/Cu 的标准电极电势要求 Cu^{2+}离子的浓度为 1.0 $mol \cdot dm^{-3}$）

例 8-4 已知 $E^{\ominus}(Ag^+/Ag) = 0.7996$ V，$K^{\ominus}_{稳}([Ag(NH_3)_2]^+) = 1.12\times10^7$，$K^{\ominus}_{稳}([Ag(S_2O_3)_2]^{3-}) = 2.88\times10^{13}$，计算下列两个半反应的 $E^{\ominus}$值，并比较 $[Ag(NH_3)_2]^+$和 $[Ag(S_2O_3)_2]^{3-}$的氧化性。

（1）$[Ag(NH_3)_2]^+(aq) + e^- = Ag(s) + 2\,NH_3(aq)$

（2）$[Ag(S_2O_3)_2]^{3-}(aq)+e^- = Ag(s)+2\ S_2O_3^{2-}(aq)$

解：$E^{\ominus}([Ag(NH_3)_2]^+/Ag) = E(Ag^+/Ag) = E^{\ominus}(Ag^+/Ag)+0.059\ 2\ \lg[Ag^+]$

$$=0.799\ 6+0.059\ 2\ \lg\frac{1}{1.12\times10^7}=0.382\ (V)$$

$E^{\ominus}([Ag(S_2O_3)_2]^{3-}/Ag) = E^{\ominus}(Ag^+/Ag)+0.059\ 2\ \lg[Ag^+]$

$$=0.799\ 6+0.059\ 2\ \lg\frac{1}{2.88\times10^{13}}=0.003\ (V)$$

由于 $E^{\ominus}([Ag(NH_3)_2]^+/Ag) > E^{\ominus}([Ag(S_2O_3)_2]^{3-}/Ag)$

因此，氧化性 $[Ag(NH_3)_2]^+ > [Ag(S_2O_3)_2]^{3-}$

8.3.2.4 配离子之间的转化

在有其他配体参加的反应中，一种配离子可以转化为更稳定的另一种配离子。配离子转化反应的方向可以用稳定常数来判断。

例 8－5 已知 $K^{\ominus}_{稳}([Ag(NH_3)_2]^+) = 1.12\times10^7$，$K^{\ominus}_{稳}([Ag(CN)_2]^-) = 1.26\times10^{21}$。判断 $[Ag(NH_3)_2]^+$ 能否转化为 $[Ag(CN)_2]^-$ 配离子。

解：配离子转化反应为：$[Ag(NH_3)_2]^+ + 2CN^- \rightleftharpoons [Ag(CN)_2]^- + 2\ NH_3$

$$则\ K^{\ominus}=\frac{[Ag(CN)_2^-][NH_3]^2}{[Ag(NH_3)_2^+][CN^-]^2}=\frac{[Ag(CN)_2^-][NH_3]^2[Ag^+]}{[Ag(NH_3)_2^+][CN^-]^2[Ag^+]}$$

$$=\frac{K^{\ominus}_{稳}([Ag(CN)_2]^-)}{K^{\ominus}_{稳}([Ag(NH_3)_2]^+)}=1.12\times10^{14}$$

由于 $K^{\ominus}$ 远大于 1，表明 $[Ag(NH_3)_2]^+$ 转化为 $[Ag(CN)_2]^-$ 的趋势很大，氰根 CN^- 能够取代氨配体，生成更稳定的 $[Ag(CN)_2]^-$ 配离子。

思考题与习题

1. 区别下列名词和术语

（1）配体、配位原子、配体数、配位数

（2）稳定常数、不稳定常数

（3）配离子、配合物、内界、外界

（4）配位键、共价键、离子键

2. 请解释下列实验现象。

（1）无水硫酸铜是白色粉末，五水合硫酸铜是蓝色晶体。

（2）AgCl 沉淀不能溶解在 NH_4Cl 中，却能够溶解在氨水中。

（3）螯合剂 EDTA 可以用作重金属元素的解毒剂。

（4）为什么使用剧毒的 KCN 提取金子，而不使用 NH_3、en、EDTA 等毒性小的配体。

3. 下列说法是否正确？

(1) 配位键本质上属于共价键。

(2) 配体数等于配位数。

(3) 配合物由内界和外界两部分组成。

(4) 外轨型配离子磁矩大，内轨型配离子磁矩小。

(5) 配离子的电荷数等于中心离子的电荷数。

4. 在敦煌壁画中，采用了多种过渡金属氧化物作为绘画颜料，为什么这些金属氧化物能呈现出五颜六色，且保存长久？

5. 什么叫螯合物？螯合物的稳定性如何？几元螯合环较稳定？

6. 试从配合物的结构理论等方面解释 $[Co(NH_3)_6]^{2+}$ 易在空气中氧化。

7. 填表：

化学式	名称	中心离子	配位体	配位原子	配位数	配离子电荷
$K[PtCl_3(NH_3)]$						
$[Ni(en)_3]Cl_2$						
$[Fe(EDTA)]^{2-}$						
	四异硫氰根·二氨合钴(Ⅲ)酸铵					
	三羟基·水·乙二胺合铬(Ⅲ)					
	氯化硝基三氨合铂(Ⅱ)					

8. 已知 $[Mn(H_2O)_6]^{2+}$ 和 $[Mn(CN)_6]^{4-}$ 的磁矩分别是 5.92 和 1.73 B. M.，请根据价键理论和晶体场理论分别推测这两个配离子的中心离子轨道杂化类型和 d 电子分布情况，以及配离子的几何构型。它们属于内轨型还是外轨型？

9. 已知 $[Ni(NH_3)_4]^{2+}$ 和 $[Ni(CN)_4]^{2-}$ 的磁矩分别是 2.82 和 0.00 B. M.，请判断这两个配离子的中心离子 d 电子分布情况和杂化类型，以及配离子的几何构型。它们属于内轨型还是外轨型？哪个配离子更稳定？

10. 判断下列配合物中心离子的杂化方式，并指出它们的几何构型，以及属于内轨型配合物还是外轨型配合物。

(1) $[Cd(NH_3)_4]^{2+}$　　$\mu=0$ B. M.

(2) $[Co(NH_3)_6]^{3+}$　　$\mu=0$ B. M.

(3) $[Ni(NH_3)_6]^{2+}$　　$\mu=3.2$ B. M.

(4) $[Mn(SCN)_6]^{4-}$　　$\mu=6.1$ B. M.

(5) 顺-$[PtCl_2(NH_3)_2]$　　$\mu=0$ B. M.

(6) $[Fe(EDTA)]^{2-}$　　$\mu=0$ B. M.

(7) $[Fe(CO)_5]$　　$\mu=0$ B. M.

11. 已知 $[Fe(CN)_6]^{3-}$ 是内轨型配合物，$[CoF_6]^{3-}$ 是外轨型配合物，画出它们中心离子的电子分布情况，并指出各以何种杂化轨道成键？

12. 将 0.10 dm^3 的 0.10 $mol \cdot dm^{-3}$ $CuSO_4$ 溶液与 6.00 $mol \cdot dm^{-3}$ 氨水等体积混合，请计算

溶液中 Cu^{2+}、NH_3、$[Cu(NH_3)_4]^{2+}$ 的平衡浓度各为多少？若向该混合溶液中加入 0.010 mol NaOH 固体，是否有 $Cu(OH)_2$ 沉淀生成？

13. 将含有 0.20 $mol \cdot dm^{-3}$ $AgNO_3$ 溶液、0.60 $mol \cdot dm^{-3}$ NaCN 溶液与等体积 0.02 $mol \cdot dm^{-3}$ KI 溶液混合，是否有 AgI 沉淀产生？（已知 $K^{\ominus}_{稳}([Ag(CN)_2]^-) = 1.26\times10^{21}$，$K^{\ominus}_{sp}(AgI) = 8.52\times10^{-17}$）

14. 已知 $K^{\ominus}_{稳}([Co(NH_3)_6]^{2+}) = 1.3\times10^5$，$K^{\ominus}_{稳}([Co(NH_3)_6]^{3+}) = 1.6\times10^{35}$，$E^{\ominus}(Co^{3+}/Co^{2+}) = 1.80$ V，请计算 $E^{\ominus}([Co(NH_3)_6]^{3+}/[Co(NH_3)_6]^{2+})$，比较 Co^{3+} 与 $[Co(NH_3)_6]^{3+}$ 的氧化性强弱。

15. 用配位场理论比较配离子 $[Co(NH_3)_6]^{3+}$ 和 $[CoF_6]^{3-}$ 的稳定性，计算它们的晶体场稳定化能和磁矩，画出两者在八面体场中 d 轨道的电子分布图。（已知在八面体场中的 Co^{3+} 中心离子，配体为 F^- 时，$\Delta_o = 13\ 000\ cm^{-1}$，电子成对能 $P = 21\ 000\ cm^{-1}$；配体为 NH_3 时，$\Delta_o = 23\ 000\ cm^{-1}$，电子成对能 $P = 21\ 000 cm^{-1}$）

16. 已知 $[Cd(CN)_4]^{2-}$ 的 $K^{\ominus}_{不稳} = 1.66\times10^{-19}$，$[Cd(en)_3]^{2+}$ 的 $K^{\ominus}_{不稳} = 8.31\times10^{-13}$，问反应 $[Cd(CN)_4]^{2-} + 3en = [Cd(en)_3]^{2+} + 4CN^-$ 的标准平衡常数是多少？反应能否正向进行？

第 9 章　元素及其化合物的性质概论

迄今为止，在人类可能探测的宇宙范围内共有 118 种元素，包括 92 种地球上天然存在的元素和 26 种人工合成的元素。元素及其化合物的性质与其结构有着密切的关系。本章主要对常见元素及其化合物的主要物理、化学性质，如熔沸点、溶解性、酸碱性、氧化还原性、热稳定性等及相关变化规律进行讨论。

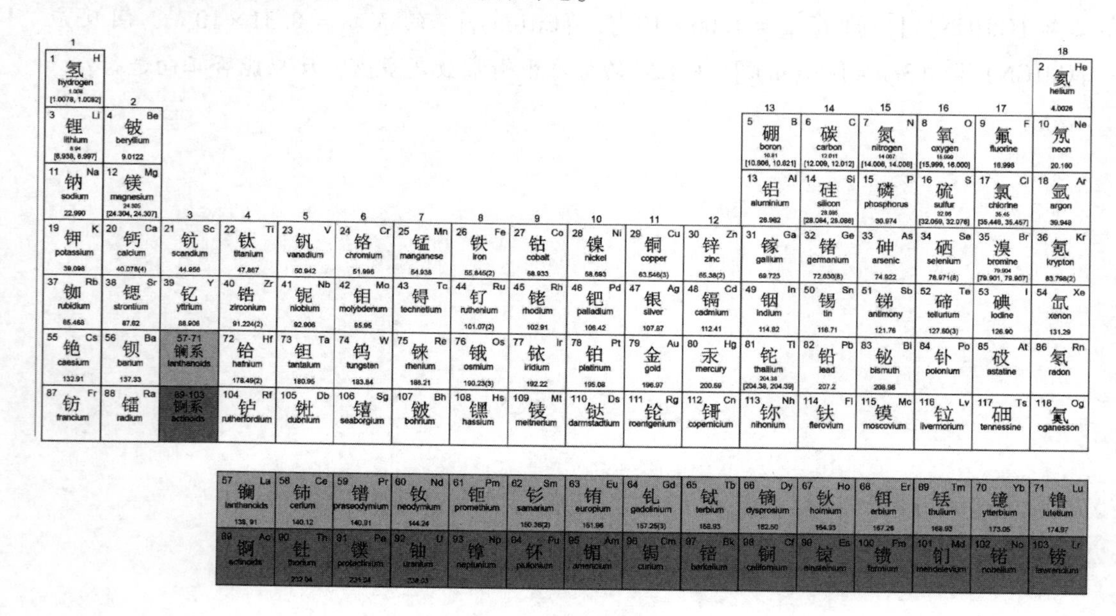

图 9.1　元素周期表

9.1　物质的熔点与沸点

物质的熔、沸点决定于该物质的化学键和晶格类型。离子晶体和原子晶体都具有很高的熔、沸点和硬度，大部分的金属晶体熔点也相对较高（汞除外），而分子晶体的熔、沸点一般较低。

9.1.1　离子晶体的熔、沸点及变化规律

绝大多数的盐和许多金属氧化物的固体都是离子晶体。在离子晶体的晶格结点上，阴、阳离子交替排列，依靠较强的静电作用维系在一起，每个离子周围都被一定数目的带相反电荷的离子所包围。在固体中，由于正、负离子之间存在离子键（静电引力）作用，

正、负离子仅能在晶体的结点附近做规则振动而不能移动。欲使离子晶体熔化，离子必须剧烈运动，使自身不被约束在固定位置而自由移动，这需要较高的温度，因此离子晶体熔点较高，常温下都呈固态。欲使离子从熔体中逸出，形成离子对（如气态氯化钠含 Na^+、Cl^-离子对），则需更高的温度，因此离子晶体的熔点和沸点的差值也较大，很多离子晶体在未气化时就已发生分解。

下面主要讨论离子晶体的熔点变化规律：

① 晶格能对熔点的影响

一般而言，离子晶体的晶格能越大，离子晶体的熔点越高。

物质	NaI	NaBr	NaCl	NaF	CaO	MgO
晶格能/（$kJ \cdot mol^{-1}$）	704	747	786	923	3401	3791
熔点/K	934	1 020	1 074	1 266	2 887	3 125

② 离子极化对熔点的影响

化学键类型的改变会导致晶体的熔点发生变化。多数离子化合物并非由100%离子键键合。由于离子极化作用，离子间键合类型从离子键向共价键过渡，导致离子晶体熔点不能完全根据晶格能的变化规律来判断。

一般而言，离子键成分占比多的晶体的熔点比共价键成分占比多的晶体高。例如，由于Li^+离子比Na^+离子半径小，极化力强，因此LiCl的熔、沸点低于NaCl。又如，在$BeCl_2$、$MgCl_2$、$CaCl_2$等化合物中，Be^{2+}离子半径最小，又是2电子构型，因此Be^{2+}有很强的极化能力，可使Cl^-发生比较显著的变形，Be^{2+}和Cl^-之间的键有较显著的共价性。因此，$BeCl_2$具有较低的熔、沸点。

物质	$BeCl_2$	$MgCl_2$	$CaCl_2$
阳离子半径/pm	31	65	99
熔点/K	683	987	1 055

9.1.2 原子晶体的熔、沸点及变化规律

原子晶体中各原子间以共价键相结合。由于共价键有饱和性和方向性，当共价键不被破坏时，相邻原子无法自由地移动。想要原子晶体熔化，就必须破坏晶体中绝大多数的共价键，气化时则需要破坏几乎全部共价键，因此原子晶体都具有很高的熔、沸点。

由于共价键通过轨道重叠形成，因此原子半径越小，共价键键长越短，键能越大，熔、沸点越高。同一主族元素中，从上至下，原子半径逐渐增大，因此熔、沸点逐渐降低。如金刚石的熔点为3 823 K，硅的熔点为1 683 K，锗是1 210 K。由此可知SiC的熔点介于1 683~3 823 K之间（SiC在2 973 K升华）。

9.1.3 分子晶体的熔、沸点及变化规律

分子晶体中，晶格结点上的微粒间的作用力是分子间力，部分分子晶体中还存在氢键作用。分子间力和氢键均对分子晶体的熔点和沸点有较大的影响。

由于物质分子间的分子间力（主要是色散力）作用，同类型的单质和化合物的熔点和沸点随相对分子质量的增加而升高。例如，第ⅣA 到ⅦA 主族元素的氢化物（NH_3、H_2O、HF 除外）从上到下，随着相对分子质量的增加，色散力增大，分子间力增强，因此它们的熔、沸点逐渐升高。又如，随着相对分子质量的增大，稀有气体从 He 到 Rn 的分子间色散力逐渐增强，它们的熔点和沸点也逐渐升高。

物质	He	Ne	Ar	Kr	Xe	Rn
熔点/K	0.95	24.50	84.00	116.60	161.20	202.20
沸点/K	4.25	27.30	87.50	120.30	166.10	208.20

NH_3、H_2O、HF 等第二周期元素氢化物，由于分子间除了分子间力，还存在分子间氢键，当这些物质熔化或气化时，除了要克服纯粹的分子间力外，还必须给予额外的能量破坏分子间氢键，因此它们的熔点和沸点均高于同族的氢化物。

部分物质中形成的分子内氢键减少了分子间氢键的形成，导致它们的熔、沸点比只形成分子间氢键的物质的熔、沸点低。由于分子内氢键的形成，邻硝基苯酚的熔点远低于它的同分异构体对硝基苯酚和间硝基苯酚（形成分子间氢键）。

虽然混合型晶体的各层之间以分子间力结合，但由于层状结构（如石墨、黑磷、氮化硼 BN 等）、链状结构（如硒、碲、红磷等）的原子之间以共价键结合，因此该类晶体在熔化时仍以断裂共价键为主，因此熔、沸点同样很高。如石墨（混合型晶体）的熔点是 3 925~3 970 K（升华），富勒烯 C60（分子晶体）的熔点是 773~883 K（升华）。层状结构的六方氮化硼的熔点接近 3 273 K，常作为耐火材料使用。

9.1.4 金属晶体的熔、沸点及变化规律

在金属晶体中，金属原子依靠自由电子和金属离子间的相互作用结合在一起。金属熔化时，金属键并没有被破坏，只是原子间的距离略有增大；当液态金属变为气体时，金属键完全被破坏，分离成单个原子（碱金属蒸气中有少量 M_2 分子），因此，金属的沸点往往比熔点高得多。

同一周期中，从左到右，价电子数增多，金属晶体内自由电子数增多，同时半径逐渐减小，金属键增强，熔、沸点升高。如 Na、Mg、Al 中参与成键的电子数增多，故熔、沸点依次升高。

物质	Li	Na	K	Rb	Cs	Mg	Al
熔点/K	453.6	370.8	336.4	312.5	301.4	924.0	933.0
沸点/K	1 614	1 165	1 032	964	941	1 373	2 791

同一主族中，金属价电子数相同，从上至下，金属元素的半径增大，金属键减弱，导致熔、沸点降低。如碱金属从 Li 到 Cs，熔、沸点依次降低，金属 Cs 放在手上即可熔化。

需要注意的是，以上规律适用于次外层是稀有气体结构的典型金属。大多数过渡金属的熔、沸点都很高，熔点普遍超过 1 273 K，沸点大部分高达 3 273 K，其中钨的熔点最高

(3 660 K)。这是因为在过渡金属晶体中，d 电子也参与成键而使金属键增强。一般而言，金属元素外层电子中未成对电子越多，金属键越强，导致其熔、沸点越高。例如，第 6 周期金属的未成对电子数与其熔沸点有大致的对应关系。

金属	Cs	Ba	La	Hf	Ta	W
价电子构型	$6s^1$	$6s^2$	$5d^16s^2$	$5d^26s^2$	$5d^36s^2$	$5d^46s^2$
未成对电子数	1	0	1	2	3	4
熔点/K	301. 5	998	1 194	2 500	3 269	3 660
沸点/K	958	1 913	3 730	4 875	5 698	5 933

金属	Re	Os	Ir	Pt	Au	Hg
价电子构型	$5d^56s^2$	$5d^66s^2$	$5d^76s^2$	$5d^96s^1$	$5d^{10}6s^1$	$5d^{10}6s^2$
未成对电子数	5	4	3	2	1	0
熔点/K	3 453	3 318	2 683	2 045	1 337	234. 3
沸点/K	5 900	5 300	4 403	4 100	2 980	629. 95

过渡金属中也有部分金属的熔点较低，如 IB 族（锌副族）中的 Zn、Cd、Hg。这是因为这一族中元素的电子构型为结构对称、稳定的$(n-1)d^{10}ns^2$ 构型，第一电离能均比本周期中其他过渡金属的高，不易形成自由电子，导致金属键较弱，熔、沸点明显下降。其中，汞是常温常压下唯一以液态存在的金属。

元素	Cu	Zn	Ag	Cd	Au	Hg
第一电离能/$(kJ\cdot mol^{-1})$	746	906	731	868	890	1 007
熔点/K	1 357. 8	692. 7	1 235	594	1 337	234. 3

9. 2　物质的溶解性

溶解度是物质本身的性质，同时是温度、压力的函数。在一定温度和压力下不同溶质在同一溶剂中溶解度不同。压力对固体、液体等凝聚态物质的溶解度的影响不大，而对于气态溶质，温度、压力对其溶解度均有影响。

大多数无机盐（离子型化合物）在水中的溶解度随温度的升高而增加。图 9. 2 是四种典型的无机盐在水中的溶解度随温度变化的情况。其中，KNO_3 的溶解度随温度升高而迅速增大，而 $Ce_2(SO_4)_3$则与之相反，其溶解度随温度升高而降低；NaCl 的溶解度随温度增加基本不变。Na_2SO_4 的溶解度随温度变化的情况较为复杂。在 305. 6 K（Na_2SO_4 的相转变点）以下，Na_2SO_4 的饱和水溶液与 $Na_2SO_4\cdot 10H_2O$ 达到平衡，而不是与固体 Na_2SO_4 形成平衡，此时它的溶解度随温度升高而增加；超过 305. 6 K 时，Na_2SO_4 饱和溶液与固体 Na_2SO_4 形成平衡，其溶解度随温度的升高而呈现降低的趋势。目前，尚无法理论计算物质的溶解度。

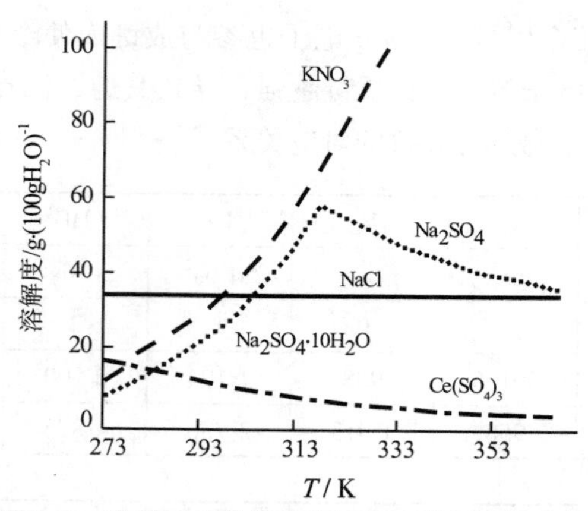

图 9.2　典型无机盐的水中溶解度随温度的变化

虽然盐类、金属氧化物等都属于离子化合物的范畴，但属于典型离子晶体的离子化合物只有含氧酸盐、活泼金属的氟化物、氧化物和氯化物等。通常情况下，含氧酸盐中的绝大部分钠盐、钾盐和铵盐以及酸式盐都易溶于水。可溶性无机盐主要包括：硝酸盐（溶解度随温度的升高而迅速地增加）、醋酸盐、氯酸盐和高氯酸盐（高氯酸钾在水中的可溶性较差），氯化物、溴化物、碘化物（Ag、Hg(I)、Pb 的化合物例外），硫酸盐（$SrSO_4$、$BaSO_4$ 和 $PbSO_4$ 难溶于水，$CaSO_4$、Ag_2SO_4 和 Hg_2SO_4 微溶于水），以及钾、钠及铵的盐（有少数例外，如 K_2PtCl_6、$(NH_4)_2PtCl_6$）。大多数碳酸盐不溶于水，其中 $CaCO_3$、$SrCO_3$、$BaCO_3$、$PbCO_3$ 较难溶。大多数磷酸盐（正盐）都不溶于水。

9.2.1　离子化合物在水中的溶解性及其规律

离子化合物在水中的溶解性对于合成化学、分析化学和地质化学过程中的矿物质的形成都是很重要的。

离子化合物在水中的溶解过程可采取 Born-Haber 热力学循环过程进行分析。

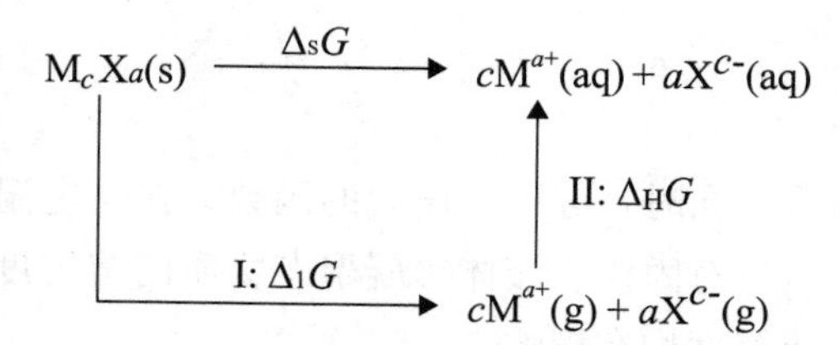

离子化合物溶解过程的自由能变化 $\Delta_S G$，包括破坏晶体晶格的自由能变 $\Delta_l G$（过程 I）和离子水合过程的自由能变 $\Delta_H G$（过程Ⅱ）：

$$\Delta_S G=\Delta_l G+\Delta_H G$$

一般情况下，$\Delta_l G$ 主要来自于晶格能 U，晶格能 U 大于 0 时，不利于溶解；离子水合过程的 $\Delta_H G$ 主要来自于水合焓 $\Delta_H H$（小于 0），为放热过程，有利于溶解的进行。当忽略该过程中的熵变时（严格意义上，应当用溶解自由能变 $\Delta_S G$ 来讨论溶解过程，但由于溶解过程多为熵增加的过程，因此可采用溶解焓 $\Delta_S H$ 讨论离子化合物在水中溶解的难易程度），上述公式变为

$$\Delta_S H\approx U+\Delta_H H \tag{9-1}$$

即离子化合物在水中溶解的难易程度可以粗略地根据晶格能 U 和水合焓 $\Delta_H H$ 的相对大小进行判断。当溶解焓 $\Delta_S H<0$ 时，即水合焓 $\Delta_H H$ 大于晶格能 U 时，溶解往往易于进行。如 LiI 的溶解焓 $\Delta_S H$ 远小于 LiF，且为负值，相应地，LiI 的溶解度也远大于 LiF。

物质	U/(kJ · mol^{-1})	$\Delta_H H$/(kJ · mol^{-1})	$\Delta_S H$/(kJ · mol^{-1})	溶解度/(g/100g H_2O)
LiF	1 039	−1 034	13. 6	0. 27
LiI	763	−826	−77. 8	165

由式（9−1）可知，很多因素，包括离子电荷 Z 和半径 r、离子晶体的结构以及离子的电子层结构等都对离子化合物在水中的溶解度产生影响。晶格能 U 和离子水合焓 $\Delta_H H$ 都与离子半径相关：

$$U \propto \frac{Z^+ \cdot Z^-}{r_+ + r_-} \tag{9-2}$$

$$\Delta_H \mathrm{H} \propto \frac{1}{r_+^2} + \frac{1}{r_-^2} \tag{9-3}$$

在缺乏相关数据时，也可根据离子电荷、半径与溶解度的关系，对离子化合物的溶解度进行经验判断：

① 由式（9−2）可知，Z/r 值大的离子所形成的盐的晶格能 U 大，离子间的静电引力强；同时，它们与水分子之间的引力也大。虽然 Z/r 值小的离子所形成的盐的晶格能 U 小，与水分子之间的引力也小，但离子周围可以容纳更多的水分子。这些因素导致由半径都大或者都小的阴、阳离子（称之为匹配）组成的化合物的溶解度要小于由一个半径大的离子和一个半径小的离子（称之为不匹配）组成的化合物，即阴、阳离子半径相差较大的离子化合物比半径相差小的离子化合物易溶。特别是当阴、阳离子电荷相同时，它们在溶解度上的差异更为明显。例如，293 K 时，阴阳离子半径相差较大的 LiI 的溶解度（165 g/100 g H_2O）要比半径相差小的 LiF 的溶解度（0. 27 g/100g H_2O）要高很多。

离子	Li^+	F^-	I^-
离子半径/pm	76	133	220

② 当化合物都含有相同的半径较大的阴离子时，如 SO_4^{2-}（离子半径~230 pm）、PO_4^{3-}（离子半径~238 pm），阳离子半径对晶格能 U 的影响较小。此时离子水合焓 $\Delta_H H$ 受阳离子半径影响较大(式 9−3)，则离子水合作用在溶解过程中占决定地位。因此，阳离子的半径越小，该盐越容易溶解。室温(293 K)下，碱金属硫酸盐的溶解度随阳离子半径的增大而减小。

硫酸盐	Li_2SO_4	Na_2SO_4	K_2SO_4
阳离子离子半径/pm	76	96	138
硫酸盐溶解度/（g/100 g H_2O）	34. 8	19. 5	11. 1

当化合物都含有相同的半径较小的阴离子，如 F^-(离子半径~133 pm)、OH^-(离子半

径~133 pm)时，阳离子半径对晶格能 U 的影响较大。此时离子水合焓 $\Delta_H H$ 受阳离子半径影响较小，则晶格能 U 在溶解过程中占决定地位。因此，阳离子的半径越大，晶格能 U 越小，该盐越容易溶解。室温(293 K)下，碱土金属部分氢氧化物的溶解度随阳离子的半径增大而增加。

氢氧化物	$Mg(OH)_2$	$Ca(OH)_2$	$Ba(OH)_2$
阳离子半径/pm	72	100	135
溶解度/(g/100g H_2O)	6.5×10^{-4}	0.173	3.89

③ 离子半径小或价态高的阳离子（具有大的 $\Delta_H H$）与离子半径大的一价阴离子（如 I^-、NO_3^-、ClO_4^-、PF_6^-、醋酸盐等）多形成易溶盐。如碱金属的硝酸盐和氯酸盐等易溶。

当阴离子的电荷增加时，溶解度会降低。这是因为 Z/r 值增大时，晶格能 U 的增加程度远大于离子水合焓 $\Delta_H H$ 的增加程度。如 O^{2-}、S^{2-}、PO_4^{3-}、CO_3^{2-}、SO_4^{2-} 等与二价、三价或四价等高价态的金属阳离子结合易形成难溶盐。如碱土金属和许多过渡金属的碳酸盐、磷酸盐等多不溶。稀土离子的硝酸盐易溶，而其氧化物则不溶。

④ 由于离子极化作用，一些离子型化合物中离子性减少、共价性增加，根据相似相溶原理，离子极化导致化合物在水中的溶解度降低。例如：电负性小的金属离子和易被极化的阴离子化合形成的化合物溶解性降低，靠后的过渡金属和后过渡金属离子的硫化物常常不溶；卤化物一般也是不溶的（氟化物除外），如 Ag^+ 和 Pb^{2+} 的化合物。Ag^+ 极化力强，变形性较大。但对于 AgF 来说，由于 F^- 变形性不大，Ag^+ 与 F^- 之间相互极化作用不明显，Ag^+ 与 F^- 之间的化学键还属于离子键，因此 AgF 易溶于水。但随着 Cl^-、Br^-、I^- 离子半径依次增大，Ag^+ 与这些离子之间相互极化作用不断增强，它们之间化学键的离子性逐渐减弱，共价性增强，到 AgI 时基本为共价键作用，因此溶解度也逐渐减小。

卤化银	AgF	AgCl	AgBr	AgI
卤素离子半径/pm	136	181	195	216
阴阳离子半径和/pm	262	307	321	342
实测键长/pm	246	277	288	299
键型	离子键	过渡键型	过渡键型	共价键
溶解度/（g/100g H_2O）	172	1.6×10^{-4}	1.3×10^{-5}	2.3×10^{-7}

9.2.2 分子晶体的溶解性及其规律

物质溶解是溶质分子与溶剂分子间相互扩散的过程，扩散时需要克服分子间的相互作用，包括溶质或溶剂自身分子间的相互作用，以及已经扩散（溶液状态）的溶质与溶剂分子间存在的相互作用。当溶质与溶剂的极性相似或分子结构相似时，其分子间作用力也相似，此时溶质与溶剂可以互溶，即“相似相溶”。例如，水为极性分子，水分子之间存在三种分子间作用力以及氢键。同样，乙醇也为极性分子，分子间也同样存在分子间作用力以及氢键。乙醇的结构及分子间作用与水相似，因此水与乙醇可以互溶。苯和甲苯均为非极性分子，它们的结构及分子间作用也非常相似，因此苯和甲苯可以互溶。但是，水和苯的结构和极性差异较大，由于苯分子之间的引力和H_2O分子之间的引力大于苯分子与H_2O分子之间的引力，因此水和苯不能互溶。同样，强极性溶质可以溶解在极性溶剂（如水）中，而非极性溶质（如碘、苯等）易溶于非极性溶剂，而难溶于极性溶剂（如水）中。

强极性分子间存在强的取向力，因此相互间可以互溶，如NH_3、H_2O、C_2H_5OH等。

卤素单质为非极性分子，在水中的溶解度不大。其中，氟与水剧烈反应生成HF和氧气。氯、溴、碘在水中的溶解度（g/100g H_2O，293 K）分别为0.732，3.58和0.029。卤素单质在非极性有机溶剂中的溶解度比在水中的溶解度大得多。如I_2易溶于CCl_4，这是因为I_2分子与CCl_4分子间色散力较大。

当某些分子晶体溶于水时，若能与水分子之间形成氢键，则溶质的溶解度会显著增大。如NH_3极易溶于水，甲醇、乙醇、甘油、乙酸等能与水混溶，就是由于它们与水分子形成了分子间氢键的缘故。但当氢键类型不同时，对物质溶解性的影响也不相同。氢键有分子间和分子内两种。分子间氢键使物质介电常数增大。极性溶剂中，溶质分子间氢键断裂，与溶剂分子形成氢键，使溶解度增大。如水与乙醇可以任意比例互溶。如果物质形成分子内氢键，则该物质极性明显变小，难溶于水而易溶于非极性溶剂中。例如，易形成分子内氢键的邻硝基苯酚在水中的溶解度(0.2 g/100g H_2O)明显小于不能形成分子内氢键的间硝基苯酚(1.35 g/100g H_2O)和对硝基苯酚(1.6 g/100g H_2O)在水中的溶解度。但在非极性溶剂中，邻硝基苯酚的溶解度比其他两个的溶解度大。

从热力学角度来看，当溶解过程完成时，体系的自由能减小。一般情况下，溶质和溶剂相互混合时，体系的熵增加，此时$T\Delta S$为正值。根据$\Delta G=\Delta H-T\Delta S$可知，$\Delta H$的大小在很大程度上决定了混合体系自由能变化的大小，即决定溶解过程能否发生。当$|\Delta H|<|T\Delta S|$时，即$|\Delta H|$不太大时，溶解可以自发进行（$\Delta G<0$）。当溶质与溶剂分子的极性和结构相似时（例如苯与甲苯，或者水与乙醇），混合后分子间的相互作用与它们各自单独存在时的分子间作用相差不大，$|\Delta H|$值不大，因此易互溶，即相似相溶。反之，当溶质与溶剂分子的极性和结构相似性相差较大时，分子间相互作用的类型和强弱差异较大。例如，苯与水混合时，极性的水分子间有强的静电力作用（以取向力和氢键为主），而非极性的苯分子间为强色散力。如强令两者混合时，需要首先破坏溶质与溶剂各自原有的分子间相互作用，并建立新的、微弱的相互作用力。此时，由于极性相差较大，苯与水之间只能建立弱的诱导力作用。这导致ΔH增大，体系不稳定，因此不易互溶。

需要指出的是，并非所有溶解过程都符合“相似相溶”原理。如三氯甲烷和水都具有极性，但氯仿却不能溶于水，这是因为两者分子内的化学键作用和分子结构相差很大。同时，还需要考虑溶解过程中其他的作用。

9.3 无机物的水解规律

水解是无机化合物十分重要的化学性质。根据反应进行的程度，水解反应可分为完全水解反应和不完全水解反应。本节主要讨论完全水解反应。

影响无机化合物水解的结构因素主要有以下两点。

① 除强酸强碱盐外，无机盐中一般都存在着水解的可能性。各种离子的水解程度不

同，水解产物也不同，一般为碱式盐、氢氧化物、含水氧化物和酸四种，产物顺序与离子的极化作用增强顺序一致。低价金属离子水解的产物一般为碱式盐，高价金属离子水解的产物一般为氢氧化物或含水氧化物。

无机盐溶于水后是否会发生水解，主要决定于阳离子或阴离子对配位水分子极化作用的大小。金属离子具有高电荷和较小的离子半径时，阳离子的极化作用较强，容易发生水解；低电荷和较大离子半径的离子则不易水解。一般来说，过渡金属离子、高价金属离子极化力较大，它们的盐通常容易水解。如 $AlCl_3$、$SiCl_4$ 遇水都较易水解，而 NaCl、$BaCl_2$ 在水中基本不发生水解。

第二周期元素氯化物水解程度为（括号中为产物）：

NaCl(不水解)<$MgCl_2$(碱式盐)<$AlCl_3$(氢氧化物)<$SiCl_4$(含氧酸)<PCl_5(含氧酸)

由于电子层结构的不同，Zn^{2+}、Cd^{2+}、Hg^{2+} 等 18 电子离子，有较高的有效核电荷和较小的离子半径，因而极化作用较强，容易水解。而电荷相同的 Ca^{2+}、Sr^{2+}、Ba^{2+} 等 8 电子离子则具有较低的有效核电荷和较大的离子半径，极化作用较弱，不易使配位水发生分解作用，即不易水解。

同样，阴离子的极化作用较强时，也容易发生水解。例如，以下两组化合物的水解程度随阴离子的极化作用增强而增加。

$$NaF < Na_2O < Na_3N$$

$$NaCl < Na_2CO_3 < Na_2S$$

② 正氧化值的非金属元素如果有空的价电子轨道，其化合物一般容易水解。这是因为元素原子中空的价电子轨道可接受水分子中氧原子的孤对电子而形成配位键，使水分子的 HO—H 键断裂，同时使原有的键削弱、断裂。例如碳、氮等只能利用 2s 和 2p 轨道成键，阻碍了水分子中氧原子将电子对给予碳、氮原子，故 CCl_4、NF_3 不易水解；而硅、磷原子价层有空的 3d 轨道，故 SiF_4、PF_3 容易水解。负氧化值的非金属元素的水解产物一般为氢化物，正氧化值的非金属元素的水解产物一般为含氧酸。

$$3SiF_4+4H_2O=H_4SiO_4+2SiF_6^{2-}+4H^+$$

在 SiF_4 的水解过程中，其实发生了 2 步反应。第一步反应中，SiF_4 接受水分子中氧原子的孤对电子而形成配位键，使水分子的 HO—H 键断裂；同时，F 离去并与水分子产生的 H 结合形成弱酸 HF，加速了水解的发生。在第二步反应中，SiF_4 与水解产物 HF 继续发生配位反应，水解的最终产物中有配合物形成。

第一步反应　$SiF_4+4H_2O=H_4SiO_4+4HF$

第二步反应　$2SiF_4+4HF=2H_2SiF_6$

由于 B 为缺电子原子，成键后仍有空的 2p 轨道存在，可接受电子对形成配位键，故 BCl_3 也容易水解：

$$BCl_3+3H_2O=H_3BO_3\ [\text{或}\ B(OH)_3]+3HCl$$

通过控制水解的方法可以制备粒径均匀的氧化物和硫化物纳米材料。常用的方法有恒温水解法、微波水解法、超声水解法、水热法和溶剂热法。例如，在氧化锆(ZrO_2)纳米粉的制备中，是将四氯化锆和二氯氧锆在沸水中循环地加水水解，Zr(Ⅳ)的水解产物为水合氧化锆。焙烧后得到粒径为 20 nm 左右的氧化锆纳米粉。

9.4 无机物的颜色及其变化规律

9.4.1 常见无机物的颜色

无机物的颜色丰富多彩。研究物质颜色的变化规律，有助于人们对物质世界的进一步认识。

在金属单质中，除纯铜显紫红色、纯金显金黄色外，总体上都呈现银白色（部分显灰白色）。非金属单质的颜色较为复杂。

在化合物中，氧化物和硫化物的颜色最为丰富，其次是卤化物。在卤化物中，氟化物多数为无色（CuF 显红色），碱金属和碱土金属的氯化物、溴化物和碘化物呈现无色或白色。

主族元素的含氧酸根和主族元素阳离子形成的盐一般为无色或白色，如硝酸盐、硫酸盐、氯酸盐、磷酸盐等；主族元素的含氧酸根和过渡金属阳离子形成的盐，一般带有结晶水，因此其颜色多决定于水合阳离子的颜色，如 $FeSO_4 \cdot 7H_2O$ 显浅绿色，而 $Fe(NO_3)_3 \cdot 9H_2O$ 显浅紫色。

过渡金属的含氧酸根一般本身具有颜色，其盐的颜色也多与其本身的颜色相同或相近，如锰酸盐显墨绿色，高锰酸盐显紫黑色，铬酸盐显黄色（Ag_2CrO_4 显砖红色），重铬酸盐显橙红色，高铁酸盐显紫红色。

根据物质的颜色，可大致判断其组成。表 9.1 列出了常见的有色固体物质的颜色。

表 9.1 常见的有色固体物质的颜色

颜色	可能存在的物质
黑色(棕黑色)	Ag_2S、Hg_2S、HgS、PbS、Cu_2S、CuS、FeS、CoS、NiS、CuO、NiO、Fe_3O_4、FeO、MnO_2
棕色	Bi_2S_3、SnS、Ag_2O、Bi_2O_3、CdO、$CuBr_2$、PbO_2
红色	HgS、Fe_2O_3、HgO、Pb_3O_4、HgI_2、$(NH_4)_2Cr_2O_7$、Ag_2CrO_4、$K_3[Fe(CN)_6]$，其他某些铬酸盐及钴盐
粉红色	水合钴盐、锰盐
黄色	As_2S_3、As_2S_5、SnS_2、CdS、HgO、PbO、AgI、AgBr（浅黄）、大多数铬酸盐
橙色	Sb_2S_5、$K_2Cr_2O_7$、$Na_2Cr_2O_7$
绿色	镍盐、某些铬盐（$CrCl_3$）及铜盐（$CuCl_2 \cdot H_2O$）
蓝色	水合铜盐（$CuSO_4 \cdot 5H_2O$）、无水钴盐（$CoCl_2$）
紫色	高锰酸盐及某些铬盐

9.4.2 无机物颜色产生的原因

对具体无机物颜色的产生进行解释一般较复杂，这是因为无机物显色的机理是多方面的。

9.4.2.1 离子极化

离子极化作用也可使无机物产生颜色。离子的相互极化作用（与离子极化力成正比）越强，发生电荷迁移（电子由一个原子移向相邻的另一个原子的过程）的程度越大，化合物的颜色越深。因此，无色的离子，特别是极化力较大的金属阳离子与变形性较大的无色阴离子也可结合成有色的化合物。例如，Pb^{2+}、Hg^{2+}和I^-均为无色离子，但是形成PbI_2和HgI_2后，由于离子极化明显，PbI_2为金黄色，而HgI_2为朱红色。

在相同的阳离子作用下，阴离子越容易被极化，则相应化合物的颜色越深。例如，随着Cl^-、Br^-、I^-离子变形性的增大，过渡金属的氯化物、溴化物和碘化物的颜色逐渐加深。因此，AgF、AgCl是白色的，AgBr为淡黄，而AgI则呈现黄色。同样，$PbBr_2$为白色，而PbI_2为金黄色。

以相同阳离子的氧化物、硫化物和氢氧化物进行比较，阴离子被极化的难易顺序为$OH^- < O^{2-} < S^{2-}$。因此，同一元素的氢氧化物颜色最浅，而硫化物的颜色最深。

化合物	$Pb(OH)_2$	PbO	PbS
颜色	白色	橙色	黑色

对相同的阴离子而言，化合物的颜色随阳离子电荷数的升高而加深。从K^+到Mn^{7+}离子极化力是依次增大的，因此它们氧化物的颜色逐渐加深。

化合物	K_2O	CaO	Sc_2O_3	TiO_2	V_2O_5	CrO_3	Mn_2O_7
颜色	白色	白色	白色	白色	橙色	暗红色	黑绿色

理论上，过渡金属中具有d^0结构的V^{5+}、Cr^{6+}和Mn^{7+}等离子应该是无色的。但是，这三种离子在水溶液中都以含氧酸根VO_4^{3-}、CrO_4^{2-}、$Cr_2O_7^{2-}$、MnO_4^-的形式存在，并呈现不同的颜色。这也是由含氧酸根中过渡金属离子与O之间强烈的极化作用所致。以CrO_4^{2-}为例，可以看成是Cr^{6+}与O^{2-}结合而成，它们之间强烈的极化作用使CrO_4^{2-}成为黄色。

离子	VO_4^{3-}	CrO_4^{2-}	MoO_4^{2-}	WO_4^{2-}	$Cr_2O_7^{2-}$	MnO_4^-	MnO_4^{2-}	FeO_4^{2-}
颜色	黄	黄	淡黄	淡黄	橙红	紫红	深绿	紫红

9.4.2.2 离子的电子层结构

过渡元素低氧化态化合物一般是离子型化合物，这些离子在结构上多具有不饱和电子壳层，即这些离子在$(n-1)$d轨道中有一定数目的成单d电子。由于d轨道未填满的离子的基态能级和激发态能级比较接近，电子可在未充满的d轨道间跃迁而吸收可见光，这导致它们的水合离子在化合物或溶液中呈现一定的颜色。

水合离子	Sc^{3+}	Ti^{4+}	Ti^{3+}	V^{3+}	Cr^{3+}	Mn^{2+}	Fe^{3+}	Fe^{2+}	Co^{2+}	Ni^{2+}	Cu^{2+}
成单d电子数	0	0	1	2	3	5	5	4	3	2	1
颜色	无色	无色	紫红	绿	蓝紫	浅红	浅紫	淡绿	粉红	绿	蓝

从上表可以看出，d轨道中没有成单电子（d^0或d^{10}结构）的水合离子，如Sc^{3+}、

Ti^{4+}、Zn^{2+}等，在可见光照射下不能产生 d-d 跃迁，因而没有颜色。d 轨道有 1~5 个成单电子的相应水合离子，因而常具有各种不同的颜色。虽然第 5、6 周期过渡元素不太容易出现低氧化值，但生成的低氧化值化合物中的过渡元素离子由于含有未成对的 d 电子，因此也有颜色。例如：Zr(Ⅲ)为棕色；Mo(Ⅴ)和 W(Ⅴ)为蓝色(它们相应的离子中均有 1 个未成对 d 电子)等。

9.4.2.3 配合物的形成

过渡元素配合物大都有颜色。同一金属离子与不同配体形成的配合物具有不同的颜色。其颜色产生的原因请参考第八章中的晶体场理论。

同种配体的同一金属元素的高氧化值态配合物往往比低氧化值态配合物颜色深。这是因为同一金属元素的高氧化值态物质比低氧化值态物质的分裂能大得多，因此，高氧化值态的配合物比低氧化值态配合物吸收谱带波长短。

同一族过渡元素的相同氧化值态和相同配体的配合物，从上往下颜色变深。由于相同氧化值的同族过渡金属离子在相同配体的作用下，从上到下分裂能增大，因此颜色变深。

9.4.2.4 其他因素的影响

某些无机物存在的晶格缺陷（晶体的某些晶格节点缺少部分阳离子或阴离子所致）导致其产生颜色。如萤石(CaF_2)本无色，但由于 F^- 色心的形成而显紫色。晶格缺陷还使得无色 Al_2O_3 产生颜色，蓝宝石就是天然 Al_2O_3 在含有 Fe 或 Ti 时形成的，含有 Cr 时形成红宝石。

同一种物质晶格类型不同时，正负离子间距离也不相同，颜色也可能不同。例如 HgI_2 的四方晶体为红色，其斜方晶体为黄色；Bi_2O_3 的立方晶体为灰黑，斜方晶体呈黄色。

无机物的颜色还受到晶粒粒度和聚积度（分散度）的影响。由于颗粒大小不同，无机物对不同波长光的散射有所不同，特别是当固体颗粒的直径小到与可见光的波长相近时，就会反复吸收几乎全部的可见光及其折射光。如 HgO 会显红色或黄色，就是由粒度不同造成的。

某些无机化合物的颜色常随温度的升高而加深。例如：CdS 在低温时为浅黄色，室温显黄色，高温时变为橙黄；ZnO 为白色，加热时变为黄色，冷却后又变为白色。其他无机化合物也有类似的情况。这是由于温度升高，离子的振幅加大，使得带相反电荷的离子靠得更近，极化作用增强，有利于电子跃迁。

9.5 物质的酸性与碱性

酸碱在化学工业中占据重要的地位。酸碱工业主要指三酸（硫酸、盐酸、硝酸，或包括磷酸称四酸）、两碱（烧碱、纯碱），年产量最大的化学品是硫酸。

9.5.1 共价型氢化物的酸碱性

共价型非金属氢化物中，碳族元素和氮族元素的氢化物（除 NH_3 外）的水溶液不显酸碱性。其他氢化物的酸性变化规律为：同一周期中，从左向右，H_nX 的酸性随元素 X 的电负性的增加而增强；同一族中，从上往下，酸性随着 H-X 键键能的减弱而逐渐增强。

如在卤素氢化物中，氢氟酸为弱酸，而氢氯酸（盐酸）、氢溴酸和氢碘酸均为强酸。

IA	IIA	IIIA	IVA	VA	VIA	VIIA	
ns^1	ns^2	ns^2np^1	ns^2np^2	ns^2np^3	ns^2np^4	ns^2np^5	酸性增强↓
LiH	BeH_2	B_2H_6	CH_4	NH_3	H_2O	HF	
NaH	MgH_2	AlH_3	SiH_4	PH_3	H_2S	HCl	
KH	CaH_2	GaH_3	SnH_4	AsH_3	H_2Se	HBr	
					H_2Te	HI	
酸性增强→							

9.5.2 氧化物的酸碱性

氧化物 R_xO_y 的酸碱性，首先取决于 R 的金属性或非金属性的强弱，即与 R 在周期表中的位置有关；其次与 R 的氧化值有关，同一元素不同氧化值的氧化物的酸碱性也有所不同。一般来说：大多数金属氧化物呈碱性；大多数非金属氧化物和某些高氧化值的金属氧化物显酸性；部分金属氧化物和少数非金属氧化物呈两性。

同一周期从左到右，各元素最高氧化值的氧化物由碱性、两性到酸性变化。

Ⅰ A	Ⅱ A	Ⅲ A	Ⅳ A	Ⅴ A	Ⅵ A	Ⅶ A
ns^1	ns^2	ns^2np^1	ns^2np^2	ns^2np^3	ns^2np^4	ns^2np^5
Li_2O	BeO	B_2O_3	CO，CO_2	NO，NO_2，N_2O_5	–	–
Na_2O	MgO	Al_2O_3	SiO_2	P_2O_5，P_4O_{10}	SO_2，SO_3	Cl_2O_7
碱性 →			两性 →			酸性

同一族中，从上到下，各元素相同氧化值的氧化物的碱性依次增强，酸性依次减弱。

N_2O_3　P_4O_6	As_4O_6	Sb_4O_6	Bi_2O_3
酸性	两性偏酸	两性	碱性

同一元素不同氧化值的氧化物，其酸性随氧化值的升高而增强。这种递变规律在 d 区过渡元素中更为常见。

	As_4O_6（两性偏酸）	As_2O_5（酸性）
PbO（碱性）	PbO_2（两性）	
CrO（碱性）	Cr_2O_3（两性）	CrO_3（酸性）
VO（碱性）	VO_2（两性）	V_2O_5（酸性）

氧化物的酸碱性与它们的离子-共价性有较密切的联系。离子型氧化物通常为碱性或两性，共价型氧化物通常为酸性，介于两者之间的过渡型氧化物一般具有弱酸性（如 SiO_2）、弱碱性或两性。

9.5.3 氧化物水合物的酸碱性

9.5.3.1 氧化物水合物的酸碱性

同一周期，从左到右，各主族元素最高氧化值的氧化物水合物碱性减弱，酸性增强；同一族从上到下，酸性减弱，碱性增强。

	IA	ⅡA	ⅢA	ⅣA	VA	ⅥA	ⅦA	
↓	→	→	→	→	→	→		酸性增强 ↑
	LiOH（中强碱）	$Be(OH)_2$（两性）	H_3BO_3（弱酸）	H_2CO_3（弱酸）	HNO_3（强酸）			
	NaOH（强碱）	$Mg(OH)_2$（中强碱）	$Al(OH)_3$（两性）	H_2SiO_3（弱酸）	H_3PO_4（中强酸）	H^2SO_4（强酸）	$HClO_4$（极强酸）	
	KOH（强碱）	$Ca(OH)_2$（中强碱）	$Ga(OH)_3$（两性）	$Ge(OH)_4$（两性）	H_3AsO_4（中强酸）	H_2SeO_4（强酸）	$HBrO_4$（强酸）	
	RbOH（强碱）	$Sr(OH)_2$（强碱）	$In(OH)_3$（两性）	$Sn(OH)_4$（两性）	$H[Sb(OH)_6]$（弱酸）	H_6TeO_6（弱酸）	H_5IO_6（中强酸）	
碱性增强	CsOH（强碱）	$Ba(OH)_2$（强碱）	$Tl(OH)_3$（弱碱）	$Pb(OH)_4$（两性）				
	←	←	←	←	←	←	←	

s 区碱金属、碱土金属及ⅢB 族元素的氢氧化物，以及 p 区和 d 区金属元素的低氧化值（≤+3）的氧化物水合物多呈碱性。多数非金属元素的氧化物水合物及某些 p 区金属高氧化值的氧化物水合物呈现酸性。其中，$HClO_4$ 是迄今已知最强的无机酸，而 H_2SO_4 则是最强的二元酸。

副族元素的氧化物水合物酸碱性的变化趋势大致与主族相同。同一副族，如ⅥB 族最高氧化值含氧酸的酸性也大致与主族元素含氧酸酸性的变化规律相同，即从上到下，酸性减弱。

	ⅢB	ⅣB	VB	ⅥB	ⅦB	
↓	→	→	→	→		酸性增强 ↑
	$Sc(OH)_3$（弱碱）	$Ti(OH)_4$（两性）	HVO_3（弱酸）	H_2CrO_4（中强酸）	$HMnO_4$（强酸）	
	$Y(OH)_3$（中强碱）	$Zr(OH)_4$（两性）	$Nb(OH)_5$（两性）	H_2MoO_4（酸）	$HTcO_4$（酸）	
碱性增强	$La(OH)_3$（强碱）	$Hf(OH)_4$（两性）	$Ta(OH)_5$（两性）	H_2WO_4（弱酸）	$HReO_4$（弱酸）	
	←	←	←	←	←	

同族元素形成的含氧酸中，成酸元素（如 HClO 中的 Cl）的电负性越大，导致 O—H 越容易断裂，其形成的含氧酸的酸性越强。

HXO	成酸元素电负性	$pK_a^{\ominus}$
HClO	3.0	7.4
HBrO	2.8	8.6
HIO	2.5	10.5

卤素含氧酸酸性的强弱顺序与卤素氢化物的顺序完全相反，这主要是因为卤素氢化物的酸性与H—X键键能相关，而卤素含氧酸的酸性取决于O—H断裂的难易程度。卤族元素从上至下，电负性逐渐减小，因此O—H的断裂能力也逐渐减弱。

相同成酸元素形成的不同氧化值的含氧酸中，氧化值越高，则酸性越强。这是因为随着成酸元素上非羟基氧原子（═O）的增多，诱导效应逐渐增强，O—H键上的电子密度逐渐减小，键能变小，更容易断裂，因此酸性逐渐增强。

$HClO_n$	Cl氧化值	$pK_a^{\ominus}$
$HClO_4$	+7	−10
$HClO_3$	+5	−1.0
$HClO_2$	+3	1.96
HClO	+1	7.4

9.5.3.2 R—OH规则

氧化物的水合物形成酸 H_mRO_n 或碱 $R(OH)_n$，其组成均可用R—O—H通式表示，R称为中心离子。如果电离时发生碱式电离，即在R—O键处断裂，则该氧化物水合物呈现碱性；如果发生酸式电离，即在O—H键处断裂，则呈现酸性：

$$\underset{\text{酸式电离}}{RO^- + H^+} \leftarrow R—O—H \rightarrow \underset{\text{碱式电离}}{R^+ + OH^-}$$

R—O—H具体是按碱式电离还是按酸式电离，以及电离的程度如何，其影响因素比较复杂。一般可由 R^{z+} 电荷数及半径等因素决定。通常使用离子势 φ 值衡量R—O—H的酸碱性：

$$\text{离子势}（\varphi）=\frac{\text{中心离子电荷}（z）}{\text{中心离子半径}（r）}$$

其中，离子势值大的R—O—H倾向于酸式电离；离子势值小的R—O—H倾向于碱式电离，经验规则为（r 以pm为单位时）：

$\sqrt{\varphi}$值	<0.22	0.22~0.32	>0.32
R—O—H酸碱性	碱性	两性	酸性

同一周期元素，从左到右，R^{z+} 的电荷数逐渐增大，R^{z+} 半径逐渐减小，导致 $\sqrt{\varphi}$ 值逐渐增大，因此氧化物水合物的碱性逐渐减弱，而酸性逐渐增强。

元素	Na	Mg	Al	Si	P	S	Cl
氧化物水合物	NaOH	$Mg(OH)_2$	$Al(OH)_3$	H_2SiO_3	H_3PO_4	H_2SO_4	$HClO_4$
R^{z+}	Na^+	Mg^{2+}	Al^{3+}	Si^{4+}	P^{5+}	S^{6+}	Cl^{7+}
R^{z+}半径/pm	95	65	50	41	34	29	26
$\sqrt{\varphi}$值	0.10	0.18	0.24	0.31	0.38	0.45	0.52
酸碱性	强碱	中强碱	两性	弱酸	中强酸	强酸	极强酸

同一主族元素，虽然R^{z+}的电荷相同，但从上到下R^{z+}半径逐渐增大，导致$\sqrt{\varphi}$值逐渐减小，所以$R(OH)_n$的碱性自上到下增强。

元素	Be	Mg	Ca	Sr	Ba
氢氧化物	$Be(OH)_2$	$Mg(OH)_2$	$Ca(OH)_2$	$Sr(OH)_2$	$Ba(OH)_2$
R^{z+}半径/pm	31	65	99	113	135
$\sqrt{\varphi}$值	0.25	0.18	0.14	0.13	0.12
酸碱性	两性	中强碱	强碱	强碱	强碱

由于用离子势判断氧化物水合物的酸碱性是一个经验规律，因此会有例外出现，如$Zn(OH)_2$、$Cr(OH)_3$、$Sn(OH)_2$、$Pb(OH)_2$等为两性物质。

9.5.3.3 鲍林规则（Pauling's Rules）

（1）对于组成为$EO_p(OH)_q$的含氧酸（E为含氧酸的成酸元素，p为非羟基氧原子数，q为羟基氧原子数），其$pK_a^\ominus$可以采用以下公式进行预测：

$$pK_a^\ominus = 8-5p$$

这一规则表明，成酸元素E上非羟基氧原子p越大，则酸性越强。

（2）当$q>1$时，q值每增加1，则下级$pK_a^\ominus$增加5。

以磷酸为例，如磷酸为$PO(OH)_3$，则$p=1$，$q=3$

种类	计算值($pK_a^\ominus = 8-5\times p$)	实验值
H_3PO_4	$pK_{a1}^\ominus = 3$	2.2
$H_2PO_4^-$	$pK_{a2}^\ominus = pK_{a1}^\ominus$(实验值)$+5=7.2$	7.2
HPO_4^{2-}	$pK_{a3}^\ominus = pK_{a2}^\ominus$(实验值)$+5=12.2$	12.3

由于鲍林规则为经验规则，因此存在明显的例外。例如碳酸H_2CO_3，按照鲍林规则计算其$pK_{a1}^\ominus=3$，但实际为6.35。这主要是因为CO_2溶于水后并非完全转化为碳酸（实际只有1/600转化为碳酸），且碳酸不稳定。考虑实际浓度后，碳酸的$pK_{a1}^\ominus=3.6$，这与鲍林规则的计算值相差不大。

9.6 物质的氧化性与还原性

由于物质的氧化还原性涉及化学热力学和化学动力学，因此在不同条件下，同一物质会呈现不同的氧化还原性。本节仅从热力学的角度，在标准状态下对物质的氧化还原性进行讨论，采用标准电极电势 $E^{\ominus}$ 作为物质氧化还原能力的衡量标准。

9.6.1 单质的氧化还原性

9.6.1.1 非金属单质的氧化还原性

大多数非金属元素既可失去电子呈正价，又可得到电子呈负价，因此这些非金属的单质既可有还原性（F_2 除外），又可有氧化性。通常与金属作用时表现出氧化性，形成卤化物、氧化物、氮化物、硫化物、氢化物和碳化物等。非金属元素之间也可以形成卤化物、氧化物、氢化物等。一般情况下，同一周期从左到右，非金属元素的氧化性逐渐增强；同一族非金属元素的氧化性随原子序数的增加而减小。

卤素单质的氧化还原能力可通过其与水的反应进行说明。相关标准电极电势 $E^{\ominus}$ 对比如下：

电对	F_2/F^-	Cl_2/Cl^-	Br_2/Br^-	I_2/I^-	O_2/H_2O
$E^{\ominus}/V$	2.87	1.396	1.087	0.535 5	1.229

如卤素元素中仅部分与水发生作用，且从 F_2 到 I_2 反应的趋势不同。F_2 的氧化性最强，可以氧化水，与水发生如下反应：

$$2F_2+2H_2O=4H^++4F^-+O_2$$

从 $E^{\ominus}$ 来看，Cl_2 也可以氧化水，但实际上该反应速度极慢。Cl_2 与水发生的实际反应为：

$$Cl_2+H_2O=H^++Cl^-+HClO$$

而 Br_2 和 I_2 则不能从水中置换出 O_2，它们与水的反应和 Cl_2 相似。

大多数非金属单质能够与碱作用发生歧化反应（碳、氧、氟除外），既表现出氧化性，又表现出还原性。如：

$$Cl_2+2NaOH=NaCl+NaClO+H_2O$$

$$3S+6NaOH=2Na_2S+Na_2SO_3+3H_2O$$

$$P_4+3KOH+3H_2O=PH_3+3KH_2PO_2$$

大多数非金属单质一般不与酸发生作用，但可与浓硫酸、浓硝酸等氧化性酸反应，表现出还原性。如：

$$C+2H_2SO_4\text{（浓）}=CO_2+2SO_2+2H_2O$$

$$S+2HNO_3\text{（浓）}=H_2SO_4+2NO$$

$$I_2+5H_2SO_4\text{（浓）}=2HIO_3+5SO_2+4H_2O$$

在常温常压下，氧与金属作用的活动性顺序基本遵守金属的活动性顺序。即活泼的金属易与氧反应生成氧化物，如 K、Na 等；中等活泼的金属能够被 O_2 氧化，如 Al、Fe 等；较不活泼的金属则需加热生成氧化物，如 Cu、Hg 等；不活泼的金属，如 Pt、Au 等，则不被 O_2 氧化。

9.6.1.2 金属单质的还原性

s 区及 p 区金属元素的单质，如 Na、Mg、Al、Sn 等，还原性较强，既能与稀酸反应，又能与稀碱溶液作用。它们在实验室中常作为还原剂用于有机合成及稀有金属的制备。

电对	Li^+/Li	Na^+/Na	K^+/K	Mg^{2+}/Mg	Al^{3+}/Al	Sn^{2+}/Sn
$E^\ominus/V$	−3.040	−2.713	−2.931	−2.356	−1.676	−0.1375

一般来说，随着原子序数的增加，同族金属的还原性增强，同周期金属的还原性减弱。如第四周期从 Sc 到 Zn，元素电对 M^{2+}/M 标准电极电势 $E^\ominus$ 代数值总的趋势虽然是减小，但也有不规则性变化，如 $E^\ominus(Mn^{2+}/Mn)$ 小于 $E^\ominus(Cr^{2+}/Cr)$，即 Mn 的还原性大于 Cr。这是因为 Mn 易失去电子形成 Mn^{2+}，其具有稳定的 d 轨道半充满结构（$3s^23p^63d^5$），而 Cr 失去电子后则由半充满的 $3d^54s^1$ 结构转变为稳定性差的 $3s^23p^63d^4$，失去 d 电子需要的第二电离能较高，因此 Cr 的还原性相对较差。这同样可以解释本周期过渡元素中 $E^\ominus(Cu^{2+}/Cu)$ 代数值最大的现象。要破坏 Cu 的 $3d^{10}$ 全充满稳定结构使之变为 $3d^9$ 需要的第二电离能较高。尽管 Cu^{2+} 的离子半径较小，水合能较大，但不能完全抵消第二电离能的影响，因此总的能量变化增大，$E^\ominus(Cu^{2+}/Cu)$ 为正。

电对	Ca^{2+}/Ca	Sc^{2+}/Sc *	Ti^{2+}/Ti	V^{2+}/V	Cr^{2+}/Cr	Mn^{2+}/Mn
$E^\ominus/V$	−2.84	–	−1.63	−1.13	−0.913	−1.17
电对	Fe^{2+}/Fe	Co^{2+}/Co	Ni^{2+}/Ni	Cu^{2+}/Cu	Zn^{2+}/Zn	
$E^\ominus/V$	−0.44	−0.277	−0.257	+0.34	−0.7626	

* Sc($3d^14s^2$)不易形成+2 离子，其标准电极电势 $E^\ominus$ 无法测定，但易形成+3 离子，$E^\ominus(Sc^{3+}/Sc)=-2.08$ V

从标准电极电势 $E^\ominus$ 可以看出，Fe、Co、Ni 及 Cu 的还原性均不如 Zn，这是由于这些元素的成单 d 电子对强化金属键做出了贡献。Zn 没有成单的 d 电子，没有这种强化，而 Zn($3d^{10}4s^2$)的 2 个 4s 电子很容易失去变为 d 轨道全充满 $3s^23p^63d^{10}$，这导致 $E^\ominus(Zn^{2+}/Zn)$ 有较大幅度的降低，因此 Zn 的还原性强。

9.6.2 化合物的氧化还原性

9.6.2.1 分子型氢化物的还原性

除 HF 外，其他分子型氢化物都有还原性。其还原性来自 A^{n-}：

$$H_nA \rightleftharpoons nH^+ + A^{n-}$$

A^{n-} 失电子的能力与其半径和电负性大小有关。在周期表中，从右到左，从上到下，A^{n-} 的半径逐渐增大，A^{n-} 失电子的能力依次递增，因此氢化物的还原性也沿此方向增强。

	ⅣA	ⅤA	ⅥA	ⅦA
还原性增强 ↓	CH_4	NH_3	H_2O	HF
	SiH_4	PH_3	H_2S	HCl
	GeH_4	AsH_3	H_2Se	HBr
	(SnH_4)	SbH_3	H_2Te	HI
	← 还原性增强			

9.6.2.2 无机含氧酸及其盐的氧化还原性

含氧酸及其盐的氧化还原性首先取决于成酸元素的性质。成酸元素是非金属性很强的元素时，它们的酸和盐往往具有氧化性，例如卤素的含氧酸及其盐、硝酸及其盐等。非金属性较弱的元素含氧酸及其盐无氧化性，例如碳酸及其盐、硼酸及其盐、硅酸及其盐等。其次与成酸元素的氧化值有关。一般而言，非金属的成酸元素氧化值为正值的，有获得电子的可能性（这里也包括一些高氧化值的金属含氧酸盐，如偏铋酸钠 $NaBiO_3$ 等）。处于中间氧化值的，如 HNO_2 及 H_2SO_3 等，既有氧化性又有还原性。但高氧化值的含氧酸盐不一定在任何情况下都能显示氧化性。如硝酸盐在高温或在酸性溶液中是强氧化剂，但在中性或碱性溶液中几乎不显氧化性。

含氧酸及其盐在水溶液中的氧化还原性可以用标准电极电势来衡量。标准电极电势越正，表明氧化型物质的氧化性越强；标准电极电势越负，表明还原型物质的还原性越强。含氧酸及其盐的氧化还原性有如下特点：

① 溶液的 pH 值是影响含氧酸及其盐氧化还原性的重要因素之一。含氧酸盐在酸性溶液中比在中性或碱性溶液中氧化性强。

② 同一周期中，各元素最高氧化值含氧酸的氧化性从左向右增强，其 $E^{\ominus}$ 显著升高。例如，H_4SiO_4 和 H_3PO_4 几乎无氧化性，而 $HClO_4$ 为强氧化剂。同类型低氧化值的含氧酸也有此倾向，如 $HClO_3$ 和 $HBrO_3$ 的氧化性分别比 H_2SiO_3 和 H_2SeO_3 强。

电对	SiO_4^{2-}/Si	H_3PO_4/P	SO_4^{2-}/S	ClO_4^-/Cl_2
$E^{\ominus}/V$	−0.86	−0.14	0.36	1.34

③ 在同一族成酸元素中，最高氧化值的含氧酸的氧化性多数从上往下递增，次卤酸依次递减。处于中间氧化值的含氧酸中，以第四周期元素的含氧酸的氧化性最强。

成酸元素的氧化值	最高			中间			低
族	VA	ⅥA	ⅦA	VA	ⅥA	ⅦA	ⅦA
含氧酸氧化还原性相对强弱	HNO_3	—	—	HNO_2	—	—	—
	H_3PO_4	H_2SO_4	$HClO_4$	H_3PO_3	H_2SO_3	$HClO_3$	$HClO$
	H_3AsO_4	H_2SeO_4	$HBrO_4$	H_3AsO_3	H_2SeO_3	$HBrO_3$	$HBrO$
	—	H_6TeO_6	H_5IO_6	—	H_2TeO_3	HIO_3	HIO

④ 同一成酸元素不同氧化值的含氧酸，如浓度相同，低氧化值的氧化性比高氧化值的氧化性强（指被还原为同一氧化值物质而言）。

$$HClO>HClO_3>HClO_4$$

$$HNO_2>HNO_3$$

$$H_2SO_3>H_2SO_4$$

这是因为含氧酸的氧化性强弱还与含氧酸的结构因素有关，氧化值越高的含氧酸，在被还原过程中，需要断裂的R—O 键数目越多，因而也越稳定，氧化能力越低。

⑤ 一般来说，浓酸比稀酸的氧化性强，含氧酸比含氧酸盐的氧化性强。有关无机含

氧酸及其盐氧化性的规律比较复杂。它与很多因素有关，其中以无机含氧酸的结构和热力学因素对氧化还原稳定性的影响最大。目前仅根据化学事实归纳出一些规律，尽管有各种假说或模型，但还不能给予圆满的理论解释。

9.6.2.3 惰性电子对效应

ⅢA～ⅤA 族元素自上而下，与族数相同的高氧化态的稳定性依次减小，比族数少 2 的低氧化态趋于稳定。这是由于 ns^2 电子对不易参加成键，特别不活泼，其中尤以 $6s^2$ 电子对特别惰性，常称为惰性电子对效应。

例如，在ⅢA 族元素中，B、Al 的氧化态为+3，Ga、In、Tl 氧化态有+3 也有+1，Ga、In 以+3 稳定，Tl 却以+1 稳定；在ⅣA 族中以+2 氧化态稳定；ⅤA 族中 Bi 以+3 氧化态稳定。因此，Tl(Ⅲ)、Pb(Ⅳ)、Bi(Ⅴ)均是强氧化剂，其还原产物分别为 Tl(Ⅰ)、Pb(Ⅱ)、Bi(Ⅲ)。

9.7 物质的热稳定性

物质的热稳定性是指物质本身是否容易发生化学变化，如转变为其他的同素异构体、分解成单质、分解成简单的化合物以及化合物的歧化等。化合物分解成单质的稳定性，可以用化合物的生成焓 $\Delta_f H_m^\ominus$ 来衡量。一般说来，如果化合物的 $\Delta_f H_m^\ominus<0$，该化合物是稳定的，且越小越稳定；若化合物的 $\Delta_f H_m^\ominus>0$，则该化合物是不稳定的。若化合物并非分解成组成它的稳定单质，就不能用 $\Delta_f H_m^\ominus$ 直接判断其稳定性，须从晶体结构、化学键、离子电荷和半径、价电子构型等方面进行分析，得出相关结论。

9.7.1 单质的热稳定性

一般来说，在无氧条件下，单质受热的化学变化主要为同素异形体之间的变化，即单质的分子结构或者晶体结构发生变化，而晶体结构、分子结构与构成单质的化学键的强弱（键能）相关。如臭氧 O_3 常温下缓慢分解，在 473 K 以上分解较快生成 O_2：

$$2O_3=3O_2 \qquad \Delta_r H_m^\ominus=-285.4\ \mathrm{kJ\cdot mol^{-1}}$$

由于 O_3 分子除了 3 个氧原子间形成的 σ 键外，还有大 π_3^4 键，O—O 键级（1.5）低于 O_2 中 O—O 键级(2)，受热易分解为氧气。因此，O_3 分子的热稳定性较差。此外，还有其他单质也易在加热情况下发生同素异形体的转化。

$$\mathrm{S\ (正交)} \xrightleftharpoons{367.5\ \mathrm{K}} \mathrm{S\ (单斜)} \quad \Delta_r H_m^\ominus=0.33\ \mathrm{kJ\cdot mol^{-1}}$$

$$P_4\ \mathrm{(白磷)} \xrightleftharpoons{673\ \mathrm{K}} 4P\ \mathrm{(红磷)(无氧)}$$

9.7.2 氢化物的热稳定性

在周期表中，除稀有气体外的元素几乎都可以和氢生成不同类型的二元氢化物，大体分为离子型、金属型和共价型三类，它们的性质各不相同。

9.7.2.1 离子型氢化物的热稳定性

碱金属和碱土金属（除 Be、Mg 外）的电负性比氢低，可将电子转移给氢原子生成氢负离子（H^-）从而生成离子型氢化物。碱金属氢化物的热稳定性按 LiH→CsH 递减，如

LiH 热分解温度为 993 K，而 RbH 在大于 443 K 时就明显分解。

氢化物(g)	LiH	NaH	KH	RbH	CsH
$\Delta_f H_m^{\ominus}/(kJ \cdot mol^{-1})$	-116.3	-56.5	-57.7	-52.3	-54.2
分解温度 * /K	>993	698	690	443	443

* 产物为单质。

9.7.2.2 金属型氢化物的热稳定性

许多过渡金属及镧系金属与氢形成的金属型氢化物一般热稳定性差，受热后易放出氢气，常作为储氢材料。

9.7.2.3 共价型氢化物的热稳定性

元素的非金属性越强，形成的气态二元氢化物就越稳定。同周期的非金属元素，从左到右，随核电荷数的增加，非金属性逐渐增强，气态氢化物的稳定性逐渐增强。可参考化合物的生成焓 $\Delta_f H_m^{\ominus}$ 进行衡量：

氢化物(g)	B_2H_6	CH_4	NH_3	H_2O	HF
$\Delta_f H_m^{\ominus}/(kJ \cdot mol^{-1})$	+36.4	-74.6	-45.9	-241.8	-273.3
分解温度 * /K	373K 以下	>1 373	1 073	>1 273	不分解

* 产物为单质。其中甲烷分解生成的为石墨。

同主族的非金属元素，从上到下，随核电荷数的增加，非金属性逐渐减弱，气态氢化物的稳定性逐渐减弱。例如，从 H*X* 的 $\Delta_f H_m^{\ominus}$ 来看，气态 H*X* 的 $\Delta_f H_m^{\ominus}$ 值从 HF 到 HBr 依次增大，直到 HI 成为正值，其稳定性按从 HF 到 HI 的顺序依次减小。事实上，HI 较不稳定，在 573 K 时已明显分解；在 1 273 K 时，HCl（分解分数 0.014%）以及 HBr（分解分数 0.5%）稍有分解；但 HF 在此温度下相当稳定。

$$2HX(g) \rightarrow H_2(g) + X_2(g)$$

H*X*(g)	HF	HCl	HBr	HI
$\Delta_f H_m^{\ominus}/(kJ \cdot mol^{-1})$	-273.3	-92.3	-36.3	26.5
分解温度/K	不分解	3 273	1 868	1 073

9.7.3 卤化物的热稳定性

各种卤化物的热稳定性有很大的不同。对元素的金属卤化物来说，s 区元素的卤化物大多数是很稳定的，例如 NaCl、$CaCl_2$，这是因为 s 区金属离子具有 8 电子结构，能够形成稳定的离子键。

p 区元素的卤化物一般稳定性较差，这是由于 p 区金属离子具有 18+2 电子结构，离子极化较强，键型由离子键向共价键过渡。如果同一金属、同一氧化态，则卤化物的热稳定性按 F-Cl-Br-I 依次降低。如 AlF_3、$AlCl_3$、$AlBr_3$、AlI_3 的热稳定性依次降低。

金属元素氧化值相同的卤化物的热稳定性也可以用生成焓来估计比较。一般是生成焓代数值越小的卤化物，其稳定性越高。例如碱土金属卤化物 $BeCl_2$、$MgCl_2$、$CaCl_2$、$SrCl_2$、

$BaCl_2$ 的生成焓代数值按 Be-Mg-Ca-Sr-Ba 的顺序依次减小，热稳定性依次升高。

9.7.4 氢氧化物的热稳定性

多数金属氢氧化物的热稳定性较好，但 ds 区金属氢氧化物的热稳定性较差。如 $Cu(OH)_2$、$Zn(OH)_2$、$Cd(OH)_2$ 等受热易脱水变为 CuO、ZnO 及 CdO。这主要是金属离子的极化力和变形性所致。ⅠB、ⅡB 属 18e 构型，极化力强，变形性大，与 OH^- 间的离子极化作用大，易于夺得 O^{2-} 形成氧化物，促使氢氧化物分解。

主族元素的氢氧化物中，金属离子的金属性越强，碱的热稳定性越强，即碱性越强，热稳定性越强。如 NaOH（不分解）的热稳定性高于 $Mg(OH)_2$（623K 时开始分解，变为 MgO）以及 $Al(OH)_3$（在 423 K 时开始分解，变为 Al_2O_3）。

9.7.5 含氧酸的热稳定性

离子极化理论认为，酸根的稳定性取决于中心离子（如碳酸根中的 C^{4+}）对氧的极化作用，极化作用越强，中心离子与氧之间的化学键的共价成份越强，酸根越稳定。但在酸和对应的盐中，氢和金属阳离子对氧的反极化作用导致其热稳定性降低。

绝大多数含氧酸的热稳定性差，受热脱水生成对应的酸酐。一般有以下规律：

① 常温下酸酐是稳定的气态氧化物，则对应的含氧酸往往极不稳定，常温下可发生分解。如碳酸 H_2CO_3 常温下即分解形成性质非常稳定的 CO_2；而硫酸 H_2SO_4 则不易分解。

② 常温下酸酐是稳定的固态氧化物，则对应的含氧酸较稳定，在加热条件下才能分解。如硅酸需加热到 423 K 以上才分解为二氧化硅。

③ 某些含氧酸易受热分解并发生氧化还原反应，得不到对应的酸酐。如

$$4HNO_3 = 4NO_2 + O_2 + 2H_2O$$

④ 某些较弱的含氧酸的稳定性较差，易脱水形成多酸或者多酸酐：

$$2H_3PO_4 = H_4P_2O_7\text{（焦磷酸）} + H_2O$$

$$3H_3PO_4 = H_5P_3O_{10}\text{（三磷酸）} + 2H_2O$$

⑤ 一般来说，同一成酸元素的高氧化值含氧酸比低氧化值含氧酸稳定。这主要是因为短周期的中心离子处于高氧化值时，孤电子对较少或没有，分子内部的排斥力较小，同时高价含氧酸根离子的结构对称性高，所以较稳定；而低氧化值的含氧酸，孤电子对则较多，分子内斥力较大，结构对称性差，导致稳定性差，甚至见光、受热都可能分解。如氯的几种含氧酸的热稳定性如下：

$$HClO_4\text{（467 K）} > HClO_3\text{（稍加热即分解）} > HClO\text{（见光即分解）}$$

$$H_2SO_4\text{（611 K，缓慢）} > H_2SO_3\text{（室温）}$$

$$HNO_3\text{（395 K）} > HNO_2\text{（室温）}$$

9.7.6 含氧酸盐的热稳定性

含氧酸盐的热稳定性有以下规律：

① 由于氢对氧的反极化作用强于金属离子，同一金属离子和相同多元含氧酸形成的不同盐的热稳定性顺序为：

正盐 > 酸式盐 > 相应的酸

如热分解温度：Na_2CO_3(2 073 K)>$NaHCO_3$(423~453 K)>H_2CO_3(室温)

② 不同的金属离子和相同的含氧酸根形成的盐，热稳定性顺序为：

碱金属盐>碱土金属盐>过渡金属盐>铵盐

盐 类	Na_2CO_3	$CaCO_3$	$ZnCO_3$	$(NH_4)_2CO_3$
分解温度/K	2 073	1 183	623	331
盐类	Na_2SO_4	$CaSO_4$	$ZnSO_4$	$(NH_4)_2SO_4$
分解温度/K	不分解	1 723	1 203	373

显然，金属离子的极化力越强，它对碳酸根的反极化作用也越强烈，碳酸盐也就越不稳定。

③ 相同的金属离子和不同酸根组成的含氧酸盐的热稳定性取决于含氧酸根的稳定性。含氧酸不稳定，其对应的含氧酸盐也不稳定；含氧酸较稳定，其对应的盐也较稳定。但 Na_2CO_3 和 K_2CO_3 例外。

分解温度/K \ 金属离子	酸根				
	ClO_3^-	NO_3^-	CO_3^{2-}	SO_4^{2-}	PO_4^{3-}
Na^+	573	973	2 073	不分解	不分解
Ca^{2+}	473	834	1 183	不分解	不分解

④ 同一成酸元素，一般来说高氧化值含氧酸盐比低氧化值含氧酸盐稳定。如 K_2SO_4 高温不分解，K_2SO_3 稍加热即分解。

$KClO_4$（883 K）> $KClO_3$（473 K）> KClO（稍加热即分解）

⑤ 不同氧化值的同一金属离子的相同含氧酸盐，其低氧化值金属含氧酸盐比高氧化值金属含氧酸盐稳定。这是由于 z/r 值越大，金属离子的反极化能力越强，该盐的热稳定性就越差。如：

$$Hg_2(NO_3)_2>Hg(NO_3)_2$$

⑥ 碱金属以及碱土金属离子的极化能力影响着含氧酸盐的热稳定性。其阳离子半径越小，即 z/r 值越大，对酸根中氧的极化能力越强，含氧酸盐的热稳定性越差，分解温度越低。Be 在本族内的极化力最强，因此它的碳酸正盐在本族内也是最不稳定的。硝酸盐和硫酸盐的热稳定性与此相似。

盐 类	碱土金属含氧酸盐				
	$BeCO_3$	$MgCO_3$	$CaCO_3$	$SrCO_3$	$BaCO_3$
分解温度/K	~473	675	1 183	1 204	1 360
金属离子半径/pm	31	65	99	113	135

思考题与习题

1. 判断正误题

（1）NaCl、$MgCl_2$、$AlCl_3$ 三种物质的熔点依次降低，表明键的共价程度依次增大。

（2）CaO 的相对分子质量比 MgO 大，因此 CaO 的熔点比 MgO 高。

（3）氧族元素和卤族元素的氢化物的酸性和还原性都是从上到下逐渐增强。

（4）含氧酸根的氧化能力随 $[H^+]$ 增加而增强，因此强氧化剂的含氧酸根通常是在碱性条件下制备，酸性条件下使用。

（5）氧族元素和卤族元素的氢化物的热稳定性从上到下逐渐减弱。

2. 选择题

（1）下列分子型氢化物中沸点最高的是（　　）

（A）H_2S　　（B）H_2O　　（C）CH_4　　（D）NH_3

（2）下列化合物熔点高低顺序为（　　）

（A）$SiCl_4>KCl>SiBr_4>KBr$　　（B）$KCl>KBr>SiBr_4>SiCl_4$

（C）$SiBr_4>SiCl_4>KBr>KCl$　　（D）$KCl>KBr>SiCl_4>SiBr_4$

（3）下列物质在水溶液中溶解度最小的是（　　）

（A）NaCl　　（B）AgCl　　（C）CaS　　（D）Ag_2S

（4）下列盐中，溶解度大小对比错误的是（　　）

（A）$FeS>HgS$　　（B）$CsAuCl_4<NaAuCl_4$

（C）$Ca(H_2PO_4)_2<CaHPO_4$　　（D）$SrF_2>CaF_2$

（5）同样浓度的下列酸溶液，酸性最强的是（　　）

（A）HClO　　（B）H_3AsO_3　　（C）H_2SeO_4　　（D）H_6TeO_6

（6）下列氢化物的酸性从大到小顺序正确的是（　　）

（A）$HCl>H_2S>HF>H_2O$　　（B）$HCl>HF>H_2S>H_2O$

（C）$HF>HCl>HBr>HI$　　（D）$HCl>HF>HBr>HI$

（7）下列相同浓度含氧酸盐水溶液的 pH 值大小排列次序正确的是（　　）

（A）$KClO>KBrO>KIO$　　（B）$KIO>KBrO>KClO$

（C）$KBrO>KClO>KIO$　　（D）$KIO>KClO>KBrO$

（8）下列物质在稀酸溶液中，氧化性最强的是（　　）

（A）NO_3^-　　（B）PO_4^{3-}　　（C）ClO_4^-　　（D）$S_2O_8^{2-}$

（9）在标准浓度时，下列含氧酸中氧化性最强的是（　　）

（A）$HClO_3$　　（B）$HBrO_3$　　（C）HIO_3　　（D）H_2SO_4

（10）下列含氧酸中，氧化性最强的是（　　）

（A）H_3PO_4　　（B）H_3AsO_4　　（C）H_4SiO_4　　（D）H_2SeO_4

（11）下列氢化物，热稳定性最差的是（　　）

（A）HCl　　（B）HBr　　（C）H_2S　　（D）H_2Se

（12）下列含氧酸盐中，热稳定性最强的是（　　）

（A）KNO_3　　（B）K_3PO_4　　（C）$KClO_4$　　（D）$AgNO_3$

(13)氯的含氧酸热稳定性顺序正确的是（　　）

（A）$HClO_4>HClO_3>HClO_2>HClO$

（B）$HClO>HClO_2>HClO_3>HClO_4$

（C）$HClO>HClO_3>HClO_2>HClO_4$

（D）$HClO_3>HClO_2>HClO_4>HClO$

(14)下列盐中，热稳定性大小顺序正确的是（　　）

（A）$NaHCO_3<Na_2CO_3<MgCO_3$

（B）$Na_2CO_3<NaHCO_3<MgCO_3$

（C）$MgCO_3<NaHCO_3<Na_2CO_3$

（D）$NaHCO_3<MgCO_3<Na_2CO_3$

3. 试比较下列化合物的熔点高低。

（1）CCl_4，$BaCl_2$，$FeCl_2$，$AlCl_3$

（2）CaF_2，$BaCl_2$，$CaCl_2$，MgO

4. 已知下列两类晶体的熔点（K）。钠的卤化物熔点比相应硅的卤化物熔点高，其熔点递变规律也不一致，为什么？

（1）NaF(1 266)，NaCl(1 074)，NaBr(1 020)，NaI(934)

（2）SiF_4(182.8)，$SiCl_4$(203)，$SiBr_4$(278)，SiI_4(393.5)

5. $ZnCl_2$ 的沸点和熔点低于 $CaCl_2$，如何解释？

6. 判断下列各含氧酸盐的溶解性。溶者在对应的格内填“溶”字，难溶者填“难”字。

酸根＼M^{n+}	Ag^+	Fe^{2+}	Cu^{2+}	Zn^{2+}	K^+
CO_3^{2-}					
SO_4^{2-}					
PO_4^{3-}					
ClO_3^-					

7. 试比较 $HClO_3$ 和 $HBrO_3$ 酸性的强弱并说明理由。

8. 根据 R—O—H 规律，分别比较下列各组化合物酸性的相对强弱。

（1）$HClO$　$HClO_2$　$HClO_3$　$HClO_4$

（2）H_3PO_4　H_2SO_4　$HClO_4$

（3）HClO　HBrO　HIO

9. 注明下列氧化物的酸碱性：K_2O、BeO、CO、MnO、Fe_2O_3、Al_2O_3。

10. 比较下列各组酸的氧化性强弱并说明理由。

（1）H_2SeO_4 和 H_2SO_4

（2）HNO_2 和稀 HNO_3

（3）H_3PO_4、H_2SO_4 和 $HClO_4$

11. 碱金属单质及其氢氧化物为什么不能在自然界中存在?

12. 氯的含氧酸的酸性、氧化性、热稳定性相对强弱与氯的氧化值有何关系?

13. 试分别比较下列两组氢化物的热稳定性、还原性及水溶液的酸性:

(1) CH_4 NH_3 H_2O HF

(2) H_2O H_2S H_2Se H_2Te

14. 分别比较下列各组物质的热稳定性并说明理由。

(1) $Mg(HCO_3)_2$, $MgCO_3$, H_2CO_3, $BaCO_3$

(2) $(NH_4)_2CO_3$, $CaCO_3$, Ag_2CO_3, K_2CO_3, NH_4HCO_3

(3) $MgCO_3$, $MgSO_4$, $Mg(ClO_3)_2$

(4) $CaCO_3$, $CaSO_4$, $CaSiO_3$, $Ca(NO_3)_2$

15. 用离子极化观点解释:

(1) 下列各物质溶解度依次减小的原因以及颜色变化的原因: AgF(无色)、AgCl(白色)、AgBr(浅黄色)、AgI(黄色)。

(2) Na_2S 易溶于水, ZnS 难溶于水。

(3) $HgCl_2$ 为白色, 溶解度较大; HgI_2 为黄色或红色, 溶解度较小。

第10章　常见非金属元素及其化合物

按其性质，118种元素可分为非金属元素和金属元素。除氢外，其他非金属元素和金属元素在长式周期表中的位置可以通过硼-硅-砷-碲-砹-鿬和铝-锗-锑-钋-鉝之间的边界线来划分（图10.1）。其中，位于边界线右上方的23种元素的单质均为非金属。117号元素鿬(Ts)和118号元素鿫(Og) 为确认的人工合成元素，不稳定，存在时间极短，具有放射性。

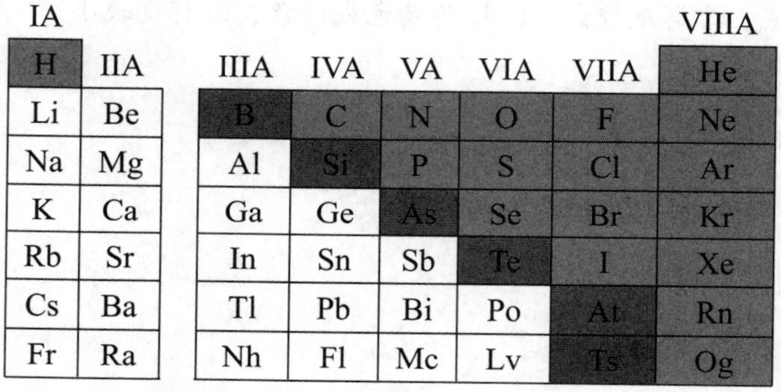

IA	IIA	IIIA	IVA	VA	VIA	VIIA	VIIIA
H							He
Li	Be	B	C	N	O	F	Ne
Na	Mg	Al	Si	P	S	Cl	Ar
K	Ca	Ga	Ge	As	Se	Br	Kr
Rb	Sr	In	Sn	Sb	Te	I	Xe
Cs	Ba	Tl	Pb	Bi	Po	At	Rn
Fr	Ra	Nh	Fl	Mc	Lv	Ts	Og

图10.1　元素周期表中的非金属元素

按其结构和物理性质，非金属元素可以分为三类：

① 小分子物质。如X_2(卤素)、O_2、N_2、H_2等，通常状况下它们都是气体，通过分子间作用力结合形成固态的分子晶体，熔点、沸点都很低。

② 多原子分子物质。如P_4、S_8、As_4，通常为以分子间作用力结合的固体，为分子晶体，熔点、沸点也不高，但比上一类高，易挥发。

③ 大分子物质。如金刚石、晶体硅和硼等，为原子晶体，熔、沸点都很高，不易挥发。

从ⅢA到ⅦA族的非金属元素外电子层结构为$ns^2np^{1\sim5}$，外层上有3~7个电子，它们倾向于获得电子而呈负氧化值，但是在一定条件下也可以部分或全部发生外层电子的偏移从而呈正氧化值，因而这些元素一般都有两种或多种氧化值。其中，氮族元素中氮的氧化值连续变化，具有从-3到+5的所有价态。其余元素氧化值变化的差异大多为2，这与这些元素通过激发电子成键或配位成键有关。

族	ⅢA	ⅣA	ⅤA	ⅥA	ⅦA
外层电子构型	ns^2np^1	ns^2np^2	ns^2np^3	ns^2np^4	ns^2np^5
常见氧化值	0，+3	−4，−2，0，+2，+4	−3，−2，−1，0，+1，+2，+3，+4，+5	−2，0，+2，+4，+6	−1，0，+1，+3，+5，+7

和其他主族元素相比较，卤素在同周期元素中有最大的电负性，是最活泼的非金属。同族元素有极好的相似性，单质在常温下都以双原子分子存在。

10.1 卤族元素

卤族元素（简称卤素）是周期表中第ⅦA族元素，包括氟(F)、氯(Cl)、溴(Br)、碘(I)、砹(At)和鿬(Ts)六种元素。氟、氯、溴和碘为自然界常见的化学元素，在自然界中主要以化合物的形式出现。砹和鿬均为放射性元素。其中，砹的化学性质类似碘，在自然界中仅微量而短暂地存在于镭、锕或钍的分裂产物中，半衰期只有8.3h。鿬为人工合成元素，不稳定，存在时间极短。目前对砹和鿬的性质研究不多。下面主要讨论氟、氯、溴和碘四个元素的相关性质。

氟的主要矿物有萤石CaF_2、冰晶石Na_3AlF_6和化工原料矿氟磷灰石(主要成分是$Ca_5(PO_4)_3F$)。氯主要以氯化钠的形式存在于海水、盐井水、盐湖水和岩盐矿中。溴以溴化钾或溴化钠的形式存在于晒制食盐后的卤水（海盐卤或井卤）中。碘也以碘化物形式微量出现于油田深井水中或某些盐湖水中，在海中常以化合物的形式出现于海藻植物中。在人体内，氯化钠存在于血液中，碘化合物存在于甲状腺中。

卤族元素的基本性质列于表10.1。在同一周期元素中，卤素的非金属性最强。这是因为卤素原子的价电子层构型为ns^2np^5，易于得到一个电子而形成与稀有气体相同的稳定的八电子构型ns^2np^6，因此卤素在化合物中最常见的化合价为−1。卤族元素中，由于氟的电负性最高，因此氟元素的非金属性最强。在氟参与形成的化合物中，氟的氧化值仅有−1。氯、溴、碘还可表现出+1、+3、+5和+7的氧化值，主要出现在卤素的含氧化合物和卤素间化合物中，如Cl_2O、$HClO$、HIO_3、I_2O_5、BrF_3等。

表10.1 氟、氯、溴和碘的基本性质

性质＼元素	氟 F	氯 Cl	溴 Br	碘 I
原子序数	9	17	35	53
价电子构型	$2s^22p^5$	$3s^23p^5$	$4s^24p^5$	$5s^25p^5$
共价半径/pm	64	99	114	133
离子半径/pm	133	181	196	216
第一电离能 I_1/kJ·mol^{-1}	1 681	1 251	1 140	1 008
电子亲合能 E_A/kJ·mol^{-1}	328	349	325	295
电负性	3.98	3.16	2.96	2.65
$E^{\ominus}$ (X_2/X^-) /V	2.89	1.36	1.08	0.54
主要氧化值	−1，0	−1，0，+1，+3，+5，+7		

10.1.1 单质

氟、氯、溴和碘的单质均为非极性双原子分子。随着氟、氯、溴和碘原子半径的增大和核外电子数的增多，分子间的色散力逐渐增大，单质的熔点、沸点和密度等物理性质按F、Cl、Br、I的顺序依次增大。常温下，氟和氯为气体，溴为易挥发液体，碘为固体。碘固体具有较高的蒸气压，加热时易升华，可采用升华提纯粗碘。所有单质的固态均为分子晶体，熔、沸点较低。

氟、氯、溴和碘的单质均主要表现出氧化性，氧化能力从上到下逐渐减弱，氧化性顺序为$F_2>Cl_2>Br_2>I_2$。表10.2列出了卤素单质的重要化学反应。

表10.2 卤素单质的重要化学反应

反应	说明
$nX_2+2M=2MX_n$	M-金属元素；n-金属氧化值
$X_2+H_2=2HX$ $2X_2+2H_2O=4HX+O_2$	反应剧烈程度按F—Cl—Br—I顺序递减
$X_2+H_2O=HX+HOX$ $X_2+H_2S=2HX+S$ $X_2+CO=COX_2$	X=F，Cl，Br
$X_2+SO_2=SO_2X_2$	X=F，Cl
$3X_2+8NH_3=6NH_4X+N_2$	X=F，Cl，Br
$3X_2+2P=2PX_3$	As、Sb、Bi也可发生
$X_2+PX_3=PX_5$	X=F，Cl，Br
$X_2+2S=S_2X_2$	X=Cl，Br
$3X_2+S=SX_6$	X=F

单质氟和氯能同所有的金属作用，但氟与铜、镁等金属作用时会生成金属氟化物保护膜，阻止反应进一步发生，因此可将氟贮存在铜或镁的合金容器中。干燥的氯气不与铁反应，可将氯气贮存于钢瓶中。溴和碘仅能和贵金属之外的金属化合，均生成金属卤化物。氟和氯不能同氮、氧和碳直接反应，但能和其他非金属单质直接反应。溴和碘的反应性能则较弱。

氯气作为氧化剂可用于纸浆和棉布的漂白，也可用于饮水的消毒。氯气用于饮用水消毒已经多年，但近年来发现它会与水中含有的有机烃形成有致癌毒性的卤代烃，因此改用臭氧和二氧化氯作消毒剂。

10.1.2 氢化物

氟、氯、溴和碘的氢化物（简称为卤化氢）均为具有强烈刺激性臭味的无色气体。卤化氢分子是极性的共价分子，其中HF的分子极性最大，HI分子极性最小。由于极性较大，卤化氢易液化，液态的卤化氢不导电。卤化氢的物理性质随原子序数增加呈规律性的变化（表10.3）。由于分子间存在氢键，氟化氢的熔、沸点均比其他卤化氢的熔、沸点高。除氟化氢外，随着原子序数的增加，卤化氢的熔沸点增加。

表 10.3　卤化氢的基本性质

卤化氢	HF	HCl	HBr	HI
熔点/K	190	158.4	184.6	222.4
沸点/K	292.7	188.3	206	237.8
$\Delta_f H_m^\ominus$/(kJ·mol^{-1})	−271	−92.3	−36.4	26.5
键能/(kJ·mol^{-1})	568.1	431.8	365.7	298.7
溶解度/(g/100g 水)	35.3	42	49	57
分子偶极矩 μ/D	1.91	1.07	2.65	0.448

10.1.2.1　卤化氢的制备

制备卤化氢可以采用氢和卤素直接合成法（氟和氢直接发生爆炸性化合，因此不能用该方法制备氟化氢）、金属卤化物与酸发生复分解反应或非金属卤化物水解法等。实验室制备氟化氢或少量氯化氢时，多使用浓硫酸与相应的卤化物反应制备。

$$CaF_2+H_2SO_4（浓）=CaSO_4+2HF\uparrow$$

$$NaCl+H_2SO_4（浓）=NaHSO_4+HCl\uparrow$$

因为溴化氢和碘化氢具有较强的还原性，会与浓硫酸进一步发生氧化还原反应，因此制备溴化氢或碘化氢时，一般采用非氧化性的高沸点无机酸（如浓磷酸）与溴化物或碘化物反应的方法。

$$NaBr+H_3PO_4=NaH_2PO_4+HBr$$

$$NaI+H_3PO_4=NaH_2PO_4+HI$$

实验室中也可用非金属卤化物（如三溴化磷、三碘化磷等）水解的方法，或将溴逐滴加入到磷与少量水的混合物中或将水逐滴加入到碘与磷的混合物中制备溴化氢和碘化氢。

$$PBr_3+3H_2O=H_3PO_3+3HBr\uparrow$$

$$3Br_2+2P+6H_2O=2H_3PO_3+6HBr\uparrow$$

$$PI_3+3H_2O=H_3PO_3+3HI\uparrow$$

$$3I_2+2P+6H_2O=2H_3PO_3+6HI\uparrow$$

10.1.2.2　卤化氢的化学性质

（1）氢卤酸的酸性

卤化氢分子在水中均有较大的溶解度，形成氢卤酸。常压下蒸馏氢卤酸时，溶液的沸点和组成会不断地变化，最后形成溶液的组成和沸点恒定不变的恒沸溶液。

氢卤酸在水溶液中电离生成氢离子和卤离子。氢卤酸的酸性按 HF、HCl、HBr 和 HI 的顺序依次增强，氢氯酸（盐酸）、氢溴酸和氢碘酸均为强酸，而氢氟酸为弱酸。这是因为在氢氟酸中 HF 分子间存在很强的氢键而形成缔合的（HF）$_n$，进而影响了氢氟酸的电离作用和酸的强度。

$$HF=H^++F^- \qquad K_a^\ominus=6.6\times10^{-4}$$

与一般的弱电解质不同，氢氟酸的解离度随其浓度的增大而增加。当浓度大于 $5\ mol \cdot dm^{-3}$ 时，氢氟酸会变成强酸。这是因为 F^- 可与未电离的 HF 结合形成 HF_2^-。

$$F^- + HF = HF_2^- \quad K^{\ominus} = 5.2$$

（2）还原性

卤素的氧化能力顺序为 $F_2 > Cl_2 > Br_2 > I_2$。

卤离子的还原能力大小顺序为 $I^- > Br^- > Cl^- > F^-$。同样，卤化氢和氢卤酸的还原能力按 HF、HCl、HBr、HI 的顺序增强。氢氟酸没有还原性。HCl 较难被氧化，只与一些强氧化剂，如 $KMnO_4$、PbO_2 等反应才呈现还原性；Br^- 和 I^- 的还原性较强，能与浓硫酸反应。

$NaBr + H_2SO_4$（浓）$= NaHSO_4 + HBr\uparrow$ $\qquad \Delta_r H_m^{\ominus} = -3\ 189.5\ kJ \cdot mol^{-1}$

$2HBr + H_2SO_4$（浓）$= Br_2\uparrow + SO_2 + 2H_2O$ $\qquad \Delta_r H_m^{\ominus} = 48.5\ kJ \cdot mol^{-1}$

$NaI + H_2SO_4$（浓）$= NaHSO_4 + HI\uparrow$ $\qquad \Delta_r H_m^{\ominus} = -3\ 189.7\ kJ \cdot mol^{-1}$

$8HI + H_2SO_4$（浓）$= 4I_2 + H_2S\uparrow + 4H_2O$ $\qquad \Delta_r H_m^{\ominus} = -561.9\ kJ \cdot mol^{-1}$

溴化氢溶液在日光、空气作用下即可分解生成单质 Br_2 而使溶液呈现红棕色；而碘化氢溶液即使在阴暗处避光保存，也会逐渐分解生成单质 I_2 而呈现棕色。

（3）热稳定性

卤化氢的热稳定性按照 HF、HCl、HBr、HI 的顺序急剧下降。HI 最易分解，加热到 473 K 左右就明显地分解，而 HF 气体在 1 273 K 下还可以稳定地存在。

$$2HX \xrightarrow{\triangle} H_2 + X_2$$

10.1.2.3　氢卤酸的应用

浓盐酸为无色溶液，有刺激性的气体。常用的浓盐酸的质量分数约为 37%，浓度约为 $12\ mol \cdot dm^{-3}$，密度的为 $1.19\ g \cdot cm^{-3}$。盐酸是一种重要的化工生产原料，工业生产中最常用的“三酸”之一，用于制造各种氯化物，在印染工业、焊接、电镀、搪瓷、食品工业和医药部门也有广泛应用。

氟化氢有氟源之称，常利用它制取单质氟和许多氟化物。氟化氢会对皮肤造成难以治疗的灼伤，甚至会造成严重中毒，使用时要注意安全。在用氢氟酸的工作中应该戴橡皮手套并在通风橱中操作。

氢氟酸的腐蚀性比浓硫酸还强，属于一级腐蚀品。氢氟酸需储存于塑料容器中。这是因为氢氟酸能与 SiO_2 或硅酸盐反应生成气态的 SiF_4。因此，氢氟酸也常用于溶解各种硅酸盐、刻划玻璃及制造毛玻璃。

$$SiO_2 + 4HF = SiF_4\uparrow + 2H_2O$$

$$CaSiO_3 + 6HF = SiF_4\uparrow + CaF_2\downarrow + 3H_2O$$

10.1.3　卤化物

10.1.3.1　卤化物及其制备

卤素和电负性比它小的元素形成的化合物称为卤化物。除 He、Ne、Ar 外，其他元素几乎都可与卤素单质形成卤化物。由于氟单质有最强的氧化性且氟原子半径小，其他元素在氟化物中可以呈最高氧化值，例如，银的一般卤化物为 Ag*X*，而氟化物除 AgF 外，还可

生成 AgF_2。按 Cl、Br、I 的顺序，X^- 的还原性增强，高氧化值卤化物的稳定性依次减弱，因此在碘化物和溴化物中，金属离子可显现较低的氧化值。例如，FeI_2、CuI 是稳定化合物，没有 Fe(Ⅲ)、Cu(Ⅱ)碘化物。

根据化合物的组成，卤化物可分为非金属卤化物和金属卤化物两大类。通常情况下，硼、碳、硅、氮、磷等与卤素形成的非金属卤化物都是共价型卤化物。如 HX、BX_3、CCl_4、SiX_4、PCl_5 和 SF_6 等。非金属卤化物在固态时为分子晶体，一般它们有挥发性、较低的熔点和沸点，有的不溶于水。非金属卤化物易挥发，溶于水往往发生强烈的水解（CCl_4、SF_6、SeF_6 等例外）。非金属卤化物的制备将在相应章节进行讨论。

大多数金属可与卤素直接反应，生成热力学稳定的卤化物；也可通过金属氧化物、金属氢氧化物等与氢卤酸反应制得相应的金属卤化物。

$$Zn+2HCl=ZnCl_2+H_2\uparrow$$
$$CuO+2HCl=CuCl_2+H_2O$$
$$NaOH+HCl=NaCl+H_2O$$
$$2Al+3Cl_2=2AlCl_3$$

根据卤化物中化学键的类型，金属卤化物一般可分为离子型卤化物和共价型卤化物。通常情况下，碱金属（Li 除外）、碱土金属（Be 除外）和大多数镧系、锕系元素形成的卤化物基本上是离子型化合物。例如 CsF、NaCl、$BaCl_2$、$LaCl_3$ 等，其中电负性最大的氟与电负性最小、离子半径最大的铯化合形成的氟化铯（CsF）是最典型的离子型化合物。它们多具有高的熔、沸点和低挥发性，在极性溶剂中易溶解，其溶液或熔融都具有导电性。

离子型卤化物与共价型卤化物之间没有严格的界限，例如，$FeCl_3$ 是易挥发的共价型卤化物，但它在熔融态时能导电。

10.1.3.2 卤化物键型的递变规律

卤化物中化学键的类型与成键元素的电负性、原子或离子的半径，以及金属离子的电荷有关。一般而言，随着金属离子半径的减小，离子电荷的增加以及卤素离子半径的增大，离子的极化能力增加，键型由离子型向共价型过渡的趋势增强。

① 同一周期从左向右，当卤素阴离子相同时，主族元素卤化物的键型由离子键过渡到共价键。可按照熔、沸点的高低大致地判断卤化物的结构类型，如第三周期元素的氟化物。

氟化物	NaF	MgF_2	AlF_3	SiF_4	PF_5	SF_6
熔点/K	1 266	1 523	1 363	183	190	222
沸点/K	1 968	2 533	1 563	187	198	209（升华）
熔融态导电性	能	能	能	不能	不能	不能
键型	离子键	离子键	离子键	共价键	共价键	共价键

② 同一主族元素卤化物的键型，从上至下，由共价型过渡到离子型。如氮族元素的

氟化物。

氟化物	NF_3	PF_3	AsF_3	SbF_3	BiF_3
熔点/K	66.4	121.5	188	565	1 000
沸点/K	144	171.5	210	592	1 173
熔融态导电性	不能	不能	不能	难	能
键型	共价键	共价键	共价键	过渡键型	离子键

③ 对于离子电荷小、离子半径小的碱金属和碱土金属（Be 除外），同一金属从氟化物到碘化物，键型虽然仍然是离子型，但强度减弱，熔点和沸点依次降低。由于阴离子极化能力逐渐增强，对于离子电荷大的金属离子，卤化物的键型由离子键过渡到共价键。

卤化物	NaF	NaCl	NaBr	NaI	AlF_3	$AlCl_3$	$AlBr_3$	AlI_3
熔点/K	1 266	1 074	1 020	934	1 363	463（加压）	370.5	464
沸点/K	1 968	1 686	1 663	1 557	1 563	451（升华）	536	633
熔融态导电性	能	能	能	能	能	难	难	难
键型	离子键	离子键	离子键	离子键	离子键	共价键	共价键	共价键

在固态 $AlCl_3$ 中，每个 Al 原子被氯原子以八面体排列的紧密堆积包围，表现为离子晶格，但熔点很低（466 K），而在气、液状态时为二聚体(Al_2Cl_6)，表现为分子型卤化物。

同一非金属的不同卤化物（共价型卤化物）的熔、沸点与分子间力（主要是色散力）相关。由于分子间力随相对分子质量的增大而增强，因此共价型卤化物的熔、沸点按 F、Cl、Br、I 的顺序而升高。

卤化物	SiF_4	$SiCl_4$	$SiBr_4$	SiI_4
熔点/K	183	204	278	393.5
沸点/K	187	330.6	427	560

④ 不同氧化值的同一金属离子与相同卤素离子形成卤化物时，高氧化值的金属离子极化能力较强，形成的卤化物具有更多的共价性。

卤化物	$SnCl_2$	$SnCl_4$	$PbCl_2$	$PbCl_4$
熔点/K	519	240	774	258
沸点/K	925	387	1 223	378（分解）
键型	离子键	共价键	离子键	共价键

10.1.3.3　卤化物的溶解度递变规律

大多数金属卤化物易溶于水，溶解度顺序为：氯化物>溴化物>碘化物。氟化物的溶解度与氯化物、溴化物、碘化物有所不同。例如，Li 和除 Be 外的碱土金属离子的氟化物难溶，而它们的氯化物、溴化物、碘化物易溶。这主要是由离子间静电吸引力的大小不同和离子极化作用强弱不同所致。虽然钙的卤化物均为离子型，但由于F^-半径小，与Ca^{2+}的静电吸引力强，造成CaF_2的晶格能比其他卤化物大，致使CaF_2难溶。

卤化物	CaF_2	$CaCl_2$	$CaBr_2$	CaI_2
晶格能/($kJ \cdot mol^{-1}$)	2 611	2 195	2 163	1 971
溶解度/（g/100g 水），298 K	0.0016	74.5	143	209

在 AgX 系列中，虽然Ag^+的极化力和变形性都大，但F^-半径小难以被极化，故 AgF 为离子型化合物而易溶；而从Cl^-到I^-，阴离子变形性增大，与Ag^+相互极化作用增强，键的共价性随之增加，故氯、溴、碘的银盐（AgX）均难溶，且溶解度或者$K_{sp}^{\ominus}$越来越小。同样的原因，氯、溴、碘的铅盐（PbX_2）、亚汞盐（Hg_2X_2）、亚铜盐（CuX）也难溶。

卤化物	AgF	AgCl	AgBr	AgI
熔点/K	708	728	705	831
溶解度/($g \cdot L^{-1}$)	1 800	0.03	0.005 5	5.6×10^{-5}

10.1.4 卤素的含氧化合物

10.1.4.1 卤素氧化物

由于氟的电负性比氧大，氟和氧的二元化合物是氟化氧(OF_2)，而不是氧化氟。氯、溴、碘的氧化物大多数不稳定，受到撞击、光照或遇还原剂即可能分解爆炸。在已知的卤素氧化物中，碘的氧化物最稳定(I_2O_5是已知最稳定的卤素氧化物)，氯和溴的氧化物在室温下明显分解。高价态的卤素氧化物比低价态的卤素氧化物稳定。

10.1.4.2 卤素含氧酸及其盐

氟也可形成含氧酸，但仅限于次氟酸(HOF)，其中氟的氧化值为-1。除氟外，氯、溴、碘均可形成正氧化值的含氧酸及其盐。卤素含氧酸不稳定，大多只能存在于水溶液中，各种次卤酸、亚卤酸、卤酸中的氯酸和溴酸、高卤酸中的高溴酸等至今尚未得到游离的纯酸。在卤素的含氧酸中，只有氯的含氧酸有较多的实际用途。以下主要讨论氯的含氧酸的性质。

名称	氧化值	氯	溴	碘
次卤酸	+1	HClO*	HBrO*	HIO*
亚卤酸	+3	$HClO_2^*$	$HBrO_2^*$	HIO_2^*
卤酸	+5	$HClO_3^*$	$HBrO_3^*$	HIO_3
高卤酸	+7	$HClO_4$	$HBrO_4^*$	HIO_4、H_5IO_6

* 仅存在于水溶液中。

氯能形成四种含氧酸，即次氯酸、亚氯酸、氯酸和高氯酸，它们性质的一般规律如下：

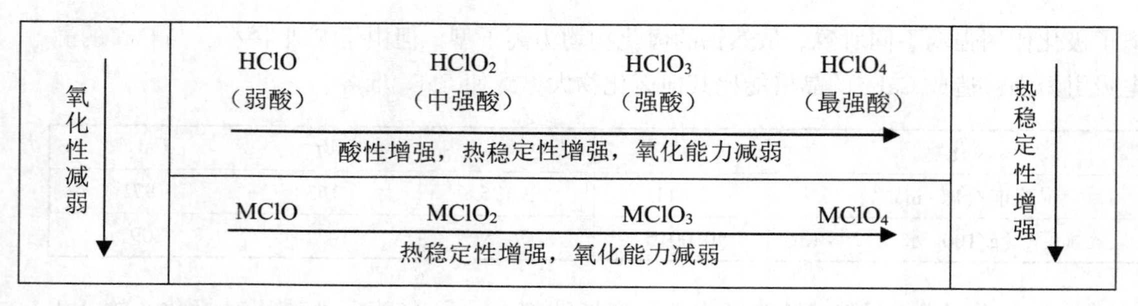

随着氯的氧化值增加，—O—H 键更易被氯极化，导致—O—H 变形程度增加，在水分子的作用下，H^+更易解离，因此氯的含氧酸的酸性随氯的氧化值增加而增强。氯的含氧酸及其盐的热稳定性与含氧酸根的结构有关；盐的热稳定性比相应酸的热稳定性强，与 H 的极化作用有关。

从氯的标准电势图可以看出：

① 在 $E_A^\ominus$ 图中，所有电对的标准电极电势都有较大的正代数值。这表明在酸性介质中，Cl_2 及氯的各种含氧酸均有较强的氧化性。由于氯的含氧酸做氧化剂时的最终还原产物一般为 Cl^- 和 H_2O，因此它们氧化性的强弱主要取决于 Cl—O 键的断裂难易。由于 Cl—O 键的键长随氯的氧化值增加而变短，同时键能增大，Cl—O 键逐渐难于断裂，氯的含氧酸的氧化性按照 ClO^-、ClO_3^-、ClO_4^- 的顺序逐渐减弱。

② 在图 $E_B^\ominus$ 中，电对 Cl_2/Cl^- 的标准电极电势与其 $E_A^\ominus$ 值相同。其他电对的电极电势虽为正值，但均比它们的 $E_A^\ominus$ 值小。这表明在碱性介质中，卤素各种含氧酸的氧化性强于其相应的盐（NaClO 除外）。这与 H 的极化作用有关，含氧酸根质子化有利于 Cl—O 键的断裂。

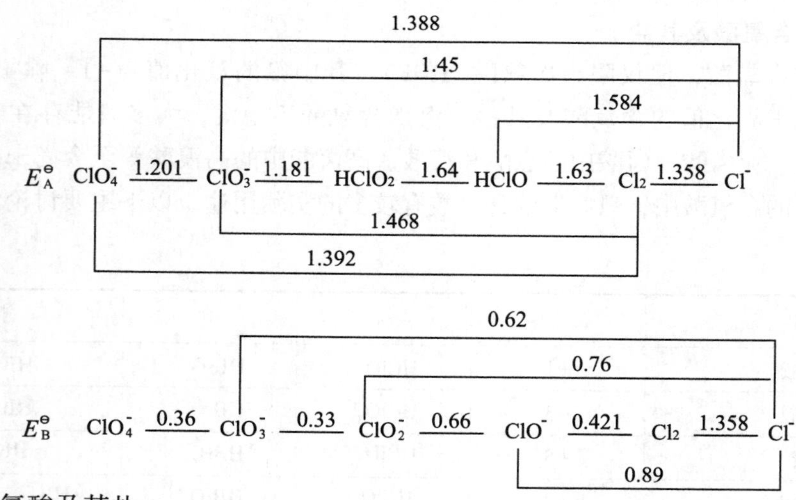

（1）次氯酸及其盐

氯、溴、碘在冷水中歧化得到次卤酸，但仅存在于水溶液中。易分解，光照下分解速度更快。

$$Cl_2+H_2O=HClO+HCl$$

$$2HClO \xrightarrow{光} O_2+2HCl$$

次卤酸的酸性按照 HClO、HBrO、HIO 的顺序减弱。其中，次氯酸 HClO 的 $K_a^\ominus = 2.8\times10^{-8}$，比碳酸还弱，且很不稳定，只存在于稀溶液中。次氯酸是强氧化剂。次氯酸作氧化剂时，本身被还原为 Cl^-。氯气具有漂白性就是因为它与水作用生成次氯酸的缘故，因此完全干燥的氯气没有漂白能力。

将氯气通入冷碱溶液可生成次氯酸盐。次氯酸的碱金属盐容易水解，溶液显碱性。

$$Cl_2+2NaOH=NaClO+NaCl+H_2O$$

$$ClO^-+H_2O=HClO+OH^-$$

基于次氯酸的氧化性，次氯酸盐的溶液也具有氧化性和漂白作用。次氯酸钠的工业生产采取电解稀食盐溶液方法。在阴极放出氢气，从而使溶液中的 OH^- 浓度增大。阳极上生成的氯气在它逸出之前与 OH^- 作用生成次氯酸盐。

漂白粉是次氯酸钙和碱式氯化钙的混合物：

$$2Cl_2+3Ca(OH)_2\xlongequal{\triangle}Ca(ClO)_2+CaCl_2\cdot Ca(OH)_2\cdot H_2O+H_2O$$

漂白粉中的 $Ca(ClO)_2$ 是潜在的强氧化剂，使用时必须加酸，使之转变成 HClO 后才能有强氧化性，发挥其漂白、消毒作用。例如，棉织物的漂白是先将其浸入漂白粉液，然后再用稀酸溶液处理。使用二氧化碳也可从漂白粉中将弱酸 HClO 置换出来。因此，在空气中晾晒浸泡过漂白粉的织物，也能产生漂白作用。

$$Ca(ClO)_2+CaCl_2\cdot Ca(OH)_2\cdot H_2O+2CO_2=2CaCO_3+CaCl_2+2HClO+H_2O$$

漂白粉的质量以有效氯的含量衡量。一定量漂白粉与稀盐酸反应所逸出的 Cl_2 称为有效氯。

$$Ca(ClO)_2+4HCl=CaCl_2+2Cl_2\uparrow+2H_2O$$

漂白粉对呼吸系统有损害，与易燃物混合易引起燃烧、爆炸。

(2) 氯酸及其盐

常用氯酸钡与硫酸反应制得氯酸溶液。

$$Ba(ClO_3)_2+H_2SO_4=BaSO_4+2HClO_3$$

氯酸只能存在于水溶液中，但当氯酸的浓度超过40%时会发生爆炸式的歧化反应而分解。

$$8HClO_3(aq)=3O_2\uparrow+2Cl_2\uparrow+4HClO_4(aq)+2H_2O$$

氯酸是强酸。在酸性介质中，氯酸与氯酸盐均为强氧化剂，其还原产物可以是 Cl_2 或 Cl^-。例如，氯酸可将碘氧化为碘酸。

$$2HClO_3+I_2=2HIO_3+Cl_2\uparrow$$

氯酸盐不稳定，易分解或歧化。例如，氯酸钾在催化剂存在下加热时，较低温度时即可分解生成氯化钾和氧气。

$$2KClO_3\xrightarrow{MnO_2,\ 473\ K}2KCl+3O_2\uparrow$$

若没有催化剂存在，则发生歧化反应，生成高氯酸钾和氯化钾。

$$4KClO_3\xrightarrow{673\ K}3KClO_4+KCl$$

氯酸盐通常在酸性溶液中显氧化性。例如，$KClO_3$ 在中性溶液中不能氧化 KI，但酸化后，即可将 I^- 氧化为 I_2。

$$ClO_3^- + 6I^- + 6H^+ = 3I_2 + Cl^- + 3H_2O$$

固体氯酸钾是重要的氯酸盐，是强氧化剂，与易燃、可燃物（如碳、硫粉或红磷）及（或）有机物混合后，经撞击会发生爆炸着火，因此常用于制造炸药、火柴及烟火等。

当氯与热的氢氧化钾溶液作用时，会生成氯酸钾和氯化钾。由于氯酸钾的溶解度小（293K 时，7.3g/100 g 水），可以从溶液中分离出来。

$$3Cl_2 + 6KOH = KClO_3 + 5KCl + 3H_2O$$

（3）高氯酸及其盐

$HClO_4$ 是最强的无机酸，在水溶液中能完全解离为 H^+ 和 ClO_4^-。无水高氯酸是无色、黏稠状液体，不稳定，受热易发生分解反应。当温度高达 363 K 时，会发生爆炸分解：

$$4HClO_4 \xrightarrow{加热} 2Cl_2\uparrow + 7O_2\uparrow + 2H_2O$$

用浓硫酸与高氯酸钾作用，经减压蒸馏可以制得高氯酸。

$$KClO_4 + H_2SO_4 \xrightarrow{冷却} KHSO_4 + HClO_4$$

工业制备高氯酸采用电解氧化氯酸盐的方法。在阳极区生成高氯酸盐，酸化后减压蒸馏可得质量分数为 60% 的市售 $HClO_4$。

$$NaClO_3 + H_2O \xrightarrow{电解} NaClO_4 + H_2\uparrow$$

$$NaClO_4 + HCl = HClO_4 + NaCl$$

$HClO_4$ 的水溶液（<60%）是稳定的，加热近沸点也不分解。但当质量分数达到 60% 时，则遇有机物会发生猛烈爆炸。因此，在储存和使用浓 $HClO_4$ 时要格外小心。

高氯酸盐的水溶性很好，但是高氯酸钾的溶解度很小(298 K 时,2.04 g/100 g 水)。有些高氯酸盐有较显著的吸水性，如无水高氯酸镁 $Mg(ClO_4)_2$ 和无水高氯酸钡 $Ba(ClO_4)_2$ 可用做干燥剂。

10.2 氧族非金属元素

氧是氧族中最重要的元素，是地球表面丰度最大、分布最广的元素，在地壳中的含量约为 48.6%，单质氧在大气中约占 21%。通常以双原子分子的气体存在。硫是生命体中一种必不可少、多种氨基酸的组成要素，也是大多数蛋白质的构成组分，常以硫化物或硫酸盐的形式存在，固态单质硫在火山口有大量生成。硒和碲是稀有分散元素，以固体存在，结构比较复杂，在化合物中表现出多种氧化值。钋和鉝是金属元素，钋是已知最稀有的元素之一，是世界上最毒的物质之一，主要通过人工合成方式取得，其半衰期为 138 天。鉝为最新的人工合成元素，不稳定，存在时间极短。目前对钋和鉝的性质研究不多。

氧族元素的基本性质列于表 10.4。从表 10.4 可以看出，氧族元素从上往下原子半径和离子半径逐渐增大，电离能和电负性逐渐减小，元素的非金属性逐渐减弱，金属性逐渐增强。氧和硫是典型的非金属元素，硒和碲是准金属元素。本书主要讨论氧和硫及它们的化合物。

表 10.4 氧、硫、硒和碲的基本性质

元素	氧 O	硫 S	硒 Se	碲 Te
原子序数	8	16	34	52
价电子构型	$2s^22p^4$	$3s^23p^4$	$4s^24p^4$	$5s^25p^4$
共价半径/pm	74	104	117	137
离子(M^{2-})半径/pm	140	184	198	211
第一电离能 I_1/($kJ \cdot mol^{-1}$)	1 314	999.6	940.9	869.3
第一电子亲合能 E_A/($kJ \cdot mol^{-1}$)	141	200.4	195	190.2
第二电子亲合能 E_A/($kJ \cdot mol^{-1}$)	-780	-590	-420	-295
电负性	3.5	2.5	2.4	2.1
$E^{\ominus}$ (X_2/X^{2-})/V	–	-0.407	-0.924	-1.143
主要氧化值	-2,-1,0	-2,0,+2,+4,+6		

氧族元素单质的化学活泼性按 O>S>Se>Te 的顺序变化。氧、硫的价层电子构型为 ns^2np^4，有 6 个价电子，都有获得 2 个电子达到稀有气体稳定结构的趋势，表现出较强的非金属性，所以它们在化合物中的常见氧化值为-2。氧族元素与非金属元素化合均形成共价化合物。

10.2.1 单质

10.2.1.1 氧气

常温下，氧气是无色、无味的气体。O_2 是非极性分子，在水中溶解度很小（273 K，4.89 mg/100 cm^3 水）。O_2 分子中有一个 σ 键和两个三电子 π 键，具有顺磁性。

氧气在大气中占 20.95%（体积），通过空气分馏可以得到纯氧气。在实验室中则利用氯酸钾的催化分解来制备氧气。

氧的电负性仅次于氟，因此氧只有与氟化合时才表现出正氧化值。氧和大多数金属元素反应时形成二元的离子型化合物（如 Li_2O、MgO、Al_2O_3 等），多表现-2 氧化值。

O_2 的解离能较大，因此在常温下氧的化学性质不活泼，仅能与某些还原性强的物质反应，如 NO、$SnCl_2$、H_2SO_3、KI 等。在高温下，除卤素、部分贵金属以及稀有气体（氙除外，它能与氧形成 XeO_3、XeO_4）外，氧几乎能与所有元素直接化合生成相应的氧化物。

H_2S、CH_4、CO、NH_3 等具有还原性的物质能在氧气中燃烧而被氧化。大量的纯氧用于炼钢，液氧常用作火箭发动机的助燃剂。

$$2H_2S+3O_2\text{（足量）}=2SO_2+2H_2O$$

$$2CO+O_2=2CO_2$$

作为氧化剂，氧气在酸性溶液中的氧化性大于在碱性溶液中的氧化性。

$$O_2+4H^++4e \rightarrow 2H_2O \qquad E^{\ominus}=1.229\ V$$

$$O_2+2H_2O+4e \rightarrow 4OH^- \qquad E^{\ominus}=0.401\ V$$

10.2.1.2 臭氧

臭氧(O_3)是氧的同素异形体，在常温下是一种有鱼腥味的淡蓝色气体。臭氧主要存在于距地球表面 25 km 的同温层下部的臭氧层中，可吸收对人体有害的短波紫外线，防止其到达地球。O_3 分子间的色散力大于 O_2，其沸点要高于 O_2。O_3 在水中的溶解度比 O_2 高。

在大雷雨放电情况下，O_2 可以转化成臭氧，有些物质如松节油、树脂等被空气氧化过程中也同时伴生臭氧。在实验室里通过静电放电装置可获得 O_2 和 O_3 的混合物，其中 O_3 约含 10%。O_3 不稳定，分子氧和臭氧之间转化的热化学方程式是：

$$2O_3 = 3O_2 \qquad \Delta_r H_m^{\ominus} = -285.4\ \mathrm{kJ \cdot mol^{-1}}$$

组成臭氧分子的 3 个氧原子呈等腰三角形结构，键角 116.8°，键长 127.8 pm。中心氧原子采取 sp^2 杂化，形成 3 个 sp^2 杂化轨道。其中一个 sp^2 杂化轨道为孤对电子所占，另外 2 个未成对电子则分别与另外 2 个氧原子形成 σ 键。中心氧原子中未参与杂化的 p 轨道上有一对电子与两边氧原子的平行 p 轨道上的 1 个电子形成垂直于分子平面的三中心四电子大 π 键，以 π_3^4 表示。臭氧分子中没有单电子，是反磁性物质。

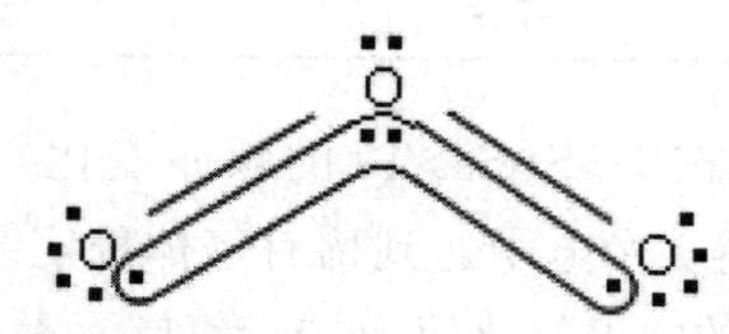

臭氧很不稳定，在常温下缓慢分解。如果没有催化剂和紫外线照射时，它分解得很慢。纯的臭氧容易爆炸。臭氧有很强的氧化性，其氧化性比 O_2 强，能氧化许多不活泼单质，如 Ag、PbO、S 等。

$$O_3 + 2H^+ + 2e^- = O_2 + H_2O \qquad E^{\ominus} = 2.07\ \mathrm{V}$$

臭氧可以定量地将 I^- 溶液中的碘析出，此反应用于鉴定或测定 O_3 的含量。

$$O_3 + 2I^- + 2H^+ = I_2 + O_2\uparrow + H_2O$$

利用臭氧的氧化性以及不易导致二次污染的优点，臭氧被用来净化废气和废水。臭氧可用作杀菌剂，用臭氧代替氯气作为饮用水消毒剂，不仅杀菌快而且消毒后无味。臭氧也是一种高能燃料的氧化剂。不过要注意的是，尽管微量臭氧有益于人体的健康，但当臭氧含量高于 1 $\mathrm{mL \cdot m^{-3}}$ 时，会引起头疼等症状，对人体有害。

10.2.1.3 单质硫

硫在地壳中的原子分数为 0.03%，是一个分布较广的元素。在火山地区常蕴藏天然单质硫矿床，可能是由于硫化物矿床在高温水蒸气作用下生成硫化氢 H_2S，进而被氧化或与二氧化硫作用形成单质硫沉积。

$$2H_2S + SO_2 = 3S + 2H_2O$$

$$2H_2S + O_2 = 2S + 2H_2O$$

在工业上也常利用以上两个反应从工业废气中回收单质硫。

单质硫是从它的天然矿石或化合物中制得的，把含有天然硫的矿石隔绝空气加热，可将硫熔化并和砂石等杂质分开。从黄铁矿提取硫磺，是将黄铁矿石和焦炭的混合物放在炼硫炉中在有限的空气中燃烧，也可分离出硫。

$$3FeS_2 + 12C + 8O_2 = Fe_3O_4 + 12CO + 6S$$

纯粹的单质硫是黄色晶状固体，熔点 392 K，沸点 717.5 K。导热性和导电性差，性松脆，不溶于水，能溶于 CS_2、C_6H_6 等非极性溶剂，但链状硫不溶。从 CS_2 中再结晶，可以得到纯度很高的晶状硫。

硫原子的外层电子构型为 $3s^23p^4$，既可以形成双原子分子，也可以发生 sp^3 不等性杂化后与相邻的两个硫原子形成 σ 键，生成链状或环状的多原子分子 S_X，因此硫有几种同素异形体。其中最常见的是斜方硫和单斜硫，它们的分子式都是 S_8，为环状结构。

常温下斜方硫（也称菱形硫）是硫的稳定单质，当加热到 368.7 K 时，斜方硫转变为单斜硫；冷却时，发生相反的变化过程。

$$S_{菱形硫} \xrightleftharpoons{368.7\ K} S_{单斜硫}$$

硫比较活泼，能与除稀有气体、碘、碲、金、铂、钯以外的绝大多数元素化合。由于离子极化的原因，硫与大多数金属元素化合时主要形成共价化合物，与非金属元素或金属性较弱的元素化合时皆形成共价化合物，只有与少数电负性小的金属元素才能形成离子型化合物（如 Na_2S、BaS 等），表现 −2 氧化值。与电负性大的元素结合时，可表现出 +2、+4、+6 氧化值，最高氧化值与族数一致。

$$C+2\ S \xlongequal{\triangle} CS_2$$

$$Hg+S = HgS$$

硫能与氧化性的酸，如浓硝酸或浓硫酸作用，生成硫酸或二氧化硫：

$$S+2HNO_3(浓) = H_2SO_4+2NO$$

$$S+2H_2SO_4(浓) \xlongequal{\triangle} 3SO_2+2H_2O$$

硫与浓碱作用时发生歧化反应：

$$3S+6NaOH = 2Na_2S+Na_2SO_3+3H_2O$$

硫的用途很广，可用来生产硫酸及各种含硫化合物、橡胶硫化剂、炸药、烟花、火柴、药物以及杀虫剂等。

10.2.2 氢化物

10.2.2.1 水

在氧的氢化物中，最重要的化合物是水。水是宝贵的自然资源，是动植物体内和人的身体中不可缺少的物质。水在生命体中占 50%~90%。人类生活中的衣食住行、工农业生产都离不开水，水是工农业生产的重要原料。在农业生产中消耗的淡水量占人类消耗淡水总量的 60%~80%，工业上也要用大量的水进行生产。

水通常是无色、无味的液体。在 101.325 KPa 时，水的凝固点是 273 K，沸点是 373 K，277 K 时密度最大，为 $1.0\ g\cdot cm^{-3}$，水结冰时体积膨胀。因此冰的密度小于水的密度，能浮在水的上面。常温下水的 pH = 7.0。

水在高温条件下也不容易分解，这就是难以用水作原料直接制取氢气的根本所在。

水与碱性氧化物反应生成碱：

$$CaO+H_2O = Ca(OH)_2$$

水与酸性氧化物反应生成酸：

$$H_2O+CO_2 = H_2CO_3$$

水与某些物质结合为水合物：

$$CuSO_4+5H_2O=CuSO_4\cdot 5H_2O$$

10.2.2.2 过氧化氢

纯过氧化氢的熔点为272.26 K，沸点为425.25 K，相对密度（水=1）为1.46。过氧化氢分子间能发生强烈的缔合作用，其缔合程度比水大，因此过氧化氢的沸点比水高。因为过氧化氢和水都是极性物质，所以可以任何比例互溶。过氧化氢（H_2O_2）的水溶液俗称双氧水，纯品为无色黏稠液体。商品质量分数有30%和3%两种。

H_2O_2 分子中含有过氧基（—O—O—），两端各连一个H原子。两个氢原子处于两个平面上，而氧原子在两个面的交线上，此二面角为93°51′，键角∠OOH为96°52′，O—O键长为148 pm，O—H的键长为97 pm。中心O原子采取 sp^3 不等性杂化。单电子轨道分别与H的1s和另一O原子的单电子 sp^3 轨道生成σ键，孤对电子使键角变得小于109°28′。

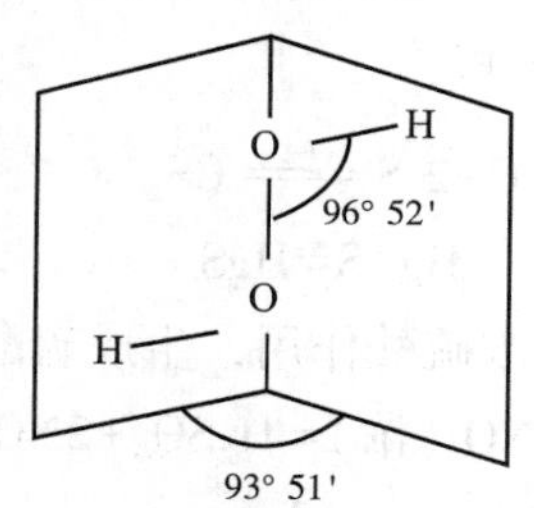

由于分子中过氧链—O—O—的键能小，因此 H_2O_2 不稳定，易发生分解。

$$2H_2O_2(l)=2H_2O(l)+O_2(g) \qquad \Delta_r H_m^\ominus=-196\ kJ/mol$$

但在常温、纯度很高的情况下，分解速率不快。加热、光照或引入重金属离子（如 Co^{2+}），反应将大大加快。实验室中总是将 H_2O_2 溶液装在棕色瓶内存放在阴凉处。

过氧化氢的水溶液是极弱的酸，按下列方程式解离：

$$H_2O_2=H^++HO_2^- \qquad K_{a1}^\ominus=2.24\times10^{-12}$$

因此 H_2O_2 能与某些碱反应

$$H_2O_2+Ba(OH)_2=BaO_2+2H_2O$$

过氧化氢中氧的氧化值是-1，它有向-2和0转化的两种可能性，因此，过氧化氢既具有氧化性又具有还原性。其相关的元素电势图为

$$E_A^\ominus/V \qquad O_2 \xrightarrow{+0.68} H_2O_2 \xrightarrow{+1.78} H_2O$$

$$E_B^\ominus/V \qquad O_2 \xrightarrow{-0.08} HO_2^- \xrightarrow{+0.87} OH^-$$

从元素电势图可以看出，无论是在酸性溶液还是在碱性溶液中 H_2O_2 都有氧化性，尤其在酸性溶液中氧化性更强。过氧化氢的还原产物是水，绿色环保。例如，在酸性溶液中 H_2O_2 能将 I^- 氧化成单质碘。

$$2I^-+2H^++H_2O_2=I_2+2H_2O$$

油画的染料中含Pb(Ⅱ)，长久与空气中的 H_2S 作用，生成黑色的PbS，使油画发暗。用 H_2O_2 涂刷，可将PbS氧化为 $PbSO_4$，使油画变白。

$$PbS+4H_2O_2=PbSO_4+4H_2O$$

H_2O_2 在碱性溶液中能将 CrO_2^- 氧化成 CrO_4^{2-}。

$$2CrO_2^-（绿）+3H_2O_2+2OH^- = 2CrO_4^{2-}（黄）+4H_2O$$

H_2O_2 在酸性溶液中还原性不强，需强氧化剂才能将其氧化。如

$$2MnO_4^-+5H_2O_2+6H^+=2Mn^{2+}+5O_2+8H_2O$$

在碱性溶液中还原性有所增强。如

$$H_2O_2+Ag_2O=2Ag+O_2+H_2O$$

实验室中可用过氧化物与冷的稀硫酸或稀盐酸反应制备过氧化氢。

$$Na_2O_2+H_2SO_4+10H_2O \xrightarrow{低温} Na_2SO_4 \cdot 10H_2O+H_2O_2$$

$$BaO_2+2HCl=BaCl_2+H_2O_2$$

工业上制备过氧化氢的主要方法有电解法、异丙醇氧化法和蒽醌法。

电解法：$(NH_4)_2S_2O_8+2H_2O \xrightarrow{H_2SO_4} 2NH_4HSO_4+H_2O_2$

异丙醇氧化法：$CH_3CH(OH)CH_3+O_2=CH_3COCH_3+H_2O_2$

蒽醌法：$H_2+O_2 \xrightarrow{2-乙基蒽醌} H_2O_2$

过氧化氢自身不燃，但能与可燃物反应放出大量热量和氧气而引起着火爆炸。过氧化氢与许多无机化合物或杂质接触后会迅速分解而导致爆炸，放出大量的热量、氧和水蒸气。大多数重金属（如铜、银、铅、汞、锌、钴、镍、铬、锰等）及其氧化物和盐类都是活性催化剂。

医学上用3%的 H_2O_2 作杀菌剂、消毒剂。化学工业用作生产过碳酸钠、过氧乙酸等的原料，酒石酸、维生素等的氧化剂。印染工业用作棉织物的漂白剂，还原染料染色后的发色，还用于羊毛、生丝、象牙、纸浆、脂肪等的漂白。高浓度的过氧化氢可作火箭燃料的氧化剂。浓度稍大的过氧化氢水溶液会灼伤皮肤，使用时应小心。

10.2.2.3 硫化氢与氢硫酸

硫化氢的分子结构和水相似，是一种无色、有臭鸡蛋气味的有毒气体，在 213 K 时凝聚成液体，在 187 K 时凝固。它在水中的溶解度不大，在通常情况下每一体积水中能溶解 4.7 体积的 H_2S 气体，浓度约相当于 0.1 $mol \cdot dm^{-3}$。硫化氢是一种大气污染物，在工业中任何情况下都不允许把 H_2S 向空气中排放。工业生产上，空气中 H_2S 浓度不得超过 0.01 $mg \cdot dm^{-3}$。空气中如果含 0.1%的 H_2S 就会迅速引起头疼晕眩等病象。吸入大量 H_2S 会造成昏迷或死亡，经常与硫化氢接触能引起慢性中毒（产生感觉变坏、消瘦、头疼等症状）。

硫蒸气能和氢气直接化合生成硫化氢 H_2S。在实验室中，通常用金属硫化物与稀的非氧化性酸反应制备 H_2S，或用硫代乙酰胺水解产生 H_2S：

$$Na_2S(aq)+H_2SO_4(aq)=H_2S(g)+Na_2SO_4(aq)$$

$$CH_3CSNH_2+2H_2O=CH_3COONH_4+H_2S$$

氢硫酸为二元弱酸，其酸性比醋酸和碳酸都弱。

$$H_2S \rightleftharpoons H^++HS^- \qquad K_{a1}^{\ominus}=1.07\times10^{-7}$$

$$HS^- \rightleftharpoons H^++S^{2-} \qquad K_{a2}^{\ominus}=1.26\times10^{-13}$$

氢硫酸具有较强的还原性：

酸性介质　$S+2H^{+}+2e \rightleftharpoons H_2S$　　$E^{\ominus}=0.14\ V$

碱性介质　$S+2e^{-} \rightleftharpoons S^{2-}$　　$E^{\ominus}=-0.407\ V$

碘、空气等能将 H_2S 氧化成单质硫，更强的氧化剂可把 H_2S 氧化成硫酸：

$$H_2S+I_2=S+2HI$$

$$2H_2S+O_2=2S+2H_2O$$

$$2Fe^{3+}+H_2S=2Fe^{2+}+S+2H^{+}$$

$$H_2S+4Br_2+4H_2O=H_2SO_4+8HBr$$

许多金属离子能在溶液中和硫化氢或硫离子作用，生成溶解度很小的化合物。

$$Pb^{2+}+S^{2-}=PbS$$

由于 H_2S 有较强的还原性，因此其水溶液不能长久保存，必须现用现配。

10.2.3　金属硫化物和多硫化物

金属硫化物可以看作是氢硫酸盐。由于氢硫酸是二元酸，因此可形成酸式盐和正盐。通常所说的硫化物指的是氢硫酸的正盐。

硫与金属元素直接化合形成硫化物，碱金属、碱土金属的硫化物属于离子型化合物。过渡金属的硫化物中，+2 或者+3 价的过渡金属离子半径相对较小，并且具有较大的极化力，它们会使较大的硫离子变形，因此在这些硫化物中，离子键中存在一定程度的共价性。

金属硫化物的酸式盐均易溶于水。由于 S^{2-} 半径比 O^{2-} 大，S^{2-} 变形性比 O^{2-} 大，导致硫化物中的离子极化作用强，因此与相应的氧化物相比，金属硫化物的共价成分更高，金属硫化物的溶解度更小。正盐中除碱金属（包括 NH_4^+）的硫化物和 BaS 易溶于水外，碱土金属硫化物微溶于水（BeS 难溶），其他硫化物大多难溶于水，并具有特征的颜色。例如，ZnS 为白色，MnS 为浅粉色，CdS 和 SnS_2 为黄色，FeS、Ag_2S、CuS、PbS 及 HgS 等均为黑色。

硫化物溶解度的大小不仅与其溶度积有关，还与溶液的酸度有关。由于氢硫酸为弱酸，因此加酸能有效地降低 S^{2-} 的浓度，使硫化物的溶解度增大，甚至完全溶解。当 H_2S 饱和溶液中有几种离子可以同时生成硫化物沉淀时，通过控制溶液的酸度可以使某些溶度积小的金属硫化物优先沉淀出来，然后使另一些溶解度大的金属硫化物在碱性溶液中成为硫化物沉淀，从而达到分离的目的。这是在定性分析中用 H_2S 分离溶液中阳离子的理论基础。

由于氢硫酸为弱酸，故硫化物都有不同程度的水解性。碱金属硫化物水解度很高，水解液呈碱性。工业上常用价格便宜的 Na_2S 代替 NaOH 作为碱使用，所以硫化钠也俗称为“硫化碱”。

$$S^{2-}+H_2O \rightleftharpoons HS^{-}+OH^{-}$$

碱土金属硫化物遇水也发生水解，如

$$2CaS+2H_2O=Ca(HS)_2+Ca(OH)_2$$

某些氧化值高的金属硫化物如 Al_2S_3、Cr_2S_3 等在水中完全水解：

$$Al_2S_3+6H_2O=2Al(OH)_3+3H_2S$$

$$Cr_2S_3+6H_2O=2Cr(OH)_3+3H_2S$$

不同元素硫化物的酸碱性不同。与氧化物相似，元素的金属性越强，相应硫化物的碱性越强；反之，元素的非金属性越强，相应硫化物的酸性越强。对于同一元素的硫化物来说，高氧化值硫化物比低氧化值硫化物的酸性强。如

Na_2S	SnS	SnS_2	As_2S_3	Sb_2S_3	Bi_2S_3	As_2S_5
碱性	碱性	酸性	两性	两性	碱性	酸性

酸性硫化物可溶于碱性硫化物中。如 Sb_2S_3、Sb_2S_5、As_2S_3、As_2S_5、SnS_2、HgS 等酸性或两性硫化物都可与 Na_2S 反应。

$$As_2S_3+3Na_2S=2Na_3AsS_3 \quad \text{(硫代亚砷酸钠)}$$

$$HgS+Na_2S=Na_2HgS_2$$

这类反应相当于酸性氧化物和碱性氧化物的反应，但硫化物的碱性要比相应氧化物的碱性弱一些。

金属硫化物具有还原性。例如，Na_2S 等试剂中常含有多硫化物，这是由于 S^{2-} 首先被空气中 O_2 氧化成 S，S 再与 Na_2S 结合而生成多硫化物。

$$2S^{2-}+O_2+2H_2O=2S+4OH^-$$

$$Na_2S+(x-1)S=Na_2S_x \quad (x=2\sim6)$$

因此 Na_2S 等试剂不宜长期保存。

在可溶硫化物的浓溶液中加入硫粉时，硫溶解可以生成相应的多硫化物。自然界中的黄铁矿 FeS_2 就是铁的多硫化物。碱金属和碱土金属的多硫化物可以制成晶状盐。多硫化物溶液一般显黄色，随溶解硫的增多而使颜色加深，可以深到红色。当 Na_2S_x 中的 x 为 2 时，得到 Na_2S_2，称为过硫化钠，它是不稳定化合物过硫化氢 H_2S_2 的钠盐。

10.2.4 硫的氧化物和含氧酸

硫有多种不同氧化值的氧化物，如 SO、S_2O_3、SO_2、SO_3 和 SO_4，其中以二氧化硫 SO_2 和三氧化硫 SO_3 最为重要。

10.2.4.1 硫的氧化物

（1）二氧化硫

SO_2 是一种有刺激性的无色气体，在常压下于 263 K 液化，易溶于水，在常压下每 dm^3 水能溶解 40 dm^3 的 SO_2，相当于10%的溶液。二氧化硫和水反应生成亚硫酸 H_2SO_3。SO_2 是大气污染的元凶之一，并可导致酸雨的形成。在工业上空气中 SO_2 浓度不得超过 0.02 $mg\cdot dm^{-3}$。

SO_2 的分子结构和 O_3 相似，S 原子采取 sp^2 不等性杂化，分子中有大 π 键 π_3^4。

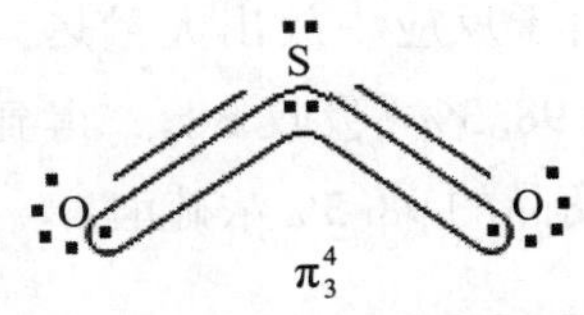

硫在空气中燃烧生成二氧化硫，在工业上通过燃烧金属硫化物来制备 SO_2：

$$3FeS_2+8O_2=Fe_3O_4+6SO_2\uparrow$$

SO_2 中 S 的氧化值为+4，处于中间价态，既有氧化性，又有还原性，以还原性为主。SO_2 作为氧化剂和还原剂的典型反应如下：

$$SO_2+2H_2S=3S+2H_2O$$

$$SO_2+Br_2+2H_2O=H_2SO_4+2HBr$$

SO_2 能与有机色素发生加成反应，生成无色有机物，因此有漂白作用，但这种漂白作用不同于漂白粉的氧化漂白作用。

（2）三氧化硫

气态 SO_3 分子呈平面三角形。中心 S 原子用 sp^2 杂化轨道与 O 原子形成 σ 键，整个分子还有一个大 π 键 π_4^6。

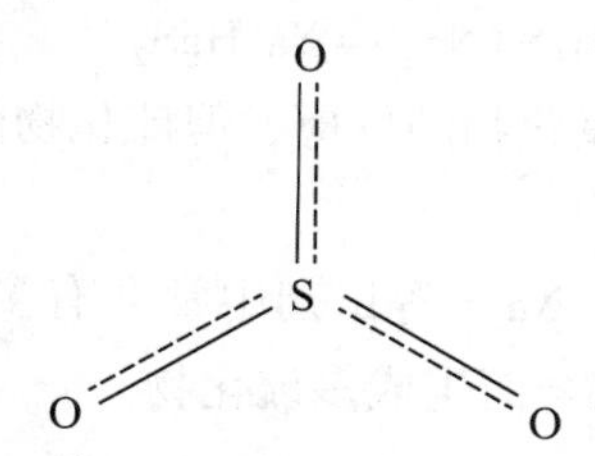

纯 SO_3 是一种无色的易挥发固体。熔点 289.8 K，沸点 318 K，SO_3 在蒸气状态下的分子是平面三角形结构。固态的 SO_3 主要以两种形态存在，一种是冰状结构的三聚$(SO_3)_3$，另一种是纤维状的$(SO_3)_n$，由许多—SO_3 基团通过氧原子互相连接形成长链。

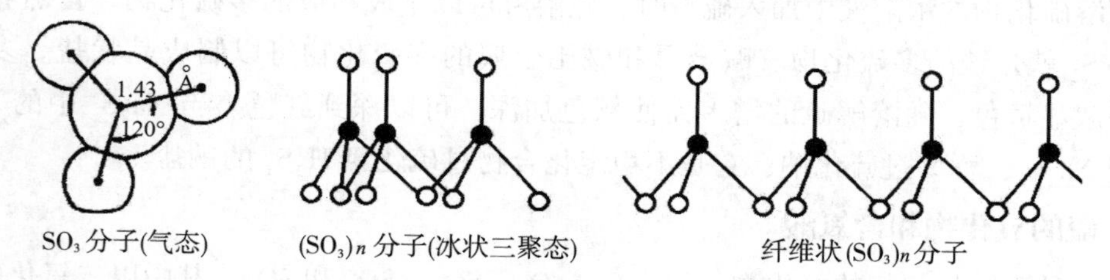

SO_3分子(气态)　$(SO_3)n$ 分子(冰状三聚态)　纤维状$(SO_3)n$分子

SO_3 是通过 SO_2 的催化氧化来制备的，在工业中常用的催化剂是五氧化二钒 V_2O_5。

$$2SO_2+O_2\xrightleftharpoons[723\ K]{V_2O_5}2SO_3$$

SO_3 为酸性氧化物，与碱或碱性氧化物反应得到相应的盐。

$$SO_3+2NaOH=Na_2SO_4+H_2O$$

SO_3 是一种强氧化剂，在高温时能氧化一些金属和非金属。

$$5SO_3+2P=P_2O_5+5SO_2$$

$$2KI+SO_3=K_2SO_3+I_2$$

SO_3 同水化合即生成硫酸，但由于反应中放出大量热，生成物形成难以收集的酸雾，因此在硫酸工业中是用较浓的硫酸(98.3%)吸收 SO_3，得到含过量 20%SO_3 的发烟硫酸，再用 92.5%的硫酸稀释，最终得到商品的 98.3%浓硫酸。

10.2.4.2　硫的含氧酸及含氧酸盐

硫的含氧酸种类很多，它们又都能形成相应的盐。现将硫的某些含氧酸列于表

10.5 中。

表 10.5　硫的某些含氧酸

分类	名称	化学式	硫的平均氧化值	结构式	存在形式
亚硫酸系列	亚硫酸	H_2SO_3	+4	H—O—S(=O)—O—H	盐和水溶液
	连二亚硫酸	$H_2S_2O_4$	+3	H—O—S(=O)—S(=O)—O—H	盐
硫酸系列	硫酸	H_2SO_4	+6	H—O—S(=O)(=O)—O—H	酸、盐和水溶液
	硫代硫酸	$H_2S_2O_3$	+2	H—O—S(=O)(=S)—O—H	盐
	焦硫酸	$H_2S_2O_7$	+6	H—O—S(=O)(=O)—O—S(=O)(=O)—O—H	酸和盐
连硫酸系列	连多硫酸	$H_2S_xO_6$（x=3~6）	+2.5（x=4）	H—O—S(=O)(=O)—$(S)_{x-2}$—S(=O)(=O)—O—H	盐和水溶液
过硫酸系列	过一硫酸	H_2SO_5	+6	H—O—S(=O)(=O)—O—O—H	盐
	过二硫酸	$H_2S_2O_8$	+6	H—O—S(=O)(=O)—O—O—S(=O)(=O)—O—H	酸和盐

（1）亚硫酸及亚硫酸盐

SO_2 溶于水得亚硫酸 H_2SO_3。亚硫酸只存在于水溶液中，属于弱酸，其 $K_{a1}^{\ominus}=1.7\times10^{-2}$，$K_{a2}^{\ominus}=6.2\times10^{-8}$。由于它是一个二元酸，可以生成正盐 M_2SO_3 和酸式盐 $MHSO_3$。酸式亚硫酸盐是比较常见的。将 SO_2 通入碱溶液中达饱和就得到酸式亚硫酸盐。

H_2SO_3 和盐既可以作氧化剂，也可作还原剂。亚硫酸的还原性仅略次于 H_2，在碱性溶液中 SO_2 或亚硫酸盐是一种强还原剂。在酸性溶液中，H_2SO_3 在有强还原剂作用下能显示氧化性。相关的标准电极电势如下：

酸性溶液中　　$SO_4^{2-}+4H^++2e^-=H_2SO_3+H_2O$　　　$E=0.17\ V$

$$H_2SO_3+4H^++4e^-=S+3H_2O \qquad E^{\ominus}=0.45\ V$$

碱性溶液中 $$SO_4^{2-}+H_2O+2e^-=SO_3^{2-}+2OH^- \qquad E^{\ominus}=-0.93\ V$$

亚硫酸及其盐在空气中就能被氧化。

$$2H_2SO_3+O_2=2H_2SO_4\ （很慢）$$

$$2Na_2SO_3+O_2=2Na_2SO_4\ （快）$$

因此，Na_2SO_3 溶液必须随配随用，放置过久则失效。

在碱性溶液中，SO_3^{2-} 的还原性比酸性溶液中的 H_2SO_3 强，所以亚硫酸盐比亚硫酸具有更强的还原性。例如

$$SO_3^{2-}+Cl_2+H_2O=SO_4^{2-}+2Cl^-+2H^+$$

当亚硫酸遇到更强的还原剂（如 H_2S 等），也表现出氧化性。例如

$$H_2SO_3+2H_2S=3S\downarrow+3H_2O$$

亚硫酸及其盐具有不稳定性。亚硫酸及其盐在酸、碱中均可歧化分解。如

$$4Na_2SO_3 \xlongequal{\triangle} 3Na_2SO_4+Na_2S$$

$$3H_2SO_3=2H_2SO_4+S+H_2O$$

亚硫酸和亚硫酸盐在工业上是常用的还原剂。亚硫酸盐能和许多有机物特别是染料和有色化合物发生加成反应，生成无色的化合物，主要用作印染行业的还原剂，羊毛和蚕丝制品的漂白剂。造纸工业用 $Ca(HSO_3)_2$ 溶解木质素以制造纸浆。亚硫酸也用作消毒杀菌剂。

亚硫酸钠(Na_2SO_3)和亚硫酸氢钠($NaHSO_3$)也可用作漂白织物时的去氯剂。

$$2Na_2S_2O_3+I_2=Na_2S_4O_6+2NaI$$

$$Na_2S_2O_3+4Cl_2+5H_2O=2H_2SO_4+2NaCl+6HCl$$

$$Cl_2+Na_2SO_3+H_2O=2HCl+Na_2SO_4$$

（2）硫酸及硫酸盐

① 硫酸。纯硫酸是一种无色油状液体，凝固点 283.8 K，沸点 611 K(98.3%硫酸)，比重 1.854，浓度为 18 $mol\cdot dm^{-3}$。硫酸具有高沸点是因为硫酸分子间存在较强的氢键。实验室中经常利用硫酸的这一性质制取挥发性强酸。

工业上主要采取接触法制取硫酸。硫铁矿或硫磺在空气中焙烧，得到 SO_2。SO_2 在 723 K 左右通过催化剂 V_2O_5 氧化为 SO_3，然后用 98.3%浓硫酸吸收 SO_3，即得浓硫酸。

$$4FeS_2+11O_2 \xlongequal{\triangle} 2Fe_2O_3+8SO_2\uparrow$$

$$S+O_2 \xlongequal{\triangle} SO_2\uparrow$$

H_2SO_4 分子呈四面体形状。中心硫原子通过 sp^3 杂化与 4 个氧原子形成 4 个 σ 键，未与 H 连接的两个氧原子（非羟基氧）还可与硫原子形成 π 键，这两个 S—O 键可近似地看作双键，所以 S—O 键的键长是不相等的。

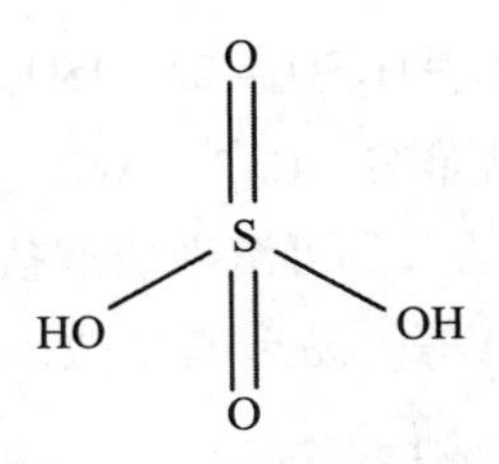

浓硫酸在水中会产生大量热，若不小心将水倒入浓硫酸中，将产生剧热而引起爆炸。因此在稀释硫酸时，只能在搅拌下将浓硫酸慢慢加入水中。浓硫酸用水稀释而放热的现象和硫酸的水合作用有关。用浓 H_2SO_4 作为干燥剂和脱水剂就是利用它和水的强烈结合作用。硫酸能同水结合形成水合晶体 $H_2SO_4 \cdot xH_2O$（$x=1$、2、6、8）。

硫酸具有强酸性。H_2SO_4 在水溶液中第一级完全电离，第二级不完全电离：

$$HSO_4^- \rightleftharpoons H^+ + SO_4^{2-} \qquad K_{a2}^{\ominus} = 1.2\times10^{-2}$$

浓硫酸具有氧化性。相关的标准电极电势如下：

$$H_2SO_4+2H^++2e^- = SO_2+2H_2O \qquad E^{\ominus}=0.17\ V$$

$$H_2SO_4+6H^++6e^- = S+4H_2O \qquad E^{\ominus}=0.36\ V$$

$$H_2SO_4+8H^++8e^- = H_2S+4H_2O \qquad E^{\ominus}=0.30\ V$$

浓硫酸氧化方式与稀硫酸不同。在稀硫酸中，起氧化剂作用的是电离产生的 H^+ 离子而非+6 氧化值的 S。由电极电势数据可知，只有存在强还原剂，高浓度和高温下硫酸才是强氧化剂。常温下浓硫酸能使铁、铝等金属表面钝化，生成致密的氧化物保护膜，阻止硫酸进一步与金属作用。热的浓硫酸能氧化许多金属和非金属，其还原产物是多种多样的。在大多数情况下浓硫酸的还原产物还是以 SO_2 为主。如

$$Zn+H_2SO_4(稀)= H_2+ZnSO_4$$

$$Zn+2H_2SO_4(浓)= ZnSO_4+SO_2+2H_2O$$

$$3Zn+4H_2SO_4(较浓)= 3ZnSO_4+S+4H_2O$$

$$4Zn+5H_2SO_4(较浓)= 4ZnSO_4+H_2S+4H_2O$$

硫酸具有强吸水性和脱水性，不仅可以作为干燥剂干燥氯气、氢气和二氧化碳等，还由于其强氧化性，能从蔗糖、棉花、纸等有机物中“脱掉”与 H_2O 相当的 H 和 O 而使其炭化。因此浓硫酸对于动、植物组织有破坏作用，有很强的腐蚀性。在工业中如果不小心将浓硫酸滴落在皮肤上，应立即使用大量水冲洗，然后用稀氨水润湿伤处，最后用水冲洗。如急救不善会造成严重灼伤。

硫酸是重要的化工产品之一，大约有上千种化工产品需要以硫酸为原料。硫酸近一半的产量用于化肥生产，此外还大量用于农药、染料、医药、化学纤维，以及石油、冶金、国防和轻工业等部门。我国硫酸年产量居世界第一位。

② 硫酸盐。硫酸能生成两种盐，即正盐和酸式盐。碱金属和铵既能生成正盐也能形成酸式盐，其他金属只能形成正盐。在酸式盐中，仅最活泼的碱金属元素（如 Na、K）才能形成稳定的固态酸式硫酸盐。例如，在硫酸钠溶液内加入过量的硫酸，即结晶析出硫酸氢钠。酸式盐易溶于水，受热易熔化，强热时分解为正盐和三氧化硫。

$$Na_2SO_4+H_2SO_4=2NaHSO_4$$

除 Sr^{2+}、Ba^{2+}、Pb^{2+}、Tl^+的硫酸盐难溶，Ca^{2+}、Ag^+、Hg_2^{2+} 的硫酸盐微溶外，其余硫酸正盐均易溶。酸式盐的溶解度比正盐的大。可溶性硫酸盐从溶液中析出时常带有结晶水，如 $CuSO_4 \cdot 5H_2O$（胆矾）、$CaSO_4 \cdot 2H_2O$ 等。易形成复盐，如$(NH_4)_2SO_4 \cdot FeSO_4 \cdot 6H_2O$(摩尔盐)、$K_2SO_4 \cdot Al_2(SO_4)_3 \cdot 24H_2O$（明矾）等。

硫酸盐一般对热稳定。由于 SO_4^{2-} 采用正四面体构型，4 个 S—O 键键长均为 144 pm，具有很大程度的双键性质，难以极化变形，故硫酸盐均为离子晶体，热稳定性高。如碱金属的硫酸盐加热到熔点时(如 Na_2SO_4，1 157 K；K_2SO_4，1 342 K)仍不分解，碱土金属和铅的硫酸盐赤热时仍稳定。

许多硫酸盐具有重要用途，如明矾是常用的净水剂、媒染剂；胆矾是消毒菌剂和农药；绿矾($FeSO_4 \cdot 6H_2O$）是农药、药物和制墨水的原料；芒硝($Na_2SO_4 \cdot 10H_2O$）是化工原料。

（3）硫的其他含氧酸及其盐

除了亚硫酸和硫酸之外，焦硫酸、过硫酸盐、连二亚硫酸盐和硫代硫酸盐也比较重要。

① 焦硫酸及其盐。在硫酸中溶解过量的 SO_3 时，在空气中会发烟，称为发烟硫酸，化学式可写作 $H_2SO_4 \cdot xSO_3$，当 $x=1$ 时，形成焦硫酸 $H_2S_2O_7$。它是一种无色的晶状固体，熔点 308 K。

焦硫酸具有比浓硫酸更强的氧化性、吸水性和腐蚀性。它还是良好的磺化剂，应用于制造某些染料、炸药和其他有机磺酸化合物。焦硫酸在水中不能存在，它同水作用时生成硫酸：

$$H_2S_2O_7+H_2O=2H_2SO_4$$

将碱金属的硫酸氢盐加热到熔点以上，可脱水制得焦硫酸盐，如

$$2KHSO_4 \xlongequal{\triangle} H_2O+K_2S_2O_7$$

$K_2S_2O_7$ 的组成相当于 $K_2SO_4 \cdot SO_3$，酸性较强，因此可以和碱性氧化物反应生成硫酸盐。在分析化学中，常将焦硫酸盐作为熔矿剂与不溶于酸的金属氧化物共熔，使之转变为可溶性的硫酸盐。

② 过硫酸及其盐。过氧化氢 H—O—O—H 分子中的 H 被磺基—SO_3H 取代的产物称为过硫酸。两个 H 都被取代的产物称为过二硫酸 HO_3S—O—O—SO_3H。过二硫酸及其盐比较重要，常用的过二硫酸盐有$(NH_4)_2S_2O_8$ 和 $K_2S_2O_8$。

过二硫酸为无色晶体，338 K 熔化并分解。与浓硫酸一样，过二硫酸也有强吸水性，并可使有机物炭化。由于分子中含过氧键，过二硫酸及其盐均不稳定，加热或在水溶液中均发生分解，如

$$2K_2S_2O_8 \xlongequal{\triangle} 2K_2SO_4+2SO_3+O_2$$

$$2S_2O_8^{2-}(aq)+2H_2O=4HSO_4^-+O_2$$

过二硫酸盐是强氧化剂，其标准电极电势为

$$S_2O_8^{2-}+2e=2SO_4^{2-} \qquad E^{\ominus}=2.01\ V$$

在酸性溶液中能将 Mn^{2+} 氧化成 MnO_4^-：

$$5S_2O_8^{2-}+2Mn^{2+}+8H_2O \xrightarrow{Ag^+催化} 2MnO_4^-+10SO_4^{2-}+16H^+$$

此反应在钢铁分析中用于锰含量的测定。

③ 连二亚硫酸钠。连二亚硫酸为二元弱酸，其 $K_{a1}^{\ominus}=0.45$，$K_{a2}^{\ominus}=3.5\times10^{-3}$。连二亚硫酸盐比连二亚硫酸稳定。

在无氧条件下，用锌粉还原酸式亚硫酸盐，或用钠汞齐与干燥的 SO_2 反应，可以制得连二亚硫酸钠 $Na_2S_2O_4$：

$$2NaHSO_3+Zn=Na_2S_2O_4+Zn(OH)_2$$

$$2Na[Hg]+2SO_2=Na_2S_2O_4+[Hg]$$

连二亚硫酸钠 $Na_2S_2O_4$ 在碱性条件下是一个强还原剂，能把有机硝基化合物还原成胺：

$$2SO_3^{2-}+2H_2O+2e^-=S_2O_4^{2-}+4OH^- \qquad E^{\ominus}=-1.12\ V$$

连二亚硫酸钠还能将 I_2、MnO_4^-、H_2O_2、Cu^{2+} 等还原。空气中的氧气能将其氧化，在气体分析中用它吸收氧气：

$$2Na_2S_2O_4+O_2+2H_2O=4NaHSO_3$$

$$Na_2S_2O_4+O_2+H_2O=NaHSO_3+NaHSO_4$$

连二亚硫酸钠（俗称保险粉）的还原电位较低，足以还原各种还原染料，且保险粉价格低，因此在实际生产中一般都用保险粉作为还原剂。纺织工业中，保险粉广泛用于还原性染色、还原清洗、印花和脱色及用作丝、毛、尼龙等织物的漂白。由于它不含重金属，经漂白后的织物色泽十分鲜艳，不易褪色。还可应用于有机合成，如染料、药品的生产里作还原剂或漂白剂，连二亚硫酸钠是最适合木浆造纸的漂白剂。

保险粉化学稳定性差，在空气中易氧化分解，产生有害的含硫化合物（如分解产生的硫酸盐和亚硫酸盐）会污染水质，降低水的 pH 值，而生成的 SO_2 气体会污染大气。由于保险粉易氧化，还原性虽强但并不持久，因此实际使用量往往是理论的很多倍，并且若存放条件不当，受潮后易结块，严重时能自燃甚至引发爆炸，对环境和安全造成不良影响，因此一直以来科学家们都在试图寻找一种可替代保险粉的还原剂。

④ 硫代硫酸钠。硫代硫酸很不稳定，仅存在于某些溶剂中。亚硫酸钠在沸热的近饱和水溶液中能够和单质硫反应，生成硫代硫酸钠 $Na_2S_2O_3$，其水合物 $Na_2S_2O_3\cdot5H_2O$（市售俗名为海波，也称为大苏打）是一种白色晶体，易溶于水，加热能完全溶解于本身的结晶水中。

$S_2O_3^{2-}$ 具有与 SO_4^{2-} 相似的四面体构型，可看作是 SO_4^{2-} 中的一个 O 原子被 S 原子所取代的衍生物。

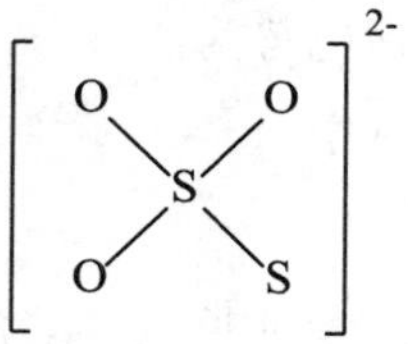

硫代硫酸钠遇酸立即分解，在 pH>4.6 时才不分解。

$$S_2O_3^{2-}+2H^+=SO_2+S+H_2O$$

此反应常用于 $S_2O_3^{2-}$ 的鉴定。加酸时生成硫，导致溶液变浑浊，同时产生 SO_2 使湿润 pH 试纸变红。

$Na_2S_2O_3$ 的水溶液不稳定，会被大气中的氧所氧化，析出硫而变混浊。因此在工作中应用新配制不久的溶液。

硫代硫酸钠中的两个 S 原子处于不同的氧化值，一个是 S(+6)，一个是 S(−2)，平均氧化值是+2，所以它具有还原性：

$$S_4O_6^{2-}+2e^-=2S_2O_3^{2-} \quad E^{\ominus}=0.09\ V$$

硫代硫酸钠（$Na_2S_2O_3$）是一种中等强度的还原剂，当与碘反应时，它被氧化为连四硫酸。该反应是容量分析中碘量法的基础。

$$2Na_2S_2O_3+I_2=2NaI+Na_2S_4O_6$$

$S_2O_3^{2-}$ 遇强氧化剂如 Cl_2、Br_2 时被氧化成 SO_4^{2-}，因此硫代硫酸钠在纺织和造纸工业中被用做脱氯剂。

$$Na_2S_2O_3+4Cl_2+5H_2O=Na_2SO_4+H_2SO_4+8HCl$$

硫代硫酸钠溶液还能溶解水中不溶的卤化银 AgX(X=Cl,Br,I)，因为它是 Ag^+离子的良好配位剂，在摄影中常用作定影剂，在医药中也常用作急救脱毒剂。

$$AgX+2S_2O_3^{2-}=[Ag(S_2O_3)_2]^{3-}+X^-$$

10.3 氮族非金属元素

氮族元素是周期表中第ⅤA 族元素，包括氮(N)、磷(P)、砷(As)、锑(Sb)、铋(Bi)和镆(Mc)六种元素。氮主要以单质形式存在于大气中，磷则以化合态形式存在于自然界中，砷、锑和铋主要以硫化物矿石的形式存在。镆为人工合成的放射性金属元素，不稳定，存在时间极短。氮和磷是构成动植物组织的必需元素。

氮族元素的基本性质列于表 10.6。从表 10.6 可以看出，氮族元素从上往下，原子半径逐渐增大，电离能和电负性逐渐减小，因而元素的非金属性逐渐减弱，金属性逐渐增强。氮和磷是典型的非金属元素，砷是准金属元素，而锑和铋是金属元素。下面主要讨论氮和磷的相关性质。

表 10.6 氮、磷、砷的基本性质

元素	氮 N	磷 P	砷 As
原子序数	7	15	33
价电子构型	$2s^2 2p^3$	$3s^2 3p^3$	$4s^2 4p^3$
共价半径/pm	74	110	121
离子半径(+3)/pm	30	58	72
第一电离能 I_1/(kJ·mol^{-1})	1 402.3	1 011.8	944
电子亲合能 E_A/(kJ·mol^{-1})	−6.75	72.1	78.2
电负性	3.0	2.1	2.0
$E^{\ominus}(X^{Ⅲ}/X^0)$/V	1.46 (HNO_3)	−0.50 (H_3PO_3)	0.247 ($HAsO_2$)
$E^{\ominus}(X^{Ⅴ}/X^{Ⅲ})$/V	0.94 (NO_3^-/HNO_2)	−0.276 (H_3PO_4/H_3PO_3)	0.575 (H_3AsO_4/H_3AsO_3)
主要氧化值	−3，0，+1，+2，+3，+4，+5	−3，0，+3，+5	−3，0，+3，+5

氮族元素原子的外层电子构型为 ns^2np^3，虽然有 5 个价电子，但价层 p 轨道处于半充满状态。由于电负性不是很大，氮族元素形成−3 氧化值的趋势较弱，而形成正氧化值的趋势比较明显，特征氧化值是−3、+3、+5。实际上，氮和磷只有与电负性小的元素结合时才呈现−3 氧化值，与电负性较大的元素结合时主要显+3 和+5 氧化值。

氮和磷所形成的化合物主要是共价型的，并且半径越小，形成共价键的趋势越大。只有与活泼金属形成的化合物，如 Mg_3N_2、Ca_3P_2 等是离子型的。

10.3.1 单质

10.3.1.1 氮气

氮气(N_2)是一种无色无味的气体，是空气的主要成分之一，占大气总量的 78.08%(体积分数)。氮可溶于水（1 体积水中大约溶解 0.024 体积的氮气）和酒精，但基本上不溶于大多数其他液体。在标准大气压下，氮气冷却至 77 K 时，变成无色的液体，冷却至 63 K 时，液态氮变成雪状的固体。

氮气以双原子分子形式存在，其 N≡N 键键能为 946 kJ·mol^{-1}，同时其最高被占分子轨道(HOMO)与最低未被占分子轨道(LUMO)之间的能级间距大，是最稳定的双原子分子。在化学反应中破坏 N≡N 键非常困难，通常氮气表现为化学惰性，反应难于进行，常用作保护气体。升高温度可以增加氮气的反应活性，与锂、镁、铝等活泼金属一起加热，可制备得到离子型氮化物或金属型氮化物。例如氮化锂 Li_3N、氮化镁 Mg_3N_2、氮化铝 AlN、氮化钛 TiN、氮化钽 TaN 等。

氮气主要是从大气中分离或由含氮化合物的分解制得。氮气在生活中是必不可少的，其化合物可用作食物或肥料，用于制造氨和硝酸。氮气常被用来制作防腐剂。

10.3.1.2 磷

常见磷的同素异形体有白磷、红磷和黑磷三种。白磷（因商品白磷常带黄色，又称为黄磷）是透明的蜡状固体，是剧毒物质。不溶于水但能溶于 CS_2 及大多数有机溶剂。主要用于制造磷酸及肥料。白磷 P_4 是以四个磷原子为顶点的四面体构型，P_4 分子通过分子间力作用堆积而形成立方系晶体，所以它的熔点和沸点都较低，在 317 K 时熔化成无色液体。P_4 分子中，磷原子通过共价单键结合，键能较小，易被破坏。

白磷化学性质较活泼，在空气中可自燃，需储存于冷水中。与卤素单质剧烈反应，在氯气中燃烧，遇到液氯或溴会发生爆炸。易与酸碱反应。具有较强的还原性，能将金、银、铜等金属从其盐中还原出来。几乎与所有金属都能反应生成磷化物。

工业上磷的制备是将磷酸钙、石英砂（SiO_2）和炭粉的混合物放在电弧炉中熔烧而制得，其反应如下：

$$2Ca_3(PO_4)_2+6SiO_2+10C=6CaSiO_3+P_4+10CO\uparrow$$

将生成的磷蒸气通到水面下冷却，就得到凝固的白磷。

将白磷在隔绝空气的条件下加热可得到红磷。红磷结构较为复杂，难溶于水、碱和 CS_2，无毒性，化学性质较为稳定，室温下不与 O_2 反应。

$$P_4(\text{白磷})=4P(\text{红磷}) \qquad \Delta_r H_m^\ominus=-17.6\ \text{kJ}\cdot\text{mol}^{-1}$$

白磷在高压和较高温度下可以转变为黑磷。黑磷具有类似石墨的片层结构，磷原子以共价键互相连接形成网络结构。化学性质极其稳定，难溶于水，也不溶于有机溶剂，但能导电，也称为金属磷。

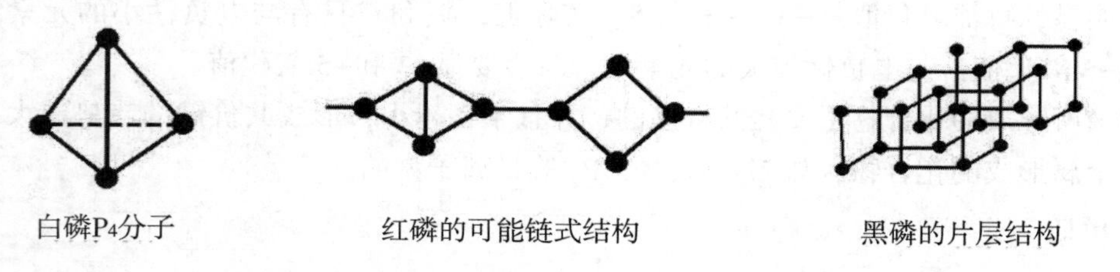

图 10.2　单质磷的结构

10.3.2　氢化物

10.3.2.1　氨

氨(NH_3)是一种有刺激性臭味的无色气体，极性分子，极易溶于水。氨分子的构型为三角锥，氮原子以 sp^3 不等性杂化轨道与三个氢原子成键，留有一对孤对电子。

氮族的各元素都能形成 MH_3 型的氢化物，其中 NH_3 具有相对最高的沸点、熔点、溶解热、蒸发热和介电常数。这种反常性质是由于氨分子除了有较大的极性外，在液态和固态的氨分子之间还存在氢键。液氨与水类似，也是一种良好的溶剂，能溶解碱金属和碱土金属，金属液氨溶液显蓝色，能导电并有强还原性。盐也可以溶解在液氨中形成导电的溶液，但盐在液氨中的溶解度要小于在水中的溶解度。液氨有微弱的自偶电离作用。

$$2NH_3(l)\rightleftharpoons NH_4^++NH_2^- \qquad K^\ominus(NH_3,l)=1.9\times10^{-33}(223\ \text{K})$$

工业上氨的制备是在高温、高压和催化剂存在下利用氮气和氢气直接反应得到。

$$N_2+3H_2\xrightarrow[\text{催化}]{\text{高温、高压}}2NH_3 \qquad \Delta_r G_m^\ominus=-16.48\ \text{kJ}\cdot\text{mol}^{-1};\ K^\ominus=7.7\times10^2$$

实验室需用少量氨气时，通常用铵盐和强碱反应制备：

$$2NH_4Cl+Ca(OH)_2 \xrightarrow{\triangle} CaCl_2+2NH_3\uparrow+2H_2O$$

氨是氮的重要化合物之一，几乎所有含氮的化合物都可以由它来制取。氨主要发生下列三类反应。

（1）加合反应

氨是路易斯碱，可通过N原子上的孤对电子与酸、金属离子及分子发生加合反应，形成相应的氨合物，又称为氨合反应。例如

$$NH_3+H^+ \rightleftharpoons NH_4^+$$

$$Cu^{2+}+4NH_3 \rightleftharpoons [Cu(NH_3)_4]^{2+}$$

$$Ag^++2NH_3 \rightleftharpoons [Ag(NH_3)_2]^+$$

$$CaCl_2+8NH_3 \rightleftharpoons CaCl_2\cdot 8NH_3$$

氨与水作用极易形成水合分子 $NH_3\cdot H_2O$ 和 $2NH_3\cdot H_2O$，故氨在水中的溶解度较大。氨水溶液中存在下列平衡，水溶液呈弱碱性。

$$NH_3+H_2O \rightleftharpoons NH_3\cdot H_2O \rightleftharpoons NH_4^++OH^- \qquad K_b^{\ominus}=1.8\times10^{-5}$$

（2）取代反应

在第一种取代方式中，氨分子被看成是一种三元酸，其中的氢原子被依次取代，生成氨基 NH_2^-，亚氨基 NH<和 N≡的衍生物。取代氢的原子可以是金属元素，也可以是非金属元素。例如：

$$2Na+2NH_3 \xrightarrow{623\ K} 2NaNH_2+H_2$$

$$2Al+2NH_3=2AlN+3H_2$$

$$NH_4Cl+3Cl_2=NCl_3+4HCl$$

取代反应的另一种方式是以氨基取代其他化合物中的原子或基团，实际上是氨参与的复分解反应，类似于水解反应，也称为氨分解反应（简称氨解反应）。例如：

$$HgCl_2+2NH_3=Hg(NH_2)Cl\downarrow+NH_4Cl$$

$$COCl_2+4NH_3=CO(NH_2)_2+2NH_4Cl$$

（3）氧化反应

氨分子中的氮处于最低氧化值（-3），具有还原性，因此在一定条件下，氨可被氧化成氮气或氧化值更高的氮氧化物。氨与氧的反应随条件不同产物亦不同。

$$4NH_3+3O_2 \xrightarrow{673\ K} 2N_2+6H_2O$$

$$4NH_3+5O_2 \xrightarrow{1\,073\ K,\ Pt-Rh} 4NO+6H_2O$$

同时，氨还能被许多强氧化剂（Cl_2、H_2O_2、$KMnO_4$ 等）氧化，例如

$$3Cl_2+2NH_3=N_2\uparrow+6HCl$$

反应中生成的HCl气体会与未反应的 NH_3 进一步加合产生 NH_4Cl 白烟，工业用此反应检查氯气管道是否漏气。

氨在工业上和农业上均有广泛应用，主要用于其他含氮化合物的生产，特别是硝酸和

铵盐（化肥）。常生产的铵盐有硝酸铵 NH_4NO_3、硫酸铵$(NH_4)_2SO_4$、氯化铵 NH_4Cl，碳酸铵$(NH_4)_2CO_3$ 和碳酸氢铵 NH_4HCO_3 等。氨在某些有机化学工业中也很有用，例如用于尿素、染料、医药品和塑料等的生产。氨降温加压易被液化，具有较大的蒸发潜热，因此常作为循环的致冷剂用于冷冻机和制冰机。

10.3.2.2 联氨

联氨 N_2H_4（也称为肼）可以看作过氧化氢 H_2O_2 的类似物，它是一个无色的高度吸湿性油状液体，有类似于氨的刺鼻气味，具有特别高的介电常数，是一种强极性化合物。能很好地混溶于水、醇等极性溶剂中。联氨也是一种良好的电离溶剂，许多盐能溶解在液态联氨中，所得溶液能很好地导电。联氨 N_2H_4 为二元弱碱($K_{b1}^{\ominus}=9.8\times10^{-7}$)。

联氨是一种强还原剂，其在碱性溶液中的标准电极电势 $E^{\ominus}(N_2/N_2H_4)=-1.16$ V，能将银、镍等金属离子还原成金属，可用于在塑料和玻璃上镀金属膜。

无水联氨与卤素、过氧化氢等强氧化剂作用能自燃，生成 N_2 和 H_2O 并放出大量热，可用作火箭推进剂：

$$N_2H_4(l)+2H_2O_2(l)=N_2(g)+4H_2O(g) \quad \Delta_rH_m^{\ominus}=-642.2\ kJ\cdot mol^{-1}$$

10.3.2.3 铵盐

氨和酸作用可得到相应的铵盐。铵盐与碱金属的盐非常相似，尤其是钾盐，主要因为 NH_4^+ 的半径(143 pm)与 K^+的半径(133 pm)相近。铵盐一般为无色晶体（若阴离子无色），易溶于水。由于氨的弱碱性，铵盐都有一定程度的水解：

$$NH_4^++H_2O \rightleftharpoons NH_3\cdot H_2O+H^+$$

用 Nessler 试剂($K_2[HgI_4]$的 KOH 溶液）可以鉴定 NH_4^+ 离子的存在，加入该试剂后如生成红棕色沉淀，则表明有 NH_4^+ 离子：

$$NH_4^++2[HgI_4]^{2-}+4OH^-=\left[O\begin{matrix}Hg\\ \\Hg\end{matrix}NH_2\right]I(s)+7I^-+3H_2O$$

铵盐的热稳定性通常较差，加热极易分解，其分解产物与铵盐中阴离子对应酸的性质以及分解温度有关。挥发性、但无氧化性的酸（如碳酸、盐酸等）形成的铵盐则完全分解成相应的酸和氨。

$$NH_4HCO_3=NH_3\uparrow+H_2CO_3(CO_2\uparrow+H_2O)$$

如果是非挥发性且无氧化性的酸（如硫酸、磷酸等），分解时只放出氨气，酸或酸式盐留在反应体系中。

$$(NH_4)_2SO_4\xrightarrow{\triangle}NH_3\uparrow+NH_4HSO_4$$

$$(NH_4)_3PO_4\xrightarrow{\triangle}3NH_3\uparrow+H_3PO_4$$

对于氧化性酸（如铬酸、硝酸等），分解得到的氨会被酸进一步氧化为 N_2 或氮氧化物（如 N_2O）。

$$NH_4NO_3\xrightarrow{\triangle}N_2O\uparrow+2H_2O$$

$$2NH_4NO_3\xrightarrow{513\ K\ 以上}2N_2\uparrow+O_2\uparrow+4H_2O\uparrow$$

从上述反应可看出，硝酸铵受热会放出大量的气体和热量，如果在密闭容器中进行，就会发生爆炸，因此硝酸铵可用于制造炸药（称硝铵炸药），在制备、贮存、运输和使用时，需要格外注意，防止受热或撞击而引起爆炸。

铵盐中使用最广的是硝酸铵和硫酸铵，被大量用作化肥。

10.3.3 含氧酸和含氧酸盐

10.3.3.1 氮的含氧酸和含氧酸盐

（1）亚硝酸及亚硝酸盐

将等物质量的 NO 和 NO_2 混合物溶解在冰水中，或在亚硝酸盐的冷溶液中加入硫酸，均可生成亚硝酸水溶液。

$$NO+NO_2+H_2O \xrightarrow{\text{冷冻}} 2HNO_2$$

$$Ba(NO_2)_2+H_2SO_4 = BaSO_4\downarrow +2HNO_2$$

亚硝酸是一元弱酸，酸性比醋酸略强。

$$HNO_2 \rightleftharpoons H^+ + NO_2^- \qquad K_a^{\ominus}=7.2\times10^{-4}$$

亚硝酸的稀溶液也是不稳定的，加热时按下式分解：

$$3HNO_2(aq) \xlongequal{\triangle} H^+(aq)+NO_3^-(aq)+H_2O(l)+2NO(g)$$

亚硝酸盐可用金属在高温下还原固态硝酸盐进行制备，也可以通过碱溶液吸收 NO 和 NO_2 的混合气体（合成硝酸的尾气）合成得到。例如：

$$Pb(\text{粉})+KNO_3 = KNO_2+PbO$$

亚硝酸盐一般易溶于水，但淡黄色的 $AgNO_2$ 难溶。亚硝酸盐，特别是碱金属和碱土金属的亚硝酸盐，热稳定性高。

在亚硝酸及其盐中，氮的氧化值处于中间状态，因此有表现出氧化性又有还原性。亚硝酸盐在酸性溶液中是强氧化剂。例如，

$$2NO_2^-+2I^-+4H^+ = 2NO\uparrow +I_2+2H_2O$$

这一反应常用于定量测定亚硝酸盐。

亚硝酸及其盐与强氧化剂作用时，可被氧化成 NO_3^-。

$$5NO_2^-+2MnO_4^-+6H^+ = 5NO_3^-+2Mn^{2+}+3H_2O$$

由于 NO_2^- 中的氮和氧原子上都含有孤电子对，因此 NO_2^- 是一种很好的配体，能和许多金属离子形成配合物（$M\leftarrow NO_2$ 或 $M\leftarrow ONO$）。

$$Co^{3+}+6NO_2^- = [Co(NO_2)_6]^{3-}$$

（2）硝酸及硝酸盐

硝酸是平面型结构的分子，中心氮原子采用 sp^2 杂化，与 3 个氧原子形成 3 个 σ 键，氮氧之间呈平面三角形排布。氮原子上未杂化的 p 轨道与 2 个非羟基氧原子的对称性相同的 p 轨道重叠，在 O—N—O 间形成三中心四电子大 π 键，表示为 π_3^4。硝酸中的羟基氢与非羟基氧原子形成分子内氢键，这是硝酸酸性不及硫酸、盐酸，熔沸点较前两者低的主要原因。

硝酸是三大无机酸之一，是制造炸药、染料、塑料、硝酸盐和许多其他化学品的重要原料，在国民经济和国防工业中都有极重要的用途，世界年产量以百万吨计。纯硝酸是无色液体，沸点 356 K，属挥发性酸，有窒息性刺激气味。硝酸能和水以任何比例互溶。市售的硝酸含量为 68%~70%，密度约为 $1.4\ g\cdot cm^{-3}$（$15\ mol\cdot dm^{-3}$）。溶有 NO_2（10%~15%）的浓硝酸（含 98% HNO_3 以上），称为发烟硝酸。硝酸受热或光照会分解，产生的 NO_2 溶于 HNO_3 后使其呈黄到棕色。溶解的 NO_2 越多，硝酸的颜色越深。

硝酸热分解反应如下：

$$4HNO_3=4NO_2\uparrow+O_2\uparrow+2H_2O$$

实验室中利用硝酸盐和浓硫酸间的反应制备少量的硝酸：

$$NaNO_3+H_2SO_4\text{（浓）}=HNO_3+NaHSO_4$$

工业上普遍采用氨催化氧化法制备硝酸：

$$4NH_3+5O_2\xrightarrow{1\,073\ K,\ Pt-Rh}4NO+6H_2O$$

$$2NO+O_2=2NO_2$$

$$3NO_2+H_2O=2HNO_3+NO$$

反应所得的硝酸浓度为 50%~55%，需加硝酸镁作脱水剂，经加热、蒸馏，可制得浓 HNO_3。

硝酸中氮的氧化值为最高的+5，具有强氧化性，特别是发烟硝酸。有关硝酸的标准电极电势如下：

$$NO_3^-+2H^++e^-=NO_2+H_2O \qquad E^\ominus=0.77\ V$$

$$NO_3^-+10H^++8e^-=NH_4^++3H_2O \qquad E^\ominus=0.87\ V$$

$$NO_3^-+4H^++3e^-=NO+2H_2O \qquad E^\ominus=0.95\ V$$

硝酸可将很多非金属单质氧化为相应的高价态氧化物或含氧酸，如碳、磷、硫、碘等。

$$3C+4HNO_3=3CO_2\uparrow+4NO\uparrow+2H_2O$$

$$3P+5HNO_3+2H_2O=3H_3PO_4+5NO\uparrow$$

$$S+2HNO_3=H_2SO_4+2NO\uparrow$$

$$3I_2+10HNO_3=6HIO_3+10NO\uparrow+2H_2O$$

除了少数金属（如金、铂、铱、铑、钌、钛、铌、钽等）外，硝酸几乎可氧化所有金属。大多数金属和硝酸反应，生成可溶性的硝酸盐。铁、铝等金属可与稀硝酸反应，但与冷的浓硝酸不反应。这是因为这类金属表面被浓硝酸氧化形成薄而致密的氧化物保护膜（钝化），阻止金属内部与硝酸继续作用。锡、钼、钨等与硝酸反应，生成不溶于酸的氧化物。

硝酸作氧化剂被还原时，产物主要有 NO_2、HNO_2、NO、N_2O、N_2、NH_4NO_3 等，根据

氮的标准电极电势，可以判断产物是上述哪种物质。但实际上，反应的实际情况往往还和动力学因素密切相关。通常生成多种物质的混合物。

硝酸与金属反应，其还原产物主要取决于硝酸的浓度、金属的活泼性和反应的温度。不活泼的金属(如 Cu、Ag、Hg 和 Bi 等)与浓硝酸反应主要生成 NO_2；与稀硝酸($6\ mol \cdot dm^{-3}$)反应主要生成 NO。活泼金属与稀硝酸反应，可得到 N_2O；极稀的硝酸和活泼金属(如 Fe、Zn、Mg 等)反应，可得到 NH_4^+。例如，

$$Cu+4HNO_3 \xrightarrow{(浓)} Cu(NO_3)_2+2NO_2\uparrow+2H_2O$$

$$3Cu+8HNO_3 \xrightarrow{(稀)} 3Cu(NO_3)_2+2NO\uparrow+4H_2O$$

$$4Zn+10HNO_3 \xrightarrow{(稀)} 4Zn(NO_3)_2+N_2O\uparrow+5H_2O$$

$$4Zn+10HNO_3 \xrightarrow{(很稀)} 4Zn(NO_3)_2+NH_4NO_3+3H_2O$$

由上述反应可以看出，与同种金属反应，硝酸越稀，被还原程度越大；HNO_3 浓度相同，金属越活泼，被还原程度越大。

不能与硝酸作用的 Au、Pt 等贵金属可用浓硝酸和浓盐酸形成的王水(体积比为 1∶3)溶解，这是因为金属离子能与氯离子形成稳定的配离子，如 $[AuCl_4]^-$、$[PtCl_6]^{2-}$ 等，使 Au 和 Pt 的电极电势减小，增强了金属的还原性，因此在浓硝酸氧化下溶解。

$$Au+HNO_3+4HCl = H[AuCl_4]+NO\uparrow+2H_2O$$

$$3Pt+4HNO_3+18HCl = 3H_2[PtCl_6]+4NO\uparrow+8H_2O$$

硝酸与金属或金属氧化物作用可制得相应的硝酸盐。在 NO_3^- 中，氮原子仍采取 sp^2 杂化，除与 3 个氧原子形成 3 个 σ 键外，还与 3 个氧原子形成一个垂直于 3 个 σ 键所在平面的大 π 键，形成该大 π 键的电子除了由氮原子及三个氧原子提供外，还有决定硝酸根离子电荷的那个外来电子，共同组成一个四中心六电子大 π 键 (π_4^6)。

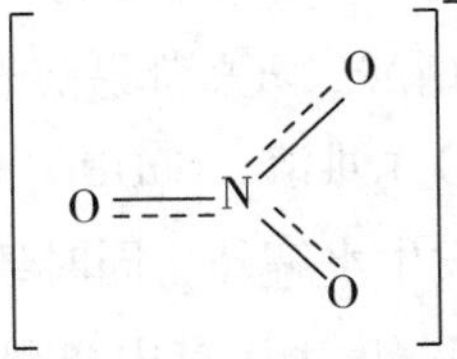

大多数硝酸盐都是无色的。几乎所有的硝酸盐都易溶于水且容易结晶，只有硝酸脲微溶于水，碱式硝酸铋难溶于水。硝酸盐在高温或酸性水溶液中是强氧化剂，但在碱性或中性的水溶液中几乎没有氧化作用。

固体硝酸盐在常温下比较稳定，但在高温时，都会分解放出 O_2 而显氧化性。硝酸盐热分解的产物决定于盐中阳离子的极化作用。金属活泼性比 Mg 强的碱金属和碱土金属的硝酸盐热分解放出 O_2 并生成相应的亚硝酸盐。活泼性在 Mg 和 Cu 之间的金属硝酸盐热分解时生成相应的氧化物、NO_2 和 O_2。活泼性比 Cu 弱的金属硝酸盐分解为金属单质、NO_2 和 O_2。

$$2NaNO_3 = 2NaNO_2+O_2\uparrow$$

$$2Pb(NO_3)_2 \xrightarrow{\triangle} 2PbO+4NO_2\uparrow+O_2\uparrow$$

$$2AgNO_3 \xrightarrow{\triangle} 2Ag+2NO_2\uparrow+O_2\uparrow$$

硝酸盐中最重要的是硝酸钾、硝酸钠、硝酸铵、硝酸钙等。硝酸铵大量用作肥料。由于硝酸盐在高温时容易放出氧，因此是固体高温氧化剂。根据这种性质，硝酸盐可用来制造烟火及黑火药。

10.3.3.2 磷的含氧酸和含氧酸盐

磷能生成氧化值为+1、+3和+5的各种含氧酸，其中以P(V)的含氧酸(盐)最为重要。

(1) 磷酸及磷酸盐

H_3PO_4 是由一个单一的磷氧四面体构成，磷氧四面体是一切P(V)含氧酸（盐）的基本结构单元。P—O键可以成双键，由一个 σ 键和两个 p-dπ 键构成。

纯净的磷酸为无色晶体，熔点315 K。市售磷酸是黏稠的浓溶液，质量分数约为85%。磷酸是一种无氧化性的不挥发的三元中强酸，解离常数 $K_{a1}^{\ominus}=7.11\times10^{-3}$，$K_{a2}^{\ominus}=6.34\times10^{-8}$，$K_{a3}^{\ominus}=4.79\times10^{-13}$。

实验室中用硝酸氧化白磷制备磷酸：

$$3P_4+20HNO_3+8H_2O=12H_3PO_4+20NO\uparrow$$

工业品磷酸通过硫酸和磷酸钙反应制备：

$$Ca_3(PO_4)_2+3H_2SO_4=3CaSO_4+2H_3PO_4$$

大量的不纯磷酸用作制造肥料。在钢铁工业上常用于处理钢铁，使它们的表面生成难溶磷酸盐薄膜以保护金属免受腐蚀。工业上也常用磷酸和硝酸的混合酸作为化学抛光剂，经过这种酸处理的金属表面光洁。

磷酸盐可以分为简单磷酸盐和复杂磷酸盐。简单磷酸盐是指磷酸的各种盐，包括磷酸盐 M_3PO_4、磷酸氢盐 M_2HPO_4 和磷酸二氢盐 MH_2PO_4（M 为一价金属离子）。在这些盐中磷酸根是以磷氧四面体的形式存在的。所有的磷酸二氢盐都易溶于水，而磷酸氢盐和磷酸盐除 Na^+、K^+、NH_4^+ 外，一般不溶于水。如 $Ca_3(PO_4)_2$ 难溶，$CaHPO_4$ 微溶，$Ca(H_2PO_4)_2$ 易溶。

HPO_4^{2-} 和 $H_2PO_4^-$ 在水溶液中除能发生水解外，同时还发生解离，其水溶液的酸碱性则由水解和电离共同决定。HPO_4^{2-} 的水解程度大于其电离程度，故 HPO_4^{2-} 水溶液一般呈弱碱性；$H_2PO_4^-$ 的水解程度小于其电离程度，故 $H_2PO_4^-$ 水溶液一般呈弱酸性。

磷酸二氢钙溶于水，能为植物所吸收，是重要的磷肥。工业上用适量硫酸处理天然磷酸钙生产磷肥。

$$Ca_3(PO_4)_2+2H_2SO_4+4H_2O=2CaSO_4\cdot2H_2O+Ca(H_2PO_4)_2$$

生成的磷酸二氢钙和硫酸钙的混合物能直接用作肥料，称过磷酸钙或普钙。

在含有硝酸的水溶液中，将 PO_4^{3-} 与过量的钼酸铵 $(NH_4)_2MoO_4$ 混合、加热，可慢慢析出黄色的磷钼酸铵($(NH_4)_3PO_4\cdot12MoO_3\cdot6H_2O$) 沉淀。

$$PO_4^{3-}+12MoO_4^{2-}+24H^++3NH_4^+=(NH_4)_3PO_4\cdot12MoO_3\cdot6H_2O\downarrow+6H_2O$$

此反应可用于鉴定 PO_4^{3-}。

磷酸盐是几乎所有食物的天然成分之一，作为重要的食品配料和功能添加剂被广泛用于食品加工中。对一切生物来说，磷酸盐在所有能量传递过程，如新陈代谢、光合作用、神经功能和肌肉活动中都起着重要作用。

(2) 亚磷酸和亚磷酸盐

纯的亚磷酸是一种无色固体，熔点 346 K。在水中有很高的溶解度，在 293 K 时每 100 g 水溶解 82 g 亚磷酸。亚磷酸是个二元酸，解离常数 $K_{a1}^{\ominus}=1.6\times10^{-2}$，$K_{a2}^{\ominus}=7.0\times10^{-7}$。

纯的亚磷酸或它的浓溶液被强热时，发生如下的歧化反应：

$$4H_3PO_3 \xlongequal{\Delta} 3H_3PO_4+PH_3$$

亚磷酸和亚磷酸盐(NaH_2PO_3 和 Na_2HPO_3)在溶液中都是强还原剂：

酸性溶液中　$H_3PO_4+2H^++2e^-=H_3PO_3+H_2O$　　$E^{\ominus}=-0.276$ V

碱性溶液中　$PO_4^{3-}+2H_2O+2e^-=HPO_3^{2-}+3OH^-$　　$E^{\ominus}=-1.12$ V

亚磷酸易将 Ag^+离子还原成金属银，也能将热浓硫酸还原成二氧化硫。

(3) 次磷酸和次磷酸盐

次磷酸是一种无色晶状固体，熔点 300 K，易潮解。次磷酸是一个中强一元酸，电离常数 $K_a^{\ominus}=1.0\times10^{-2}$。

$$H_3PO_2 \rightleftharpoons H^++H_2PO_2^-$$

次磷酸和次磷酸盐也都是强还原剂，有关的标准电极电势如下：

酸性溶液中　$H_3PO_3+2H^++2e^-=H_3PO_2+H_2O$　　$E^{\ominus}=-0.50$ V

碱性溶液中　$HPO_3^{2-}+2H_2O+2e^-=H_2PO_2^-+3OH^-$　　$E^{\ominus}=-1.57$ V

卤素单质、重金属盐（如硝酸银、氯化汞、氯化铜、氯化镍等）都能在溶液中被次磷酸或次磷酸盐还原。因此次磷酸盐常用于化学镀，将金属镍从溶液中还原出来沉积到镀件的表面上进行化学镀镍。次磷酸钠在纺织中常用作棉织物抗皱整理催化剂。

次磷酸盐一般易溶于水，其中碱土金属的次磷酸盐水溶性较小。次磷酸盐也是有毒性的，但毒性低于磷化氢和白磷。

10.4　碳族非金属元素

碳族元素是周期表中第ⅣA 族元素，包括碳(C)、硅(Si)、锗(Ge)、锡(Sn)、铅(Pb)和𫓧(Fl)六种元素。在自然界中：碳既可以游离态存在，也可以化合态存在，是动植物体的重要组成元素；硅主要以氧化物和含氧酸盐形式存在，它在地壳中的含量仅次于氧，居第二位；锗、锡、铅以化合态存在。

碳族元素从上到下原子半径逐渐增大，非金属性逐渐减弱，金属性逐渐增强。碳和硅是非金属元素，锗是准金属元素，锡和铅是金属元素。碳族元素的基本性质列于表 10.8。

表 10.8 碳族元素的性质

元素	碳 C	硅 Si	锗 Ge	锡 Sn	铅 Pb
原子序数	6	14	32	50	82
价层电子构型	$2s^2 2p^2$	$3s^2 3p^2$	$4s^2 4p^2$	$5s^2 5p^2$	$6s^2 6p^2$
共价半径/pm	77	117	124	142	175
离子(+4)半径/pm	16	42	53	71	84
第一电离能/($kJ \cdot mol^{-1}$)	1086.4	786.5	762.2	708.6	715.5
电子亲合能/ ($kJ \cdot mol^{-1}$)	122	133	119	107	35
电负性	2.5	1.8	1.8	1.8	1.9
$E^{\ominus}(X^{2+}/X^0)/V$	–	–	–	−0.141	−0.127
$E^{\ominus}(X^{4+}/X^{2+})/V$	–	–	–	0.154	1.458
主要氧化值	−4，0，+2，+4	0，+4	0，+2，+4	0，+2，+4	0，+2，+4

碳族元素原子的价层电子构型为 ns^2np^2，能形成最高氧化值为+4 的化合物。形成共价化合物是本族元素的主要特征。受 ns^2 惰性电子对效应的影响，本族元素自上而下+4 氧化值化合物的稳定性逐渐降低，而+2 氧化值化合物的稳定性逐渐增强。碳、硅主要形成+4 氧化值的化合物，它们的+2 氧化值化合物都不稳定。

10.4.1 单质

10.4.1.1 单质碳

碳有三种同素异形体，即金刚石、石墨和碳原子簇（C_{60}）。金刚石是典型的原子晶体。在金刚石晶体中，每个碳原子都以 sp^3 杂化轨道按四面体的 4 个顶点的方向与相邻的 4 个碳原子形成共价单键，从而形成三维骨架。由于金刚石晶体中 C—C 键很强，因此金刚石是熔点最高的非金属单质，也是硬度最大的物质（摩氏硬度为 10）。金刚石晶体中没有自由电子，所以不导电。

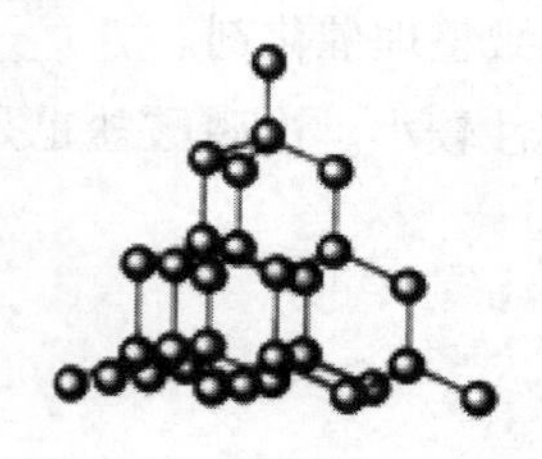
金刚石

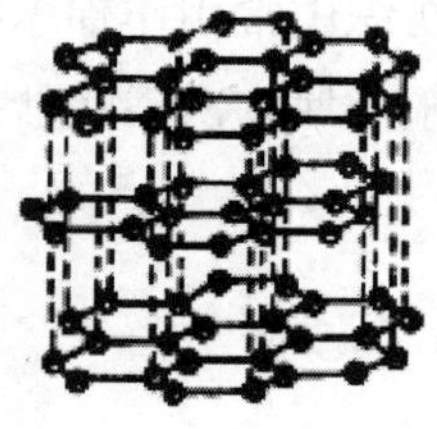
石墨

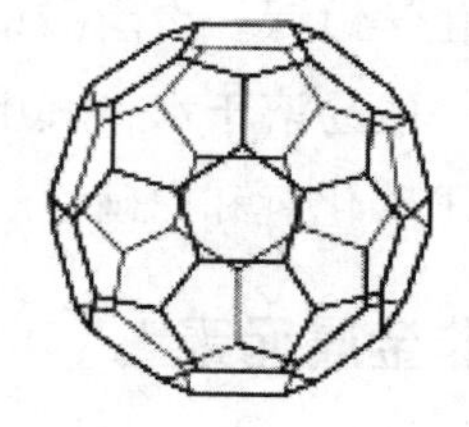
C_{60}

石墨是典型的层状晶体。在石墨中，每个碳原子都以 sp^2 杂化轨道按平面三角形 3 个顶点的方向与相邻的 3 个碳原子形成共价单键，从而构成由无数个正六边形组成的平面层。每个碳原子中未参与 sp^2 杂化的 $2p_z$ 轨道中的 1 个未成对电子通过 p_z 轨道相互重叠，形成遍及整个平面层的大 π 键。由于大 π 键的离域性，电子能沿每一平面层方向移动，使石墨具有良好的导电性、导热性，并具有光泽。石墨晶体层与层之间距离较远，相互作用力与分子间力相当，在外力作用下容易滑动，所以石墨是很好的固体润滑剂。石墨可用于制造电极、润滑剂、铅笔芯、原子反应堆中的中子减速剂等，也可以用作坩埚以及合成金刚石的原料。

在 C_{60} 分子中，每个碳原子参与形成两个六元环和一个五元环，键角∠CCC 为 116°，每个 C 周围的三条 σ 键的键角之和为 348°。60 个碳原子组成 12 个五元环和 20 个六元环，构成了一个酷似足球的球面，故 C_{60} 也称为足球烯或富勒烯。当碱金属原子嵌入 C_{60} 分子的空隙后，不导电的 C_{60} 与碱金属形成的系列化合物（如 K_3C_{60}）可作为超导体，具有很高的超导临界温度。

10.4.1.2 单质硅

由于硅易与氧结合，自然界中未发现单质硅的存在。晶体硅的结构与金刚石类似。

常温下，硅很不活泼，不能与氟以外的非金属反应。但在高温下硅能与氯、溴、碘、氧、硫、磷、碳等非金属发生反应。

在常温下，单质硅不能与水和酸作用，但可以和强碱溶液作用放出氢气：

$$Si+4OH^- = SiO_4^{4-}+2H_2\uparrow$$

在加热或有氧化剂存在的条件下，硅可以与氢氟酸反应：

$$3Si+18HF+4HNO_3 = 3H_2SiF_6+4NO\uparrow+8H_2O$$

10.4.2 氧化物

10.4.2.1 碳的氧化物

碳元素的原子价层电子构型为 $2s^22p^2$。碳+2 氧化值化合物不稳定，主要形成氧化值为+4 的化合物，碳也可形成氧化值为−4 的化合物（如 CH_4）。碳的氧化物主要有 CO 和 CO_2。

CO 是无色、无臭、有毒的气体。空气中 CO 的体积分数为 0.1%时，CO 会与血液中携带 O_2 的血红蛋白结合，破坏血液的输送 O_2 功能，使人的心、肺和脑组织受到严重损伤，甚至死亡。

CO 分子和 N_2 分子各有 10 个价电子，是等电子体，具有 1 个 σ 键和 2 个 π 键组成的三重键。但是与 N_2 分子不同的是，CO 分子中的 π 键为配键，这对电子来自氧原子。

CO 作为一种配体，能与一些有空轨道的金属原子或离子形成配合物。例如，同 ⅥB、ⅦB 和Ⅷ族的过渡金属形成羰基配合物，如 $Fe(CO)_5$、$Ni(CO)_4$ 和 $Cr(CO)_6$ 等。

实验室可以用浓硫酸从 HCOOH 中脱水制备少量的 CO。碳在氧气不充分的条件下燃烧生成 CO。工业上 CO 的主要来源是水煤气。

CO_2 是无色、无臭的气体，不助燃，易液化。在低温冷却下，CO_2 凝结为白色雪状固体，压紧成像冰一样洁白的固体（不透明），故称干冰。干冰常用作制冷剂（冷冻温度可达−203 K）。

在 CO_2 分子中，碳原子与氧原子生成 4 个键，2 个 σ 键和 2 个 π 键。CO_2 中的碳氧键（键长 116 pm）处于双键 C═O（键长 122 pm）和三键 C≡O（键长 110 pm）之间。但通常仍用 O═C═O 表示 CO_2 分子。

由于 CO_2 不助燃，可用作灭火剂。但燃着的金属镁可与 CO_2 反应，因此镁燃烧时不能用 CO_2 灭火。

$$2Mg+CO_2=2MgO+C$$

CO_2 是酸性氧化物，与碱反应生成碳酸盐。将 CO_2 通入澄清的石灰水中，会产生浑浊。

$$CO_2+Ca(OH)_2=CaCO_3\downarrow+H_2O$$

这一反应可以用来检验 CO_2 气体。

工业上大量的 CO_2 用于生产 Na_2CO_3、$NaHCO_3$、NH_4HCO_3 和尿素等化工产品，也常用作低温冷冻剂，还广泛用于啤酒、饮料等生产中。

10.4.2.2 二氧化硅

二氧化硅 SiO_2 又称硅石，是由 Si 和 O 组成的巨型分子，有晶体和无定形两种形态。石英晶体是结晶的二氧化硅，具有不同的晶型和色彩。SiO_2 晶体中，硅原子的 4 个价电子与 4 个氧原子形成 4 个共价键，硅原子位于正四面体的中心，4 个氧原子位于正四面体的 4 个顶角上，SiO_2 是表示组成的最简式，仅是表示二氧化硅晶体中硅和氧的原子个数之比。

SiO_2 与 CO_2 的化学组成相似，但结构和物理性质迥然不同。CO_2 是分子晶体，SiO_2 是原子晶体。每个硅原子位于 4 个氧原子的中心，并分别与氧原子以单键相连，氧原子又分别与其他的硅原子相连，由此形成立体的硅氧网格晶体。因此 SiO_2 与干冰不同，它的熔点、沸点都很高。

石英在 1 873 K 时熔化成黏稠液体，其内部结构变为不规则状态，若急剧冷却，形成石英玻璃。石英玻璃具有许多特殊性能，如加热至 1 673 K 时也不软化，热膨胀系数小，可透过可见光和紫外光，因而可用于制造高级化学器皿、光学仪器和光导纤维。

二氧化硅与一般酸不起反应，但能与氢氟酸反应。

$$SiO_2+4HF=SiF_4\uparrow+2H_2O$$

二氧化硅是酸性氧化物，能与热的浓碱溶液反应生成硅酸盐，反应较快。SiO_2 与熔融的碱反应更快。

$$SiO_2+2NaOH=Na_2SiO_3+H_2O$$

SiO_2 也可以与某些碱性氧化物或者某些含氧酸盐反应生成相应的硅酸盐。

$$SiO_2+Na_2CO_3=Na_2SiO_3+CO_2\uparrow$$

10.4.3 含氧酸及含氧酸盐

10.4.3.1 碳酸及其盐

二氧化碳溶于水形成碳酸。实际上大部分 CO_2 是以水合分子($CO_2\cdot H_2O$)的形式存在的，只有约 1/600 CO_2 分子转化为 H_2CO_3。碳酸不稳定，只存在于水溶液中，浓度很小，若浓度增大就分解出 CO_2。至今尚未制得纯碳酸。碳酸是二元弱酸，解离常数 $K_{a1}^{\ominus}=4.45\times10^{-7}$，$K_{a2}^{\ominus}=4.69\times10^{-11}$。

碳酸能形成正盐（碳酸盐）和酸式碳酸盐（碳酸氢盐）两种类型的盐。除铵和碱金属（锂除外）的碳酸盐外，多数碳酸盐难溶于水；大多数酸式碳酸盐易溶于水。对难溶碳酸盐来说，其相应的酸式盐比正盐的溶解度大，例如 $Ca(HCO_3)_2$ 易溶，$CaCO_3$ 难溶。

对易溶的碳酸盐来说，它们相应的酸式碳酸盐的溶解度却相对较小。如当向浓碳酸钠溶液中通入 CO_2 至饱和时，可析出碳酸氢钠。

$$2Na^+ + CO_3^{2-} + CO_2 + H_2O = 2NaHCO_3$$

由于碳酸盐的水解性，碱金属的碳酸盐（例如 Na_2CO_3）水溶液呈碱性，碳酸氢盐（例如 $NaHCO_3$）水溶液显微碱性，因此常把碳酸盐当碱使用。例如无水碳酸钠（俗称纯碱）和十水碳酸钠（$Na_2CO_3 \cdot 10H_2O$，俗称洗涤碱）都是常用的廉价碱。

在实际工作中，可溶性碳酸盐既可作为碱又可作为沉淀剂，用于分离溶液中某些金属离子。由于金属碳酸盐和氢氧化物的溶解度不同，Na_2CO_3 等可溶性碳酸盐与金属离子溶液反应，可能生成正盐、碱式盐或氢氧化物。由于 Fe^{3+}、Al^{3+}、Cr^{3+} 等金属氢氧化物的溶解度小于相应的碳酸盐，该类金属离子与碳酸盐反应生成氢氧化物沉淀。

$$2Fe^{3+} + 3CO_3^{2-} + 3H_2O = 2Fe(OH)_3 \downarrow + 3CO_2 \uparrow$$

$$2Al^{3+} + 3CO_3^{2-} + 3H_2O = 2Al(OH)_3 \downarrow + 3CO_2 \uparrow$$

Cu^{2+}、Mg^{2+}、Pb^{2+}、Fe^{2+}、Zn^{2+}、Co^{2+}、Ni^{2+} 等金属的氢氧化物与其碳酸盐（正盐）溶解度相差不大，则生成碱式碳酸盐沉淀。

$$2Cu^{2+} + 2CO_3^{2-} + H_2O = Cu_2(OH)_2CO_3 \downarrow + CO_2 \uparrow$$

Ca^{2+}、Sr^{2+}、Ba^{2+}、Ag^+、Cd^{2+}、Mn^{2+} 等金属的氢氧化物的溶解度大于相应的碳酸盐，则生成碳酸盐沉淀。

$$Ba^{2+} + CO_3^{2-} = BaCO_3 \downarrow$$

不同的碳酸盐分解温度相差很大。金属离子的极化能力越强，相应碳酸盐的热稳定性越差。一般来说，碳酸盐热稳定性的顺序是：碱金属盐>碱土金属盐>过渡金属盐>铵盐。

碳酸、碳酸氢盐和碳酸（正）盐的热稳定性顺序为：碳酸盐>碳酸氢盐>碳酸。

$$Na_2CO_3 \xrightarrow{2\ 073\ K} Na_2O + CO_2 \uparrow$$

$$2NaHCO_3 \xrightarrow{423\ K} Na_2CO_3 + CO_2 + H_2O \uparrow$$

$$H_2CO_3 = CO_2 \uparrow + H_2O \text{（室温）}$$

10.4.3.2 硅酸及硅酸盐

硅酸是 SiO_2 的水合物。硅酸的形式很多，其组成随形成时的条件而异，常以通式 $xSiO_2 \cdot yH_2O$ 来表示，其中 x 和 y 是整数。已知在一定条件下能稳定存在的有偏硅酸 H_2SiO_3（$x=1$，$y=1$）、正硅酸 H_4SiO_4（$x=1$，$y=2$）、二偏硅酸 $H_2Si_2O_5$（$x=2$，$y=1$）和焦硅酸 $H_6Si_2O_7$（$x=2$，$y=3$）。

硅酸是比 H_2CO_3 还弱的酸（$K_{a1}^{\ominus} = 2.51 \times 10^{-10}$，$K_{a2}^{\ominus} = 1.58 \times 10^{-12}$），在水中的溶解度不大。因 SiO_2 不溶于水，所以硅酸不能由 SiO_2 和 H_2O 作用制得。实验室中用可溶性硅酸盐与酸反应制备硅酸。

$$SiO_4^{4-} + 4H^+ = H_4SiO_4$$

将硅酸在 333~343 K 烘干，573 K 活化，即可得到白色透明的多孔固体——硅胶。硅胶有很好的吸水性，可做干燥剂，也可做某些气体的吸附剂以及催化剂的载体等。

二氧化硅与不同比例的碱性氧化物共熔，可得到一些组成确定的硅酸盐，其中最简单

的是偏硅酸盐和正硅酸盐。如碱金属的硅酸盐

$$SiO_2+M_2O=M_2SiO_3$$

$$SiO_2+2M_2O=M_4SiO_4$$

所有硅酸盐中，仅碱金属的硅酸盐可溶于水，重金属的硅酸盐难溶于水，并且具有特征的颜色。例如，$CuSiO_3$ 为蓝绿色，$CoSiO_3$ 为紫色，$NiSiO_3$ 为翠绿色。

Na_2SiO_3 是颇有使用价值的硅酸盐。工业上制备时将石英砂与纯碱按一定比例（Na_2CO_3 和 SiO_3 为 1∶3.3）混合、加热熔融即得玻璃状的硅酸钠熔体，它能溶于水，其水溶液俗称水玻璃，工业上称为泡花碱。水玻璃的用途非常广泛，为纺织、造纸、制皂、铸造等工业的重要原料，此外，还可作清洁剂、黏合剂、胶合剂、耐熔抗酸胶结及密封胶等的材料。

玻璃、陶瓷、水泥等都含有硅酸盐。普通玻璃是用 Na_2CO_3、石灰石和 SiO_2 共熔得到的，大致组成为 $Na_2SiO_3 \cdot CaSiO_3 \cdot 4SiO_2$。陶瓷是用适当的黏土矿物配料成型，经高温煅烧制得。水泥使用石灰石和黏土在 1 673 K 左右煅烧而成，是铝酸钙和硅酸钙的混合物。

天然沸石是铝原子部分取代硅原子的铝硅酸盐，具有多孔结构，脱水后可用做干燥剂。人工合成的铝硅酸盐具有直径均一和比表面积很大的孔穴，具有很强的吸附能力，能让气体或液体混合物中比孔穴小的分子进入，将比孔穴大的分子留在外面，能够起到“筛分”分子的作用，故称为分子筛。分子筛有较高的机械强度和热稳定性，常用于干燥气体、溶剂和作催化剂，在化工、冶金、石油、医药等部门中有广泛的应用。

10.5 硼

硼族元素是周期表中第ⅢA 族元素，包括硼(B)、铝(Al)、镓(Ga)、铟(In)、铊(Tl)和鉨（Nh）六种元素。硼的丰度不大，在地壳中总是与其他元素化合伴生，不能单独形成矿物。铝在地壳中的含量仅次于氧和硅，其丰度居第三位，在金属元素中居首位。镓、铟、铊属于分散的稀有元素。硼族元素从上往下原子半径逐渐增大，元素的非金属性逐渐减弱，金属性逐渐增强。硼是非金属元素，其他都是金属元素。

单质硼有无定形硼和晶体硼。硼单质的多种变体都以 B_{12} 正二十面体为基本结构单元形成的原子晶体，其中每个单元有 12 个硼原子，每个硼原子与另外 5 个硼原子相连，最常见的为 α-菱形硼。硼单质熔、沸点高，硬度仅次于金刚石。

10.5.1 硼烷

硼可以与氢形成一系列的共价型氢化物，这类氢化物的物理性质与烷烃相似，所以硼的氢化物也称为硼烷。现已合成出 20 多种硼烷，可分为少氢型硼烷 B_nH_{n+4} 和多氢型硼烷 B_nH_{n+6}，最简单和稳定的是乙硼烷 B_2H_6，而不是 BH_3。

在常温下，B_2H_6、B_4H_{10} 为气体，B_5H_9、B_6H_{10} 为液体，$B_{10}H_{14}$ 及其他高硼烷为固体。随着原子数目的增加和相对分子质量的增大，分子变形性增大，熔点、沸点升高。

乙硼烷是一种还原性极强的物质，在空气中可以自燃，燃烧时生成三氧化二硼和水，能够放出比等物质的量的烷烃更多的热量。

$$B_2H_6(g)+3O_2(g)=B_2O_3(s)+3H_2O(g) \qquad \Delta_r H_m^{\ominus}=-2\ 033.79\ kJ \cdot mol^{-1}$$

硼烷极易水解，产生氢气和大量的热：

$$B_2H_6(g)+6H_2O=2H_3BO_3(aq)+6H_2\uparrow \qquad \Delta_rH_m^{\ominus}=-465\ kJ\cdot mol^{-1}$$

NH_3、CO、H_2O 等具有孤电子对的分子能与硼烷发生加合作用。例如：

$$B_2H_6+2CO \xrightarrow{555\ K,2\ MPa} 2[H_3B\leftarrow CO]$$

乙硼烷在有机合成中有重要作用，如乙硼烷与不饱和烃可生成烃基硼烷（即硼氢化反应），烃基硼烷是有机合成的重要中间体；乙硼烷还可使单质硼均匀地涂覆在金属表面，增加金属抗腐蚀和抗磨损能力。

乙硼烷是剧毒气体，在空气中的最高允许浓度比人们熟知的有毒气体 HCN 和光气 $COCl_2$ 的最高允许浓度还低。制取和使用乙硼烷时一定要先查询 MSDS，注意操作安全。

10.5.2 硼酸

硼的含氧酸包括偏硼酸、正硼酸和多硼酸($xB_2O_3\cdot yH_2O$) 等。将纯硼砂($Na_2B_4O_7\cdot 10H_2O$)溶于沸水中并加入盐酸，放置后可析出硼酸。

$$Na_2B_4O_7+2HCl+5H_2O=4H_3BO_3+2NaCl$$

硼酸的晶体结构单位为 $B(OH)_3$，B 原子以 sp^2 杂化轨道分别同 3 个 O 原子结合形成平面三角形结构，每个 O 原子在晶体内又通过氢键形成接近六角形的层状结构，层与层之间借助范德华力联系在一起。因此，各片层之间容易滑动，硼酸可用作润滑剂。

硼酸微溶于冷水，随着温度的升高，硼酸中的部分氢键断裂，故在热水中的溶解度明显增大。硼酸是一元弱酸($K_a^{\ominus}=5.8\times10^{-10}$)。由于硼酸中的硼原子是缺电子原子，价层具有空轨道，能接受水解离出的具有孤电子对的 OH^-，以配位键的形式生成$[B(OH)_4]^-$：

$$H_3BO_3+H_2O=[B(OH)_4]^-+H^+$$

硼酸大量用于搪瓷和玻璃工业。还用于消毒、杀虫、防腐，在核电站中控制铀核分裂的速度，以及制取其他硼化合物。

10.5.3 四硼酸钠

最重要的硼酸盐是四硼酸钠，俗称硼砂。硼砂的化学式为 $Na_2B_4O_5(OH)_4\cdot 8H_2O$，但习惯上常把它的化学式写成 $Na_2B_4O_7\cdot 10H_2O$。硼砂晶体的主要结构单元是 $[B_4O_5(OH)_4]^{2-}$，是由两个 BO_3 原子团和两个 BO_4 原子团通过共用角上氧原子联结而成。

硼砂是无色透明的晶体，在空气中易风化失水。加热至 623~673 K 时，脱去全部结晶水成为无水盐 $Na_2B_4O_7$；在 1 151 K 时熔化成玻璃态。熔化的硼砂可以溶解铁、钴、镍、锰等金属氧化物，形成偏硼酸的复盐。不同金属的偏硼酸复盐显现不同的特征颜色。例如：

$$Na_2B_4O_7+CoO=Co(BO_2)_2\cdot 2NaBO_2 \qquad （蓝色）$$

利用这类反应可以鉴定某些金属离子或焊接金属时除锈，称为硼砂珠实验。

硼砂在水中的溶解度很大，且随温度的升高而增加。在水溶液中易水解，硼砂溶于水时，$B_4O_5(OH)_4^{2-}$ 水解生成等物质量的 H_3BO_3 和 $B(OH)_4^-$：

$$B_4O_5(OH)_4^{2-}+5H_2O=2H_3BO_3+2B(OH)_4^-$$

在实验室中常用硼砂作为标定酸浓度的基准物质及配制缓冲溶液的试剂，293 K 时 pH

为 9.24。

硼砂是一种用途广泛的化工原料，主要用于玻璃和搪瓷行业，还用作清洁剂、化妆品、杀虫剂以及制取其他硼化合物等。

10.5.4 氮化硼

氮化硼 BN 是一类重要的Ⅲ－Ⅴ族带有离子性的共价化合物。BN 共有 12 个电子，与两个碳原子的核外电子数相等，属于等电子体。

工业上用三氧化二硼或者硼酸盐与含氮化合物进行反应(1 073~1 473 K)制备氮化硼。实验室中可利用卤化硼和氨反应制取少量纯度高的氮化硼。

氮、硼原子采取不同杂化方式互相作用，可形成不同结构的 BN 晶体。以 sp^2 杂化方式形成六方氮化硼(hBN,类似石墨)和菱面体氮化硼(rBN)；以 sp^3 杂化方式形成立方氮化硼(cBN,类似金刚石)和纤锌矿氮化硼(wBN)。不同相结构的 BN 在一定的条件下可以相互转化。

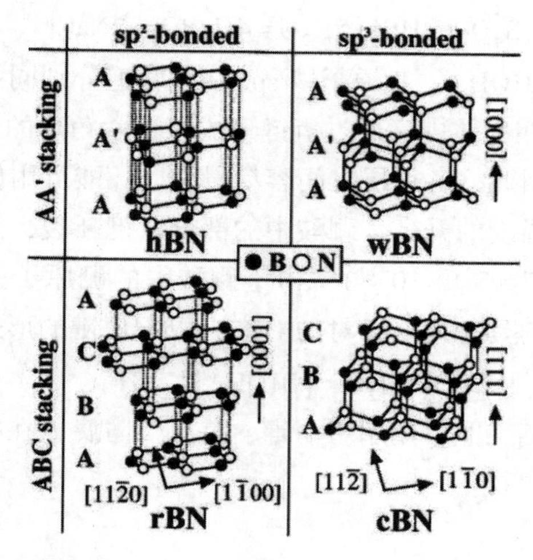

六方氮化硼 hBN（又称白石墨）具有良好的绝缘性、导热性和化学稳定性；在高温时也具有良好的润滑性，是一种优良的耐高温润滑剂。立方晶系氮化硼 cBN 具有比金刚石还强的硬度，可作超硬材料。它还是一种十分重要的优异的半导体材料，在高温高功率宽带器件微电子学领域光学窗口及紫外发光二极管等方面有重要的应用。

10.6 氢

氢(H)在元素周期表中位于第一位，元素名来源于希腊文，原意是“水素”。氢是最轻的元素，也是宇宙中最丰富的元素，大约占据宇宙质量的 75%。氢在热核反应中所产生的能量是太阳和其他星球辐射能的主要来源。在地球上，氢的质量约占地壳质量的 1%，且几乎全部以化合态存在于水和有机物中。

氢有氕、氘、氚三种同位素。通常的单质形态是氢气，由双原子组成，为无色、无味的气体；在水中的溶解度为 21.4 cm^3/kg 水(273 K)，稍溶于有机溶剂。氢气的爆炸极限为 4.0%~74.2%（体积比）。

氢气是重要的化工原料。目前，全世界生产的氢气约有 2/3 用于合成氨工业。氢气也广泛用于生成盐酸和工业甲醇。在石油工业上，许多工艺过程，如加氢裂化、加氢脱硫、催化加氢等也需要大量氢气。氢气还用于金属冶炼、焊接。高速车辆、巴士、潜水艇和火箭等已经在不同程序地使用氢作为高能燃料，将氢反应所产生的化学能转换为机械能产生动力。使用氢为能源的最大好处是它跟空气中的氧反应，仅产生水蒸气排出，能够有效减少传统汽油车造成的空气污染问题。

氢(H)原子核外只有一个电子，该电子作为价电子直接受核的吸引而无其他电子屏蔽，从而使氢与同族的碱金属元素相比在成键特征和性质上有很大的差别。氢较易失去价电子成为 H^+离子（即质子）。H^+离子半径极小（约 0.0 015 pm），所以电场相当强，能使相邻的其他原子的电子云发生强烈的变形。因此 H^+离子在水溶液中不能单独存在，只能以水合氢离子的形式存在。氢原子也可以获得一个电子形成具有氦原子结构（$1s^2$）的 H^-，这是氢与活泼金属化合形成离子型氢化物晶体时的价键特征。

H—H 键的键能（$436\ kJ\cdot mol^{-1}$）比一般单键键能高很多，因此，常温下氢气的化学性质并不活泼，除能与氟快速反应并发生爆炸外，一般不与其他单质和化合物发生反应。在高温、光照或合适的催化剂存在下，氢气能与许多元素的单质和化合物发生还原反应：

$$H_2+Cl_2 \xrightarrow{光} 2HCl \qquad \Delta_r H_m^{\ominus}=-184.6\ kJ\cdot mol^{-1}$$

$$3H_2+N_2 \xrightarrow{高温高压} 2NH_3 \qquad \Delta_r H_m^{\ominus}=-91.8\ kJ\cdot mol^{-1}$$

在高温下氢气可将氧化物或卤化物还原为单质：

$$SiCl_4+2H_2 \xrightarrow{\triangle} Si+4HCl$$

$$WO_3+3H_2 \xrightarrow{\triangle} W+3H_2O$$

在室温下，氢气的还原能力不强，只有少数化合物可以被其还原。例如，将氢气通入氯化钯溶液可以沉淀出黑色的钯，这一反应可以用来检验氢气的存在。

$$PdCl_2+H_2=Pd\downarrow+2HCl$$

在高温下，氢气能与活泼金属反应生成离子型氢化物。例如，

$$H_2+2Na \xrightarrow{653\ K} 2NaH \qquad \Delta_r H_m^{\ominus}=-56.4\ kJ\cdot mol^{-1}$$

$$H_2+Ca \xrightarrow{523-573\ K} CaH_2 \qquad \Delta_r H_m^{\ominus}=-174.3\ kJ\cdot mol^{-1}$$

离子型氢化物具有很强的还原性，它能将水中的 H^+还原为 H_2，也能在高温下将金属氯化物或氧化物还原为金属：

$$NaH+H_2O=H_2\uparrow+NaOH$$

$$TiCl_4+4NaH=Ti+4NaCl+2H_2\uparrow$$

周期系各主族元素都能生成氢化物。ⅠA 和ⅡA 族元素（Be 和 Mg 除外）形成离子型氢化物，其固体是离子晶体。ⅡA 族中的 Be 和 Mg，以及ⅢA 族到ⅦA 族元素一般形成共价型氢化物，固体为分子晶体。

氢与过渡元素及镧系金属一般可形成金属型氢化物（也称过渡型氢化物）。金属型氢化物的形成与金属本性、温度以及氢气分压有关。该类氢化物的组成不符合正常化合价规

律。从组成上看，这类氢化物有的是整比化合物，如 TiH_2、FeH_2、CrH_2、NiH_2、CuH_2、ZnH_2 等，有的则是非整比化合物，如 $PdH_{0.8}$、$ZrH_{0.92}$ 等。金属型金属氢化物基本上保留着金属的外观特征，有金属光泽，具有导电性，且导电性随氢含量的增多而降低。过渡金属所吸收的氢在一定条件下又可释放出来，因而过渡金属可作为“贮氢材料”。

思考题与习题

1. 写出下列反应的方程式。

(1) 以食盐为基本原料制备 $NaClO$、$Ca(ClO)_2$、$KClO_3$、$HClO_4$。

(2) 以萤石(CaF_2)为基本原料制备 F_2。

(3) 以 KI 为基本原料制备 KIO_3。

(4) 氯水逐滴加入 KBr 溶液中。

(5) 氯气通入热的石灰乳中。

(6) 用 $HClO_3$ 处理 I_2。

(7) 氯酸钾在无催化剂存在时加热分解。

(8) 亚硝酸盐在酸性溶液中分别被 MnO_4^-、$Cr_2O_7^{2-}$ 氧化成硝酸盐。其中 MnO_4^-、$Cr_2O_7^{2-}$ 分别被还原为 Mn^{2+}、Cr^{3+}。

(9) 亚硝酸盐在酸性溶液中被 I^- 还原成 NO。

(10) 亚硝酸与氨水反应产生 N_2。

(11) 铵盐热分解：$(NH_4)_2CO_3$、$(NH_4)_2SO_4$、$(NH_4)_2Cr_2O_7$

(12) 硝酸盐热分解：KNO_3、$Cu(NO_3)_2$、$AgNO_3$

2. 将下列各组物质的有关性质按从小到大依次排列。

(1) 酸性：　① H_3PO_4　② H_3AsO_4　③ H_3AsO_3

(2) 氧化性：① HClO　② $HClO_3$　③ $HClO_4$

(3) 还原性：① H_2Se　② H_2S　③ H_2Te

3. 用化学反应方程式表示常用的制备 F_2、Cl_2、Br_2、HF、HCl、HBr、HI 的方法。

4. 某溶液中可能含有 Cl^-、S^{2-}、SO_3^{2-}、$S_2O_3^{2-}$、SO_4^{2-} 等离子，用下列实验证实哪些离子存在？哪些离子不存在？哪些离子不能确定？

(1) 向一份未知溶液中加入过量 $AgNO_3$ 溶液产生白色沉淀；

(2) 向另一份未知溶液中加入 $BaCl_2$ 溶液也产生白色沉淀；

(3) 取第三份未知液，用 H_2SO_4 酸化后加入溴水，溴水不褪色。

5. 氧的电负性仅次于氟，也是活泼性仅次于氟的元素。但为什么常温下活泼性较差，在大气中存在大量游离态的氧？

6. 试解释下列现象并写出有关反应方程式：

(1) 为什么不能用 HNO_3 同 FeS 作用以制备 H_2S？

(2) 为什么不能用湿法制备 Al_2S_3、Cr_2S_3？

（3）H_2S 气体通入 $MnSO_4$ 溶液中不产生 MnS 沉淀，若 $MnSO_4$ 溶液中含有一定量的氨水，通入 H_2S 气时，即有 MnS 沉淀产生。

（4）CuS 不溶于 HCl 而溶于 HNO_3。

7. 反应 $4\ NH_3(g)+5O_2(g) \xrightarrow{\triangle，催化剂} 4NO(g)+6H_2O(g)$ 是生产硝酸的重要反应。

（1）试通过热力学计算证明该反应在常温下可以自发进行。

（2）生产上一般选择反应温度在 1 073 K 左右，试分析原因。

8. 为什么一般情况下浓 HNO_3 被还原为 NO_2，而稀 HNO_3 被还原成 NO？这与它们氧化能力的强弱是否矛盾？试根据标准电极电势计算加以说明。

9. 要使氨气干燥，应将其通过下列哪种干燥剂？

（1）H_2SO_4　（2）$CaCl_2$　（3）P_4O_{10}　（4）NaOH(s)

10. 解释下列事实：

（1）NH_4HCO_3 俗称“气肥”，储存时要密封。

（2）用浓氨水可检查氯气管道是否漏气。

（3）使用 NH_4NO_3、NH_4HCO_3、$(NH_4)_2Cr_2O_7$ 无法制取 NH_3。

11. Na_2HPO_4 和 NaH_2PO_4 与 $AgNO_3$ 作用都生成黄色沉淀。用平衡移动的观点解释沉淀析出后溶液的酸碱性有何变化？写出相应的反应方程式。

12. 试从水解、解离平衡角度综合分析和 Na_3PO_4、Na_2HPO_4 和 NaH_2PO_4 水溶液的酸碱性。

13. 汽车废气中的 NO 和 CO 均为有害气体，为了减少这些气体对空气的污染，从热力学观点看下述反应可否利用？

$2CO+2NO=2CO_2(g)+N_2(g)$

14. 如何鉴定 NH_4^+、NO_3^- 和 PO_4^{3-}？写出其反应方程式。

15. 试解释以下现象。

（1）碳和硅属于同族元素，为什么乙烯（$CH_2{=}CH_2$）能存在，而硅乙烯（$SiH_2{=}SiH_2$）却不能存在？

（2）为什么 CCl_4 遇水不发生水解，而 $SiCl_4$ 却容易水解？

16. 除采用 NaOH 吸收 CO_2 外，还有哪些方法可以除去 CO 中的 CO_2 气体？

17. 试通过热力学分析说明下列反应要在高温下才能进行。

$SiO_2(s)+2C(s)=Si(s)+2CO(g)$

18. 试分析下列各对物质在溶液中能否共存？

物质	能否共存	物质	能否共存
$FeCl_3+Br_2$		$FeCl_3+KI$	
$KBr+KBrO_3$		$KI+KIO_3$	
$Sn^{2+}+Fe^{2+}$		$Sn^{2+}+Fe^{3+}$	
$SiO_3^{2-}+NH_4^+$		$Pb^{2+}+Fe^{2+}$	
$Pb^{2+}+[Pb(OH)_4]^{2-}$		$[SnCl_6]^{2-}+[Pb(OH)_4]^{2-}$	

19. 用化学方法区别下列各对物质。写出其反应方程式。

（1）Na_2S、Na_2S_2、Na_2SO_3、Na_2SO_4 和 $Na_2S_2O_3$

（2）NH_4Cl 和 $(NH_4)_2SO_4$

（3）KNO_2 和 KNO_3

（4）SnS 和 SnS_2

（5）$Pb(NO_3)_2$ 和 $Bi(NO_3)_3$

（6）$Sn(OH)_2$ 和 $Pb(OH)_2$

（7）$SnCl_2$ 和 $SbCl_4$

20. 分离下列各组离子，并使之恢复为原来的离子。

（1）Ba^{2+}、Al^{3+} 和 Fe^{3+}

（2）Mg^{2+}、Pb^{2+} 和 Zn^{2+}

（3）Pb^{2+}、Al^{3+} 和 Bi^{3+}

21. 有 9.43 g 的 NaCl、$CaCl_2$、KI 混合物，将其溶于水后，通入氯气使之反应。反应后将溶液蒸干，灼烧所得残留物重 6.22 g。再将残留物溶于水，加入足量 Na_2CO_3 溶液，所得沉淀经过滤、烘干后重 1.22 g。计算原混合物中各物质的质量。

22. 有一易溶于水的钠盐 A，加入浓 H_2SO_4 并微热，有气体 B 生成，将气体 B 通入酸化的 $KMnO_4$ 溶液则有气体 C 生成，再将气体 C 通入另一钠盐 D 溶液中得一红棕色物质 E，E 溶于碱其颜色立即褪去，当酸化溶液时红棕色又呈现。问 A、B、C、D 和 E 各为何物？写出各步反应的方程式。

23. 在经稀 HNO_3 酸化的化合物 A 溶液中加入 $AgNO_3$ 溶液，生成白色沉淀 B。B 能溶解于氨水得一溶液 C。C 中加入稀 HNO_3 时，B 重新析出。将 A 的水溶液以 H_2S 饱和，得一黄色沉淀 D。D 不溶于稀 HCl，但能溶于 KOH 和 $(NH_4)_2S_2$。D 溶于 $(NH_4)_2S_2$ 时得到溶液 E 和单质硫。酸化 E，析出黄色沉淀 F，并放出一腐臭气体 G。试标明各代号所示物质，并写出有关反应方程式。

24. 现有一白色固体 A，溶于水产生白色沉淀 B，B 可溶于浓 HCl。若将固体 A 溶于稀 HNO_3 中（不发生氧化还原反应），得无色溶液 C。将 $AgNO_3$ 溶液加入溶液 C，析出白色沉淀 D。D 溶于氨水得溶液 E，酸化溶液 E，又产生白色沉淀 D。将 H_2S 通入溶液 C，产生黄色沉淀 F。F 溶于 $(NH_4)_2S_2$ 形成溶液 G。酸化溶液 G，得一黄色沉淀 H。少量溶液 C 加入 $HgCl_2$ 溶液得白色沉淀 I，继续加入溶液 C，沉淀逐渐变为灰色，最后变成黑色沉淀 J。试确定各代号物质是什么？

25. 某白色固体 A 不溶于水，当加热时，猛烈地分解而产生一固体 B 和无色气体 C（此气体可使澄清的石灰水变浑浊）。固体 B 不溶于水，但溶解于 HNO_3 得一溶液 D。向 D 溶液中加 HCl 产生白色沉淀 E。E 易溶于热水，E 溶液与 H_2S 反应得一黑色沉淀 F 和滤出液 G。沉淀 F 溶解于 60% HNO_3 中产生一淡黄色沉淀 H、溶液 D 和一无色气体 I，气体 I 在空气中转变成红棕色。根据以上实验现象，判断各代号物质的名称，并写出有关的反应式。（A：$PbCO_3$；B：PbO；C：CO_2；D：$Pb(NO_3)_2$；E：$PbCl_2$；F：PbS；G：HCl；H：S；I：NO）

第 11 章　常见金属元素及其化合物

在迄今确认的 118 种化学元素中，除了 24 种非金属元素外，其余 94 种均为金属元素。根据金属元素原子的电子层构型特征，这些元素在周期表中从左到右分别位于 s 区、d 区、ds 区、p 区和 f 区。其中，s 区和 p 区为主族金属元素。d 区和 ds 区为副族金属元素，也称为过渡金属元素。f 区由镧系元素（用符号 Ln 表示）和锕系元素（用符号 An 表示）组成，统称为内过渡元素。

主族金属元素共 26 个，包括 12 个 s 区的ⅠA 族碱金属和ⅡA 族碱土金属元素，以及 14 个分布于ⅢA 族到ⅥA 族的 p 区金属元素。其中，s 区的钫(Fr)、镭(Ra)和 p 区的 Po(钋)、鉨(113 号,Nh)、鈇(114 号,Fl)、镆(115 号,Mc)和鉝(116 号,Lv)为放射性元素。Nh、Fl、Mc 和 Lv 为 IUPAC 确认的人工合成元素，超重元素，不稳定，存在时间极短。

过渡元素属于周期系中的副族元素，共 68 个，在长周期表中占据长周期（第 4、5、6 周期）的中间偏左位置，即从第ⅢB 族的钪(Sc)族开始，到第ⅠB 族的铜(Cu)族为止，共九个直列（其中Ⅷ族包括三个直列）36 个元素。由于ⅡB 族的锌族元素在某些性质（易形成配位化合物）上与过渡元素相似，所以常与铜族元素一起讨论（共 4 个元素）。位于 f 区的包括镧在内的镧系元素和包括锕在内的锕系元素（称为内过渡元素）共 28 个元素。

IA																	VIIIA
H	IIA											IIIA	IVA	VA	VIA	VIIA	He
Li	Be											B	C	N	O	F	Ne
Na	Mg	IIIB	IVB	VB	VIB	VIIB		VIII		IB	IIB	Al	Si	P	S	Cl	Ar
K	Ca	Sc	Ti	V	Cr	Mn	Fe	Co	Ni	Cu	Zn	Ga	Ge	As	Se	Br	Kr
Rb	Sr	Y	Zr	Nb	Mo	Tc	Ru	Rh	Pd	Ag	Cd	In	Sn	Sb	Te	I	Xe
Cs	Ba	Lu	Hf	Ta	W	Re	OS	Ir	Pt	Au	Hg	Tl	Pb	Bi	Po	At	Rn
Fr	Ra	Lr	Rf	Db	Sg	Bh	Hs	Mt	Ds	Rg	Cp	Nh	Fl	Mc	Lv	Ts	Og

La	Ce	Pr	Nd	Pm	Sm	Eu	Gd	Tb	Dy	Ho	Er	Tm	Yb
Ac	Th	Pa	U	Np	Pu	Am	Cm	Bk	Cf	Es	Fm	Md	No

图 11.1　元素周期表中的金属元素

11.1 碱金属和碱土金属

碱金属元素是周期表中第ⅠA族元素，包括锂(Li)、钠(Na)、钾(K)、铷(Rb)、铯(Cs)和钫(Fr)六种元素。由于这些元素的氧化物的水溶液显碱性，故习惯上称为碱金属。碱土金属元素是周期表中第ⅡA族元素，包括铍(Be)、镁(Mg)、钙(Ca)、锶(Sr)、钡(Ba)和镭(Ra)六种元素。因钙、锶、钡的氧化物在性质上介于碱性和土性（即难溶于水和难熔融）之间，故第ⅡA族元素统称为碱土金属。

碱金属和碱土金属都属于非常活泼的金属，只能以化合物形式存在于自然界中，其金属单质的制备多数采用电解它们的熔盐。其中，锂、铷、铯和铍是稀有金属，钫和镭是放射性元素。钠、钾、镁、钙和钡在地壳中蕴藏丰富，其单质和化合物用途广泛，本节将重点介绍。

碱金属和碱土金属元素的价层电子构型分别为 ns^1 和 ns^2，原子最外层有1~2个s电子，所以这些元素也称为s区元素。s区元素能失去1个或2个电子形成氧化态为+1或+2的离子型化合物（Li、Be除外）。碱金属和碱土金属的基本性质分别列于表11.1和11.2中。

表11.1 碱金属元素的性质

元素	锂 Li	钠 Na	钾 K	铷 Rb	铯 Cs
原子序数	3	11	19	37	55
价层电子构型	$2s^1$	$3s^1$	$4s^1$	$5s^1$	$6s^1$
金属半径/pm	152	186	232	248	265
M^+离子半径/pm	68	97	133	147	167
第一电离能/($kJ \cdot mol^{-1}$)	520.3	495.8	413.9	403.0	375.7
电负性	1.0	0.9	0.8	0.8	0.7
$E^{\ominus}(M^+/M)$/V	−3.04	−2.71	−2.93	−2.93	−2.92
主要氧化值	0，+1	0，+1	0，+1	0，+1	0，+1

第ⅠA族碱金属元素是同周期元素中金属性最强的元素，其原子中仅有一个价电子可参与形成金属键，通常只有一种稳定的+1氧化值。由于该区元素内层电子的屏蔽作用显著，有效核电荷数较小，且碱金属的原子半径是同周期元素中最大的，因此碱金属具有电负性小和第一电离能小（第二电离能很大）的特点，很容易失去s电子而形成单一氧化值的 M^+ 阳离子，故 $E^{\ominus}(M^+/M)$ 代数值很小，还原性很强。由于金属键较弱，它们具有较低的熔点，如金属铯在较高室温下即可熔化。同样，碱金属的沸点较低。

第ⅡA族碱土金属元素的价电子比碱金属多一个，有效核电荷有所增加，原子半径比同周期碱金属的小，第一电离能比碱金属要大，但第二电离能比碱金属要小得多，故碱土金属具有稳定的+2氧化态。$E^{\ominus}(M^{2+}/M)$ 代数值很小，还原性很强，其中 Be^{2+}/Be 电对的代数值最小。因此碱土金属元素的金属键较同周期的碱金属强，它们的熔、沸点，硬度和密度比碱金属的高。

在ⅠA和ⅡA的同族元素中，随着元素原子序数的增加，从上到下原子半径依次增大，电离能和电负性依次减小，金属性和活泼性依次增强。

表11.2　碱土金属元素的性质

元素	铍 Be	镁 Mg	钙 Ca	锶 Sr	钡 Ba
原子序数	4	12	20	38	56
价层电子构型	$2s^2$	$3s^2$	$4s^2$	$5s^2$	$6s^2$
金属半径/pm	112	160	197	215	217
M^{2+}离子半径/pm	35	66	99	112	134
第一电离能/($kJ \cdot mol^{-1}$)	899.5	737.7	589.8	549.5	502.9
第二电离能/（$kJ \cdot mol^{-1}$）	1 757	1 450	1 145	1 064	965
电负性	1.5	1.2	1.0	1.0	0.9
$E^{\ominus}$（M^{2+}/M）/V	−1.85	−2.372	−2.868	−2.89	−2.91
主要氧化值	0，+2	0，+2	0，+2	0，+2	0，+2

11.1.1　单质

碱金属和碱土金属单质均为具有金属光泽的银白色金属（铍为灰色）。除铍和镁外，其他金属的质地都较软，可用小刀切开。碱金属易熔化且易转化为蒸气，可采用蒸馏提纯。该区元素单质为轻金属，密度较小，其中锂、钠、钾可以浮于水面。碱金属和碱土金属都是熔沸点较低的轻金属，硬度小，具有良好的导电性和导热性。

碱金属和碱土金属都是活泼或非常活泼的金属，能直接或间接与电负性较高的非金属单质，如卤素、氧、硫、磷、氢等反应，生成相应的化合物。

$$2Na+Cl_2=2NaCl$$

碱金属和碱土金属都是强还原剂，能与水直接反应。碱金属和碱土金属中的钙、锶、钡都能和冷水作用生成相应的碱并放出氢气。这类反应在同一族越往下越剧烈，其中Li、Be、Mg反应较慢，其余的金属反应均剧烈，钠、钾遇水燃烧，甚至爆炸。按同周期比较，钙、锶、钡和冷水作用的剧烈程度远不及相应的碱金属。铍和镁虽然能与水反应，但由于表面形成的一层难溶氢氧化物阻止了与水的进一步反应，因此它们实际上和冷水几乎没有作用。

$$2Na+2H_2O=2NaOH+H_2\uparrow$$

碱金属和碱土金属在空气中易与氧化合，缓慢反应生成普通氧化物。这种作用在同一族中从上到下逐渐增强，在同一周期中，碱金属比碱土金属更易被氧化。碱金属新切开的表面会被空气中的氧气迅速氧化生成氧化物而失去光泽。因此除铍和镁外，均不能存放于空气中。贮存这些金属时不能使其与水和空气接触，通常放在煤油中。

$$4Li+O_2=2Li_2O$$

$$6Li+N_2=2Li_3N$$

碱金属和钙、锂、钡可溶于液氨生成蓝色溶液。在这种溶液中，碱金属离解生成溶剂合正离子和溶剂合电子，溶液具有很强的还原性。

$$M(s)+(x+y)NH_3(l)=M(NH_3)_x^+ +(NH_3)_y^-$$

11.1.2 化合物

s 区金属元素基本都可与氢、氧、硫、卤素、水、含氧酸，以及其它电负性大的非金属发生反应。ⅠA 族碱金属和ⅡA 族碱土金属元素所表现的氧化态和所形成离子的结构（稀有气体外壳）有关。其中，碱金属和碱土金属的化合物以离子型为主，但半径较小的 Li^+、Be^{2+} 具有较强的极化力，使锂、铍的化合物具有明显的共价性。

11.1.2.1 氢化物

碱金属和碱土金属中的 Ca、Sr、Ba 在高温下与 H_2 反应，生成离子型氢化物(MH_x，$x=1,2$)，其中以氢化钠、氢化锂最为常见。离子型氢化物具有离子化合物的特征，如熔点、沸点较高，熔融时能够导电等。

$$2Na+H_2 \xrightarrow{653K} 2NaH \qquad \Delta_r H_m^\ominus=-56.4\ kJ\cdot mol^{-1}$$

氢化钠 NaH 是一种强还原剂，常用于有机合成中。LiH 非常活泼，是强还原剂，遇水发生激烈反应并放出大量的氢气。

$$LiH+H_2O=LiOH+H_2\uparrow$$

11.1.2.2 氧化物

碱金属与氧所形成的二元化合物包括普通氧化物(M_2O)、过氧化物(M_2O_2)、超氧化物(MO_2)和臭氧化物(MO_3,M=Na、K、Rb、Cs)。碱土金属中的所有元素与氧反应都可生成普通氧化物(MO)。除铍外的碱土金属还可生成过氧化物(MO_2)；钙 Ca 和钡 Ba 可反应生成超氧化物 $Ca(O_2)_2$ 和 $Ba(O_2)_2$。过氧化物 M_2O_2 中的氧无单电子，为抗磁性物质。超氧化物和臭氧化物中的氧有单电子，为顺磁性物质。

碱金属在充足的空气中燃烧时，只有锂生成普通氧化物 Li_2O，钠生成过氧化物 Na_2O_2。钾、铷、铯生成超氧化物 MO_2(M=K、Rb、Cs)。碱土金属 Be、Mg、Ca、Sr 在充足的空气中燃烧都形成普通氧化物 MO，钡形成过氧化物 BaO_2。

(1) 普通氧化物

氧化锂 Li_2O 可由单质锂在空气中燃烧获得。除锂之外，碱金属氧化物一般使用碱金属单质或者叠氮化钠还原其过氧化物、硝酸盐或者亚硝酸盐制备。如叠氮化钠 NaN_3 还原亚硝酸钠制备氧化钠，单质钾还原硝酸钾制备氧化钾。

$$4Li+O_2=2Li_2O$$

$$3NaN_3+NaNO_2=2Na_2O+5N_2$$

$$10K+2KNO_3=6K_2O+N_2$$

碱土金属氧化物一般通过加热分解它们的碳酸盐、氢氧化物、硝酸盐或硫酸盐制备。

$$CaCO_3 \xrightarrow{\triangle} CaO+CO_2\uparrow$$

碱金属氧化物和多数碱土金属氧化物与水反应生成相应的氢氧化物，并放出大量的热。

$$Na_2O(s)+H_2O(l)=2NaOH(s) \qquad \Delta_r H_m^\ominus=-115.2\ kJ\cdot mol^{-1}$$

碱土金属由于离子半径小、正电荷高，其氧化物的晶格能大，导致它们的熔点比相应的碱金属氧化物高很多，与水反应比较温和。经过煅烧的 BeO 和 MgO 极难与水反应，而且熔点高，是极好的耐火材料。

（2）过氧化物

过氧化物是含有过氧链（—O—O—）的化合物，可看成是 H_2O_2 的盐。除铍外，碱金属、碱土金属在一定条件下都能形成过氧化物。过氧化物的稳定性随阳离子的半径增大而增强。碱土金属的过氧化物稳定性低于碱金属过氧化物。常见的有过氧化钠、过氧化钙和过氧化钡。

过氧化钠 Na_2O_2 呈强碱性，含有过氧离子。在碱性介质中过氧化钠是一种强氧化剂，常用做氧化分解矿石的熔剂。例如：

$$Cr_2O_3+3Na_2O_2=2Na_2CrO_4+Na_2O$$

$$MnO_2+Na_2O_2=Na_2MnO_4$$

过氧化物为粉末状固体，易吸潮，与水或者稀酸作用，生成过氧化氢。

$$Na_2O_2+2H_2O=H_2O_2+2NaOH$$

过氧化钠能够吸收二氧化碳气体并放出氧气，广泛用于防毒面具和潜水艇中作为二氧化碳吸收剂，并供给氧气。

$$2Na_2O_2+2CO_2=2Na_2CO_3+O_2\uparrow$$

在酸性介质中，当遇到强氧化剂时，Na_2O_2 呈现还原性：

$$5Na_2O_2+2MnO_4^-+16H^+=2Mn^{2+}+5O_2\uparrow+10Na^++8H_2O$$

过氧化物在纺织业、漂白工业里有重要的应用，常用作纺织品、麦秆、羽毛等的漂白剂和氧气发生剂。

11.1.2.3 氢氧化物

碱金属和碱土金属（除 BeO 和 MgO 外）溶于水生成相应的氢氧化物，均为白色固体，具有较低的熔点。碱金属氢氧化物中，除氢氧化锂 LiOH 在水中的溶解度(12.4 g/100g 水，293 K)较小外，其余碱金属的氢氧化物都易溶于水，并放出大量的热。在空气中碱金属氢氧化物易吸湿潮解，因此固体氢氧化钠 NaOH 也是常用的干燥剂。碱土金属的氢氧化物的溶解度远小于碱金属氢氧化物，溶解度在同族中按照从上到下的顺序增加，其中 $Be(OH)_2$ 和 $Mg(OH)_2$ 难溶于水。

碱金属和碱土金属的氢氧化物中，$Be(OH)_2$ 为两性氢氧化物，LiOH 和 $Mg(OH)_2$ 为中强碱，其他氢氧化物均为强碱。碱金属和碱土金属的氢氧化物易与空气中的二氧化碳作用生成碳酸盐，需要密封保存。

碱金属氢氧化物中最重要的是氢氧化钠（又称烧碱、火碱和苛性碱）。氢氧化钠在化学工业中占据重要的地位，为俗称的两碱（烧碱、纯碱）之一。氢氧化钠具有强碱性，腐蚀性极强，可用作酸中和剂、配合掩蔽剂、沉淀剂、沉淀掩蔽剂、显色剂、皂化剂、洗涤剂等，用途非常广泛。

工业生产主要采取电解碱金属氯化物饱和溶液的方法制取碱金属的氢氧化物，同时产生氯气。氢氧化钠制备的具体方法有隔膜法和离子膜法。

$$2NaCl+2H_2O=2NaOH+Cl_2\uparrow+H_2\uparrow$$

氢氧化钠能够严重烧伤皮肤。使用时应做好防护，若不慎触及皮肤和眼睛，应立即用大量水冲洗干净。氢氧化钠水溶液有滑腻感，溶于水时产生很高的热量，操作时要带护目镜及橡胶手套，注意不要溅到皮肤上或眼睛中。

11.1.2.4 盐类

碱金属和碱土金属的常见盐类有卤化物、碳酸盐、硝酸盐、硫酸盐等。注意碱土金属中铍盐和钡盐（$BaSO_4$ 除外）具有很强的毒性。

除锂外，碱金属与碱土金属盐都是离子型化合物，属离子晶体，具有较高的熔、沸点，在熔融状态有很强的导电能力。由于 Li^+ 离子半径很小，极化力较强，它在某些盐（如卤化物）中表现出不同程度的共价性。碱土金属离子带两个正电荷，其离子半径较相应的碱金属小，极化力较强，因此碱土金属盐的离子键特征较碱金属的差。由于 Be^{2+} 半径小，极化力较强，它与 Cl^-、Br^-、I^- 等极化率较大的阴离子形成的化合物已过渡为共价化合物，其中 $BeCl_2$ 的熔点明显较低。

碱金属盐易溶于水，在水中完全电离，是强电解质。只有少数碱金属盐难溶，它们的难溶盐一般都是由大的阴离子组成，而且碱金属离子越大，难溶盐的数目也越多。

碱土金属与一价阴离子（如 Cl^-、Br^-、I^-、NO_3^-、HCO_3^- 等）形成的盐多数易溶于水，如 $Mg(NO_3)_2$、$CaCl_2$、$CaHCO_3$ 等；由于晶格能较大，碱土金属的氟化物（F^- 半径小）以及与负电荷高的阴离子（如 CO_3^{2-}、SO_4^{2-}、PO_4^{3-}、$C_2O_4^{2-}$、CrO_4^{2-} 等）形成的盐溶解度一般较小（BeC_2O_4 除外），如 CaF_2、$BaSO_4$、$BaCrO_4$ 等。铍盐中多数易溶，镁盐有部分易溶，钙、锶、钡的盐多难溶。钙盐中以 CaC_2O_4 的溶解度为最小，因此常用来鉴定 Ca^{2+}。

碱金属和碱土金属离子均为无色离子。若阴离子有色，则它们的盐类常呈现阴离子的颜色。半径小的碱金属对水分子的引力较大，容易形成结晶水合盐，但碱金属卤化物一般不带结晶水。硝酸盐中只有硝酸锂有结晶水($LiNO_3\cdot H_2O$ 与 $LiNO_3\cdot 3H_2O$)。碳酸盐中除碳酸锂外其他碱金属盐都带结晶水。碱土金属离子的电荷比碱金属高，盐带结晶水的趋势更大，如 $MgCl_2\cdot 6H_2O$、$MgSO_4\cdot 7H_2O$、$CaCl_2\cdot 6H_2O$ 等。碱土金属的无水盐有吸水性，无水氯化钙是重要的干燥剂。

碱金属的盐除硝酸盐及碳酸锂外一般都具有较强的稳定性，在 800 ℃以下均不分解。在高温时，卤化物挥发而不分解，而硫酸盐既不挥发也难分解。

由于复盐的溶解度比简单盐小，碱金属（锂除外）离子均能形成复盐。如 $KCl\cdot MgCl_2\cdot 6H_2O$(光卤石)、$K_2SO_4\cdot Al_2(SO_4)_3\cdot 24H_2O$(明矾)、$K_2SO_4\cdot Cr_2(SO_4)_3\cdot 24H_2O$（铬钾矾）等。

（1）卤化物

碱金属和碱土金属卤化物中最重要的有氯化钠 NaCl、氯化镁 $MgCl_2$ 和氯化钙 $CaCl_2$。

氯化钠 NaCl 为无色立方结晶或细小结晶粉末，其来源主要是海水。易溶于水、甘油，微溶于乙醇、液氨；不溶于浓盐酸。稳定性比较好，其水溶液呈中性，工业上一般采用电解饱和氯化钠溶液的方法来生产氢气、氯气和氢氧化钠及其他化工产品（氯碱工业），也可用于矿石冶炼。医疗上用来配置生理盐水。

氯化镁 $MgCl_2$ 为无色片状晶体，微溶于丙酮，溶于水、乙醇、甲醇。在湿空气中潮解并发烟。氯化镁是蛋白质凝固剂（俗称卤水），常用于豆制品加工。与氧化镁和水混合则成镁水泥，广泛用于菱镁材料制作。

氯化钙 $CaCl_2$，室温下为白色的硬质碎块或颗粒。吸湿性极强，暴露于空气中极易潮解。易溶于水（293 K 时溶解度为 74.5 g/100g 水），同时放出大量的热。易溶于乙醇等多种极性、质子性溶剂。氯化钙是生产钙盐的原料，常用作多用途的干燥剂。氯化钙水溶液是冷冻机用和制冰用的重要致冷剂，能增加建筑砂浆的耐寒能力，是优良的建筑防冻剂。

（2）碳酸盐

碱金属和碱土金属碳酸盐中最重要的有碳酸钠 Na_2CO_3、碳酸氢钠 $NaHCO_3$ 和碳酸钙 $CaCO_3$。

碳酸钠 Na_2CO_3（俗称纯碱）常温下为白色无气味的粉末或颗粒。有吸水性，露置空气中逐渐吸收水分，水合物有 $Na_2CO_3 \cdot H_2O$、$Na_2CO_3 \cdot 7H_2O$ 和 $Na_2CO_3 \cdot 10H_2O$。碳酸钠易溶于水（293 K 时溶解度为 20 g/100g 水）和甘油，微溶于无水乙醇，难溶于丙醇。碳酸钠是一种重要的无机化工原料，两碱之一，主要用于平板玻璃、玻璃制品和陶瓷釉的生产，广泛用于生活洗涤、酸类中和以及食品加工等。

碳酸氢钠 $NaHCO_3$ 是白色结晶性粉末，无臭，易溶于水(291 K 时溶解度为 7.8 g/100g 水)，不溶于乙醇。在潮湿空气或热空气中即缓慢分解，产生二氧化碳，加热至 543 K 完全分解。遇酸则强烈分解，产生二氧化碳。碳酸氢钠固体在 323 K 以上开始逐渐分解生成碳酸钠、水和二氧化碳气体，常用做制作馒头、面包等的膨松剂以及生产酸碱灭火器和泡沫灭火器。印染工业中可用作染色印花的固色剂、酸碱缓冲剂、织物染整的后处理剂等。

碳酸钙 $CaCO_3$（俗称灰石、石灰石）为白色微细结晶粉，有无定形和结晶两种形态。碳酸钙呈碱性，基本上不溶于水，溶于盐酸。它是地球上常见物质之一，亦为某些动物骨骼或外壳的主要成分。碳酸钙石灰石是制造水泥、石灰、电石的主要原料，也是重要的建筑材料。

（3）硫酸盐

碱金属和碱土金属硫酸盐中最重要的有硫酸钠 Na_2SO_4 和硫酸钙 $CaSO_4$。

无水硫酸钠 Na_2SO_4（俗称元明粉）为白色结晶或粉末，极易溶于水，不溶于乙醇。暴露于空气中易吸湿生成十水合硫酸钠（$Na_2SO_4 \cdot 10H_2O$，又名芒硝）。主要用于制造水玻璃、纸浆、致冷混合剂、洗涤剂等。在有机合成实验室硫酸钠是一种常用的后处理干燥剂。

硫酸钙通常含有 2 个结晶水，化学式为 $CaSO_4 \cdot 2H_2O$，为白色单斜结晶或结晶性粉末。微溶于水、酸，不溶于乙醇和多数有机溶剂。自然界中以石膏矿形式存在。

11.2 常见 p 区金属元素

p 区金属元素包括ⅢA 族到ⅥA 族的金属元素，其中ⅥA 族中的 Po(钋)和 Lv(鉝)为不常见金属。ⅢA 族中，Al 为具有银白色光泽的轻金属。Ga、In、Tl 为软金属，它们的熔点相对较低，Ga 的熔点只有 303 K。ⅣA 族中，Ge 单质为金刚石型结构，在某些情况下也可表现出非金属性，常用于制备半导体器件。Sn 具有三种同素异形体，常见的白锡为软金属。Pb 为重金属，具有延展性，和 Sn 一样常用于制造合金。由于金属键随原子半径增大而减弱，因此 Sn 和 Pb 熔点都较低。ⅤA 族中，Sb 和 Bi 的熔点也都较低，其中 Bi 为低熔点金属。

ⅢA 族到ⅤA 族的外层电子层结构为 $ns^2np^{1\sim3}$，最外层上有 3~5 个电子，倾向于失去电子而呈正氧化值，因此 p 区金属也具有较强的还原性，常作为还原剂使用，如 Al、Sn 等常用于有机合成及稀有金属的制备。常见 p 区金属元素的基本性质分别列于表 11.3 中。

表 11.3　常见 p 区金属元素的性质

元素	铝 Al	锡 Sn	锑 Sb	铅 Pb	铋 Bi
原子序数	13	50	51	82	83
价层电子构型	$3s^23p^1$	$5s^25p^2$	$5s^25p^3$	$6s^26p^2$	$6s^26p^3$
金属半径/pm	143	142	139	175	151
M^{n+}离子半径/pm	54	71(+4)	90	84(+4)	117
第一电离能/($kJ \cdot mol^{-1}$)	578	708.6	831.6	715.5	703.3
电负性	1.6	1.8	1.9	1.9	1.9
$E^{\ominus}$ (M^{n+}/M) /V	−1.68	−0.141	0.21 (SbO^+)	−0.127	0.32 (BiO^+)
主要氧化值	0，+3	0，+2，+4	0，+3，+5	0，+2，+4	0，+3，+5

由于 p 区金属元素的 s 电子和 p 电子均能够参与成键，因此 p 区金属的化学性质与 s 区金属有较大不同，同时 p 区金属之间也明显不同。p 区金属既可形成离子化合物，也可形成共价化合物，例如 $AlCl_3$ 即为典型的共价化合物。p 区金属元素也基本易与氧、硫、卤素以及氧化性含氧酸发生反应。部分元素（Sb 和 Bi）还可与电负性小的金属（如 Mg）反应生成氧化值为负的金属化合物。

11.2.1　铝及其化合物

铝位于周期系中典型金属元素和非金属元素的交界区，既有明显的金属性，也有较明显的非金属性，是典型的两性元素。铝的单质及其氧化物既能溶于酸而生成相应的铝盐，又能溶于碱而生成相应的铝酸盐。

Al 原子的价电子层结构为 $3s^23p^1$，在化合物中经常表现为+3 氧化态。由于 Al^{3+} 电荷数高、半径较小，有较强的极化作用，因此 Al^{3+} 与难变形的阴离子（如 F^-、O^{2-}）形成离子型化合物，具有熔点高，不溶于有机溶剂的特点。Al^{3+} 与较易变形的阴离子（如 Cl^-、Br^-、I^-）多形成共价型化合物，同时表现出缺电子特点，分子自身容易聚合或生成加合物。铝的共价型化合物具有熔点低、易挥发，可溶于有机溶剂的特点。

Al 原子有空的 3d 轨道，与电子对给予体能形成配位数为 4 或 6 的稳定配合物。例如 $Na_3[AlF_6]$、$Na[AlCl_4]$ 等。

11.2.1.1　单质铝

铝是银白色金属，但在空气中常因为表面易氧化而形成一层薄薄的 Al_2O_3 膜而失去光泽。纯铝质轻，强度低，导电性好，能与多种金属形成合金。

铝在通常情况下由于表面有氧化膜保护，所以显得不活泼。铝可被浓硫酸和浓硝酸钝化。铝属于两性金属，既能与盐酸反应，也能与氢氧化钠反应：

$$2Al+6HCl=2AlCl_3+3H_2$$

$$2Al+2NaOH+2H_2O=2NaAlO_2+3H_2$$

铝属于典型的亲氧元素，还原性很强，可以从许多金属氧化物中夺得氧。例如铝粉与氧化铁粉末的混合物，当遇到点燃的镁条时可引发如下反应：

$$2Al+Fe_2O_3=2Fe+Al_2O_3$$

反应放出大量的热，使温度达到 3 273 K 以上，产物中的铁将被熔化，钢轨焊接即利用这一原理，称为铝热法。

11.2.1.2 氧化铝和氢氧化铝

氧化铝有多种晶型，其中最主要的两种是 $\alpha-Al_2O_3$ 和 $\gamma-Al_2O_3$。在自然界中以结晶状态存在的 $\alpha-Al_2O_3$ 称为刚玉，属于六方紧密堆积结构。其熔点高，硬度仅次于金刚石；不溶于水，也不溶于酸或碱，耐腐蚀且电绝缘性好。常用做高硬度的研磨材料和耐火材料。

将 $Al(OH)_3$加热到 450 ℃左右可脱水得到 $\gamma-Al_2O_3$。$\gamma-Al_2O_3$ 称为活性氧化铝，属于面心立方紧密堆积结构。化学性质活泼，既可溶于酸，也可溶于碱。$\gamma-Al_2O_3$ 比表面积大，可用作吸附剂和催化剂载体。

Al_2O_3 的水合物一般称为氢氧化铝 $Al(OH)_3$，加氨水或碱于铝盐溶液中，可以沉淀出体积蓬松的白色 $Al(OH)_3$沉淀。$Al(OH)_3$具有两性，但其碱性略强于酸性，仍属于弱碱：

$$Al(OH)_3+3HCl=AlCl_3+3H_2O$$

$$Al(OH)_3+NaOH=NaAl(OH)_4$$

与碱反应生成的铝酸钠脱水可得偏铝酸钠 $NaAlO_2$。向碱性的铝酸钠溶液中通入 CO_2，又可以得到 $Al(OH)_3$。工业上正是利用这个反应从铝矾土矿制取 $Al(OH)_3$，而后制备 Al_2O_3。

$Al(OH)_3$与 NH_3 不生成配合物，因此也不溶于 NH_3 中。$Al(OH)_3$和 Na_2CO_3 一同溶于氢氟酸中可以生成冰晶石 Na_3AlF_6：

$$2Al(OH)_3+12HF+3Na_2CO_3=2Na_3AlF_6+3CO_2\uparrow+9H_2O$$

11.2.1.3 常见的铝盐

金属铝、氧化铝或氢氧化铝与酸反应时生成铝盐，铝表现为金属；与碱反应时生成铝酸盐，铝表现为非金属。最常见的铝盐是三氯化铝、硫酸铝和明矾$[K_2SO_4\cdot Al_2(SO_4)_3\cdot 12H_2O]$。

在水溶液中，铝盐中的 Al^{3+} 离子以八面体水合配离子的形式存在，它水解使溶液显酸性。

$$[Al(H_2O)_6]^{3+}+H_2O=[Al(H_2O)_5(OH)]^{3+}+H_3O^+$$

$[Al(H_2O)_5(OH)]^{2+}$还将逐级水解，最终生成 $Al(OH)_3$沉淀。

铝盐溶液加热时会促进 Al^{3+}水解而产生一部分 $Al(OH)_3$沉淀。

$$[Al(H_2O)_6]^{3+}=Al(OH)_3\downarrow+3H_2O+3H^+$$

在铝盐溶液中加入碳酸盐或硫化物会促使铝盐完全水解。

$$2Al^{3+}+3CO_3^{2-}+3H_2O=2Al(OH)_3\downarrow+3CO_2\uparrow$$

$$2Al^{3+}+3S^{2-}+6H_2O=2Al(OH)_3\downarrow+3H_2S\uparrow$$

常温下无水三氯化铝是无色晶体，它的共价性明显，易升华。在水中易水解，遇水发生强烈水解并放热，甚至在潮湿的空气中也强烈地冒烟，因此在水溶液中不能得到它的无水盐。

$$AlCl_3+H_2O=Al(OH)Cl_2+HCl\uparrow$$

无水三氯化铝可用干燥的氯气与铝在高温下反应得到。

$$2Al+3Cl_2=2AlCl_3$$

三氯化铝溶于乙醚等有机溶剂，或者处于熔融状态，或者气态时以共价的二聚分子 Al_2Cl_6 形式存在。在 Al_2Cl_6 分子中，第一个 $AlCl_3$ 中的 Al 原子采取 sp^3 杂化与三个 Cl 原子形成 σ 键，其中 Al 及两个 Cl 与另一个 $AlCl_3$ 中的 Al 及两个 Cl 原子共处在同一平面上；第三个 Cl（位于平面两侧）提供了孤对电子与另一 $AlCl_3$ 中的 Al 原子中空出的一条杂化轨道形成配位键（称为氯桥键，三中心两电子键）。Al 原子则接受另一 $AlCl_3$ 中第三个 Cl 原子提供的弧对电子形成配位键，从而建立起具有 Al—Cl—Al 氯桥键结构的二聚分子。

与 BF_3 一样，$AlCl_3$ 容易与电子对给予体形成配离子或加合物，因此 $AlCl_3$ 常用作有机合成中常用的催化剂。

$$AlCl_3+Cl^-=AlCl_4^-$$

$$AlCl_3+NH_3=AlCl_3\cdot NH_3$$

碱式氯化铝是由介于 $AlCl_3$ 和 $Al(OH)_3$之间的一系列中间水解产物聚合而成的高分子化合物，组成式是 $[Al_2(OH)_nCl_{6-n}]_m(1\leqslant n\leqslant 5, m\leqslant 10)$，是一个多羟基多核配合物，通过羟基架桥而聚合。碱式氯化铝是一种高效净水剂，有强的吸附能力，能除去水中的铁、锰、氟、放射性污染物、重金属、泥沙、油脂、木质素以及印染废水中的疏水性染料等，在水质处理方面优于 $Al_2(SO_4)_3$和 $FeCl_3$。

无水硫酸铝 $Al_2(SO_4)_3$为白色粉末。$Al_2(SO_4)_3$溶于水，在水中的溶解度随温度的上升而增加。在水溶液中得到无色针状结晶 $Al_2(SO_4)_3\cdot 18H_2O$。水溶液因水解生成氢氧化铝而呈酸性。水溶液长时间沸腾可生成碱式硫酸铝。加热至 943 K 时分解为氧化铝和三氧化硫。

硫酸铝易与 K^+、Rb^+、Cs^+、NH_4^+、Ag^+等一价金属离子的硫酸盐结合生成含有结晶水的复盐，其通式为 $MAl(SO_4)_2\cdot 12H_2O$（M 代表一价金属离子）。常见的硫酸铝钾（$K_2SO_4\cdot Al_2(SO_4)_3\cdot 12H_2O$）是无色晶体，俗称明矾。明矾易溶于水并水解，其水解产物为具有胶粒吸附和凝聚作用的碱式盐或 $Al(OH)_3$胶状沉淀，故硫酸铝和明矾常被用作净水剂。

11.2.2 锡、铅及其化合物

锡（Sn）和铅（Pb）处于周期表第ⅣA 主族（碳族）的第五周期和第六周期，价电子结构为 ns^2np^2，常见的氧化值为+2 和+4。锡和铅是金属，因此它们在许多方面与Ⅳ族的其他元素不同。Sn 的 $5s^25p^2$ 电子都易失去，容易形成较为稳定的 Sn(Ⅳ)高氧化态。由于惰性电子对效应，Pb 的 $6s^2$ 电子不易失去，表现出低氧化态 Pb(Ⅱ)较稳定。因此 Sn(Ⅱ)具有还原性，Pb(Ⅳ)具有较强的氧化性。

11.2.2.1 单质

锡有灰锡（α 型）、白锡（β 型）和脆锡（γ 型）三种同素异形体。白锡低温下易转变为粉末状无金属性的灰锡（锡疫）。它们之间的相互转变关系如下：

$$Sn(\alpha)\underset{}{\overset{286\ K}{\rightleftharpoons}}Sn(\beta)\underset{}{\overset{434\ K}{\rightleftharpoons}}Sn(\gamma)$$

白锡是银白色的软金属，无毒，化学性质很稳定，具有延展性，熔点低，可以制作成生活用器皿使用。在空气中锡的表面生成二氧化锡保护膜而稳定，加热下氧化反应加快。锡对水稳定，能缓慢溶于稀酸，较快溶于浓酸中；锡能溶于强碱性溶液。

铅是银灰色有光泽的重金属，在空气中易氧化而失去光泽，变灰暗。铅的密度大、硬度小、熔点低、沸点高，对电和热的传导性能差。可吸收放射线，常用于制造放射性物质的容器和用作防护材料。铅及其化合物的用途很广，冶金、蓄电池、印刷、颜料、油漆、釉料、焊锡等作业均使用到铅及其化合物。

11.2.2.2 氧化物与氢氧化物

锡的氧化物有氧化亚锡 SnO（呈黑色或绿色）和二氧化锡 SnO_2（冷时白色、加热变黄色）。用二价锡盐的热溶液与碳酸钠作用可得 SnO，锡在空气中燃烧可得 SnO_2：

$$Sn^{2+}+CO_3^{2-}=SnO+CO_2\uparrow$$

$$Sn+O_2=SnO_2$$

铅的氧化物有氧化铅 PbO（在空气中加热铅即得，黄色，亦称密陀僧）、四氧化三铅 Pb_3O_4（红色，亦称红丹或铅丹）、三氧化二铅 Pb_2O_3（橙色）和二氧化铅 PbO_2（棕色），它们的转变温度如下：

$$PbO_2\xrightarrow{\sim 600\ K}Pb_2O_3\ (PbO+PbO_2)\xrightarrow{\sim 700\ K}Pb_3O_4\ (2PbO+PbO_2)\xrightarrow{\sim 800\ K}PbO$$

锡和铅的氧化物 MO 和 MO_2 的对应氢氧化物是 $M(OH)_2$ 和 $M(OH)_4$，均不溶于水。它们的氧化物与氢氧化物均具有两性，酸碱性递变规律符合 R—OH 规则。其中，+2 价氧化态的 MO 和 $M(OH)_2$ 以碱性为主，+4 价氧化态的 MO_2 和 $M(OH)_4$ 以酸性为主。

Sn 的氧化物及其水合物可以溶于酸和碱。PbO 易溶于硝酸，但难溶于碱；PbO_2 稍溶于碱而难溶于硝酸。

$$Sn(OH)_2+2OH^-=[Sn(OH)_4]^{2-}$$

$$Sn(OH)_2+2H^+=Sn^{2+}+2H_2O$$

$$Pb_2O_3+2HNO_3=Pb(NO_3)_2+PbO_2\downarrow+H_2O$$

SnO 的还原性强于 PbO。SnO 在碱性介质中具有较强的还原性，可将三价铋离子还原为黑色的金属铋，这是鉴定 Bi^{3+} 的方法。

$$2Bi^{3+}+6OH^-+3[Sn(OH)_4]^{2-}=2Bi\downarrow+3[Sn(OH)_6]^{2-}$$

PbO_2 是一种常用的氧化剂，其氧化性强于 SnO_2，可以与浓 HCl 反应：

$$PbO_2+4HCl(浓)=PbCl_2+Cl_2\uparrow+2H_2O$$

在酸性介质中可将 Mn^{2+} 氧化为 MnO_4^-：

$$2Mn^{2+}+5PbO_2+4H^+=2MnO_4^-+5Pb^{2+}+2H_2O$$

锡酸（$Sn(OH)_4$）有两种结构，即 $\alpha-H_2SnO_3$ 和 $\beta-H_2SnO_3$。锡酸脱水生成的氧化锡是重要的气体敏感材料，可用于司机酗酒检测和可燃气体报警。$\alpha-H_2SnO_3$ 化学性质活泼，易溶于浓盐酸，也溶于碱。向 Sn^{4+} 的溶液中加入氨水可得到白色沉淀物 $\alpha-H_2SnO_3$。

$$Sn+4NH_3 \cdot H_2O = \alpha\text{-}H_2SnO_3+4NH_4^++H_2O$$

11.2.2.3 卤化物

锡、铅的低价卤化物以离子性为主，高价卤化物以共价性为主。

$SnCl_2$ 为白色固体，极易水解而生成白色的碱式盐 Sn(OH)Cl 沉淀，因此在配制 $SnCl_2$ 溶液时要加酸和锡粒，以防止其水解和被空气中 O_2 所氧化。$PbCl_2$ 为白色固体，微溶于水，水解程度低于 $SnCl_2$。

$$SnCl_2+H_2O = Sn(OH)Cl\downarrow+HCl$$

在酸性溶液中，少量 $SnCl_2$ 与 $HgCl_2$ 反应生成 Hg_2Cl_2 白色沉淀。$SnCl_2$ 过量时可进一步将 Hg_2Cl_2 还原为黑色的单质 Hg。在分析化学中，利用反应过程中沉淀从白色到灰色、黑色的变化，可以鉴定溶液中的 Hg(Ⅱ)或 Sn(Ⅱ)。

$$2HgCl_2+SnCl_2+2HCl = Hg_2Cl_2\downarrow+H_2SnCl_6$$

$$Hg_2Cl_2+SnCl_2+2HCl = 2Hg\downarrow(\text{黑})+H_2SnCl_6$$

$SnCl_4$ 为无色液体，比 $SnCl_2$ 更容易水解，在潮湿的空气中冒烟，因此在制备 $SnCl_4$ 时要严防体系与水接触。$PbCl_4$ 为无色液体，稳定性很差，受热易爆炸，分解为 $PbCl_2$ 和 Cl_2。

11.2.2.4 硫化物

锡、铅都容易形成硫化物，包括 SnS_2（黄色）、SnS（棕色）和 PbS（黑色），PbS_2 不存在。碱性的 SnS 和 PbS 不溶于 Na_2S，但可溶于浓盐酸或氧化性酸溶液中：

$$3PbS+8H^++2NO_3^- = 3Pb^{2+}+3S\downarrow+2NO\uparrow+4H_2O$$

SnS 能被多硫化钠氧化成硫代锡酸盐而溶解，酸性的 SnS_2 也可溶于 Na_2S：

$$SnS+S_2^{2-} = SnS_3^{2-}$$

$$SnS_2+S^{2-} = SnS_3^{2-}$$

硫代锡酸盐不稳定，在酸性溶液中会分解生成硫化物沉淀，释放出硫化氢。

$$SnS_3^{2-}+2H^+ = SnS_2\downarrow+H_2S\uparrow$$

11.2.3 锑、铋的重要化合物

锑(Sb)和铋(Bi)处于周期表的第ⅤA族，价电子层构型为 ns^2np^3。它们可以与电负性小的元素形成-3 氧化值的离子型的金属化合物。例如 Mg_3As_2、Mg_3Sb_2、Mg_3Bi_2 等。近年来发展较快的Ⅲ—Ⅴ族半导体材料，就是锑、铋和ⅢA族金属元素之间的化合物，如锑化镓 GaSb 和锑化铝 AlSb 等。

11.2.3.1 三氧化二锑

锑的氧化物有三氧化二锑 Sb_2O_3 和五氧化二锑 Sb_2O_5 两种。Sb_2O_3 是难溶于水的白色晶体，俗称锑白。它是以碱性为主的两性氧化物，可溶于酸和强碱。Sb_2O_3 可用作阻燃增效剂，在塑料薄膜、化纤和涂料生产中使用，或用于涤棉纺织物的阻燃处理。

11.2.3.2 铋(Ⅴ)酸钠

$NaBiO_3$ 为棕黄色粉末，微溶于水。在碱性的 $Bi(OH)_3$ 悬浮液中通入氯气进行氧化可得到棕色的铋(Ⅴ)酸钠 $NaBiO_3$。

$$Bi(OH)_3+3NaOH+Cl_2 = NaBiO_3+3H_2O+2NaCl$$

$NaBiO_3$ 在酸性（硝酸）介质中氧化性很强，可将 Mn^{2+} 离子氧化成 MnO_4^-，在分析化学中常用于定性检测溶液中的 Mn^{2+}。

$$NaBiO_3(s)+6H^++2e^-=Bi^{3+}+Na^++3H_2O \qquad E^{\ominus}>1.80\ V$$

$$5NaBiO_3+2Mn^{2+}(\text{浅红色})+14H^+=2MnO_4^-(\text{紫红色})+5Bi^{3+}+5Na^++7H_2O$$

11.2.3.3　卤化物

锑、铋的卤化物特征是容易水解，低价卤化物（+3）以离子性为主，高价卤化物(+5)以共价性为主。$SbCl_3$ 与 $BiCl_3$ 都易发生不完全水解反应，生成 SbOCl 和 BiOCl 白色碱式盐沉淀。配制 Sb^{3+} 与 Bi^{3+} 的水溶液时，需加入强酸（盐酸）抑制其水解。

$$SbCl_3+H_2O=SbOCl\downarrow+2HCl$$

$$BiCl_3+H_2O=BiOCl\downarrow+2HCl$$

11.2.3.4　硫化物

锑、铋容易形成硫化物，包括橙色的 Sb_2S_3、Sb_2S_5 和黑色的 Bi_2S_3，Bi_2S_5 不存在。酸性的硫化物 Sb_2S_5 和两性的 Sb_2S_3 都溶于 Na_2S、$(NH_4)_2S$ 和 NaOH 溶液，碱性硫化物 Bi_2S_3 不溶于上述溶液，但可溶于浓盐酸或氧化性酸溶液中。

$$Sb_2S_5+3Na_2S=2Na_3SbS_4$$

$$Sb_2S_3+6NaOH=Na_3SbS_3+Na_3SbO_3+3H_2O$$

$$Bi_2S_3+6HCl=2BiCl_3+3H_2S\uparrow$$

11.3　铜锌分族元素

铜锌分族元素（ds 区元素）包括第ⅠB 和ⅡB 族元素，它们的价层电子构型分别为 $(n-1)d^{10}ns^1$ 和 $(n-1)d^{10}ns^2$。虽然最外层电子数和同周期的第ⅠA 和第ⅡA 族元素相同，但由于次外层 18 电子构型对原子核的屏蔽作用比 8 电子构型小得多，所以有效核电荷较多，原子核对最外层的 *ns* 电子引力就大，使得该区元素活泼性比 s 区元素明显降低。另外，同族元素从上到下金属的活泼性逐渐减弱，易形成共价化合物。由于外层的 s、p、d 轨道能量相近可参与轨道间的杂化，所以铜锌分族元素还易形成配合物。

表 11.4　铜锌分族金属元素的性质

元素	铜 Cu	银 Ag	金 Au	锌 Zn	镉 Cd	汞 Hg
原子序数	29	47	79	30	48	80
价层电子构型	$3d^{10}4s^1$	$4d^{10}5s^1$	$5d^{10}6s^1$	$3d^{10}4s^2$	$4d^{10}5s^2$	$5d^{10}6s^2$
原子半径/pm	128	134	134	133	148	144
离子 M^{2+} 半径/pm	69	126(+1)	137(+1)	74	97	110
第一电离能/($kJ\cdot mol^{-1}$)	751.7	731.0	890.1	912.6	867.8	1 007.1
$E^{\ominus}(M^{2+}/M)$/V	+0.34	0.7996(+1)	+1.68(+1)	−0.76	−0.4022	0.8529
主要氧化值	+1,+2	+1	+1,+3	+2	+2	+1,+2

11.3.1　铜族元素

周期表 ds 区ⅠB 族(也称为铜分族)包含铜(Cu)、银(Ag)、金(Au)。铜族元素价层电子构型为$(n-1)d^{10}ns^1$，铜、银、金最常见的氧化值分别为+2、+1、+3。铜族金属离子具有较强的极化力，本身变形性又大，所以它们的二元化合物一般有相当程度的共价性。

铜、银、金的化学活泼性较差。在干燥空气中铜很稳定，有二氧化碳及湿气存在时，可在铜表面上生成绿色的碱式碳酸铜 $Cu_2(OH)_2CO_3$（铜绿）。银在室温下不与氧气、水作用。金是在高温下唯一不与氧气起反应的金属。

铜、银、金都能同卤素反应，反应活性依 Cu—Ag—Au 的顺序逐渐下降。铜在常温下就能同卤素作用，银作用很慢，金则需要在加热下才同干燥的卤素作用。

铜和银在加热时直接与硫化合。银在室温下与含有 H_2S 的空气接触时，表面生成 Ag_2S 而发暗。

$$4Ag+2H_2S+O_2=2Ag_2S+2H_2O$$

铜、银、金不能溶于一般非氧化性酸中。银只能溶解在硝酸或热的硫酸中，而金只能溶解在王水中（Cu 和 Ag 也能溶于王水中）：

$$3Cu+8HNO_3=3Cu(NO_3)_2+2NO+4H_2O$$

$$2Ag+2H_2SO_4 \xlongequal{\triangle} Ag_2SO_4+SO_2+2H_2O$$

$$Au+4HCl+HNO_3=HAuCl_4+NO+2H_2O$$

铜、银的用途很广。除作钱币、饰物外，铜主要用于制造电线电缆，广泛用于电子工业和航天工业以及各种化工设备。银主要用于电镀、制镜、感光材料、化学试剂、电池、催化剂、药物等。金主要用于黄金储备、铸币、电子工业及制造首饰。

11.3.1.1　铜的化合物

(1)氧化亚铜和氧化铜

Cu_2O 对热很稳定，难溶于水，但易溶于稀酸，并迅速歧化为 Cu 和 Cu^{2+}。

$$Cu_2O+2H^+=Cu^{2+}+Cu\downarrow+H_2O$$

Cu_2O 与盐酸反应形成难溶于水的白色 CuCl 沉淀。

$$Cu_2O+2HCl=2CuCl\downarrow+H_2O$$

CuO 不溶于水，但可溶于酸。CuO 的热稳定性很高。加热到 1 273 K 才开始分解为暗红色的 Cu_2O。

$$4CuO \xlongequal{1273\ K} 2Cu_2O+O_2$$

$Cu(OH)_2$ 显两性(但以弱碱性为主)，易溶于酸，也能溶于浓的强碱溶液中。

$$Cu(OH)_2+2H^+=Cu^{2+}+2H_2O$$

$$Cu(OH)_2+2OH^-=[Cu(OH)_4]^{2-}$$

$[Cu(OH)_4]^{2-}$ 配离子可被葡萄糖还原为暗红色的 Cu_2O，医学上用此反应来检查糖尿病。

$$2[Cu(OH)_4]^{2-}+C_6H_{12}O_6(\text{葡萄糖})=Cu_2O\downarrow+C_6H_{12}O_7(\text{葡萄糖酸})+4OH^-+2H_2O$$

CuO 是高温超导材料的重要原料，如 Bi- Sr-Ca-CuO、Ti- Ba-Ca-CuO 等都是超导转变温度超过了 120 K 的新材料。

(2)氯化亚铜和氯化铜

由于极化作用，亚铜Cu(Ⅰ)的卤化物($CuCl$、$CuBr$、CuI)存在一定程度的共价性，均难溶于水(溶度积$K_{sp}^{\ominus}$分别为$CuCl$, 1.9×10^{-7}；$CuBr$, 5.0×10^{-9}；CuI, 1.0×10^{-12})。

在热的浓盐酸溶液中，用铜粉还原$CuCl_2$生成$[CuCl_2]^-$，用水稀释后得到$CuCl$沉淀。

$$Cu^{2+}+Cu+2Cl^- = 2CuCl\downarrow$$

$CuCl$的盐酸溶液能吸收CO，形成氯化羰基亚铜$[CuCl(CO)]\cdot H_2O$，此反应在气体分析中可用于测定混合气体中CO的含量。在有机合成中$CuCl$常用作催化剂和还原剂。

在水溶液中，Cu^+易发生歧化反应，生成Cu^{2+}和Cu。由于Cu^{2+}所带的电荷比Cu^+多，半径比Cu^+小，Cu^{2+}的水合焓($-2\ 100\ kJ\cdot mol^{-1}$)比$Cu^+$($-593\ kJ\cdot mol^{-1}$)小很多，因此在水溶液中$Cu^+$不如$Cu^{2+}$稳定。

$$2Cu^+ \rightleftharpoons Cu^{2+}+Cu \qquad K^{\ominus}=2\times10^6$$

无水氯化铜($CuCl_2$)为棕黄色固体，是共价化合物，其结构为由$CuCl_4$平面组成的长链。$CuCl_2$易溶于水和一些有机溶剂（如乙醇、丙酮）中。

$CuCl_2$的浓溶液通常为黄绿色或绿色，这是由于溶液中同时含有$[CuCl_4]^{2-}$和$[Cu(H_2O)_4]^{2+}$。稀的$CuCl_2$溶液为浅蓝色，是由于$[CuCl_4]^{2-}$中的Cl^-被水分子取代，转化为$[Cu(H_2O)_4]^{2+}$。

$$[CuCl_4]^{2-}(\text{黄})+4H_2O = [Cu(H_2O)_4]^{2+}(\text{浅蓝})+4Cl^-$$

氯化铜用于制造玻璃、陶瓷用颜料、消毒剂、媒染剂和催化剂。

(3) 硫酸铜

无水硫酸铜($CuSO_4$)为白色粉末，吸水性强，但从水溶液中结晶时，得到的是蓝色五水合硫酸铜$CuSO_4\cdot5H_2O$晶体（胆矾）。$CuSO_4\cdot5H_2O$晶体在不同温度下可以逐级脱水：

$$CuSO_4\cdot5H_2O \xrightarrow{375\ K} CuSO_4\cdot3H_2O \xrightarrow{386\ K} CuSO_4\cdot H_2O \xrightarrow{531\ K} CuSO_4$$

$CuSO_4$为制取其他铜盐的重要原料，在电解或电镀中用作电解液和配制电镀液，纺织工业中用作媒染剂。$CuSO_4$具有杀菌能力，常用于防止藻类生长和消灭植物病虫害。

(4) 铜(Ⅱ)的配合物

Cu^{2+}与单齿配体一般形成配位数为4的正方形配合物，例如$[CuCl_4]^{2-}$、$[Cu(NH_3)_4]^{2+}$等。$[Cu(NH_3)_4]^{2+}$由过量氨水与Cu(Ⅱ)盐溶液反应而形成。

$$[Cu(H_2O)_4]^{2+}(\text{浅蓝})+4NH_3 = [Cu(NH_3)_4]^{2+}(\text{深蓝})+4H_2O$$

$[Cu(NH_3)_4]^{2+}$溶液有溶解纤维的能力，在所得的纤维素溶液中加酸或水时，纤维又可析出，工业上利用这种性质制造人造丝。

此外，Cu^{2+}还可与一些有机配合剂（如乙二胺等）形成稳定的螯合物。

11.3.1.2 银的重要化合物

(1) 卤化银

硝酸银与可溶性卤化物反应，生成不同颜色的卤化银沉淀。卤化银的颜色依Cl-Br-I的顺序加深。卤化银中只有AgF易溶于水，其余的卤化银均难溶于水，溶解度依Cl-Br-I顺序依次降低。颜色和溶解度的变化均与银离子的极化能力有关。

卤化银有感光性，在光照下被分解为单质。基于卤化银的感光性，可用它作照相底片上的感光物质。

$$2AgBr \xlongequal{h\nu} 2Ag+Br_2$$

AgI 在人工降雨中用作冰核形成剂。作为快离子导体（固体电解质），AgI 已用于固体电解质电池和电化学器件中。

（2）硝酸银

$AgNO_3$ 是最重要的可溶性银盐。将 Ag 溶于热的 65%硝酸，蒸发、结晶，制得无色菱片状硝酸银晶体。$AgNO_3$ 受热不稳定，加热到 713 K 分解。

$$2AgNO_3 \xlongequal{713\ K} 2Ag+2NO_2+O_2$$

在日光照射下，$AgNO_3$ 也会按上式缓慢地分解，因此必须保存在棕色瓶中。

硝酸银是一个中强氧化剂，它可被许多中强或强还原剂还原成单质银。例如，肼 N_2H_4 和亚磷酸等都可以将 $AgNO_3$ 还原成金属银：

$$N_2H_4+4AgNO_3=4Ag+N_2\uparrow+4HNO_3$$

$$2AgNO_3+H_3PO_3+H_2O=H_3PO_4+2Ag+2HNO_3$$

$AgNO_3$ 遇碱生成白色的 AgOH 沉淀，AgOH 极不稳定，立即脱水变成棕黑色 Ag_2O：

$$AgNO_3+OH^-=AgOH+NO_3^-$$

$$2AgOH=Ag_2O+H_2O$$

$AgNO_3$ 遇到蛋白质即被还原生成黑色蛋白银，对有机组织有破坏作用，所以使用时应注意不要接触皮肤。

$AgNO_3$ 主要用于制造照相底片所需的溴化银乳剂，它还是一种重要的分析试剂。医药上常用它作消毒剂和腐蚀剂。

（3）配合物

Ag(Ⅰ)离子可以和多种配体形成配位数为 2 的配合物。常见的 Ag(Ⅰ)的配离子有 $[Ag(NH_3)_2]^+$、$[Ag(SCN)_2]^-$、$[Ag(S_2O_3)_2]^{3-}$、$[Ag(CN)_2]^-$，它们的稳定性依次增强。

$[Ag(NH_3)_2]^+$具有弱氧化性，工业上用它在玻璃或暖水瓶胆上化学镀银。

$$2[Ag(NH_3)_2]^++RCHO(\text{甲醛或葡萄糖})+3OH^-=2Ag\downarrow+RCOO^-+4NH_3\uparrow+2H_2O$$

$[Ag(CN)_2]^-$作为镀银电解液的主要成分，在阴极被还原为 Ag，电镀效果极好，但因氰化物剧毒，近年来逐渐被无毒镀银液(如$[Ag(SCN)_2]^-$等)代替。

11.3.2 锌族元素

锌副族元素包括第ⅡB 族的锌、镉、汞三种元素。这三个元素在所有的氧化态时均含有全充满的 d 壳层，因此不是过渡元素，但 d 电子对它们的化学性质也有一定影响。

由于锌族元素原子的最外层 s 电子成对后稳定性增大，导致锌族元素的金属键比铜族元素的金属键弱，因此锌族元素的熔沸点比相应的铜族元素低很多，并按 Zn、Cd、Hg 顺序下降。电子层结构的稳定性随着锌族元素的原子序数增大而增大。由于 Hg 的 6s 电子对最稳定，金属键最弱，因此汞在室温下为液体。

锌和镉的物理性质和化学性质都比较相近，而汞和它们相差较大，在性质上与铜、银、金相似。锌和镉在常见化合物中氧化值为+2。多数常见的盐类都含结晶水。形成配合物的倾向性也很大。

由于锌族元素离子是18电子构型的离子，极化力和变形性都很大，形成的化合物共价成分多，特别是氧化物、硫化物和卤化物，附加极化的结果使物质的溶解度、颜色、熔沸点都随金属离子核外电子层的增加呈规律性变化。

11.3.2.1 锌及其化合物

锌是一种银白色略带淡蓝色金属。性较脆，化学性质活泼。在有 CO_2 存在的潮湿空气中锌表面很快变暗，形成一层具有抗腐蚀性的碱式碳酸盐保护膜，所以锌的重要用途之一是用来镀薄铁板（俗称白铁皮），用作包装材料。

$$4Zn+2O_2+3H_2O+CO_2=ZnCO_3\cdot 3Zn(OH)_2$$

锌在加热的条件下可以和绝大多数非金属（如卤素、氧、硫、磷等）反应。在1 273 K时锌在空气中燃烧生成ZnO。

纯锌在稀酸中反应极慢，但当锌中含有少量金属杂质，则因形成微电池，使置换氢气的速度明显加快。锌和铝相似，是两性金属，不但能溶于酸，还能溶于强碱溶液：

$$Zn+2NaOH+2H_2O=Na_2[Zn(OH)_4]+H_2\uparrow$$

锌易从溶液中置换金、银、铜等。

$$2[Au(CN)_2]^-+Zn=2Au\downarrow+[Zn(CN)_4]^{2-}$$

锌主要用于防腐镀层、各种合金以及电池中。锌的化合物对于动植物起着重要的生理作用，是生命体中必需的微量元素之一，主要储存在人的血液、皮肤和骨骼中。通常一个成年人每天锌的需要量是10~15 mg。

（1）氧化物和氢氧化物

ZnO是白色粉末（俗名锌白），是制备其他含锌化合物的基本原料。ZnO有收敛性和一定的杀菌能力，在医药上常调制成软膏。

ZnO是典型的两性氧化物，几乎不溶于水，但在酸溶液（如盐酸）中会溶解。

$$ZnO+2HCl=ZnCl_2+H_2O$$

将碱缓慢地加入微酸性的 Zn^{2+} 溶液时，先生成白色的两性 $Zn(OH)_2$ 沉淀，如果加入更多的碱，$Zn(OH)_2$ 又溶解。

$$Zn(OH)_2+2OH^-=[Zn(OH)_4]^{2-}$$

$Zn(OH)_2$ 还可溶解于过量氨水：

$$Zn(OH)_2+4NH_3=[Zn(NH_3)_4]^{2+}+2OH^-$$

（2）氯化物

无水氯化锌为白色易潮解的固体，它的溶解度很大（298 K，333 g/100g H_2O），吸水性很强，有机化学中常用它作除水剂和催化剂。氯化锌溶液因 Zn^{2+} 的水解而显酸性。加热 $ZnCl_2\cdot H_2O$ 固体时，只能得到氯化锌的碱式盐，得不到无水氯化锌。

$$ZnCl_2\cdot H_2O=Zn(OH)Cl+HCl$$

在 $ZnCl_2$ 的浓溶液中，由于生成的二氯·羟合锌（Ⅱ）酸而使溶液具有显著的酸性。

$$ZnCl_2+H_2O=H[ZnCl_2(OH)]$$

二氯·羟合锌(Ⅱ)酸能溶解金属氧化物，如氧化亚铁。

$$FeO+2H[ZnCl_2(OH)]=Fe[ZnCl_2(OH)]_2+H_2O$$

在焊接金属时，用 $ZnCl_2$ 浓溶液清除金属表面的氧化物就是利用这一性质。在热焊接时，$ZnCl_2$ 浓溶液不损害金属表面；同时，当水分蒸发后，熔化物与金属充分接触而覆盖金属表面，使金属不再氧化，能保证焊接金属的直接接触。

(3) 硫化物

往锌盐溶液中通入 H_2S 时，会生成白色的 ZnS 沉淀，但由于在 ZnS 沉淀生成过程中 $[H^+]$ 不断增大，可能会导致 ZnS 沉淀不完全。

$$Zn^{2+}+H_2S=ZnS\downarrow+2H^+$$

ZnS 为白色难溶盐，不溶于醋酸，但可溶于 0.3 $mol\cdot dm^{-3}$ 盐酸。

ZnS 可用作白色颜料，它同 $BaSO_4$ 共沉淀所形成的混合晶体 $ZnS\cdot BaSO_4$（俗称锌钡白或立德粉）是一种优良的白色颜料。

在 H_2S 气氛中灼烧无定形的 ZnS 能把它转变成晶体 ZnS。晶体 ZnS 如含有微量的铜和银的化合物作为活化剂，在紫外光或可见光照射后，于黑暗处能发出不同颜色的萤光，如银为蓝色、铜为黄色、锰为橙色等，因此 ZnS 常用于涂布萤光屏幕（萤光粉）。

11.3.2.2 镉及其化合物

镉单质为银白色金属，是一种吸收中子的优良金属，可在核反应堆内减缓链式裂变反应速率。主要用于电池生产。镉的毒性较大，主要在人的肝脏和肾脏内积累。

CdO 是一种棕色的粉末，易溶于酸而难溶于碱。主要用途是作为制备含镉化合物的原料和镉的电镀液，也可做黄色染料。

在镉盐溶液中加入适量强碱，可得到 $Cd(OH)_2$。$Cd(OH)_2$ 为两性偏碱化合物，只有在热、浓的强碱中才能缓慢溶解。

$$Cd(OH)_2+2OH^-=[Cd(OH)_4]^{2-}$$

$Cd(OH)_2$ 也可溶解于过量氨水，生成配合物。

$$Cd(OH)_2+4NH_3=[Cd(NH_3)_4]^{2+}+2OH^-$$

CdS 又称为镉黄，可用作黄色染料。不溶于稀酸，但溶于浓酸，所以控制溶液的酸度可使锌和镉分离。

11.3.2.3 汞及其重要化合物

汞是银白色闪亮的重质液体，化学性质稳定，不溶于酸也不溶于碱。汞是常温下唯一的液态金属，常温下即可蒸发。

汞的常见氧化态有+1 和+2 两种。汞在约 620 K 时与氧明显反应生成 HgO，HgO 在约 670 K 以上又可分解为单质汞。

汞的金属活跃性低于锌和镉，不能从酸溶液中置换出氢，但能和氧化性酸（硝酸、浓 H_2SO_4）反应：

$$Hg+2H_2SO_4(浓)=HgSO_4+SO_2\uparrow+2H_2O$$

$$3Hg+8HNO_3=3Hg(NO_3)_2+2NO\uparrow+4H_2O$$

过量的汞与冷的稀硝酸反应时，生成硝酸亚汞：

$$6Hg(过量)+8HNO_3(冷、稀) = 3Hg_2(NO_3)_2+2NO\uparrow+4H_2O$$

汞能够溶解其他金属而形成合金，称为汞齐。汞齐在化学性质上与其他合金相似，同时又有其自身的特点，即溶解于汞中的金属含量不高时，所生成的汞齐常呈液态或糊状。如钠汞齐在与水接触时，汞仍保持其惰性，而钠则与水反应放出氢气，但反应进行得比纯钠缓慢。因此，钠汞齐在有机合成中常用作还原剂。

汞在 273~473 K 之间体积膨胀系数与温度之间具有良好的线性关系，又不润湿玻璃，常用于温度计和气压计中。汞的蒸气在电弧中能导电，并辐射出高强度的可见光和紫外线，可做各种灯源使用。

汞蒸气和汞的化合物多有剧毒（慢性），空气中汞蒸气的最大允许含量为 $0.1\ mg\cdot m^{-3}$。常温下汞的蒸气压很低，但当其暴露在空气中时，仍会有少量蒸发，被人体所吸收。因此，使用汞时必须非常小心，万一洒落，必须尽量收集起来并保存在水中。由于汞在常温下与硫磺粉研磨即可得到 HgS，实验室中常用此反应来处理洒落且不易清理的汞。

金属汞与锌、镉性质差别很大。与此类似，汞(Ⅱ)化合物与锌(Ⅱ)、镉(Ⅱ)化合物性质也不相同。部分原因是汞(Ⅱ)具有极强的形成共价键的倾向。

（1）氧化值为+1 的亚汞化合物

在 Hg_2Cl_2 和 $Hg_2(NO_3)_2$ 等亚汞化合物中 Hg 的氧化值是+1，其中汞以 Hg_2^{2+} 形式出现。Cl—Hg—Hg—Cl 分子是直线形分子，其中两个 Hg 原子各以 sp 杂化轨道形成共价键，分子中没有单电子。

亚汞盐多为无色，微溶于水。只有极少数盐如 $Hg_2(NO_3)_2$ 是易溶盐，且易发生水解。

$$Hg_2(NO_3)_2+H_2O = Hg_2(OH)NO_3\downarrow+HNO_3$$

Hg_2Cl_2 为白色难溶于水的固体，因略有甜味，俗称甘汞。无毒，常用作甘汞电极。Hg_2Cl_2 见光易分解，应在棕色瓶中保存。

$$Hg_2Cl_2 = Hg+HgCl_2$$

Hg_2Cl_2 与氨水反应生成氨基氯化汞和单质汞，使沉淀颜色显灰黑色。这一反应可用来鉴定亚汞离子。

$$Hg_2Cl_2+2NH_3 = Hg(NH_2)Cl\downarrow+Hg\downarrow+NH_4Cl$$

（2）氧化值为+2 的汞化合物

HgO 由于晶粒大小不同而有黄色和红色之分（黄色的颗粒小一些）。无论黄色还是红色 HgO，均为链状结构。HgO 的热稳定性远远低于 ZnO 和 CdO，在 573 K 时即可分解。

$$2HgO = 2Hg+O_2\uparrow$$

$Hg(OH)_2$ 极不稳定。当汞盐与强碱反应时，得不到 $Hg(OH)_2$，产物为黄色 HgO。

$$Hg^{2+}+2OH^- = HgO\downarrow+H_2O$$

$HgCl_2$ 为白色针状晶体，是直线形共价化合物，熔点低，易升华，俗称升汞，有剧毒。$HgCl_2$ 易溶于有机溶剂。$HgCl_2$ 在水中的解离度很小，在水中几乎以 $HgCl_2$ 分子形式存在，这是无机盐少有的性质。$HgCl_2$ 在水中稍有水解。

$$HgCl_2+2H_2O = Hg(OH)Cl+Cl^-+H_3O^+$$

在氨中发生氨解，生成白色的氨基氯化汞沉淀（$ZnCl_2$ 或 $CdCl_2$ 在氨水中溶解，生成

$[Zn(NH_3)_4]^{2+}$和$[Cd(NH_3)_4]^{2+}$配离子)。

$$HgCl_2+2NH_3=Hg(NH_2)Cl\downarrow+NH_4Cl$$

在酸性溶液中，$HgCl_2$ 是一个中强氧化剂，同部分还原剂(如 $SnCl_2$)反应可被还原成 Hg_2Cl_2。如果 $SnCl_2$ 过量，则 Hg_2Cl_2 将被进一步还原成金属汞，沉淀将变黑。

HgS 也有红色和黑色之分。黑色的 HgS 受热到 659 K 时可以转变成比较稳定的红色 HgS。HgS 是溶解度最小的硫化物($K_{sp}^{\ominus}=6.44\times10^{-53}$)。即使在浓硝酸中也不溶解，但能溶解在王水、$Na_2S$ 以及 KI 溶液中。

$$3HgS+8H^++2NO_3^-+12Cl^-=3[HgCl_4]^{2-}+3S\downarrow+2NO\uparrow+4H_2O$$

$$HgS+Na_2S=Na_2[HgS_2]$$

$$HgS+2H^++4I^-=[HgI_4]^{2-}+H_2S$$

向汞盐溶液中加入 KI 溶液时，首先会产生红色的 HgI_2 沉淀。当加入的 KI 过量时，则 HgI_2 沉淀溶解，变成无色的$[HgI_4]^{2-}$配离子溶液：

$$HgI_2+2I^-=[HgI_4]^{2-}$$

$[HgI_4]^{2-}$的碱性溶液称为奈斯勒试剂,常用于鉴定 NH_4^+ 离子(参考 10.3.2.3 节)。

11.4 过渡金属元素

过渡金属元素包括位于长式元素周期表中部 d 区的第Ⅲ B～Ⅶ B、Ⅷ族元素，以及 ds 区的ⅠB、ⅡB 族元素（不包括镧系元素和锕系元素)，共 10 个直列，其中Ⅷ族包括 3 个直列。d 区和 ds 区元素的原子结构特点是它们的原子最外层大多有 2 个 s 电子(少数只有 1 个 s 电子,Pd 无 5s 电子)，次外层 d 轨道上分别有 1～10 个 d 电子，价层电子构型可概括为$(n-1)d^{1\sim10}ns^{1\sim2}$(Pd 为 $5s^0$)。由于同周期过渡元素金属性递变不明显，通常按不同周期将过渡金属分为三个过渡系。

第一过渡系	Sc	Ti	V	Cr	Mn	Fe	Co	Ni	Cu	Zn
第二过渡系	Y	Zr	Nb	Mo	Tc	Ru	Rh	Pd	Ag	Cd
第三过渡系	Lu	Hf	Ta	W	Re	Os	Ir	Pt	Au	Hg

除Ⅷ族元素外，过渡元素也常以各纵列的第一个元素名称划分为相应的族，如ⅢB 族也称为钪分族。其他分别为钛分族(ⅣB 族)、钒分族(ⅤB 族)、铬分族(Ⅵ B 族)、锰分族(Ⅶ B)以及铜、锌分族(ⅠB 和ⅡB 族)。Ⅷ族元素的划分方式与其他过渡元素不同。

d 区元素在自然界中的储量以第一过渡系元素为较多，它们的单质和化合物在工业上的用途也较广。第二、三过渡系的元素，除银(Ag)和汞(Hg)外，相对说来丰度较小。第一过渡系元素的基本性质列于表 11.5 中。

表 11.5　第一过渡系元素的基本性质

元素	Sc	Ti	V	Cr	Mn	Fe	Co	Ni
原子序数	21	22	23	24	25	26	27	28
价层电子构型	$3d^1 4s^2$	$3d^2 4s^2$	$3d^3 4s^2$	$3d^5 4s^1$	$3d^5 4s^2$	$3d^6 4s^2$	$3d^7 4s^2$	$3d^8 4s^2$
原子半径/pm	161	145	132	125	124	124	125	125
离子 M^{2+} 半径/pm	–	90	88	84	80	76	74	72
第一电离能/($kJ \cdot mol^{-1}$)	639.5	664.6	656.5	659.0	723.8	765.7	764.9	742.5
$E^{\ominus}(M^{2+}/M)^*$/V	(−2.0)	−1.63	−1.18	−0.91 (−0.74)	−1.19	−0.44	−0.28	−0.23
主要氧化值	+3	+3,+4	+5	+3,+6	+2,+4,+7	+2,+3	+2,+3	+2

* 括号内为 $E^{\ominus}(M^{3+}/M)$。

11.4.1　过渡金属元素的通性

11.4.1.1　过渡金属元素的原子半径和物理性质

与同周期的ⅠA 和ⅡA 族元素相比，过渡元素的原子半径一般比较小。同周期中第一过渡元素的原子半径随着原子序数的增加而缓慢地依次减小，但到铜（d^{10} 结构有较大的屏蔽效应）前后略有增大。在同一族中，第一、二过渡系同族中的上下两个元素的原子半径大都是增大的，且相差较大；由于镧系收缩的影响，第二、三过渡系同族中的上下两个元素的原子半径接近（钪族除外），这导致第二和第三过渡系的同族元素的性质差异很小，如 Zr 与 Hf、Nb 与 Ta、Mo 与 W 元素性质十分相似。

由于过渡元素的原子半径较小，原子堆积紧密，同时最外层 s 电子和次外层 d 电子均可参与形成金属键，从而导致金属键增强，因此过渡金属单质多具有高熔沸点、高密度、导电性和导热性良好等特点。在同一周期中，过渡金属单质的熔点从左到右一般是先逐步升高，然后又缓慢下降。在各周期中熔点最高的金属在ⅥB 族中出现。在同一族中，第二过渡系元素单质的熔点、沸点大多高于第一过渡系，而第三过渡系的熔点、沸点又高于第二过渡系。熔点最高的单质是钨。硬度也有与熔点类似的变化规律。

许多过渡金属单质及其化合物均含有未成对电子，具有顺磁性，其中铁、钴、镍以及 Fe、Co 的相关化合物具有铁磁性。由于金属键的存在，过渡元素单质多具有较好的延展性和机械加工性能，相互之间或与非过渡金属可以形成具有不同特征和特性的合金材料。由于单质中自由电子的存在，过渡金属均为电和热的良导体，在工程材料方面有着广泛的应用。

过渡元素金属单质外观多呈银白色或灰白色光泽。除钪和钛为轻金属外，其余均属重金属，其中铂系元素最重。单质密度最大的是Ⅷ族的锇(Os)，其次是铱(Ir)、铂(Pt)、铼(Re)。这些金属都比室温下同体积的水重 20 倍以上，是典型的重金属。

11.4.1.2　过渡金属元素的化学性质

过渡元素的外层电子层结构为$(n-1)d^{1\sim10}ns^{1\sim2}$，次外层的 d 轨道上占有 1~10 个电子，最外层只有 1~2 个电子(Pd 例外)。由于过渡元素原子的电子层结构中次外层电子未充满或刚刚充满，最外层和次外层电子都不稳定，倾向于失去电子而呈正氧化值。由于$(n-1)$d轨道和ns轨道能级差相对较小，最外层s电子和次外层d电子均能够参与成键。因此，过渡元素常具有多种氧化值，一般由+2氧化值变到和元素所在族数相同的最高氧化值，每种元素都有一种或几种相对稳定的氧化值。

同一周期中过渡元素相同氧化值的离子半径自左向右随原子序数的增加逐渐变小。由于镧系收缩，第五、六周期同族元素的相同氧化态的离子半径相近。

过渡元素的较低氧化值（+2和+3）大都有简单的M^{2+}和M^{3+}。这些离子的氧化性一般都不强（Co^{3+}，Ni^{3+}和Mn^{3+}除外），因此都能与多种酸根离子形成盐类。

过渡元素化学性质差别明显。过渡金属在水溶液中的活泼性可根据标准电极电势来判断。第一过渡系元素的单质比第二、三过渡系元素单质化学性质活泼。同一周期元素从左到右，总的变化趋势是$E^{\ominus}(M^{2+}/M)$逐渐变大，其活泼性逐渐减弱。除铜外，$E^{\ominus}(M^{2+}/M)$均为负值，Ti、V、Cr、Mn、Fe、Co、Ni、Zn等属于活泼金属，能与非氧化性稀酸（盐酸或硫酸）作用置换出氢；易形成低氧化值的简单阳离子，较为稳定。随原子序数增加，第一过渡系元素氧化值随3d价电子数增加，氧化值逐渐升高（如Mn可形成+6价阳离子）；当3d电子数达到或超过5时，3d轨道趋向稳定，参与成键的趋势降低，形成的高氧化值逐渐不稳定，呈现强氧化性，随后氧化值又逐渐降低。

由于第二、三过渡系元素具有较大的电离能和升华焓，它们的单质难与稀酸（盐酸或硫酸）作用，金、铂仅能溶于王水中，而铌、钽、钌、铑、锇、铱不溶于王水，趋向于出现稳定性较高的高氧化值，而低氧化值化合物不常见。第二、三过渡系元素可以和浓碱或熔碱发生反应。高氧化值的过渡金属离子，常以含氧酸根的形式存在于水溶液中，在酸性条件下有较强的氧化性，特别是第一过渡系元素较为明显。第二、三过渡元素化学性质的这些差别与第二、三过渡系的原子具有较大的电离能（I_1和I_2）和升华焓（原子化焓）有关。有时这些金属在表面上易形成致密的氧化膜，也影响了它们的活泼性。

一般来说，过渡元素的高氧化值化合物比其低氧化值化合物的氧化性强，过渡元素与非金属形成二元化合物时，往往只有电负性较大、阴离子难被氧化的非金属元素（氧或氟）才能与它们形成高氧化值的二元化合物，如Mn_2O_7，CrF_6等。而电负性较小、阴离子易被氧化的非金属（如碘、溴、硫等）则难与它们形成高氧化值的二元化合物。在它们的高氧化值化合物中，以其含氧酸盐较稳定。这些元素在含氧酸盐中，以含氧酸根离子形式存在，如MnO_4^-、CrO_4^{2-}、VO_4^{3-}等。

11.4.2 钛的重要化合物

钛被认为是一种稀有金属，是由于在自然界中存在分散和难于提取。但其相对丰度在所有元素中居第十位。钛重要的矿石有金红石（TiO_2）、钛铁矿（$FeTiO_3$）以及钒钛铁矿。

由于在较高的温度下，钛易与氧、氮、碳反应，因此工业上制备金属钛时先将二氧化钛转化成四氯化钛，通过蒸馏、纯化、金属镁还原得到纯钛。

$$TiO_2 \xrightarrow{Cl_2,\ C} TiCl_4 \xrightarrow{Mg} Ti$$

钛原子的价层电子构型为$3d^24s^2$，最高氧化值为+4，此外还有+3和+2氧化值，其中

+4 氧化值的化合物最稳定和最重要。

11.4.2.1 二氧化钛（TiO_2）

TiO_2 在自然界中有金红石、锐钛矿和板钛矿三种晶型，其中最常见的为金红石。纯净的二氧化钛又称钛白粉，化学性质不活泼，无毒，是重要的白色颜料，不溶于水。工业上生产 TiO_2 的方法主要有硫酸法和氯化法。硫酸法制备的 TiO_2 一般是锐钛矿结构：

$$FeTiO_3+2H_2SO_4（浓） = FeSO_4+TiOSO_4+2H_2O（煮沸）$$

$$TiOSO_4+2H_2O = H_2TiO_3+H_2SO_4（煮沸）$$

$$H_2TiO_3 = TiO_2(煅烧)+H_2O$$

氯化法以气相反应为主，氯气可循环使用，制备的 TiO_2 一般是金红石结构。氯化法比硫酸法能耗低，且废弃物只有硫酸法的 1/10。

$$TiO_2+2C+2Cl_2 \xrightarrow{\triangle} TiCl_4+2CO$$

$$TiCl_4+O_2 \xrightarrow{煅烧} TiO_2+2Cl_2$$

TiO_2 具有两性（以碱性为主），还可溶于浓碱中，生成偏钛酸钠。

$$TiO_2+2NaOH(浓) = Na_2TiO_3+H_2O$$

TiO_2 不溶于稀酸，但能缓慢溶解在氢氟酸和热的浓硫酸中：

$$TiO_2+6HF = H_2TiF_6+2H_2O$$

$$TiO_2+H_2SO_4 = TiOSO_4+H_2O$$

TiO_2 粒子具有半导体性能，且以其无毒、廉价、催化活性高，稳定性好等特点，成为目前多相光催化反应最常用的半导体材料。

11.4.2.2 钛酸盐和钛氧盐

TiO_2 可以形成两种盐——钛酸盐和钛氧盐，钛酸盐大都难溶于水。$BaTiO_3$(白色)和 $PbTiO_3$(淡黄)介电常数高，具有压电效应，是重要的压电陶瓷材料。将二氧化钛与碳酸钡一起熔融可以制得 $BaTiO_3$。

$$BaCO_3+TiO_2 = BaTiO_3+CO_2\uparrow$$

硫酸氧钛($TiOSO_4$)为白色粉末，可溶于冷水。在溶液或晶体内实际上不存在简单的钛氧离子 TiO^{2+}，而是以 TiO^{2+} 聚合形成的锯齿状长链（—O—Ti—O—Ti—）形式存在。

TiO_2 为两性氧化物，酸、碱性都很弱，对应的钛酸盐和钛氧盐皆易水解，形成白色偏钛酸(H_2TiO_3)沉淀。

$$Na_2TiO_3+2H_2O = H_2TiO_3\downarrow+2NaOH$$

11.4.2.3 四氯化钛

四氯化钛($TiCl_4$)是钛最重要的卤化物，为共价化合物（正四面体构型）。常温下为无色液体，易挥发，具有刺激气味，易溶于有机溶剂。$TiCl_4$ 极易水解，在潮湿空气中由于水解而冒烟，利用此反应可以制造烟幕。

$$TiCl_4+3H_2O = H_2TiO_3\downarrow+4HCl\uparrow$$

11.4.3 钒的重要化合物

钒原子的价层电子构型为 $3d^34s^2$，可形成+5、+4、+3、+2 等氧化值的化合物，其中以氧化值为+5 的化合物较重要。钒的化合物均有毒。钒主要用作钢的添加剂。

五氧化二钒(V_2O_5)为橙黄至砖红色固体，无味、有毒，微溶于水，其水溶液呈淡黄色并显酸性。V_2O_5 在硫酸工业中可作催化剂，石油化工中可用作设备的缓蚀剂。

V_2O_5 为两性氧化物（以酸性为主），溶于强碱（如 NaOH）溶液中。

$$V_2O_5+6OH^- \xrightarrow{冷} 2VO_4^{3-} \text{（正钒酸根，无色）} +3H_2O$$

$$V_2O_5+2OH^- \xrightarrow{热} 2VO_3^- \text{（偏钒酸根，黄色）} +H_2O$$

V_2O_5 也可溶于强酸（如 H_2SO_4）形成淡黄色的 VO_2^+。

$$V_2O_5+2H^+ = 2VO_2^+\text{(淡黄)}+H_2O$$

11.4.4 铬的重要化合物

铬单质为银白色有光泽的金属，熔点(2 180 K)和沸点(2 944 K)都很高，硬度是金属单质中最高的。耐腐蚀、抗磨损，在空气和水中都相当稳定。将铬加到钢中可以制得不锈钢。

铬的价电子构型为 $3d^54s^1$，有多种氧化值，其中以氧化值为+3 和+6 的化合物较常见，也较重要。在酸性溶液中，氧化值为+6 的铬($Cr_2O_7^{2-}$)有较强氧化性，可被还原为 Cr^{3+}；而 Cr^{2+}有较强还原性，可被氧化为 Cr^{3+}。因此，在酸性溶液中 Cr^{3+}不易被氧化，也不易被还原。在碱性溶液中，氧化值为+6 的铬(CrO_4^{2-})氧化性很弱，Cr^{2+}和 Cr^{3+}的还原性较强。

11.4.4.1 三氧化二铬及其水合物

Cr_2O_3 是溶解或熔融都难的两性氧化物，对光、大气、高温及腐蚀性气体(SO_2，H_2S 等)极稳定。未灼烧过的 Cr_2O_3 具有两性(与 Al_2O_3 同晶)，既可溶于浓硫酸中生成蓝紫色的硫酸铬 $Cr_2(SO_4)_3$，又可溶于浓氢氧化钠中生成绿色的亚铬酸钠 $NaCrO_2$。

$$Cr_2O_3+3H_2SO_4 = Cr_2(SO_4)_3+3H_2O$$

$$Cr_2O_3+2NaOH = 2NaCrO_2+H_2O$$

高温灼烧过的 Cr_2O_3 与 $\alpha-Al_2O_3$ 相似，在酸、碱液中都呈惰性，但与酸性熔剂共熔，能转变为可溶性铬(Ⅲ)盐。

$$Cr_2O_3+3K_2S_2O_7 \xrightarrow{高温} Cr_2(SO_4)_3+3K_2SO_4$$

Cr_2O_3 是冶炼铬的原料，还是一种绿色颜料(俗称铬绿)，广泛应用于陶瓷、玻璃、涂料、印刷等工业。

向铬(Ⅲ)盐溶液中加入碱，可得灰绿色胶状氢氧化铬 $Cr(OH)_3$。氢氧化铬难溶于水，具有两性，易溶于酸形成蓝紫色的 $[Cr(H_2O)_6]^{3+}$，也易溶于碱形成亮绿色的 $[Cr(OH)_4]^-$。

$$Cr(OH)_3+3H^+ = Cr^{3+}+3H_2O$$

$$Cr(OH)_3+OH^- = [Cr(OH)_4]^-$$

11.4.4.2 铬(Ⅲ)盐

常见的铬(Ⅲ)盐有六水合氯化铬 $CrCl_3\cdot 6H_2O$（紫色或绿色），十八水合硫酸铬 $Cr_2(SO_4)_3\cdot 18H_2O$（紫色）以及十二水合硫酸铬钾（俗称铬钾矾，$KCr(SO_4)_2\cdot 12H_2O$，蓝紫色），它们都易溶于水。

Cr(Ⅲ)在碱性溶液中的还原性较强，易被氧化到Cr(Ⅵ)。

$$2CrO_2^- + 3H_2O_2 + 2OH^- = 2CrO_4^{2-} + 4H_2O$$

在酸性溶液中，需用很强的氧化剂如过硫酸盐，才能将 Cr^{3+} 氧化为 $Cr_2O_7^{2-}$。

$$2Cr^{3+} + 3S_2O_8^{2-} + 7H_2O = Cr_2O_7^{2-} + 6SO_4^{2-} + 14H^+$$

11.4.4.3 铬酸盐与重铬酸盐

铬酸 H_2CrO_4 是一种较强的酸，只存在于水溶液中，但其盐类却很稳定，用途也较广。钾、钠的铬酸盐和重铬酸盐是铬最重要的盐，K_2CrO_4 为黄色晶体，$K_2Cr_2O_7$ 为橙红色晶体（俗称红矾钾）。$K_2Cr_2O_7$ 在高温下溶解度大（373 K 时为 102 g/100 g 水），低温下的溶解度小（273 K 时为 5 g/100 g 水），通常使用重结晶法提纯。由于 $K_2Cr_2O_7$ 不易潮解，又不含结晶水，常用作化学分析中的基准物。

向铬酸盐溶液中加入酸，溶液由黄色变为橙红色，而向重铬酸盐溶液中加入碱，溶液由橙红色变为黄色。当 pH = 11 时，Cr(Ⅵ)几乎 100%以 CrO_4^{2-} 形式存在；当 pH = 1.2 时，则基本以 $Cr_2O_7^{2-}$ 形式存在。

$$2CrO_4^{2-}(\text{黄色}) + 2H^+ \rightleftharpoons Cr_2O_7^{2-}(\text{橙红色}) + H_2O \quad K^{\ominus} = 1.0\times10^{14}$$

重铬酸盐大都易溶于水；而铬酸盐，除 K^+ 盐、Na^+ 盐、NH_4^+ 盐外，一般都难溶于水。向重铬酸盐溶液中加入 Ba^{2+}、Pb^{2+} 或 Ag^+ 时，可使上述平衡向生成 CrO_4^{2-} 的方向移动，生成相应的铬酸盐沉淀。由于这些阳离子的铬酸盐有较小的溶度积，因此不论是向 CrO_4^{2-} 溶液，还是向 $Cr_2O_7^{2-}$ 溶液中加入这些离子，生成的都是这些离子的铬酸盐沉淀。

$$Cr_2O_7^{2-} + 2Pb^{2+} + H_2O = 2PbCrO_4(\text{铬黄})\downarrow + 2H^+$$

$$Cr_2O_7^{2-} + 4Ag^+ + H_2O = 2Ag_2CrO_4(\text{砖红})\downarrow + 2H^+$$

重铬酸盐在酸性溶液中是强氧化剂，可以氧化 H_2S、$FeSO_4$ 等，本身被还原为 Cr^{3+}。

$$Cr_2O_7^{2-} + 3H_2S + 8H^+ = 2Cr^{3+} + 3S\downarrow + 7H_2O$$

$$Cr_2O_7^{2-} + 6Fe^{2+} + 14H^+ = 2Cr^{3+} + 6Fe^{3+} + 7H_2O$$

在实验室中，利用 $Cr_2O_7^{2-}$ 的强氧化性，经常使用饱和 $K_2Cr_2O_7$ 溶液和浓硫酸的混合物（称为铬酸洗液）洗涤化学玻璃器皿，去除器壁上沾附的油脂层。

11.4.5 锰的重要化合物

锰是银白色金属，化学性质活泼，熔、沸点高。在常温下缓慢地溶于水，与稀酸作用放出氢气。锰主要用于制造合金钢。

锰的价层电子构型为 $3d^54s^2$，最高氧化值为+7，还有+6、+4、+3、+2 等氧化值。一般情况下锰以 Mn^{2+} 最稳定。锰以氧化值+2、+4 和+7 的化合物最重要。Mn^{2+} 较稳定，不易被氧化，也不易被还原。MnO_4^- 和 MnO_2 有强氧化性。在碱性溶液中，$Mn(OH)_2$ 不稳定，易被空气中的氧气氧化为 MnO_2。MnO_4^{2-} 也能发生歧化反应，但反应不如在酸性溶液中进行得完全。在酸性溶液中 Mn^{3+} 和 MnO_4^{2-} 均易发生歧化反应。锰的电势图如下：

$$E_A^{\ominus}/V \quad MnO_4^- \xrightarrow{+0.56} MnO_4^{2-} \xrightarrow{+2.290} MnO_2 \xrightarrow{+0.95} Mn^{3+} \xrightarrow{+1.5} Mn^{2+} \xrightarrow{-1.18} Mn$$

$$E_B^{\ominus}/V \quad MnO_4^- \xrightarrow{+0.56} MnO_4^{2-} \xrightarrow{+0.62} MnO_2 \xrightarrow{-0.25} Mn(OH)_3 \xrightarrow{+0.15} Mn(OH)_2 \xrightarrow{-1.56} Mn$$

11.4.5.1 锰(Ⅱ)盐

锰(Ⅱ)的强酸盐均溶于水，只有少数弱酸盐如 $MnCO_3$、MnS 等难溶于水。从水溶液中结晶出来的锰(Ⅱ)盐为带有结晶水的粉红色晶体，例如 $MnSO_4 \cdot 7H_2O$、$Mn(NO_3)_2 \cdot 6H_2O$ 和 $MnCl_2 \cdot 4H_2O$ 等。$[Mn(H_2O)_6]^{2+}$是水合锰(Ⅱ)盐和这些盐的水溶液显粉红色的原因。

锰(Ⅱ)盐在碱性介质中不稳定，生成白色至浅粉色的胶状沉淀 $Mn(OH)_2$，后者在空气中迅速被氧化为棕色的 $MnO(OH)_2$(水合二氧化锰)。

$$Mn^{2+}+2OH^- = Mn(OH)_2 \text{(白色)}$$

$$2Mn(OH)_2+O_2 = 2MnO(OH)_2 \text{(棕色)}$$

在酸性溶液中，$Mn^{2+}(3d^5)$比同周期的其他+2 氧化值过渡金属离子，如 $Cr^{2+}(d^4)$、$Fe^{2+}(d^6)$等稳定，不具有还原性，只有用强氧化剂(如 $NaBiO_3$、PbO_2、$(NH_4)_2S_2O_8$ 等)，才能将 Mn^{2+}氧化为紫红色的高锰酸根 MnO_4^-。

$$2Mn^{2+}+14H^+ +5NaBiO_3 = 2MnO_4^- +5Bi^{3+}+5Na^+ +7H_2O$$

11.4.5.2 二氧化锰(MnO_2)

MnO_2 为棕黑色粉末，是锰最稳定的氧化物，在酸性溶液中有强氧化性。

$$MnO_2+4HCl\text{(浓)} = MnCl_2+Cl_2\uparrow +2H_2O$$

MnO_2 与碱共熔，可被空气中的氧所氧化，生成绿色的锰酸盐。

$$2MnO_2+4KOH+O_2 = 2K_2MnO_4+2H_2O$$

11.4.5.3 高锰酸盐

高锰酸钾 $KMnO_4$（俗称灰锰氧）为深紫色晶体，能溶于水，是一种强氧化剂。$KMnO_4$ 在酸性溶液中会缓慢地分解而析出 MnO_2。光对此分解有催化作用，因此 $KMnO_4$ 必须保存在棕色瓶中。

$$4MnO_4^- +4H^+ = 4MnO_2\downarrow +3O_2\uparrow +2H_2O$$

高锰酸钾具有极强的氧化性。$KMnO_4$ 的氧化能力随介质的酸性减弱而减弱，其还原产物也因介质的酸碱性不同而变化。MnO_4^- 在酸性、中性（或微碱性）和强碱介质中的还原产物分别为 Mn^{2+}、MnO_2 及 MnO_4^{2-}。

$$2MnO_4^- \text{（紫色）} +5SO_3^{2-}+6H^+ = 2Mn^{2+} \text{（粉红色或无色）} +5SO_4^{2-}+3H_2O$$

$$2MnO_4^- +3SO_3^{2-}+H_2O = 2MnO_2\downarrow \text{（棕色）} +3SO_4^{2-}+2OH^-$$

$$2MnO_4^- +SO_3^{2-}+2OH^- = 2MnO_4^{2-} \text{（绿色）} +SO_4^{2-}+H_2O$$

在化学品生产中，广泛用高锰酸钾作氧化剂，如用于制备糖精、维生素 C 等。医药中用作防腐剂、消毒剂及解毒剂，也作为外用药用于杀菌、消毒的浸泡剂。在水质净化及废水处理中，作水处理剂，以氧化硫化氢、酚和有机物等多种污染物，控制臭味和脱色等。

高锰酸钾相应的酸高锰酸 $HMnO_4$ 和酸酐 Mn_2O_7，均为强氧化剂，能自动分解发热，和有机物接触引起燃烧，特别是 Mn_2O_7 受热时会爆炸分解。Mn_2O_7 可由高锰酸钾与浓硫酸作用得到，因此高锰酸钾与浓硫酸反应时必须在低温下进行。

$$4KMnO_4+6H_2SO_4 = Mn_2O_7+2[MnO_3]HSO_4+4KHSO_4+3H_2O$$

11.4.6 铁系元素

周期表d区第Ⅷ族元素包括三个元素组共9种元素，即铁系铁(Fe)、钴(Co)、镍(Ni)；钌(Ru)、铑(Rh)、钯(Pb)；锇(Os)、铱(Ir)、铂(Pt)。由于镧系收缩的结果，第Ⅷ族同周期的元素比同纵列的元素在性质上更为相似些。根据元素性质上的相似性，通常把第一过渡系的铁、钴、镍称为铁系元素，其余6种元素称为铂系元素。铂系元素为稀有元素，与金、银元素一起称为贵金属元素。

铁、钴、镍的单质都是具有光泽的银白色金属，密度大、熔点高。依Fe、Co、Ni顺序，原子半径略有减小，密度略有增大，熔点降低。铁和镍的延展性好，而钴则较硬而脆。它们都具有磁性，在外加磁场作用下，磁性增强，外磁场被移走后，仍保持很强的磁性，所以称为铁磁性物质。铁、钴、镍的合金也都是良好的磁性材料。

铁、钴、镍属于中等活泼的金属，能从非氧化性酸中置换出氢气（钴反应较慢），活泼性按Fe、Co、Ni顺序递减。冷、浓硝酸可使铁、钴、镍变成钝态，因此储运浓HNO_3的容器和管道可用铁制品。

$$Fe+2HCl=FeCl_2+H_2\uparrow$$

$$2Fe+6H_2SO_4(浓)\xrightarrow{\triangle}Fe_2(SO_4)_3+3SO_2\uparrow+6H_2O$$

$$Fe+6HNO_3(浓)\xrightarrow{\triangle}Fe(NO_3)_3+3NO_2\uparrow+3H_2O$$

金属铁能被浓碱溶液侵蚀，钴和镍在强碱中的稳定性比铁高，因此实验室在熔融碱性物质时多用镍坩埚。

块状铁、钴、镍的纯单质在空气和纯水中是稳定的，含有杂质的铁在潮湿空气中慢慢形成结构疏松的棕色铁锈$Fe_2O_3\cdot 3H_2O$。常温下，铁、钴、镍与氧、硫、氯、溴等非金属不发生显著作用，但在加热条件下，将与上述非金属发生剧烈反应。

铁、钴、镍的价层电子构型分别为$3d^64s^2$、$3d^74s^2$和$3d^84s^2$。铁系元素能形成+2、+3两种氧化值的化合物，其中铁+3氧化值的化合物、钴和镍的+2氧化值的化合物较为稳定。这是由于Fe^{3+}为半充满的稳定结构($3d^5$)，而Co^{2+}($3d^7$)和Ni^{2+}($3d^8$)却不能形成类似的稳定结构，因此，Fe(Ⅲ)的化合物容易得到，而Ni(Ⅲ)的化合物不易得到。

由于铁系元素的3d电子已超过5个，全部d电子参与成键的可能性逐渐减小，所以铁系元素无法形成类似于VO_3^-、CrO_4^{2-}、MnO_4^-等的含氧酸根离子。铁系元素中只有d电子最少的铁元素，可以形成氧化值为+6的化合物。在强碱性介质中，$Fe(OH)_3$可以被强氧化剂氧化而生成高铁酸钾K_2FeO_4。

$$2Fe(OH)_3+10KOH+3Br_2=2K_2FeO_4+6KBr+8H_2O$$

高铁酸钾仅在浓碱溶液中暂时稳定，稀释时便逐渐分解而放出氧。将溶液酸化时，高铁酸盐就迅速分解而转化成铁(Ⅲ)盐：

$$4FeO_4^{2-}+20H^+=4Fe^{3+}+3O_2\uparrow+10H_2O$$

11.4.6.1 铁、钴、镍的氧化物和氢氧化物

铁、钴、镍均能形成+2和+3氧化值的氧化物，它们的颜色各不相同。FeO、Co_2O_3与Ni_2O_3为黑色，CoO为灰绿色，NiO为暗绿色，Fe_2O_3为砖红色。铁还可以形成混合价态氧

化物 $Fe_3O_4(FeO \cdot Fe_2O_3)$。

铁、钴、镍的+2 和+3 氧化值的氧化物均能溶于强酸，而不溶于水和碱，为碱性氧化物。

与其他过渡元素一样，铁、钴、镍+3 氧化值的氧化物比+2 氧化值的氧化物有更强的氧化能力；+3 氧化值氧化物的氧化能力按铁-钴-镍的顺序递增，但稳定性递降。在酸性溶液中，Co_2O_3 与 Ni_2O_3 具有强氧化性。

$$Co_2O_3+6HCl(浓)=2CoCl_2+Cl_2+3H_2O$$

铁系元素的氢氧化物均难溶于水。+2 氧化值氧化物的还原性按铁-钴-镍的顺序递降。其中，$Fe(OH)_2$很不稳定，容易被氧化。

$$4Fe(OH)_2+O_2+2H_2O=4Fe(OH)_3\downarrow$$

$Co(OH)_2$虽较 $Fe(OH)_2$稳定，但在空气中也能缓慢地被氧化成棕黑色的 $CoO(OH)$。$Ni(OH)_2$则更稳定，长久置于空气中也不被氧化，与强氧化剂作用可生成黑色的 NiOOH。

$$2Ni(OH)_2+NaClO=2NiOOH+NaCl+H_2O$$

高氧化值(+3)氢氧化物的氧化性按铁-钴-镍顺序依次递增。例如，$Fe(OH)_3$与盐酸只能发生酸碱中和反应，而 $CoO(OH)$ 却能氧化盐酸，放出氯气。

$$Fe(OH)_3+3HCl=FeCl_3+3H_2O$$

$$2CoO(OH)+6HCl=2CoCl_2+Cl_2\uparrow+4H_2O$$

11.4.6.2 铁、钴、镍的盐类

(1) *M*(Ⅱ)盐

铁、钴、镍的+2 氧化值的强酸盐都易溶于水。强酸盐从水溶液中析出结晶时，往往带有一定数目的结晶水，如 $MCl_2 \cdot 6H_2O$、$M(NO_3)_2 \cdot 6H_2O$、$MSO_4 \cdot 7H_2O$（M = Fe、Co、Ni）等。

铁系元素和碱金属或铵的硫酸盐可形成复盐，如硫酸亚铁铵 $(NH_4)_2SO_4 \cdot FeSO_4 \cdot 6H_2O$（俗称摩尔盐），它比相应的亚铁盐 $FeSO_4 \cdot 7H_2O$（俗称绿矾）更稳定，不易被氧化。容量分析中，摩尔盐常用于标定 $KMnO_4$ 和 $K_2Cr_2O_7$ 溶液的浓度。

低电荷的 Fe^{2+}、Co^{2+}、Ni^{2+} 水解程度较弱。例如，缓慢加热 $CoCl_2 \cdot 6H_2O$ 逐步失去全部结晶水而不水解，受热脱水过程中伴有颜色的变化。

$$\underset{(粉红)}{CoCl_2 \cdot 6H_2O} \xrightarrow{325\ K} \underset{(紫红)}{CoCl_2 \cdot 2H_2O} \xrightarrow{363\ K} \underset{(蓝紫)}{CoCl_2 \cdot H_2O} \xrightarrow{393\ K} \underset{(蓝)}{CoCl_2}$$

用作干燥剂的硅胶，常利用氯化钴的这种特性判断其含水情况。当硅胶吸水已达饱和，颜色由蓝色变为红色；将红色硅胶在 393 K 烘干至蓝色后可重复使用。

(2) *M*(Ⅲ)盐

在铁系元素中，只有铁能形成稳定的+3 氧化值的简单盐，如 $Fe(NO_3)_3 \cdot 6H_2O$、$FeCl_3 \cdot 6H_2O$、$Fe_2(SO_4)_3 \cdot 12H_2O$。Fe(Ⅲ)盐都易溶于水，但得不到 $[Fe(H_2O)_6]^{3+}$，由于 $Fe(OH)_3$的碱性相对较弱，$[Fe(H_2O)_6]^{3+}$逐渐水解生成 $[Fe(OH)(H_2O)_5]^{2+}$，使溶液显黄色或红棕色。

$$[Fe(H_2O)_6]^{3+}+H_2O \rightleftharpoons [Fe(OH)(H_2O)_5]^{2+}+H_3O^+$$

$$[Fe(OH)(H_2O)_5]^{2+}+H_2O \rightleftharpoons [Fe(OH)_2(H_2O)_4]+H_3O^+$$

当增大 pH 时，Fe(Ⅲ)盐水溶液水解产物进一步缩聚成红棕色的胶状 β-FeOOH 溶液。当 pH≈4~5 时，生成水合三氧化二铁 $Fe_2O_3 \cdot nH_2O$ 沉淀。

Fe^{3+}的氧化性虽远远不如 Co^{3+}和 Ni^{3+}，但仍属中强氧化剂。

$$2Fe^{3+}+2I^-=2Fe^{2+}+I_2$$

无水 $FeCl_3$ 由碎铁屑在 773~973 K 条件下与干燥的氯气反应制得，是以共价键为主的化合物。无水 $FeCl_3$ 的熔、沸点均较低，加热至 373 K 左右即开始明显挥发，蒸气状态以双聚体 Fe_2Cl_6 形式存在，极易吸潮而变成 $FeCl_3 \cdot nH_2O$。三氯化铁用作某些有机反应的催化剂，工业上用作净水剂，医疗上用作止血剂($FeCl_3$ 可使蛋白质迅速凝聚)，电路制版中用作刻蚀剂(Fe^{3+}使 Cu 氧化)。

$$2Fe^{3+}+Cu=2Fe^{2+}+Cu^{2+}$$

11.4.6.3　铁、钴、镍的配合物

(1) 铁的配合物

Fe^{2+}和 Fe^{3+}在氨水中都生成氢氧化物沉淀，而不生成氨的配位化合物。

$$Fe^{2+}+2NH_3+2H_2O=Fe(OH)_2+2NH_4^+$$

$$Fe^{3+}+3NH_3+3H_2O=Fe(OH)_3+3NH_4^+$$

在盐酸溶液中，Fe^{3+}与 Cl^-形成黄色的$[FeCl_4]^-$及$[FeCl_4(H_2O)_2]^-$配离子。由于能与有配位能力的溶剂分子生成配位化合物，$FeCl_3$ 可在含盐酸的水溶液中使用乙醚萃取。

Fe(Ⅱ)盐与过量 KCN 反应时生成非常稳定的$[Fe(CN)_6]^{4-}$(稳定常数为 1.0×10^{35})。从溶液中析出来的黄色晶体 $K_4[Fe(CN)_6]\cdot 3H_2O$，俗称黄血盐。黄血盐主要用于制造颜料、油漆、油墨。黄血盐在溶液中遇 Fe^{3+}生成蓝色的沉淀 $KFe[Fe(CN)_6]$(普鲁士蓝)。

$$K^++Fe^{3+}+[Fe(CN)_6]^{4-}=KFe[Fe(CN)_6]\downarrow$$

氯气或其他氧化剂可将$[Fe(CN)_6]^{4-}$氧化为$[Fe(CN)_6]^{3-}$(稳定常数为 1.0×10^{42})。$K_3[Fe(CN)_6]$晶体为红色，俗称赤血盐。由于赤血盐受日光照射时会发生光化学反应放出剧毒的氰气，故应将其保存在密闭的棕色瓶中。赤血盐主要用于印刷制版、照片洗印及显影，也用于制晒蓝图纸等。赤血盐在溶液中遇 Fe^{2+}生成蓝色的藤氏蓝沉淀 $KFe[Fe(CN)_6]$。

$$2K_4[Fe(CN)_6]+Cl_2=2K_3[Fe(CN)_6]+2\ KCl$$

$$K^++Fe^{2+}+[Fe(CN)_6]^{3-}=KFe[Fe(CN)_6]\downarrow$$

Fe^{3+}与 SCN^-反应，形成血红色的$[Fe(NCS)_n]^{3-n}$或$[Fe(SCN)_n(H_2O)_{6-n}]^{3-n}$，$n$ 值随溶液中的 SCN^-浓度和酸度而定，随着溶液中配位化合物浓度增大，溶液的颜色从浅红到暗红。常用这一反应鉴定 Fe^{3+}和比色法测定 Fe^{3+}的含量。

$$Fe^{3+}+nSCN^-=[Fe(NCS)_n]^{3-n}(n=1\sim6)$$

Fe^{3+}与草酸根 $C_2O_4^{2-}$ 形成的$[Fe(C_2O_4)_3]^{3-}$为黄绿色。$K_3[Fe(C_2O_4)_3]$具有光学活性，见光分解为 FeC_2O_4。

Fe^{2+}与 1,10-二氮菲(phen)形成的配离子$[Fe(phen)_3]^{2+}$在水溶液中为红色，通过氧化可

以转化为蓝色的$[Fe(phen)_3]^{3+}$，因此，$[Fe(phen)_3]SO_4$可作为氧化还原滴定的指示剂。

二茂铁是一种具有芳香族性质的有机过渡金属化合物，化学式为$Fe(C_5H_5)_2$，常温下为橙黄色粉末，不溶于水，易溶于苯、乙醚、汽油、柴油等有机溶剂。与酸、碱、紫外线不发生作用，化学性质稳定，673 K以内不分解。其分子呈现极性，具有高度热稳定性、化学稳定性和耐辐射性。二茂铁的衍生物在工业、农业、医药、航天等行业具有广泛的应用。

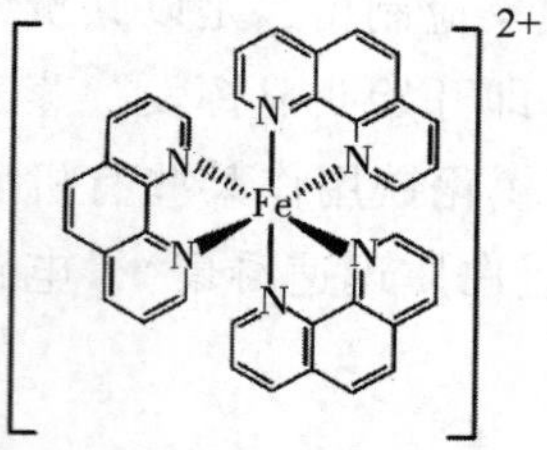

$[Fe(phen)_3]^{2+}$ 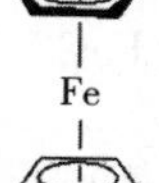　　二茂铁 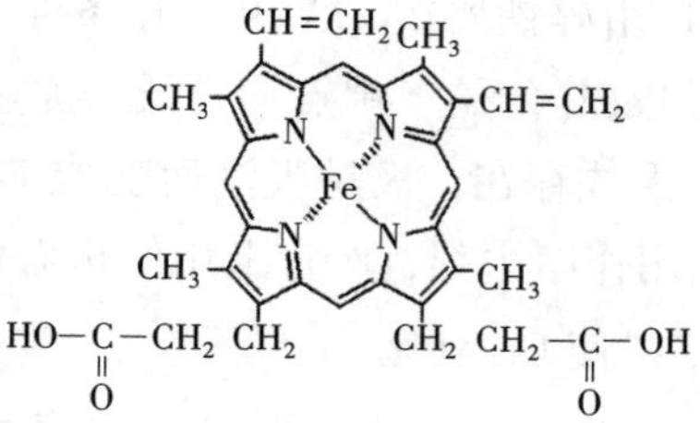　　血红蛋白中铁的配位

血红蛋白是Fe(Ⅱ)与血红素蛋白质形成的配合物，血红蛋白是血红细胞（红血球）中的载氧蛋白，在动脉血中把O_2从肺部运送到肌肉，将O_2转移固定在肌红蛋白上，并在静脉血中将CO_2带回双肺排出，即血红蛋白和肌红蛋白分别起载氧和储氧功能。

（2）钴的配合物

Co^{3+}具有很强的氧化能力，在水溶液中不能稳定存在。所以，大多数的Co(Ⅲ)化合物为配位化合物。Co^{2+}与过量氨水反应，可形成土黄色的$[Co(NH_3)_6]^{2+}$，此配离子具有一定的还原能力，在空气中可慢慢被氧化变成更稳定的红褐色$[Co(NH_3)_6]^{3+}$。

$$[Co(NH_3)_6]^{3+}+e^- \rightleftharpoons [Co(NH_3)_6]^{2+} \qquad E_B^{\ominus}=0.108\ V$$

$$4[Co(NH_3)_6]^{2+}+O_2+2H_2O=4[Co(NH_3)_6]^{3+}+4OH^-$$

钴也是生命必需的微量元素之一。钴的配合物之一——维生素B_{12}在许多生物化学过程中起非常特效的催化作用，能促使红细胞成熟，是治疗恶性贫血症的特效药。

（3）镍的配合物

Ni^{2+}的配合物都比较稳定。Ni^{2+}在过量的氨水中可生成蓝色的$[Ni(NH_3)_4(H_2O)_2]^{2+}$以及紫色的$[Ni(NH_3)_6]^{2+}$。$Ni^{2+}$与过量的$CN^-$反应形成具有平面正方形结构的橙黄色$[Ni(CN)_4]^{2-}$。

在中性、弱酸性或弱碱性溶液中，Ni^{2+}与丁二酮肟（镍试剂）反应形成鲜红色的螯合物沉淀，此反应是鉴定Ni^{2+}的特征反应。

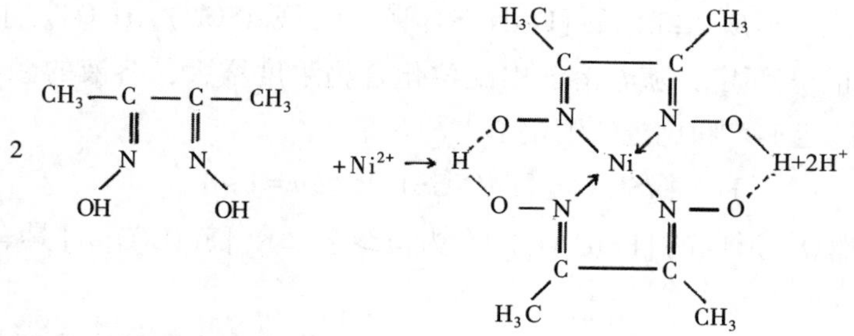

镍是人体必需的微量元素，最先发现存在于辅酶 F340 中。镍具有加强胰岛素的作用，协助制造血液等生理功能。缺镍会影响铁的吸收。

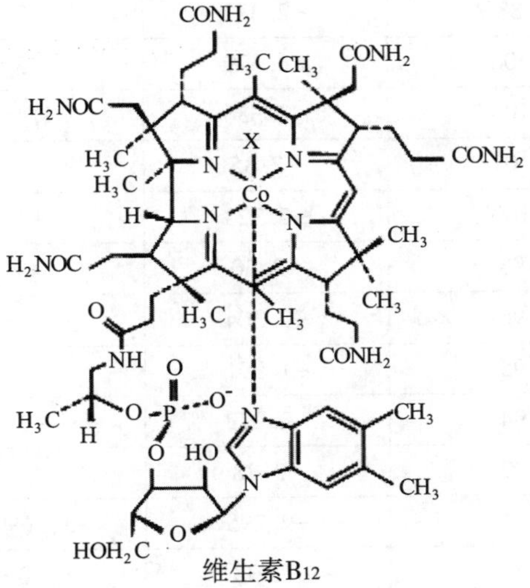

维生素 B_{12}　　　　辅酶F340

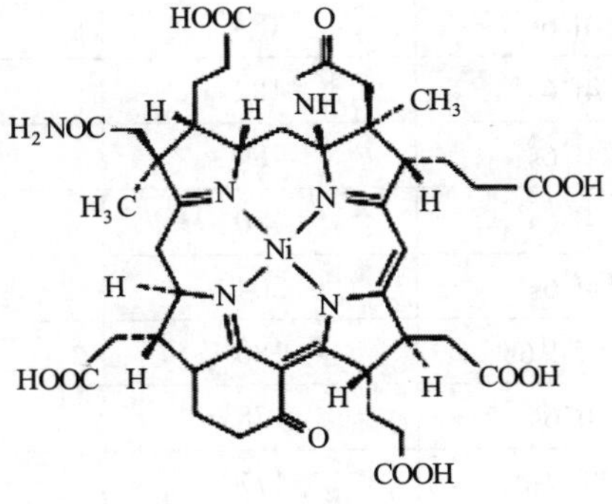

11.5　稀土金属元素概述

在周期表的最下面单独排列着两行元素，它们是分别属于ⅢB 族第六周期的镧系元素（从 58 号铈 Ce 到 71 号镥 Lu，同镧一起）和第七周期的锕系元素（从第 90 号钍 Th 到 103 号铹 Lw，连同锕一起），这些元素的基本特征是随着核电荷的增加，电子依次填入外数第三层 $(n-2)$f 轨道上，故统称为 f 区元素，也称内过渡元素。

镧系元素包括镧 La、铈 Ce、镨 Pr、钕 Nd、钷 Pm、钐 Sm、铕 Eu、钆 Gd、铽 Tb、镝 Dy、钬 Ho、铒 Er、铥 Tm、镱 Yb、镥 Lu，共 15 个元素，其中钷是放射性元素。由于镧系元素和ⅢB 族的钇(Y)、镥(Lu) 2 个元素性质上很相似，在自然界也常共生于矿物之中，因此化学上把镧系和钇、镥一起总称为稀土元素（rare earth elements）。本节主要讨论稀土元素的主体成员——镧系元素。

根据稀土矿物的共生情况及其盐类的溶解性差异，将从镧 La 到铕 Eu（原子序数从 57 到 63）的元素称为铈组（也称为轻稀土元素）；从钆 Gd 到镱 Yb（原子序数从 64 到 70）以及钇、镥称为钇组（也称为重稀土元素）。铈组元素的化合物在性质上多与镧的相应化合物相似；钇组元素的化合物在性质上则更多与钇的相应化合物相似。

稀土元素的性质与其原子结构密切相关(表 11.6)。除钇和镧外，稀土元素在基态时，最后填充的电子大都进入 4f 亚层，外层电子结构可表示为 $4f^{0\sim14}5d^{0\sim1}6s^2$(钇为 $4d^15s^2$)，其 4f 和 5d 电子数之和为 1~15，仅 La、Ce、Gd 和 Lu 在 5d 轨道上填充电子。La($4f^05d^16s^2$)、Eu($4f^76s^2$)、Gd($4f^75d^16s^2$)、Yb($4f^{14}6s^2$)和 Lu($4f^{14}5d^16s^2$)为 4f 轨道全空、半充满和全充满的稳定状态。

表 11.6　稀土元素的电子层结构及部分性质

元素	外层电子构型	原子半径/pm	离子半径 Ln^{3+}/pm	$E^{\ominus}(Ln^{3+}/Ln)$/V	氧化值 *
Y	$4d^15s^2$	180	88	−2.372	+3
La	$5d^16s^2$	188	106	−2.379	+3
Ce	$4f^15d^16s^2$	182	103	−2.336	+3，+4
Pr	$4f^36s^2$	183	101	−2.35	+3，+4
Nd	$4f^46s^2$	182	100	−2.323	+3
Pm	$4f^56s^2$	180	98	−2.30	+3
Sm	$4f^66s^2$	180	96	−2.304	+2，+3
Eu	$4f^76s^2$	204	95	−1.991	+2，+3
Gd	$4f^75d^16s^2$	180	94	−2.279	+3
Tb	$4f^96s^2$	178	92	−2.28	+3，+4
Dy	$4f^{10}6s^2$	177	91	−2.295	+3，(+4)
Ho	$4f^{11}6s^2$	177	89	−2.33	+3
Er	$4f^{12}6s^2$	176	88	−2.331	+3
Tm	$4f^{13}6s^2$	175	87	−2.319	(+2)，+3
Yb	$4f^{14}6s^2$	194	86	−2.19	+2，+3
Lu	$4f^{14}5d^16s^2$	173	85	−2.28	+3

* 括号内为不稳定的氧化值。

由于镧系元素原子中依次增加的电子是填充在外数第三层$(n-2)$f 轨道中，因此随着核电荷数的逐渐增加(从 La 的 57 递增到 Lu 的 71)，原子核对电子壳层的引力逐渐增加，导致电子壳层逐渐收缩。除了 Eu 的半充满 4f 轨道($4f^7$)和 Yb 的全充满 4f 轨道($4f^{14}$)致使 Eu 和 Yb 的半径稍有增大外，其他镧系元素原子半径的总趋向是随着原子序数的增加而逐渐缩小（从 La 到 Lu 的 15 种镧系元素的金属半径递减累积仅有 9 pm）。同时，对于镧系元素的 M^{3+}离子，离子半径收缩更为明显，此时 4f 亚层为最外层，电子结构单调变化，因此离子半径呈现极有规律地依次缩小。这种金属原子半径，特别是离子半径依次缩小的现象称为镧系收缩。

镧系收缩使镧系元素后的元素与同族上一周期元素原子半径和离子半径相近，Y^{3+}离子半径与 Er^{3+}相近，Sc^{3+}离子半径与 Lu^{3+}接近，这使得它们的化学性质极为相似，分离困难。因而，在自然界中 Y、Sc 常同镧系元素共生，成为稀土元素的成员。

镧系元素单质为银白色金属，质地较软，具有延展性，但抗拉强度低。Eu 和 Tb 的密度、熔点比与它们各自左右相邻的金属都小，其他镧系金属的密度和熔点基本上随着原子序数的增加而增加。镧系金属都具有较强的顺磁性。

镧系元素均为活泼金属，其还原能力仅次于碱金属和碱土金属（Be 除外）。但随着原子序数的增加，镧系元素的还原性有所减弱。在空气中可缓慢氧化，与冷水缓慢作用，与热水作用较快，可置换出氢，都易溶于稀酸，但不溶于碱。

镧系元素常见的氧化值是+3 价，在水溶液中容易形成+3 价离子，有些元素还存在除+3 价以外的稳定氧化值，如 Ce、Pr、Tb、Dy 常呈现出+4 价氧化值，而 Sm、Eu、Tm、Yb 则有+2 价氧化态。

在加热下镧系金属能同非金属化合，生成卤化物 MX_3、氮化物 MN、碳化物 MC_2、硫化物 M_2S_3 等。它们也能同氢化合生成组成不很固定的化合物。

① 镧系元素都能生成 M_2O_3 氧化物。此外，Ce、Pr、Tb 也能生成 MO_2 的氧化物。M_2O_3 都具碱性，难溶于水或碱性介质，而易溶于强酸中。相应的氢氧化物按其碱性的强度来说，比碱土金属的氢氧化物弱一些，但其溶解度要比碱金属氢氧化物小得多。一般而言，从 La 到 Lu 的氢氧化物的碱性和溶解度随离子半径的缩小而逐渐减小。

② 如果在单纯稀土盐的溶液中缓慢地加入氨水或稀碱溶液，严格控制 pH 值，则稀土元素以 $M(OH)_3$的形式按溶度积由小到大的顺序依次析出。

③ 稀土元素能形成多种化合物，有重要用途的是它们的盐类和氢氧化物。它们的硝酸盐、硫酸盐和氯化物易溶于水，而它们的草酸盐、碳酸盐、磷酸盐以及氟化物则难溶于水，最难溶的是草酸盐。

④ 镧系元素的氟化物难溶于水，其溶度积由 LaF_3 到 YbF_3 逐渐增大。向镧系金属氢氧化物、氧化物、碳酸盐中加盐酸就可得到易溶于水的氯化物。镧系元素的其他卤化物多易形成水合物，Ln 的氯化物和溴化物常含 6~7 个结晶水。多数水合氯化物在加热时发生水解。

⑤ 稀土元素的硝酸盐、硫酸盐、草酸盐和碳酸盐都能与碱金属、铵以及某些二价金属(如 Mg)的相应盐形成复盐。例如 $M_2(SO_4)_3$溶液中，加入 Na_2SO_4，溶解度较小的铈组元素硫酸盐的复盐就析出，而钇组元素则留在溶液中。如果在溶液中加入草酸，则溶解度很小的钇组元素以草酸盐析出。

⑥ 稀土元素盐类与许多有机物(如柠檬酸、EDTA 等)之间的配位作用已成为近代分离稀土元素方法的基础，离子半径越小，形成配合物能力越强。如先用离子交换树脂吸附 Pr^{3+}和 Nd^{3+}，再加入柠檬酸溶液。此时，由于 Nd^{3+}形成配合物的能力较强，它的配合物会先进入溶液中，从而达到分离 Pr^{3+}和 Nd^{3+}的目的。

Ln^{3+}属于硬酸，易与属于硬碱的氟、氧配位原子成键，如羧酸、β-二酮及一些含氧化合物。Ln^{3+}与氮、硫及氟除外的卤素生成配合物的能力差，只能形成一些螯合物。

由于在镧系元素+3 氧化值离子中，多数含有未成对 4f 电子，易吸收可见光发生 f-f 跃迁，因此它们的水含离子常呈现独特的颜色。但具有 f^0 和 f^{14} 结构的 La^{3+}和 Lu^{3+}不能发生 f-f 跃迁，因此无色；Ce^{3+}、Gd^{3+}、Yb^{3+}分别具有 f^1、f^7 和 f^{13} 结构，吸收峰超出了可见光区，也不显颜色。高氧化值金属离子的极化能力较强，易产生电荷迁移，如 Ce^{4+}($4f^0$)离子的橙红色就是由电荷迁移引起的。分析化学中常利用镧系元素盐类溶液的吸收光谱对稀土离子进行鉴定。

含有未成对电子的物质具有顺磁性或铁磁性，$f^{1\sim13}$ 构型的原子或离子都是顺磁性的。钕、钐、镨、镝等是制造现代超级永磁材料的主要原料，其磁性高出普通永磁材料 4~10 倍，广泛应用于电视机、电声、医疗设备、磁悬浮列车及军事工业等高新技术领域。

稀土元素具有优异的发光性能，可用来制造发光材料、电光源材料和激光材料等。例如，氧化钇(Y_2O_3)或硫氧化钇(Y_2O_2S)为基质的掺有铕的荧光粉(Y_2O_3:Eu;Y_2O_2S:Eu)可作为红色发光粉，(Ba,Eu)$Mg_2Al_{16}O_{27}$ 是蓝色荧光粉。

思考题与习题

1. 完成并配平下列化合物与 H_2O 和 CO_2 反应的方程式。

 (1) Li_2O　(2) Na_2O_2　(3) BaO_2　(4) KO_3　(5) NaH

2. 查阅书中数据和书后附表，请回答：

 (1) 为什么碱金属中锂的电离能最大，而标准电势值最小？

 (2) $E^{\ominus}$ (Li^+/Li) 值最小，能否说明 Li 和 H_2O 反应最剧烈？

 (3) 为什么锂离子化合物是优良的吸湿材料和锂离子电池电极材料？

3. 现有一混合物，其中可能含 $MgCO_3$、Na_2SO_4、$Ba(NO_3)_2$、KCl、$CuSO_4$，按如下步骤进行实验：(1) 溶于水得到一无色溶液和白色沉淀；(2) 白色沉淀可溶于稀盐酸并有气体产生；(3) 无色溶液的焰色是黄色。问以上 5 种物质哪些一定存在？哪些一定不存在？哪些可能存在？

4. 铝与硫混合加热时会剧烈反应生成硫化铝，但是此硫化铝不能从混有铝离子和硫离子的溶液中得到，如何解释？写出硫化铝与水的化学反应方程式。

5. 如何制备无水 $AlCl_3$？能否用加热脱去 $AlCl_3 \cdot 6H_2O$ 中水的方法制备无水 $AlCl_3$？

6. 如何使高温灼烧过的 Al_2O_3 转化为可溶性的 Al(Ⅲ) 盐？

7. 为什么 Al 不溶于水，却易溶于浓 NH_4Cl 或浓 Na_2CO_3 溶液中？

8. 如何配制 $SnCl_2$ 溶液？为什么要往 $SnCl_2$ 溶液中加锡粒？溶液中加锡粒后在放置的过程中，溶液里的 Sn^{2+}和 H^+的浓度如何改变？

9. SnS_2 能溶于 Na_2S，SnS 不溶于 Na_2S 但溶于 Na_2S_2，而 PbS 既不能溶于 Na_2S，也不能溶于 Na_2S_2。请根据以上事实比较 SnS_2、SnS 和 PbS 的酸碱性和还原性。

10. Pb(Ⅱ) 有哪些难溶盐？使用什么试剂可以溶解这些盐？

11. 已知 $PbO_2+4H^++2e \rightleftharpoons Pb^{2+}+2H_2O$，$E^{\ominus}=1.46$ V，求反应 $PbO_2+4H^++SO_4^{2-}+2e^-=PbSO_4+2H_2O$ 的 $E^{\ominus}$。

12. 铅为什么能耐稀 H_2SO_4、稀 HCl 的腐蚀？铅能耐浓 H_2SO_4、浓 HCl 的腐蚀吗？为什么？

13. 在酸性介质中 PbO_2、$NaBiO_3$ 是强氧化剂，都能氧化盐酸，分别写出它们的反应方程式；在碱性介质中 Pb^{2+}、Bi^{3+}可被 Cl_2 氧化为 PbO_2、BiO_3^-，分别写出它们的离子方程式。

14. 有一种 p 区元素的白色氯化物溶于水后得到透明溶液。此溶液和碱作用得白色沉淀，沉淀能溶于过量的碱，问这种白色化合物可能是何种元素的氯化物。如何进一步加以确证？

15. 二氧化钛在现代社会里有广泛的用途，它的产量是一个国家国民经济发展程度的标志。试查阅文献画出硫酸法生产二氧化钛的简化流程框图，并回答下列问题。

(1) 指出流程框图中何处发生了化学反应，写出相应的化学反应方程式。

(2) 该法生产中排放的废液对环境有哪些不利影响?

(3) 氯化法生产二氧化钛是以金红石为原料，氯气可以回收，循环使用。请写出有关的化学反应方程式。

(4) 请对比硫酸法与氯化法的优缺点。

16. 如何实现 Cr(Ⅵ) 和 Cr(Ⅲ) 相互间的转化？写出相关的反应式。

17. 写出以软锰矿（主要成分为二氧化锰）为原料制备高锰酸钾的各步反应的方程式。

18. 举出三种能将 Mn(Ⅱ) 直接氧化成 Mn(Ⅶ) 的氧化剂，写出有关反应的条件和方程式。

19. 高锰酸钾溶液和亚硝酸溶液在酸性、中性和强碱性介质中各发生什么反应？用化学反应方程式表示这些反应。

20. Co^{3+} 能氧化 Cl^-，但 $[Co(NH_3)_6]^{3+}$ 却不能，由此判断 $[Co(NH_3)_6]^{3+}$ 和 $[Co(NH_3)_6]^{2+}$ 的配位稳定常数值哪个大?

21. 设法分离下列各组阳离子。

(1) Fe^{2+}、Mg^{2+} 和 Mn^{2+}

(2) Fe^{3+}、Cr^{3+} 和 Al^{3+}

(3) Sn^{2+}、Zn^{2+} 和 Fe^{2+}

(4) Pb^{2+}、Sn^{2+} 和 Ba^{2+}

(5) Pb^{2+}、Mg^{2+} 和 Ag^+

(6) Hg^{2+}、Al^{3+}、Cu^{2+}

(7) Ag^+、Cd^{2+}、Hg^{2+}、Zn^{2+}

(8) Zn^{2+}、Cd^{2+} 和 Hg^{2+}

(9) Cu^{2+} 和 Zn^{2+}

22. 用化学方程式表示以下反应。

(1) 由金属铜制备硫酸铜、氯化铜和碘化亚铜。

(2) 由硝酸汞制备氧化汞、升汞和甘汞。

(3) 金属铜在空气中表面生成铜绿。

23. 用适当的溶剂溶解下列化合物，并写出有关方程式：$AgBr$、HgI_2、CuS、HgS。

24. 分别向硝酸铜、硝酸银和硝酸汞的溶液中，加入过量的碘化钾溶液，问得到什么产物？写出化学反应方程式。

25. 请解释以下现象。

(1) $CuSO_4$ 是杀虫剂，为什么要和石灰混用?

(2) 在 $Cu(NO_3)_2$ 溶液中加入 KI 溶液可生成 CuI 沉淀，而加入 KCl 溶液不会生成 CuCl 沉淀。

(3) 为什么要用棕色的瓶子储存 $AgNO_3$（固体或溶液）?

(4) 在 $AgNO_3$ 溶液中要加入一定量氨水，使 Ag^+ 变成 $Ag(NH_3)_2^+$ 后再与葡萄糖溶液作用，才能在试管壁生成银镜。

(5) 为什么酸性 $ZnCl_2$ 溶液能做“熟磁水”用（焊铁件时除去铁表面的氧化物）?

(6) 黄色 CdS 沉淀能溶于 3 $mol \cdot dm^{-3}$ HCl，但不能溶于 3 $mol \cdot dm^{-3}$ $HClO_4$。

(7) $HgCl_2$、$Hg_2(NO_3)_2$都是可溶的 Hg(Ⅱ) 盐，哪一种需在相应的酸溶液中配制?

(8) 往 $Hg_2(NO_3)_2$溶液中通入 H_2S 气体生成的是 HgS 和 Hg，而不是 Hg_2S。

(9) Hg_2Cl_2 是利尿剂，为什么有时候服用含 Hg_2Cl_2 的药剂后反而中毒?

26. 废定影液中含有 Ag，处理方法如下：

(1) 用 Fe 还原，这个反应完全吗?

(2) 滴加 Na_2S 溶液到恰好不生成沉淀为止，过滤，溶液可作定影液用，写出反应式。若加了过量 Na_2S 溶液，则在定影时易使照片发黑? 为什么?

27. 化合物 A 溶于水，加入 NaOH 后得蓝色沉淀 B。B 溶于盐酸，也溶于氨水，生成蓝色溶液 C。C 与稀 NaOH 无明显反应。通入 H_2S 时，有黑色沉淀 D 生成。D 难溶于盐酸，可溶于硝酸，得一蓝绿色溶液。在另一份 A 溶液中加入 $AgNO_3$ 溶液，有白色沉淀 E 生成，E 与溶液分离后加入氨水，可溶解为溶液 F，F 用 HNO_3 酸化又产生沉淀 E。判断 A→F 各为何物? 写出相应的化学方程式。

附录 1　SI 制和我国法定计量单位及国家标准

国际单位制是我国法定计量单位的基础。本书规定采用 GB 3100－93～3102－93。

表 1　SI 基本单位＊

物理量	SI 单位名称	SI 单位符号
长度	米	m
质量	千克	kg
时间	秒	s
电流	安［培］	A
热力学温度	开［尔文］	K
物质的量	摩［尔］	mol
发光强度	坎［德拉］	cd

注：＊方括号中的字，在不致引起混淆、误解的情况下，可以省略。去掉方括号中的字即为其名称的简称。

表 2　SI 导出单位

物理量	SI 单位名称	SI 单位符号
平面角	弧度	rad
立体角	球面度	sr
频率	赫［兹］	Hz
力	牛［顿］	N
压强	帕［斯卡］	Pa
功、能、热	焦［耳］	J
电量	库［仑］	C
电压、电动势	伏［特］	V
摄氏温度	摄氏度	℃
电阻	欧［姆］	Ω
电导	西［门子］	S
电容	法［拉］	F
辐［射能］通量，功率	瓦［特］	W

表3　可与国际单位制并用的我国法定计量单位

物理量	单位名称	单位符号
时间	分	min
	[小]时	h
	日，(天)	d
质量	吨	t
	原子质量单位	u
体积	升	L
能	电子伏	eV
面积	公顷	hm^2
长度	海里	n mile

表4　SI 词头

因数	词头名称	符号
10^{24}	尧[它]（Yotta）	Y
10^{21}	泽[它]（Zetta）	Z
10^{18}	艾[问萨]（exa）	E
10^{15}	拍[它]（Peta）	P
10^{12}	太[拉]（tera）	T
10^{9}	吉[咖]（giga）	G
10^{6}	兆（mega）	M
10^{3}	千（kilo）	k
10^{2}	百（hecto）	h
10^{-1}	分（deci）	d
10^{-2}	厘（centi）	c
10^{-3}	毫（milli）	m
10^{-6}	微（micro）	μ
10^{-9}	纳[诺]（nano）	n
10^{-12}	皮[克]（pico）	p
10^{-15}	飞[母托]（femto）	f
10^{-18}	阿[托]（atto）	a
10^{-21}	仄[普托]（zepto）	z
10^{-24}	幺[普托]（yocto）	y

附录 2　常用物理化学常数

常数	符号和数值
阿伏伽德罗常数	$N_A = 6.0221367(36) \times 10^{23} mol^{-1}$
元电荷	$e = 1.60217733 \times 10^{-19} C$
电子[静]质量	$m_E = 9.1093897(54) \times 10^{-31} kg$
法拉第常数	$F = 96485.309(29) C \cdot mol^{-1}$
普朗克常量	$h = 6.6260755$ （40） $\times 10^{-34} J \cdot s$
玻耳兹曼常数	$k = 1.380658$ （12） $\times 10^{-23} J \cdot K^{-1}$
摩尔气体常数	$R = 8.314510 J \cdot K^{-1} \cdot mol^{-1}$
玻尔磁子	$\mu_B = 9.2740154$ （31） $\times 10^{-24} J \cdot T^{-1}$
里德伯常量	$R_\infty = 1.0973731534$ （13） $\times 10^{7} m^{-1}$
标准大气压强	$p = 101.325$ kPa（准确值）
真空中的光速	$c_0 = 299792458 m \cdot s^{-1}$（准确值）
原子质量单位	$U = 1.6605402$ （10） $\times 10^{-27} kg$

附录3 一些物质的热力学函数值（298.15 K）

物质	状态	$\Delta_f H_m^\ominus$/(kJ·mol^{-1})	$S_m^\ominus$/(J·K^{-1}·mol^{-1})	$\Delta_f G_m^\ominus$/(kJ·mol^{-1})
Ag	s	0	42.55	0
AgBr	s	-100.37	107.11	-96.90
AgCl	s	-127.01	96.25	-109.8
AgI	s	-61.48	115.5	-66.19
Al	s	0	28.3	0
$AlCl_3$	s	-704.2	109.29	-628.8
Al_2O_3（α，刚玉）	s	-1675.7	50.92	-1582.3
$BaCO_3$	s	-1213.0	112.1	-1134.4
Br_2	l	0	152.21	0
C（金刚石）	s	1.897	2.377	2.900
C（石墨）	s	0	5.74	0
CO	g	-110.53	197.660	-137.16
CO_2	g	-393.51	213.785	-394.39
$CaCO_3$（方解石）	s	-1027.6	91.7	-1129.1
CaO	s	-634.92	38.1	-603.3
$Ca(OH)_2$	s	-985.2	83.4	-897.5
$CaSO_4$	s	-1425.2	108.4	-1309.1
Cl_2	g	0	233.08	0
Cr	s	0	23.8	0
Cr_2O_3	s	-1140	81.2	-1058.1
Cu	s	0	33.15	0
CuO	s	-157.3	42.6	-129.7
Cu_2O	s	-168.6	93.1	-149.0
F_2	g	0	202.791	0
Fe	s	0	27.32	0
FeO	s	-272.0	60.75	-251.4
Fe_2O_3（赤铁矿）	s	-824.2	87.4	-742.2
Fe_3O_4（磁铁矿）	s	-1118.4	145.27	-1015.4
FeS	s	-100.0	60.32	-100.4
H_2	g	0	130.680	0
HBr	g	-36.29	198.700	-53.4
HCl	g	-92.3	186.9	-95.3
HF	g	-273.30	173.779	-275.4

物质	状态	$\Delta_f H_m^{\ominus}/(kJ \cdot mol^{-1})$	$S_m^{\ominus}/(J \cdot K^{-1} \cdot mol^{-1})$	$\Delta_f G_m^{\ominus}/(kJ \cdot mol^{-1})$
HI	g	26.50	206.590	1.7
HNO_3	l	-174.1	155.60	-80.7
H_2O	l	-285.830	69.95	-237.14
	g	-241.826	188.835	-228.61
H_2O_2	l	-187.79	109.6	-120.42
	g	-136.3	232.7	-105.6
H_2S	g	-20.6	205.8	-33.4
H_2SO_4	l	-814.0	156.90	-689.9
Hg	l	0	75.90	0
	g	61.38	174.971	31.8
$HgCl_2$	s	-224.3	146.0	-178.6
Hg_2Cl_2	s	-265.37	191.6	-210.7
HgI_2	s	-105.4	180.0	-101.7
Hg_2I_2	s	-121.3	233.5	-111.1
$HgBr_2$	s	-170.7	172.0	-153.1
Hg_2Br_2	s	-206.9	218.0	-181.1
HgO	s	-90.78	70.25	-58.49
HgS	s	-58.2	82.4	-50.6
$HgSO_4$	s	-707.5	-	-594
Hg_2SO_4	s	-743.09	200.70	-625.8
I_2	s	0	116.14	0
	g	62.42	260.687	19.37
IBr	g	40.8	258.8	3.7
ICl	g	17.8	247.6	-5.5
IF	g	-95.7	236.3	-118.5
IO	g	175.1	245.5	149.8
K	s	0	64.68	0
KCl	s	-436.5	82.55	-408.5
K_2CrO_4	s	-1403.7	200.12	-1295.8
$K_2Cr_2O_7$	s	-2061.5	291.2	-1882.0
Mg	s	0	32.67	0
$MgCl_2$	s	-641.3	89.63	-591.8
$MgCO_3$	s	-1095.8	65.7	-1012.1
MgO	s	-601.6	26.95	-569.3
$Mg(OH)_2$	s	-924.7	63.24	-833.7

物质	状态	$\Delta_f H_m^{\ominus}$/(kJ·mol^{-1})	$S_m^{\ominus}$/(J·K^{-1}·mol^{-1})	$\Delta_f G_m^{\ominus}$/(kJ·mol^{-1})
$MgSO_4$	s	-1284.9	91.6	-1170.6
Mn	s	0	32.01	0
$MnCO_3$	s	-894.1	85.8	-816.7
MnO_2	s	-520.1	53.1	-465.2
$MnSO_4$	s	-1065.3	112.1	-957.42
N_2	g	0	191.609	0
NH_3	g	-45.9	192.8	-16.4
NH_4Cl	s	-314.4	94.6	-202.9
NH_4NO_3	s	-365.6	151.1	-183.9
N_2H_4（肼）	l	50.6	121.2	149.3
NO_2	g	33.1	240.1	51.3
NO	g	91.29	210.76	87.60
N_2O	g	81.6	220.0	103.7
Na	s	0	51.30	0
NaCl	s	-411.2	72.1	-384.1
NaOH	s	-425.6	64.4	-379.5
Na_2O	s	-414.2	75.04	-375.5
Na_2O_2	s	-510.9	94.8	-449.6
Na_2S	s	-364.8	83.7	-349.8
Ni	s	0	29.87	0
NiO	s	-240.6	38.00	-211.7
Ni_2O_3	s	-489.5	–	–
$Ni(OH)_2$	s	-529.7	88.0	-447.3
O_2	g	0	205.152	0
O_3	g	142.7	163.2	238.9
P（白）	s	0	41.09	0
P（红）	s	-17.46	22.85	-12.46
P_2	g	144.0	218.123	–
P_4	g	58.9	280.01	24.4
PCl_3	g	-227.1	311.8	-267.8
PCl_5	g	-374.9	364.6	-305.0
Pb	s	0	64.80	0
$PbCl_2$	s	-359.4	136	-314.1
$PbCO_3$	s	-699.2	131.0	-625.5
PbO（黄）正方铅矿	s	-219.0	66.5	-188.9

物质	状态	$\Delta_f H_m^{\ominus}/(kJ \cdot mol^{-1})$	$S_m^{\ominus}/(J \cdot K^{-1} \cdot mol^{-1})$	$\Delta_f G_m^{\ominus}/(kJ \cdot mol^{-1})$
PbO_2	s	-277. 4	68. 60	-217. 3
Pb_3O_4	s	-718. 4	211. 3	-601. 2
$PbSO_4$	s	-919. 97	148. 50	-813. 0
PbS	s	-100. 4	91. 3	-98. 7
S（斜方）	s	0	32. 054	0
S（单斜）	s	0. 360	33. 03	-0. 070
SO_2	g	-296. 81	248. 223	-300. 13
SO_3	g	-395. 7	256. 77	-371. 02
Si	s	0	18. 81	0
SiO_2（α 石英）	s	-910. 7	41. 46	-856. 4
Sn（锡白）	s	0	51. 08	0
$SnCl_2$	s	-325. 1	130	–
$SnCl_4$	l	-511. 3	258. 6	-440. 2
$SnBr_2$	s	-243. 5	–	–
$SnBr_4$	s	-377. 4	264. 4	-350. 2
SnO（四方体）	s	-280. 71	57. 17	-251. 9
SnO_2（四方体）	s	-577. 63	49. 04	-515. 8
SnS	s	-100	77. 0	-98. 3
SnS_2	s	-167. 4	87. 4	–
Ti	s	0	30. 72	0
TiO_2	s	-944. 0	50. 62	-888. 8
Zn	s	0	41. 63	0
$ZnCO_3$	s	-812. 8	82. 4	-731. 57
ZnO	s	-350. 46	43. 65	-320. 52
ZnS（闪锌矿）	s	-205. 98	57. 7	-201. 29
$ZnBr_2$	s	-328. 65	138. 5	-312. 13
$ZnCl_2$	s	-415. 05	111. 46	-369. 45
ZnF_2	s	-764. 4	73. 68	-713. 3
ZnI_2	s	-208. 03	161. 1	-208. 95

附录 4　物质的标准摩尔燃烧焓（298.15 K）

物质	$\Delta_c H_m^{\ominus}/(kJ \cdot mol^{-1})$	物质	$\Delta_c H_m^{\ominus}/(kJ \cdot mol^{-1})$
$H_2(g)$	-285.83	CH_3CHO（l）	-1166.38
C（cr）	-393.51	CH_3COOH（l）乙酸	-874.2
CO(g)	-282.98	HCOOH（l）甲酸	-254.62
$CH_4(g)$	-890.36	$H_2(COO)_2(cr)$ 草酸	-245.6
$C_2H_2(g)$	-1 299.58	CH_3OH（l）甲醇	-726.51
$C_2H_4(g)$	-1 410.94	C_2H_5OH（l）乙醇	-1 366.82
$C_2H_6(g)$	-1 559.83	$(CH_3)_2O(g)$ 二甲醚	-1 460.46
HCHO(g) 甲醛	-570.77	$(C_2H_5)_2O$（l）乙醚	-2 723.62
$CH_3CHO(g)$ 乙醛	-1 192.49	$(C_2H_5)_2O(g)$	-2 751.06

附录 5　一些常见弱酸、弱碱的标准解离常数(298.15 K)

名称	分子式	解离平衡	$K^{\ominus}_{a,b}$	$pK^{\ominus}_{a,b}$
硼酸	H_3BO_3	$H_3BO_3+H_2O \rightleftharpoons [B(OH)_4]^-+H^+$	5.81×10^{-10} ($K^{\ominus}_{a1}$)	9.236
乙酸	CH_3COOH	$CH_3COOH \rightleftharpoons CH_3COO^-+H^+$	1.75×10^{-5}	4.756
硫化氢	H_2S	$H_2S \rightleftharpoons HS^-+H^+$ $HS^- \rightleftharpoons S^{2-}+H^+$	1.07×10^{-7} ($K^{\ominus}_{a1}$) 1.26×10^{-13} ($K^{\ominus}_{a2}$)	6.97 12.90
氟化氢	HF	$HF \rightleftharpoons F^-+H^+$	6.31×10^{-4}	3.20
次氯酸	$HClO$	$HClO \rightleftharpoons ClO^-+H^+$	2.90×10^{-8}	7.537
次溴酸	$HBrO$	$HBrO \rightleftharpoons BrO^-+H^+$	2.82×10^{-9}	8.55
次碘酸	HIO	$HIO \rightleftharpoons IO^-+H^+$	3.16×10^{-11}	10.5
碘酸	HIO_3	$HIO_3 \rightleftharpoons IO_3^-+H^+$	1.57×10^{-1}	0.804
甲酸	$HCOOH$	$HCOOH \rightleftharpoons HCOO^-+H^+$	1.77×10^{-4}	3.751
硫酸	H_2SO_4	$HSO_4^- \rightleftharpoons SO_4^{2-}+H^+$	1.02×10^{-2} ($K^{\ominus}_{a2}$)	1.99
亚硫酸	H_2SO_3	$H_2SO_3 \rightleftharpoons HSO_3^-+H^+$ $HSO_3^- \rightleftharpoons SO_3^{2-}+H^+$	1.29×10^{-2} ($K^{\ominus}_{a1}$) 6.24×10^{-8} ($K^{\ominus}_{a2}$)	1.89 7.205
亚硝酸	HNO_2	$HNO_2 \rightleftharpoons NO_2^-+H^+$	7.24×10^{-4}	3.14
氢氰酸	HCN	$HCN \rightleftharpoons CN^-+H^+$	6.17×10^{-10}	9.21
碳酸	H_2CO_3	$H_2CO_3 \rightleftharpoons HCO_3^-+H^+$ $HCO_3^- \rightleftharpoons CO_3^{2-}+H^+$	4.45×10^{-7} ($K^{\ominus}_{a1}$) 4.69×10^{-11} ($K^{\ominus}_{a2}$)	6.352 10.329
磷酸	H_3PO_4	$H_3PO_4 \rightleftharpoons H^++H_2PO_4^-$ $H_2PO_4^- \rightleftharpoons H^++HPO_4^{2-}$ $HPO_4^{2-} \rightleftharpoons H^++PO_4^{3-}$	7.11×10^{-3} ($K^{\ominus}_{a1}$) 6.34×10^{-8} ($K^{\ominus}_{a2}$) 4.79×10^{-13} ($K^{\ominus}_{a3}$)	2.148 7.198 12.32
亚磷酸	H_3PO_3	$H_3PO_3 \rightleftharpoons H^++H_2PO_3^-$ $H_2PO_3^- \rightleftharpoons H^++HPO_3^{2-}$	3.72×10^{-2} ($K^{\ominus}_{a1}$) 2.09×10^{-7} ($K^{\ominus}_{a2}$)	1.43 6.68
硅酸	H_4SiO_4	$H_4SiO_4 \rightleftharpoons H_3SiO_4^-+H^+$ $H_3SiO_4^- \rightleftharpoons H_2SiO_4^{2-}+H^+$	2.51×10^{-10} ($K^{\ominus}_{a1}$) 1.58×10^{-12} ($K^{\ominus}_{a2}$)	9.60 11.8
草酸	$H_2C_2O_4$	$H_2C_2O_4 \rightleftharpoons HC_2O_4^-+H^+$ $HC_2O_4^- \rightleftharpoons C_2O_4^{2-}+H^+$	5.36×10^{-2} ($K^{\ominus}_{a1}$) 5.35×10^{-5} ($K^{\ominus}_{a2}$)	1.271 4.272
氨	NH_3	$NH_3\cdot H_2O \rightleftharpoons NH_4^++OH^-$	1.76×10^{-5} ($K^{\ominus}_{b}$)	4.754

附录 6　一些物质的溶度积常数（298.15 K）

化合物	化学式	$pK_{sp}^{\ominus}$	$K_{sp}^{\ominus}$
氯化银	$AgCl$	9.75	1.77×10^{-10}
溴化银	$AgBr$	12.27	5.35×10^{-13}
碘化银	AgI	16.07	8.52×10^{-17}
硫化银	Ag_2S	49.20	6.3×10^{-50}
氢氧化银	$AgOH$	7.71	2.0×10^{-8}
草酸银	$Ag_2C_2O_4$	11.27	5.40×10^{-12}
铬酸银	Ag_2CrO_4	11.95	1.12×10^{-12}
硫酸银	Ag_2SO_4	4.92	1.20×10^{-5}
碳酸银	Ag_2CO_3	11.07	8.46×10^{-12}
氰化银	$AgCN$	16.22	5.97×10^{-17}
氢氧化铝	$Al(OH)_3$	32.89	1.3×10^{-33}
八水合氢氧化钡	$Ba(OH)_2\cdot8H_2O$	3.59	2.55×10^{-4}
草酸钡	BaC_2O_4	6.79	1.6×10^{-7}
磷酸钡	$Ba_3(PO_4)_2$	22.47	3.4×10^{-23}
溴酸钡	$Ba(BrO_3)_2$	5.50	2.43×10^{-4}
碳酸钡	$BaCO_3$	8.59	2.58×10^{-9}
铬酸钡	$BaCrO_4$	9.93	1.17×10^{-10}
氟化钡	BaF_2	6.74	1.84×10^{-7}
硫酸钡	$BaSO_4$	9.97	1.08×10^{-10}
亚硫酸钡	$BaSO_3$	9.30	5.0×10^{-10}
氢氧化铍	$Be(OH)_2$	21.16	6.92×10^{-22}
氢氧化铋	$Bi(OH)_3$	30.4	6.0×10^{-31}
氢氧化钙	$Ca(OH)_2$	5.26	5.5×10^{-6}
硫酸钙	$CaSO_4$	4.31	4.93×10^{-5}
一水合草酸钙	$CaC_2O_4\cdot H_2O$	8.63	2.32×10^{-9}
铬酸钙	$CaCrO_4$	3.15	7.1×10^{-4}
硅酸钙	$CaSiO_3$	7.60	2.5×10^{-8}
磷酸钙	$Ca_3(PO_4)_2$	28.68	2.07×10^{-29}
碳酸钙	$CaCO_3$	8.54	2.8×10^{-9}
碳酸钙（方解石）	$CaCO_3$	8.47	3.36×10^{-9}
碳酸钙（文石）	$CaCO_3$	8.22	6.0×10^{-9}
亚硫酸钙	$CaSO_3$	7.17	6.8×10^{-8}
氟化钙	CaF_2	8.28	5.3×10^{-9}

化合物	化学式	$pK_{sp}^{\ominus}$	$K_{sp}^{\ominus}$
硫化镉	CdS	26.10	8.0×10^{-27}
氟化镉	CdF_2	2.19	6.44×10^{-3}
氢氧化镉	$Cd(OH)_2$	14.14	7.2×10^{-15}
碳酸镉	$CdCO_3$	12.0	1.0×10^{-12}
氢氧化钴	$Co(OH)_2$(粉红色)	14.23	5.92×10^{-15}
氢氧化亚铬	$Cr(OH)_2$	15.7	2.0×10^{-16}
氟化铬	CrF_3	10.18	6.6×10^{-11}
氢氧化铬	$Cr(OH)_3$	30.20	6.3×10^{-31}
溴化亚铜	$CuBr$	8.20	6.27×10^{-9}
氯化亚铜	$CuCl$	6.76	1.72×10^{-7}
碘化亚铜	CuI	11.90	1.27×10^{-12}
硫化亚铜	Cu_2S	47.60	2.5×10^{-48}
硫化铜	CuS	35.20	6.3×10^{-36}
碳酸铜	$CuCO_3$	9.86	1.4×10^{-10}
氢氧化铜	$Cu(OH)_2$	19.66	2.2×10^{-20}
草酸铜	CuC_2O_4	9.35	4.43×10^{-10}
氢氧化亚铁	$Fe(OH)_2$	16.31	4.87×10^{-17}
硫化亚铁	FeS	17.20	6.3×10^{-18}
二水合草酸亚铁	$FeC_2O_4\cdot2H_2O$	6.50	3.2×10^{-7}
碳酸亚铁	$FeCO_3$	10.50	3.13×10^{-11}
氢氧化铁	$Fe(OH)_3$	38.55	2.79×10^{-39}
氯化亚汞	Hg_2Cl_2	17.84	1.43×10^{-18}
碘化亚汞	Hg_2I_2	28.72	5.2×10^{-29}
氟化亚汞	Hg_2F_2	5.50	3.10×10^{-6}
硫化亚汞	Hg_2S	47.0	1.0×10^{-47}
氰化亚汞	$Hg_2(CN)_2$	39.3	5.0×10^{-40}
氢氧化亚汞	$Hg_2(OH)_2$	23.70	2.0×10^{-24}
溴化亚汞	Hg_2Br_2	22.19	6.40×10^{-23}
氢氧化汞	$Hg(OH)_2$	25.52	3.2×10^{-26}
碘化汞	HgI_2	28.54	2.9×10^{-29}
硫化汞	HgS 红	52.2	6.44×10^{-53}
硫化汞	HgS 黑	51.80	1.6×10^{-52}
溴化汞	$HgBr_2$	19.21	6.2×10^{-20}
碳酸镁	$MgCO_3$	5.17	6.82×10^{-6}
氢氧化镁	$Mg(OH)_2$	11.25	5.61×10^{-12}

化合物	化学式	$pK_{sp}^{\ominus}$	$K_{sp}^{\ominus}$
氟化镁	MgF_2	10.29	5.16×10^{-11}
氢氧化锰	$Mn(OH)_2$	12.72	1.9×10^{-13}
硫化锰	MnS（无定形）	9.60	2.5×10^{-10}
硫化锰	MnS（晶体）	13.33	4.65×10^{-14}
碳酸锰	$MnCO_3$	10.63	2.34×10^{-11}
氢氧化镍	$Ni(OH)_2$	15.26	5.48×10^{-16}
碳酸镍	$NiCO_3$	6.85	1.42×10^{-7}
草酸铅	PbC_2O_4	9.32	4.8×10^{-10}
碘酸铅	$Pb(IO_3)_2$	12.43	3.69×10^{-13}
碘化铅	PbI_2	8.01	9.8×10^{-9}
氟化铅	PbF_2	7.48	3.3×10^{-8}
溴化铅	$PbBr_2$	6.82	6.60×10^{-6}
硫化铅	PbS	27.10	8.0×10^{-28}
氯化铅	$PbCl_2$	4.77	1.70×10^{-5}
碳酸铅	$PbCO_3$	13.13	7.4×10^{-14}
氢氧化铅	$Pb(OH)_2$	14.84	1.43×10^{-15}
乙酸铅	$Pb(OAc)_2$	2.75	1.8×10^{-3}
氢氧化锌	$Zn(OH)_2$	16.5	3.0×10^{-17}
碳酸锌	$ZnCO_3$	9.94	1.46×10^{-10}
氟化锌	ZnF_2	1.52	3.04×10^{-2}
磷酸锌	$Zn_3(PO_4)_2$	32.04	9.0×10^{-33}
硫化锌	ZnS	21.60	2.5×10^{-22}
二水合草酸锌	$ZnC_2O_4\cdot2H_2O$	8.86	1.38×10^{-9}

附录 7　水溶液中的标准电极电势（298.15 K）

电对	电极反应	$E^{\ominus}$/V
酸性溶液（$C_{H^+}=1.0\ mol\cdot dm^{-3}$）		
Li^+/Li	$Li^++e^-=Li$	−3.040
K^+/K	$K^++e^-=K$	−2.931
Cs^+/Cs	$Cs^++e^-=Cs$	−2.923
Ba^{2+}/Ba	$Ba^{2+}+2e^-=Ba$	−2.92
Sr^{2+}/Sr	$Sr^{2+}+2e^-=Sr$	−2.899
Ca^{2+}/Ca	$Ca^{2+}+2e^-=Ca$	−2.84
Na^+/Na	$Na^++e^-=Na$	−2.713
Mg^{2+}/Mg	$Mg^{2+}+2e^-=Mg$	−2.356
Sc^{3+}/Sc	$Sc^{3+}+3e^-=Sc$	−2.03
Be^{2+}/Be	$Be^{2+}+2e^-=Be$	−1.99
Al^{3+}/Al	$Al^{3+}+3e^-=Al$	−1.676
Ti^{2+}/Ti	$Ti^{2+}+2e^-=Ti$	−1.63
Mn^{2+}/Mn	$Mn^{2+}+2e^-=Mn$	−1.17
V^{2+}/V	$V^{2+}+2e^-=V$	−1.13
TiO^{2+}/Ti	$TiO^{2+}+2H^++2e^-=Ti+H_2O$	−0.86
Zn^{2+}/Zn	$Zn^{2+}+2e^-=Zn$	−0.7626
Cr^{3+}/Cr	$Cr^{3+}+3e^-=Cr$	−0.74
Ga^{3+}/Ga	$Ga^{3+}+3e^-=Ga$	−0.529
S/S^{2-}	$S+2e^-=S^{2-}$	−0.476
Fe^{2+}/Fe	$Fe^{2+}+2e^-=Fe$	−0.44
Cr^{3+}/Cr^{2+}	$Cr^{3+}+e^-=Cr^{2+}$	−0.424
Cd^{2+}/Cd	$Cd^{2+}+2e^-=Cd$	−0.403
$PbSO_4/Pb$	$PbSO_4+2e^-=Pb+SO_4^{2-}$	−0.356
Co^{2+}/Co	$Co^{2+}+2e^-=Co$	−0.277
Ni^{2+}/Ni	$Ni^{2+}+2e^-=Ni$	−0.257
AgI/Ag	$AgI+e^-=Ag+I^-$	−0.152
Sn^{2+}/Sn	$Sn^{2+}+2e^-=Sn$	−0.1375
Pb^{2+}/Pb	$Pb^{2+}+2e^-=Pb$	−0.126
H^+/H_2	$2H^++2e^-=H_2$	0.0000
$S_4O_6^{2-}/S_2O_3^{2-}$	$S_4O_6^{2-}+2e^-=2S_2O_3^{2-}$	0.080
S/H_2S	$S+2H^++2e^-=H_2S(aq)$	0.144
Sn^{4+}/Sn^{2+}	$Sn^{4+}+2e^-=Sn^{2+}$	0.154
Cu^{2+}/Cu^+	$Cu^{2+}+e^-=Cu^+$	0.159
$AgCl/Ag$	$AgCl+e^-=Ag+Cl^-$	0.2223
Hg_2Cl_2/Hg	$Hg_2Cl_2+2e^-=2Hg+2Cl^-$	0.2676

Cu^{2+}/Cu	$Cu^{2+}+2e^{-}=Cu$	0.342
Cu^{+}/Cu	$Cu^{+}+e^{-}=Cu$	0.520
I_2/I^{-}	$I_2(s)+2e^{-}=2I^{-}$	0.5355
MnO_4^{-}/MnO_4^{2-}	$MnO_4^{-}+e^{-}=MnO_4^{2-}$	0.56
O_2/H_2O_2	$O_2+2H^{+}+2e^{-}=H_2O_2$	0.695
Fe^{3+}/Fe^{2+}	$Fe^{3+}+e^{-}=Fe^{2+}$	0.771
Hg_2^{2+}/Hg	$Hg_2^{2+}+2e^{-}=2Hg$	0.7960
Ag^{+}/Ag	$Ag^{+}+e^{-}=Ag$	0.7996
Hg^{2+}/Hg	$Hg^{2+}+2e^{-}=Hg$	0.8535
Cr^{2+}/Cr	$Cr^{2+}+2e^{-}=Cr$	0.90
NO_3^{-}/NO	$NO_3^{-}+4H^{+}+3e^{-}=NO+2H_2O$	0.957
Br_2/Br^{-}	$Br_2+2e^{-}=2Br^{-}$	1.087
IO_3^{-}/I_2	$2IO_3^{-}+12H^{+}+10e^{-}=I_2+6H_2O$	1.195
MnO_2/Mn^{2+}	$MnO_2+4H^{+}+2e^{-}=Mn^{2+}+2H_2O$	1.224
O_2/H_2O	$O_2+4H^{+}+2e^{-}=2H_2O$	1.229
Cl_2/Cl^{-}	$Cl_2+2e^{-}=2Cl^{-}$	1.358
$Cr_2O_7^{2-}/Cr^{3+}$	$Cr_2O_7^{2-}+14H^{+}+6e^{-}=2Cr^{3+}+7H_2O$	1.36
BrO_3^{-}/Br^{-}	$BrO_3^{-}+6H^{+}+6e^{-}=Br^{-}+3H_2O$	1.423
ClO_3^{-}/Cl^{-}	$ClO_3^{-}+6H^{+}+6e^{-}=Cl^{-}+3H_2O$	1.451
PbO_2/Pb^{2+}	$PbO_2+4H^{+}+2e^{-}=Pb^{2+}+2H_2O$	1.455
ClO_3^{-}/Cl_2	$2ClO_3^{-}+12H^{+}+10e^{-}=Cl_2+6H_2O$	1.47
BrO_3^{-}/Br_2	$2BrO_3^{-}+12H^{+}+10e^{-}=Br_2+6H_2O$	1.482
MnO_4^{-}/Mn^{2+}	$MnO_4^{-}+8H^{+}+5e^{-}=Mn^{2+}+4H_2O$	1.51
Au^{+}/Au	$Au^{+}+e^{-}=Au$	1.692
H_2O_2/H_2O	$H_2O_2+2H^{+}+2e^{-}=2H_2O$	1.776
Co^{3+}/Co^{2+}	$Co^{3+}+e^{-}=Co^{2+}$	1.92
$S_2O_8^{2-}/SO_4^{2-}$	$S_2O_8^{2-}+e^{-}=2SO_4^{2-}$	2.01
F_2/F^{-}	$F_2(g)+2e^{-}=2F^{-}$	2.87
碱性溶液（$C_{OH^{-}}=1$）		
SO_4^{2-}/SO_3^{2-}	$SO_4^{2-}+H_2O+2e^{-}=SO_3^{2-}+2OH^{-}$	-0.936
H_2O/H_2	$2H_2O+2e^{-}=H_2+2OH^{-}$	-0.828
ClO_3^{-}/Cl^{-}	$ClO_3^{-}+3H_2O+6e^{-}=Cl^{-}+6OH^{-}$	-0.62
$SO_3^{2-}/S_2O_3^{2-}$	$2SO_3^{2-}+3H_2O+4e^{-}=S_2O_3^{2-}+6OH^{-}$	-0.576
S/S^{2-}	$S+2e^{-}=S^{2-}$	-0.407
$CrO_4^{2-}/Cr(OH)_4^{-}$	$CrO_4^{2-}+4H_2O+3e^{-}=Cr(OH)_4^{-}+4OH^{-}$	-0.13
O_2/HO_2^{-}	$O_2+H_2O+2e^{-}=HO_2^{-}+OH^{-}$	-0.076
O_2/OH^{-}	$O_2+2H_2O+4e^{-}=4OH^{-}$	0.401
ClO^{-}/Cl_2	$2ClO^{-}+2H_2O+2e^{-}=Cl_2+4OH^{-}$	0.421
MnO_4^{-}/MnO_2	$MnO_4^{-}+2H_2O+3e^{-}=MnO_2+4OH^{-}$	0.60
ClO^{-}/Cl^{-}	$ClO^{-}+H_2O+2e^{-}=Cl^{-}+2OH^{-}$	0.890

附录 8　一些常见配离子的稳定常数

配离子	$K^{\ominus}_{稳}$	$\lg K^{\ominus}_{稳}$	配离子	$K^{\ominus}_{稳}$	$\lg K^{\ominus}_{稳}$
$[Ag(NH_3)_2]^+$	1.12×10^7	7.05	$[CuI_4]^-$	7.1×10^8	8.85
$[Cd(NH_3)_6]^{2+}$	1.38×10^5	5.14	$[PbI_4]^{2-}$	3.0×10^4	4.47
$[Cd(NH_3)_4]^{2+}$	1.32×10^7	7.12	$[HgI_4]^{2-}$	6.76×10^{29}	29.83
$[Co(NH_3)_6]^{2+}$	1.29×10^5	5.11	$[Ag(SCN)_2]^-$	3.7×10^7	7.57
$[Co(NH_3)_6]^{3+}$	1.58×10^{35}	35.2	$[Ag(SCN)_4]^{3-}$	1.2×10^{10}	10.08
$[Cu(NH_3)_2]^+$	7.24×10^{10}	10.86	$[Fe(SCN)]^{2+}$	8.91×10^2	2.95
$[Cu(NH_3)_4]^{2+}$	2.09×10^{13}	13.32	$[Fe(SCN)_2]^+$	2.29×10^3	3.36
$[Fe(NH_3)_2]^{2+}$	1.58×10^2	2.2	$[Cu(SCN)_2]^-$	1.5×10^5	5.18
$[Hg(NH_3)_4]^{2+}$	1.91×10^{19}	19.28	$[Hg(SCN)_4]^{2-}$	1.7×10^{21}	21.23
$[Mg(NH_3)_2]^{2+}$	2.00×10^1	1.3	$[Co(SCN)_4]^{2-}$	1.00×10^3	3.0
$[Ni(NH_3)_6]^{2+}$	5.50×10^8	8.74	$[Ag(S_2O_3)_2]^{3-}$	2.88×10^{13}	13.46
$[Ni(NH_3)_4]^{2+}$	9.12×10^7	7.96	$[Cd(S_2O_3)_2]^{2-}$	2.75×10^6	6.44
$[Pt(NH_3)_6]^{2+}$	2.00×10^{35}	35.3	$[Cu(S_2O_3)_2]^{3-}$	1.66×10^{12}	12.22
$[Zn(NH_3)_4]^{2+}$	2.88×10^9	9.46	$[Pb(S_2O_3)_2]^{2-}$	1.35×10^5	5.13
$[AgCl_2]^-$	1.1×10^5	5.04	$[Hg(S_2O_3)_4]^{6-}$	1.74×10^{33}	33.24
$[AuCl_2]^+$	6.31×10^9	9.8	$[Ag(en)]^+$	5.0×10^4	4.70
$[CdCl_4]^{2-}$	6.31×10^2	2.80	$[Ag(en)_2]^+$	5.0×10^7	7.70
$[CuCl_3]^{2-}$	5.01×10^5	5.7	$[Cd(en)_3]^{2+}$	1.2×10^{12}	12.09
$[FeCl_4]^-$	1.02×10^0	0.01	$[Co(en)_3]^{2+}$	8.7×10^{13}	13.94
$[HgCl_4]^{2-}$	1.17×10^{15}	15.07	$[Co(en)_3]^{3+}$	4.9×10^{48}	48.69
$[PtCl_4]^{2-}$	1.00×10^{16}	16.0	$[Cr(en)_2]^{2+}$	1.5×10^9	9.19
$[SnCl_4]^{2-}$	3.02×10^1	1.48	$[Cu(en)_2]^{2+}$	6×10^{10}	10.8
$[ZnCl_4]^{2-}$	1.58×10^0	0.20	$[Cu(en)_3]^{2+}$	1×10^{21}	21.0
$[Ag(CN)_2]^-$	1.26×10^{21}	21.1	$[Fe(en)_3]^{2+}$	5.0×10^9	9.70
$[Ag(CN)_4]^{3-}$	13.98×10^{20}	20.6	$[Hg(en)_2]^{2+}$	2.0×10^{23}	23.3
$[Au(CN)_2]^-$	2.00×10^{38}	38.3	$[Mn(en)_3]^{2+}$	4.7×10^5	5.67
$[Cd(CN)_4]^{2-}$	6.03×10^{18}	18.78	$[Ni(en)_3]^{2+}$	2.1×10^{18}	18.33
$[Cu(CN)_2]^-$	1.00×10^{24}	24.0	$[Zn(en)_3]^{2+}$	1.3×10^{14}	14.11

配离子	$K^{\ominus}_{稳}$	$\lg K^{\ominus}_{稳}$	配离子	$K^{\ominus}_{稳}$	$\lg K^{\ominus}_{稳}$
$[Cu(CN)_4]^{3-}$	2.00×10^{30}	30.3	$[Ag-EDTA]^{3-}$	2.1×10^{7}	7.32
$[Fe(CN)_6]^{4-}$	1.00×10^{35}	35.0	$[Al-EDTA]^{-}$	1.29×10^{16}	16.11
$[Fe(CN)_6]^{3-}$	1.00×10^{42}	42.0	$[Ca-EDTA]^{2-}$	1.0×10^{11}	11.0
$[Hg(CN)_4]^{2-}$	2.51×10^{41}	41.4	$[Co-EDTA]^{2-}$	2.04×10^{16}	16.31
$[Ni(CN)_4]^{2-}$	2.00×10^{31}	31.3	$[Co-EDTA]^{-}$	1.0×10^{36}	36.0
$[Zn(CN)_4]^{2-}$	5.01×10^{16}	16.7	$[Cu-EDTA]^{2-}$	5.0×10^{18}	18.7
$[AlF_6]^{3-}$	6.92×10^{19}	19.84	$[Fe-EDTA]^{2-}$	2.1×10^{14}	14.33
$[FeF]^{2+}$	1.91×10^{5}	5.28	$[Fe-EDTA]^{-}$	1.7×10^{24}	24.23
$[FeF_2]^{+}$	2.00×10^{9}	9.30	$[Hg-EDTA]^{2-}$	6.3×10^{21}	21.80
$[ScF_6]^{3-}$	2.00×10^{17}	17.3	$[Mg-EDTA]^{2-}$	4.4×10^{8}	8.64
$[Al(OH)_4]^{-}$	1.07×10^{33}	33.03	$[Mn-EDTA]^{2-}$	6.3×10^{13}	13.8
$[Cd(OH)_4]^{2-}$	4.17×10^{8}	8.62	$[Ni-EDTA]^{2-}$	3.6×10^{18}	18.56
$[Cr(OH)_4]^{-}$	7.94×10^{29}	29.9	$[Al(C_2O_4)_3]^{3-}$	2.0×10^{16}	16.3
$[Cu(OH)_4]^{2-}$	3.16×10^{18}	18.5	$[Ce(C_2O_4)_3]^{3-}$	2.0×10^{11}	11.3
$[Fe(OH)_4]^{2-}$	3.80×10^{8}	8.58	$[Co(C_2O_4)_3]^{4-}$	5.0×10^{9}	9.7
$[AgI_3]^{2-}$	4.79×10^{13}	13.68	$[Co(C_2O_4)_3]^{3-}$	1.0×10^{20}	20.0
$[AgI_2]^{-}$	5.50×10^{11}	11.74	$[Fe(C_2O_4)_3]^{4-}$	1.66×10^{5}	5.22
$[CdI_4]^{2-}$	2.57×10^{5}	5.41	$[Fe(C_2O_4)_3]^{3-}$	1.6×10^{20}	20.2

附录 9　元素周期表

元素周期表
Periodic Table of the Elements

原子序数 — 1；H — 元素符号；氢 — 元素中文名称；hydrogen — 元素英文名称；1.008 — 惯用原子量；[1.0078, 1.0082] — 标准原子量

1	2	3	4	5	6	7	8	9	10	11	12	13	14	15	16	17	18
1 H 氢 hydrogen 1.008 [1.0078, 1.0082]																	2 He 氦 helium 4.0026
3 Li 锂 lithium 6.94 [6.938, 6.997]	4 Be 铍 beryllium 9.0122											5 B 硼 boron 10.81 [10.806, 10.821]	6 C 碳 carbon 12.011 [12.009, 12.012]	7 N 氮 nitrogen 14.007 [14.006, 14.008]	8 O 氧 oxygen 15.999 [15.999, 16.000]	9 F 氟 fluorine 18.998	10 Ne 氖 neon 20.180
11 Na 钠 sodium 22.990	12 Mg 镁 magnesium 24.305 [24.304, 24.307]											13 Al 铝 aluminium 26.982	14 Si 硅 silicon 28.085 [28.084, 28.086]	15 P 磷 phosphorus 30.974	16 S 硫 sulfur 32.06 [32.059, 32.076]	17 Cl 氯 chlorine 35.45 [35.446, 35.457]	18 Ar 氩 argon 39.948
19 K 钾 potassium 39.098	20 Ca 钙 calcium 40.078(4)	21 Sc 钪 scandium 44.956	22 Ti 钛 titanium 47.867	23 V 钒 vanadium 50.942	24 Cr 铬 chromium 51.996	25 Mn 锰 manganese 54.938	26 Fe 铁 iron 55.845(2)	27 Co 钴 cobalt 58.933	28 Ni 镍 nickel 58.693	29 Cu 铜 copper 63.546(3)	30 Zn 锌 zinc 65.38(2)	31 Ga 镓 gallium 69.723	32 Ge 锗 germanium 72.630(8)	33 As 砷 arsenic 74.922	34 Se 硒 selenium 78.971(8)	35 Br 溴 bromine 79.904 [79.901, 79.907]	36 Kr 氪 krypton 83.798(2)
37 Rb 铷 rubidium 85.468	38 Sr 锶 strontium 87.62	39 Y 钇 yttrium 88.906	40 Zr 锆 zirconium 91.224(2)	41 Nb 铌 niobium 92.906	42 Mo 钼 molybdenum 95.95	43 Tc 锝 technetium	44 Ru 钌 ruthenium 101.07(2)	45 Rh 铑 rhodium 102.91	46 Pd 钯 palladium 106.42	47 Ag 银 silver 107.87	48 Cd 镉 cadmium 112.41	49 In 铟 indium 114.82	50 Sn 锡 tin 118.71	51 Sb 锑 antimony 121.76	52 Te 碲 tellurium 127.60(3)	53 I 碘 iodine 126.90	54 Xe 氙 xenon 131.29
55 Cs 铯 caesium 132.91	56 Ba 钡 barium 137.33	57-71 镧系 lanthanoids	72 Hf 铪 hafnium 178.49(2)	73 Ta 钽 tantalum 180.95	74 W 钨 tungsten 183.84	75 Re 铼 rhenium 186.21	76 Os 锇 osmium 190.23(3)	77 Ir 铱 iridium 192.22	78 Pt 铂 platinum 195.08	79 Au 金 gold 196.97	80 Hg 汞 mercury 200.59	81 Tl 铊 thallium 204.38 [204.38, 204.39]	82 Pb 铅 lead 207.2	83 Bi 铋 bismuth 208.98	84 Po 钋 polonium	85 At 砹 astatine	86 Rn 氡 radon
87 Fr 钫 francium	88 Ra 镭 radium	89-103 锕系 actinoids	104 Rf 𬬻 rutherfordium	105 Db 𬭊 dubnium	106 Sg 𬭳 seaborgium	107 Bh 𬭛 bohrium	108 Hs 𬭶 hassium	109 Mt 鿏 meitnerium	110 Ds 𫟼 darmstadtium	111 Rg 𬬭 roentgenium	112 Cn 鿔 copernicium	113 Nh 鿭 nihonium	114 Fl 𫓧 flerovium	115 Mc 镆 moscovium	116 Lv 𫟷 livermorium	117 Ts 鿬 tennessine	118 Og 鿫 oganesson

57 La 镧 lanthanoids 138. 91	58 Ce 铈 cerium 140.12	59 Pr 镨 praseodymium 140.91	60 Nd 钕 neodymium 144.24	61 Pm 钷 promethium	62 Sm 钐 samarium 150.36(2)	63 Eu 铕 europium 151.96	64 Gd 钆 gadolinium 157.25(3)	65 Tb 铽 terbium 158.93	66 Dy 镝 dysprosium 162.50	67 Ho 钬 holmium 164.93	68 Er 铒 erbium 167.26	69 Tm 铥 thulium 168.93	70 Yb 镱 ytterbium 173.05	71 Lu 镥 lutetium 174.97
89 Ac 锕 actinoids	90 Th 钍 thorium 232.04	91 Pa 镤 protactinium 231.04	92 U 铀 uranium 238.03	93 Np 镎 neptunium	94 Pu 钚 plutonium	95 Am 镅 americium	96 Cm 锔 curium	97 Bk 锫 berkelium	98 Cf 锎 californium	99 Es 锿 einsteinium	100 Fm 镄 fermium	101 Md 钔 mendelevium	102 No 锘 nobelium	103 Lr 铹 lawrencium

参考文献

1. 宋天佑,程鹏,徐家宁,等. 无机化学(第三版)[M]. 北京:高等教育出版社,2015.
2. 徐家强,康诗钊,邢彦军,等. 无机化学[M]. 北京:科学出版社,2014.
3. 古国榜,李朴. 华南理工大学无机化学教研室. 无机化学[M]. 北京:化学工业出版社,2007.
4. 苏小云,臧祥生. 工科无机化学(第三版)[M]. 上海:华东理工大学出版社,2003.
5. 天津大学无机化学教研室. 无机化学[M]. 北京:高等教育出版社,2010.
6. 张祖德. 无机化学[M]. 合肥:中国科学技术大学出版社,2014.
7. [美]迪安 J A. 兰氏化学手册(第二版)[M]. 魏俊发 译. 北京:科学出版社,2003. 5.